AutoCAD Electrical 2022 中文版 电气设计自学速成

庄艳　朱毅　编著

人 民 邮 电 出 版 社
北 京

图书在版编目（CIP）数据

AutoCAD Electrical 2022中文版电气设计自学速成 / 庄艳，朱毅编著. -- 北京 : 人民邮电出版社，2022.12
ISBN 978-7-115-59447-1

Ⅰ. ①A… Ⅱ. ①庄… ②朱… Ⅲ. ①电气设备－计算机辅助设计－AutoCAD软件 Ⅳ. ①TM02-39

中国版本图书馆CIP数据核字(2022)第102904号

内容提要

本书主要介绍了AutoCAD Electrical 2022在电气设计中的应用方法与技巧。全书分为两篇，共12章，CAD基础知识篇介绍了AutoCAD Electrical 2022入门、二维绘图命令、基本绘图工具、编辑命令、辅助绘图工具等内容；AutoCAD Electrical 2022知识篇介绍了项目和图形创建、导线与元件插入、元件的编辑及交互参考、导线/线号编辑、PLC插入与连接器电路图、示意图的绘制与编辑、报告和错误核查等内容。

本书配备了丰富的学习资源，包含实例同步教学视频及实例源文件等，供读者学习参考。

本书可以作为电气设计初学者的入门教程，也可以作为电气工程相关专业师生的参考工具书。

◆ 编　　著　庄　艳　朱　毅
　责任编辑　李　强
　责任印制　马振武
◆ 人民邮电出版社出版发行　　北京市丰台区成寿寺路11号
　邮编　100164　　电子邮件　315@ptpress.com.cn
　网址　https://www.ptpress.com.cn
　北京九州迅驰传媒文化有限公司印刷
◆ 开本：787×1092　1/16
　印张：23.25　　2022年12月第1版
　字数：639千字　　2025年1月北京第7次印刷

定价：99.80元

读者服务热线：(010)53913866　印装质量热线：(010)81055316
反盗版热线：(010)81055315
广告经营许可证：京东市监广登字20170147号

Preface

前言

AutoCAD 是美国 Autodesk 公司推出的集二维绘图、三维设计、参数化设计、协同设计、通用数据库管理和互联网通信功能于一体的计算机辅助绘图软件包。AutoCAD 自 1982 年被推出以来，从初期的 1.0 版本，经多次版本更新和性能完善，不仅广泛应用于机械、电子、建筑、室内装潢、家具、园林和市政工程等工程设计领域，而且在地理、气象、航海等领域的特殊图形绘制方面也有广泛应用，甚至在乐谱、灯光和广告等领域中也得到了广泛的应用，目前已成为 CAD 系统中应用最为广泛的图形软件之一。同时，AutoCAD 也是一个具有开放性的工程设计开发平台，其开放性的源代码可供各个行业进行广泛的二次开发，目前国内一些著名的二次开发软件，如 CAXA 系列、天正系列等无一不是在 AutoCAD 的基础上进行本土化开发的产品。

AutoCAD Electrical 是一款在 AutoCAD 的基础上进行二次开发的电气设计软件，使用该软件可以快速、方便地设计电气图纸，软件中包含很多集成的电路图设计工具，可以添加电气元件和 PLC 图形，功能丰富，非常适合绘制电路图、设计电气系统。

一、本书的编写目的和特色

鉴于 AutoCAD Electrical 2022 强大的功能，我们力图开发一本全方位介绍 AutoCAD Electrical 2022 在电气工程行业中应用的图书。我们不求事无巨细地介绍 AutoCAD Electrical 2022 的全部知识点，而是针对专业或行业需要，将 AutoCAD Electrical 2022 大体知识脉络作为线索，以实例作为“抓手”，帮助读者掌握利用 AutoCAD Electrical 2022 进行电气工程设计的基本方法和技巧。

本书具有如下特色。

- 练习实例丰富

本书中引用的电气设计案例，是经过作者精心提炼和改编的，不仅能保证读者学会知识点，而且通过对大量典型、实用实例进行演练，能够帮助读者找到一条学习 AutoCAD Electrical 2022 电气设计的捷径。

- 注重实用性

本书编著者拥有多年的计算机辅助电气设计领域工作和教学经验。本书是我们总结多年的经验精心编著而成的，力求全面、细致地展现 AutoCAD Electrical 2022 在电气设计各个应用领域的功能和使用方法。

- 覆盖各类电气应用

本书在有限的篇幅内用通俗易懂的语言，讲述了 AutoCAD Electrical 2022 的常用功能及其在电气设计中的实际应用，涵盖了有关控制电气、通信工程、机械电气、建筑电气等各方位的知识。帮助读者全面掌握 AutoCAD Electrical 2022 电气设计知识。

二、本书的配套资源

1．同步教学视频：全书实例均配有同步操作视频文件，读者可以先看视频演示，然后练习实例操作，可以大大提高学习效率。

2．AutoCAD 应用技巧大全：汇集了 AutoCAD 绘图的各类技巧，提高作图效率。

3．AutoCAD 疑难问题汇总：汇总了疑难问题的解答，对入门者来讲非常有用，可以帮助读者扫除学习障碍，少走弯路。

4．AutoCAD 经典练习题：精选了不同类型的练习题，读者只要认真练习，就可以实现从量变到质变的飞跃。

5．AutoCAD 常用图块集：含有大量的图块，对图块稍加修改就可以使用，提高作图效率。

6．AutoCAD 全套工程图纸案例及配套视频：大型图纸案例及学习视频，可以让读者学习工程图纸设计的整个操作流程。

7．AutoCAD 快捷命令速查手册：汇集了 AutoCAD 常用快捷命令，熟记这些命令可以提高作图效率。

8．AutoCAD 快捷键速查手册：汇集了 AutoCAD 常用快捷键，绘图高手通常会直接使用快捷键。

9．AutoCAD 常用工具按钮速查手册：速查 AutoCAD 工具按钮，也是提高作图效率的方法之一。

三、关于本书的服务

1．AutoCAD Electrical 2022 安装软件的获取

按照本书上的实例进行操作练习，以及使用 AutoCAD Electrical 2022 进行绘图，读者需要事先在计算机上安装 AutoCAD Electrical 2022 软件。AutoCAD Electrical 2022 简体中文版的安装软件可以登录官方网站购买，或者使用其试用版。另外，也可以在当地软件经销商处购买。

2．遇到有关本书的技术问题

读者如果遇到有关本书的技术问题，可以将问题发到电子邮箱 2243765248@qq.com，我们将及时回复；或者加入 QQ 交流群 531241661，直接在线交流。欢迎读者批评指正，请给我们留言。

3．关于配套资源获取

扫描下页云课二维码，可以直接观看同步教学视频。扫描公众号二维码，关注公众号，输入 59447，获取实例源文件及其他电子资源。

信通社区

云课

四、致谢

本书由沈阳市化工学校的庄艳老师和湖北商贸学院的朱毅老师编著，其中庄艳编写了第 1~8 章，朱毅编写了第 9～12 章。感谢人民邮电出版社的所有编审人员为本书的出版所付出的辛勤劳动。本书的成功出版是大家共同努力的结果，谢谢！

编著者

Contents

目录

第1篇　CAD基础知识篇

第4章 编辑命令..49

第5章 辅助绘图工具..78

第2篇 AutoCAD Electrical 2022 知识篇

第6章 项目和图形创建..106

第 1 篇
CAD 基础知识篇

本篇主要介绍 AutoCAD Electrical 2022 的基本绘图界面，AutoCAD Electrical 2022 中 AutoCAD 二维绘图的一些基础知识，以及 AutoCAD 应用于电气设计的一些基本功能，包括基本操作、常用命令及辅助功能，为后面的具体设计进行准备。

第 1 章

AutoCAD Electrical 2022 入门

本章学习要点和目标任务

- 绘图环境与操作界面
- 文件管理
- 基本输入操作
- 缩放与平移

本章将循序渐进地介绍 AutoCAD Electrical 2022 电气绘图的基本知识，帮助读者了解操作界面基本布局，掌握如何设置图形的系统参数，熟悉文件管理方法，学会各种基本输入操作方式，为系统学习 AutoCAD Electrical 2022 作准备。

1.1 AutoCAD Electrical 简介

AutoCAD Electrical，行业简称 ACE，是 Autodesk 公司推出的基于 AutoCAD 通用平台的专业电气设计软件。

AutoCAD Electrical 是面向电气控制设计师的 AutoCAD 软件，专门用于创建和修改电气控制系统图形文件。该软件除了包含 AutoCAD 的全部功能，还增加了一系列用于自动完成电气控制工程设计任务的工具，如创建原理图、导线编号、生成物料清单等。

AutoCAD Electrical 为用户提供了拥有丰富的电气符号和元件的数据库，可实时对电路图进行错误核查。

AutoCAD Electrical 专门用于创建和修改电气控制系统图形文件。可以在软件中创建原理图、导线编号、生成清单等。

通过今后的学习，读者会发现，AutoCAD Electrical 利用 AutoCAD 的块定义命令来构建电气图纸，其文件格式仍然为 DWG。在 AutoCAD Electrical 绘图环境下绘制的电气图纸亦可以在 AutoCAD 环境下绘制、编辑。

那么为何要研发 AutoCAD Electrical 绘图环境呢？答案显而易见，AutoCAD Electrical 基于块的特性，能够显著提高绘图效率，减少设计错误。

由于 AutoCAD Electrical 基于 AutoCAD 通用平台，所以在学习使用 AutoCAD Electrical 绘制电气图之前，有必要掌握一定的 AutoCAD 绘图知识。

AutoCAD Electrical 可以提高生产效率、减少设计错误并遵从行业标准、管理设计数据、加强协作。

1.2 绘图环境与操作界面

本节主要介绍 AutoCAD Electrical 2022 初始绘图环境的设置，包括对操作界面和绘图系统的设置。

1.2.1 操作界面简介

AutoCAD Electrical 2022 的操作界面如图 1-1 所示，包括菜单栏、标题栏、绘图区、十字光标、坐标系图标、命令行窗口、状态栏、布局标签、AutoCAD Electrical 项目区、快速访问工具栏和功能区等。

1. 标题栏

AutoCAD Electrical 2022 中文版绘图窗口的最上端是标题栏。在标题栏中，显示了系统当前正在运行的应用程序（AutoCAD Electrical 2022）和用户正在使用的图形文件。在第一次启动 AutoCAD Electrical 2022 时，在标题栏中将显示 AutoCAD Electrical 2022 在启动时创建并打开的图形文件的名字“Drawing2.dwg”，如图 1-1 所示。

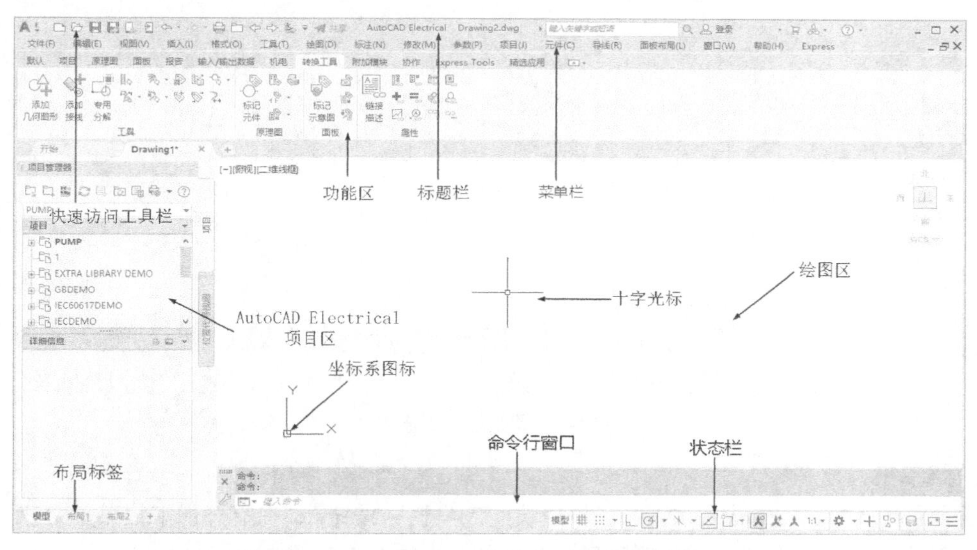

图 1-1　AutoCAD Electrical 2022 中文版的操作界面

注意：在安装 AutoCAD Electrical 2022 后，在绘图区中单击鼠标右键，打开快捷菜单，如图 1-2 所示，执行“选项”命令，打开“选项”对话框，单击“显示”选项卡，在“窗口元素”选项组中将“配色方案”设置为“明”，单击“颜色”按钮，在弹出的“图形窗口颜色”对话框“颜色”下拉列表中单击“白色”选项，如图 1-3 所示；单击“确定”按钮，退出对话框，调整后的操作界面如图 1-4 所示。

2. 快速访问工具栏

快速访问工具栏包括“新建”“打开”“保存”“另存为”“从 Web 和 Mobile 中打开”“保存到 Web 和 Mobile”“放弃”“重做”“打印”“项目管理器”“上一个项目图形”“下一个项目图形”“浏览器”等几个较常用的工具。用户也可以单击该工具栏后面的下拉按钮设置需要的常用工具。

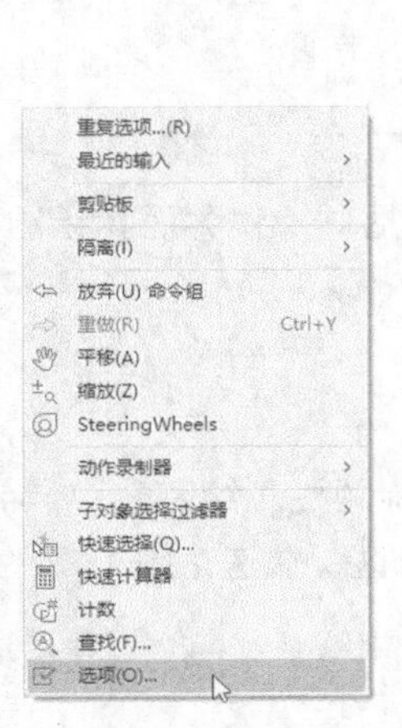

图 1-2 快捷菜单

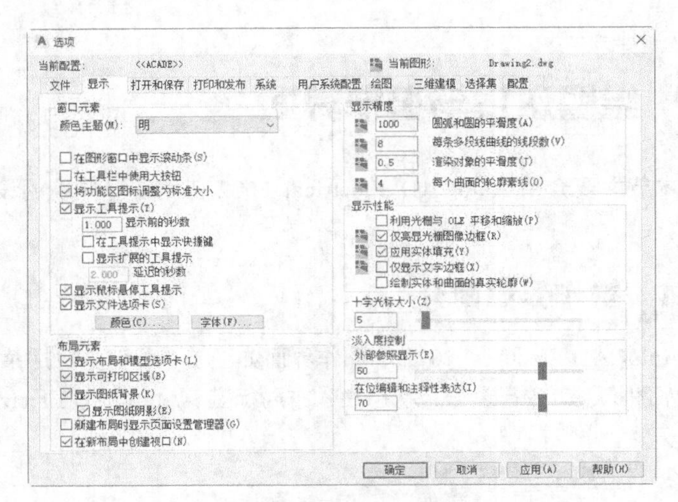

图 1-3 “选项”对话框

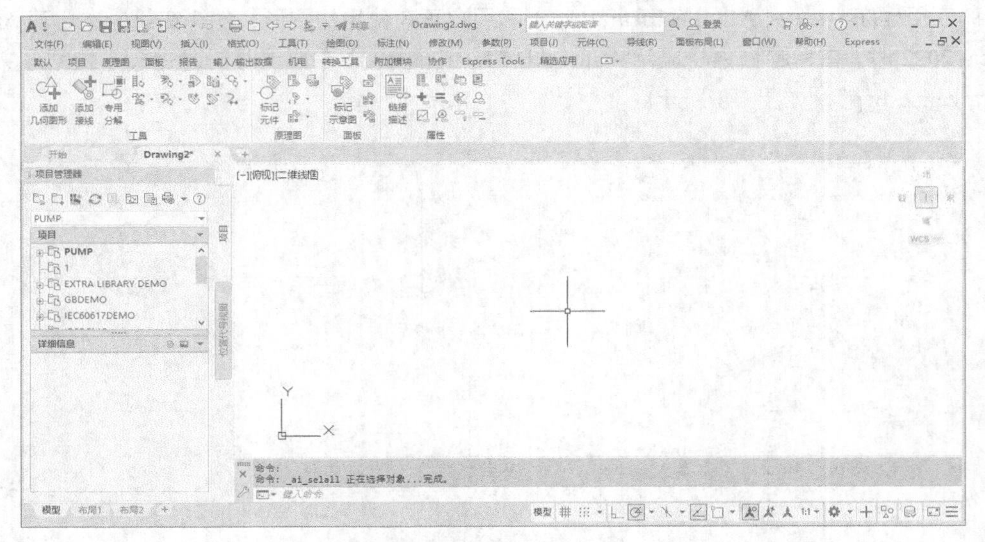

图 1-4 调整后的工作界面

3. 菜单栏

单击 AutoCAD Electrical 2022 的“快速访问工具栏”按钮，在打开的下拉菜单中执行“显示菜单栏”命令，调出菜单栏，调出后的显示菜单栏如图 1-5 所示，在 AutoCAD Electrical 2022 绘图窗口标题栏的下方。同其他 Windows 程序一样，AutoCAD Electrical 2022 的菜单也是下拉形式的，并在菜单中包含子菜单。AutoCAD Electrical 2022 的菜单栏中包含 17 个菜单，分别为“文件”“编辑”“视图”“插入”“格式”“工具”“绘图”“标注”“修改”“参数”“项目”“元件”“导线”“面板布局”“窗口”“帮助”“Express”，这些菜单几乎包含了 AutoCAD Electrical 2022 的所有绘图命令，后面的章节将围绕这些菜单展开讲述。

图 1-5 显示菜单栏

4. 功能区

在默认情况下，功能区包括“默认”“项目”“原理图”“面板”“报告”“输入/输出数据”“机电”“转换工具”“附加模块”“协作”“Express Tools”“精选应用”选项卡，如图 1-6 所示（所有的选项卡显示面板见图 1-7）。每个功能区都集成了相关的操作工具，方便用户的使用。用户可以单击功能区选项后面的 按钮控制功能区的展开与收缩。

图 1-6　默认情况下出现的选项卡

图 1-7　所有的选项卡

（1）设置选项卡。将鼠标指针放在面板中任意位置处，单击鼠标右键，打开图 1-8 所示的“显示选项卡”快捷菜单。单击某一个未在功能区显示的选项卡，系统自动在功能区打开该选项卡。反之，关闭选项卡（调出面板的方法与调出选项板的方法类似，这里不再赘述）。

（2）选项卡中面板的固定与浮动。面板可以在绘图区浮动，如图 1-9 所示，将鼠标指针放到浮动面板的右上角位置处，显示“将面板返回到功能区”，如图 1-10 所示。单击此处，使其变为固定面板。也可以把固定面板拖出，使其成为浮动面板。

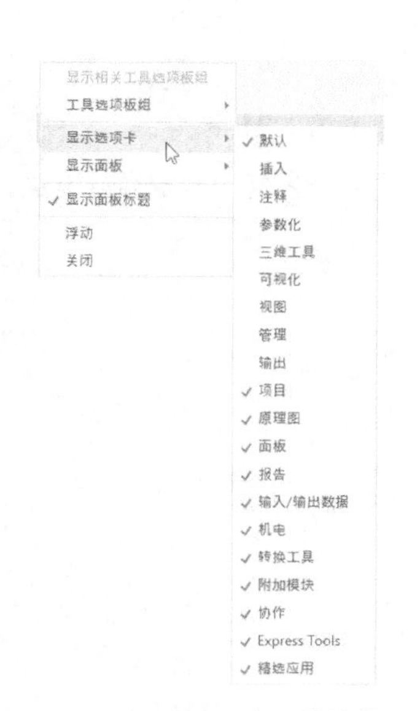

图 1-8　“显示选项卡”快捷菜单

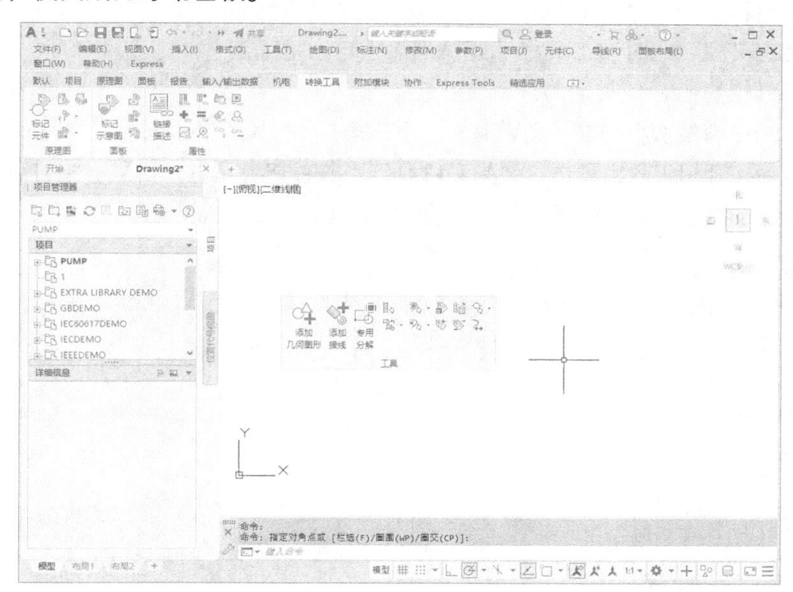

图 1-9　设置浮动面板

功能区命令的调用方法如下。

- 菜单栏：执行菜单栏中的“工具”→“选项板”→“功能区”命令。

图 1-10　设置固定面板

5. 绘图区和十字光标

绘图区是指在标题栏下方的大片空白区域，是用户使用

AutoCAD Electrical 2022 绘制图形的区域，用户完成一幅设计图形的主要工作都是在绘图区中完成的。

在绘图区中，还有一个作用类似鼠标指针的十字线，其交点反映了鼠标指针在当前坐标系中的位置。在 AutoCAD Electrical 2022 中，将该十字线称为十字光标（亦简称“光标”），AutoCAD Electrical 2022 通过十字光标显示当前点的位置。十字线的方向与当前用户坐标系的 X 轴、Y 轴方向平行，十字光标的长度系统预设为屏幕大小的 5%。

6. 工具栏

工具栏是一组图标型工具的集合，将鼠标指针移动到某个图标上，稍停片刻，即在该图标的一侧显示相应的工具提示，同时在状态栏中显示对应的说明和命令名。此时，单击图标也可以启动相应命令。

7. 设置工具栏

AutoCAD Electrical 2022 的标准菜单提供了几十种工具栏，执行菜单栏中的“工具”→“工具栏”→“AutoCAD”命令，调出所需要的工具栏，如图 1-11 所示。单击某一个未在界面显示的工具栏，系统自动在界面中打开该工具栏；反之，关闭工具栏。

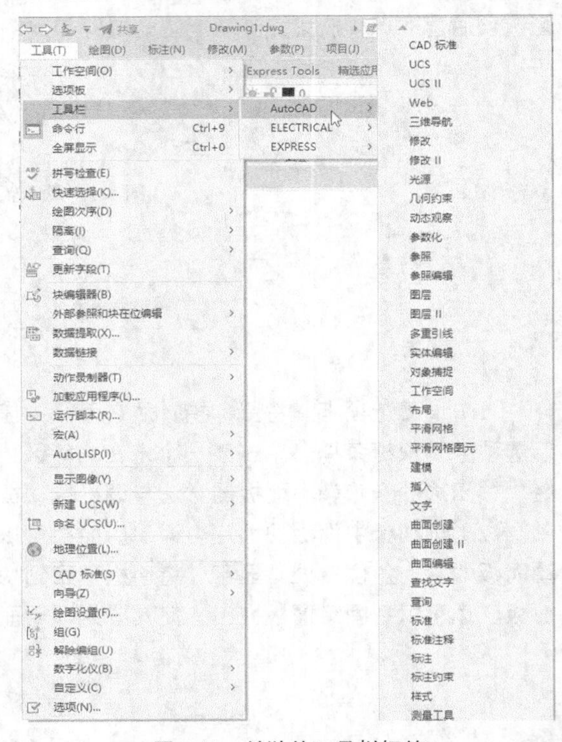

图 1-11　单独的工具栏标签

8. 工具栏的固定、浮动与打开

工具栏可以在绘图区“浮动”，如图 1-12 所示，此时显示该工具栏标题，并可关闭该工具栏，可以用鼠标拖动浮动工具栏到图形区边界，使其变为固定工具栏，此时该工具栏标题隐藏。也可以把固定工具栏拖出，使其成为浮动工具栏。

在有些图标的右下角带有一个小三角，单击小三角会打开相应的工具栏，如图 1-13 所示，按住鼠标左键，将鼠标指针移动到某一图标上释放鼠标左键，该图标就变为当前图标。单击当前图标，可执行相应命令。

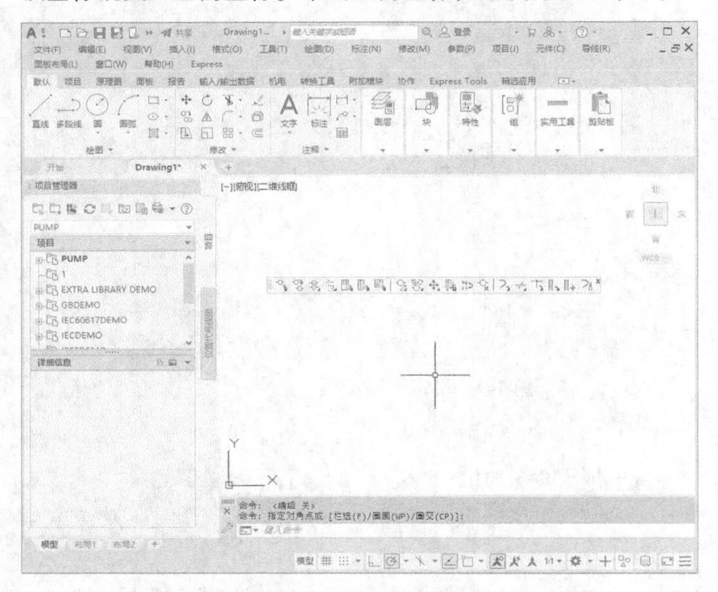

图 1-12　浮动工具栏

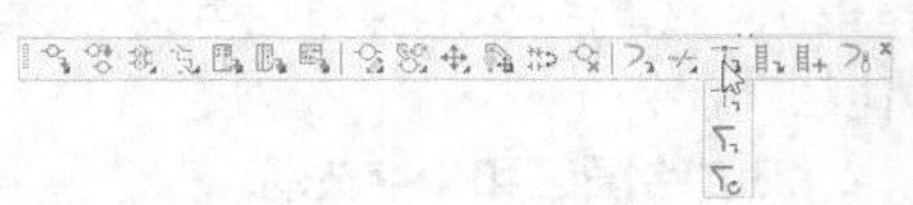

图 1-13　打开工具栏

9. 命令行窗口

命令行窗口是输入命令名和显示命令提示的区域，默认将命令行窗口布置在绘图区下方，是若干文本行。对命令行窗口，有以下几点需要说明。

（1）移动拆分条，可以扩大与缩小命令行窗口。

（2）可以拖动命令行窗口，将其布置在屏幕上的其他位置。

（3）对当前命令行窗口中输入的内容，可以按下 F2 键，用文本编辑的方法进行编辑，如图 1-14 所示。AutoCAD Electrical 2022 文本窗口和命令行窗口相似，可以显示在当前 AutoCAD Electrical 2022 进程中命令的输入和执行过程，在执行 AutoCAD Electrical 2022 的某些命令时，会自动切换到文本窗口，列出有关信息。

（4）AutoCAD Electrical 2022 通过命令行窗口反馈各种信息，包括出错信息。因此，用户要时刻关注在命令行窗口中出现的信息。

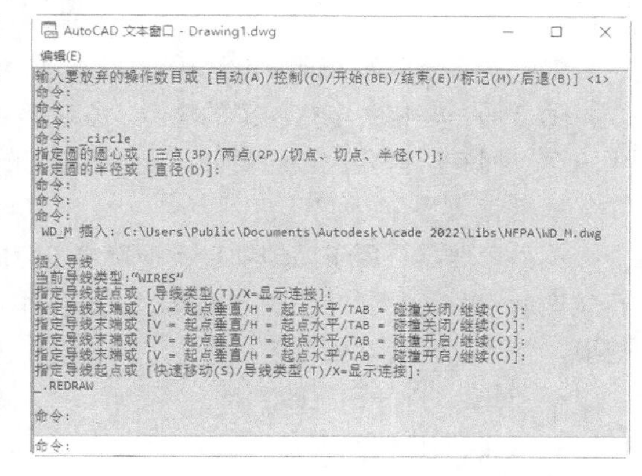

图 1-14 文本窗口

10. 布局标签

AutoCAD Electrical 2022 系统默认设定一个模型空间布局标签和“布局 1”“布局 2”两个图纸空间布局标签。在这里有如下两个概念需要解释一下。

（1）布局

布局是系统为绘图设置的一种环境，包括图纸大小、尺寸单位、角度设定、数值精确度等环境变量，在系统预设的 3 个标签中，这些环境变量都按默认设置。用户可以根据实际需要改变这些环境变量的值。例如，默认的尺寸单位是国际单位制的毫米，如果绘制的图形的单位是英制的英寸，就可以改变对尺寸单位这一环境变量的设置，具体的设置方法在后面章节介绍，在此暂且从略。用户也可以根据需要设置符合自己要求的新标签，具体方法也会在后面章节中介绍。

（2）模型

AutoCAD Electrical 2022 的空间分为模型空间和布局空间。模型空间是通常绘图的环境，而在布局空间中，用户可以创建名为“浮动视口”的区域，以不同视图显示所绘图形。用户可以在布局空间中调整浮动视口并决定所包含视图的缩放比例。如果选择布局空间，则可打印多个视图，用户可以打印任意布局的视图。在后面的章节中，将专门详细地讲解有关模型空间与布局空间的有关知识，请注意学习体会。

AutoCAD Electrical 2022 系统默认打开模型空间，用户可以通过单击选择需要的空间。

11. 状态栏

状态栏在屏幕的底部，包括一些常见的显示工具和注释工具，还包括模型空间与布局空间转换工具，状态栏工具如图 1-15 所示。通过这些按钮可以控制图形或绘图区的状态。依次有“坐标”“模型或图纸空间”“栅格”“捕捉模式”“推断约束”“动态输入”“正交模式”“极轴追踪”“等轴测草图”“对象捕捉追踪”“二维对象捕捉”“线宽”“透明度”“选择循环”“三维对象捕捉”“动态 UCS”“选择过滤”“小控件”“注释可见性”“自动缩放”“注释比例”“切换工作空间”“注释监视器”“单位”“快捷特性”“锁定用户界面”“隔离对象”“图形性能”“全屏显示”“自定义”常用功能按钮。单击这些按钮，可以实现这些功能的开关。

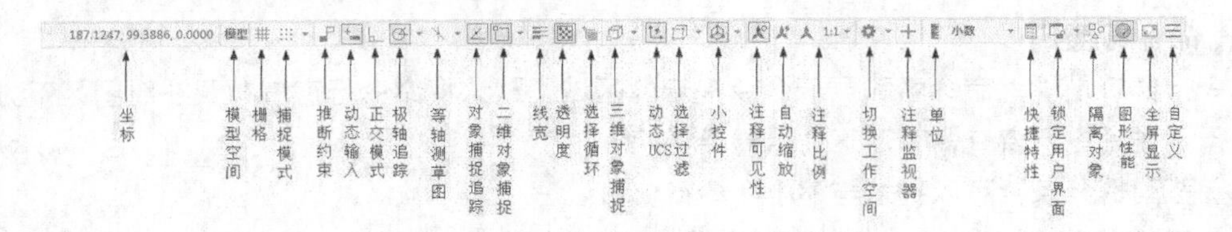

图 1-15　状态栏按钮

12. AutoCAD Electrical 2022 项目区

项目是一些相关电气图形的集合。在项目文件中列出了组成图形集的 AutoCAD 图形文件名。用户可以拥有所需要数目的项目，但一次只能有一个项目处于激活状态。

项目管理器介绍如下。

项目管理器是用于处理项目及项目中包含的图形的工具。项目管理器是一个选项板，即使在执行其他命令时，也能继续在该屏幕上执行操作。可以将其固定，调整其大小，以及将其设置为自动隐藏。使用项目管理器可以执行以下操作。

- 创建、打开和更改项目
- 更改项目的设置
- 创建、打开和预览图形
- 将图形添加到项目
- 更改图形顺序

注：图形在项目图形列表中的显示顺序即 AutoCAD Electrical 2022 工具集通过项目范围内操作对它们进行处理的顺序。

- 发布项目
- 更新项目中图形上的标题栏
- 运行项目的任何待定任务

用户可以使用“图形列表显示配置”工具来更改图形在“项目管理器”中列出的方式。在默认情况下，图形由“项目图纸清单”中的图形文件名进行标识。

1.2.2 配置绘图系统

由于每台计算机所使用的显示器、输入设备和输出设备的类型都不同，用户喜好的风格及计算机的目录设置也是不同的，所以每台计算机的配置环境都是独特的。一般来讲，使用 AutoCAD Electrical 2022 的默认配置就可以绘图，但为了提高用户绘图的效率，AutoCAD Electrical 2022 推荐用户在开始作图前先进行必要的配置。

该命令主要有如下 3 种执行方法。

- 命令行：preferences。
- 菜单栏：执行菜单栏中的“工具”→“选项”命令。
- 快捷菜单：执行图 1-16 所示的快捷菜单中的“选项”命令。

执行上述命令后，系统自动打开“选项”对话框。用户可以在该对话框中单击有关选项卡，对系统进行配置。下面只对其中主要的几个选项卡进行说明，在后面用到其他配置选项时再对它们进行具体说明。

“选项”对话框中的第 5 个选项卡为“系统”，用来设置 AutoCAD Electrical 2022 系统的有关特性，如图 1-17 所示。

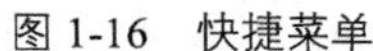

图 1-16 快捷菜单

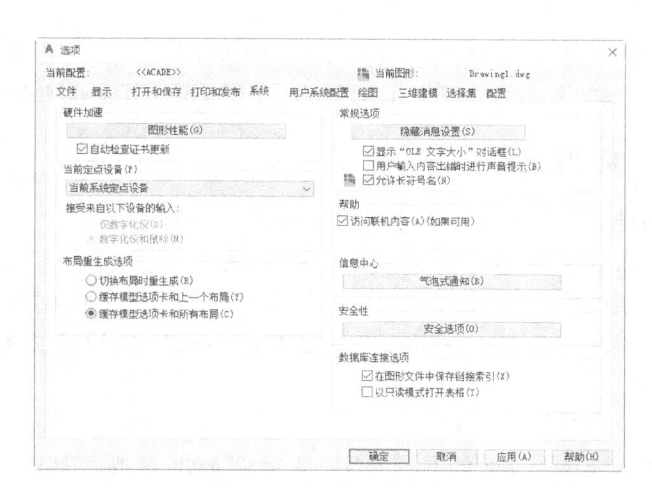

图 1-17 “系统”选项卡

“选项”对话框中的第 2 个选项卡为“显示”，用来控制 AutoCAD Electrical 2022 窗口的外观，如设定屏幕菜单、屏幕颜色、十字光标大小、滚动条显示与否、固定命令行窗口中文字行数、AutoCAD Electrical 2022 的版面布局设置、各实体的显示分辨率及 AutoCAD Electrical 2022 运行时的其他各项性能参数设置等，如图 1-18 所示。有关选项的设置，读者可自己参照“帮助”文件学习。

在默认情况下，AutoCAD Electrical 2022 的绘图窗口是白色背景、黑色线条，有时需要修改绘图窗口的背景颜色。修改绘图窗口的背景颜色的步骤如下。

（1）在绘图窗口中执行“工具/选项”命令，弹出“选项”对话框。单击“显示”选项卡，如图 1-18 所示。单击“窗口元素”选项组中的“颜色”按钮，将打开图 1-19 所示的“图形窗口颜色”对话框。

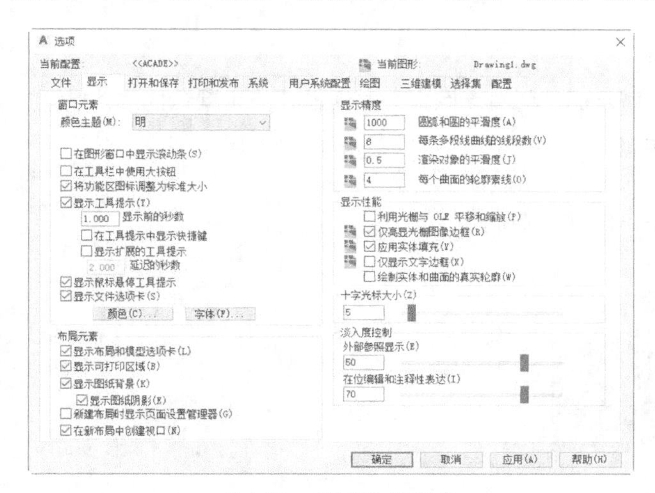

图 1-18 “显示”选项卡

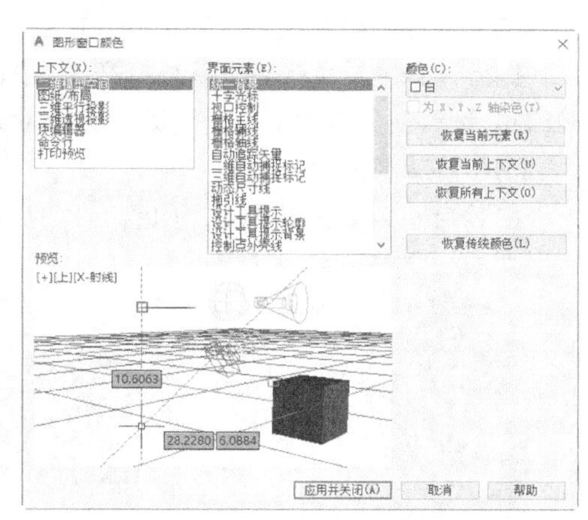

图 1-19 “图形窗口颜色”对话框

（2）在“颜色”下拉列表框中选择需要的窗口颜色，然后单击“应用并关闭”按钮，此时 AutoCAD Electrical 2022 的绘图窗口变成了窗口背景色。

1.3 文件管理

本节将介绍有关文件管理的一些基本操作方法，包括新建文件、打开已有文件、保存文件、删除文件等，这些都是进行 AutoCAD Electrical 2022 操作最基础的知识。另外，本节也将介绍涉及文件管理操作的 AutoCAD Electrical 2022 新增知识，请读者注意体会。

1.3.1 新建文件

新建图形文件的命令的执行方法有如下 4 种。

- 命令行：new。
- 菜单栏：执行菜单栏中的“文件”→“新建”命令或执行主菜单中的“新建”命令。
- 工具栏：单击“标准”工具栏中的“新建”按钮或单击“快速访问”工具栏中的“新建”按钮。
- 快捷组合键：Ctrl+N。

执行“new”命令的方式由系统变量 STARTUP 的值确定。

- 设置 STARTUP=1，显示“创建新的图形”对话框。
- 设置 STARTUP=0，显示“选择样板”对话框（标准文件选择对话框）。

如果将系统变量 FILEDIA 的值设置为“0”，则将显示命令提示。如果将系统变量 FILEDIA 的值设置为“1”，则将显示执行命令的对话框。

（1）设置系统变量 STARTUP 的值为“0”

执行“新建”命令后，系统打开图 1-20 所示的“选择样板”对话框，在“文件类型”下拉列表框中有 3 种格式的图形样板，扩展名分别是.dwt、.dwg 和.dws。一般情况下，.dwt 文件是标准的样板文件，我们通常将一些规定的标准性样板文件设成.dwt 文件；.dwg 文件是普通的样板文件；而.dws 文件是包含标准图层、标注样式、线型和文字样式的样板文件，在 AutoCAD Electrical 2022 新建文件时一般选择“GB”类型图纸。

（2）设置系统变量 STARTUP 的值为“1”

执行“新建”命令后，系统打开图 1-21 所示的“创建新图形”对话框，使用默认的“英制”或“公制”设置创建空图形，公制即国际单位制。

①“从草图开始”按钮

在对话框中单击该按钮，如图 1-21 所示。默认设置如下。

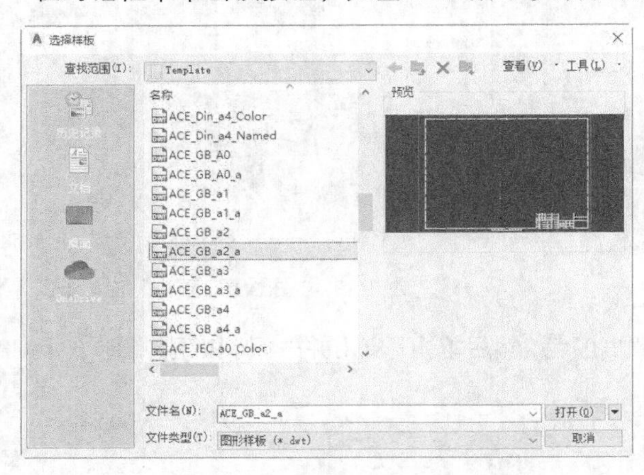

图 1-20 “选择样板”对话框

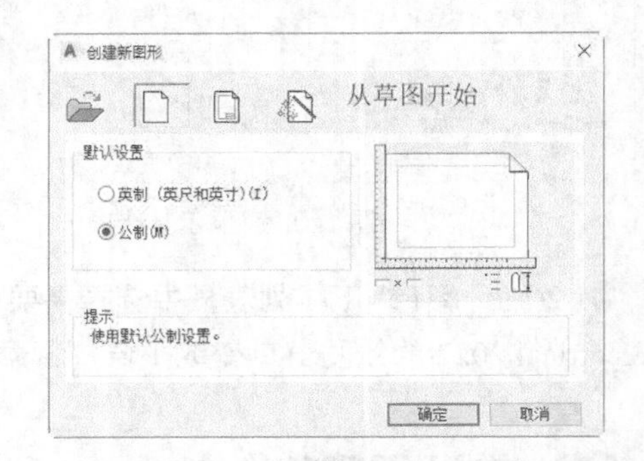

图 1-21 “创建新图形”对话框

英制

基于英制度量衡系统创建新图形。默认图形边界（栅格界限）为 12in×9in，1in=25.4mm。

公制

基于公制度量衡系统创建新图形。默认图形边界（栅格界限）为 429mm×297mm。

②“使用样板”按钮

单击该按钮，对话框显示如图 1-22 所示，基于样板图形文件创建图形。样板图形存储图形的所有设置，包含预定义的图层、标注样式和视图等。样板图形通过文件扩展名 .dwt 区别于其他图形文件，它们通常保存在 template 目录中。可以通过将图形另存为样板图形文件，或将图形文件名的扩展名更改为.dwt，来创建自定义图形样板。

选择样板

列出在样板图形文件位置（在“选项”对话框中指定）中当前存在的所有.dwt 文件。选择一个文件作为新图形的基础。

预览

显示选定文件的预览图像。

浏览

显示“选择样板文件”对话框（标准文件选择对话框），从中可以访问“选择样板”列表中没有的样板文件。

样板说明

显示选定样板的说明。如果要创建自定义样板，可以使用“样板选项”对话框指定要显示在此处的文字。

（3）“使用向导”按钮

单击该按钮，对话框显示如图 1-23 所示，使用逐步指南来设置图形。可以从以下两个向导中选择：“快速设置”向导和“高级设置”向导。

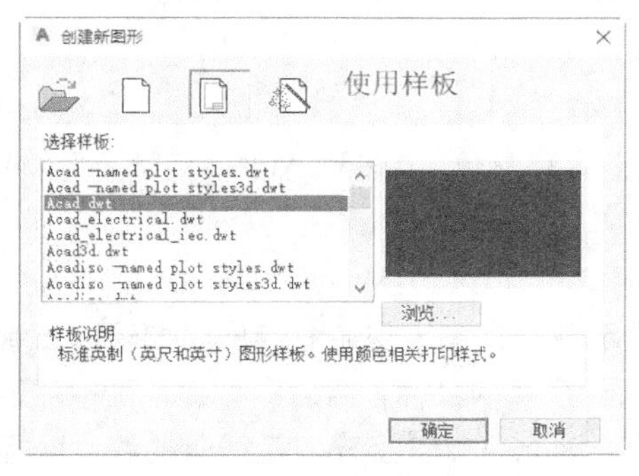

图 1-22 “使用样板”按钮

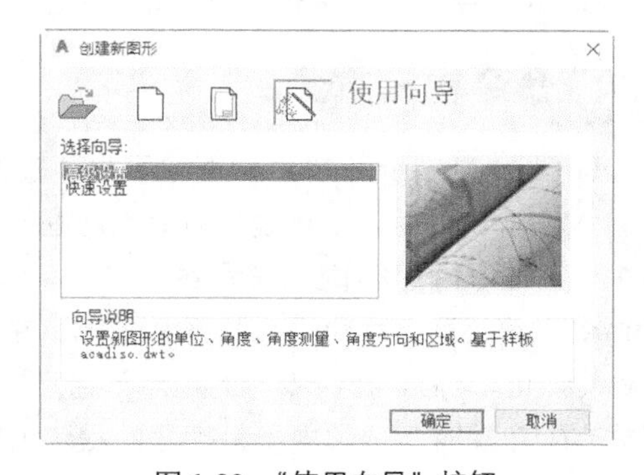

图 1-23 “使用向导”按钮

快速设置

显示“快速设置”向导，从中可以指定新图形的单位和区域。使用“快速设置”向导还可以将文字高度和捕捉间距等设置修改为合适的比例。

高级设置

显示“高级设置”向导，从中可以指定新图形的单位、角度、角度测量、角度方向和区域。使用“高级设置”向导还可以将文字高度和捕捉间距等设置修改为合适的比例。

向导说明

显示选定向导的说明。

1.3.2 打开文件

打开图形文件的命令主要有如下 3 种执行方法。

- 命令行：open。
- 菜单栏：执行菜单栏中的“文件”→“打开”命令或执行主菜单中的“打开”命令。
- 工具栏：单击“标准”工具栏中的“打开”按钮或单击“快速访问”工具栏中的“打开”按钮。

执行上述命令后，打开“选择文件”对话框，如图 1-24 所示，在“文件类型”下拉列表框中用户可选.dwg 文件、.dwt 文件、.dxf 文件和.dws 文件等文件格式。.dxf 文件是用文本形式存储的图形文件，能够被其他程序读取，许多第三方应用软件都支持.dxf 格式的文件。

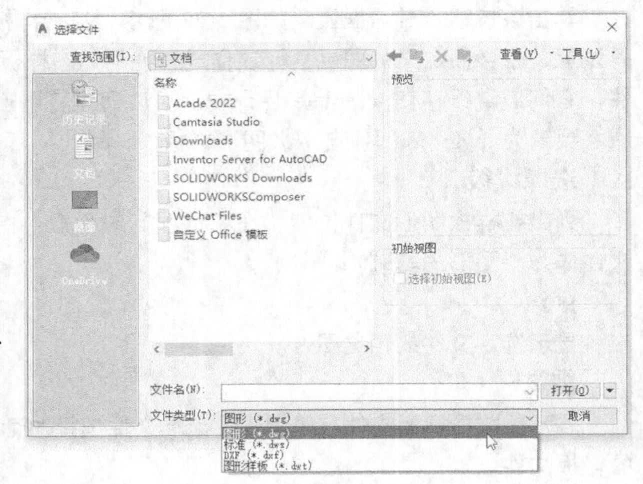

图 1-24 “选择文件”对话框

1.4 基本输入操作

在 AutoCAD Electrical 2022 中，有一些基本的输入操作方法，这些基本方法是进行 AutoCAD Electrical 2022 绘图的必备基础，也是深入学习 AutoCAD Electrical 2022 功能的前提。

1.4.1 命令输入方式

AutoCAD Electrical 2022 交互绘图必须输入必要的指令和参数。有多种 AutoCAD Electrical 2022 命令输入方式，下面以“直线”命令为例进行介绍。

1. 在命令行窗口输入命令名

命令字符不区分大小写。执行命令时，在命令行提示中经常会出现命令选项。如输入绘制“直线”命令“line”后，在命令行的提示下指定一点或输入一个点的坐标，当命令行提示“指定下一点或 [放弃(U)]:”时，选项中不带括号的提示为默认选项，因此可以直接输入直线段的终点坐标或在屏幕上指定一点，如果要选择其他选项，则应该首先输入该选项的标识字符，如“放弃”选项的标识字符“U”，然后按系统提示输入数据即可。在命令选项的后面有时还带有尖括号，尖括号内的数值为默认数值。

2. 在命令行窗口输入命令缩写字

例如，l（line）、c（circle）、a（arc）、z（zoom）、r（redraw）、m（more）、co（copy）、pl（pline）、e（erase）等。

3. 执行“绘图”→“直线”命令

执行该命令后，在状态栏中可以看到对应的命令说明及命令名。

4. 单击工具栏中的对应图标

单击该图标后，在状态栏中也可以看到对应的命令说明及命令名。

5．在绘图区单击鼠标右键打开快捷菜单

如果在前面刚执行过要输入的命令，可以在绘图区打开右键快捷菜单，在“最近的输入”子菜单中选择需要的命令，如图 1-25 所示。“最近的输入”子菜单中存储了最近使用的命令，如果经常重复执行某几个操作命令，这种方法就比较快捷。

6．在命令行按 Enter 键

如果用户要重复执行上次使用的命令，可以直接在命令行按 Enter 键，系统立即重复执行上次使用的命令，这种方法适用于重复执行某个命令。

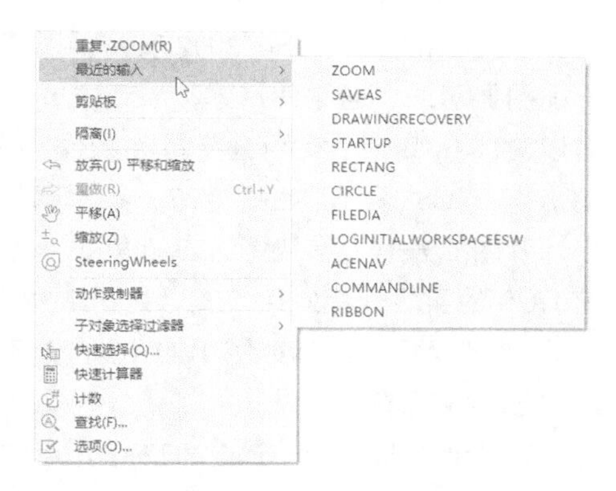

图 1-25　快捷菜单

1.4.2　命令的重复、撤销、重做

1．命令的重复

在命令行窗口中按 Enter 键可重复执行上一个命令，不管上一个命令是完成了还是已被取消。

2．命令的撤销

在命令执行的任何时刻都可以取消和终止命令的执行。该命令的执行方法有如下 4 种。

- 命令行：undo。
- 菜单栏：执行菜单栏中的“编辑”→“放弃”命令。
- 工具栏：单击“标准”工具栏中的“放弃”按钮 。
- 按快捷键 Esc。

3．命令的重做

已被撤销的命令还可以重做，可以恢复撤销的最后一个命令。该命令的执行方法有如下 3 种。

- 命令行：redo。
- 菜单栏：执行菜单栏中的“编辑”→“重做”命令。
- 工具栏：单击“标准”工具栏中的“重做”按钮 。

该命令可以一次执行多次重做，操作方法是单击“重做”按钮右侧的下拉按钮，选择重做的操作，如图 1-26 所示。

图 1-26　“重做”按钮

1.4.3　坐标系与数据的输入方法

1．坐标系

AutoCAD Electrical 2022 采用两种坐标系：世界坐标系（WCS）与用户坐标系（UCS）。用户刚进入 AutoCAD Electrical 2022 时的坐标系统就是世界坐标系，它是固定的坐标系统，也是坐标系统中的基准，在绘制图形时，多数情况是在这个坐标系统下进行的。执行“用户坐标系”命令有如下 3 种方法。

- 命令行：ucs。
- 菜单栏：执行菜单栏中的“工具”→“ucs”命令。
- 工具栏：单击“UCS”工具栏中的“UCS”按钮 。

AutoCAD Electrical 2022 有两种视图显示方式：模型空间和布局空间。模型空间显示方式指单一视图显示法，通常使用这种显示方式；布局空间显示方式指在绘图区域创建图形的多视图。用户可以对其中每一个视图进行单独操作。在默认情况下，当前 UCS 与 WCS 重合。如图 1-27（a）所示，模型空间下的 UCS 坐标系图标通常放在绘图区左下角处；也可以指定将它放在当前 UCS 的实际坐标原点位置，如图 1-27（b）所示。布局空间下的 UCS 坐标系图标如图 1-27（c）所示。

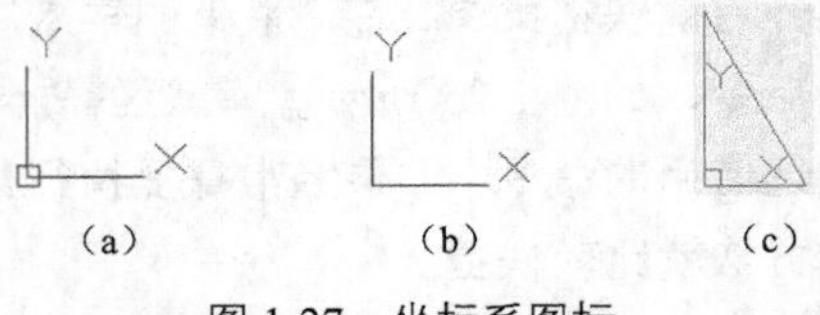

图 1-27　坐标系图标

2．数据输入方法

在 AutoCAD Electrical 2022 中，点的坐标可以用直角坐标、极坐标、球坐标和柱坐标表示，每一种坐标法又分别具有两种坐标输入方式：绝对坐标和相对坐标。其中，直角坐标和极坐标最常用，下面主要介绍坐标的输入。

（1）直角坐标法：用点的 *X*、*Y* 坐标值表示的坐标方法。

例如，在命令行中输入点的坐标提示下，输入“15,18”，则表示输入了一个 *X*、*Y* 的坐标值分别为 15、18 的点，此为绝对坐标输入方式，表示该点的坐标是相对于当前坐标原点的坐标值，如图 1-28（a）所示。如果输入“@10,20”，则为相对坐标输入方式，表示该点的坐标是相对于前一点的坐标值，如图 1-28（b）所示。

（2）极坐标法：用长度和角度表示的坐标方法，只能用来表示二维点的坐标。

在绝对坐标输入方式下，表示为“长度<角度”，如“25<50”，其中，长度为该点到坐标原点的距离，角度为该点至原点的连线与 *X* 轴正向的夹角，如图 1-28（c）所示。

在相对坐标输入方式下，表示为“@长度<角度”，如“@25<45”，其中，长度为该点到前一点的距离，角度为该点至前一点的连线与 *X* 轴正向的夹角，如图 1-28（d）所示。

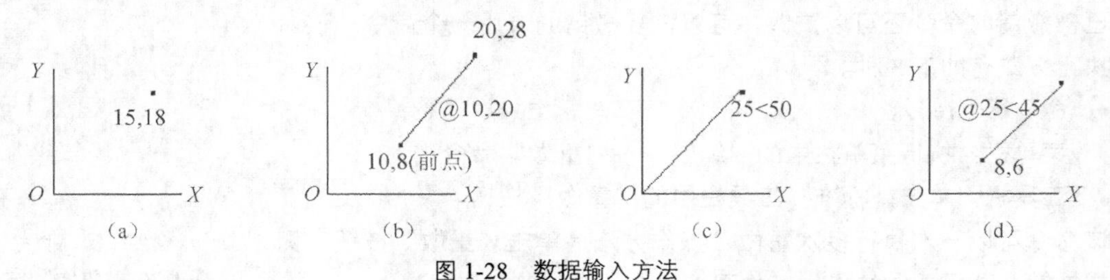

图 1-28　数据输入方法

3．动态数据输入

单击状态栏上的“动态输入”按钮，系统打开动态输入功能，可以在屏幕上动态地输入某些参数。例如，在绘制直线时，在光标附近，会动态地显示“指定第一个点”，以及后面的坐标框，当前显示的是光标所在位置，可以输入数据，两个数据之间以逗号隔开，如图 1-29 所示。指定第一点后，系统动态显示直线的角度，同时要求输入线段长度值，如图 1-30 所示，其输入效果与“@长度<角度”方式相同。

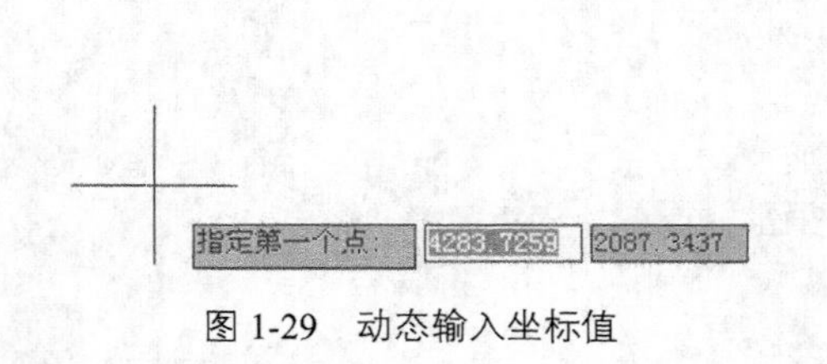

图 1-29　动态输入坐标值

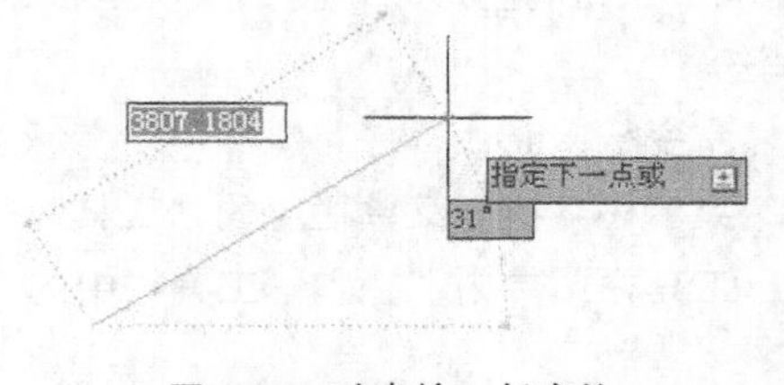

图 1-30　动态输入长度值

下面分别介绍点与距离值的输入方法。

（1）点的输入

在绘图过程中，常需要输入点的位置，AutoCAD Electrical 2022 提供了如下几种输入点的方式。

- 用键盘直接在命令行窗口中输入点的坐标。直角坐标有两种输入方式，“X,Y”（点的绝对坐标值，例如“100,50”）和“@ X,Y”（相对于上一点的相对坐标值，如“@50, –30”）。坐标值均相对于当前的用户坐标系。极坐标的输入方式为“长度<角度”（其中，长度为点到坐标原点的距离，角度为原点至该点连线与 X 轴的正向夹角，如“20<45”）或“@长度<角度”（相对于上一点的相对极坐标，如“@50<–30”）。
- 用鼠标等定标设备移动光标并在屏幕上单击直接取点。
- 用目标捕捉方式捕捉屏幕上已有图形的特殊点（如端点、中点、中心点、插入点、交点、切点、垂足点等，详见第 4 章）。
- 直接输入距离，即先用光标拖拉出橡皮筋线确定方向，然后用键盘输入距离。这样有利于准确控制对象的长度等参数。如在屏幕上移动光标指明线段的方向，但不要单击确认，如图 1-31 所示，然后在命令行中输入“10”，这样就在指定方向上准确地绘制出长度为 10mm 的线段。

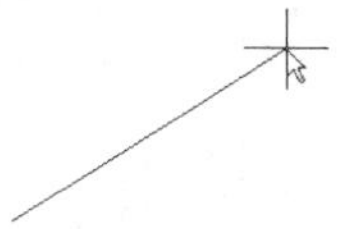

图 1-31 绘制直线

（2）距离值的输入

在 AutoCAD Electrical 2022 的命令中，有时需要提供高度、宽度、半径、长度等距离值。AutoCAD Electrical 2022 提供了两种输入距离值的方式，一种是用键盘在命令行窗口中直接输入数值；另一种是在屏幕上拾取两点，以两点的距离值定出所需要的数值。

1.5 缩放与平移

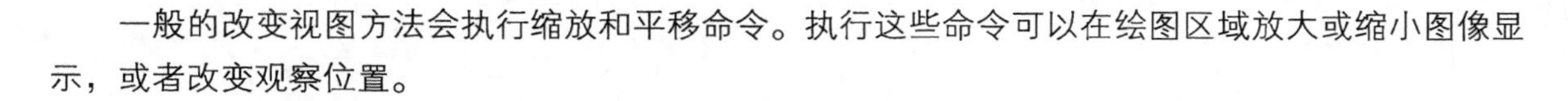

一般的改变视图方法会执行缩放和平移命令。执行这些命令可以在绘图区域放大或缩小图像显示，或者改变观察位置。

1.5.1 实时缩放

AutoCAD Electrical 2022 为交互式的缩放和平移提供了可能。有了实时缩放，用户就可以通过垂直向上或垂直向下移动光标来放大或缩小图形。利用实时平移，能移动光标重新放置图形。

在执行“实时缩放”命令时，可以通过垂直向上或垂直向下移动光标来放大或缩小图形。

执行“实时缩放”命令主要有以下 3 种方法。

- 命令行：zoom。
- 菜单栏：执行菜单栏中的“视图”→“缩放”→“实时”命令。
- 工具栏：单击“标准”工具栏中的“实时缩放”按钮。

执行上述命令后，按住选择钮垂直向上或垂直向下移动。从图形的中点向顶端垂直地移动光标就可以放大图形，向底部垂直地移动光标就可以缩小图形。

1.5.2 动态缩放

“动态缩放”命令会在当前视图区中根据用户选择不同而进行不同的缩放或平移。

执行“动态缩放”命令主要有以下 3 种方法。

- 命令行：zoom。
- 菜单栏：执行菜单栏中的“视图”→“缩放”→“动态”命令。
- 工具栏：单击“缩放”工具栏中的“动态缩放”按钮。

执行上述命令后，根据系统提示输入“D”，系统弹出一个图框，选取动态缩放前的画面呈绿色点线。如果要动态缩放的图形显示范围与选取动态缩放前的范围相同，则此框与白线重合而不可见。重生成区域的四周有一个蓝色虚线框，用以标记虚拟屏幕。

这时，如果线框中有一个“×”出现，如图 1-32（a）所示，就可以拖动线框将其平移到另外一个区域。如果要放大图形到不同的倍数，单击选择钮，“×”就会变成一个箭头，如图 1-32（b）所示。这时左右拖动边界线就可以重新确定视区的大小。缩放后的图形如图 1-32（c）所示。

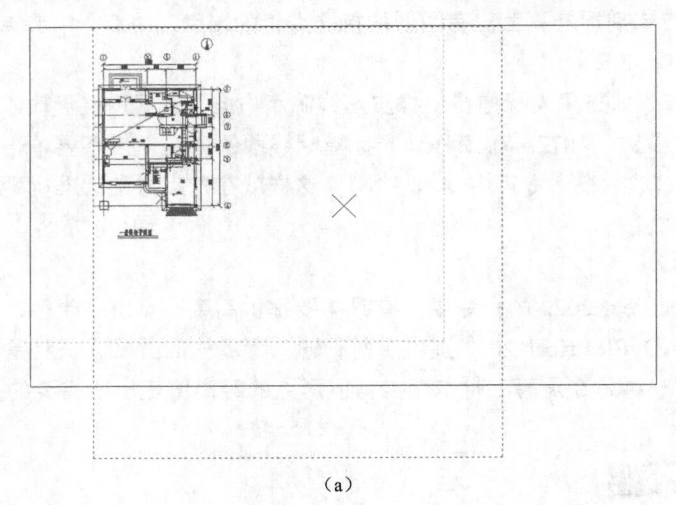

（a）

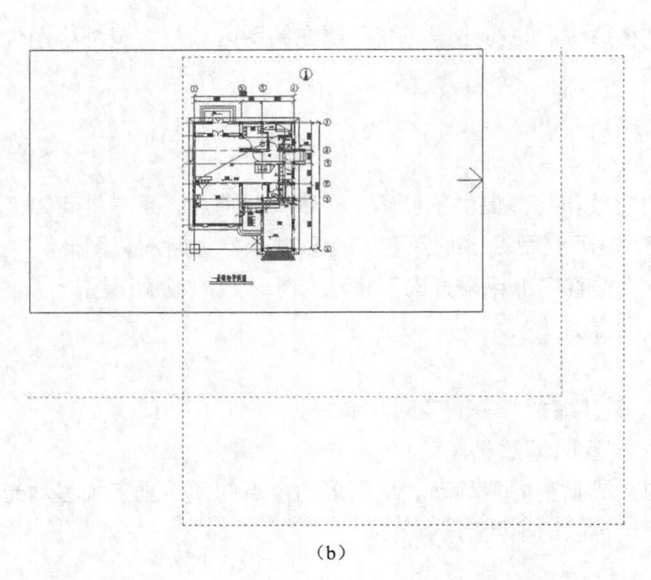

（b）

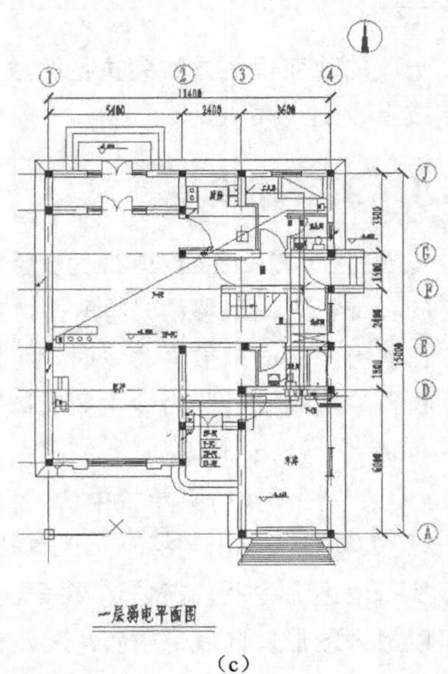

（c）

图 1-32 动态缩放

另外，还有放大、缩小、窗口缩放、比例缩放、中心缩放、全部缩放、对象缩放、缩放上一个和最大图形范围缩放，其操作方法与动态缩放类似，不再赘述。

1.5.3 实时平移

执行“实时平移”命令主要有以下 3 种方法。

- 命令行：pan。
- 菜单栏：执行菜单栏中的“视图”→“平移”→“实时”命令。
- 工具栏：单击“标准”工具栏中的“实时平移”按钮 。

执行上述命令后，单击选择按钮，然后移动手形光标 即可平移图形。

另外，为显示控制命令设置了一个右键快捷菜单，如图 1-33 所示。在该菜单中，用户可以在显示命令执行的过程中，透明地进行切换。

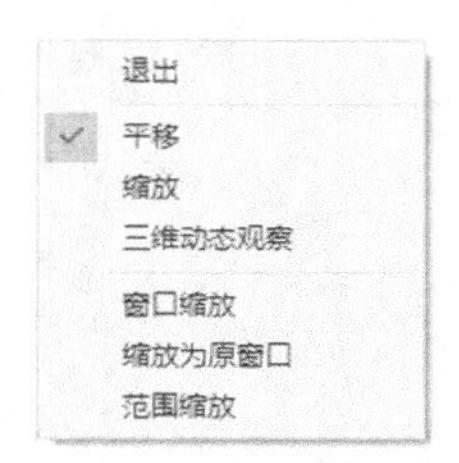

图 1-33　右键快捷菜单

第 2 章

二维绘图命令

本章学习要点和目标任务

- 直线类
- 圆类图形
- 平面图形
- 多段线
- 样条曲线
- 图案填充

AutoCAD 二维图形是指在二维平面空间绘制的图形，主要由一些图形元素组成，如点、直线、圆弧、圆、椭圆、矩形、多边形、多段线、样条曲线、多线等。AutoCAD Electrical 2022 提供了大量的绘图工具，可以帮助用户完成二维图形的绘制。本章主要内容包括直线、圆和圆弧、椭圆和椭圆弧、平面图形、点、多段线、样条曲线和多线等命令的使用及图案填充的操作。

2.1 直线类

直线类命令包括直线、射线和构造线等命令。这几个命令是 AutoCAD 中最简单的绘图命令。

2.1.1 点

绘制单点首先需要执行“单点”命令，执行“单点”命令主要有如下 4 种方法。

- 命令行：point 或 po。
- 菜单栏：执行菜单栏中的“绘图”→“点”→“单点（多点）”命令。
- 工具栏：单击“绘图”工具栏中的“点”按钮。
- 功能区：单击“默认”选项卡“绘图”面板中的“多点”按钮。

执行“点”命令之后，在命令行提示下输入点的坐标或使用鼠标在屏幕上单击，即可绘制单点或多点。

（1）在通过菜单栏方法进行操作时（见图 2-1），“单点”命令表示只输入一个点，“多点”命令表示可输入多个点。

（2）可以打开状态栏中的“对象捕捉”开关设置点捕捉模式，帮助用户拾取点。

（3）点在图形中的表示样式共有 20 种，可通过执行“ddptype”命令或执行“格式”→“点样式”命令，打开“点样式”对话框来设置，如图 2-2 所示。

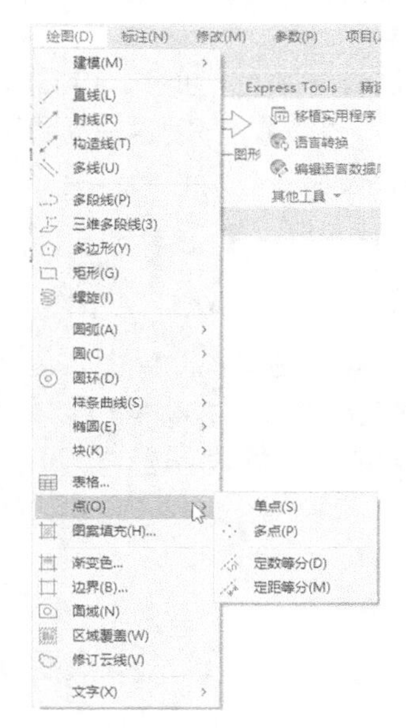

图 2-1 “点”子菜单

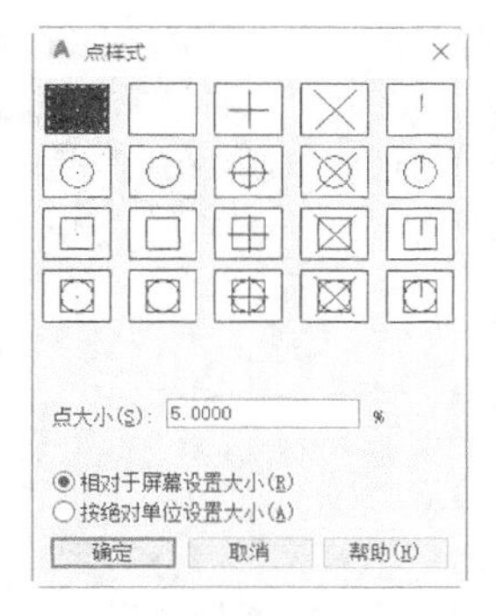

图 2-2 “点样式”对话框

2.1.2 绘制直线段

执行直线命令，主要有如下 4 种方法。

- 命令行：line 或 l。
- 菜单栏：执行菜单栏中的“绘图”→“直线”命令。
- 工具栏：单击“绘图”工具栏中的“直线”按钮 。
- 功能区：单击“默认”选项卡“绘图”面板中的“直线”按钮 。

执行上述命令后，根据系统提示输入直线段的起点，可用光标指定点或者给定点的坐标；再输入直线段的端点，也可以在用光标指定一定角度后，直接输入直线的长度。输入选项“U”表示放弃前面的输入；单击鼠标右键或按 Enter 键，结束命令。在命令行提示下输入下一直线段的端点，或输入选项“C”使图形闭合，结束命令。在执行“直线”命令绘制直线时，命令行提示中各选项的含义如下。

（1）若按 Enter 键响应“指定第一个点:”的提示，则系统会把上次绘线（或弧）的终点作为本次操作的起始点。特别地，若上次操作为绘制圆弧，按 Enter 键响应后，绘制出通过圆弧终点并与该圆弧相切的直线段，该线段的长度由光标在屏幕上指定的一点与切点之间线段的长度确定。

（2）在“指定下一个点”的提示下，用户可以指定多个端点，从而绘制出多条直线段。但是，每一条直线段都是一个独立的对象，可以进行单独的编辑操作。

（3）在绘制两条以上的直线段后，若用选项“C”响应“指定下一点”的提示，系统会自动连接起始点和最后一个端点，从而绘制出封闭的图形。

（4）若用选项“U”响应提示，则会擦除最近一次绘制的直线段。

（5）若设置正交方式（单击状态栏上的“正交”按钮），则只能绘制水平直线段或垂直直线段。

（6）若设置动态数据输入方式（单击状态栏上的“动态输入”按钮），则可以动态输入坐标或长度值，效果与非动态数据输入方式类似。除了特别需要，以后不再强调，而只按非动态数据输入方式输入相关数据。

2.1.3 实例——绘制阀符号

本实例通过执行“直线”命令绘制连续线段，从而绘制出阀符号，如图 2-3 所示。

单击“默认”选项卡“绘图”面板中的“直线”按钮╱，在屏幕上指定一点（即顶点 1 的位置）后，根据系统提示，指定阀的各个顶点，命令行提示与操作如下。

```
命令：_line↙
指定第一个点：(在屏幕上指定一点)
指定下一点或[放弃(U)]：(垂直向下在屏幕适当位置指定点 2)
指定下一点或[放弃(U)]：(在屏幕适当位置指定点 3，使点 3 与点 1 等高，如图 2-4 所示)
指定下一点或[闭合(C)/放弃(U)]：(垂直向下在屏幕适当位置指定点 4，使点 4 与点 2 等高)
指定下一点或[闭合(C)/放弃(U)]：C↙ (系统自动封闭连续直线并结束命令，结果如图 2-3 所示)
```

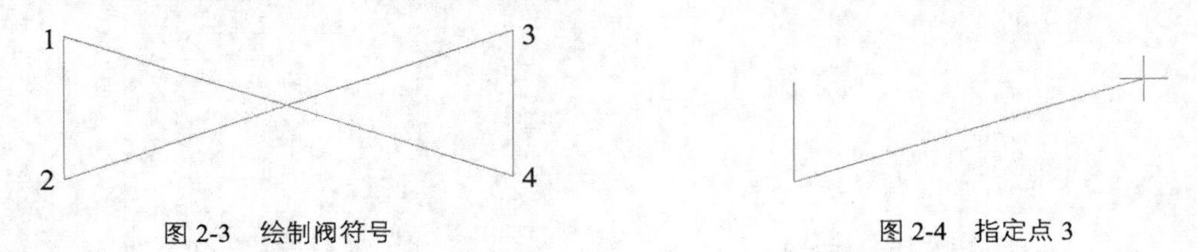

图 2-3　绘制阀符号　　　　图 2-4　指定点 3

提示：一般每个命令有 4 种执行方式，这里只给出了命令行执行方式，其他三种执行方式的操作方法与命令行执行方式相同。

2.2 圆类图形

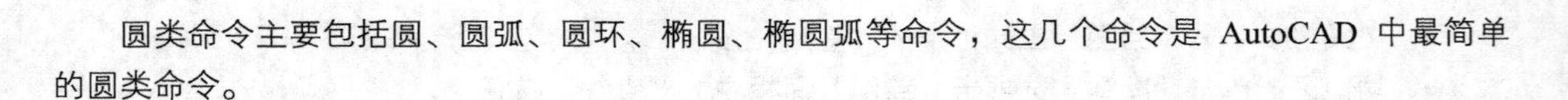

圆类命令主要包括圆、圆弧、圆环、椭圆、椭圆弧等命令，这几个命令是 AutoCAD 中最简单的圆类命令。

2.2.1 绘制圆

执行“圆”命令，主要有如下 4 种方法。

- 命令行：circle。
- 菜单栏：执行菜单栏中的“绘图”→“圆”命令。
- 工具栏：单击“绘图”工具栏中的“圆”按钮⊘。
- 功能区：单击“默认”选项卡“绘图”面板中的“圆”下拉菜单。

执行上述命令后，根据系统提示指定圆心，输入半径数值或直径数值。执行“圆”命令时，命令行提示中各选项的含义如下。

（1）三点（3P）：用指定圆周上 3 点的方法画圆。

（2）两点（2P）：按指定直径的两端点的方法画圆。

（3）切点、切点、半径（T）：按先指定两个相切对象，后给出半径的方法画圆。

（4）相切、相切、相切（A）：依次拾取相切的第 1 个圆弧、第 2 个圆弧和第 3 个圆弧。

除了上述方法，也可以执行菜单栏中的“绘图”→“圆”→“相切”→“相切”→“相切”命令，在命令行提示下依次选择相切的第 1 个圆弧、第 2 个圆弧、第 3 个圆弧来画圆。

2.2.2 实例——绘制传声器符号

本实例执行“圆”命令、“直线”命令绘制传声器符号，如图 2-5 所示。

（1）单击“默认”选项卡“绘图”面板中的“直线”按钮，在屏幕适当位置指定一点，然后垂直向下在适当位置指定一点，如图 2-6 所示，按 Enter 键完成直线绘制。

（2）单击“默认”选项卡“绘图”面板中的“圆”按钮，绘制圆，在命令行提示下，在直线左边中间适当位置指定一点，在直线与圆心垂直的位置指定一点，如图 2-7 所示。

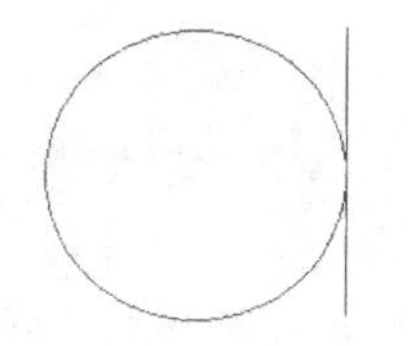

图 2-5　绘制传声器符号

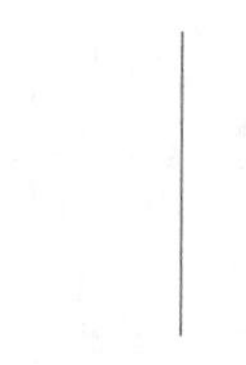

图 2-6　传声器

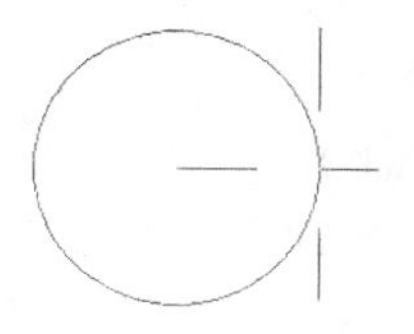

图 2-7　指定半径

提示：对于圆心点的选择，除了直接输入圆心点坐标（150,200）外，还可以利用圆心点与中心线的对应关系，使用对象捕捉的方法来选择。单击状态栏中的“对象捕捉”按钮，命令行中会提示“命令: <对象捕捉 开>”。

2.2.3 绘制圆弧

执行“圆弧”命令，主要有如下 4 种方法。

- 命令行：arc 或 a。
- 菜单栏：执行“绘图”→“圆弧”子菜单中的命令。
- 工具栏：单击“绘图”工具栏“圆弧”子菜单中的按钮。
- 功能区：单击“默认”选项卡“绘图”面板中的“三点”按钮。

下面以“三点”法为例讲述圆弧的绘制方法。

执行上述命令后，根据系统提示指定起点和第二点，在命令行提示时指定末端点。需要强调的内容如下。

在用命令行方式绘制圆弧时，可以根据系统提示单击不同的选项，具体功能和菜单栏中“绘图”→“圆弧”子菜单中提供的 11 种圆弧绘制方式相似。用这 11 种方式绘制的圆弧分别如图 2-8（a）~图 2-8（k）所示。

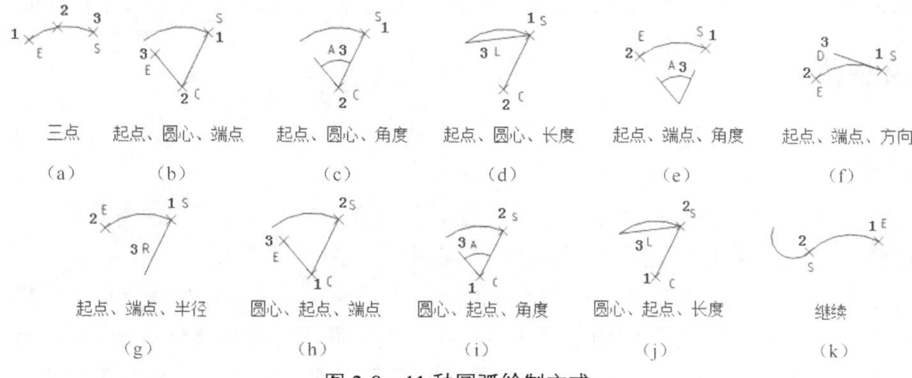

图 2-8　11 种圆弧绘制方式

使用“继续”方式绘制的圆弧与上一线段或圆弧相切，因此只需要提供端点即可。

2.2.4 实例——绘制自耦变压器符号

本实例执行“圆”命令、“直线”命令和“圆弧”命令绘制自耦变压器符号，如图 2-9 所示。

（1）单击“默认”选项卡“绘图”面板中的“直线”按钮，绘制一条竖直直线，结果如图 2-10 所示。

（2）单击“默认”选项卡“绘图”面板中的“圆”按钮，在竖直直线上端点处绘制一个圆，如图 2-11 所示，命令行提示与操作如下。

```
命令: _circle↙
指定圆的圆心或 [三点(3P)/两点(2P)/切点、切点、半径(T)]:(在直线上大约与圆心垂直的位置指定一点)
指定圆的半径或 [直径(D)]:(在直线上端点位置指定一点)
```

（3）单击“默认”选项卡“绘图”面板中的“三点”按钮，在圆右侧边上取一点绘制一段圆弧，命令行提示与操作如下。

```
命令: _arc↙
指定圆弧的起点或 [圆心(C)]:(在圆右侧边上取任意一点)
指定圆弧的第二点或 [圆心(C)/端点(E)]:(在圆上端取一点)
指定圆弧的端点:(向右拖动鼠标，在适当位置指定一点)
```

（4）单击“默认”选项卡“绘图”面板中的“直线”按钮，点取圆弧下端点，在圆弧上方选取一点，按 Enter 键完成直线绘制，结果如图 2-9 所示。

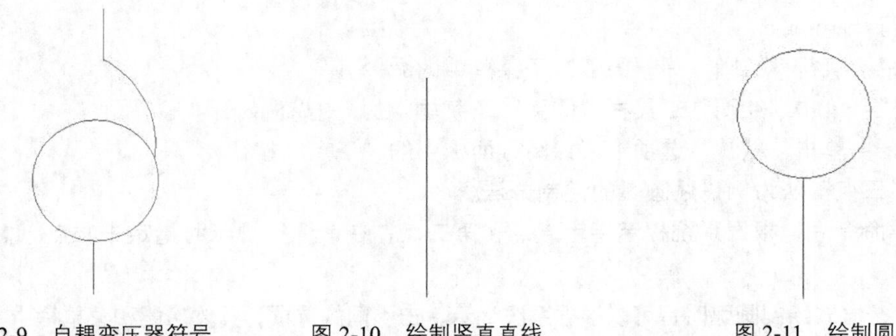

图 2-9　自耦变压器符号　　图 2-10　绘制竖直直线　　图 2-11　绘制圆

提示： 在绘制圆弧时，注意圆弧的曲率是遵循逆时针方向的，所以在采用指定圆弧两个端点和半径模式时，需要注意端点的指定顺序，否则有可能导致圆弧的凹凸形状与预期的相反。

2.2.5 绘制圆环

执行“圆环”命令，主要有如下 3 种方法。

- 命令行：donut。
- 菜单栏：执行菜单栏中的“绘图”→“圆环”命令。
- 功能区：单击“默认”选项卡“绘图”面板中的“圆环”按钮。

执行上述命令后，指定圆环内径和外径，再指定圆环的中心点。在命令行提示“指定圆环的中心点或<退出>:”后继续指定圆环的中心点，则继续绘制相同内外径的圆环。按 Enter 键、空格键或单击鼠标右键结束命令。若指定内径为 0，则画出实心填充圆。用“fill”命令可以控制圆环是否填充，选择“ON”表示填充，选择“OFF”表示不填充。

2.2.6 绘制椭圆与椭圆弧

执行“椭圆”命令，主要有如下 4 种方法。

- 命令行：ellipse 或 el。
- 菜单栏：执行“绘图”→“椭圆”子菜单中的命令。
- 工具栏：单击“绘图”工具栏中的“椭圆”按钮 或“椭圆弧”按钮。
- 功能区：单击“默认”选项卡“绘图”面板中的“圆心”下拉菜单。

执行上述命令后，根据系统提示指定轴端点 1 和轴端点 2，如图 2-12（a）所示，在命令行提示“指定另一条半轴长度或 [旋转(R)]:”后按 Enter 键。在执行“椭圆”命令时，命令行提示中各选项的含义如下。

（1）指定椭圆的轴端点：根据两个端点定义椭圆的第一条轴，第一条轴的角度确定了整个椭圆的角度。既可以将第一条轴定义为椭圆的长轴，也可将其定义为椭圆的短轴。

（2）圆弧（A）：用于创建一段椭圆弧，与单击“绘图”工具栏中的“椭圆弧”按钮功能相同。其中，第一条轴的角度确定了椭圆弧的角度。既可以将第一条轴定义为椭圆弧的长轴，也可将其定义为椭圆弧的短轴。

执行该命令后，根据系统提示输入“A”，之后指定端点或输入“C”指定另一端点，然后在命令行提示下指定另一条半轴长度或输入“R”指定起始角度、指定适当点或输入“P”，再在命令行提示“指定端点角度或 [参数(P)/ 夹角(I)]:”后指定适当点。其中各选项含义如下。

（1）起始角度：指定椭圆弧端点的两种方式之一，光标与椭圆中心点连线的夹角为椭圆端点位置的角度，如图 2-12（b）所示。

（2）参数（P）：指定椭圆弧端点的另一种方式，该方式同样是指定椭圆弧端点的角度，但通过以下矢量参数方程式创建椭圆弧，$p(u) = c + a\times\cos(u) + b\times\sin(u)$。其中，$c$ 是椭圆的中心点，a 和 b 分别是椭圆的长轴和短轴，u 为光标与椭圆中心点连线的夹角。

- 夹角（I）：定义从起始角度开始的包含角度。
- 中心点（C）：通过指定的中心点创建椭圆。
- 旋转（R）：通过绕第一条轴旋转圆来创建椭圆，相当于将一个圆绕椭圆轴翻转一定角度后的投影视图。

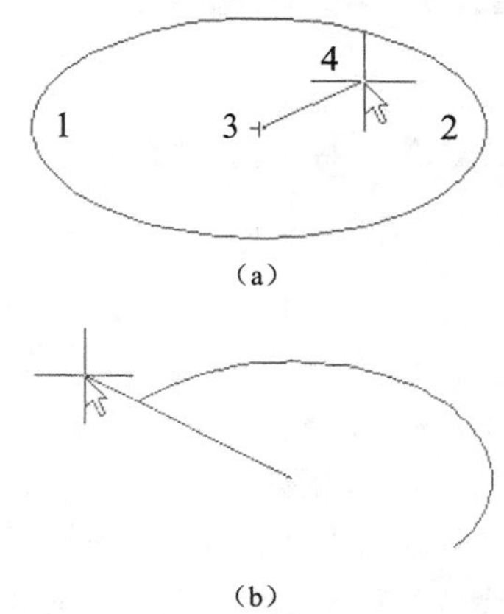

图 2-12 椭圆和椭圆弧

2.2.7 实例——绘制电话机

本实例执行“直线”命令和“椭圆弧”命令绘制电话机，如图 2-13 所示。

（1）单击“默认”选项卡“绘图”面板中的“直线”按钮，绘制一系列的线段，坐标及命令分别为 [(100,100),(@100,0),(@0,60),(@−100,0),C]、[(152,110),(152,150)]、[(148,120),(148, 140)]、[(148,130),(110,130)]、[(152,130),(190,130)]、[(100,150),(70,150)]、[(200,150),(230,150)]，结果如图 2-14 所示。

（2）单击“默认”选项卡“绘图”面板中的“椭圆弧”按钮，绘制椭圆弧，命令行提示与操作如下。

```
命令: _ellipse↙
指定椭圆的轴端点或 [圆弧(A)/中心点(C)]:A↙
指定椭圆弧的轴端点或 [中心点(C)]:C↙
指定椭圆弧的中心点:150,130↙
指定轴端点:60,130↙
指定另一条半轴长度或 [旋转(R)]:44.5↙
指定起点角度或 [参数(P)]:194↙
指定端点角度或 [参数(P)/夹角(I)]:346↙
```

最终结果如图 2-13 所示。

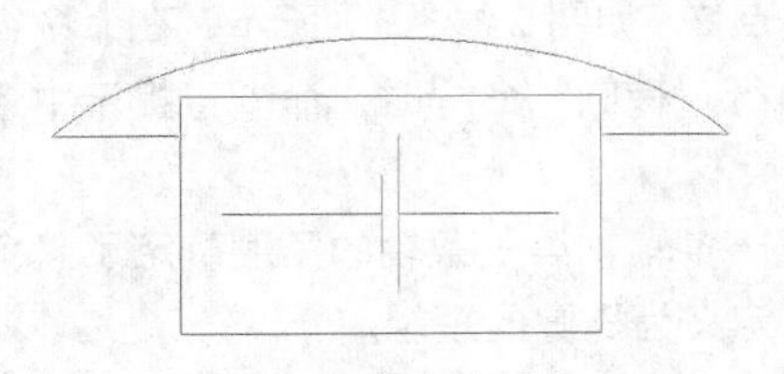

图 2-13　绘制电话机

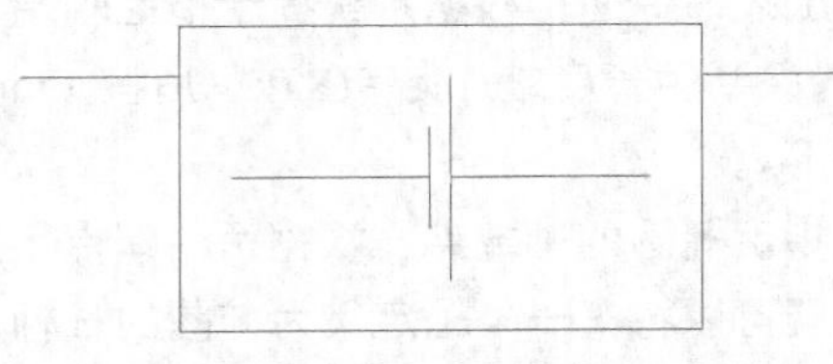

图 2-14　绘制直线

提示：在绘制圆环时，仅一次绘制可能无法准确确定圆环外径大小与确定圆环与椭圆的相对大小，可以通过多次绘制找到一个相对合适的外径值。

2.3 平面图形

2.3.1　绘制矩形

执行“矩形”命令，主要有如下 4 种方法。

- 命令行：rectang 或 rec。
- 菜单栏：执行菜单栏中的“绘图”→“矩形”命令。
- 工具栏：单击“绘图”工具栏中的“矩形”按钮 ▭。
- 功能区：单击“默认”选项卡“绘图”面板中的“矩形”按钮 ▭。

执行上述命令后，根据系统提示指定角点，指定另一角点，绘制矩形。在执行“矩形”命令时，命令行提示中各选项的含义如下。

（1）第一个角点：通过指定两个角点来确定矩形，如图 2-15（a）所示。

（2）倒角（C）：指定倒角距离，绘制带倒角的矩形，如图 2-15（b）所示。在每一个角点按逆时针和顺时针方向绘制的倒角可以相同，也可以不同，其中第一个倒角距离是指角点逆时针方向的倒角距离，第二个倒角距离是指角点顺时针方向的倒角距离。

（3）标高（E）：指定矩形标高（*Z* 坐标），即把矩形画在标高为 *Z*、和 *XOY* 坐标面平行的平面上，标高参数作为后续矩形的标高值。

（4）圆角（F）：指定圆角半径，绘制带圆角的矩形，如图 2-15（c）所示。

（5）厚度（T）：指定矩形的厚度，如图 2-15（d）所示。

（6）宽度（W）：指定线宽，如图 2-15（e）所示。

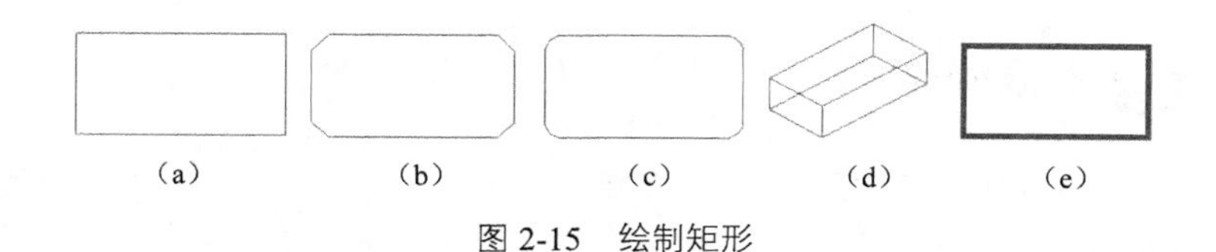

图 2-15 绘制矩形

（7）尺寸（D）：使用长和宽创建矩形。第二个指定点按照指定的矩形长、宽被定位在与第一角点相关的 4 个位置之一。

（8）面积（A）：指定面积和长或宽创建矩形。选择该项，在系统提示下输入面积值，然后指定长度或宽度。在指定长度或宽度后，系统自动计算另一个维度，绘制矩形。如果矩形被倒角或圆角，则在长度或面积计算中也会考虑此设置，如图 2-16 所示。

（9）旋转（R）：旋转所绘制矩形的角度。选择该项，在系统提示下指定角度，然后指定另一个角点或选择其他选项，如图 2-17 所示。

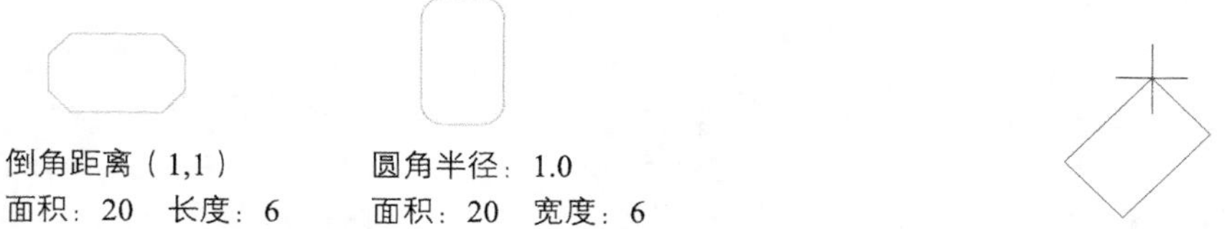

图 2-16 按面积绘制矩形

图 2-17 按指定旋转角度创建矩形

2.3.2 实例——绘制非门符号

本实例执行“矩形”命令、“直线”命令和“圆”命令绘制非门符号，如图 2-18 所示。

（1）单击“默认”选项卡“绘图”面板中的“矩形”按钮 ，绘制外框，命令行提示与操作如下。

```
命令: _rectang↙
指定第一个角点或 [倒角(C)/标高(E)/圆角(F)/厚度(T)/宽度(W)]:100,100 ↙
指定另一个角点或 [面积(A)/尺寸(D)/旋转(R)]:140,160 ↙
```

结果如图 2-19 所示。

（2）单击“默认”选项卡“绘图”面板中的“圆”按钮，绘制圆，命令行提示与操作如下。

```
命令: _circle↙
指定圆的圆心或 [三点(3P)/两点(2P)/切点、切点、半径(T)]: 2P ↙
指定圆直径的第一个端点:140,130 ↙
指定圆直径的第二个端点:148,130 ↙
```

结果如图 2-20 所示。

（3）单击“默认”选项卡“绘图”面板中的“直线”按钮，绘制两条直线，端点坐标分别为[(100,130),(40,130)]和[(148,130),(168,130)]，结果如图 2-18 所示。

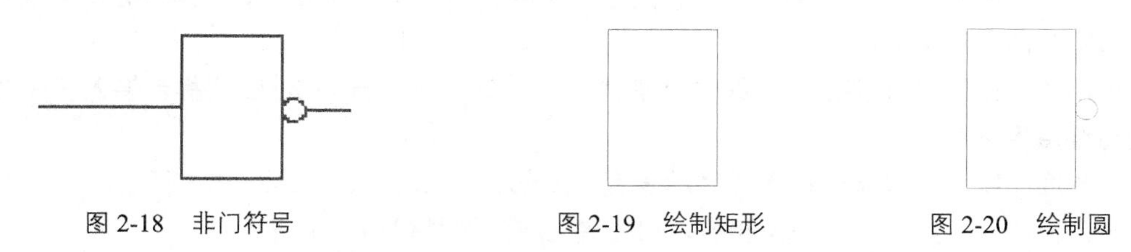

图 2-18 非门符号　　图 2-19 绘制矩形　　图 2-20 绘制圆

2.3.3 绘制正多边形

执行“正多边形”命令，主要有如下 4 种方法。

- 命令行：polygon 或 pol。
- 菜单栏：执行菜单栏中的“绘图”→“多边形”命令。
- 工具栏：单击“绘图”工具栏中的“多边形”按钮。
- 功能区：单击“默认”选项卡“绘图”面板中的“多边形”按钮。

执行上述命令后，根据系统提示指定正多边形的边数和中心点，之后指定正多边形内接于圆或外切于圆，并输入外接圆或内切圆的半径。“I”表示内接于圆，如图 2-21（a）所示；“C”表示外切于圆，如图 2-21（b）所示。

如果单击“边”选项，则只要指定多边形的一条边，系统就会按逆时针方向创建该正多边形，如图 2-21（c）所示。

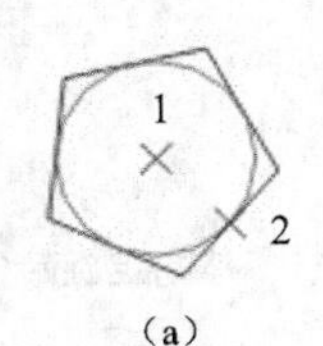

（a）

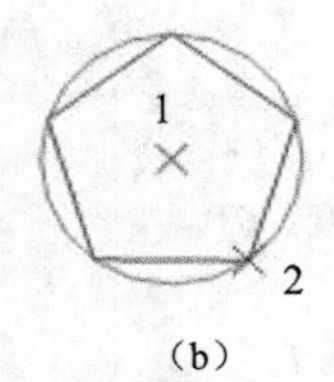

（b）

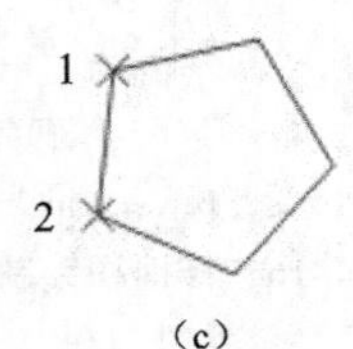

（c）

图 2-21　绘制正多边形

2.4 多段线

多段线是一种由线段和圆弧组合而成的、不同线宽的多线，这种线由于其组合形式的多样和线宽的不同，弥补了直线或圆弧功能的不足，适合绘制各种复杂的图形轮廓，因而得到了广泛的应用。

2.4.1 绘制多段线

执行“多段线”命令，主要有如下 4 种方法。

- 命令行：pline 或 pl。
- 菜单栏：执行菜单栏中的“格式”→“多段线”命令。
- 工具栏：单击“绘图”工具栏中的“多段线”按钮。
- 功能区：单击“默认”选项卡“绘图”面板中的“多段线”按钮。

执行上述命令后，根据系统提示指定多段线的起点和下一个点。此时，命令行提示中各选项含义如下。

（1）圆弧（A）：将绘制直线的方式转变为绘制圆弧的方式，这种绘制圆弧的方法与执行“arc”命令绘制圆弧的方法类似。

（2）半宽（H）：用于指定多段线的半宽值，AutoCAD Electrical 2022 将提示输入多段线的起点半宽值与终点半宽值。

（3）长度（L）：定义下一条多段线的长度，AutoCAD Electrical 2022 将按照上一条直线的方向绘制这一条多段线。如果上一段是圆弧，则将绘制与此圆弧相切的直线。

（4）宽度（W）：设置多段线的宽度值。

2.4.2 实例——绘制水下线路符号

本实例执行“多段线”命令和“直线”命令绘制水下线路符号，如图 2-22 所示。

（1）绘制多段线。单击“默认”选项卡“绘图”面板中的“多段线”按钮，绘制两段连续的圆弧，命令行提示与操作如下。

```
命令: _pline↙
指定起点: (指定多段线的起点)
指定下一个点或 [圆弧(A)/半宽(H)/长度(L)/放弃(U)/宽度(W)]:A↙
指定圆弧的端点或[角度(A)/圆心(CE)/方向(D)/半宽(H)/直线(L)/半径(R)/第二个点(S)/放弃(U)/宽度(W)]:A↙
指定夹角:-180↙
指定圆弧的端点(按住Ctrl键以切换方向)或[圆心(CE)/半径(R)]:R↙
指定圆弧的半径:100↙
指定圆弧的弦方向(按住Ctrl键以切换方向)<0>:180↙
指定圆弧的端点(按住 Ctrl 键以切换方向)或[角度(A)/圆心(CE)/闭合(CL)/方向(D)/半宽(H)/直线(L)/半径(R)/第二个点(S)/放弃(U)/宽度(W)]:A↙
指定夹角:-180↙
指定圆弧的端点(按住Ctrl键以切换方向)或 [圆心(CE)/半径(R)]:R↙
指定圆弧的半径:100↙
指定圆弧的弦方向(按住Ctrl键以切换方向)90>:-180↙
```

结果如图 2-23 所示。

（2）单击“默认”选项卡“绘图”面板中的“直线”按钮，在圆弧下方绘制一条水平直线，结果如图 2-22 所示。

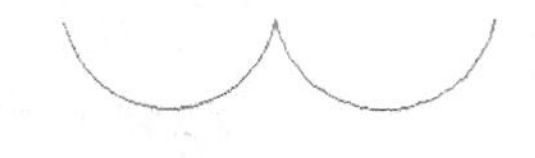

图 2-22　水下线路符号

图 2-23　绘制两段圆弧

2.5 样条曲线

AutoCAD Electrical 2022 使用一种被称为非一致有理 B 样条（NURBS）曲线的特殊样条曲线类型。非一致有理 B 样条曲线在控制点之间产生一条光滑的样条曲线，如图 2-24 所示。样条曲线可用于创建形状不规则的曲线，例如，它们经常应用于地理信息系统（GIS）或汽车设计。

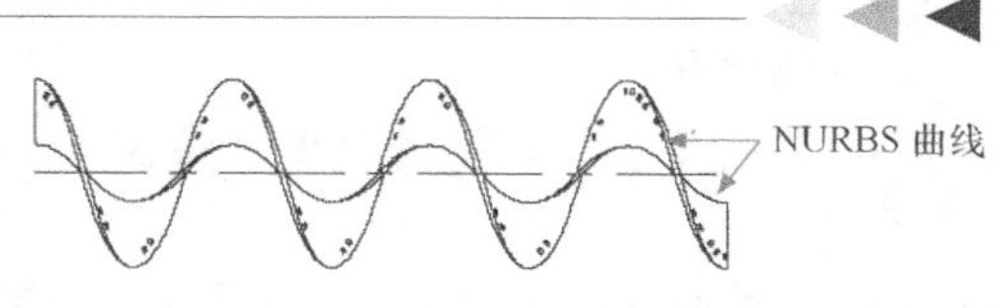

图 2-24　NURBS 曲线

2.5.1 绘制样条曲线

执行“样条曲线”命令，主要有如下 4 种方法。

- 命令行：spline 或 spl。
- 菜单栏：执行菜单栏中的“绘图”→“样条曲线”命令。

- 工具栏：单击“绘图”工具栏中的“样条曲线”按钮。
- 功能区：单击“默认”选项卡“绘图”面板中的“样条曲线拟合”按钮或“样条曲线控制点”按钮。

执行“样条曲线”命令后，系统将提示指定样条曲线的点，在绘图区依次指定所需要位置的点即可创建样条曲线。在绘制样条曲线的过程中，各选项的含义如下。

（1）方式（M）：选择使用拟合点或控制点来创建样条曲线。

（2）节点（K）：指定节点参数化，会影响曲线在通过拟合点时的形状。

（3）对象（O）：将二维或三维的二次或三次样条曲线拟合多段线转换为等价的样条曲线，然后根据 DELOBJ 系统变量的设置删除该多段线。

（4）起点切向（T）：定义样条曲线的第一点和最后一点的切向。如果在样条曲线的两端都指定切向，可以输入一个点或使用“切点”和“垂足”对象捕捉模式使样条曲线与已有的对象相切或垂直。如果按 Enter 键，系统将计算默认切向。

（5）端点相切（T）：停止基于切向创建曲线。可通过指定拟合点继续创建样条曲线。

（6）公差（L）：指定拟合点距样条曲线的距离。将公差应用于除起点和端点外的所有拟合点。

（7）闭合（C）：将最后一点定义为与第一点一致，两点处的切线一致，以闭合样条曲线。单击该选项，在命令行提示下指定点或按 Enter 键，用户可以通过指定一点来定义切向矢量，或单击状态栏中的“对象捕捉”按钮，使用“切点”和“垂足”对象捕捉模式使样条曲线与现有对象相切或垂直。

2.5.2 实例——绘制整流器框形符号

本实例执行“多边形”命令、“直线”命令和“样条曲线”命令绘制整流器框形符号，如图 2-25 所示。

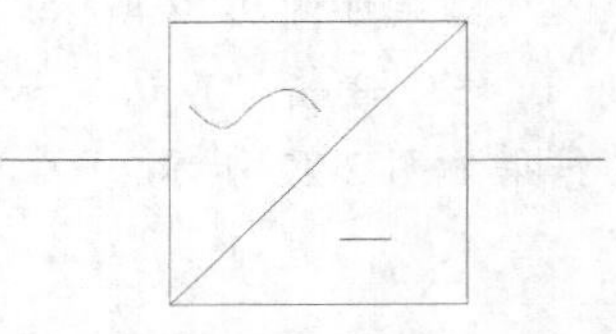

图 2-25 整流器框形符号

（1）单击“默认”选项卡“绘图”面板中的“多边形”按钮，绘制正方形，命令行提示与操作如下。

```
命令: _polygon↙
输入侧面数 <4>:↙
指定正多边形的中心点或 [边(E)]: (在绘图屏幕中适当位置指定一点)
输入选项 [内接于圆(I)/外切于圆(C)] <I>:C ↙
指定圆的半径:(适当指定一点，使正四边形外切于圆)
```

结果如图 2-26 所示。

（2）单击“默认”选项卡“绘图”面板中的“直线”按钮，绘制 4 条直线，如图 2-27 所示。

（3）单击“默认”选项卡“绘图”面板中的“样条曲线拟合”按钮，绘制所需要曲线，命令行提示与操作如下。

```
命令: _spline↙
当前设置: 方式=拟合    节点=弦
指定第一个点或 [方式(M)/节点(K)/对象(O)]: _M↙
输入样条曲线创建方式 [拟合(F)/控制点(CV)] <拟合>: _fit↙
指定第一个点或 [方式(M)/节点(K)/对象(O)]: (指定一点)
输入下一个点或 [起点切向(T)/公差(L)]: (适当指定一点)
```

```
输入下一个点或 [端点相切(T)/公差(L)/放弃(U)/闭合(C)]: (适当指定一点)
输入下一个点或 [端点相切(T)/公差(L)/放弃(U)/闭合(C)]: (适当指定一点)
输入下一个点或 [端点相切(T)/公差(L)/放弃(U)/闭合(C)]: ↙
```

最终结果如图 2-25 所示。

图 2-26　绘制正四边形　　　　图 2-27　绘制直线

2.6 图案填充

当用户需要用一个重复的图案（pattern）填充某个区域时，可以执行“bhatch”命令建立一个相关联的填充阴影对象，即所谓的图案填充。

2.6.1 基本概念

1. 图案边界

当进行图案填充时，首先要确定图案填充的边界。定义边界的对象只能是直线、双向射线、单向射线、多段线、样条曲线、圆弧、圆、椭圆、椭圆弧、面域等对象或用这些对象定义的块，作为边界的对象在当前屏幕上必须全部可见。

2. 孤岛

在进行图案填充时，把位于总填充域内的封闭区域称为孤岛，如图 2-28 所示。在执行“bhatch”命令进行图案填充时，AutoCAD Electrical 2022 允许用户以拾取点的方式确定填充边界，即在希望填充的区域内任意拾取一点，AutoCAD Electrical 2022 会自动确定填充边界，同时也确定该边界内的孤岛。如果用户是以点取对象的方式确定填充边界的，则必须确切地点取这些孤岛。

3. 填充方式

在进行图案填充时，需要控制填充的范围，AutoCAD Electrical 2022 为用户提供了以下 3 种填充方式，实现对填充范围的控制。

（1）普通方式：如图 2-29（a）所示，该方式从边界开始，从每条填充线或每个剖面符号的两端向里填充，当遇到内部对象与之相交时，填充线或剖面符号断开，直到遇到下一次相交时再继续填充。在采用这种方式时，要避免填充线或剖面符号与内部对象的相交次数为奇数。该填充方式为系统内部的默认填充方式。

（2）最外层方式：如图 2-29（b）所示，该方式从边界开始，向里填充剖面符号，只要在边界内部与对象相交，则剖面符号由此断开，而不再继续填充。

（3）忽略方式：如图 2-29（c）所示，该方式忽略边界内部的对象，所有内部结构都被剖面符号覆盖。

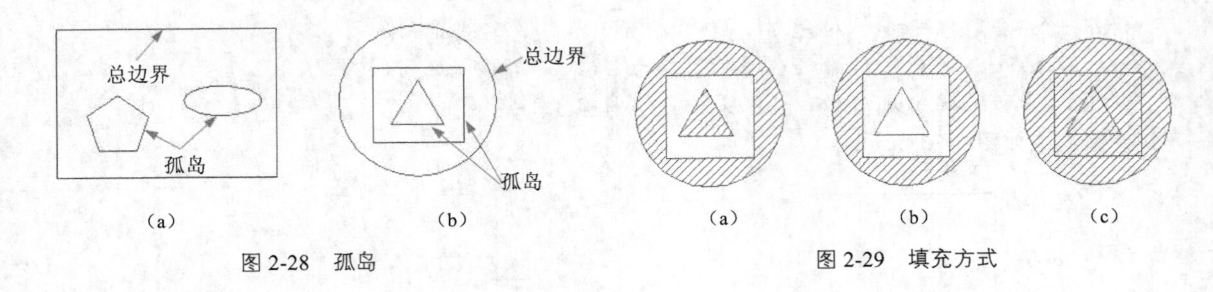

图 2-28　孤岛　　　　图 2-29　填充方式

2.6.2　图案填充的操作

执行“图案填充”命令，主要有如下 4 种方法。

- 命令行：bhatch。
- 菜单栏：执行菜单栏中的“绘图”→“图案填充”命令。
- 工具栏：单击“绘图”工具栏中的“图案填充”按钮或“渐变色”按钮。
- 功能区：单击“默认”选项卡“绘图”面板中的“图案填充”按钮或“渐变色”按钮。

执行上述命令后，系统打开图 2-30 所示的“图案填充创建”选项卡，各选项组和按钮含义如下。

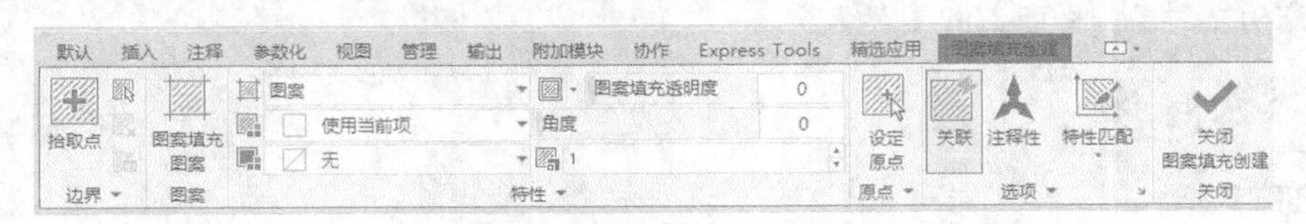

图 2-30　“图案填充创建”选项卡

1. “边界”面板

(1)拾取点：通过选择由一个或多个对象形成的封闭区域内的点，确定图案填充边界，如图 2-31 所示。在指定内部点时，可以随时在绘图区域中单击鼠标右键以显示包含多个选项的快捷菜单。

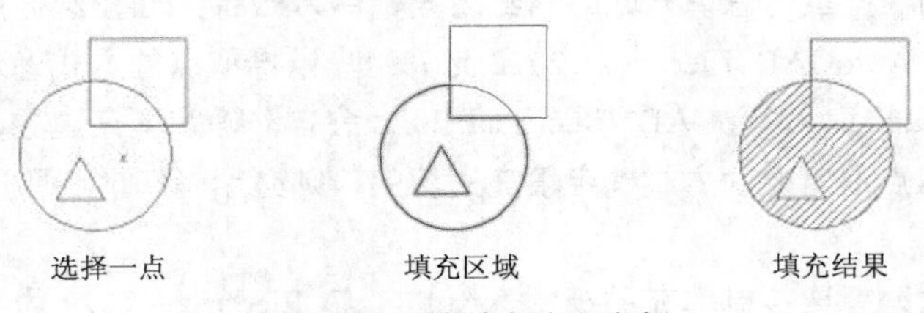

图 2-31　图案填充边界确定

(2)选取边界对象：指定基于选定对象的图案填充边界。使用该选项时，不会自动检测内部对象，必须选择选定边界内的对象，按照当前孤岛检测样式填充这些对象，如图 2-32 所示。

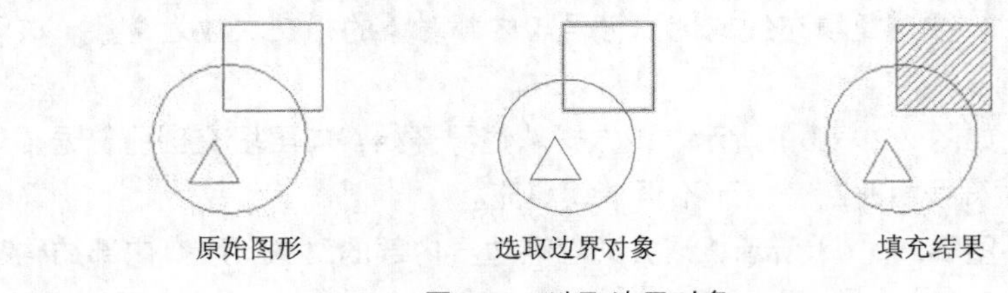

图 2-32　选取边界对象

(3)删除边界对象：从边界定义中删除之前添加的任何对象，如图 2-33 所示。

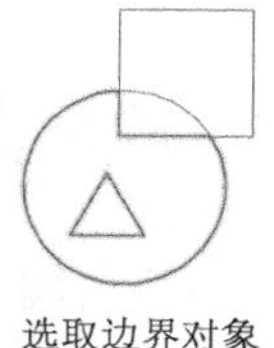
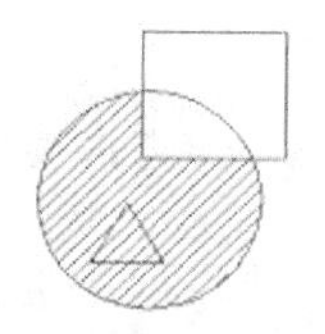

选取边界对象　　删除边界　　填充结果

图 2-33　删除边界对象

（4）重新创建边界：围绕选定的图案填充或填充对象创建多段线或面域，并使其与图案填充对象相关联（可选）。

（5）显示边界对象：选择构成选定关联图案填充对象的边界的对象，使用显示的夹点可修改图案填充边界。

2. 保留边界对象

指定如何处理图案填充边界对象，包括以下选项。

不保留边界：（仅在图案填充创建期间可用）不创建独立的图案填充边界对象。

- 保留边界-多段线：（仅在图案填充创建期间可用）创建封闭图案填充对象的多段线。
- 保留边界-面域：（仅在图案填充创建期间可用）创建封闭图案填充对象的面域对象。
- 选择新边界集：指定对象的有限集（又被称为边界集），以便通过创建图案填充时的拾取点进行计算。

3. “图案”面板

显示所有预定义和自定义图案的预览图像。

4. “特性”面板

（1）图案填充类型：指定是使用纯色、渐变色、图案还是使用用户定义的填充。

（2）图案填充颜色：替代实体填充和填充图案的当前颜色。

（3）背景色：指定填充图案背景的颜色。

（4）图案填充透明度：设定新图案填充或填充的透明度，替代当前对象的透明度。

（5）图案填充角度：指定图案填充或填充的角度。

（6）填充图案比例：放大或缩小预定义或自定义填充图案。

（7）相对图纸空间：（仅在布局中可用）相对于图纸空间单位缩放填充图案。使用此选项，可很容易地做到以适合于布局的比例显示填充图案。

- 双向：（仅当“图案填充类型”被设定为“用户定义”时可用）将绘制第二组直线，其与原始直线成 90°，从而构成交叉线。
- ISO 笔宽：（仅对于预定义的 ISO 图案可用）基于选定的笔宽缩放 ISO 图案。

5. “原点”面板

（1）设定原点：直接指定新的图案填充原点。

（2）左下：将图案填充原点设定在图案填充边界矩形范围的左下角。

（3）右下：将图案填充原点设定在图案填充边界矩形范围的右下角。

（4）左上：将图案填充原点设定在图案填充边界矩形范围的左上角。

（5）右上：将图案填充原点设定在图案填充边界矩形范围的右上角。

（6）中心：将图案填充原点设定在图案填充边界矩形范围的中心。

（7）使用当前原点：将图案填充原点设定在 HPORIGIN 系统变量中存储的默认位置。

（8）存储为默认原点：将新图案填充原点的值存储在 HPORIGIN 系统变量中。

6.“选项”面板

（1）关联：指定图案填充或填充为关联图案填充。在填充为关联图案填充或用户修改其边界对象时将会更新。

（2）注释性：指定图案填充为注释性。此特性会自动完成缩放注释过程，从而使注释能够以正确的大小在图纸上打印或显示。

（3）特性匹配。

- 使用当前原点：使用选定图案填充对象（除图案填充原点外）设定图案填充的特性。
- 使用源图案填充的原点：使用选定图案填充对象（包括图案填充原点）设定图案填充的特性。
- 允许的间隙：设定将对象用作图案填充边界时可以忽略的最大间隙。默认值为 0，此值指定对象必须为封闭区域且填充没有间隙。

（4）创建独立的图案填充：控制当指定了几个单独的闭合边界时，是创建单个图案填充对象，还是创建多个图案填充对象。

（5）孤岛检测。

- 普通孤岛检测：从外部边界向内填充。如果遇到内部孤岛，填充将关闭，直到遇到孤岛中的另一个孤岛。
- 外部孤岛检测：从外部边界向内填充。此选项仅填充指定区域，不会影响内部孤岛。
- 忽略孤岛检测：忽略所有内部的对象，当填充图案时将通过这些对象。

（6）绘图次序：为图案填充或填充指定绘图次序。选项包括不更改、后置、前置、置于边界之后和置于边界之前。

7.“关闭”面板

退出 HATCH 并关闭上下文选项卡，也可以按 Enter 键或 Esc 键退出 HATCH。

2.6.3 编辑填充的图案

执行“编辑图案填充”命令的方法主要有以下 6 种。

- 命令行：hatchedit。
- 菜单栏：执行菜单栏中的“修改”→“对象”→“图案填充”命令。
- 工具栏：单击“修改 II”工具栏中的“编辑图案填充”按钮。
- 快捷菜单：选中填充的图案，单击鼠标右键，执行打开的快捷菜单中的“图案填充编辑”命令，如图 2-34 所示。
- 直接选择填充的图案，单击“图案填充编辑器”选项卡。
- 功能区：单击“默认”选项卡“修改”面板中的“编辑图案填充”按钮。

在执行上述命令，根据系统提示选取关联填充物体后，系统弹出图 2-35 所示的“图案填充编辑”对话框。

在图 2-35 中，只可以对正常显示的选项进行操作。该对话框中各项的含义与图 2-30 所示的“图案填充创建”选项卡中各项的含义相同。利用该对话框，可以对已弹出的图案进行编辑修改。

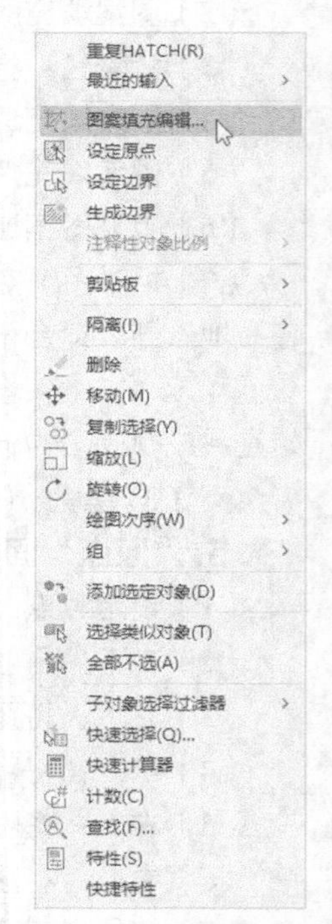

图 2-34 快捷菜单

2.6.4 实例——绘制壁龛交接箱符号

本实例执行“矩形”命令、“直线”命令、“图案填充”命令绘制壁龛交接箱符号，如图 2-36 所示。

（1）单击“默认”选项卡“绘图”面板中的“矩形”按钮 和“直线”按钮 ，绘制初步图形，如图 2-37 所示。

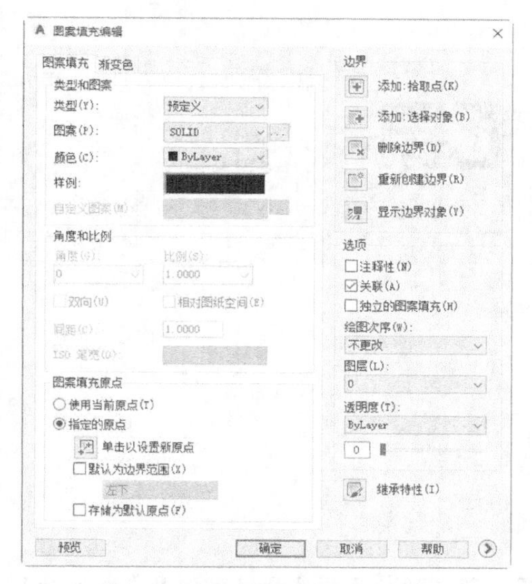

图 2-35 “图案填充编辑”对话框

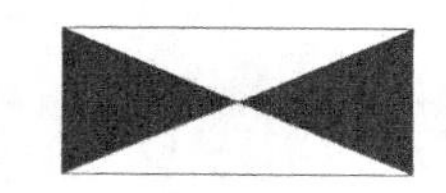

图 2-36 壁龛交接箱符号

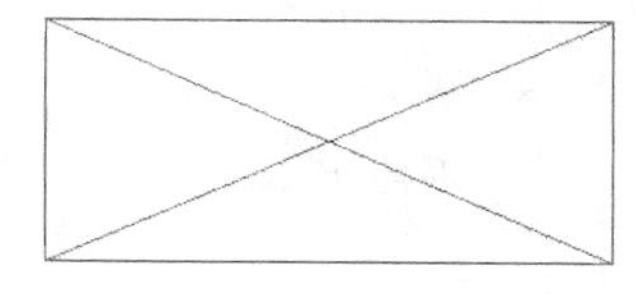

图 2-37 绘制初步图形

（2）单击“默认”选项卡“绘图”面板中的“图案填充”按钮 ，系统打开“图案填充创建”选项卡，如图 2-38 所示。单击“图案”选项上面的 按钮，系统打开“图案填充图案”下拉列表，选择如图 2-39 所示的图案类型。

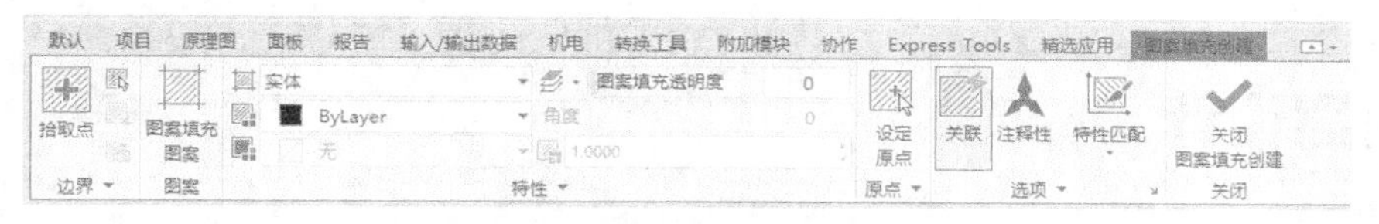

图 2-38 “图案填充创建”选项卡

（3）单击“拾取点”按钮 ，在填充区域拾取点，拾取后，包围该点的区域就被选取为填充区域，如图 2-40 所示。

（4）系统回到“图案填充创建”选项卡，单击 按钮完成图案填充，如图 2-36 所示。

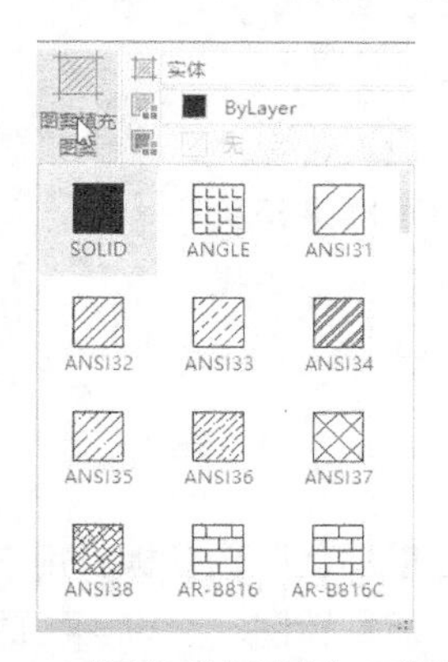

图 2-39 “图案填充图案”下拉列表

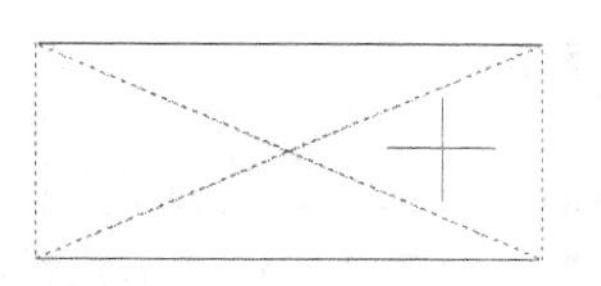

图 2-40 选取填充区域

第 3 章

基本绘图工具

本章学习要点和目标任务

- 图层设计
- 精确定位工具
- 对象捕捉工具

AutoCAD Electrical 2022 提供了图层工具，规定了每个图层的颜色和线型，并把具有相同特征的图形对象放在同一图层上绘制，这样在绘图时不用分别设置对象的线型和颜色，不仅方便绘图，而且在存储图形时只需存储其几何数据和所在图层，这样既节省了存储空间，又可以提高工作效率。为了快捷准确地绘制图形，更好地保证绘制图形的质量，AutoCAD Electrical 2022 还提供了多种必要的和辅助的绘图工具，如工具条、对象选择工具、对象捕捉工具、栅格和正交模式等。

3.1 图层设计

图层的概念类似投影片，将不同属性的对象分别绘制在不同的投影片（图层）上。例如，将图形的主要线段、中心线、尺寸标注等分别绘制在不同的图层上，每个图层可设置不同的线型、线条颜色，然后把不同的图层堆叠在一起成为一张完整的视图，如此可使视图层次分明、有条理，方便图形对象的编辑与管理。一个完整的图形就是将它所包含的所有图层上的对象叠加在一起，如图 3-1 所示。

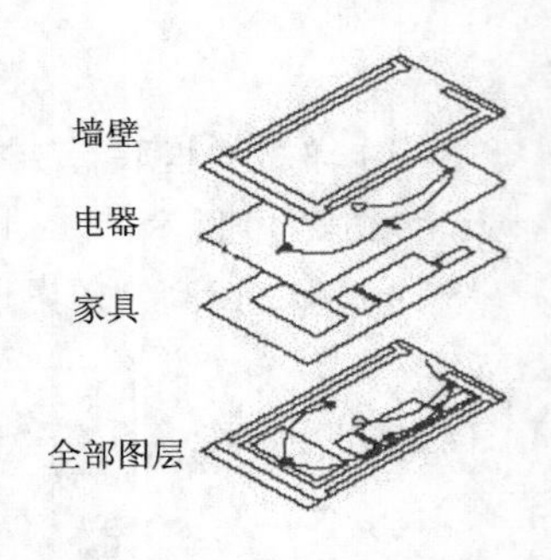

图 3-1　图层叠加效果

在用图层功能绘图之前，首先要对图层的各项特性进行设置，包括建立和命名图层、设置当前图层、设置图层的颜色和线型、图层是否关闭、是否冻结、是否锁定及图层删除等。本节主要对图层的这些相关操作进行介绍。

3.1.1 设置图层

AutoCAD Electrical 2022 提供了详细直观的“图层特性管理器”选项板，用户可以方便地通过对该选项板中的各选项及其二级对话框进行设置，从而实现建立新图层、设置图层颜色及线型等各种操作。

1. 利用选项板设置图层

执行上述命令，主要有如下 4 种方法。

- 命令行：layer 或 la。
- 菜单栏：执行菜单栏中的“格式”→“图层”命令。
- 工具栏：单击“图层”工具栏中的“图层特性管理器”按钮。
- 功能区：单击“默认”选项卡“图层”面板中的“图层特性”按钮。

执行上述命令后，系统打开图 3-2 所示的“图层特性管理器”选项板，其中各参数含义如下。

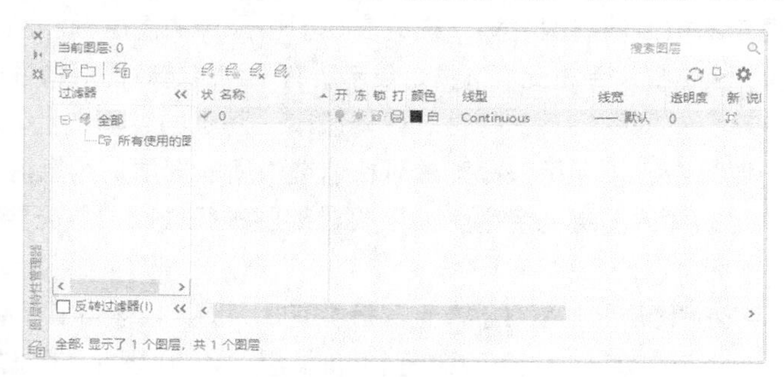

图 3-2 “图层特性管理器”选项板

（1）“新建特性过滤器”按钮：单击该按钮，打开“图层过滤器特性”对话框，如图 3-3 所示。从中可以基于一个或多个图层特性创建图层过滤器。

（2）“新建组过滤器”按钮：单击该按钮，创建一个图层过滤器，其中包含用户选定并添加到该过滤器的图层。

（3）“图层状态管理器”按钮：单击该按钮，打开“图层状态管理器”对话框，如图 3-4 所示。从中可以将图层的当前特性设置保存到命名图层状态中，以后可以再恢复这些设置。

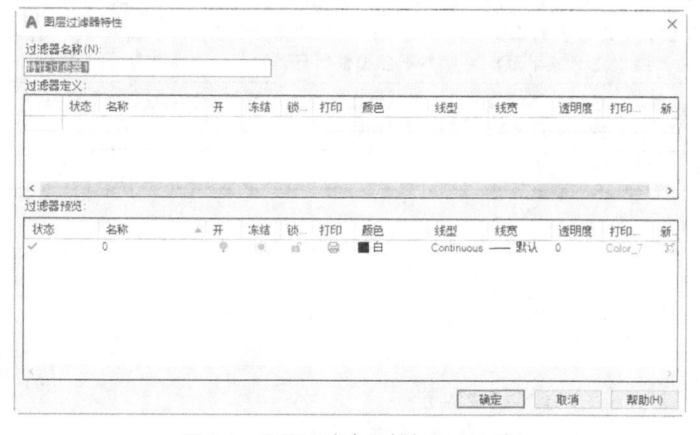

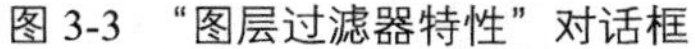
图 3-3 “图层过滤器特性”对话框

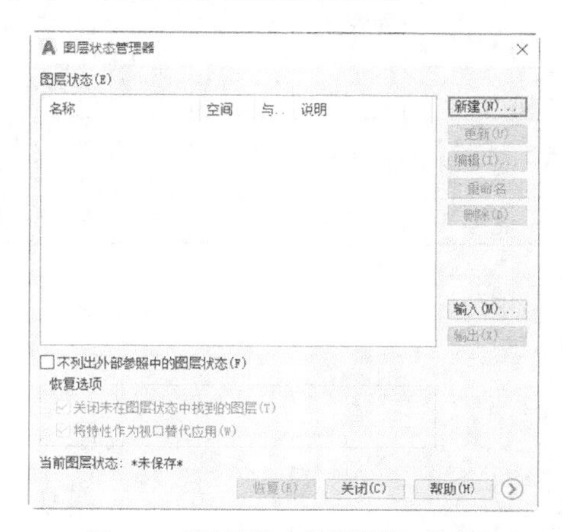

图 3-4 “图层状态管理器”对话框

（4）“新建图层”按钮：单击该按钮，将在图层列表中新建一个名为“图层 1”的图层，用户可使用此图层名字，也可改名。要想同时产生多个图层，可在选中一个图层名后输入多个名字，各名字之间以逗号分隔。图层的名字可以包含字母、数字、空格和特殊符号，AutoCAD Electrical 2022 支持长达 255 个字符的图层名字。新的图层继承了在建立新图层时所选中的已有图层的所有特性（颜色、线型、ON/OFF 状态等）。如果在新建图层时没有图层被选中，则新图层具有默认的设置。

（5）“在所有视口中都被冻结的新图层视口”按钮：单击该按钮，将创建新图层，然后在所有现有布局视口中将其冻结。可以在“模型”空间或“布局”空间上访问此按钮。

（6）“删除图层”按钮：在图层列表中选中某一图层，然后单击此按钮，则把该图层删除。

（7）“置为当前”按钮：在图层列表中选中某一图层，然后单击此按钮，则把该图层设置为当前图层，并在“当前图层”一栏中显示其名字。将当前图层的名字存储在系统变量 CLAYER 中。另外，双击图层名也可把该图层设置为当前图层。

（8）“搜索图层”文本框：在输入字符时，按名称快速过滤图层列表。在关闭图层特性管理器时并不保存此过滤器。

（9）“状态行”：显示当前过滤器的名称、在列表视图中显示的图层数和图形中的图层数。

（10）“反转过滤器”复选框：单击此复选框，显示所有不满足选定图层特性过滤器中条件的图层。

在图层列表区中显示已有的图层及其特性。要修改某一图层的某一特性，单击它所对应的图标即可。在空白区域单击鼠标右键或利用快捷菜单可快速选中所有图层。列表区中各列的含义如下。

（1）名称：显示满足条件的图层的名字。如果要对某层进行修改，首先要选中该图层，使其逆反显示。

（2）状态转换图标：在“图层特性管理器”选项板中有几列图标，移动鼠标指针到图标上单击图标可以打开或关闭该图标所代表的功能，如打开/关闭［（橘色）/（蓝色）］、解锁/锁定（/）、在所有视口内解冻/冻结（/）及打印/不打印（/）等项目，各图标功能说明如表 3-1 所示。

表 3-1　各图标功能

图示	名称	功能说明
/	打开/关闭	将图层设定为打开或关闭状态，当图层呈现关闭状态时，该图层上的所有对象将隐藏不显示，只有呈现打开状态的图层会在屏幕上显示或由打印机打印出来。因此，在绘制复杂的视图时，先将不编辑的图层暂时关闭，可降低图形的复杂性。图 3-5（a）和图 3-5（b）分别表示文字标注图层打开和关闭时的情形
/	在所有视口内解冻/冻结	将图层设定为解冻或冻结状态。当图层呈现冻结状态时，该图层上的对象均不会显示在屏幕上或由打印机打出，而且不会执行重生成（regen）、缩放（zoom）、平移（pan）等命令，因此若将视图中不编辑的图层暂时冻结，可加快执行绘图编辑命令的速度。而/（打开/关闭）功能只是单纯地将对象隐藏，因此并不会加快执行速度
/	解锁/锁定	将图层设定为解锁或锁定状态。被锁定的图层仍然显示在画面上，但不能以编辑命令修改被锁定的对象，只能绘制新的对象，如此可防止重要的图形被修改
/	打印/不打印	设定该图层是否可以打印图形

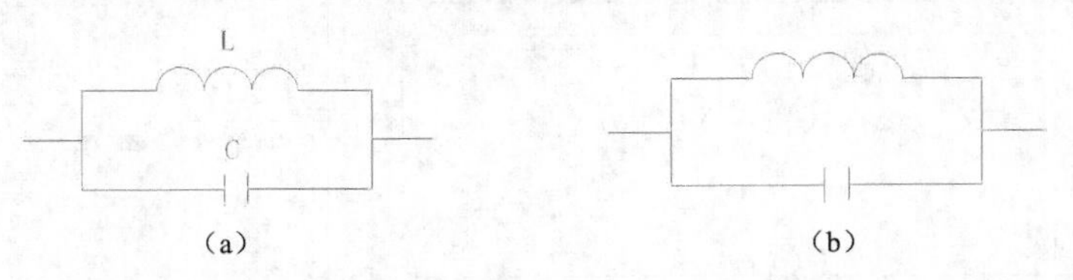

图 3-5　打开或关闭文字标注图层

（3）颜色：显示和改变图层的颜色。如果要改变某一图层的颜色，单击其对应的颜色图标，AutoCAD Electrical 2022 打开图 3-6 所示的“选择颜色”对话框，用户可从中选取需要的颜色。

（4）线型：显示和修改图层的线型。如果要修改某一图层的线型，单击该图层的线型选项，打开“选择线型”对话框，如图 3-7 所示，其中列出了当前可用的线型，用户可从中选取。具体内容将在 3.1.2 节中详细介绍。

（5）线宽：显示和修改图层的线宽。如果要修改某一图层的线宽，单击该图层的线宽选项，打开“线宽”对话框，如图 3-8 所示，其中列出了 AutoCAD Electrical 2022 设定的线宽，用户可从中选取。“线宽”列表框显示可以选用的线宽值，包括一些在绘图中经常用到的线宽，用户可从中选取。“旧的”显示行显示前面赋予图层的线宽。当建立一个新图层时，采用默认线宽（其值为 0.01in，即 0.25mm），默认线宽的值由系统变量 LWDEFAULT 设置。“新的”显示行显示赋予图层的新线宽。

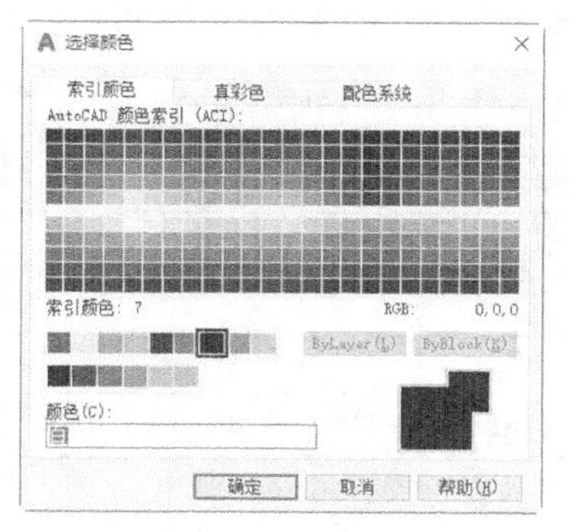

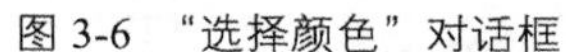
图 3-6 “选择颜色”对话框

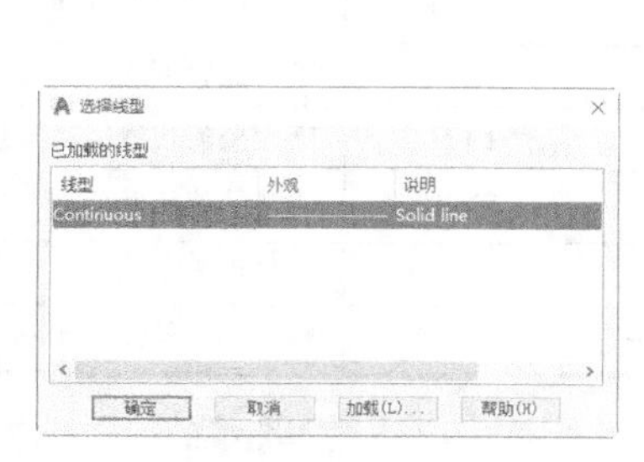

图 3-7 “选择线型”对话框

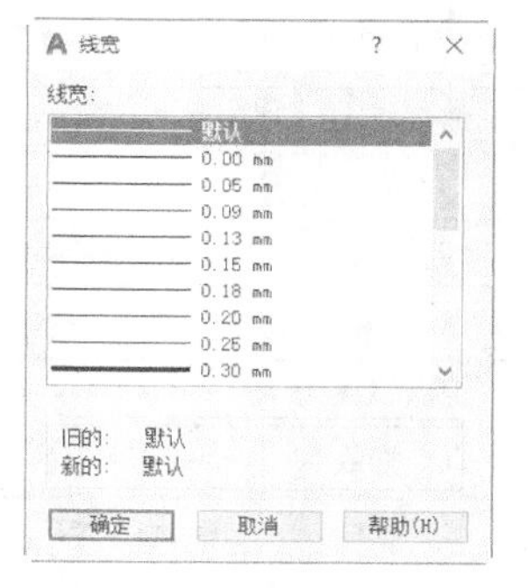

图 3-8 “线宽”对话框

（6）打印样式：修改图层的打印样式。所谓打印样式是指在打印图形时各项属性的设置。

2. 利用面板设置图层

AutoCAD Electrical 2022 提供了一个“特性”面板，如图 3-9 所示。用户能够控制和利用面板上的工具图标快速地查看和改变所选对象的图层、颜色、线型和线宽等特性。“特性”面板上的图层颜色、线型、线宽和打印样式的控制增强了查看和编辑对象属性的命令。在绘图屏幕上选择任何对象后都将在面板上自动显示其所在图层、颜色、线型等属性。下面对“特性”面板各部分的功能进行简单说明。

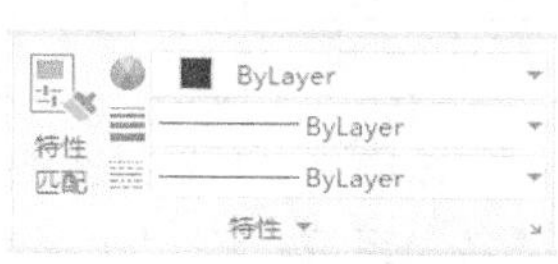

图 3-9 “特性”面板

（1）“颜色控制”下拉列表框：单击右侧的下拉按钮，弹出下拉列表，用户可从中选择某一颜色使之成为当前颜色，如果单击“选择颜色”选项，AutoCAD Electrical 2022 会打开“选择颜色”对话框以选择其他颜色。在修改当前颜色后，无论在哪个图层上绘图都将采用这种颜色，但对各个图层的颜色设置没有影响。

（2）“线型控制”下拉列表框：单击右侧的下拉按钮，弹出下拉列表，用户可从中选择某一线型使之成为当前线型。在修改当前线型之后，无论在哪个图层上绘图都将采用这种线型，但对各个图层的线型设置没有影响。

（3）“线宽”下拉列表框：单击右侧的下拉按钮，弹出下拉列表，用户可从中选择某一线宽使之成为当前线宽。在修改当前线宽之后，无论在哪个图层上绘图都将采用这种线宽，但对各个图层的线宽设置没有影响。

（4）“打印类型控制”下拉列表框：单击右侧的下拉按钮，弹出下拉列表，用户可从中选择某一打印样式使之成为当前打印样式。

3.1.2 图层的线型

在国家标准 GB/T 4457.4-2002 中，对机械图样中使用的各种图线的名称、线型、线宽及在图样中的应用进行了规定，如表 3-2 所示。其中常用的图线有 4 种，即粗实线、细实线、虚线、细点划线。将图线分为粗、细两种，粗线的宽度 b 应按图样的大小和图形的复杂程度，在 0.5～2mm 进行选择，细线的宽度约为 $b/2$。根据电气图的需要，一般只使用 4 种图线，如表 3-3 所示。

表 3-2 图线的形式及应用

图线名称	线型	线宽	主要用途
粗实线		b=0.5~2mm	可见轮廓线，可见过渡线
细实线		约 $b/2$	尺寸线、尺寸界线、剖面线、引出线、弯折线、牙底线、齿根线、辅助线等
细点划线		约 $b/2$	轴线、对称中心线、齿轮节线等
虚线		约 b/2	不可见轮廓线、不可见过渡线
波浪线		约 $b/2$	断裂处的边界线、剖视与视图的分界线
双折线		约 $b/2$	断裂处的边界线
粗点划线		b	有特殊要求的线或面的表示线
双点划线		约 $b/2$	相邻辅助零件的轮廓线、极限位置的轮廓线、假想投影的轮廓线

表 3-3 电气图图线的形式及应用

图线名称	线型	线宽	主要用途
细实线		约 $b/2$	基本线，简图主要内容用线，可见轮廓线，可见导线
细点划线		约 $b/2$	分界线，结构图框线，功能图框线，分组图框线
虚线		约 $b/2$	辅助线、屏蔽线、机械连接线，不可见轮廓线、不可见导线、计划扩展内容用线
双点划线		约 $b/2$	辅助图框线

按照 3.1.1 节讲述的方法，打开“图层特性管理器”选项板，在图层列表的“线型”列中单击线型名，系统打开“选择线型”对话框，该对话框中选项的含义如下。

（1）“已加载的线型”列表框：显示在当前绘图中加载的线型，可供用户选用，其右侧显示线型的形式。

（2）“加载”按钮：单击此按钮，打开“加载或重载线型”对话框，如图 3-10 所示。用户可通过此对话框加载线型并将其添加到线型列表中，不过加载的线型必须在线型库（LIN）文件中定义过。标准线型都被保存在 acad.lin 文件中。

设置图层线型的方法如下。

命令行：linetype。

在命令行中输入上述命令后，系统打开“线型管理器”对话框，如图 3-11 所示。该对话框与前面讲述的相关知识相同，不再赘述。

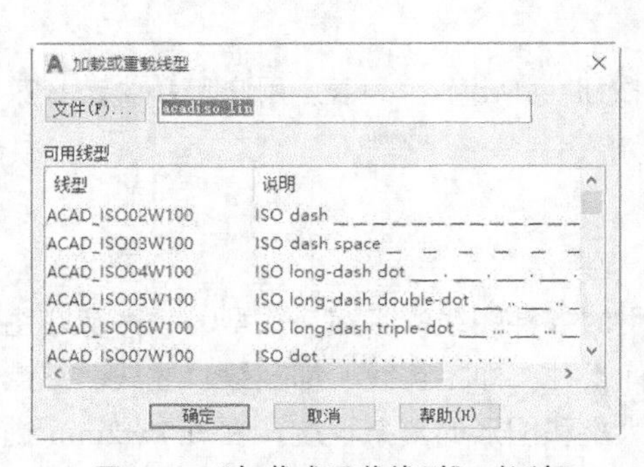

图 3-10 “加载或重载线型”对话框

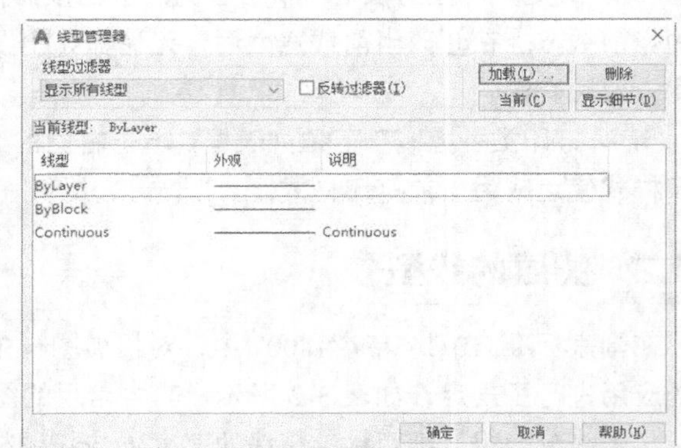

图 3-11 “线型管理器”对话框

3.1.3 颜色的设置

AutoCAD Electrical 2022 绘制的图形对象都具有一定的颜色，为使绘制的图形清晰明了，可把同一类型的图形对象用相同的颜色绘制，而使不同类型的对象具有不同的颜色，以示区分。为此，需要适当地对颜色进行设置。AutoCAD Electrical 2022 允许用户为图层设置颜色，为新建的图形对象设置当前颜色，还可以改变已有图形对象的颜色。执行“颜色”命令，主要有如下 3 种方法。

- 命令行：color。
- 菜单栏：执行菜单栏中的“格式”→“颜色”命令。
- 功能区：单击“默认”选项卡“特性”面板“对象颜色”下拉列表中的“更多颜色”按钮。

执行上述命令后，AutoCAD Electrical 2022 打开“选择颜色”对话框。也可在图层操作中打开此对话框，具体方法在 3.1.1 节中已讲述。

3.1.4 实例——绘制励磁发电机

本案例利用“图层特性管理器”创建 3 个图层，再利用“直线”“圆”“多段线”等命令在“实线”图层绘制一系列图线，在“虚线”图层绘制线段，最后在“文字”图层标注文字说明，绘制励磁发电机流程如图 3-12 所示。

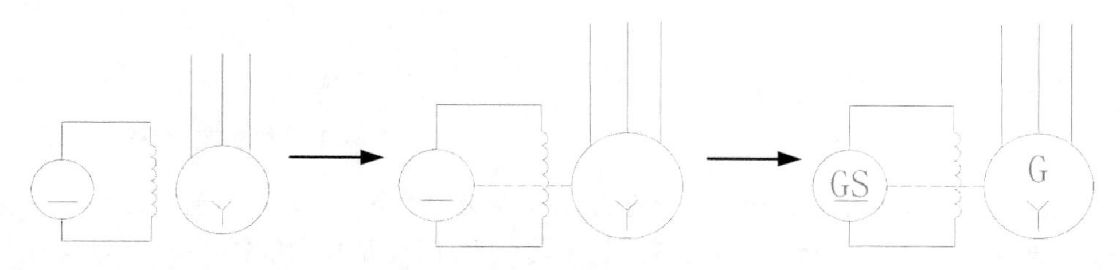

图 3-12 绘制励磁发电机流程

（1）单击“默认”选项卡“图层”面板中的“图层特性”按钮，打开“图层特性管理器”选项板。

（2）单击“新建图层”按钮，创建一个新图层，把该图层的名字由默认的“图层 1”改为“实线”，如图 3-13 所示。

（3）单击“实线”图层对应的“线宽”项，打开“线宽”对话框，选择 0.15mm 线宽，如图 3-14 所示。单击“确定”按钮退出。

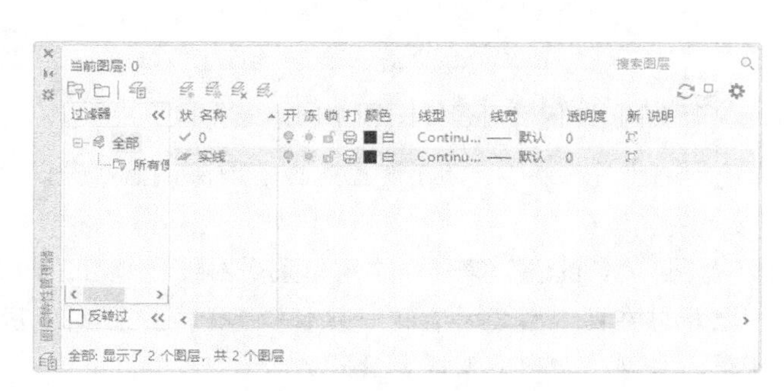

图 3-13 更改图层名

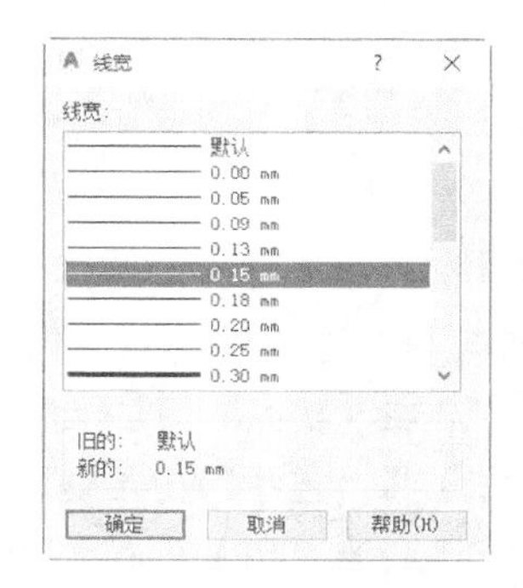

图 3-14 选择线宽

（4）再次单击“新建图层”按钮，创建一个新图层，并将该图层命名为“虚线”。

（5）单击“虚线”图层对应的“颜色”项，打开“选择颜色”对话框，选择该图层颜色为蓝色，如图 3-15 所示。单击“确定”按钮，返回“图层特性管理器”选项板。

（6）单击“虚线”图层对应的“线型”项，打开“选择线型”对话框，如图 3-16 所示。

（7）单击“加载”按钮，系统打开“加载或重载线型”对话框，选择 ACAD_ISO02W100 线型，如图 3-17 所示。单击“确定”按钮，返回“选择线型”对话框，再单击“确定”按钮，返回“图层特性管理器”选项板。

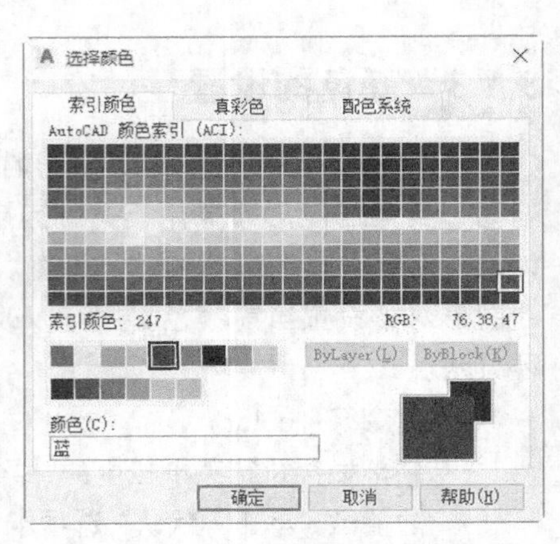

图 3-15 选择颜色

（8）用相同的方法将“虚线”图层的线宽设置为 0.15mm。

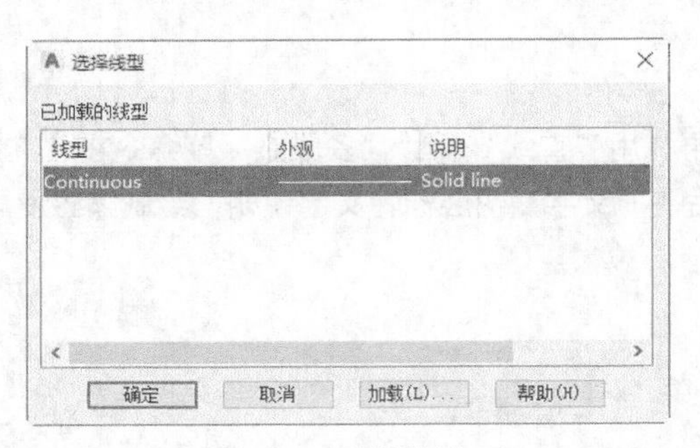

图 3-16 选择线型

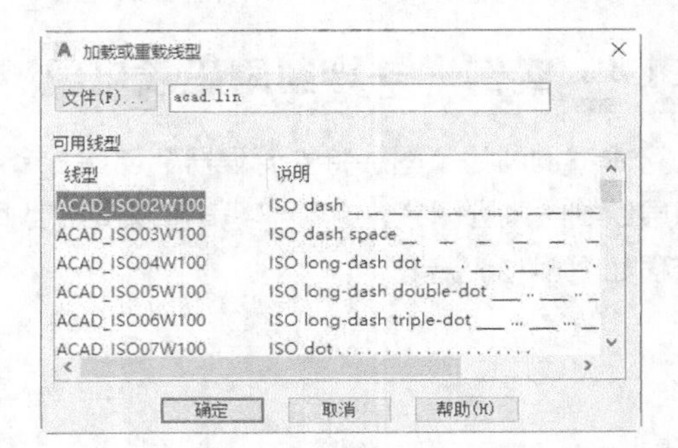

图 3-17 “加载或重载线型对话框”

（9）用相同的方法再建立新图层，将该图层命名为“文字”，设置颜色为红色，设置线型为 Continuous，设置线宽为 0.15mm，并且让 3 个图层均处于打开、解冻和解锁状态，各项设置如图 3-18 所示。

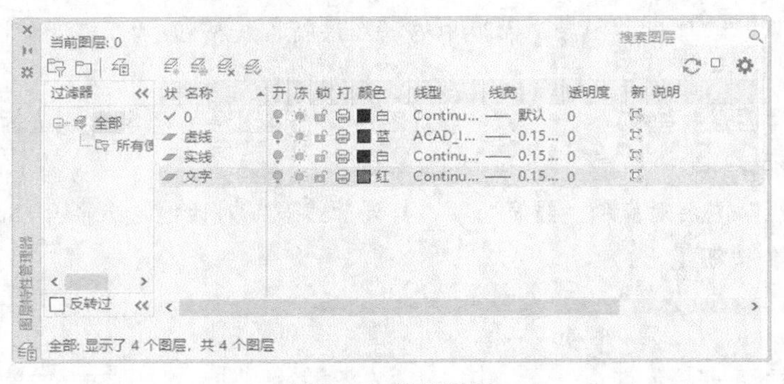

图 3-18 设置图层

（10）选中“实线”图层，单击“置为当前”按钮，将其设置为当前图层，然后关闭“图层特性管理器”选项板。

（11）在“实线”图层上利用“直线”“圆”“多段线”等命令绘制一系列图线，如图 3-19 所示。

（12）将“虚线”图层设置为当前图层，并在两个圆之间绘制一条水平连线，如图 3-20 所示。

（13）将当前图层设置为“文字”图层，并在“文字”图层上输入文字。

执行结果如图 3-21 所示。

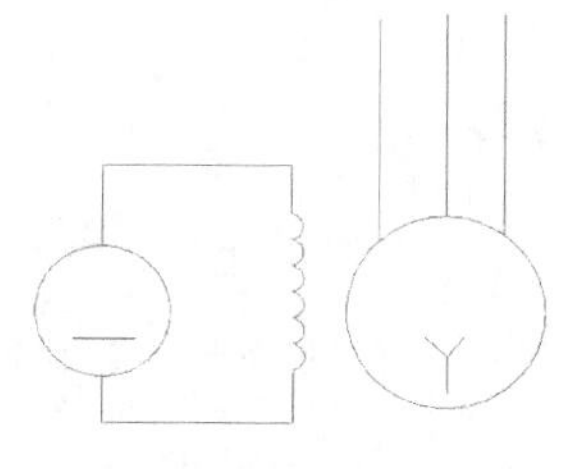

图 3-19　绘制实线

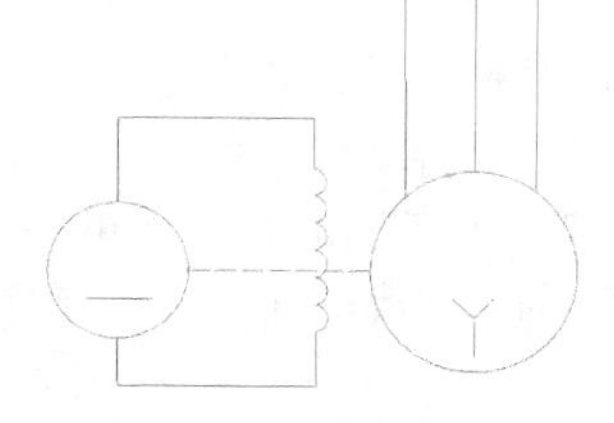

图 3-20　绘制虚线

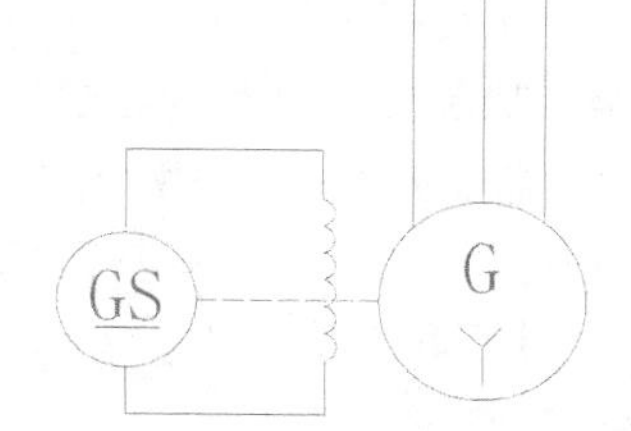

图 3-21　励磁发电机图形

提示：有时绘制的虚线在计算机屏幕上仍然显示为实线，这是由于显示比例过小，在放大图形后可以显示虚线。如果要在当前图形大小下明确显示虚线，可以单击选择该虚线，这时，该虚线处于选中状态，再次双击鼠标，系统打开“特性”选项板，该选项板中包含对象的各种参数，可以将其中的“线型比例”参数设置为较大的数值，如图 3-22 所示，这样就可以在正常图形显示状态下清晰地看见虚线的细线段和间隔。

“特性”选项板的使用非常方便，读者注意灵活掌握该选项。

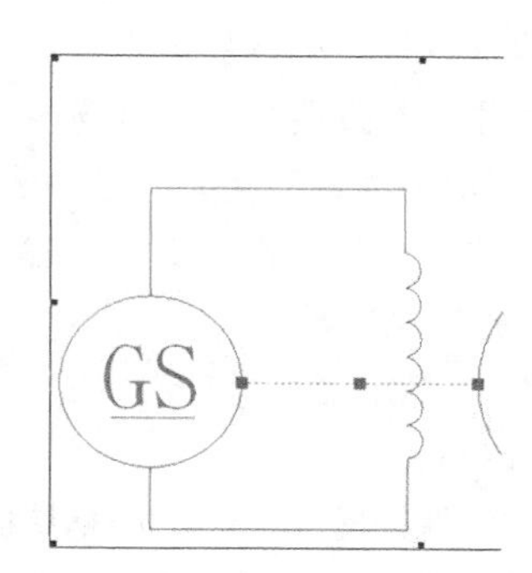

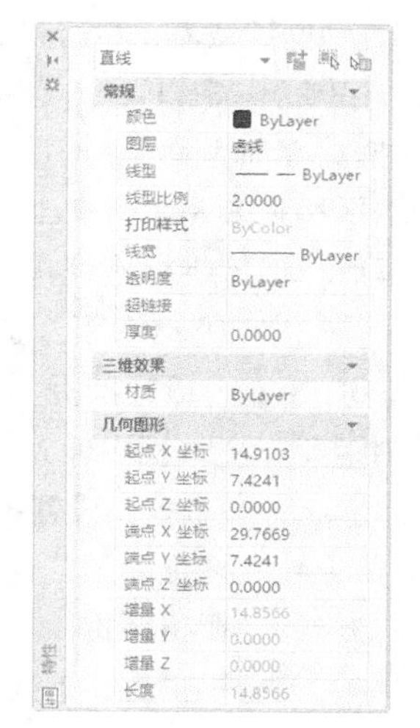

图 3-22　修改虚线参数

3.2 精确定位工具

精确定位工具是指能够帮助用户快速准确地定位某些特殊点（如端点、中点、圆心）和特殊位置（如水平位置、垂直位置）的工具。

精确定位工具主要集中在状态栏上，经常使用“栅格”“捕捉模式”“正交模式”工具，如图 3-23 所示。

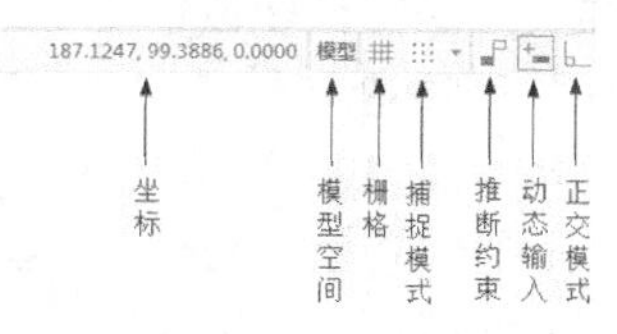

图 3-23　状态栏按钮

3.2.1 捕捉工具

为了准确地在屏幕上捕捉点，AutoCAD Electrical 2022 提供了捕捉工具，可以在屏幕上生成一个隐含的栅格（捕捉栅格），该栅格能够捕捉光标，约束光标只能落在栅格的某一个节点上，使用户能够高精确度地捕捉和选择这个栅格上的点。本节介绍捕捉栅格参数的设置方法。

执行“捕捉模式”命令，主要有如下 4 种方法。

- 命令行：dsettings。

- 执行“工具”→“绘图设置”命令。
- 状态栏：单击状态栏中的“捕捉模式”按钮⠿。
- 按 F9 键打开与关闭“捕捉模式”功能。

执行上述命令后，打开“草图设置”对话框，并选择“捕捉和栅格”选项卡，如图 3-24 所示。对话框中各选项含义如下。

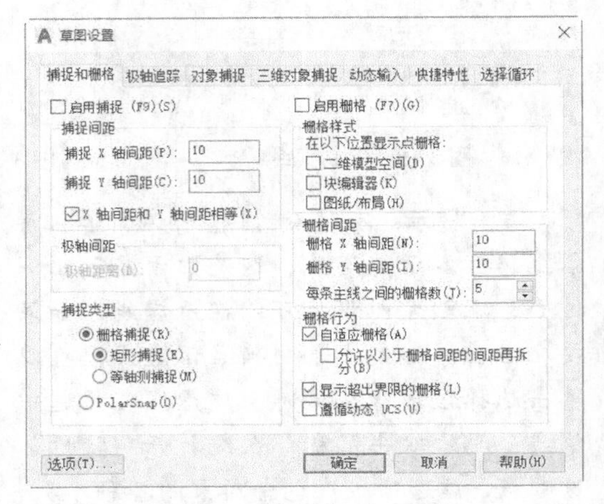

图 3-24 “草图设置”对话框

（1）“启用捕捉”复选框：控制捕捉功能的开关，与按 F9 键或单击状态栏上的“捕捉模式”按钮功能相同。

（2）“捕捉间距”选项组：设置捕捉各参数。其中，“捕捉 X 轴间距”“捕捉 Y 轴间距”确定捕捉栅格点在水平和垂直两个方向上的间距。“角度”“X 基点”“Y 基点”使捕捉栅格绕指定的一点旋转给定的角度。

（3）“极轴间距”选项组：该选项组只有在选择“PolarSnap（极轴捕捉）”捕捉类型时才可用。可在“极轴距离”文本框中输入距离值，也可以在命令行中输入“snap”命令，设置捕捉的有关参数。

（4）“捕捉类型”选项组：确定捕捉类型和样式。AutoCAD Electrical 2022 提供了两种捕捉栅格的方式：“栅格捕捉”“PolarSnap”。

① 栅格捕捉：指按正交位置捕捉位置点。“栅格捕捉”又分为“矩形捕捉”“等轴测捕捉”两种方式。在“矩形捕捉”方式下捕捉栅格里标准的矩形显示，在“等轴测捕捉”方式下捕捉，栅格和光标十字线不再互相垂直，而是呈特定角度，在绘制等轴测图时使用这种方式十分方便。

② PolarSnap（极轴捕捉）：可以根据设置的任意极轴角捕捉位置点。

3.2.2 栅格工具

用户可以应用显示栅格工具使绘图区域上出现可见的网格，这是一个形象的画图工具，就像传统的坐标纸一样。本节介绍控制栅格的显示及设置栅格参数的方法。执行“栅格”命令，主要有如下 3 种方法。

- 菜单栏：执行菜单栏中的“工具”→“绘图设置”命令。
- 状态栏：单击状态栏中的“栅格”按钮#。
- 按 F7 键打开或关闭“栅格”功能。

执行上述命令后，打开“草图设置”对话框，并单击“捕捉和栅格”选项卡，如图 3-24 所示。其中的“启用栅格”复选框控制是否显示栅格。“栅格 X 轴间距”“栅格 Y 轴间距”文本框用来设置栅格在水平与垂直方向的间距，如果“栅格 X 轴间距”“栅格 Y 轴间距”均设置为 0，则 AutoCAD Electrical 2022 会自动将捕捉栅格间距应用于栅格，且其原点和角度总是和捕捉栅格的原点和角度相同。还可以通过执行“grid”命令在命令行设置栅格间距，这里不再赘述。

3.2.3 正交模式

在用 AutoCAD Electrical 2022 绘图的过程中，经常需要绘制水平直线和垂直直线，但是在用光标拾取线段的端点时很难保证两个点严格沿水平或垂直方向，为此，AutoCAD Electrical 2022 提供了正交功能。当启用正交模式画线或移动对象时，只能沿水平方向或垂直方向移动光标，因此只能绘制平行于坐标轴的正交线段。执行“正交”命令，主要有如下 3 种方法。

- 命令行：ortho。
- 状态栏：单击状态栏中的“正交”按钮 。
- 按 F8 键打开“正交”功能。

执行上述命令后，根据系统提示设置开或关。

3.2.4 实例——绘制电阻符号

本实例执行“矩形”命令、“直线”命令绘制电阻符号，在绘制过程中将执行“正交”命令、“捕捉”命令将绘制过程简化，绘制流程如图 3-25 所示。

图 3-25 绘制电阻符号流程图

（1）绘制矩形。单击“默认”选项卡“绘图”面板中的“矩形”按钮 ，用光标在绘图区捕捉第一点，采用相对输入法绘制一个长为 150mm、宽为 50mm 的矩形，如图 3-26 所示。

（2）绘制左端线。单击“默认”选项卡“绘图”面板中的“直线”按钮 ，按住 Shift 键并单击鼠标右键，弹出图 3-27 所示的快捷菜单。执行“中点”命令，捕捉矩形左侧竖直边的中点，如图 3-28 所示，单击状态栏中的“正交”按钮 ，向左拖动光标，在目标位置处单击，确定左端线段的另外一个端点，完成左端线段的绘制。

（3）生成右端线。单击“默认”选项卡“修改”面板中的“复制”按钮 ，复制并移动左端线，生成右端线，命令行提示与操作如下。

```
命令：_copy↙
选择对象：（选择左端线）
选择对象：（单击鼠标右键或按 Enter 键确认选择）
指定基点或 [位移(D)/模式(O)] <位移>：（单击状态栏中的“正交”按钮 ，然后指定左端线的左端点为复制的基点）
指定第二个点或 <使用第一个点作为位移>：（捕捉矩形右侧竖直边的中点作为移动复制的定位点）
```

（4）完成以上操作后，电阻符号绘制完毕，结果如图 3-29 所示。

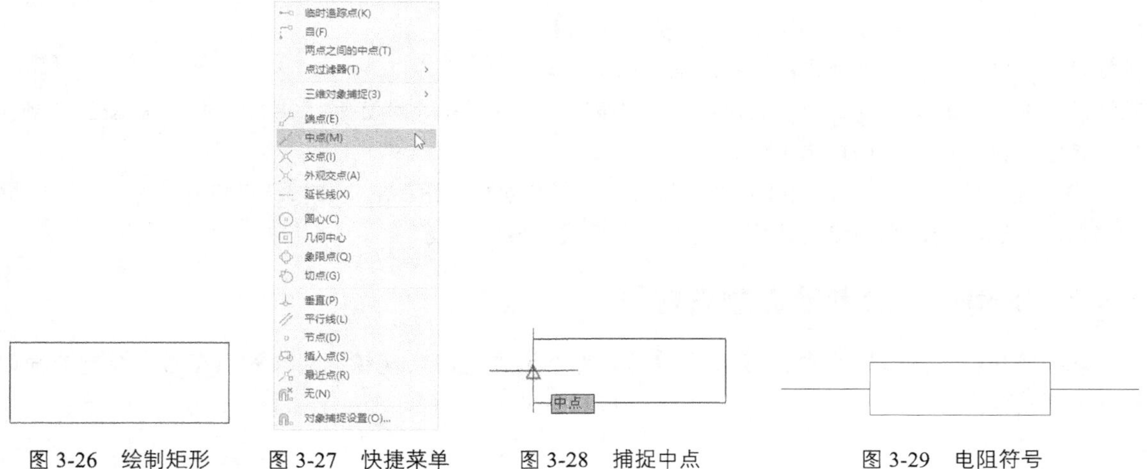

图 3-26 绘制矩形　图 3-27 快捷菜单　图 3-28 捕捉中点　图 3-29 电阻符号

3.3 对象捕捉工具

在利用 AutoCAD Electrical 2022 画图时经常要用到一些特殊点，例如圆心、切点、线段或圆弧的端点、中点等，但是如果用光标拾取特殊点，要准确地找到这些点是十分困难的。为此，AutoCAD Electrical 2022 提供了对象捕捉工具，利用这些工具可轻易找到这些特殊点。

3.3.1 设置对象捕捉

在用 AutoCAD Electrical 2022 绘图之前，可以根据需要事先设置对象捕捉模式，绘图时 AutoCAD Electrical 2022 能自动捕捉这些特殊点，从而加快绘图速度，提高绘图质量。执行该命令，主要有如下 6 种方法。

- 命令行：ddosnap。
- 菜单栏：执行菜单栏中的“工具”→“绘图设置”命令。
- 工具栏：单击“对象捕捉”工具栏中的“对象捕捉设置”按钮。
- 功能栏：单击“对象捕捉”右侧的小三角按钮，在弹出的快捷菜单中选择“对象捕捉设置”命令（功能仅限于打开与关闭）。
- 按 F3 键（功能仅限于打开与关闭）。
- 执行快捷菜单中的“对象捕捉设置”命令。

执行上述命令后，系统打开“草图设置”对话框，选择“对象捕捉”选项卡，如图 3-30 所示。利用此对话框可以对对象捕捉方式进行设置。对话框中各参数含义如下。

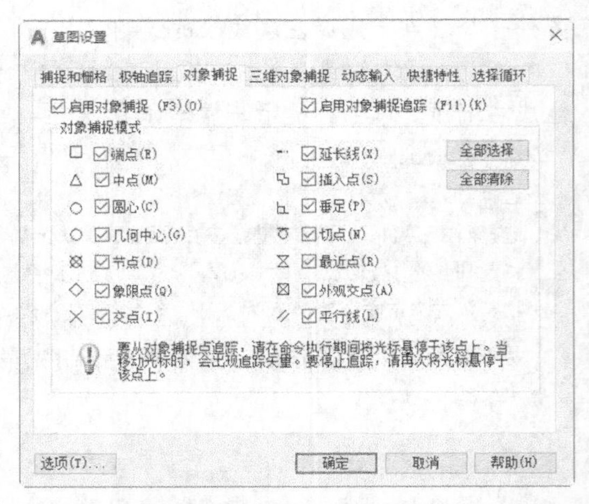

图 3-30 “草图设置”对话框的“对象捕捉”选项卡

（1）“启用对象捕捉”复选框：打开或关闭对象捕捉方式。当选中此复选框时，在“对象捕捉模式”选项组中被选中的捕捉模式处于激活状态。

（2）“启用对象捕捉追踪”复选框：打开或关闭自动追踪功能。

（3）“对象捕捉模式”选项组：其中列出了各种捕捉模式的复选框，选中则该模式被激活。单击“全部清除”按钮，则所有模式均被清除；单击“全部选择”按钮，则所有模式均被选中。

（4）“选项”按钮：在对话框的左下角有一个“选项”按钮，单击该按钮可打开“选项”对话框的“草图”选项卡，利用该对话框可决定捕捉模式的各项设置。

3.3.2 实例——绘制动合触点符号

本实例执行“圆弧”命令、“直线”命令，结合对象追踪功能绘制动合触点符号，绘制流程如图 3-31 所示。

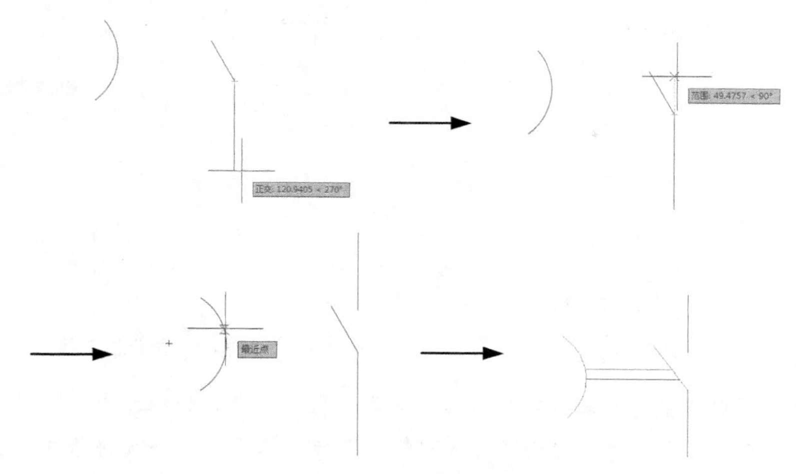

图 3-31　绘制动合触点符号流程图

（1）单击状态栏中的“对象捕捉”按钮右侧的下拉按钮，执行打开的下拉菜单中的“对象捕捉设置”命令，如图 3-32 所示，系统打开“草图设置”对话框，单击“全部选择”按钮，将所有特殊位置点设置为可捕捉状态，如图 3-33 所示。

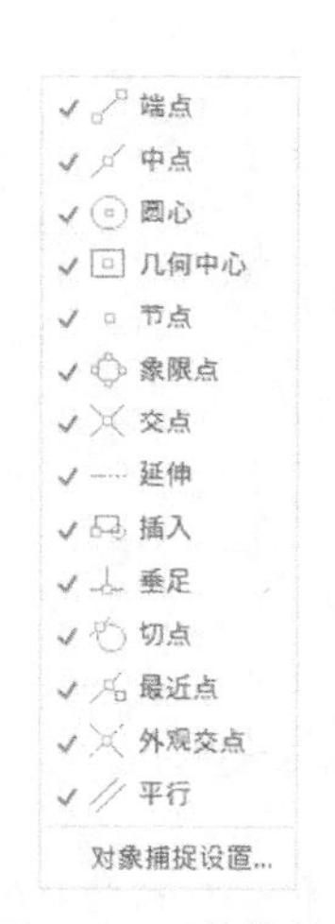

图 3-32　下拉菜单

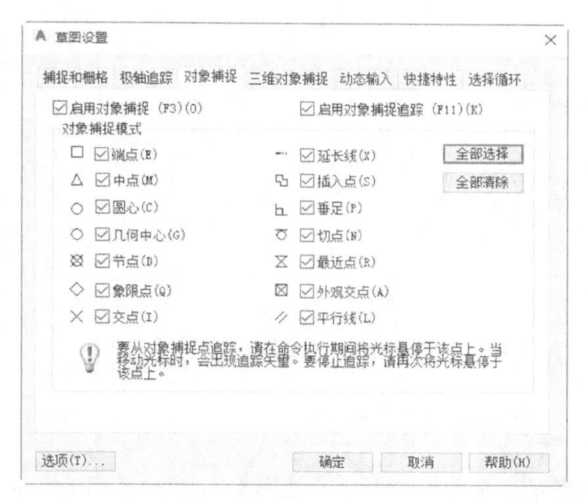

图 3-33　“草图设置”对话框

（2）单击“默认”选项卡“绘图”面板中的“圆弧”按钮，绘制一个适当大小的圆弧。

（3）单击“默认”选项卡“绘图”面板中的“直线”按钮，在绘制的圆弧右边绘制连续线段，在绘制完一段斜线后，单击状态栏上的“正交”按钮，这样就能保证接下来绘制的部分线段与斜线是正交的，绘制完直线后的图形如图 3-34 所示。

提示：“正交”命令、“对象捕捉”命令等是透明命令，可以在其他命令的执行过程中操作，而不中断原命令操作。

（4）单击“默认”选项卡“绘图”面板中的“直线”按钮，同时单击状态栏上的“对象追踪”按钮，将光标放在刚绘制的竖线的起始端点附近，然后往上移动光标，这时，系统显示一条追踪线，如图 3-35 所示，表示目前光标位置处于竖直直线的延长线上。

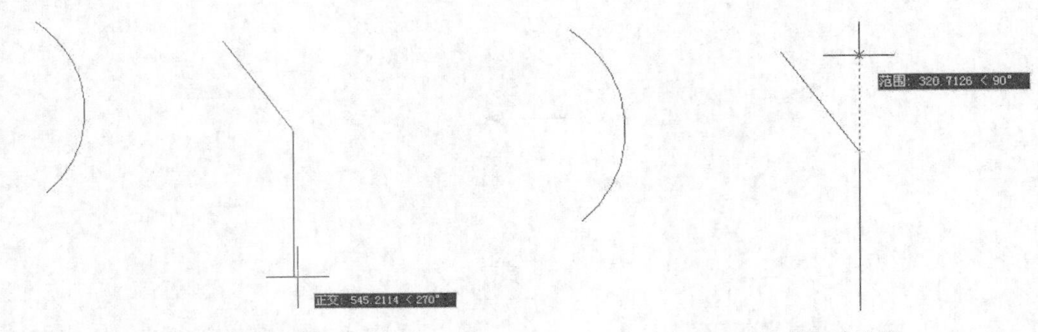

图 3-34　绘制连续直线

图 3-35　显示追踪线

（5）在适当的位置单击鼠标，就确定了直线的起点，再向上移动光标，指定竖直直线的终点。

（6）再次单击“默认”选项卡“绘图”面板中的“直线”按钮，将光标移动到圆弧附近适当位置，系统会显示离光标最近的特殊位置点，单击该点后，系统将自动捕捉该特殊位置点为直线的起点，如图 3-36 所示。

（7）水平移动光标到斜线附近，这时，系统也会自动显示斜线上离光标位置最近的特殊位置点，单击该点后，系统将自动捕捉该点为直线的终点，如图 3-37 所示。

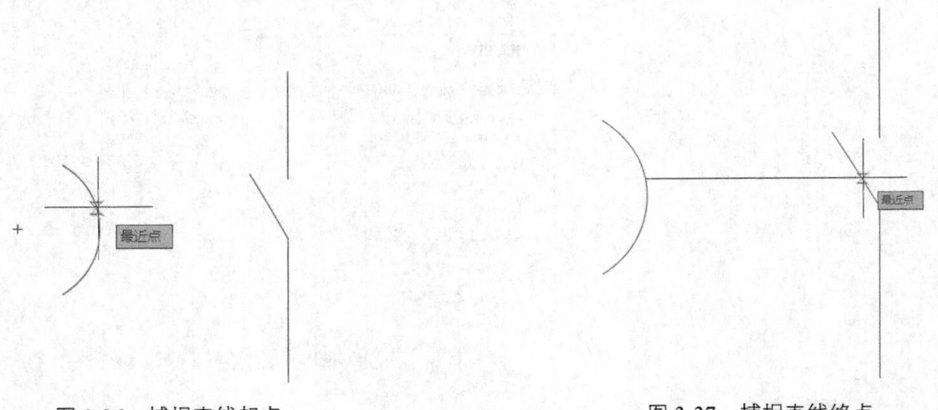

图 3-36　捕捉直线起点

图 3-37　捕捉直线终点

提示：在上面绘制水平直线的过程中，同时单击“正交”按钮和“对象捕捉”按钮，但有时系统不能满足既保证两条直线正交又保证直线的端点为特殊位置点。这时，系统优先满足对象捕捉条件，即保证直线的端点是圆弧和斜线上的特殊位置点，而不能保证两条直线一定正交，如图 3-38 所示。

解决这个问题的一个小技巧是先放大图形，再捕捉特殊位置点，这样往往能找到能够满足直线正交的特殊位置点，将其作为直线的端点。

（8）用相同的方法绘制第二条水平线，最终绘制结果如图 3-39 所示。

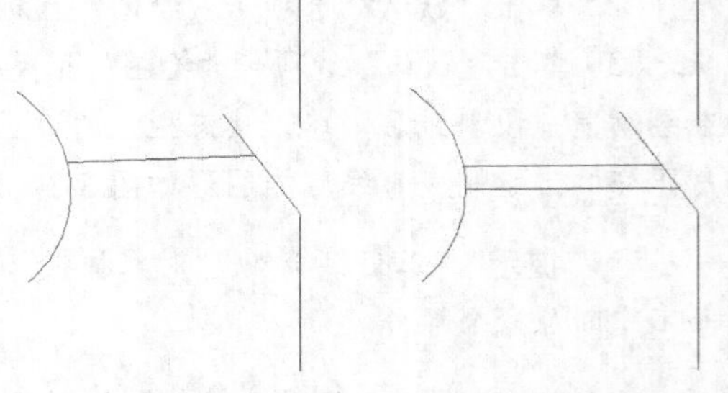

图 3-38　直线不正交

图 3-39　动合触点符号

3.4 综合实例——绘制简单电路布局图

本实例在通过“图层特性管理器”选项板，创建两个图层后利用“矩形”“直线”等一些基础的绘图命令绘制图形，再利用“多行文字”命令进行标注。绘制流程图如图 3-40 所示。

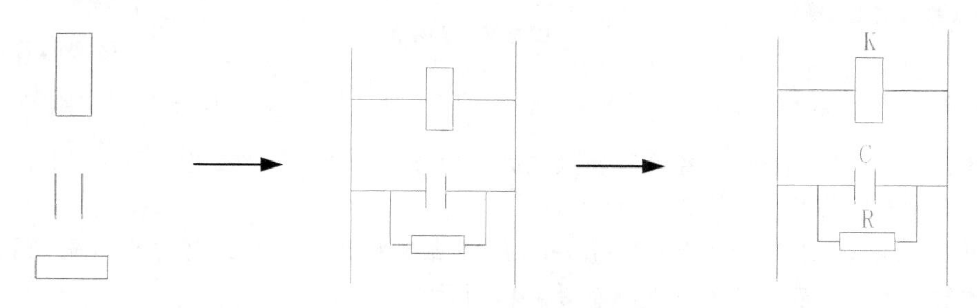

图 3-40　绘制简单电路布局图流程图

（1）单击“默认”选项卡“图层”面板中的“图层特性”按钮，打开“图层特性管理器”选项板，新建两个图层：“实线”图层和“文字”图层，具体设置如图 3-41 所示。

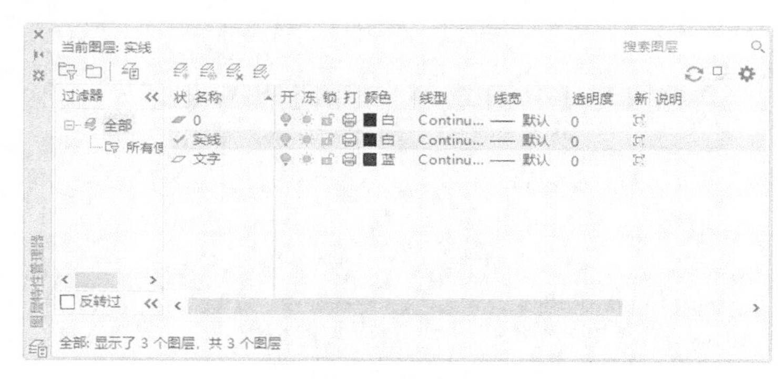

图 3-41　设置图层

（2）将“实线”图层设置为当前图层，单击状态栏上的“正交”按钮，单击“默认”选项卡“绘图”面板中的“矩形”按钮，绘制一个适当大小的矩形，表示操作器件符号。

（3）单击状态栏上的“极轴追踪”按钮。单击“默认”选项卡“绘图”面板中的“直线”按钮，将光标放在刚绘制的矩形的左下角端点附近，然后往下移动光标，这时系统显示一条追踪线，如图 3-42 所示，表示目前光标处于矩形左边的延长线上，适当指定一点为直线起点，再往下适当指定一点为直线终点。

（4）单击“默认”选项卡“绘图”面板中的“直线”按钮，将光标放在刚绘制的竖线的上端点附近，然后往右移动光标，这时，系统显示一条追踪线，如图 3-43 所示，表示目前光标位置处于过竖线上端点的同一水平线上，适当指定一点为直线起点。

（5）将光标放在刚绘制的竖线下端点的附近，然后往右移动光标，这时，系统也显示一条追踪线，如图 3-44 所示，表示目前光标处于过竖线下端点的同一水平线上，在刚绘制的直线起点正下方适当位置指定一点为直线起点并单击该点，这样系统就捕捉到了直线的终点，使该直线竖直，同时起点和终点与前面绘制的竖线的起点和终点在同一水平线上。这样，就完成了电容符号的绘制。

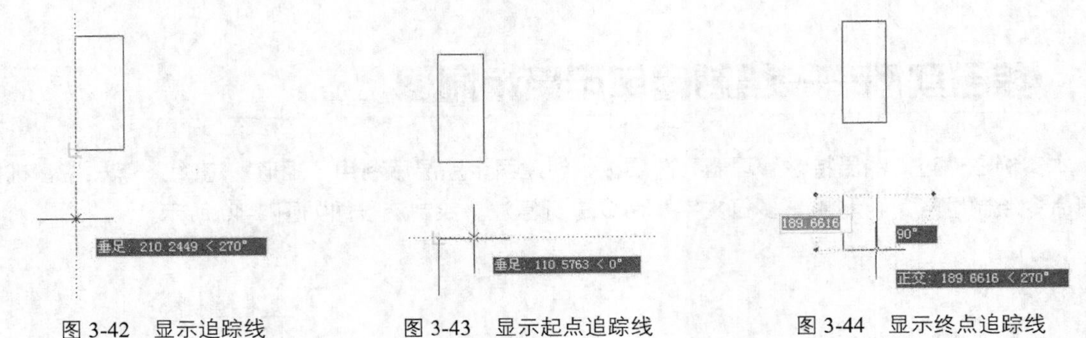

图 3-42　显示追踪线　　图 3-43　显示起点追踪线　　图 3-44　显示终点追踪线

（6）单击“默认”选项卡“绘图”面板中的“矩形”按钮□，在电容符号下方适当位置绘制一个矩形，表示电阻符号，如图 3-45 所示。

（7）单击“默认”选项卡“绘图”面板中的“直线”按钮╱，在绘制的电气符号两侧绘制两条适当长度的竖直直线，表示导线主线，如图 3-46 所示。

（8）单击状态栏上的“对象捕捉”按钮□，并将所有特殊位置点设置为可捕捉点。

（9）捕捉矩形左边直线中点，将其作为直线起点，如图 3-47 所示；捕捉左边导线主线上一点为直线终点，如图 3-48 所示。

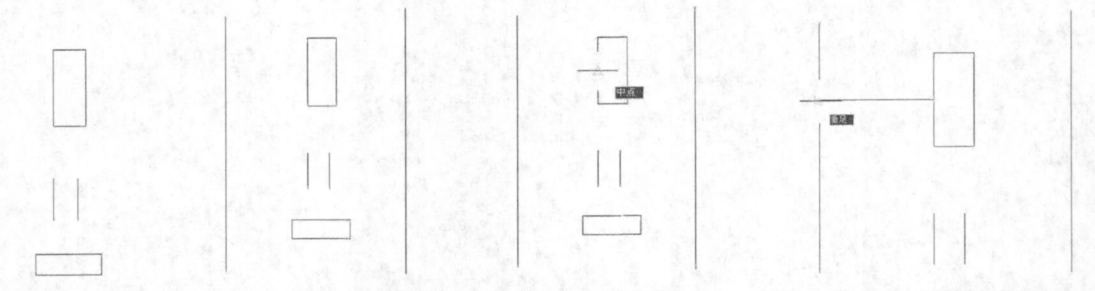

图 3-45　绘制电阻　　图 3-46　绘制导线主线　　图 3-47　捕捉直线起点　　图 3-48　捕捉直线终点

（10）使用相同的方法，执行“直线”命令，绘制操作器件和电容的连接导线及电阻的连接导线，注意捕捉电阻导线的起点为电阻符号矩形左边的中点，终点为电容连线上的垂足，如图 3-49 所示。完成导线的绘制，如图 3-50 所示。

（11）将当前图层设置为“文字”图层，绘制文字。最终结果如图 3-51 所示。

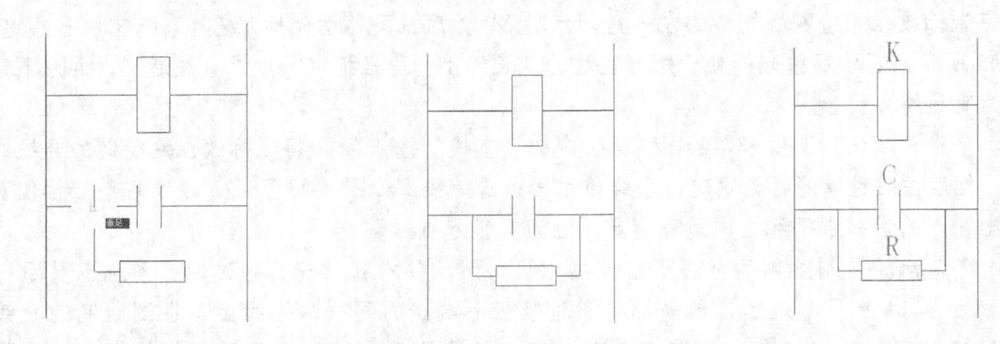

图 3-49　绘制电阻导线连线　　图 3-50　完成导线绘制　　图 3-51　简单电路布局

第4章

编辑命令

本章学习要点和目标任务

- 选择对象
- 删除及恢复类命令
- 复制类命令
- 改变位置类命令
- 改变几何特性类命令

二维图形编辑操作配合绘图命令可以进一步绘制复杂图形对象，并可使用户合理安排和组织图形，保证作图准确，减少重复作图，因此，熟练掌握和使用编辑命令有助于提高设计和绘图的效率。

4.1 选择对象

AutoCAD Electrical 2022 提供两种途径编辑图形。

- 先执行“编辑”命令，然后选择要编辑的对象。
- 先选择要编辑的对象，然后执行“编辑”命令。

这两种途径的执行效果是相同的，但选择对象是进行编辑的前提。AutoCAD Electrical 2022 提供了多种对象选择方法，如点取方法、用选择窗口选择对象、用选择线选择对象、用对话框选择对象等。AutoCAD Electrical 2022 可以把选择的多个对象组成整体，如选择集和对象组，对其进行整体编辑与修改。

选择集可以仅由一个图形对象构成，也可以由一个复杂的对象组构成，如位于某一特定层上，具有某种特定颜色的一组对象。构造选择集可以在执行“编辑”命令之前或之后。

AutoCAD Electrical 2022 提供以下 4 种方法构造选择集。

- 先选择一个“编辑”命令，然后选择对象，按 Enter 键结束操作。
- 执行“select”命令。
- 用点取设备选择对象，然后执行“编辑”命令。
- 定义对象组。

无论使用哪种方法，AutoCAD Electrical 2022 都将提示用户选择对象，并且光标的形状由十字变为拾取框。此时，可以用下面介绍的方法选择对象。

下面结合“select”命令说明选择对象的方法。

可以单独执行“select”命令，即在命令行中输入“select”命令后按 Enter 键，也可以在执行其他编辑命令时被自动调用。此时，屏幕出现提示“选择对象:”，等待用户以某种方式选择对象作为回答。AutoCAD Electrical 2022 提供多种对象选择方式，可以输入“?”查看这些对象选择方式。单击该选项后，出现如下提示：“需要点或窗口(W)/上一个(L)/窗交(C)/框选(BOX)/全部(ALL)/栏选(F)/圈围(WP)/圈交(CP)/编组(G)/添加(A)/删除(R)/多个(M)/上一个(P)/放弃(U)/自动(AU)/单选(SI)/子对象(SU)/对象(O)”。

上面主要选项含义如下。

（1）窗口（W）：用由两个对角顶点确定的矩形窗口选取位于其范围内部的所有图形，与边界相交的对象不会被选中，如图 4-1 所示。在指定对角顶点时应该按照从左向右的顺序。

（2）窗交（C）：该方式与上述“窗口”对象选择方式类似，区别在于它不但选择矩形窗口内部的对象，也选中与矩形窗口边界相交的对象，如图 4-2 所示。

（3）框选（BOX）：在使用时，系统根据用户在屏幕上给出的两个对角点的位置而自动引用“窗口”或“窗交”对象选择方式。若从左向右指定对角点，为“窗口”对象选择方式；反之，为“窗交”对象选择方式。

（4）栏选（F）：用户临时绘制一些直线，这些直线不必构成封闭图形，凡是与这些直线相交的对象均被选中。执行结果如图 4-3 所示。

（5）圈围（WP）：使用一个不规则的多边形来选择对象。根据提示，用户依次输入构成多边形所有顶点的坐标，直到最后按 Enter 键进行空回答结束操作，系统将自动连接第一个顶点与最后一个顶点形成封闭的多边形。凡是被多边形围住的对象均被选中（不包括边界），执行结果如图 4-4 所示。

（6）添加（A）：添加下一个对象到选择集。也可用于从移走模式（Remove）到选择模式的切换。

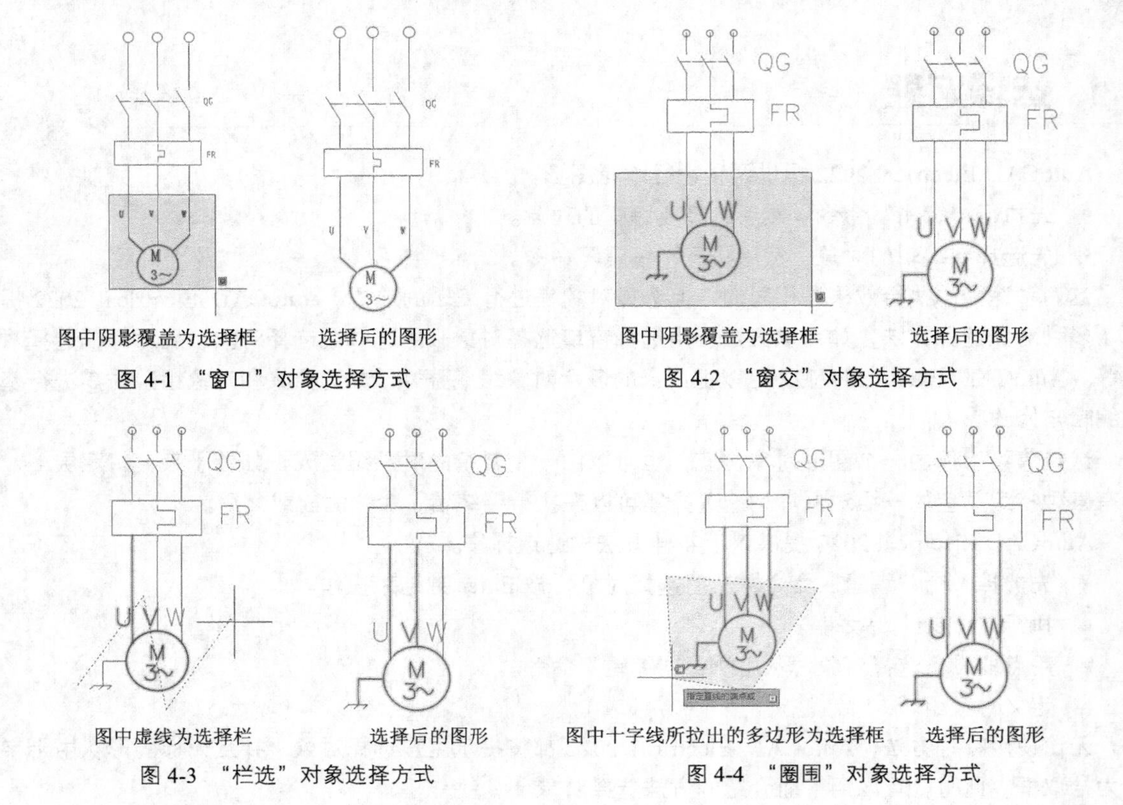

图中阴影覆盖为选择框　选择后的图形

图 4-1 “窗口”对象选择方式

图中阴影覆盖为选择框　选择后的图形

图 4-2 “窗交”对象选择方式

图中虚线为选择栏　选择后的图形

图 4-3 “栏选”对象选择方式

图中十字线所拉出的多边形为选择框　选择后的图形

图 4-4 “圈围”对象选择方式

4.2 删除及恢复类命令

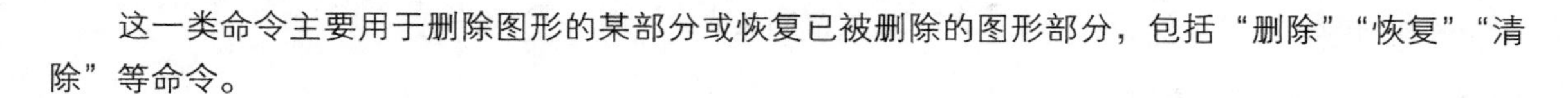

这一类命令主要用于删除图形的某部分或恢复已被删除的图形部分，包括“删除”“恢复”“清除”等命令。

4.2.1 “删除”命令

如果所绘制的图形不符合要求或不小心绘错了，可以执行“删除”命令将其删除。执行“删除”命令，主要有以下 5 种方法。

- 命令行：erase。
- 菜单栏：执行菜单栏中的“修改”→“删除”命令。
- 工具栏：单击“修改”工具栏中的“删除”按钮。
- 执行快捷菜单中的“删除”命令。
- 功能区：单击“默认”选项卡“修改”面板中的“删除”按钮。

可以先选择对象，然后执行“删除”命令，也可以先执行“删除”命令，然后再选择对象。在选择对象时可以使用前面介绍的选择对象的各种方法。

当选择多个对象时，多个对象都被删除；若选择的对象属于某个对象组，则该对象组的所有对象都被删除。

提示： 在绘图过程中，如果绘制出现错误或需要删除令人不太满意的图形，可以单击“标准”工具栏中的按钮，也可以按键盘上的 Delete 键，命令行提示“_erase:”，单击要删除的图形，再单击鼠标右键。执行“删除”命令可以一次删除一个或多个图形，如果删除错误，可以利用按钮来补救。

4.2.2 “恢复”命令

若不小心误删除了图形，可以执行“恢复”命令恢复误删除的对象。执行“恢复”命令，主要有以下 3 种方法。

- 命令行：oops 或 u。
- 工具栏：单击“标准”工具栏中的“重做”按钮或单击快速访问工具栏中的“重做”按钮。
- 利用快捷组合键 Ctrl+Z。

执行其他命令后，在命令行窗口的提示行上输入“oops”，按 Enter 键。

4.2.3 “清除”命令

此命令与“删除”命令功能完全相同。执行“清除”命令，主要有以下两种方法。

- 菜单栏：执行菜单栏中的“编辑”→“删除”命令。
- 利用快捷键 Delete。

执行上述命令后，根据系统提示选择要清除的对象，按 Enter 键执行“清除”命令。

4.3 复制类命令

本节详细介绍 AutoCAD Electrical 2022 的复制类命令。

4.3.1 “复制”命令

执行“复制”命令，主要有以下 5 种方法。

- 命令行：copy。
- 菜单栏：执行菜单栏中的“修改”→“复制”命令。
- 工具栏：单击“修改”工具栏中的“复制”按钮。
- 执行快捷菜单中的“复制选择”命令。
- 功能区：单击“默认”选项卡“修改”面板中的“复制”按钮。

执行上述命令，系统将提示选择要复制的对象，按 Enter 键结束选择操作。在命令行提示“指定基点或 [位移(D)/模式(O)] <位移>:”后指定基点或位移。在执行“复制”命令时，命令行提示中各选项的含义如下。

（1）指定基点：在指定一个坐标点后，AutoCAD Electrical 2022 把该点作为复制对象的基点，并提示指定第二个点。指定第二个点后，系统将根据这两点确定的位移矢量把选择的对象复制到第二点处。如果此时直接按 Enter 键，即选择默认的“用第一点作位移”，则第一个点被当作相对于 *X*、*Y*、*Z* 方向上的位移。例如，如果指定基点为（2, 3）并在下一个提示下按 Enter 键，则该对象从当前的位置开始在 *X* 方向上移动 2 个单位，在 *Y* 方向上移动 3 个单位。复制完成后，根据提示指定第二个点或输入选项。这时，可以不断指定新的第二点，从而实现多重复制。

（2）位移（D）：直接输入位移值，表示以选择对象时的拾取点为基准，以拾取点坐标为移动方向纵横比，移动指定位移后确定的点为基点。例如，在选择对象时拾取点坐标为（2,3），输入位移为 5，则表示以（2,3）点为基准，沿纵横比为 3：2 的方向移动 5 个单位所确定的点为基点。

（3）模式（O）：控制是否自动重复该命令。单击该选项后，系统提示输入复制模式选项，可以设置复制模式是单个或多个。

4.3.2 实例——绘制三相变压器符号

本实例执行“圆”“直线”命令绘制图形的一侧，再执行“复制”命令创建图形的另一侧，最后执行“直线”命令将图形补充完整，如图 4-5 所示。

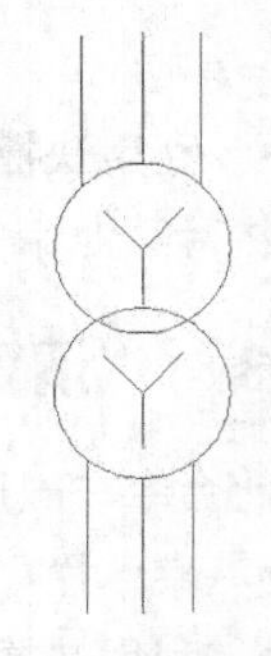

图 4-5 三相变压器符号

（1）单击“默认”选项卡“绘图”面板中的“圆”按钮和“直线”按钮，绘制一个圆和 3 条共端点的直线，尺寸适当指定。利用“对象捕捉”功能捕捉 3 条直线的共同端点，以该点为圆心，如图 4-6 所示。

（2）单击“默认”选项卡“修改”面板中的“复制”按钮，复制步骤（1）中绘制的圆和直线，命令行提示与操作如下。

```
命令: _copy↙
选择对象:(选择刚绘制的图形)↙
选择对象:↙
```

```
指定基点或 [位移(D)/模式(O)] <位移>: (选择圆心)
指定第二个点或 [阵列(A)] <使用第一个点作为位移>: (适当指定一点，如图 4-7 所示)
指定第二个点或 [阵列(A)/退出(E)/放弃(U)] <退出>:↙
```

结果如图 4-8 所示。

（3）结合“正交”和“对象捕捉”功能，单击“默认”选项卡“绘图”面板中的“直线”按钮 ，绘制 6 条竖直直线。最终效果如图 4-5 所示。

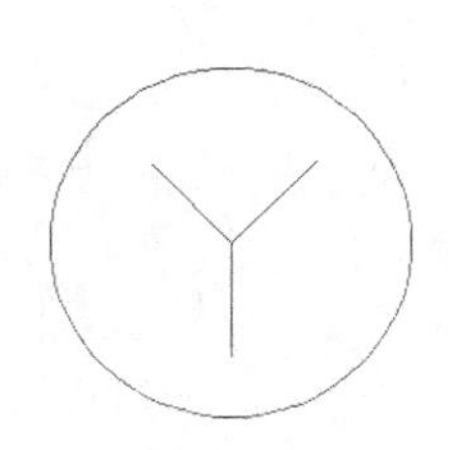
图 4-6　绘制圆和直线

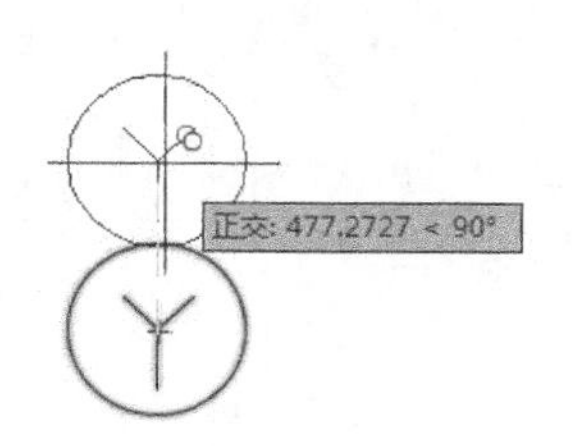

图 4-7　指定一点

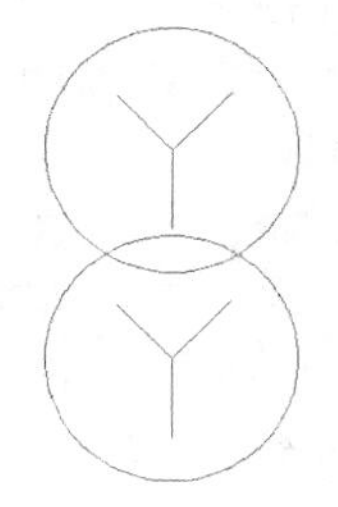
图 4-8　复制对象

4.3.3　“镜像”命令

镜像对象是指把选择的对象围绕一条镜像线进行对称复制。镜像操作完成后，可以保留原对象也可以将其删除。执行“镜像”命令，主要有如下 4 种方法。

- 命令行：mirror。
- 菜单栏：执行菜单栏中的“修改”→“镜像”命令。
- 工具栏：单击“修改”工具栏中的“镜像”按钮 。
- 功能区：单击“默认”选项卡“修改”面板中的“镜像”按钮 。

执行上述命令后，系统提示选择要镜像的对象，并指定镜像线的第一个点和第二个点，并确定是否删除原对象。这两点确定一条镜像线，被选择的对象以该线为对称轴进行镜像。包含该线的镜像平面与用户坐标系统的 *XY* 平面垂直，即镜像操作工作在与用户坐标系统的 *XY* 平面平行的平面上。

4.3.4　实例——绘制半导体二极管符号

本实例执行“直线”命令绘制图形的一侧，再执行“镜像”命令创建另一侧的图形，以此完成半导体二极管符号的绘制，如图 4-9 所示。

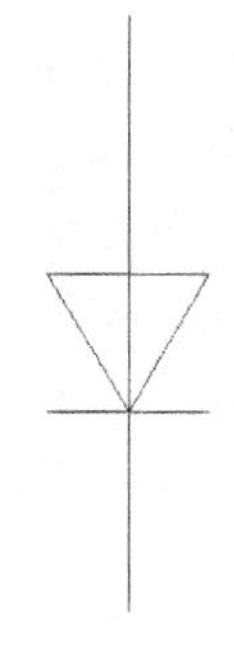
图 4-9　半导体二极管符号

（1）单击“默认”选项卡“绘图”面板中的“直线”按钮 ，采用相对或者绝对输入方式，绘制一条起点为（100,100）、长度为 150mm 的直线，如图 4-10 所示。

（2）单击“默认”选项卡“绘图”面板中的“多段线”按钮 ，绘制半导体二极管的上半部分，命令行提示与操作如下。

```
命令: _pline↙
指定起点:120,150↙
指定下一个点或 [圆弧(A)/半宽(H)/长度(L)/放弃(U)/宽度(W)]:_per (按住 Shift 键并单击鼠标右键，执行弹出的快捷菜单中的“垂直”命令，捕捉刚指定的起点到竖直直线的垂足)
```

```
指定下一点或 [圆弧(A)/闭合(C)/半宽(H)/长度(L)/放弃(U)/宽度(W)]:@40<60↙
指定下一点或 [圆弧(A)/闭合(C)/半宽(H)/长度(L)/放弃(U)/宽度(W)]:_per(捕捉上一点到竖直直线的垂足)
指定下一点或 [圆弧(A)/闭合(C)/半宽(H)/长度(L)/放弃(U)/宽度(W)]: ↙
```

结果如图 4-11 所示。

(3)单击“默认”选项卡“修改”面板中的“镜像”按钮，将绘制的多段线以竖直直线为轴进行镜像，生成半导体二极管符号，命令行提示与操作如下。

```
命令: _mirror↙
选择对象: (选择刚绘制的多段线)
选择对象: ↙
指定镜像线的第一点: (捕捉竖直直线上任意一点)
指定镜像线的第二点: (捕捉竖直直线上任意另一点)
要删除原对象吗? [是(Y)/否(N)] <N>:↙
```

结果如图 4-9 所示。

图 4-10　直线效果　　　　图 4-11　多段线效果

4.3.5　“偏移”命令

偏移对象是指保持选择的对象的形状，在不同的位置以不同的尺寸大小新建一个对象。执行“偏移”命令，主要有如下 4 种方法。

- 命令行：offset。
- 菜单栏：执行菜单栏中的“修改”→“偏移”命令。
- 工具栏：单击“修改”工具栏中的“偏移”按钮。
- 功能区：单击“默认”选项卡“修改”面板中的“偏移”按钮。

执行上述命令后，将提示指定偏移距离或选择选项，选择要偏移的对象并指定偏移方向。在执行“偏移”命令绘制构造线时，命令行提示中各选项的含义如下。

(1)指定偏移距离：输入一个距离值，或按 Enter 键使用当前的距离值，系统把该距离值作为偏移距离，如图 4-12(a)所示。

(2)通过(T)：指定偏移的通过点。选择该选项后，根据系统提示选择要偏移的对象，指定偏移对象的一个通过点。操作完毕后，系统根据指定的通过点绘制偏移对象，如图 4-12(b)所示。

图 4-12　偏移选项说明 1

- 删除（E）：偏移原对象后将原对象删除，如图 4-13（a）所示。选择该项，在系统提示“要在偏移后删除原对象吗？[是(Y)/否(N)] <当前>:”后输入“Y”或“N”。
- 图层（L）：确定将偏移对象创建在当前图层上还是原对象所在的图层上，这样就可以在不同的图层上偏移对象。选择该项，如果偏移对象的图层选择为当前图层，则偏移对象的图层特性与当前图层相同，如图 4-13（b）所示。

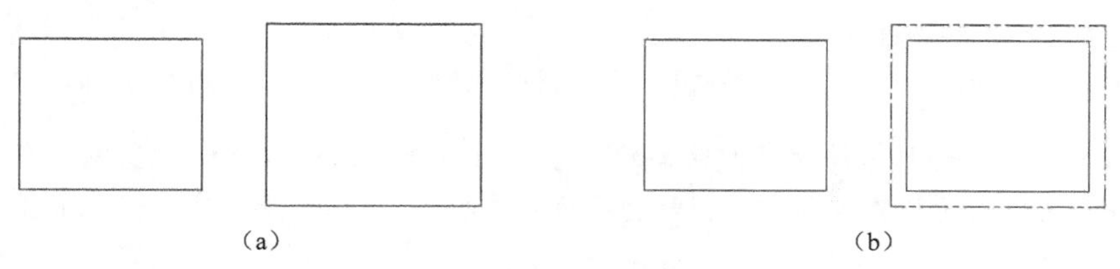

（a）　　（b）

图 4-13　偏移选项说明 2

- 多个（M）：使用当前的偏移距离重复进行偏移操作，并接受附加的通过点，如图 4-14 所示。

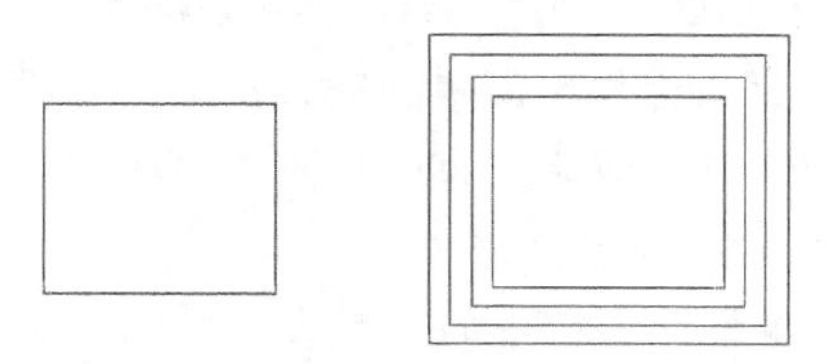

图 4-14　偏移选项说明 3

提示：可以执行“偏移”命令对指定的直线、圆弧、圆等对象定距离偏移复制。在实际应用中，常利用“偏移”命令创建平行线或等距离分布图形，效果同“阵列”命令。在默认情况下，需要指定偏移距离，再选择要偏移复制的对象，然后指定偏移方向，以复制出对象。

4.3.6　实例——绘制手动三级开关符号

本实例执行“直线”命令绘制一级开关，再执行“偏移”“复制”命令创建二、三级开关，最后执行“直线”命令将开关补充完整，如图 4-15 所示。

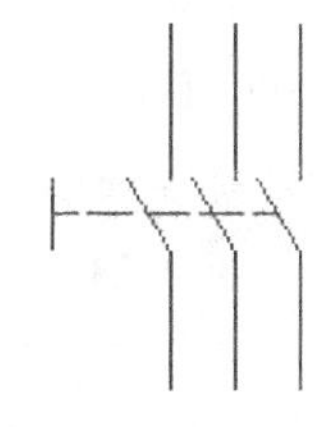

图 4-15　手动三级开关符号

（1）结合“正交”和“对象追踪”功能，单击“默认”选项卡“绘图”面板中的“直线”按钮╱，绘制 3 条直线，完成一级开关的绘制，如图 4-16 所示。

（2）偏移处理。单击“默认”选项卡“修改”面板中的“偏移”按钮⊆，将第（1）步绘制的一级开关向右偏移，命令行提示与操作如下。

```
命令：_offset↙
指定偏移距离或 [通过(T)/删除(E)/图层(L)] <通过>：（在适当位置指定一点，如图 4-17 所示的点 1）
指定第二点：（水平向右适当距离指定一点，如图 4-17 所示的点 2）
选择要偏移的对象，或[退出(E)/放弃(U)] <退出>：（选择一条竖直直线）
指定要偏移的那一侧上的点，或 [退出(E)/多个(M)/放弃(U)] <退出>：（向右指定一点）
选择要偏移的对象，或 [退出(E)/放弃(U)] <退出>：（指定另一条竖直直线）
指定要偏移的那一侧上的点，或 [退出(E)/多个(M)/放弃(U)] <退出>：（向右指定一点）
```

结果如图 4-18 所示。

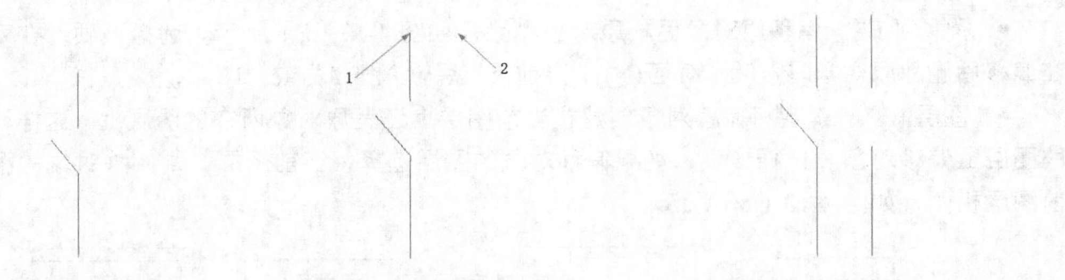

图 4-16　绘制一级开关　　　　图 4-17　指定偏移距离　　　　图 4-18　偏移结果

提示：偏移是将对象按指定的距离沿对象的垂直或法线的方向进行复制，在本实例中，如果采用与上面设置相同的距离偏移斜线，就会得到图 4-19 所示的结果，这与设想的结果不一样，是初学者应该注意的地方。

（3）单击“默认”选项卡“修改”面板中的“偏移”按钮，绘制第三级开关的竖直直线，具体操作方法与上面相同，只是系统提示操作稍微不同，如下。

```
指定偏移距离或[通过(T)/删除(E)/图层(L)] <190.4771>：(直接按 Enter 键)
```

接受上一次偏移指定的偏移距离为本次偏移的默认距离。结果如图 4-20 所示。

（4）单击“默认”选项卡“修改”面板中的“复制”按钮，复制斜线，捕捉基点和目标点分别为对应的竖线端点，结果如图 4-21 所示。

（5）单击“默认”选项卡“绘图”面板中的“直线”按钮，结合“对象捕捉”功能绘制一条竖直直线和一条水平直线，结果如图 4-22 所示。

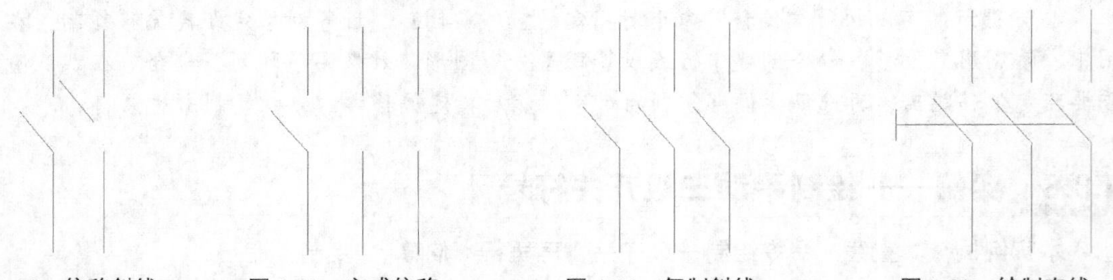

图 4-19　偏移斜线　　　　图 4-20　完成偏移　　　　图 4-21　复制斜线　　　　图 4-22　绘制直线

（6）单击“默认”选项卡“图层”面板中的“图层特性”按钮，打开“图层特性管理器”选项板，如图 4-23 所示。单击 0 图层下的 Continuous 线型，打开“选择线型”对话框，如图 4-24 所示，单击“加载”按钮，打开“加载或重载线型”对话框，选择其中的 ACAD_ISO02W100 线型，如图 4-25 所示，单击“确定”按钮，回到“选择线型”对话框，再次单击“确定”按钮，回到“图层特性管理器”选项板，最后单击“确定”按钮退出对话框。

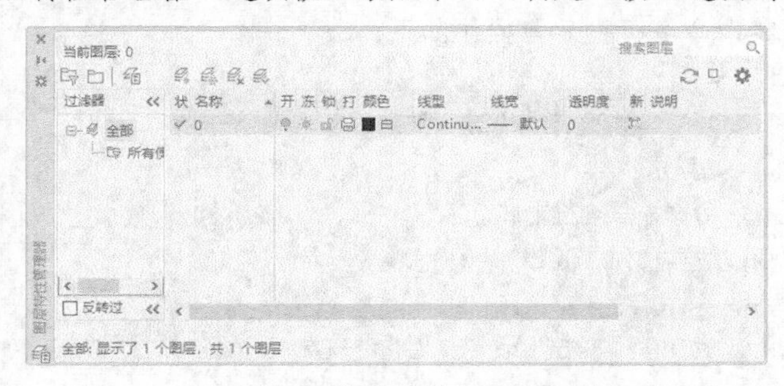

图 4-23　“图层特性管理器”选项板

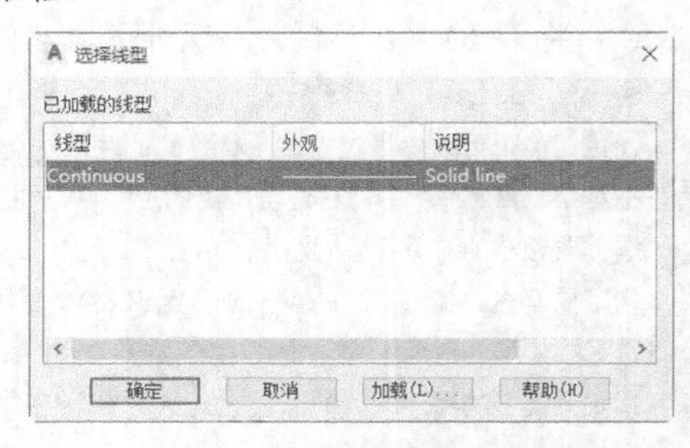

图 4-24　“选择线型”对话框

（7）选择上面绘制的水平直线，单击鼠标右键，执行弹出的快捷菜单中的“特性”命令，系统打开“特性”选项板，在“线型”下拉列表框中选择刚加载的 ACAD_ISO02W100 线型，在“线型比例”文本框中将线型比例改为 3，如图 4-26 所示。关闭“特性”选项板，可以看到水平直线的线型已经改为虚线。最终结果如图 4-15 所示。

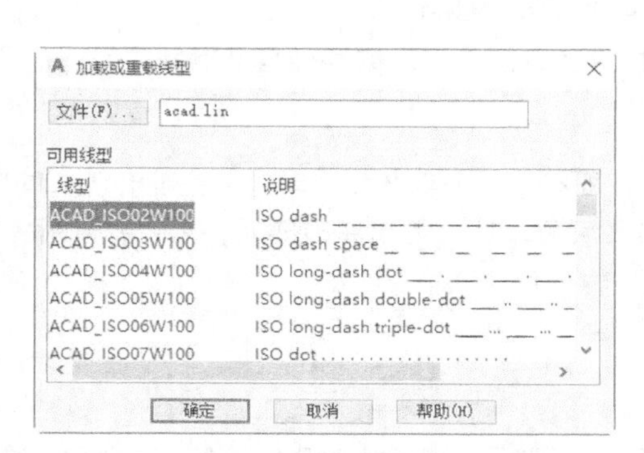

图 4-25 “加载或重载线型”对话框

图 4-26 “特性”选项板

4.3.7 “阵列”命令

建立阵列是指多重复制选择的对象并把这些副本按矩形或环形排列。把副本按矩形排列称为建立矩形阵列，把副本按环形排列称为建立极阵列。在建立极阵列时，应该控制复制对象的次数和设置对象是否被旋转；在建立矩形阵列时，应该控制行和列的数量及对象副本之间的距离。

AutoCAD Electrical 2022 提供“array”命令建立阵列。执行该命令可以建立矩形阵列、极阵列（环形）和旋转的矩形阵列。

执行“阵列”命令，主要有如下 4 种方法。

- 命令行：array。
- 菜单栏：执行菜单栏中的“修改”→“阵列”→“矩形阵列”“路径阵列”“环形阵列”命令。
- 工具栏：单击“修改”工具栏中的“矩形阵列”按钮、“路径阵列”按钮、“环形阵列”按钮。
- 功能区：单击“默认”选项卡“修改”面板中的“矩形阵列”按钮、“路径阵列”按钮、“环形阵列”按钮。

执行“阵列”命令后，根据系统提示选择对象，按 Enter 键结束选择后输入阵列类型。在命令行提示下选择路径曲线或输入行、列数。在执行“阵列”命令的过程中，命令行提示中各主要选项的含义如下。

（1）方向（O）：控制选定对象是否将相对于路径的起始方向重定向（旋转），然后再移动到路径的起点。

（2）表达式（E）：使用数学公式或方程式获取值。

（3）基点（B）：指定阵列的基点。

（4）关键点（K）：对于关联阵列，在原对象上指定有效的约束点（或关键点）以用作基点。如果编辑生成阵列的原对象，阵列的基点与原对象的关键点保持重合。

（5）定数等分（D）：沿整个路径长度平均定数等分项目。

（6）全部（T）：指定第一个项目到最后一个项目的总距离。

（7）关联（AS）：指定是否在阵列中创建项目，并将其作为关联阵列对象，或作为独立对象。

（8）项目（I）：编辑阵列中的项目数。

（9）行数（R）：指定阵列中的行数和行间距，以及它们之间的增量标高。

（10）层级（L）：指定阵列中的层数和层间距。

（11）对齐项目（A）：指定是否沿路径方向对齐每个项目。

（12）Z 方向（Z）：控制是否保持项目的原始 Z 方向或沿三维路径自然倾斜项目。

（13）退出（X）：退出命令。

提示： 在平面作图时阵列有两种方式，可以在矩形或环形（圆形）阵列中创建对象的副本。对于矩形阵列，可以控制行和列的数目及它们之间的距离；对于环形阵列，可以控制对象副本的数目并决定是否旋转副本。

4.3.8 实例——绘制多级插头插座

本实例执行“圆弧”命令、“图案填充”命令、“阵列”命令、“相切约束”命令和“修剪”命令绘制多级插头插座，如图 4-27 所示。

（1）单击“默认”选项卡“绘图”面板中的“圆弧”按钮、“直线”按钮、“矩形”按钮等，绘制图 4-28 所示的图形。

提示： 利用“正交”“对象捕捉”“对象追踪”等工具准确绘制图线，应保持相应端点对齐。

（2）单击“默认”选项卡“图层”面板中的“图案填充”按钮，对矩形进行填充，如图 4-29 所示。

（3）参照前面的方法将两条水平直线的线型改为虚线，如图 4-30 所示。

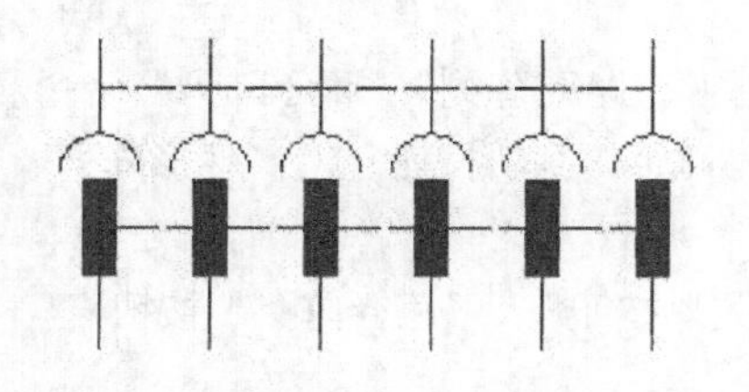

图 4-27 多级插头插座

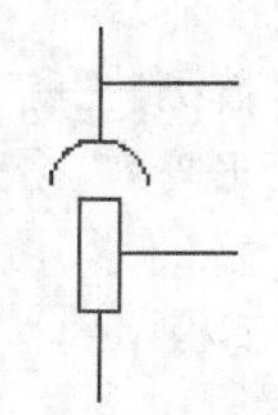

图 4-28 初步绘制图线

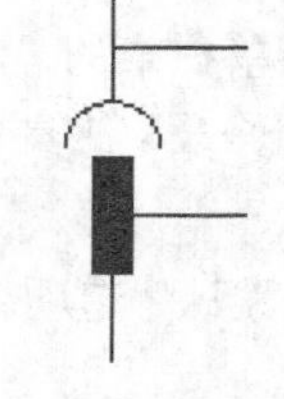

图 4-29 矩形填充

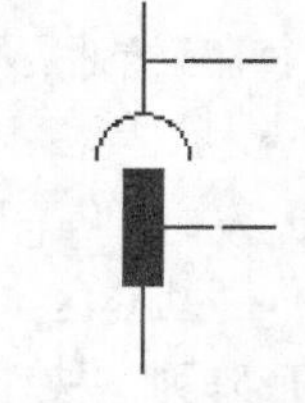

图 4-30 修改线型

（4）阵列图形。单击“默认”选项卡“修改”面板中的“矩形阵列”按钮，设置行数为 1，设置列数为 6，命令行提示与操作如下。

```
命令：_arrayrect↙
选择对象：（拾取要阵列的图形）
选择夹点以编辑阵列或 [关联(AS)/基点(B)/计数(COU)/间距(S)/列数(COL)/行数(R)/层数(L)/退出(X)] <退
```

```
出>:col↙
    输入列数数或 [表达式(E)] <4>:6↙
    指定列数之间的距离或 [总计(T)/表达式(E)] <30.3891>: (指定水平虚线的左端点到水平虚线的右端点的距离为阵列间距，如图 4-31 所示)
    选择夹点以编辑阵列或 [关联(AS)/基点(B)/计数(COU)/间距(S)/列数(COL)/行数(R)/层数(L)/退出(X)] <退出>: R↙
    输入行数数或 [表达式(E)] <3>:1↙
```

（5）单击“默认”选项卡“修改”面板中的“删除”按钮，将阵列后的图形右侧的两条水平虚线删除，最终结果如图 4-27 所示。

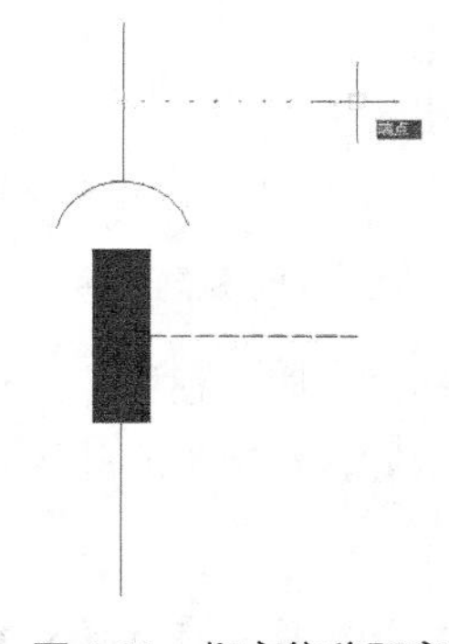

图 4-31　指定偏移距离

4.4 改变位置类命令

改变位置类命令的功能是按照指定要求改变当前图形或图形某部分的位置，主要包括“移动”“旋转”“缩放”等命令。

4.4.1　“移动”命令

执行“移动”命令，主要有如下 5 种方法。

- 命令行：move。
- 菜单栏：执行菜单栏中的“修改”→“移动”命令。
- 工具栏：单击“修改”工具栏中的“移动”按钮。
- 执行快捷菜单中的“移动”命令。
- 功能区：单击“默认”选项卡“修改”面板中的“移动”按钮。

执行上述命令后，根据系统提示选择对象，按 Enter 键结束选择，然后在命令行提示下指定基点或移至点，并指定第二个点或位移量。各选项功能与“copy”命令的相关选项功能相同，所不同的是对象被移动后，原位置处的对象消失。

4.4.2　“旋转”命令

执行“旋转”命令，主要有如下 5 种方法。

- 命令行：rotate。
- 菜单栏：执行菜单栏中的“修改”→“旋转”命令。

- 工具栏：单击“修改”工具栏中的“旋转”按钮 。
- 执行快捷菜单中的“旋转”命令。
- 功能区：单击“默认”选项卡“修改”面板中的“旋转”按钮 。

执行上述命令后，根据系统提示选择要旋转的对象，并指定旋转的基点和旋转角度。在执行“旋转”命令的过程中，命令行提示中各主要选项的含义如下。

（1）复制（C）：选择该项，在旋转对象的同时，保留原对象，如图 4-32 所示。

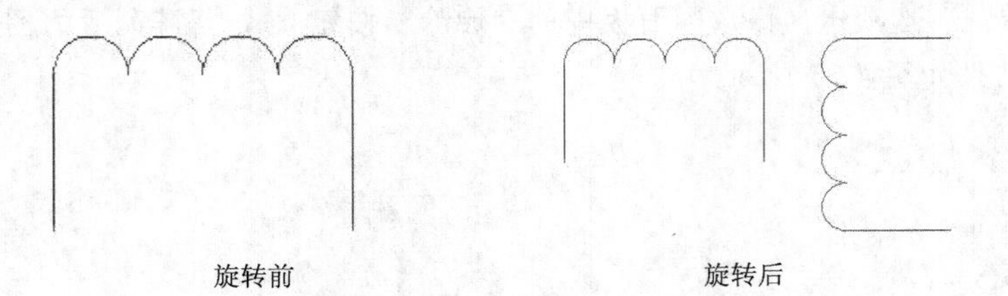

图 4-32　复制旋转

（2）参照（R）：在采用参照方式旋转对象时，根据系统提示指定要参照的角度和旋转后的角度值，操作完毕后，对象被旋转至指定的角度位置。

提示：可以用拖动光标的方法旋转对象。在选择对象并指定基点后，从基点到当前光标位置会出现一条连线，移动光标，选择的对象会动态地随着该连线与水平方向的夹角的变化而旋转，按 Enter 键会确认旋转操作，如图 4-33 所示。

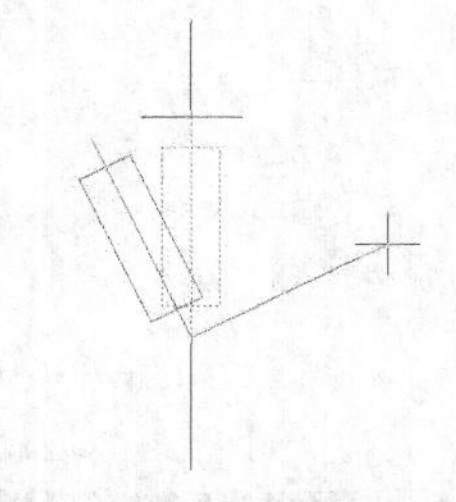

图 4-33　拖动光标旋转对象

4.4.3　实例——绘制电极探头符号

本实例首先执行“直线”“移动”等命令绘制电极探头的一部分，然后执行“旋转”“复制”命令绘制另一半电极探头，最后添加填充。如图 4-34 所示。

（1）绘制三角形。单击“默认”选项卡“绘图”面板中的“直线”按钮 ，分别绘制直线 1[(0,0),(33,0)]、直线 2[(10,0),(10,–4)]、直线 3[(10,–4),(21,0)]，这 3 条直线构成一个直角三角形，如图 4-35 所示。

（2）绘制竖直直线。单击“默认”选项卡“绘图”面板中的“直线”按钮 ，开启“对象捕捉”“正交”功能，捕捉直线 1 的左端点，以其为起点，向上绘制长度为 12mm 的直线 4，如图 4-36 所示。

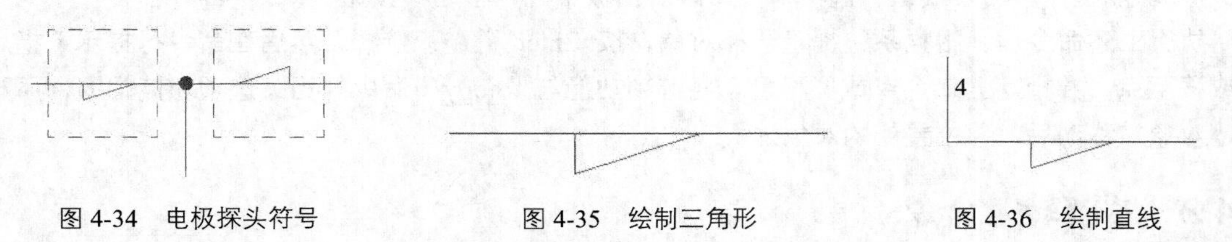

图 4-34　电极探头符号　　图 4-35　绘制三角形　　图 4-36　绘制直线

（3）移动直线。单击“默认”选项卡“修改”面板中的“移动”按钮 ，将直线 4 向右平移 3.5mm，命令行提示与操作如下。

```
命令: _move↙
选择对象:(拾取要移动的图形)↙
指定基点或 [位移(D)] <位移>: (捕捉直线 4 下端点)
指定第二个点或 <使用第一个点作为位移>: 3.5↙
```

（4）修改直线线型。新建一个名为“虚线层”的图层，将线型设置为虚线。选中直线 4，单击“图层”工具栏中的下拉按钮，在弹出的下拉列表中单击“虚线层”选项，将其图层属性设置为“虚线层”，更改后的效果如图 4-37 所示。

（5）镜像直线。单击“默认”选项卡“修改”面板中的“镜像”按钮，选择直线 4 为镜像对象，以直线 1 为镜像线进行镜像操作，得到直线 5，如图 4-38 所示。

（6）偏移直线。单击“默认”选项卡“修改”面板中的“偏移”按钮，将直线 4 和直线 5 分别向右偏移 24mm，如图 4-39 所示。

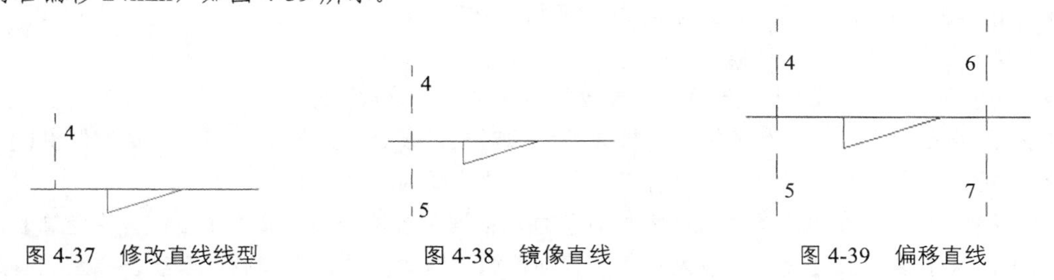

图 4-37　修改直线线型　　图 4-38　镜像直线　　图 4-39　偏移直线

（7）绘制水平直线。单击“默认”选项卡“绘图”面板中的“直线”按钮，在“对象捕捉”模式下，用光标分别捕捉直线 4 和直线 6 的上端点，绘制直线 8。采用相同的方法绘制直线 9，得到两条水平直线。

（8）更改图层属性。选中直线 8 和直线 9，单击“默认”选项卡“图层”面板中的“图层”下拉按钮，在弹出的下拉列表中单击“虚线层”选项，将其图层属性设置为“虚线层”，更改后的图层如图 4-40 所示。

（9）绘制竖直直线。返回“实线层”，单击“默认”选项卡“绘图”面板中的“直线”按钮，开启“对象捕捉”“正交”功能，捕捉直线 1 的右端点，以其为起点向下绘制一条长度为 20mm 的竖直直线，如图 4-41 所示。

（10）旋转图形。单击“默认”选项卡“修改”面板中的“旋转”按钮，旋转图形，命令行提示与操作如下。

```
命令: _rotate↙
选择对象: (用矩形框选直线 8 左侧的图形作为旋转对象)
指定基点: (选择 O 点作为旋转基点)
指定旋转角度，或[复制(C)/参照(R)] <180>:C↙
指定旋转角度，或[复制(C)/参照(R)] <180>:180↙
```

旋转结果如图 4-42 所示。

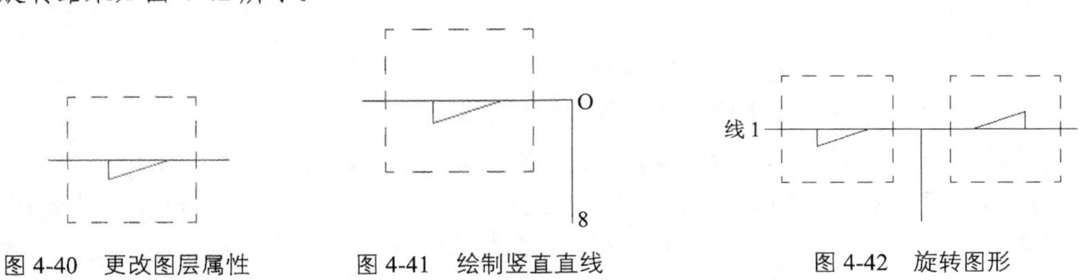

图 4-40　更改图层属性　　图 4-41　绘制竖直直线　　图 4-42　旋转图形

（11）绘制圆。单击“默认”选项卡“绘图”面板中的“圆”按钮，捕捉 O 点作为圆心，绘制一个半径为 1.5mm 的圆。

（12）填充圆。单击“默认”选项卡“绘图”面板中的“图案填充”按钮，弹出“图案填充创建”选项卡，选择 SOLID 图案，其他选项保持系统默认设置。选择第（11）步中绘制的圆作为填充边界，填充结果如图 4-34 所示。至此，电极探头符号绘制完成。

4.4.4 缩放命令

执行“缩放”命令，主要有以下 5 种方法。

- 命令行：scale。
- 菜单栏：执行菜单栏中的“修改”→“缩放”命令。
- 工具栏：单击“修改”工具栏中的“缩放”按钮。
- 执行快捷菜单中的“缩放”命令。
- 功能区：单击“默认”选项卡“修改”面板中的“缩放”按钮。

执行上述命令后，根据系统提示选择要缩放的对象，指定缩放操作的基点，指定比例因子或选项。在执行缩放命令的过程中，命令行提示中各主要选项的含义如下。

（1）参照（R）：在采用参考方向缩放对象时，根据系统提示输入参考长度值并指定新长度值。若新长度值大于参考长度值，则放大对象；否则，缩小对象。操作完毕后，系统以指定的基点按指定的比例因子缩放对象。如果选择“点（P）”选项，则通过指定两点来定义新的长度。

（2）指定比例因子：在选择对象并指定基点后，从基点到当前光标位置会出现一条线段，线段的长度即比例大小。选择的对象会动态地随着该连线长度的变化而缩放，按 Enter 键，确认缩放操作。

（3）复制（C）：选择“复制（C）”选项时，可以复制缩放对象，即缩放对象时，保留原对象，如图 4-43 所示。

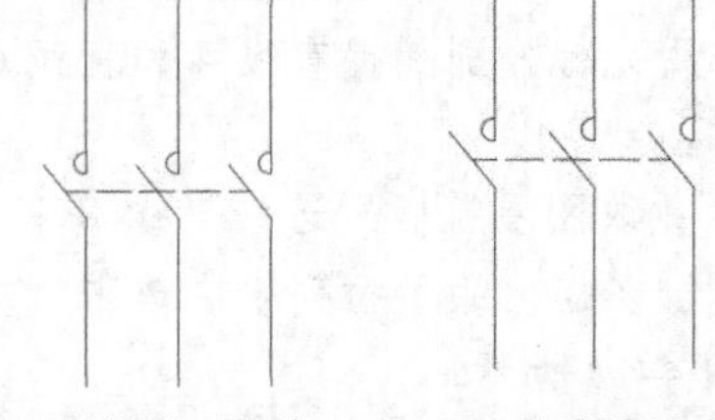

图 4-43　复制缩放对象

4.5 改变几何特性类命令

改变几何特性命令用于编辑指定对象，使编辑对象的几何特性发生改变，包括“倒斜角”“倒圆角”“断开”“修剪”“延伸”“拉长”“打断”等命令。

4.5.1 “修剪”命令

执行“修剪”命令，主要有以下 4 种方法。

- 命令行：trim。
- 菜单栏：执行菜单栏中的“修改”“修剪”命令。
- 工具栏：单击“修改”工具栏中的“修剪”按钮。
- 功能区：单击“默认”选项卡“修改”面板中的“修剪”按钮。

执行上述命令后，根据系统提示选择剪切边，选择一个或多个对象并按 Enter 键，或者按 Enter 键选择所有显示的对象。执行“修剪”命令对图形对象进行修剪，命令行提示中主要选项的含义如下。

（1）在选择对象时，如果按住 Shift 键，系统就自动将“修剪”命令转换成“延伸”命令。“延伸”命令将在 4.5.3 节中介绍。

（2）在选择“边（E）”选项时，可以选择对象的修剪方式。

① 延伸（E）：延伸边界进行修剪。在此方式下，如果修剪边与要修剪的对象没有相交，系统会延伸剪切边直至与对象相交，然后再进行修剪，如图 4-44 所示。

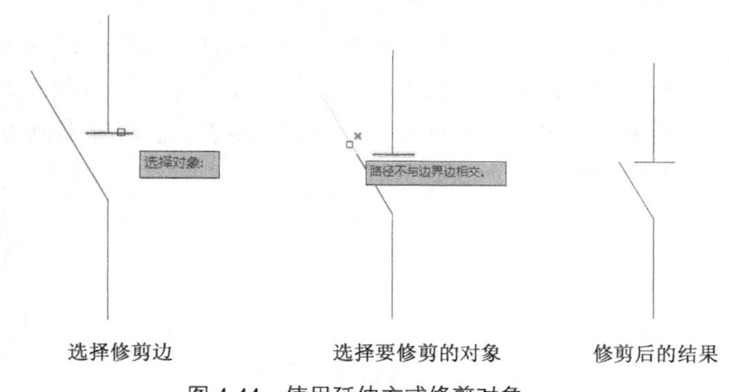

图 4-44　使用延伸方式修剪对象

② 不延伸（N）：不延伸边界修剪对象。只修剪与剪切边相交的对象。

（3）选择“栏选（F）”选项时，系统以栏选的方式选择被修剪对象，如图 4-45 所示。

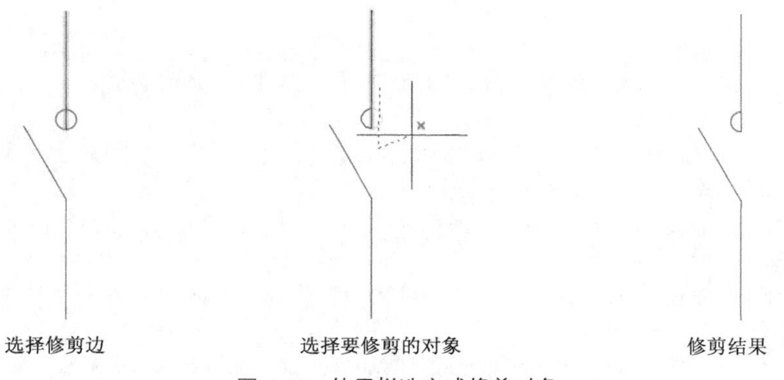

图 4-45　使用栏选方式修剪对象

（4）选择“窗交（C）”选项时，系统以窗交的方式选择被修剪对象，如图 4-46 所示。被选择的对象可以互为边界和被修剪对象，此时系统会在选择的对象中自动判断边界，如图 4-46 所示。

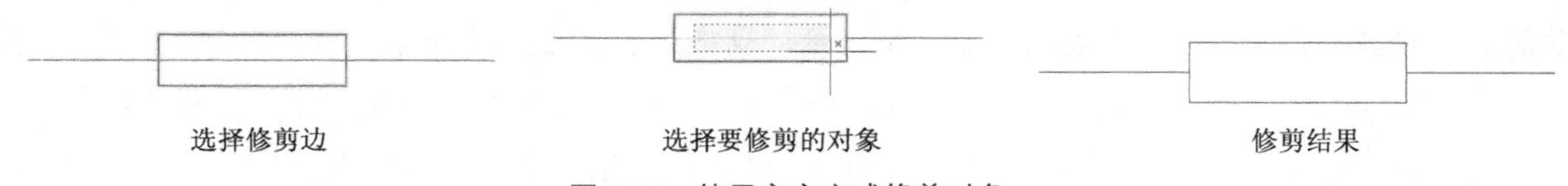

图 4-46　使用窗交方式修剪对象

4.5.2　实例——绘制桥式电路

本实例利用“直线”“复制”“矩形”“修剪”命令绘制桥式电路，如图 4-47 所示。

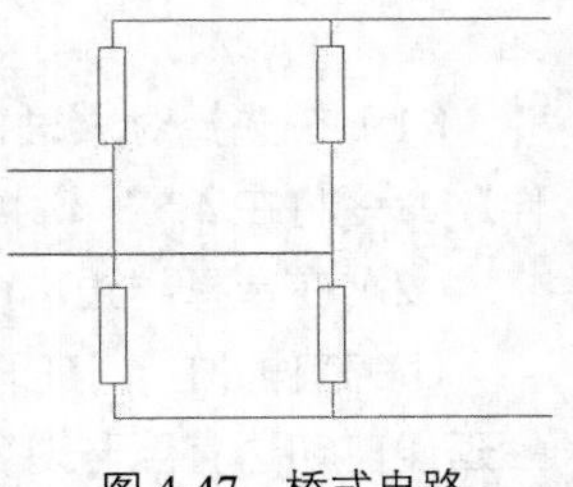

图 4-47　桥式电路

（1）单击“默认”选项卡“绘图”面板中的“直线”按钮 ，绘制两条适当长度的正交垂直线段，如图 4-48 所示。

（2）单击“默认”选项卡“修改”面板中的“复制”按钮 ，复制水平线段，复制基点为竖直线段下端点，第 2 点为竖直线段上端点；用同样的方法将竖直直线向右复制，复制基点为水平线段左端点，第 2 点为水平线段中点，结果如图 4-49 所示。

（3）单击“默认”选项卡“绘图”面板中的“矩形”按钮 ，在左侧竖直线段靠上的适当位置处绘制一个矩形，使矩形穿过线段，如图 4-50 所示。

（4）单击“默认”选项卡“修改”面板中的“复制”按钮 ，将矩形向正下方适当位置进行复制；重复执行“复制”命令，将复制后的两个矩形继续向右复制，复制基点为水平线段左端点，第 2 点为水平线段中点，结果如图 4-51 所示。

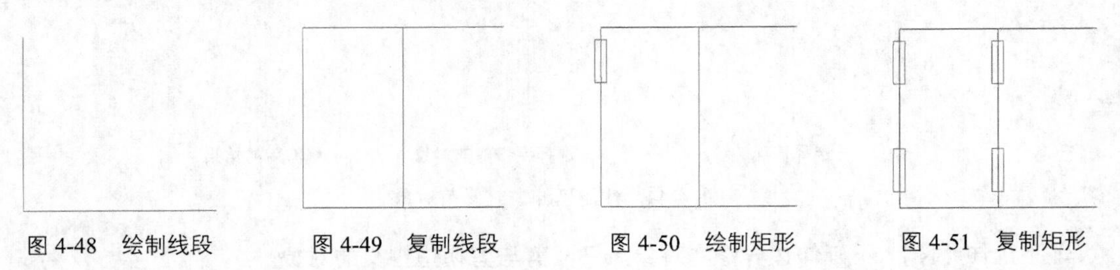

图 4-48　绘制线段　　图 4-49　复制线段　　图 4-50　绘制矩形　　图 4-51　复制矩形

（5）修剪处理。单击“默认”选项卡“修改”面板中的“修剪”按钮 ，修剪多余的线段，命令行提示与操作如下。

```
命令：_trim↙
选择对象或 <全部选择>：（框选 4 个矩形，图 4-52 所示的阴影部分为拉出的选择框）
选择对象：↙
选择要修剪的对象，或按住 Shift 键选择要延伸的对象，或[栏选(F)/窗交(C)/投影(P)/边(E)/删除(R)/放弃(U)]：（选择竖直直线穿过矩形的部分，如图 4-53 所示）
选择要修剪的对象，或按住 Shift 键选择要延伸的对象，或[栏选(F)/窗交(C)/投影(P)/边(E)/删除(R)/放弃(U)]：（继续选择竖直直线穿过矩形的部分）
选择要修剪的对象，或按住 Shift 键选择要延伸的对象，或[栏选(F)/窗交(C)/投影(P)/边(E)/删除(R)/放弃(U)]：（继续选择竖直直线穿过矩形的部分）
选择要修剪的对象，或按住 Shift 键选择要延伸的对象，或[栏选(F)/窗交(C)/投影(P)/边(E)/删除(R)/放弃(U)]：（继续选择竖直直线穿过矩形的部分）
选择要修剪的对象，或按住 Shift 键选择要延伸的对象，或[剪切边(T)/窗交(C)/模式(O)/投影(P)/删除(R)/放弃(U)]：↙
```

这样，就完成了电阻符号的绘制，结果如图 4-54 所示。

（6）单击“默认”选项卡“绘图”面板中的“直线”按钮 ，分别捕捉两条竖直线段上的适当位置点，将其作为端点，向左绘制两条水平线段，最终结果如图 4-47 所示。

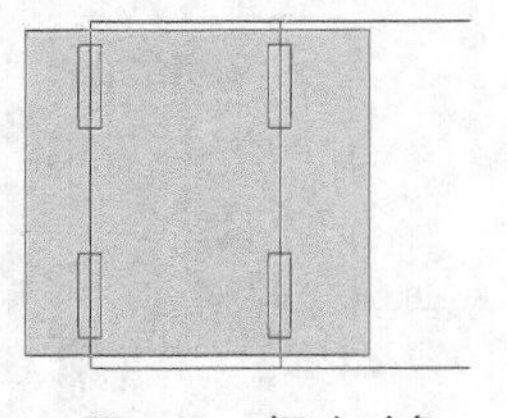

图 4-52　框选对象

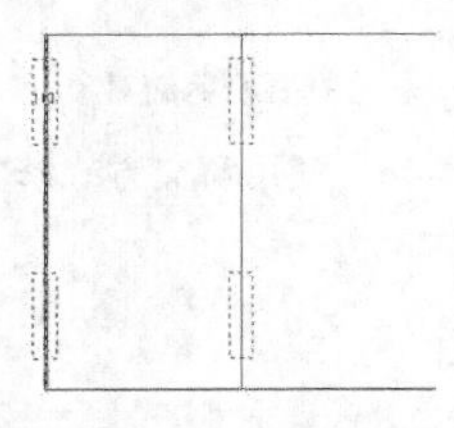

图 4-53　修剪对象

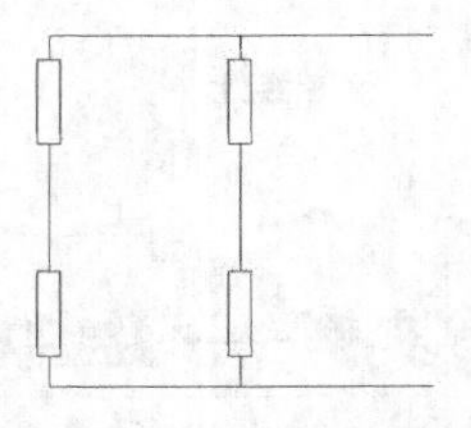

图 4-54　修剪结果

4.5.3 “延伸”命令

延伸对象是指将对象延伸至另一个对象的边界线，如图 4-55 所示。

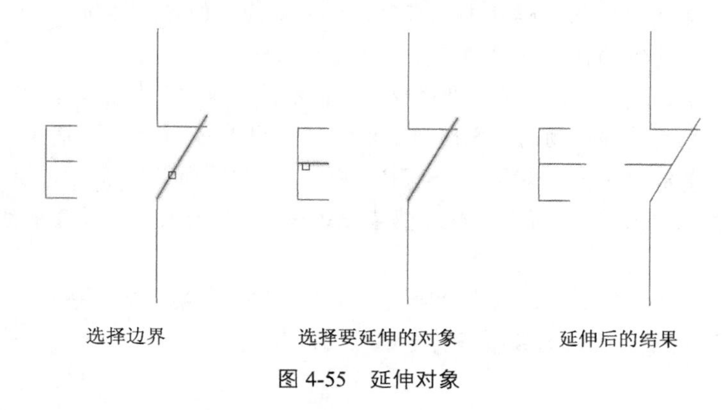

图 4-55 延伸对象

执行“延伸”命令，主要有以下 4 种方法。

- 命令行：extend。
- 菜单栏：执行菜单栏中的“修改”→“延伸”命令。
- 工具栏：单击“修改”工具栏中的“延伸”按钮。
- 功能区：单击“默认”选项卡“修改”面板中的“延伸”按钮。

执行上述命令后，根据系统提示选择边界。此时可以通过选择对象来定义边界。若直接按 Enter 键，则选择所有对象作为可能的边界对象。

系统规定可以用作边界的对象有直线段、射线、双向无限长线、圆弧、圆、椭圆、二维和三维多段线、样条曲线、文本、浮动的视口、区域。如果选择二维多段线作为边界对象，系统会忽略其宽度而把对象延伸至多段线的中心线。

在选择边界对象后，系统继续提示“选择要延伸的对象，或按住 Shift 键选择要修剪的对象，或[栏选(F)/窗交(C)/投影(P)/边(E)/放弃(U)]:”。

（1）如果要使延伸的对象适配样条多段线，则延伸后会在多段线的控制框上增加新节点。如果要延伸的对象是锥形的多段线，系统会修正延伸端的宽度，使多段线从起始端平滑地延伸至新终止端。如果延伸操作导致终止端宽度可能为负值，则取宽度值为 0，如图 4-56 所示。

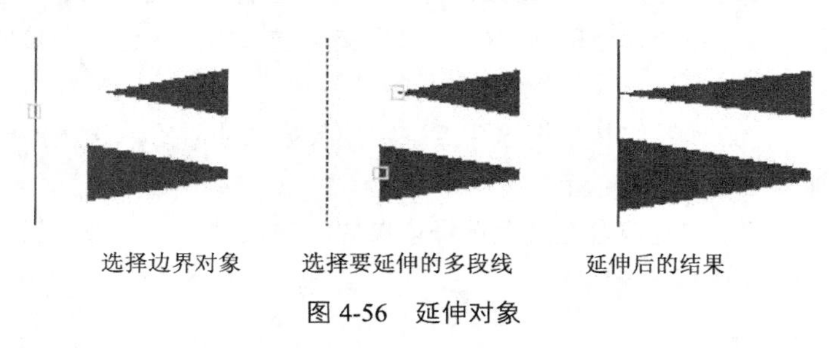

图 4-56 延伸对象

（2）在选择边界对象时，如果按住 Shift 键，系统就自动将“延伸”命令转换成“修剪”命令。

4.5.4 实例——绘制暗装插座

本实例执行“直线”“偏移”“圆弧”“图案填充”命令绘制暗装插座，如图 4-57 所示。

（1）绘制直线。单击“默认”选项卡“绘图”面板中的“直线”按钮，绘制一条长为 2mm 的竖直直线，以此直线的上下端点分别为起点，绘制长度为 3mm，且与水平方向呈 30° 角的两条斜线，如图 4-58 所示。

图 4-57　暗装插座

（2）偏移直线。单击“默认”选项卡“修改”面板中的“偏移”按钮，将折线中的竖直直线向左侧偏移并复制，偏移的距离为 1mm。

（3）延伸直线。单击“默认”选项卡“修改”面板中的“延伸”按钮，以两条斜线为延伸边界，将偏移得到的直线向两边延伸，如图 4-59 所示。

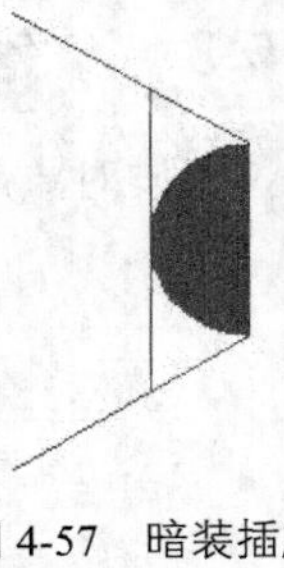

（4）绘制圆弧。单击“默认”选项卡“绘图”面板中的“圆弧”按钮，绘制起点在右边垂直直线的上端点，通过左边垂直直线的中点，终点在右边垂直直线的下端点的圆弧，如图 4-60 所示。

（5）填充图形。单击“默认”选项卡“绘图”面板中的“图案填充”按钮，用 SOLID 图案填充半圆，如图 4-57 所示，完成暗装插座符号的绘制。

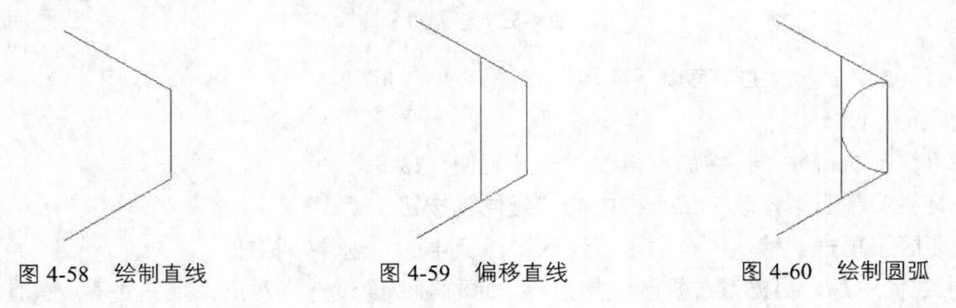

图 4-58　绘制直线　　图 4-59　偏移直线　　图 4-60　绘制圆弧

4.5.5　“拉伸”命令

拉伸对象是指拖拉选择的对象，且对象的形状发生改变。在拉伸对象时应指定拉伸的基点和移置点。利用一些辅助工具，如捕捉、钳夹功能及相对坐标等可以提高拉伸的精度。

执行“拉伸”命令，主要有以下 4 种方法。

- 命令行：stretch。
- 菜单栏：执行菜单栏中的“修改”→“拉伸”命令。
- 工具栏：单击“修改”工具栏中的“拉伸”按钮。
- 功能区：单击“默认”选项卡“修改”面板中的“拉伸”按钮。

执行上述命令后，根据系统提示输入“C”，采用交叉窗口的方式选择要拉伸的对象，指定拉伸的基点和第二个点。

此时，若指定第二个点，系统将根据这两点决定的矢量拉伸对象。若直接按 Enter 键，系统会把第一个点作为 X 轴和 Y 轴的分量值。

执行“拉伸”命令移动完全包含在交叉选择窗口内的顶点和端点，部分包含在交叉选择窗口内的对象将被拉伸，如图 4-61 所示。

图 4-61　拉伸

4.5.6 “拉长”命令

执行“拉长”命令，主要有以下 3 种方法。

- 命令行：lengthen。
- 菜单栏：执行菜单栏中的“修改”→“拉长”命令。
- 功能区：单击“默认”选项卡“修改”面板中的“拉长”按钮。

执行上述命令后，根据系统提示选择对象。在执行“拉长”命令对图形对象进行拉长时，命令行提示中主要选项的含义如下。

（1）增量（DE）：用指定增加量的方法改变对象的长度或角度。

（2）百分数（P）：用指定占总长度的百分比的方法改变圆弧或直线段的长度。

（3）全部（T）：用指定新的总长度或总角度值的方法来改变对象的长度或角度。

（4）动态（DY）：打开动态拖拉模式。在这种模式下，可以使用拖拉光标的方法动态地改变对象的长度或角度。

4.5.7 实例——绘制变压器绕组

本实例利用“圆”“复制”“直线”“拉长”“平移”“镜像”“修剪”等命令绘制变压器绕组，如图 4-62 所示。

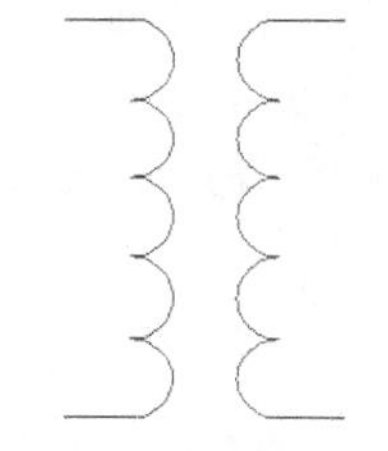

图 4-62　变压器绕组

（1）绘制圆。单击“默认”选项卡“绘图”面板中的“圆”按钮，在屏幕中的适当位置绘制一个半径为 4mm 的圆，如图 4-63 所示。

图 4-63　绘制圆

（2）复制圆。单击“默认”选项卡“修改”面板中的“复制”按钮，选择第（1）步绘制的圆，捕捉圆的上象限点，以该点为基点，捕捉圆的下象限点，完成第二个圆的复制，连续选择最下方圆的下象限点，向下平移复制 4 个圆，最后按 Enter 键，结束复制操作，结果如图 4-64 所示。

（3）绘制竖直直线。单击“默认”选项卡“绘图”面板中的“直线”按钮，在“对象捕捉”绘图方式下，单击鼠标左键分别捕捉最上端和最下端两个圆的圆心，绘制竖直直线 AB，如图 4-65 所示。

（4）拉长直线。单击“默认”选项卡“修改”面板中的“拉长”按钮，将直线 AB 拉长，命令行提示与操作如下。

```
命令: _lengthen↙
选择要测量的对象或 [增量(DE)/百分比(P)/总计(T)/动态(DY)] <总计(T)>:DE↙
输入长度增量或[角度(A)]<0.0000>:4↙
选择要修改的对象或[放弃(U)]:(选择直线 AB)↙
选择要修改的对象或 [放弃(U)]: ↙
```

绘制的拉长直线如图 4-66 所示。

（5）修剪图形。单击“默认”选项卡“修改”面板中的“修剪”按钮，以竖直直线为修剪边，对圆进行修剪，修剪结果如图 4-67 所示。

（6）平移直线。单击“默认”选项卡“修改”面板中的“移动”按钮，将直线向右平移 7mm，平移结果如图 4-68 所示。

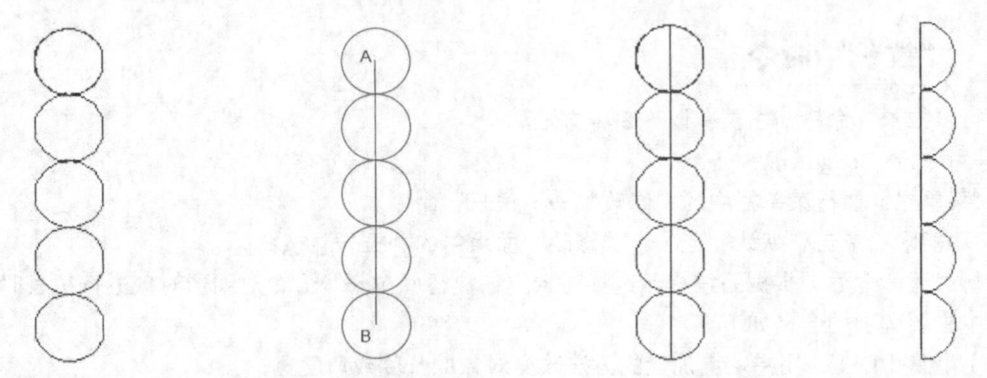

图 4-64 复制圆　　图 4-65 绘制竖直直线　　图 4-66 拉长直线　　图 4-67 修剪图形

（7）镜像图形。单击“默认”选项卡“修改”面板中的“镜像”按钮 ，选择 5 段半圆弧作为镜像对象，以竖直直线作为镜像线，进行镜像操作，得到竖直直线右边的一组半圆弧，如图 4-69 所示。

（8）删除直线。单击“默认”选项卡“修改”面板中的“删除”按钮 ，删除竖直直线，结果如图 4-70 所示。

（9）绘制连接线。单击“默认”选项卡“绘图”面板中的“直线”按钮 ，在“对象捕捉”“正交”模式下，捕捉圆弧端点为起点，绘制 4 条长度为 12mm 的水平直线，作为变压器的输入输出连接线，如图 4-62 所示。

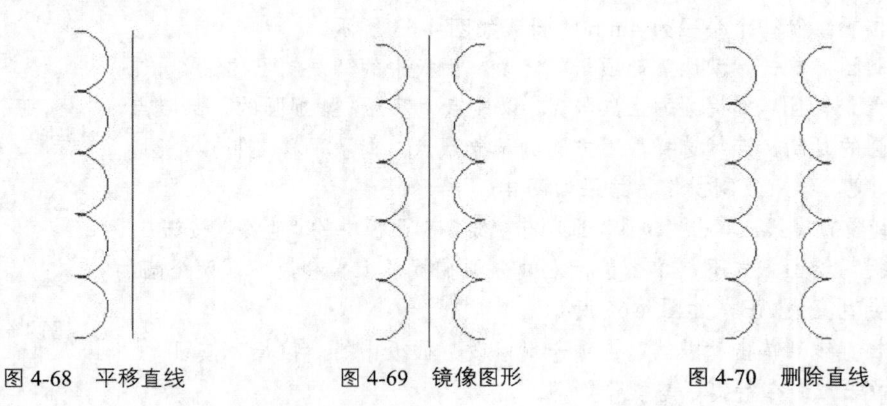

图 4-68 平移直线　　图 4-69 镜像图形　　图 4-70 删除直线

4.5.8 “圆角”命令

圆角是指用指定的半径决定一段平滑的圆弧，连接两个对象。系统规定可以圆滑连接一对直线段、非圆弧的多段线段、样条曲线、双向无限长线、射线、圆、圆弧和椭圆。可以在任何时刻圆滑连接多段线的每个节点。执行“圆角”命令，主要有以下 4 种方法。

- 命令行：fillet。
- 菜单栏：执行菜单栏中的“修改”→“圆角”命令。
- 工具栏：单击“修改”工具栏中的“圆角”按钮 。
- 功能区：单击“默认”选项卡“修改”面板中的“圆角”按钮 。

执行上述命令后，根据系统提示选择第一个对象或其他选项，再选择第二个对象。执行“圆角”命令对图形对象进行圆角操作时，命令行提示中主要选项的含义如下。

（1）多段线（P）：在一条二维多段线的两段直线段的节点处插入圆滑的弧。在选择多段线后，系统会根据指定圆弧的半径把多段线各顶点用圆滑的弧连接起来。

（2）修剪（T）：决定在圆滑连接两条边时，是否修剪这两条边，如图 4-71 所示。

（3）多个（M）：同时对多个对象进行圆角编辑，而不必重新执行"圆角"命令。

（4）快速创建零距离倒角或零半径圆角：按住 Shift 键并选择两条直线，可以快速创建零距离倒角或零半径圆角。

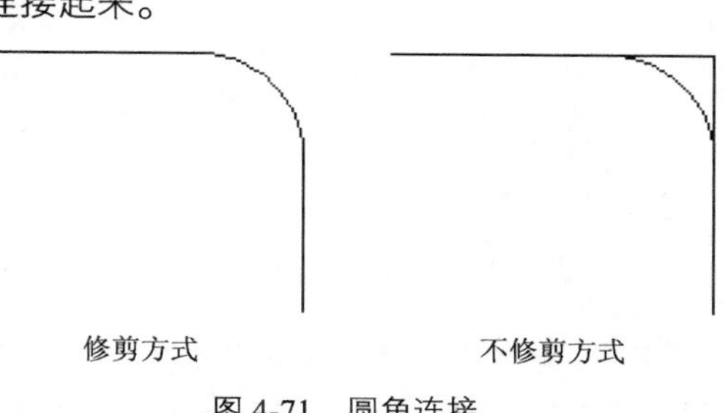

图 4-71 圆角连接

4.5.9 实例——绘制变压器

本实例执行"矩形""直线""分解""偏移""剪切"等命令绘制变压器外轮廓，再执行"直线""偏移""剪切"等命令绘制变压器上下部分，最后执行"矩形""直线"命令创建变压器的中心部分，如图 4-72 所示。

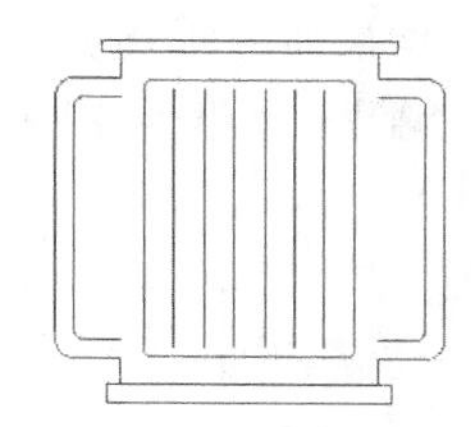
图 4-72 变压器

1. 绘制矩形及中心线

（1）绘制矩形。单击"默认"选项卡"绘图"面板中的"矩形"按钮，绘制一个长为 630mm、宽为 455mm 的矩形，如图 4-73 所示。

（2）分解矩形。单击"默认"选项卡"修改"面板中的"分解"按钮，将绘制的矩形分解为直线 1 ~ 直线 4。

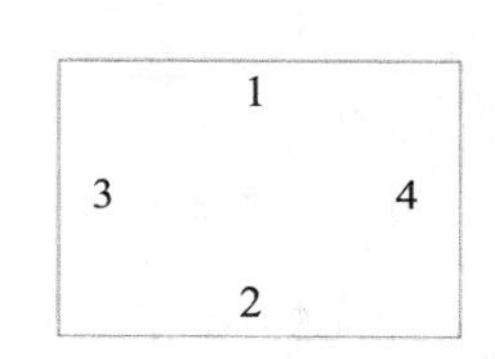

图 4-73 绘制矩形

（3）绘制中心线。将直线 1 向下偏移 227.5mm，将直线 3 向右偏移 315mm，得到两条中心线。新建"中心线层"图层，将线型设置为点划线。选择偏移得到的两条中心线，单击"默认"选项卡"图层"面板中的"图层"下拉按钮，在弹出的下拉列表中单击"中心线层"选项，完成图层属性设置。执行"修改"→"拉长"命令，将两条中心线向两端方向分别拉长 50mm，结果如图 4-74 所示。

2. 修剪直线

（1）偏移并修剪直线。返回"实线层"图层，单击"默认"选项卡"修改"面板中的"偏移"按钮，将直线 1 向下偏移 35mm，将直线 2 向上偏移 35mm，将直线 3 向右偏移 35mm，将直线 4 向左偏移 35mm。单击"默认"选项卡"修改"面板中的"修剪"按钮，修剪多余的直线，如图 4-75 所示。

（2）矩形倒圆角。单击"默认"选项卡"修改"面板中的"圆角"按钮，对图形进行倒圆角操作，命令行提示与操作如下。

```
命令：_fillet↙
选择第一个对象或 [放弃(U)/多段线(P)/半径(R)/修剪(T)/多个(M)]:R↙
指定圆角半径 <0.0000>:35↙
选择第一个对象或 [放弃(U)/多段线(P)/半径(R)/修剪(T)/多个(M)]：（选择直线 1）
选择第二个对象，或按住 Shift 键选择要应用角点的对象：（选择直线 3）
```

按顺序对较大矩形进行倒圆角操作，继续对较小的矩形进行倒圆角操作，圆角半径为 17.5mm，结果如图 4-76 所示。

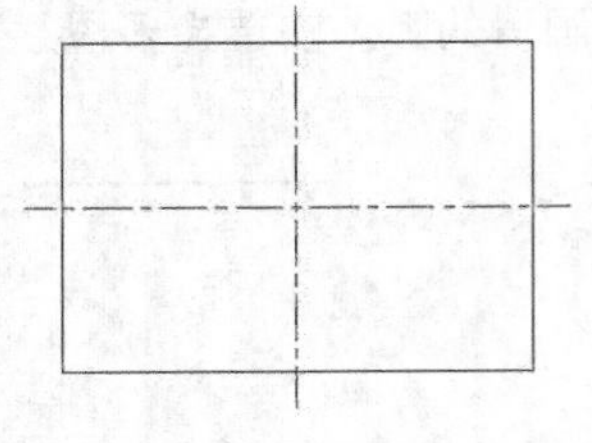

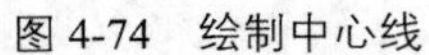
图 4-74　绘制中心线

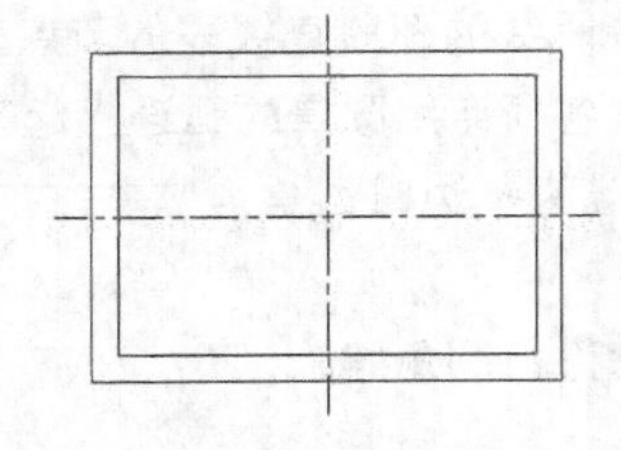

图 4-75　偏移并修剪直线

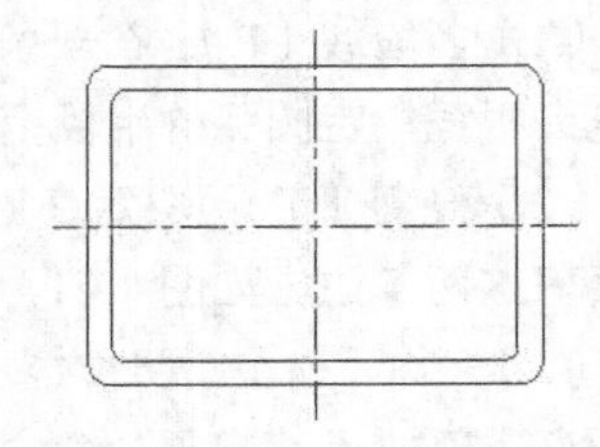

图 4-76　矩形倒圆角

（3）偏移中心线。单击“默认”选项卡“修改”面板中的“偏移”按钮 ，将竖直中心线分别向左和向右偏移 230mm，并将偏移后直线的线型改为实线，如图 4-77 所示。

（4）绘制水平直线。单击“默认”选项卡“绘图”面板中的“直线”按钮 ，开启“对象捕捉”模式，以直线 5、直线 6 的上端点为两端点绘制水平直线 7，并将水平直线向两端分别拉长 35mm，结果如图 4-78 所示。将水平直线 7 向上偏移 20mm，得到直线 8，然后分别连接直线 7 和 8 的左右端点，如图 4-79 所示。

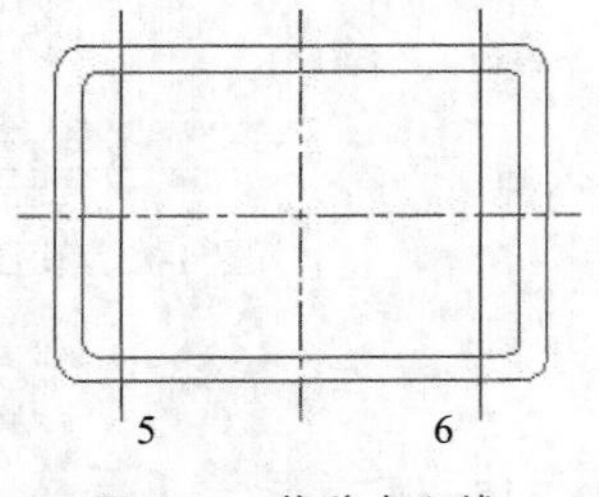

图 4-77　偏移中心线

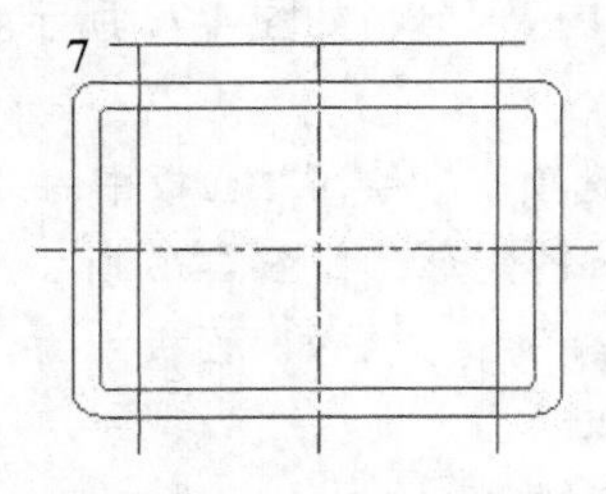

图 4-78　绘制水平直线

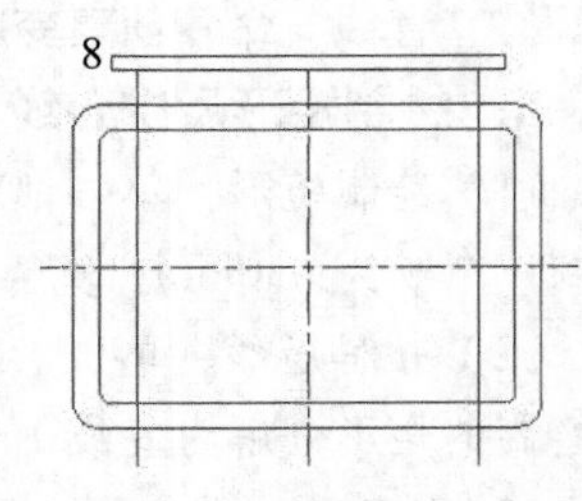

图 4-79　偏移水平直线

（5）绘制下半部分图形。采用相同的方法绘制图形的下半部分，图形下半部分的两条水平直线之间的距离为 35mm。单击“默认”选项卡“修改”面板中的“修剪”按钮 ，修剪多余的直线，得到的结果如图 4-80 所示。

（6）绘制矩形。单击“默认”选项卡“绘图”面板中的“矩形”按钮 ，以两中心线的交点为中心绘制一个带圆角的矩形，矩形的长为 380mm、宽为 460mm，圆角的半径为 35mm，命令行提示与操作如下。

```
命令: _rectang↙
指定第一个角点或 [倒角(C)/标高(E)/圆角(F)/厚度(T)/宽度(W)]:F↙
指定矩形的圆角半径 <0.0000>:35↙
指定第一个角点或 [倒角(C)/标高(E)/圆角(F)/厚度(T)/宽度(W)]:from↙
基点: (捕捉图 4-80 所示的点 1 为第一角点)
基点: <偏移>:@-190,-230↙
指定另一个角点或 [面积(A)/尺寸(D)/旋转(R)]:D↙
指定矩形的长度 <0.0000>:380↙
指定矩形的宽度 <0.0000>:460↙
指定另一个角点或 [面积(A)/尺寸(D)/旋转(R)]: (移动光标，在目标位置处单击鼠标)
```

绘制矩形的结果如图 4-81 所示。

提示：已知一个角点位置，以及长度和宽度绘制矩形时，矩形另一个角点的位置有 4 种可能情况，通过移动光标指定位置方向即可确定矩形位置。

（7）绘制竖直直线。单击“默认”选项卡“绘图”面板中的“直线”按钮╱，以竖直中心线为对称轴，绘制 6 条竖直直线，长度均为 420mm，相邻直线间的距离为 55mm，绘制结果如图 4-72 所示。

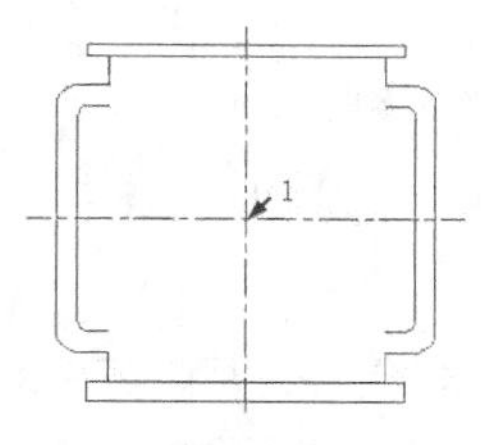

图 4-80　绘制下半部分图形

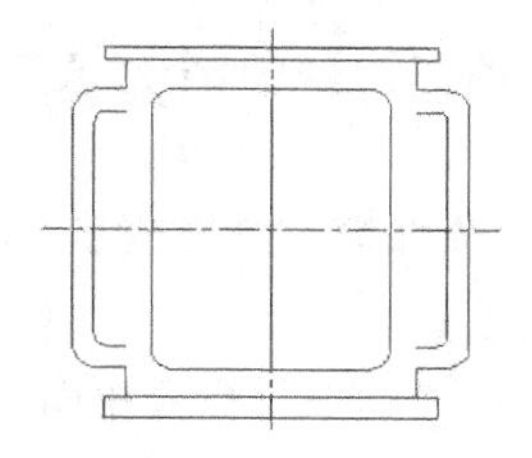

图 4-81　绘制矩形

4.5.10　“倒角”命令

倒角是指用斜线连接两个不平行的线型对象。可以用斜线连接直线段、双向无限长线、射线和多段线。

系统采用以下两种方法确定连接两个线型对象的斜线。

1. 指定斜线距离

斜线距离是指从被连接的对象与斜线的交点到被连接的两对象的可能的交点之间的距离，如图 4-82 所示。

2. 指定斜线角度和一个斜线距离连接选择的对象

在采用这种方法斜线连接对象时，需要输入两个参数：斜线与一个对象的斜线距离和斜线与该对象的夹角，如图 4-83 所示。

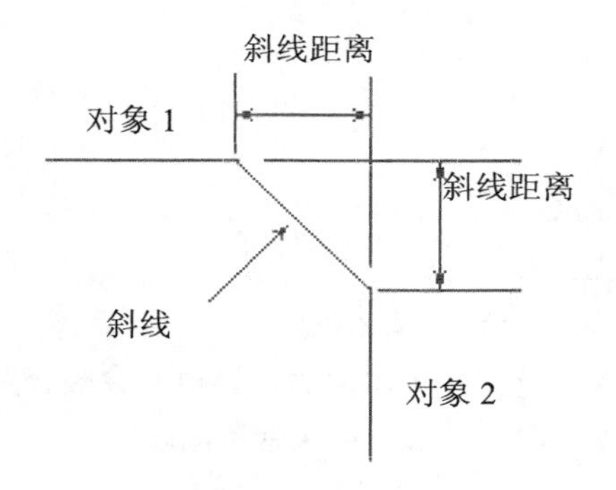

图 4-82　斜线距离

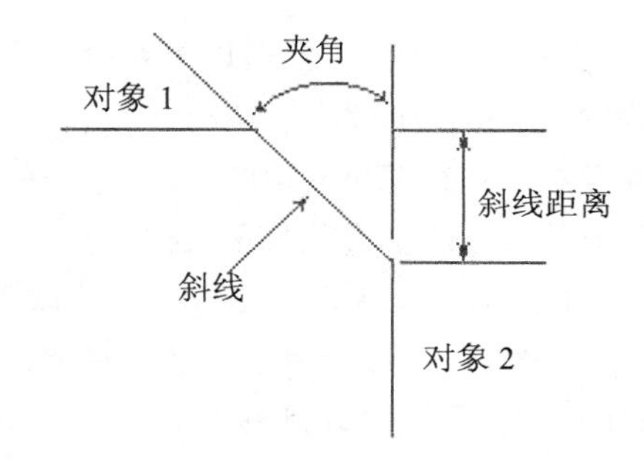

图 4-83　斜线距离与夹角

执行“倒角”命令，主要有以下 4 种方法。

- 命令行：chamfer。
- 菜单栏：执行菜单栏中的“修改”→“倒角”命令。
- 工具栏：单击“修改”工具栏中的“倒角”按钮╭。
- 功能区：单击“默认”选项卡“修改”面板中的“倒角”按钮╭。

执行上述命令后，根据系统提示选择第一条直线或其他选项，再选择第二条直线。在执行“倒角”命令对图形进行倒角处理时，命令行提示中各选项含义如下。

（1）多段线（P）：对多段线的各个交叉点进行倒角处理。为了得到最好的连接效果，一般设置斜线长度是相等的。系统根据指定的斜线距离把多段线的每个交叉点都进行斜线连接，连接的斜线成为多段线新添加的构成部分，如图 4-84 所示。

（2）距离（D）：选择倒角的两个斜线距离。这两个斜线距离可以相同或不相同，若二者均为 0，则系统不绘制连接的斜线，而是把两个对象延伸至相交并修剪超出的部分。

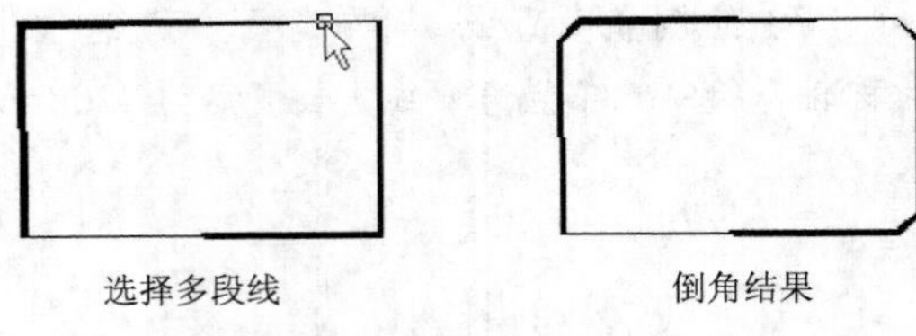

图 4-84　斜线连接多段线

（3）角度（A）：选择第一条直线的斜线距离和第一条直线的倒角角度。

（4）修剪（T）：与“fillet”命令相同，该选项决定连接对象后是否修剪原对象。

（5）方式（M）：决定采用“距离”方式还是“角度”方式来进行倒角操作。

（6）多个（U）：同时对多个对象进行倒角编辑。

4.5.11　“打断”命令

执行“打断”命令，主要有以下 4 种方法。

- 命令行：break。
- 菜单栏：执行菜单栏中的“修改”→“打断”命令。
- 工具栏：单击“修改”工具栏中的“打断”按钮。
- 功能区：单击“默认”选项卡“修改”面板中的“打断”按钮。

执行上述命令后，根据系统提示选择要打断的对象，并指定第二个打断点或输入“F”。执行“打断”命令对图形对象进行打断操作时，如果选择“第一点（F）”，AutoCAD Electrical 2022 将丢弃前面的第一个选择点，重新提示用户指定两个断开点。

4.5.12　“分解”命令

执行“分解”命令，主要有以下 4 种方法。

- 命令行：explode。
- 菜单栏：执行菜单栏中的“修改”→“分解”命令。
- 工具栏：单击“修改”工具栏中的“分解”按钮。
- 功能区：单击“默认”选项卡“修改”面板中的“分解”按钮。

执行上述命令后，根据系统提示选择要分解的对象。选择一个对象后，该对象会被分解。系统将继续提示该行信息，允许分解多个对象。选择的对象不同，分解的结果就不同。

提示：“分解”命令是将一个合成图形分解成其部件的工具。例如，一个矩形被分解之后会变成 4 条直线，而将一个有宽度的直线分解之后会失去其宽度属性。

4.5.13　实例——绘制热继电器

本实例利用“矩形”“分解”“偏移”“打断”“直线”“修剪”等命令绘制热继电器，如图 4-85 所示。

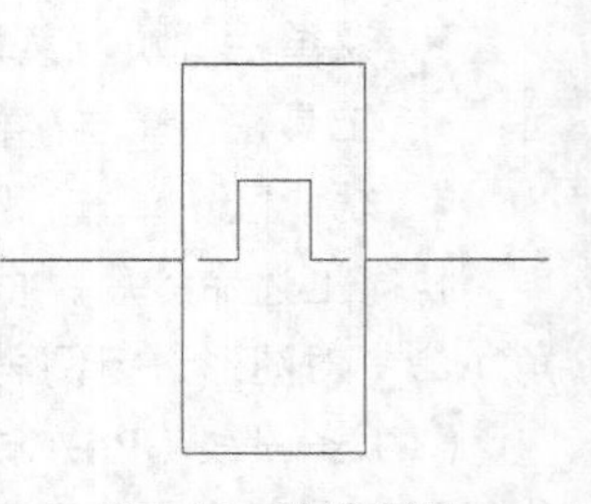

图 4-85　热继电器

（1）绘制矩形。单击“默认”选项卡“绘图”面板中的“矩形”按钮，绘制一个长为 5mm、宽为 10mm 的矩形，效果如图 4-86 所示。

（2）分解矩形。单击“默认”选项卡“修改”面板中的“分解”按钮，在命令行提示“选择对象:”后选取第（1）步绘制的矩形，将其分解为 4 条直线。

（3）偏移直线。单击“默认”选项卡“修改”面板中的“偏移”按钮，将图 4-86 中的直线 1 向下偏移，偏移距离为 3mm；重复“偏移”命令，将直线 1 再次向下偏移 5mm，然后将直线 2 向右偏移，偏移距离分别为 1.5mm 和 3.5mm，结果如图 4-87 所示。

（4）修剪。单击“默认”选项卡“修改”面板中的“修剪”按钮，修剪多余的线段。

（5）打断图形。单击“默认”选项卡“修改”面板中的“打断”按钮，打断直线，命令行提示与操作如下。

```
命令：_break↙
选择对象：（选择与直线 2 和直线 4 相交的中间的水平直线）
指定第二个打断点或[第一点(F)]:F↙
指定第一个打断点：（捕捉交点）
指定第二个打断点：（在适当位置单击）
```

结果如图 4-88 所示。

（6）绘制水平直线。单击“默认”选项卡“绘图”面板中的“直线”按钮，在“对象捕捉”“正交”绘图方式下捕捉图 4-88 所示的直线 2 的中点，以其为起点，向左绘制长度为 5mm 的水平直线；用相同的方法捕捉直线 4 的中点，以该点为起点，向右绘制长度为 5mm 的水平直线，完成热继电器的绘制，结果如图 4-85 所示。

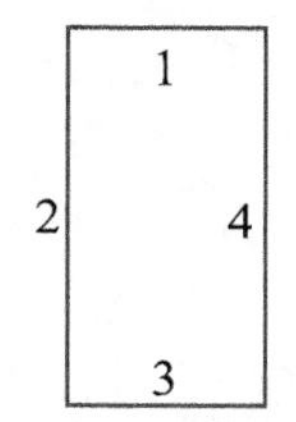

图 4-86　绘制矩形

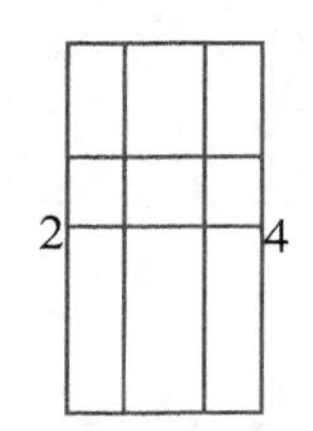

图 4-87　偏移直线

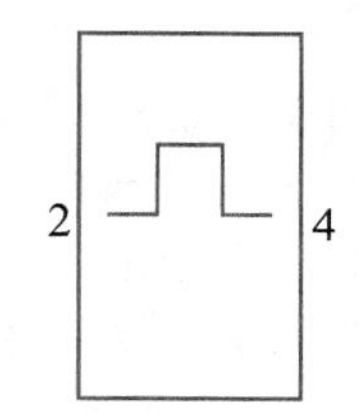

图 4-88　打断图形

4.6 综合实例——绘制变电站避雷针布置图

某厂布置 35kV 变电站避雷针，如图 4-89 所示，这个变电站装有 3 支 17m 的避雷针和一支利用进线终端杆的 12m 的避雷针，由图可知变电站是按照 7m 的被保护高度而确定的保护范围，即凡是 7m 高度以下的设备和建筑物均在此保护范围。但是，高于 7m 的设备，如果离某支避雷针很近，也能被保护；低于 7m 的设备，超过图示范围也可能在保护范围。

1. 设置绘图环境

设置图层。单击“默认”选项卡“图层”面板中的“图层特性”按钮，弹出“图层特性管理器”选项板，新建“中心线层”和“绘图层”两个图层，设置好的各图层属性如图 4-90 所示。

2. 绘制矩形边框

（1）将“中心线层”图层设置为当前图层，单击“默认”选项卡“绘图”面板中的“直线”按钮，绘制一条竖直直线。

（2）绘制矩形。将“绘图层”图层设置为当前图层，执行菜单栏中的“绘图”→“矩形”命令，绘制边框，如图 4-91 所示，命令行提示与操作如下。

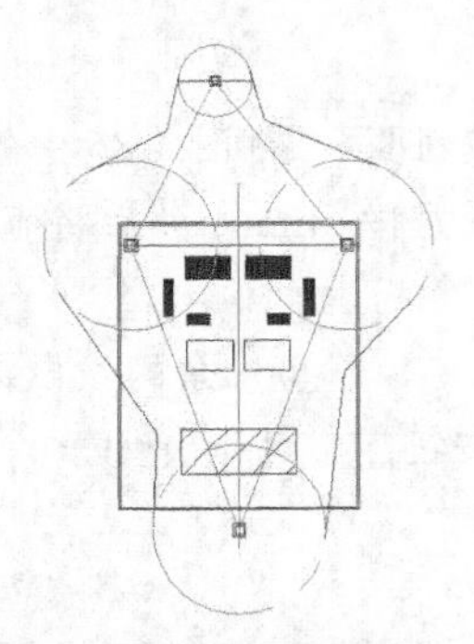

图 4-89　绘制变电站避雷针布置图

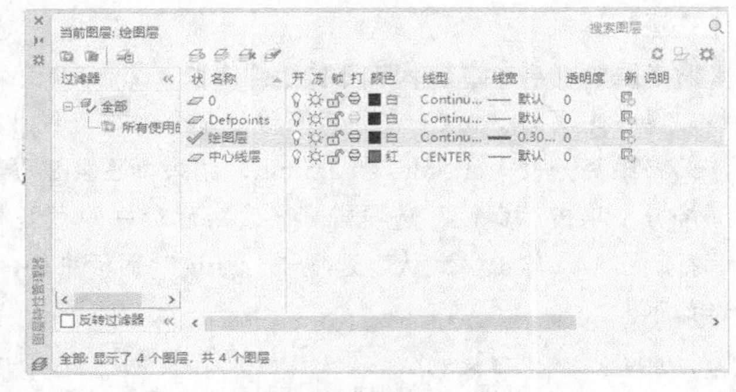

图 4-90　图层设置

```
命令：_rectang↙
指定第一个角点或 [倒角(C)/标高(E)/圆角(F)/厚度(T)/宽度(W)]：(在刚绘制的中心线上适当位置捕捉一点)
指定另一个角点或 [面积(A)/尺寸(D)/旋转(R)]:@31.5,38.3↙
```

单击“默认”选项卡“修改”面板中的“偏移”按钮，将矩形向内侧偏移，偏移距离分别为 0.3mm，结果如图 4-92 所示。

（3）单击“默认”选项卡“修改”面板中的“移动”按钮，命令行提示与操作如下。

```
命令：_move↙
选择对象：（选择刚绘制的矩形）
选择对象：↙
指定基点或 [位移(D)] <位移>：(捕捉矩形上边中点)
指定第二个点或 <使用第一个点作为位移>：(捕捉水平位置中心线上的点)
```

结果如图 4-92 所示。

3. 绘制终端杆，同时进行连接

（1）单击“默认”选项卡“修改”面板中的“分解”按钮，将图 4-92 所示的矩形边框进行分解，单击“默认”选项卡“修改”面板中的“合并”按钮，将上、下边框分别合并为一条直线。

（2）单击“默认”选项卡“修改”面板中的“偏移”按钮，将矩形上边框直线向下偏移，偏移距离分别为 3mm 和 41mm，同时将中心线分别向左、右偏移，偏移距离均为 14.1mm，如图 4-93（a）所示。

（3）单击“默认”选项卡“绘图”面板中的“矩形”按钮，绘制一个长为 1.1mm、宽为 1.1mm 的正方形，使矩形的中心与 B 点重合。

（4）单击“默认”选项卡“修改”面板中的“偏移”按钮，偏移距离为 0.3mm，偏移对象选择上面绘制的正方形，点取矩形外面的一点，偏移后的效果如图 4-93（b）所示。

（5）单击“默认”选项卡“修改”面板中的“复制”按钮，将绘制的矩形在 A、C 两点各复制一份，如图 4-93（b）所示。

图 4-91　绘制矩形

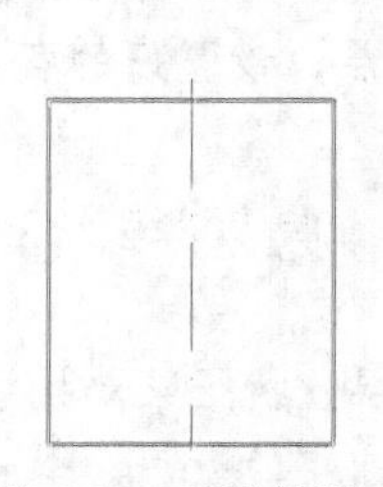

图 4-92　移动矩形

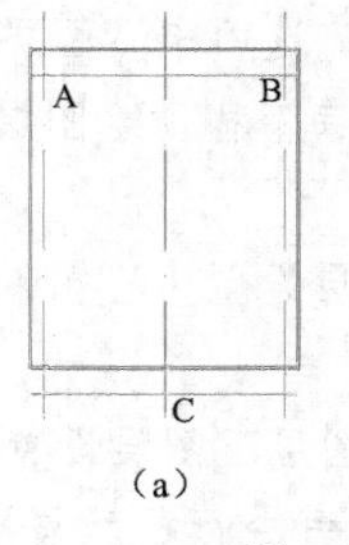

（a）

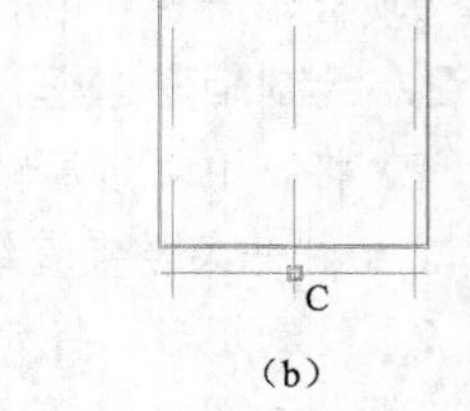

（b）

图 4-93　绘制终端杆

（6）单击“默认”选项卡“修改”面板中的“偏移”按钮，将直线 AB 向上偏移 22mm，同时将中心线向左偏移 3mm，并将偏移后的直线进行拉长，效果如图 4-94（a）所示。

（7）单击“默认”选项卡“修改”面板中的“复制”按钮，将绘制的终端杆在 D 点复制一份。

（8）缩放图形。单击“默认”选项卡“修改”面板中的“缩放”按钮，缩小位于 D 点的终端杆。

```
命令：_scale↙
选择对象：找到一个（选择绘制的终端杆）
选择对象：↙
指定基点：（选择终端杆的中心）
指定比例因子或[复制(C)/参照(R)]<1.0000>：0.8↙
```

绘制结果如图 4-94（b）所示。

（9）将“中心线层”图层设置为当前图层，连接各终端杆的中心，结果如图 4-94（b）所示。

4．绘制以各终端杆中心为圆心的圆

（1）将“绘图层”图层设置为当前图层，单击“默认”选项卡“绘图”面板中的“圆”按钮，分别以点 A、B、C 为圆心，绘制半径为 11.3mm 的圆，效果如图 4-95 所示。

（2）单击“默认”选项卡“绘图”面板中的“圆”按钮，以点 D 为圆心，绘制半径为 4.8mm 的圆，效果如图 4-95 所示。

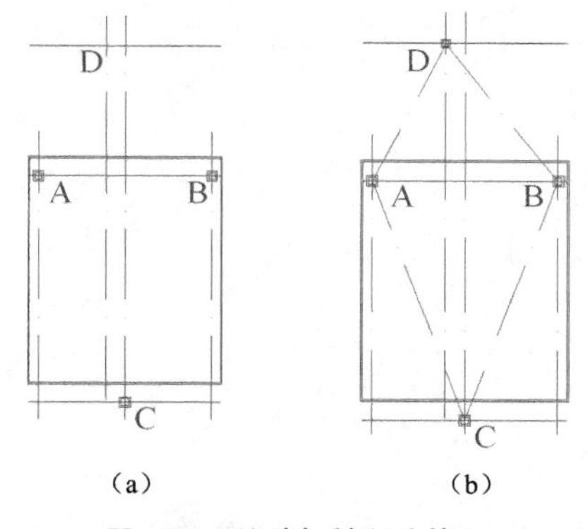

图 4-94　终端杆绘制连接图

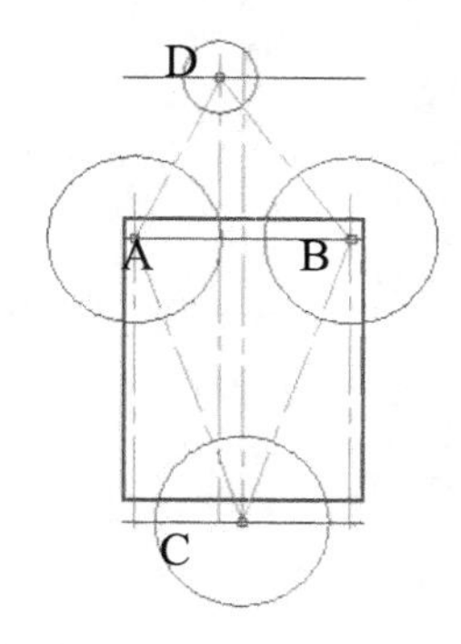

图 4-95　绘制以各终端杆中心为圆心的圆

5．连接各圆的切线

（1）单击“默认”选项卡“修改”面板中的“偏移”按钮，将图 4-95 中直线 AC、BC、AD、BD 分别向外偏移 5.6mm、5.6mm、2.7mm、1.9mm，偏移结果如图 4-96（a）所示。

（2）将“绘图层”图层设置为当前图层，单击“默认”选项卡“绘图”面板中的“直线”按钮，以顶圆 D 与 AD 的交点为起点向圆 A 作切线，与上面偏移的直线相交于点 E，再以点 E 为起点作圆 D 的切线，单击“默认”选项卡“修改”面板中的“修剪”按钮，修剪多余的线段，按照这种方法分别得到交点 F、G、H，结果如图 4-96（b）所示。

（3）单击“默认”选项卡“修改”面板中的“删除”按钮，删除多余的直线，结果如图 4-96（c）所示。

6．绘制各个变压器

（1）单击“默认”选项卡“绘图”面板中的“矩形”按钮，分别绘制长为 6mm、宽为 3mm 的矩形，长为 3mm、宽为 1.5mm 的矩形，以及长为 5mm、宽为 1.4mm 的矩形，共 3 个矩形，并将这 3 个矩形放到合适的位置。

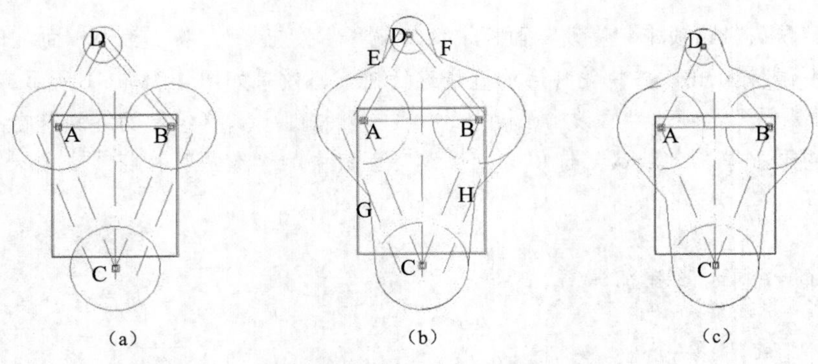

图 4-96 连接各圆的切线

(2) 单击“默认”选项卡“绘图”面板中的“图案填充”按钮▨，系统打开“图案填充创建”选项卡，如图 4-97 所示。选择 SOLID 图案，设置“角度”为 0，设置“比例”为 1，其他选项保持系统默认设置，在绘图区依次选择 3 个矩形的各个边作为填充边界，完成各个变压器的填充，效果如图 4-98（a）所示。

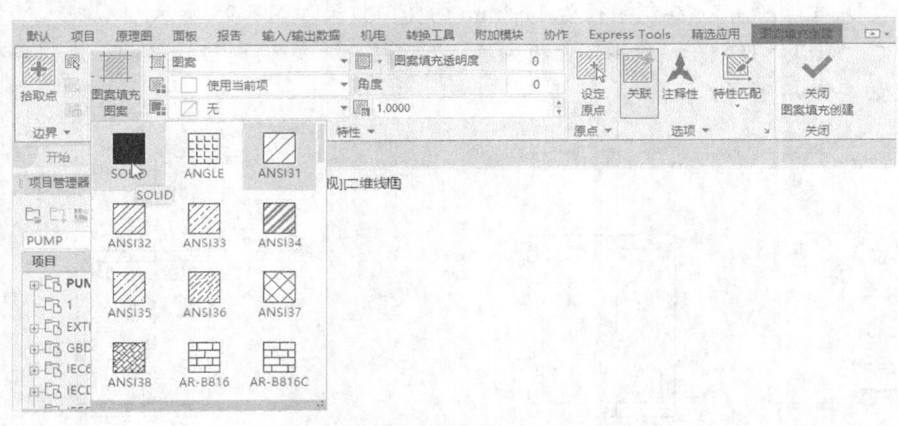

图 4-97 “图案填充创建”选项卡

(3) 单击“默认”选项卡“修改”面板中的“镜像”按钮 ⚠，以中心线作为镜像线，将上一步中绘制的矩形镜像复制到右侧，如图 4-98（b）所示。

(4) 单击“默认”选项卡“绘图”面板中的“矩形”按钮 ▭，绘制一个长为 6mm、宽为 4mm 的矩形，如图 4-99（a）所示。

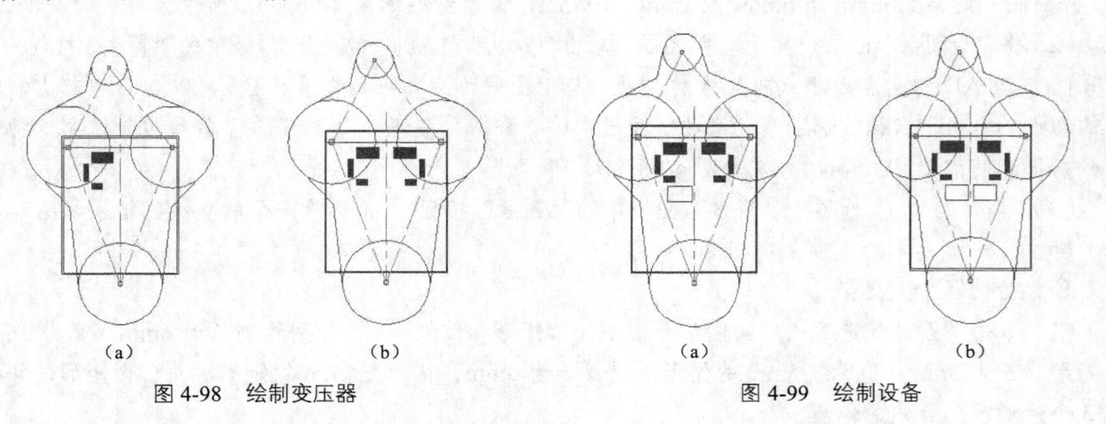

图 4-98 绘制变压器　　图 4-99 绘制设备

（5）单击“默认”选项卡“修改”面板中的“镜像”按钮，以中心线作为镜像线，把上一步中绘制的矩形镜像复制到右侧，如图 4-99（b）所示。

7. 绘制并填充配电室

（1）单击“默认”选项卡“绘图”面板中的“矩形”按钮，绘制一个长为 15mm、宽为 6mm 的矩形，将其放到合适的位置。

（2）选择填充图案。单击“默认”选项卡“绘图”面板中的“图案填充”按钮，系统打开“图案填充创建”选项卡。单击“图案”面板中的“图案填充图案”按钮，系统打开“图案填充图案”下拉列表。选择 ANSI31 图案，在“图案填充创建”选项卡中，将“角度”设置为 0，将“比例”设置为 1，其他均为默认值。

（3）进行图案填充。单击“边界”面板中的“拾取点”按钮，暂时回到绘图窗口中进行选择。选择配电室符号的 4 条边作为填充边界，按 Enter 键再次回到“图案填充创建”选项卡，完成配电室的绘制，如图 4-100 所示。

8. 绘制并填充设备

（1）单击“默认”选项卡“绘图”面板中的“矩形”按钮，绘制一个长为 1mm、宽为 2mm 的矩形，如图 4-101（a）所示。

（2）选择填充图案。单击“默认”选项卡“绘图”面板中的“图案填充”按钮，系统打开“图案填充创建”选项卡。单击“图案”面板中的“图案填充图案”按钮，系统打开“图案填充图案”下拉列表。选择 ANSI31 图案，在“图案填充创建”选项卡中，将“角度”设置为 0，将“比例”设置为 0.125，其他均为默认值。

（3）进行图案填充。单击“边界”面板中的“拾取点”按钮，暂时回到绘图窗口中进行选择。选择图 4-101（a）所示矩形的 4 条边作为填充边界，按 Enter 键再次回到“图案填充创建”选项卡，完成设备的填充，如图 4-101（b）所示。

绘制完成的变电站避雷针布置图如图 4-89 所示。

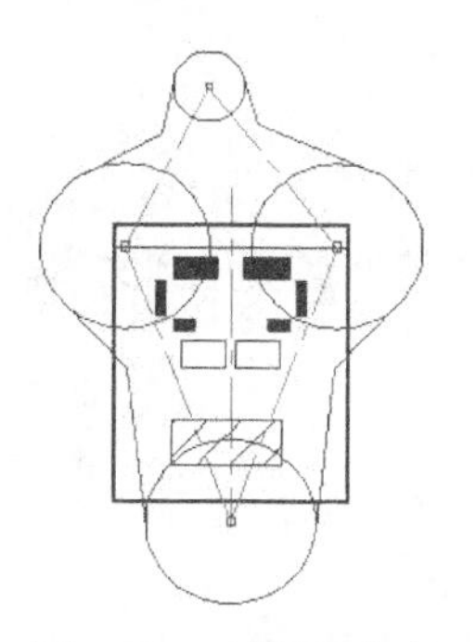

图 4-100　绘制配电室

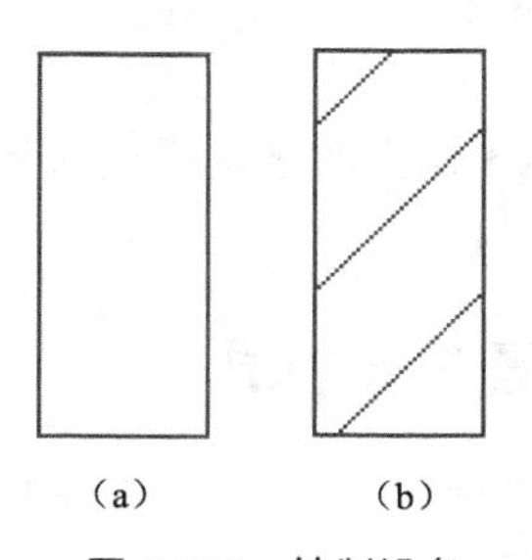

图 4-101　绘制设备

第5章

辅助绘图工具

本章学习要点和目标任务

- 文本标注
- 尺寸标注
- 图块及其属性

文字标注是图形中很重要的一部分内容，在进行各种设计时，通常不仅要绘出图形，还要在图形中标注一些文字，如技术要求、注释说明等，对图形对象加以解释。AutoCAD Electrical 2022 提供了多种写入文字的方法，本章将介绍文本的注释和编辑功能。图表在 AutoCAD Electrical 2022 图形中也有大量的应用，如明细表、参数表和标题栏等。AutoCAD Electrical 2022 新增的图表功能使绘制图表变得方便快捷。尺寸标注是绘图设计过程中相当重要的一个环节。AutoCAD Electrical 2022 提供了方便、准确的标注尺寸功能。利用图块、设计中心和工具选项板提升绘图效率，本章将简要介绍这些知识。

5.1 文本标注

文本是电子图形的基本组成部分，在图签、说明、图纸目录等处都要用到文本。本节讲述文本标注的基本方法。

5.1.1 设置文本样式

执行“文字样式”命令，主要有以下 4 种方法。

- 命令行：style 或 ddstyle。
- 菜单栏：执行菜单栏中的“格式”→“文字样式”命令。
- 工具栏：单击“文字”工具栏中的“文字样式”按钮 A。
- 功能区：单击“默认”选项卡“注释”面板中的“文字样式”按钮 A。

执行上述命令后，系统打开“文字样式”对话框，如图 5-1 所示。

利用“文字样式”对话框可以新建文字样式或修改当前文字样式与文字标注效果。各种文字标注效果如图 5-2 和图 5-3 所示。

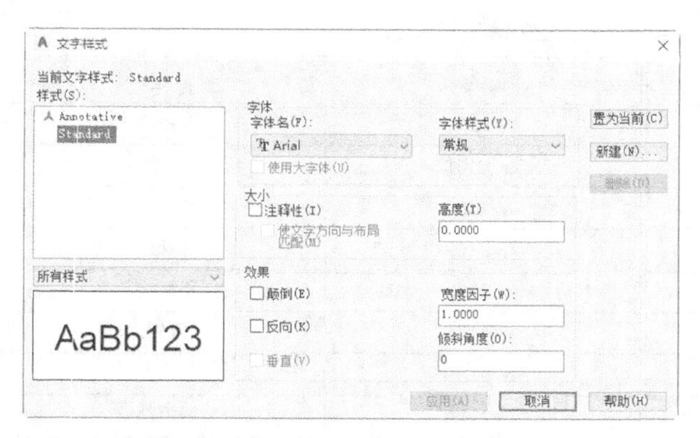

图 5-1 “文字样式”对话框

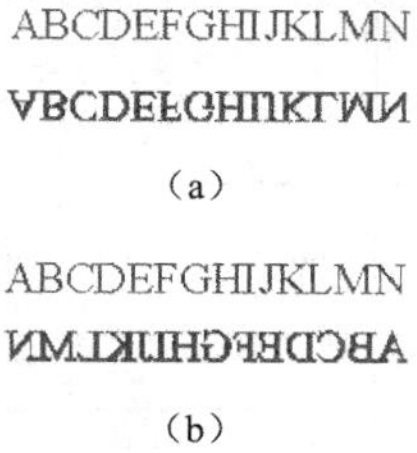

ABCDEFGHIJKLMN

（a）

ABCDEFGHIJKLMN

（b）

图 5-2 文字倒置标注与反向标注

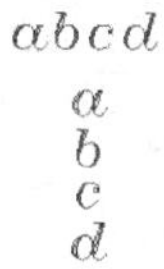

abcd
a
b
c
d

图 5-3 垂直标注文字

5.1.2 单行文本标注

执行“单行文字”命令，主要有以下 4 种方法。

- 命令行：text。
- 菜单栏：执行菜单栏中的“绘图”→“文字”→“单行文字”命令。
- 工具栏：单击“文字”工具栏中的“单行文字”按钮A。
- 功能区：单击“默认”选项卡“注释”面板中的“单行文字”按钮A。

执行上述命令后，根据系统提示指定文字的起点或选择选项。执行该命令后，命令行提示中主要选项的含义如下。

（1）指定文字的起点：在此提示下直接在屏幕上点取一点作为文本的起始点，输入一行文本后按 Enter 键，AutoCAD Electrical 2022 继续显示“输入文字:”提示，可继续输入文本，待文本全部输入完后在此提示下直接按 Enter 键，则退出“text”命令。可见，使用“text”命令也可创建多行文本，只是这种多行文本的每一行是一个对象，不能对多行文本同时进行操作。

（2）对正（J）：在提示下输入“J”，用来确定文本的对齐方式，文本的对齐方式决定文本的哪一部分与所选的插入点对齐。单击此选项，AutoCAD Electrical 2022 提示选择文本的对齐方式。当文本串水平排列时，AutoCAD Electrical 2022 为标注文本串定义了图 5-4 所示的顶线、中线、基线和底线。

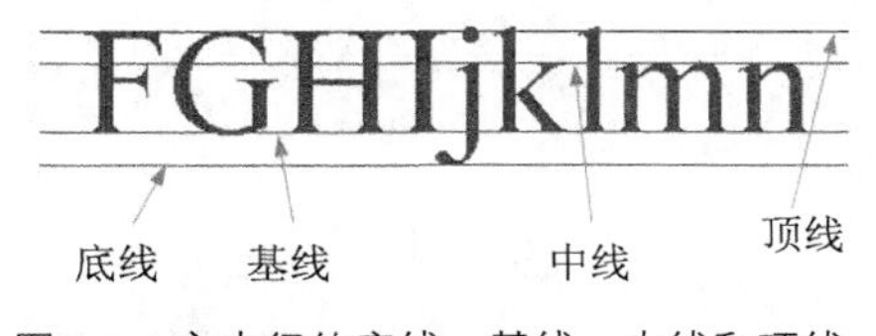

图 5-4 文本行的底线、基线、中线和顶线

在实际绘图时，有时需要标注一些特殊字符，例如，直径符号、上划线或下划线、温度符号等，由于这些符号不能直接从键盘上输入，AutoCAD Electrical 2022 提供了一些控制码，用来实现这些要求。控制码用两个百分号（%%）加一个字符构成，常用的控制码如表 5-1 所示。

表 5-1　AutoCAD Electrical 2022 常用控制码

符号	功能	符号	功能
%%O	上划线	\u+0278	电相位
%%U	下划线	\u+E101	流线
%%D	度符号	\u+2261	标识
%%P	正负符号	\u+E102	界碑线
%%C	直径符号	\u+2260	不相等
%%%	百分号	\u+2126	欧姆
\u+2248	几乎相等	\u+03A9	欧米加
\u+2220	角度	\u+214A	地界线
\u+E100	边界线	\u+2082	下标 2
\u+2104	中心线	\u+00B2	上标 2
\u+0394	差值		

5.1.3　多行文本标注

执行“多行文字”命令，主要有以下 4 种方法。

- 命令行：mtext。
- 菜单栏：执行菜单栏中的“绘图”→“文字”→“多行文字”命令。
- 工具栏：单击“绘图”工具栏中的“多行文字”按钮A或单击“文字”工具栏中的“多行文字”按钮A。
- 功能区：单击“默认”选项卡“注释”面板中的“多行文字”按钮A或单击“注释”选项卡“文字”面板中的“多行文字”按钮A。

在执行上述命令后，根据系统提示指定矩形框的范围，创建多行文字。命令行提示中各选项含义如下。

（1）指定对角点：在指定对角点后，系统打开图 5-5 所示的“文字编辑器”选项卡和多行文字编辑器，可利用此编辑器输入多行文本并对其格式进行设置。该编辑器与 Word 软件界面类似，不再赘述。

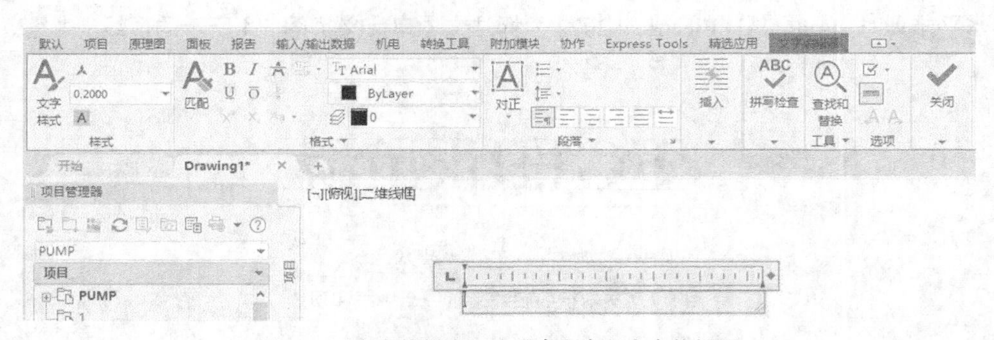

图 5-5　“文字编辑器”选项卡和多行文字编辑器

（2）对正（J）：确定所标注文本的对齐方式。选择该选项，AutoCAD Electrical 2022 提示如下。

```
输入对正方式 [左上(TL)/中上(TC)/右上(TR)/左中(ML)/正中(MC)/右中(MR)/左下(BL)/中下(BC)/右下(BR)]<左上(TL)>:
```

各种对齐方式如图 5-6 所示，图中大写字母对应上述提示中各命令。

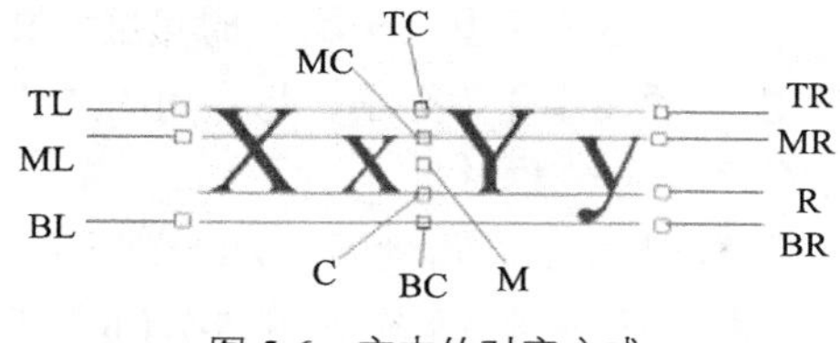

图 5-6　文本的对齐方式

这些对齐方式与执行“text”命令中的各对齐方式相同，不再重复介绍。选取一种对齐方式后按 Enter 键，AutoCAD Electrical 2022 回到上一级提示。

（3）行距（L）：确定多行文本的行间距。这里所说的行间距是指相邻两文本行的基线间的垂直距离。选择此选项，AutoCAD Electrical 2022 提示如下。

```
输入行距类型 [至少(A)/精确(E)] <至少(A)>:
```

在此提示下有两种方式确定行间距："至少”方式和“精确”方式。在“至少”方式下，AutoCAD Electrical 2022 根据每行文本中最大的字符自动调整行间距；在“精确”方式下，AutoCAD Electrical 2022 给多行文本赋予一个固定的行间距。可以直接输入一个确切的间距值，也可以以“*nx*”的形式输入。其中 *n* 是一个具体数，表示行间距设置为单行文本高度的 *n* 倍，而单行文本高度是本行文本字符高度的 1.66 倍。

（4）旋转（R）：确定文本行的倾斜角度。执行此选项，AutoCAD Electrical 2022 提示如下。

```
指定旋转角度 <0>:（输入倾斜角度）
```

输入角度值后按 Enter 键，AutoCAD Electrical 2022 返回“指定对角点或 [高度(H)/对正(J)/行距(L)/旋转(R)/样式(S)/宽度(W)]:”提示。

（5）样式（S）：确定当前的文字样式。

（6）宽度（W）：指定多行文本的宽度。可在屏幕上选取一点，将其与前面确定的第一个角点组成的矩形框的宽度作为多行文本的宽度；也可以输入一个数值，精确设置多行文本的宽度。

（7）高度（H）：用于指定多行文本的高度。可在绘图区选择一点，与前面确定的第一个角点组成的矩形框的高作为多行文本的高度；也可以输入一个数值，精确设置多行文本的高度。

（8）栏（C）：可以将多行文字对象的格式设置为多栏。可以指定栏与栏之间的宽度、高度及栏数，以及使用夹点编辑栏宽和栏高。其中提供了 3 个栏选项，即“不分栏”“静态栏”“动态栏”。

（9）“文字编辑器”选项卡：用来控制文本的显示特性。可以在输入文本前设置文本的特性，也可以改变已输入的文本特性。要改变已有文本显示特性，首先应选择要修改的文本，选择文本的方式有以下 3 种。

① 将鼠标指针定位到文本开始处，按住鼠标左键，拖到文本末尾。

② 双击某个文字，则该文字被选中。

③ 单击鼠标 3 次，则选中全部内容。

下面介绍选项卡中部分选项的功能。

①“高度”下拉列表框：确定文本的字符高度，可在文本编辑框中直接输入新的字符高度，也可从下拉列表中选择已设定的高度。

②“**B**”和“*I*”按钮：设置文字黑体或斜体效果，只对 TrueType 字体有效。

③“删除线”按钮 A̶：用于在文字上添加水平删除线。

④“下划线” U 与“上划线” Ō 按钮：设置或取消上（下）划线。

⑤“堆叠”按钮 $\frac{b}{a}$：即层叠/非层叠文本按钮，用于层叠所选的文本，也就是创建分数形式的文

本。当文本中某处出现“/”“^”“#”这 3 种层叠符号之一时可层叠文本，方法是选中需要层叠的文字，然后单击此按钮，则将符号左边的文字作为分子，将右边的文字作为分母。

AutoCAD Electrical 2022 提供了 3 种分数形式。

- 如果选中“abcd/efgh”后单击此按钮，得到图 5-7（a）所示的分数形式。
- 如果选中“abcd^efgh”后单击此按钮，则得到图 5-7（b）所示的形式，此形式多用于标注极限偏差。
- 如果选中“abcd # efgh”后单击此按钮，则创建斜排的分数形式，如图 5-7（c）所示。如果选中已经层叠的文本对象后单击此按钮，则恢复到非层叠形式。

⑥“倾斜角度”下拉列表框：设置文字的倾斜角度，如图 5-8 所示。

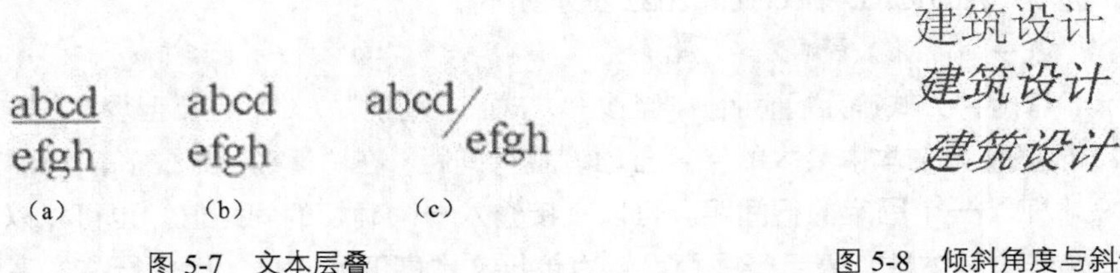

图 5-7　文本层叠

图 5-8　倾斜角度与斜体效果

⑦“符号”按钮：用于输入各种符号。单击该按钮，系统打开符号列表，如图 5-9 所示，可以从中选择符号输入文本。

⑧“插入字段”按钮：插入一些常用或预设字段。执行该命令，系统打开“字段”对话框，如图 5-10 所示，用户可以从中选择字段插入标注文本。

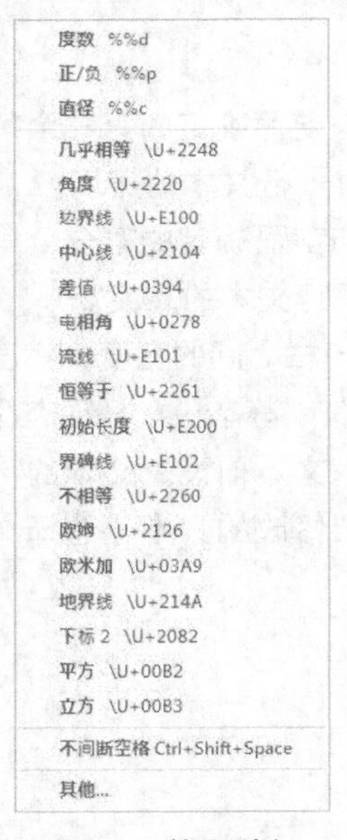

图 5-9　符号列表

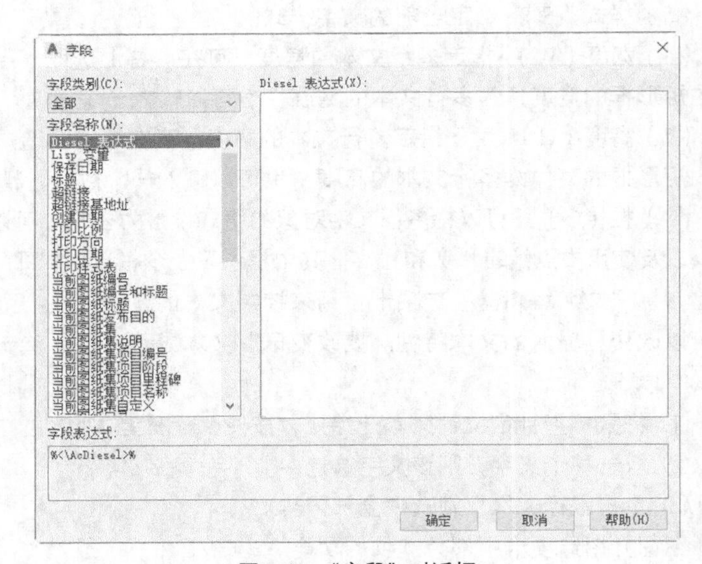

图 5-10　“字段”对话框

⑨“追踪”按钮：增大或减小选定字符之间的空隙。

⑩“宽度因子”按钮：扩展或收缩选定字符。

⑪“上标”按钮：将选定文字转换为上标，即在键入线的上方设置稍小的文字。

⑫“下标”按钮：将选定文字转换为下标，即在键入线的下方设置稍小的文字。

⑬“清除格式”下拉列表：删除选定字符的字符格式，或删除选定段落的段落格式，或删除选

定段落中的所有格式。

⑭“项目符号和编号”下拉列表：在段落文字前添加项目符号和编号。

- 关闭：如果单击此选项，将从应用了列表格式的选定文字中删除字母、数字和项目符号。不更改缩进状态。
- 以数字标记：列表中项的列表格式为带有句点的数字。
- 以字母标记：列表中项的格式为带有句点的字母。如果列表含有的项多于字母中含有的字母，可以使用双字母继续序列。
- 以项目符号标记：列表中项的列表格式为项目符号。
- 启点：在列表格式中启动新的字母或数字序列。如果选定的项位于列表中间，则选定项下面未选中的项也将成为新列表的一部分。
- 连续：将选定的段落添加到上面最后一个列表然后继续序列。如果选择了列表项而非段落，选定项下面未选中的项将继续序列。
- 允许自动项目符号和编号：在键入段落文字时应用列表格式。以下字符可以用作字母和数字后的标点，但不能用作项目符号，句点（.）、逗号（,）、右括号（)）、右尖括号（>）、右方括号（]）和右花括号（}）。
- 允许项目符号和列表：如果选择此选项，列表格式将被应用于外观类似列表的多行文字对象中的所有纯文本。

⑮ 拼写检查：设置在键入文字时拼写检查处于打开状态还是关闭状态。

⑯ 编辑词典：显示“词典”对话框，从中可添加或删除在拼写检查过程中使用的自定义词典。

⑰ 标尺：在编辑器顶部显示标尺。拖动标尺末尾的箭头可更改文字对象的宽度。当列模式处于活动状态时，还显示高度和列夹点。

⑱ 段落：为段落和段落的第一行设置缩进。指定制表位和缩进，控制段落对齐方式、段落间距和段落行距，如图 5-11 所示。

⑲ 输入文字：单击此项，系统打开“选择文件”对话框，如图 5-12 所示。选择任意 ASCII 码格式或 RTF 格式的文件。输入的文字保留原始字符格式和样式特性，但可以在多行文字编辑器中编辑和格式化输入的文字。在选择了要输入的文本文件后，可以替换选定的文字或全部文字，或在文字边界内将插入的文字附加到选定的文字中。输入文字的文件必须小于 32kB。

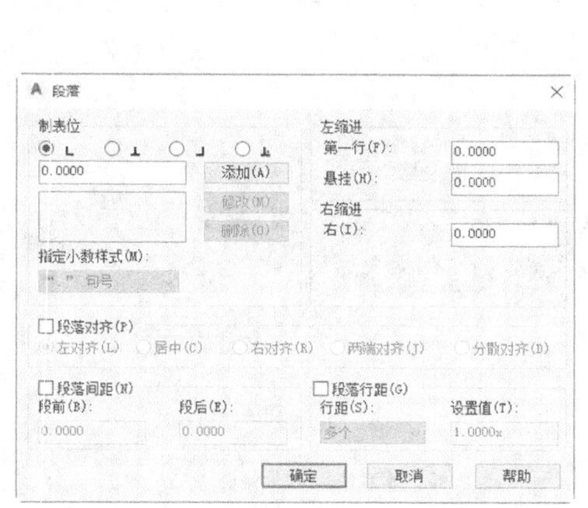

图 5-11 “段落”对话框

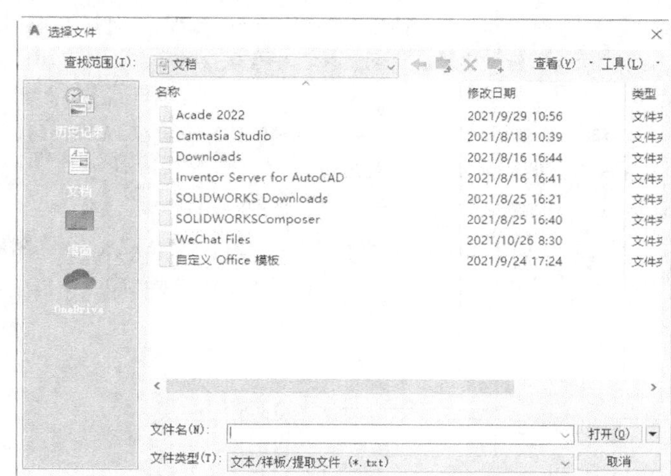

图 5-12 “选择文件”对话框

5.1.4 多行文本编辑

执行“多行文本编辑”命令，主要有以下 4 种方法。

- 命令行：ddedit。
- 菜单栏：执行菜单栏中的“修改”→“对象”→“文字”→“编辑”命令。
- 工具栏：单击“文字”工具栏中的“编辑”按钮。
- 执行快捷菜单中的“编辑多行文字”或“编辑”命令。

执行上述命令后，根据系统提示选择想要修改的文本，同时光标变为拾取框。用拾取框选取对象。如果选取的文本是执行“text”命令创建的单行文本，可对其直接进行修改。如果选取的文本是执行“mtext”命令创建的多行文本，则会在选取后打开多行文字编辑器（见图 5-5），可根据前面的介绍对各项设置或内容进行修改。

5.1.5 实例——绘制带滑动触点的电位器 R1

本实例利用“圆弧”“复制”“直线”“相切约束”“修剪”命令绘制带滑动触点的电位器 R1，如图 5-13 所示。

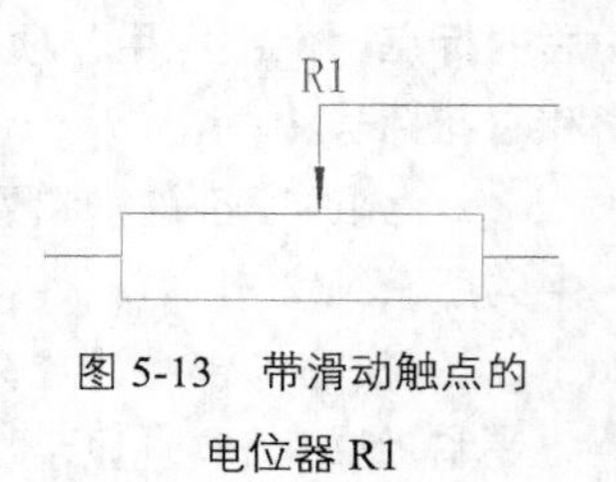

图 5-13 带滑动触点的电位器 R1

（1）单击“默认”选项卡“绘图”面板中的“矩形”按钮，绘制一个矩形，指定矩形两个角点的坐标分别为（100,100）和（500,200）。单击“默认”选项卡“绘图”面板中的“直线”按钮，分别捕捉矩形左、右边的中点为端点，向左和向右分别绘制两条适当长度的水平线段，如图 5-14 所示。

提示：在命令行中输入坐标值时，坐标数值之间的间隔逗号必须在西文状态下输入，否则系统无法识别。

（2）创建多段线。单击“默认”选项卡“绘图”面板中的“多段线”按钮，命令行提示和操作如下。

```
命令：_pline↙
指定起点：(捕捉适当一点 1，如图 5-15 所示)
指定下一个点或 [圆弧(A)/半宽(H)/长度(L)/放弃(U)/宽度(W)]：(在点 1 水平向左适当位置指定一点 2)
指定下一点或 [圆弧(A)/闭合(C)/半宽(H)/长度(L)/放弃(U)/宽度(W)]：(在点 2 竖直向下适当位置指定一点 3，如图 5-15 所示)
指定下一点或 [圆弧(A)/闭合(C)/半宽(H)/长度(L)/放弃(U)/宽度(W)]:W↙
指定起点宽度 <0.0000>:10↙
指定端点宽度 <10.0000>:0↙
指定下一点或 [圆弧(A)/闭合(C)/半宽(H)/长度(L)/放弃(U)/宽度(W)]：(沿点 2 竖直向下捕捉矩形上边的垂足点)
指定下一点或 [圆弧(A)/闭合(C)/半宽(H)/长度(L)/放弃(U)/宽度(W)]：↙(效果如图 5-15 所示)
```

图 5-14 绘制矩形和直线　　图 5-15 绘制多段线

（3）单击“默认”选项卡“绘图”面板中的“多行文字”按钮A，在图 5-15 中点 3 位置正上方指定文本范围框，系统打开“文字编辑器”选项卡，如图 5-16 所示，输入文字“R1”，设置文字的各项参数，最终结果如图 5-13 所示。

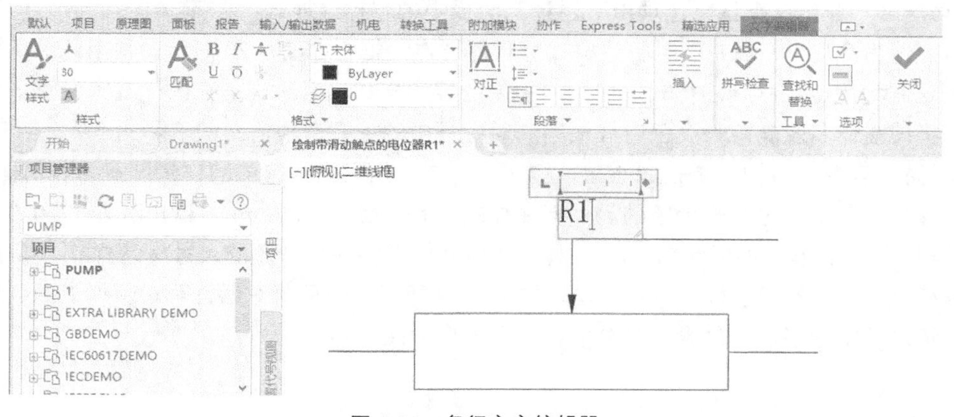

图 5-16　多行文字编辑器

5.2 尺寸标注

尺寸标注相关命令的菜单集中在“标注”菜单中，工具栏集中在“标注”工具栏中，功能区集中在“注释”面板中，如图 5-17、图 5-18、图 5-19 所示。

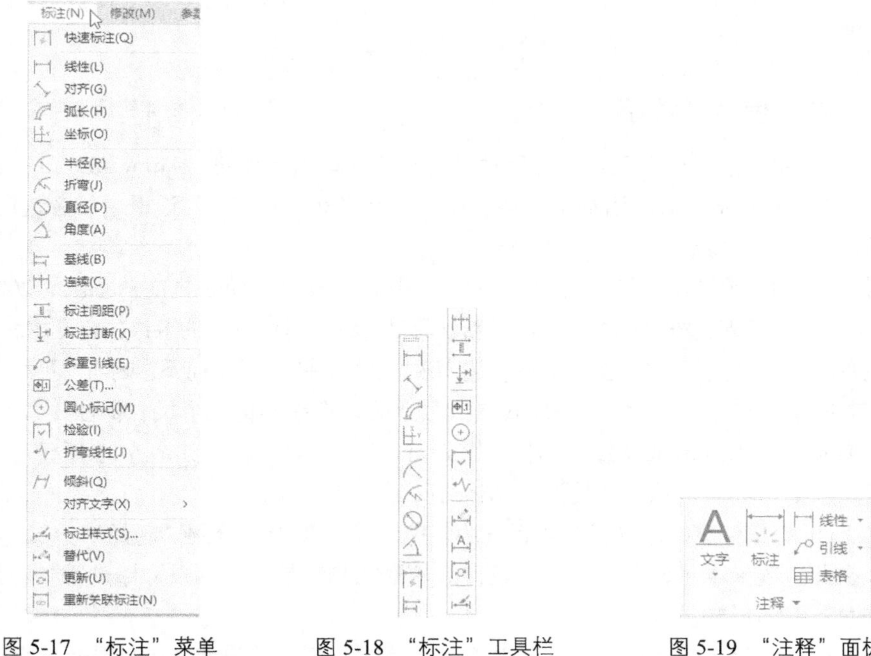

图 5-17　“标注”菜单　　图 5-18　“标注”工具栏　　图 5-19　“注释”面板

5.2.1 设置尺寸样式

执行“标注样式”命令，主要有如下 4 种方法。

- 命令行：dimstyle。
- 菜单栏：执行菜单栏中的“格式”→“标注样式”命令或“标注”→“标注样式”命令。
- 工具栏：单击“标注”工具栏中的“标注样式”按钮。
- 功能区：单击“默认”选项卡“注释”面板中的“标注样式”按钮。

执行上述命令后，系统打开“标注样式管理器”对话框，如图 5-20 所示。利用此对话框可方便且直观地定制和浏览尺寸标注样式，包括产生新的标注样式、修改已存在的样式、设置当前尺寸标注样式、样式重命名及删除一个已有样式等。对话框中的主要选项含义如下。

（1）“置为当前”按钮：单击此按钮，把在“样式”列表框中选中的样式设置为当前样式。

（2）“新建”按钮：定义一个新的尺寸标注样式。单击此按钮，AutoCAD Electrical 2022 打开“创建新标注样式”对话框，如图 5-21 所示，利用此对话框可创建一个新的尺寸标注样式，单击“继续”按钮，系统打开“新建标注样式”对话框，如图 5-22 所示，利用此对话框可对新样式的各项特性进行设置。该对话框中各部分的含义和功能将在后文中介绍。

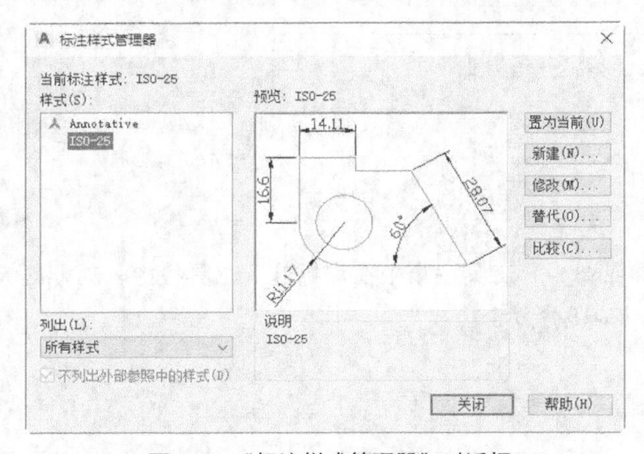

图 5-20 “标注样式管理器”对话框

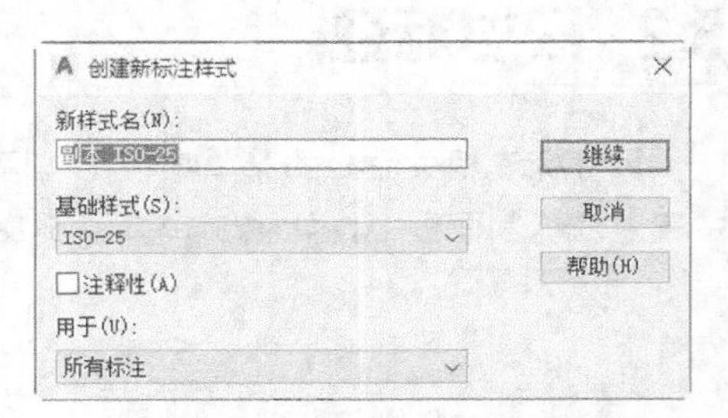

图 5-21 “创建新标注样式”对话框

（3）“修改”按钮：修改一个已存在的尺寸标注样式。单击此按钮，AutoCAD Electrical 2022 打开“修改标注样式”对话框，该对话框中的各选项与“新建标注样式”对话框中的各选项完全相同，可以对已有标注样式进行修改。

（4）“替代”按钮：设置临时覆盖尺寸标注样式。单击此按钮，AutoCAD Electrical 2022 打开“替代当前样式”对话框，该对话框中的各选项与“新建标注样式”对话框中的各选项完全相同，用户可改变选项的设置并覆盖原来的设置，但这种修改只对指定的尺寸标注起作用，而不影响当前尺寸变量的设置。

（5）“比较”按钮：比较两个尺寸标注样式在参数上的区别或浏览一个尺寸标注样式的参数设置。单击此按钮，AutoCAD Electrical 2022 打开“比较标注样式”对话框，如图 5-23 所示。可以把比较结果复制到剪贴板上，然后再粘贴到其他的 Windows 应用软件上。

在图 5-22 所示的“新建标注样式”对话框中，有 7 个选项卡，分别说明如下。

（1）线：在此选项卡中可设置尺寸线、延伸线的形式和特性。包括尺寸线的特性、用户设置的尺寸样式和尺寸界线的形式。

（2）符号和箭头：该选项卡用于设置箭头、圆心标记、弧长符号和半径标注折弯各个参数，如图 5-24 所示，包括箭头的大小、引线形状、圆心标记的类型与大小、弧长符号位置、半径折弯标注的折弯角度、线性折弯标注的折弯高度因子及折断标注的折断大小等参数。

（3）文字：该选项卡用于设置文字的外观、位置、对齐方式等各个参数，如图 5-25 所示，包括

“文字外观”选项组中的文字样式、文字颜色、填充颜色、文字高度、分数高度比例、是否绘制文字边框等参数，以及“文字位置”选项组中的垂直、水平、观察方向和从尺寸线偏移等参数。文字对齐方式有水平、与尺寸线对齐、ISO 标准 3 种方式。尺寸文本在垂直方向的放置 4 种不同情形如图 5-26 所示，尺寸文本在水平方向放置的 5 种不同情形如图 5-27 所示。

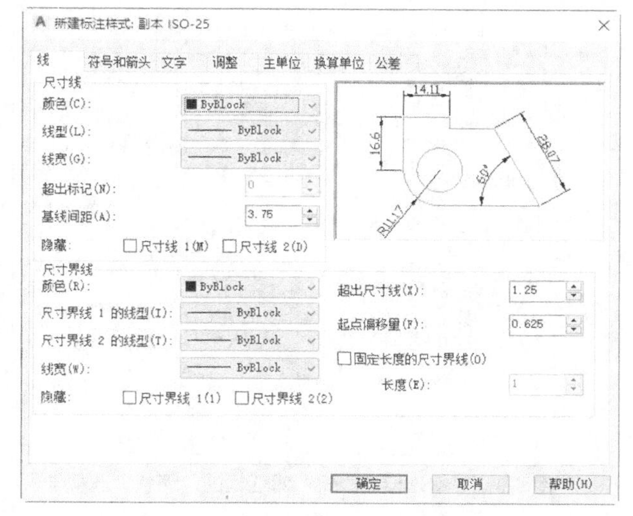

图 5-22 “新建标注样式”对话框

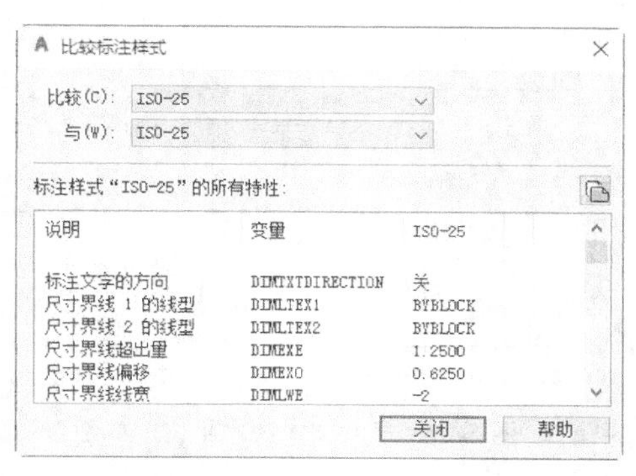

图 5-23 “比较标注样式”对话框

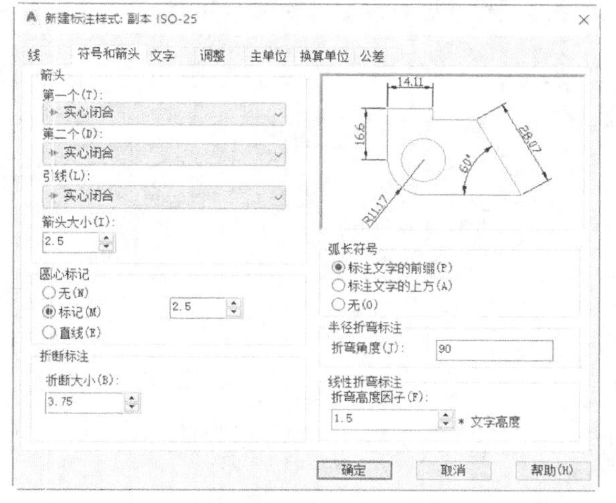

图 5-24 “新建标注样式”对话框的“符号和箭头”选项卡

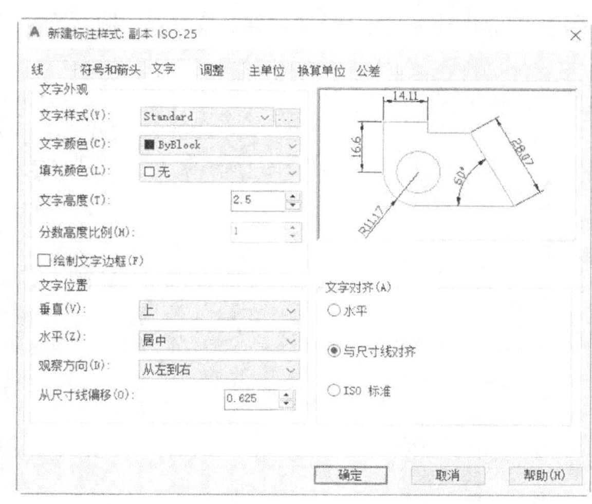

图 5-25 “新建标注样式”对话框的“文字”选项卡

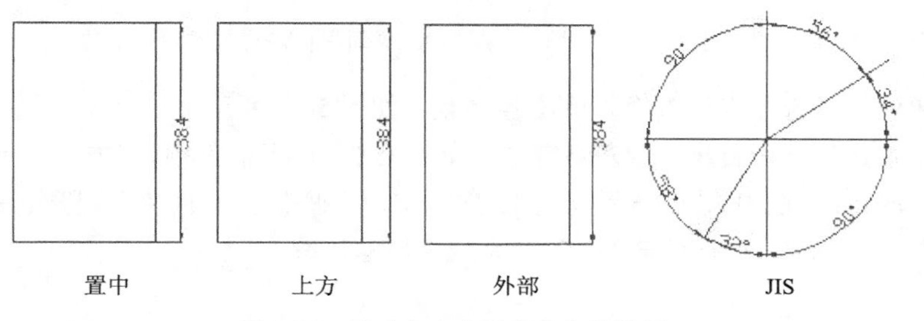

图 5-26 尺寸文本在垂直方向的放置

（4）调整：该选项卡用于设置调整选项、文字位置、标注特征比例、优化等各个参数，如图 5-28 所示，包括调整选项的选择、文字不在默认位置时的放置位置、标注特征比例选择及调整尺寸要素位置等参数。文字不在默认位置时的放置位置的 3 种不同情形，如图 5-29 所示。

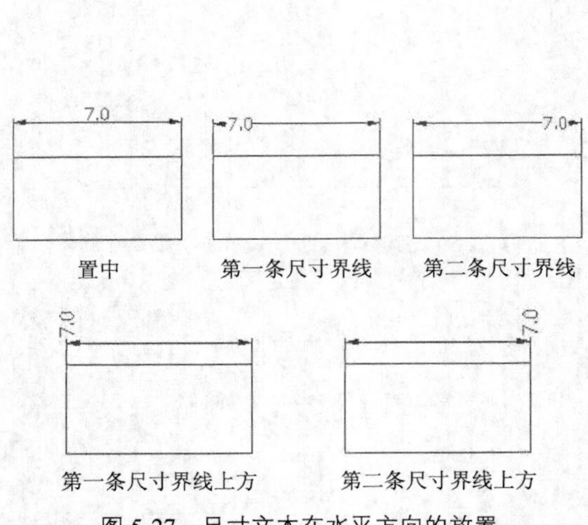

图 5-27　尺寸文本在水平方向的放置

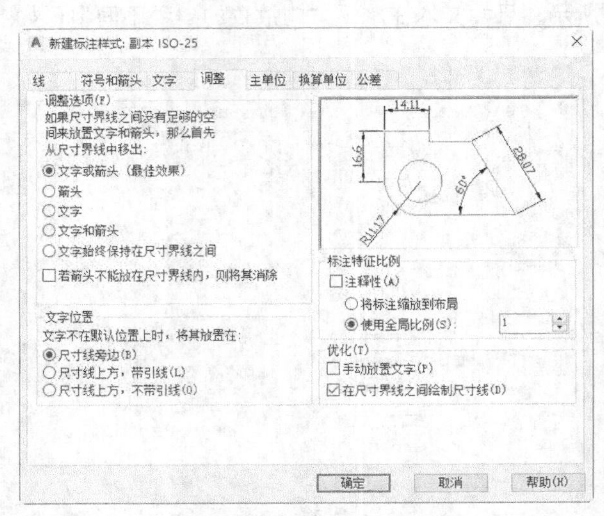

图 5-28　“新建标注样式”对话框的“调整”选项卡

（5）主单位：该选项卡用于设置尺寸标注的主单位和精度，以及给尺寸文本添加固定的前缀或后缀。该选项卡包含三个选项组，分别对线性标注、消零角度标注进行设置，如图 5-30 所示。

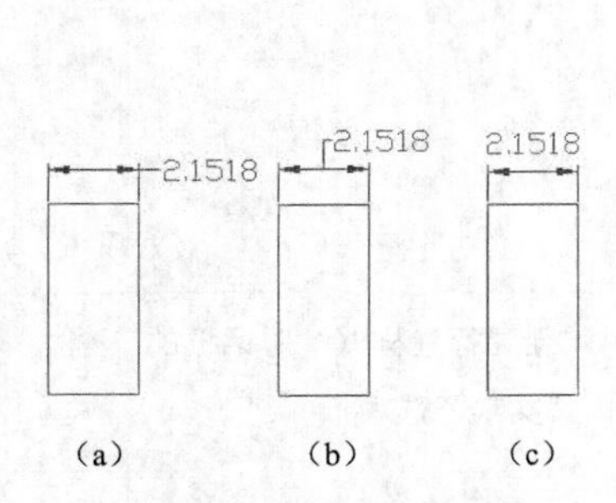

图 5-29　尺寸文本的放置位置

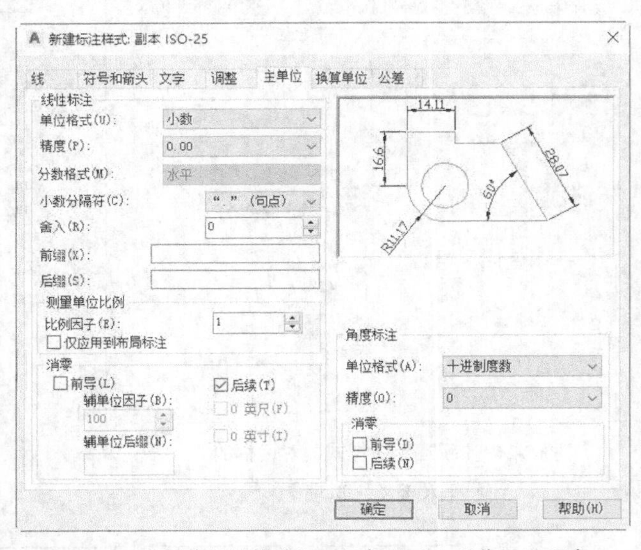

图 5-30　“新建标注样式”对话框的“主单位”选项卡

（6）换算单位：该选项卡设置换算单位各参数，如图 5-31 所示。

（7）公差：该选项卡设置尺寸公差各参数，如图 5-32 所示。其中，“方式”下拉列表框中列出了 AutoCAD Electrical 2022 提供的 5 种标注公差的形式，即“无”“对称”“极限偏差”“极限尺寸”“基本尺寸”，其中，“无”表示不标注公差，为默认标准状态。

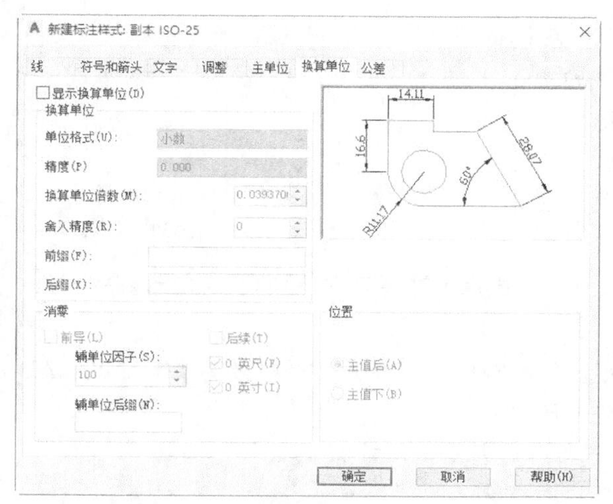

图 5-31 “新建标注样式”对话框的“换算单位”选项卡

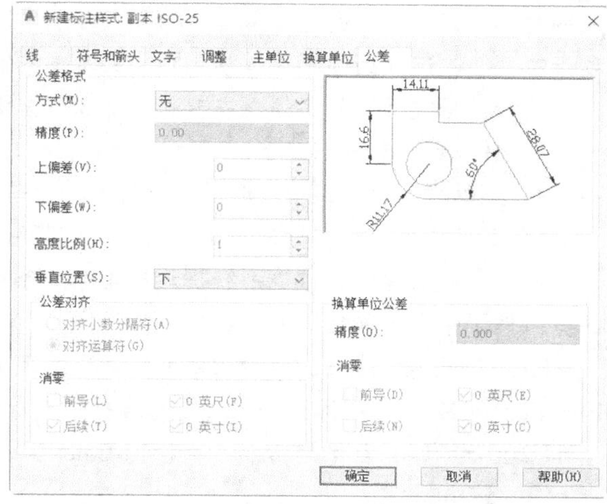

图 5-32 “新建标注样式”对话框的“公差”选项卡

5.2.2 尺寸标注

1. 线性标注

执行“线性标注”命令，主要有如下 4 种方法。

- 命令行：dimlinear（快捷命令为 dimlin）。
- 菜单栏：执行菜单栏中的“标注”→“线性”命令。
- 工具栏：单击“标注”工具栏中的“线性”按钮⊢⊣。
- 功能区：单击“默认”选项卡“注释”面板中的“线性”按钮⊢⊣。

执行上述命令后，根据系统提示直接按 Enter 键选择要标注的对象或确定尺寸界线的起始点，在按 Enter 键并选择要标注的对象或指定两条尺寸界线的起始点后，命令行提示中各选项含义如下。

（1）指定尺寸线位置：确定尺寸线的位置。用户可移动光标选择合适的尺寸线位置，然后按 Enter 键或单击鼠标，AutoCAD Electrical 2022 则自动测量所标注线段的长度并标注相应的尺寸。

（2）多行文字（M）：用多行文本编辑器确定尺寸文本。

（3）文字（T）：在命令行提示下输入或编辑尺寸文本。在单击此选项后，AutoCAD Electrical 2022 提示输入标注线段的长度，直接按 Enter 键即可采用此长度值，也可输入其他数值代替默认值。当尺寸文本中包含默认值时，可使用尖括号“<>”表示默认值。

（4）角度（A）：确定尺寸文本的倾斜角度。

（5）水平（H）：水平标注尺寸，无论标注什么方向的线段，尺寸线均水平放置。

（6）垂直（V）：垂直标注尺寸，无论被标注线段沿什么方向，尺寸线总保持垂直。

（7）旋转（R）：输入尺寸线旋转的角度值，旋转标注尺寸。

对齐标注的尺寸线与所标注的轮廓线平行；坐标尺寸标注点的纵坐标或横坐标；角度标注用于标注两个对象之间的角度；直径或半径标注用于标注圆或圆弧的直径或半径；圆心标记则标注圆或圆弧的中心或中心线，具体由“新建（修改）标注样式”对话框“符号和箭头”选项卡中的“圆心标记”选项组决定。上面所述这几种尺寸标注与线性标注类似，不再赘述。

2. 基线标注

基线标注用于产生一系列基于同一条尺寸界线的尺寸标注，适用于长度尺寸标注、角度标注和坐标标注等。在使用基线标注方式之前，应该先标注一个相关的尺寸，如图 5-33 所示。使用基线标注的两平行尺寸线间距由“新建（修改）标注样式”对话框“符号和箭头”选项卡中“线”选项组中的“基线间距”文本框的值决定。

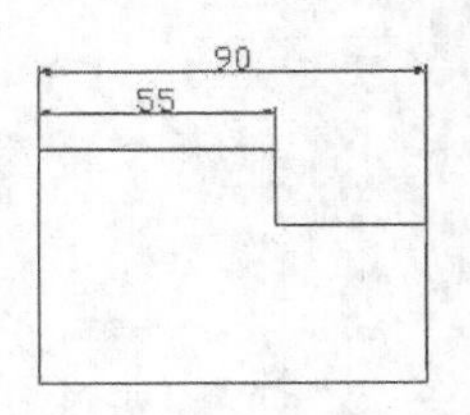

图 5-33 基线标注

执行“基线标注”命令，主要有如下 3 种方法。

- 命令行：dimbaseline。
- 菜单栏：执行菜单栏中的“标注”→“基线”命令。
- 工具栏：单击“标注”工具栏中的“基线”按钮。

执行上述命令后，根据系统提示指定第二条尺寸界线原点或选择其他选项。在执行此命令时，命令行提示中各选项含义如下。

（1）指定第二条尺寸界线原点：直接确定另一个尺寸的第二条尺寸界线的起点，AutoCAD Electrical 2022 以上次标注的尺寸为基准标注，标注相应尺寸。

（2）<选择>：在上述提示下直接按 Enter 键，选择作为基准的尺寸标注。

3. 连续标注

连续标注又被称为尺寸链标注，用于产生一系列连续的尺寸标注，后一个尺寸标注均把前一个标注的第二条尺寸界线作为其第一条尺寸界线。与基线标注一样，在使用连续标注方式之前，应该先标注一个相关的尺寸。

执行“连续标注”命令的方法主要有如下 3 种。

- 命令行：dimcontinue。
- 菜单栏：执行菜单栏中的“标注”→“连续”命令。
- 工具栏：单击“标注”工具栏中的“连续标注”按钮。

执行上述命令后，根据系统提示拾取相关尺寸，在命令行提示下指定第二条尺寸界线原点或选择其他选项。当执行此命令时，命令行提示中各选项与“基线标注”命令行提示中的完全相同，不再赘述。标注过程与基线标注类似，如图 5-34 所示。

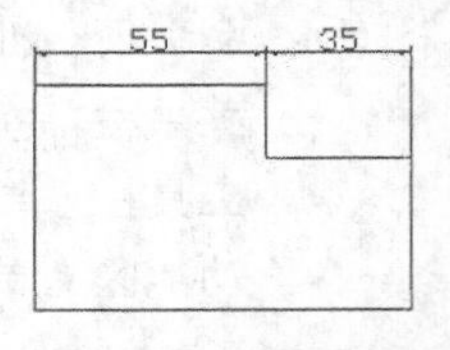

图 5-34 连续标注

4. 快速标注

“快速标注”命令使用户可以交互地、动态地、自动化地进行尺寸标注。执行该命令可以同时选择多个圆或圆弧标注直径或半径，也可同时选择多个对象进行基线标注和连续标注，选择一次即可完成多个标注，因此可节省时间，提高工作效率。执行“快速标注”命令的方法主要有如下 3 种。

- 命令行：qdim。
- 菜单栏：执行菜单栏中的“标注”→“快速标注”命令。
- 工具栏：单击“标注”工具栏中的“快速标注”按钮。

执行上述命令后，根据系统提示选择要标注尺寸的多个对象后按 Enter 键，并指定尺寸线位置或选择其他选项。在执行此命令时，命令行提示中各选项含义如下。

（1）指定尺寸线位置：直接确定尺寸线的位置，按默认尺寸标注类型标注相应尺寸。

（2）连续（C）：产生一系列连续标注的尺寸。

（3）并列（S）：产生一系列交错的尺寸标注，如图 5-35 所示。

（4）基线（B）：产生一系列基线标注的尺寸。后面的“坐标（O）”“半径（R）”“直径（D）”含义与此类同。

（5）基准点（P）：为基线标注和连续标注指定一个新的基准点。

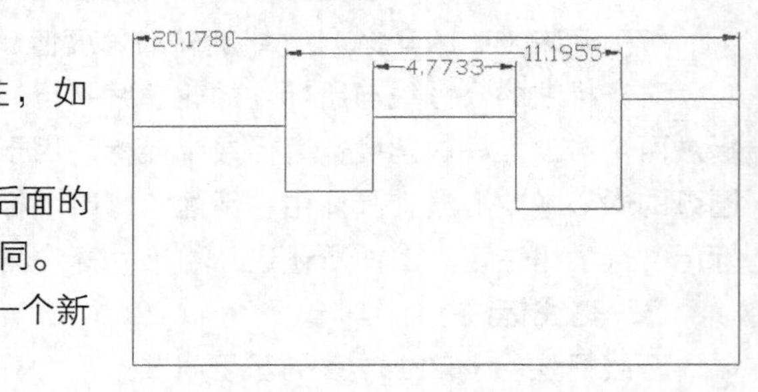

图 5-35 交错尺寸标注

（6）编辑（E）：对多个尺寸标注进行编辑。系统允许对已存在的尺寸标注添加或移去尺寸点。单击此选项，根据系统提示确定要移去的点之后按 Enter 键，AutoCAD Electrical 2022 对尺寸标注进行更新。图 5-35 中删除中间两个标注点后的尺寸标注如图 5-36 所示。

5. 引线标注

执行“快速引线标注”命令的方法如下。

命令行：qleader。

执行上述命令后，根据系统提示指定第一个引线点或选择其他选项。此时，命令行提示中各选项含义如下。

（1）指定第 1 个引线点：根据系统提示指定指引线的第 1 点。AutoCAD Electrical 2022 提示用户输入的点的数目由“引线设置”对话框确定。输入指引线的点后，继续输入多行文本的宽度和注释文字的第 1 行或其他选项。

（2）设置（S）：可以在上述操作过程中单击“设置（S）”选项，弹出“引线设置”对话框进行相关参数设置，如图 5-37 所示。

另外还有一个名为“leader”的命令也可以进行引线标注，与“qleader”命令类似，不再赘述。

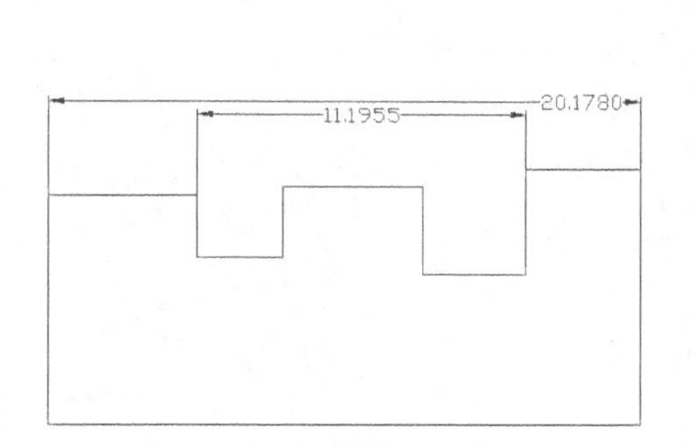

图 5-36　删除标注点

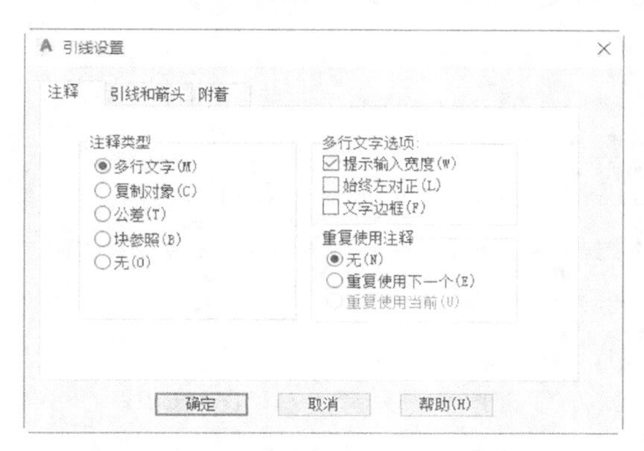

图 5-37　“引线设置”对话框

5.2.3　实例——变电站避雷针布置图尺寸标注

本实例接 4.6 节的综合实例，对变电站避雷针布置图进行尺寸标注。本实例将用到尺寸样式设置、线性尺寸标注、对齐尺寸标注、直径尺寸标注及文字标注等知识，标注完成如图 5-38 所示。

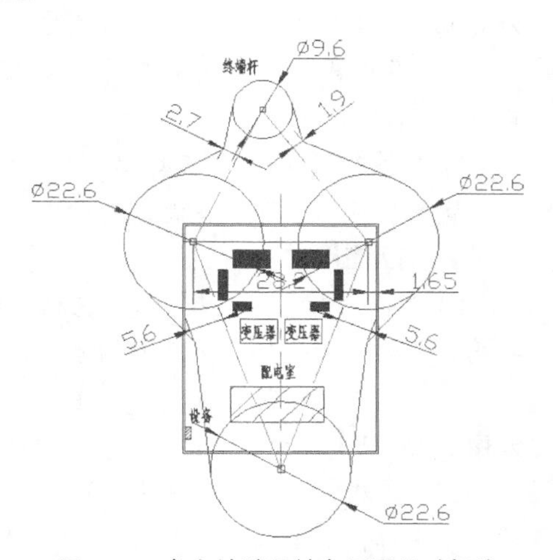

图 5-38　变电站避雷针布置图尺寸标注

1. 标注样式设置

（1）执行菜单栏中的“格式”→“标注样式”命令，打开“标注样式管理器”对话框，如图 5-39 所示。单击“新建”按钮，打开“创建新标注样式”对话框，设置“新样式名”为“避雷针布置图标注样式”，如图 5-40 所示。

（2）单击“继续”按钮，打开“新建标注样式”对话框，可对新建的“避雷针布置图标注样式”的风格进行设置。“线”选项卡设置如图 5-41 所示，将“基线间距”设置为 3.75，将“超出尺寸线”设置为 2。

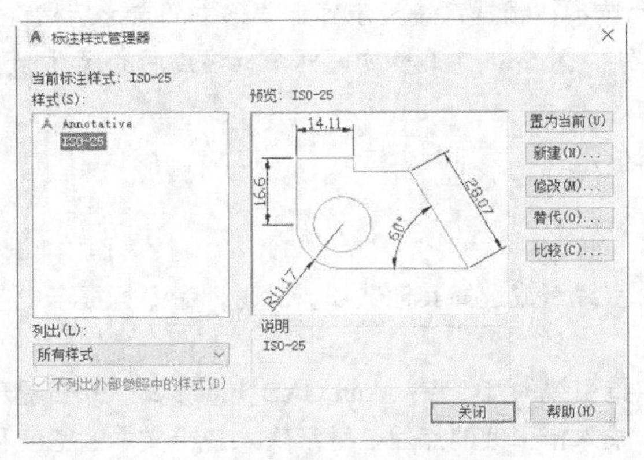

图 5-39 “标注样式管理器”对话框

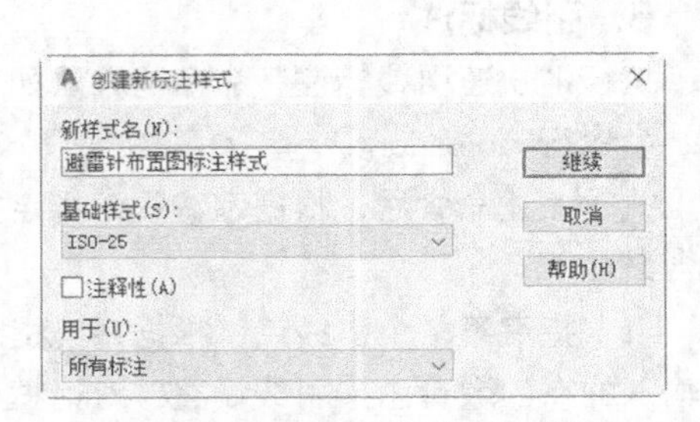

图 5-40 “创建新标注样式”对话框

（3）“符号和箭头”选项卡设置如图 5-42 所示，将“箭头大小”设置为 2.5。

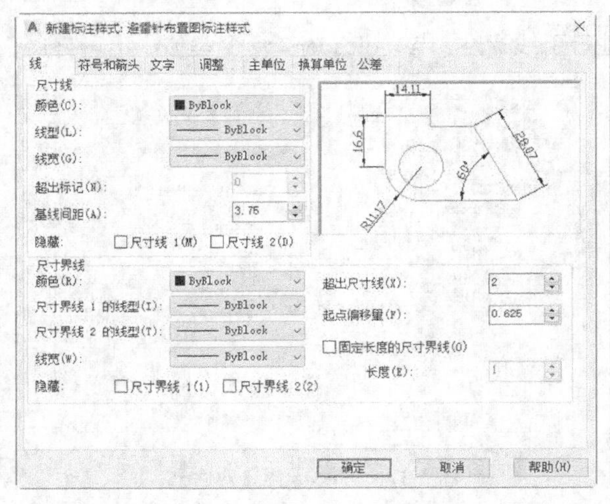

图 5-41 “线”选项卡设置

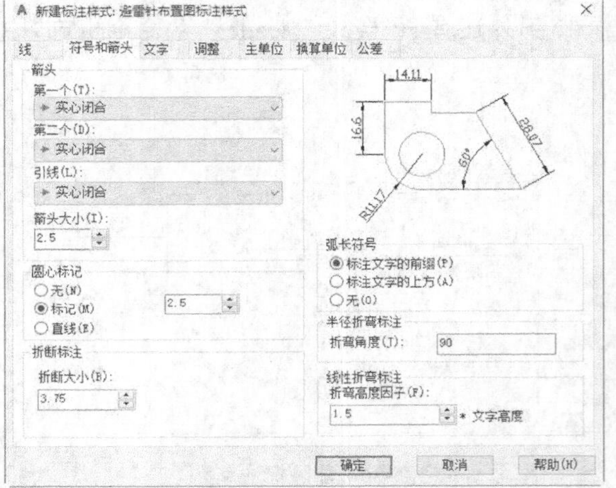

图 5-42 “符号和箭头”选项卡设置

（4）“文字”选项卡设置如图 5-43 所示，将“文字高度”设置为 2.5，将“从尺寸线偏移”设置为 0.625，“文字对齐”采用“与尺寸线对齐”方式。

（5）“主单位”选项卡的设置如图 5-44 所示，设置“舍入”为 0，设置“小数分隔符”为句点。

（6）不对“调整”“换算单位”“公差”选项卡进行设置，返回“标注样式管理器”对话框，单击“置为当前”按钮，将新建的“避雷针布置图标注样式”设置为当前使用的标注样式。

2. 标注尺寸

（1）单击“默认”选项卡“注释”面板中的“线性”按钮，标注终端杆中之间的距离，标注终端杆中心到矩形外边框之间的距离，阶段效果如图 5-45（a）所示。

（2）单击“默认”选项卡“注释”面板中的“对齐标注”按钮，标注图中的各个尺寸，结果如图 5-45（b）所示。

（3）单击“默认”选项卡“注释”面板中的“直径标注”按钮，标注图形中各个圆的直径尺寸，结果如图 5-45（c）所示。

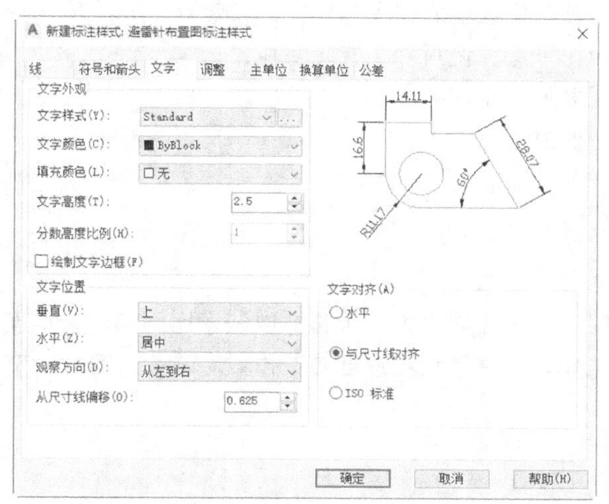

图 5-43 “文字”选项卡设置

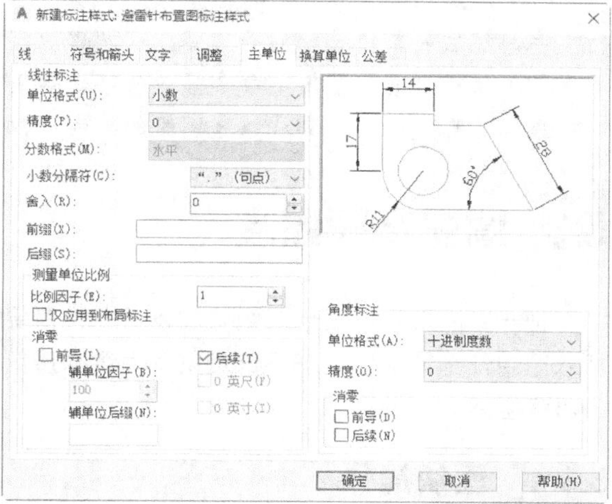

图 5-44 “主单位”选项卡设置

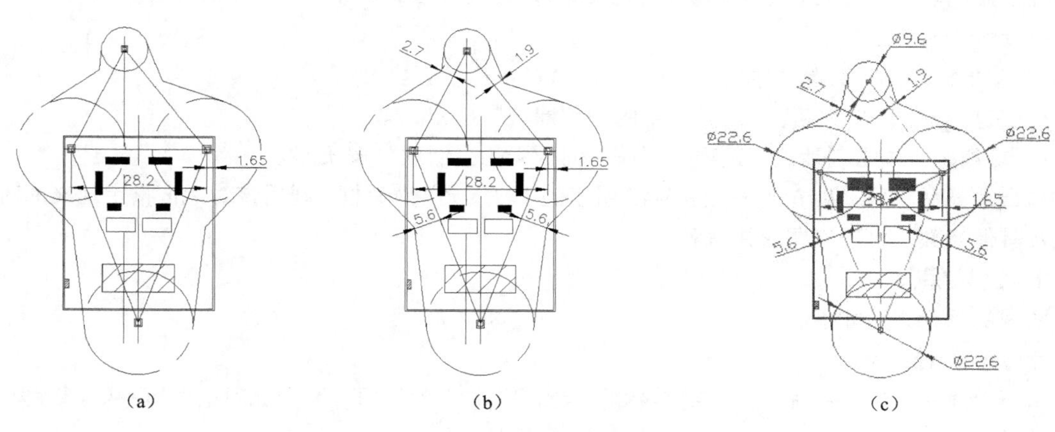

(a)　　(b)　　(c)

图 5-45 尺寸标注阶段效果

3. 添加文字

(1)创建文字样式。单击“默认”选项卡“注释”面板中的“文字样式”按钮，打开“文字样式”对话框，创建一个名为“避雷针布置图”的文字样式。设置“字体名”为“仿宋_GB2312”，设置“字体样式”为“常规”，设置“高度”为 2，设置“宽度因子”为 0.7，如图 5-46 所示。

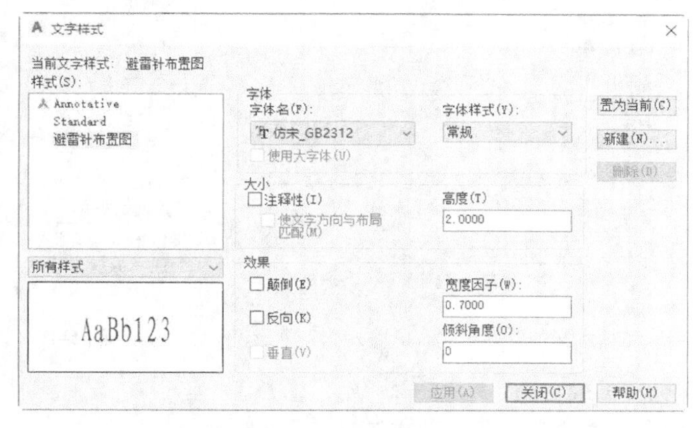

图 5-46 “文字样式”对话框

（2）添加注释文字。单击“默认”选项卡“注释”面板中的“多行文字”按钮A，一次输入多行文字，然后调整位置，对齐文字。在调整位置时，可结合使用“正交”功能。

（3）执行“文字编辑”命令修改文字，得到需要的文字。

添加注释文字后，完成整张图纸的绘制，如图 5-38 所示。

5.3 图块及其属性

把一组图形对象组合成图块加以保存，需要时可以把图块作为一个整体以任意比例和旋转角度插入图中任意位置，这样不仅避免了大量的重复工作，提高了绘图速度和工作效率，而且可大大节省磁盘空间。

5.3.1 图块操作

在使用图块时，首先要定义图块，图块的定义方法有如下 4 种。

- 命令行：block。
- 菜单栏：执行菜单栏中的“绘图”→“块”→“创建”命令。
- 工具栏：单击“绘图”工具栏中的“创建块”按钮。
- 功能区：单击“默认”选项卡“块”面板中的“创建”按钮。

执行上述命令后，系统打开如图 5-47 所示的“块定义”对话框，利用该对话框指定定义的对象、基点及其他参数，可定义图块并命名。

1. 图块保存

图块的保存方法如下。

命令行：wblock。

执行上述命令后，系统打开如图 5-48 所示的“写块”对话框。利用此对话框可把图形对象保存为图块或把图块转换成图形文件。

执行“block”命令定义的图块只能插入当前图形，执行“wblock”命令保存的图块既可以插入当前图形，也可以插入其他图形。

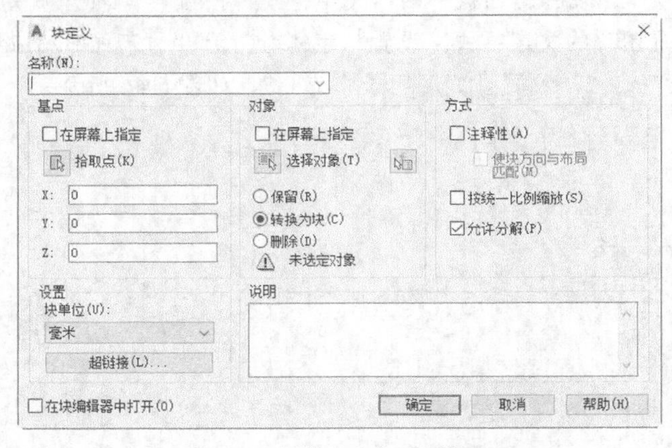

图 5-47 “块定义”对话框

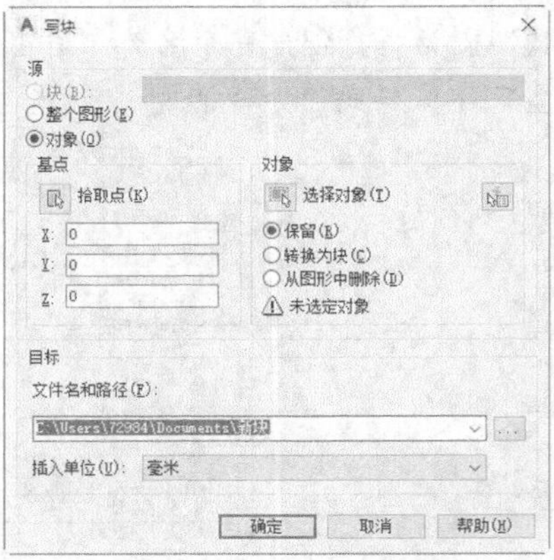

图 5-48 “写块”对话框

2. 图块插入

执行“块插入”命令，主要有以下 4 种方法。

- 命令行：insert。
- 菜单栏：执行菜单栏中的“插入/块”命令。
- 工具栏：单击“插入”工具栏中的“插入块”按钮或单击“绘图”工具栏中的“插入块”按钮。
- 功能区：单击“默认”选项卡“块”面板中的“插入块”下拉菜单。

执行上述操作后，系统打开“块”选项板，指定要插入的图块及插入位置，如图 5-49 所示。

5.3.2 图块的属性

1. 属性定义

“定义属性”命令的方法有如下 3 种。

- 命令行：attdef。
- 菜单栏：执行菜单栏中的“绘图”→“块”→“定义属性”命令。
- 功能区：单击“默认”选项卡“块”面板中的“定义属性”按钮。

执行上述命令后，系统打开“属性定义”对话框，如图 5-50 所示。

（1）“模式”选项组

① “不可见”复选框：选中此复选框，属性为不可见显示方式，即在插入图块并输入属性值后，属性值在图中并不显示出来。

② “固定”复选框：选中此复选框，属性值为常量，即属性值在属性定义时给定，在插入图块时，AutoCAD Electrical 2022 不再提示输入属性值。

③ “验证”复选框：选中此复选框，当插入图块时，AutoCAD Electrical 2022 重新显示属性值并验证该属性值是否正确。

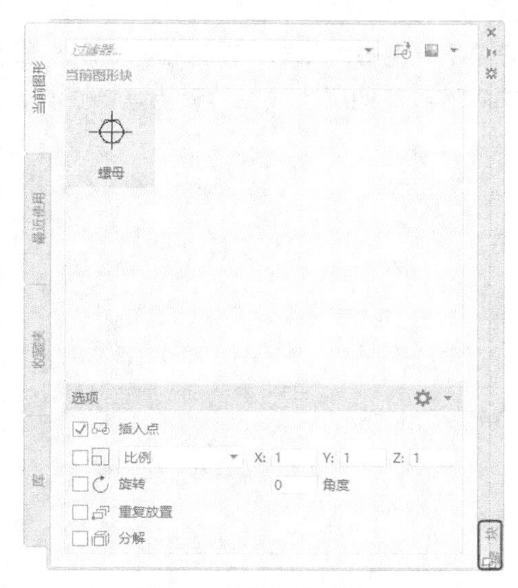

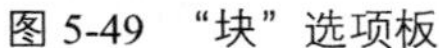
图 5-49 “块”选项板

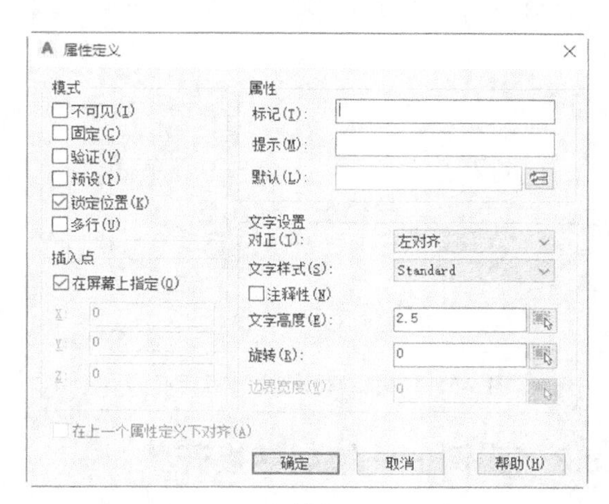

图 5-50 “属性定义”对话框

④ “预设”复选框：选中此复选框，当插入图块时，AutoCAD Electrical 2022 自动把事先设置好的默认值赋予属性，而不再提示输入属性值。

⑤ “锁定位置”复选框：选中此复选框，当插入图块时，AutoCAD Electrical 2022 锁定块参照中属性的位置。解锁后，属性可以相对于使用夹点编辑的块的其他部分移动，并且可以调整多行属

性的大小。

⑥“多行”复选框：指定属性值可以包含多行文字。选中此复选框后，可以指定属性的边界宽度。

（2）“属性”选项组

①“标记”文本框：输入属性标签。属性标签可由除空格和感叹号外的所有字符组成。AutoCAD Electrical 2022 自动把小写字母改为大写字母。

②“提示”文本框：输入属性提示。属性提示为插入图块时，AutoCAD Electrical 2022 要求输入属性值的提示。如果不在此文本框内输入文本，则以属性标签作为提示。如果在“模式”选项组中选中“固定”复选框，即设置属性为常量，则不需设置属性提示。

③“默认”文本框：设置默认的属性值。可把使用次数较多的属性值作为默认值，也可不设默认值。

其他各选项组比较简单，不再赘述。

2. 修改属性定义

“文字编辑”命令的执行方法有如下两种。

- 命令行：ddedit。
- 菜单栏：执行菜单栏中的“修改”→“对象”→“文字”→“编辑”命令。

执行上述命令后，根据系统提示选择要修改的属性定义，AutoCAD Electrical 2022 打开“编辑属性定义”对话框，可以在该对话框中修改属性定义，如图 5-51 所示。

3. 图块属性编辑

“图块属性编辑”命令的执行方法有如下 3 种。

- 命令行：attedit。
- 菜单栏：执行菜单栏中的“修改”→“对象”→“属性”→“单个”命令。
- 工具栏：单击“修改 II”工具栏中的“块属性管理器”按钮。

执行该命令后，根据系统提示选择块参照，系统打开“增强属性编辑器”对话框，如图 5-52 所示。该对话框不仅可以编辑属性值，还可以编辑属性的文字选项和图层、线型、颜色等特性值。

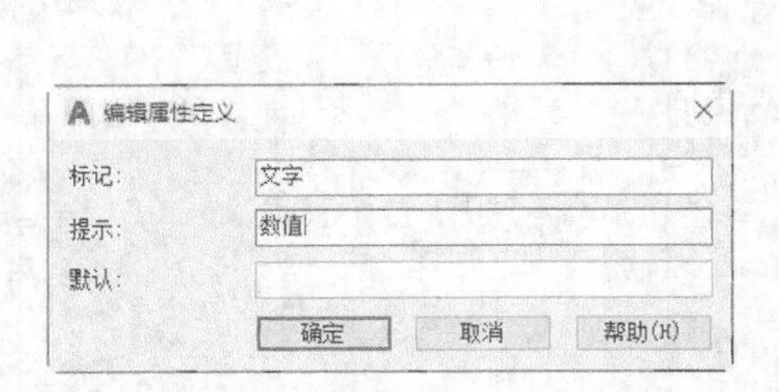

图 5-51 “编辑属性定义”对话框

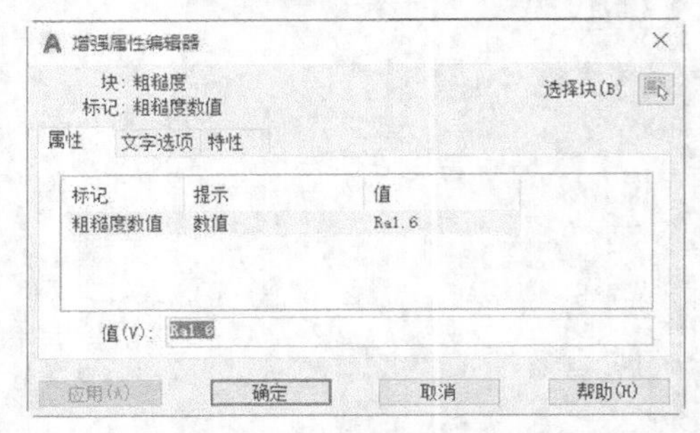

图 5-52 “增强属性编辑器”对话框

5.3.3 实例——绘制转换开关

本实例执行图块相关命令和编辑相关命令绘制转换开关，如图 5-53 所示。

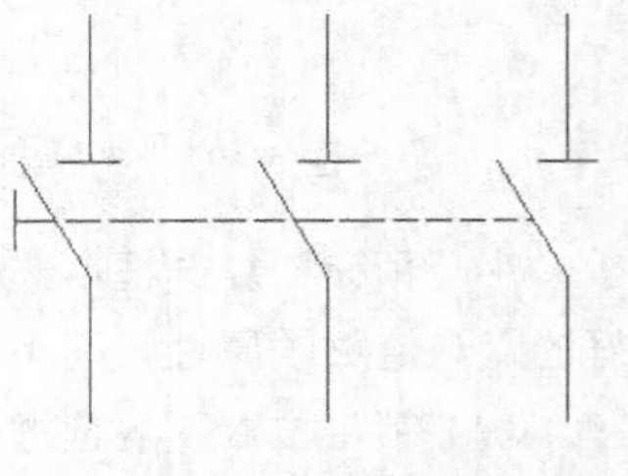

图 5-53 转换开关

1. 插入普通开关图块

单击“默认”选项卡“块”面板中的“插入”下拉菜单中的“库中的块”选项，打开“块”选项板，如图 5-54 所示。单击“库”选项中的“浏览块库”按钮，弹出“为块库选择文件夹或文件”对话框，选择随书资料中的“源文件\图块\普通开关”图块作为插入对象，单击“插入点”复选框，其他选项接受系统默认设置即可，然后单击“确定”按钮，插入的普通开关如图 5-54（b）所示。

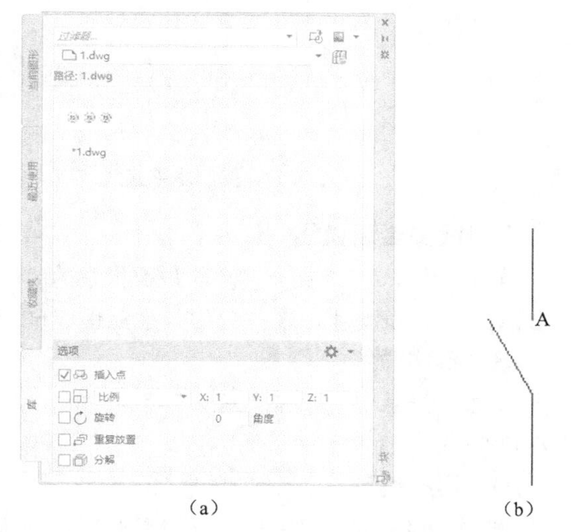

图 5-54　插入“普通开关”图块

2. 绘制水平直线

单击“默认”选项卡“绘图”面板中的“直线”按钮，以“普通开关”图块中的端点 A 为起点水平向右绘制长度为 3mm 的直线，绘制结果如图 5-55 所示。

3. 镜像水平直线

单击“默认”选项卡“修改”面板中的“镜像”按钮，对第 2 步绘制的直线进行镜像处理。

```
命令: _mirror↙
选择对象: (选择水平直线)
指定镜像线的第一点: (选择 A 点)
指定镜像线的第二点: (选择 B 点)
要删除原对象吗? [是(Y)/否(N)] <N>:↙ (N 表示不删除原有直线，Y 表示删除原有直线)
```

镜像后的效果如图 5-56 所示。

4. 阵列图形

单击“默认”选项卡“修改”面板中的“矩形阵列”按钮，选择图 5-56 所示的图形作为阵列对象，设置行数为 1，设置列数为 3，设置列间距为 24，阵列结果如图 5-57 所示。

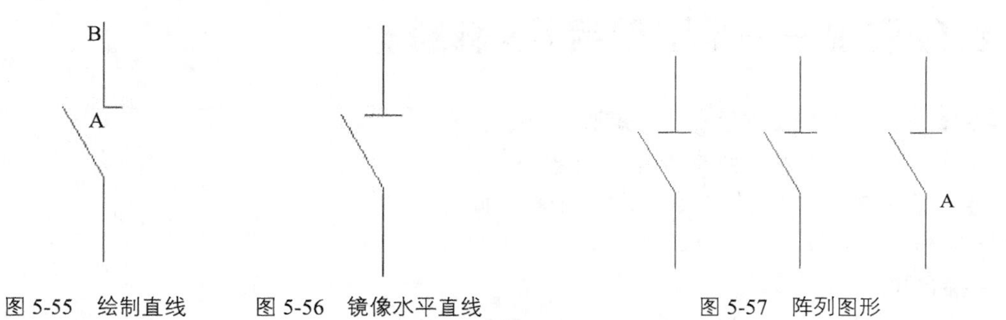

图 5-55　绘制直线　　图 5-56　镜像水平直线　　图 5-57　阵列图形

5. 绘制水平直线

单击“默认”选项卡“绘图”面板中的“直线”按钮，以图 5-57 中的端点 A 为起点水平向左绘制长度为 52mm 的直线，绘制结果如图 5-58 所示。

6. 绘制竖直直线

单击“默认”选项卡“绘图”面板中的“直线”按钮，以图 5-58 中的端点 B 为起点，竖直向下绘制长度为 3mm 的直线，绘制结果如图 5-59 所示。

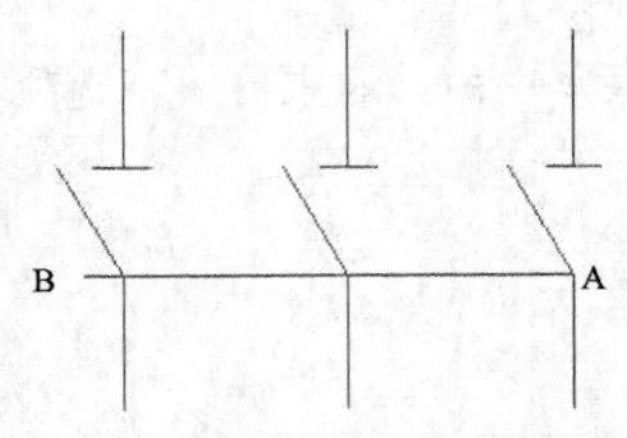

图 5-58　绘制水平直线

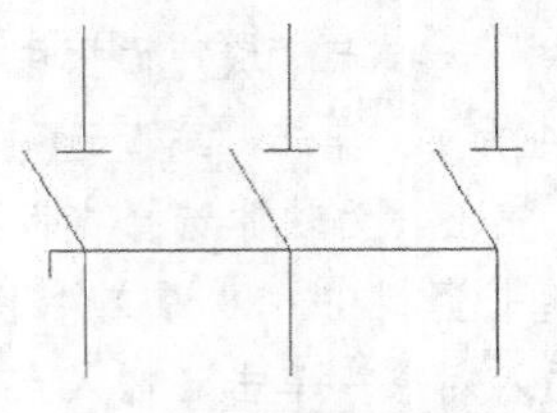

图 5-59　绘制竖直直线

7. 镜像竖直直线

单击“默认”选项卡“修改”面板中的“镜像”按钮，对第 6 步绘制的竖直直线沿水平直线 AB 进行镜像处理，镜像后的效果如图 5-60 所示。

8. 平移直线

单击“默认”选项卡“修改”面板中的“移动”按钮，将水平直线 AB 和竖直短线移动到点（@–3.5,6）。

9. 更改线型

选中平移后的水平直线，在“默认”选项卡“特性”面板的“线型”下拉列表框中单击虚线线型，将水平直线的线型改为虚线，结果如图 5-61 所示，至此完成转换开关的绘制。

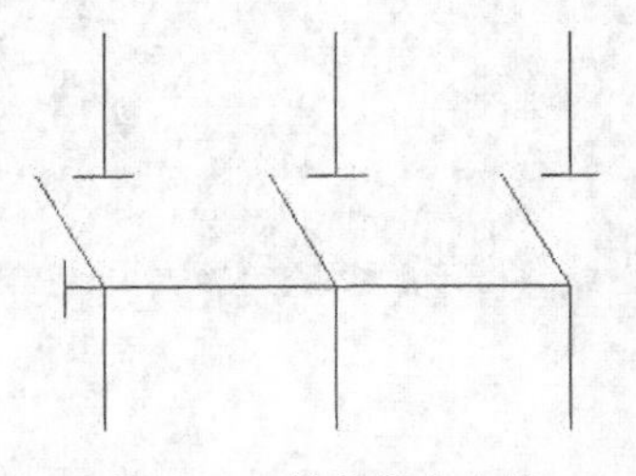

图 5-60　镜像竖直直线

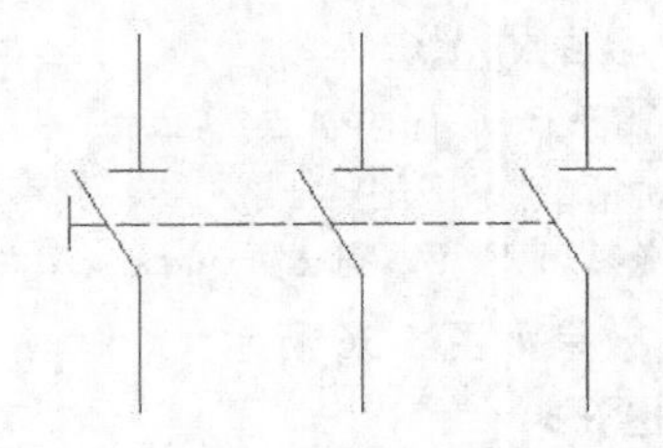

图 5-61　更改线型

5.4 综合实例——绘制电气 A3 样板图

本实例首先设置图幅，然后执行“矩形”命令绘制图框，再执行“表格”命令绘制标题栏，最后执行“多行文字”命令输入文字并对文字进行调整，如图 5-62 所示。

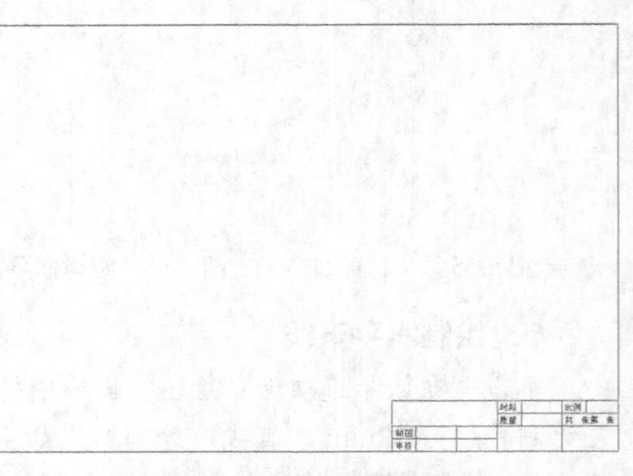

图 5-62　电气 A3 样板图

1. 绘制图框

单击“默认”选项卡“绘图”面板中的“矩形”按钮，绘制一个矩形，指定矩形两个角点的坐标分别为（25,10）和（410,287），如图 5-63 所示。

提示：根据相关国家标准，A3 图纸的幅面大小是 420mm×297mm，这里留出了带装订边的图框到纸面边界的距离。

2. 绘制标题栏

标题栏如图 5-64 所示。由于分隔线并不整齐，所以可以先绘制一个 28×4（每个单元格的尺寸是 5×8）的标准表格，然后在此基础上编辑合并单元格，形成图 5-64 所示形式。

图 5-63 绘制矩形

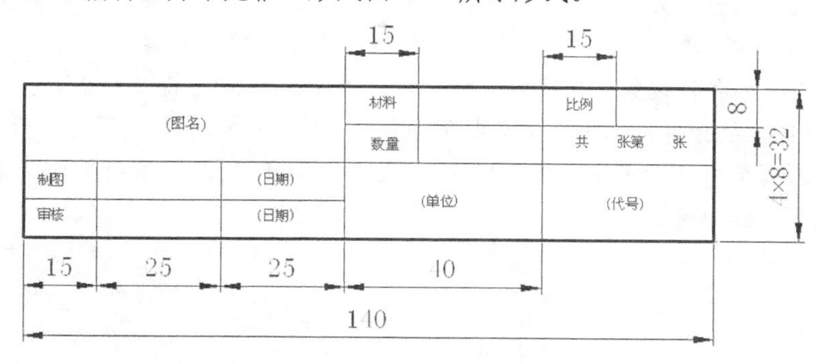

图 5-64 标题栏示意图

（1）执行菜单栏中的“格式”→“表格样式”命令，打开“表格样式”对话框，如图 5-65 所示。

（2）单击“修改”按钮，系统打开“修改表格样式”对话框，在“单元样式”下拉列表框中单击“数据”选项，在下面的“文字”选项卡中将“文字高度”设置为 3，如图 5-66 所示，再单击“常规”选项卡，将“页边距”选项组中的“水平”和“垂直”选项都设置成 1，设置对齐方式为“中上”，如图 5-67 所示。

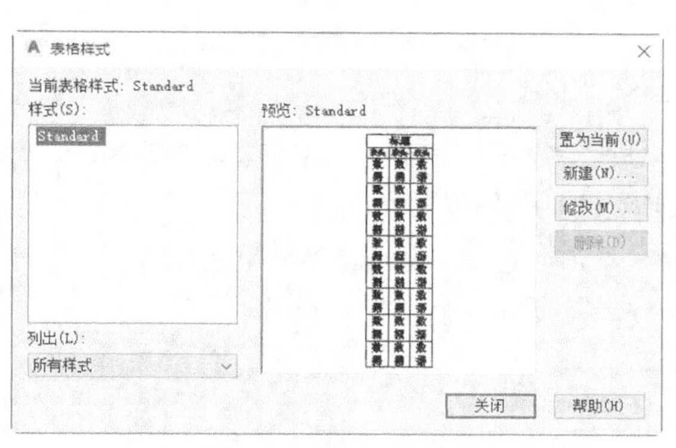

图 5-65 “表格样式”对话框

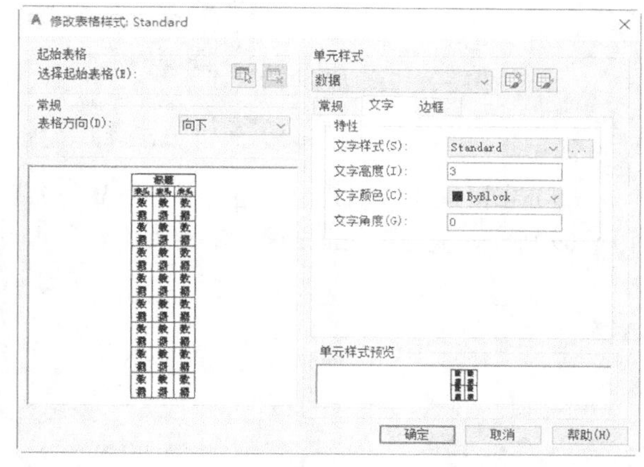

图 5-66 “修改表格样式”对话框

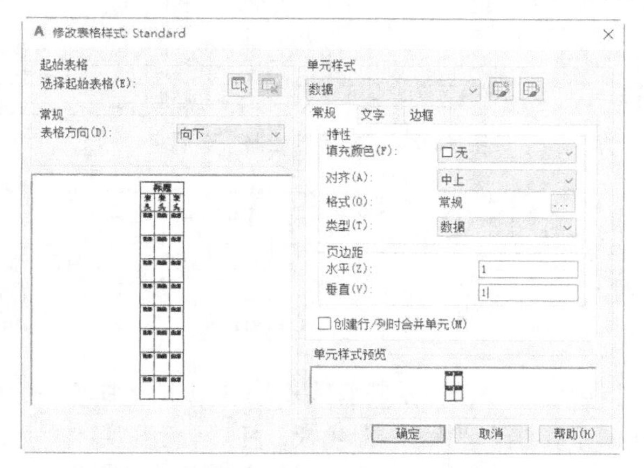

图 5-67 设置“常规”选项卡

提示：表格的行高=文字高度+2×垂直页边距，此处设置为3+2×1=5。

（3）系统回到“表格样式”对话框，单击“置为当前”按钮，将表格样式设置为当前使用的样式，单击“关闭”按钮退出。

（4）单击“默认”选项卡“注释”面板中的“表格”按钮，系统打开“插入表格”对话框，在“列和行设置”选项组中将“列数”设置为28，将“列宽”设置为5，将“数据行数”设置为2（包含数据行、标题行和表头行，共4行），将“行高”设置为1行（即为10）；在“设置单元样式”选项组中将“第一行单元样式”“第二行单元样式”“所有其他行单元样式”均设置为“数据”，如图5-68所示。

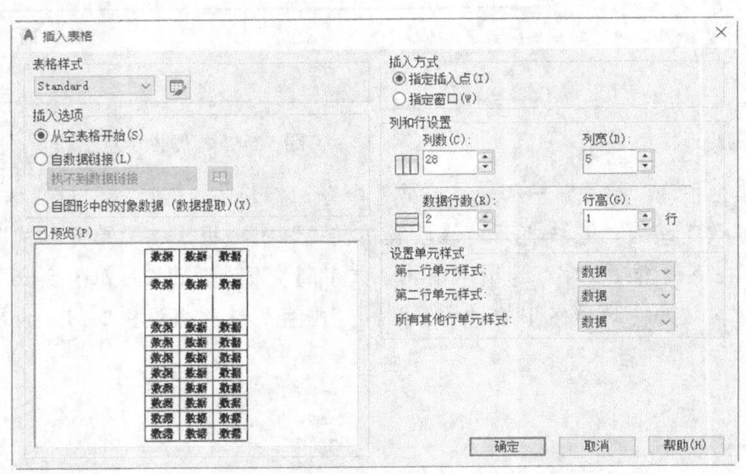

图5-68 “插入表格”对话框

（5）在图框线右下角附近指定表格位置，系统生成表格，同时打开“文字编辑器”选项卡，如图5-69所示，直接按Enter键，不输入文字，生成的表格如图5-70所示。

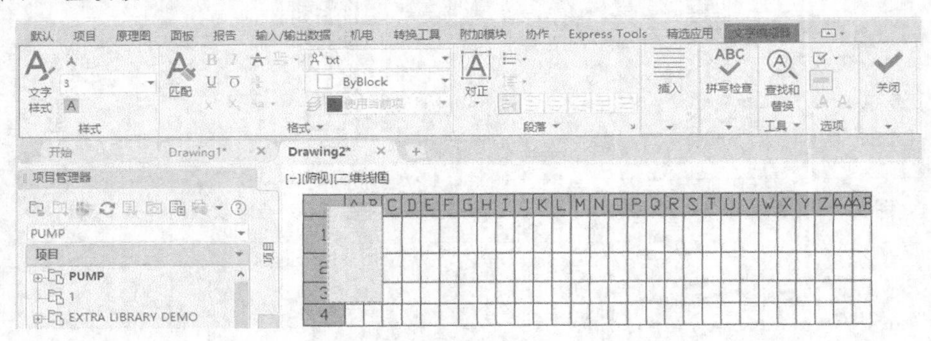

图5-69 “文字编辑器”选项卡

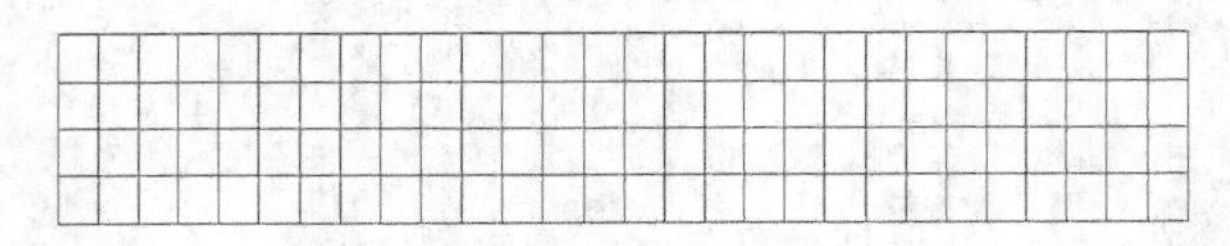

图5-70 生成表格

（6）单击表格中的一个单元格，系统显示其编辑夹点，单击鼠标右键，执行弹出的快捷菜单中的“特性”命令，如图5-71所示，系统打开“特性”选项板，将“单元高度”选项设置为8，如图5-72所示，这样该单元格所在行的高度就被统一改为8。用相同的方法将其他行的高度改为8，结果如图5-73所示。

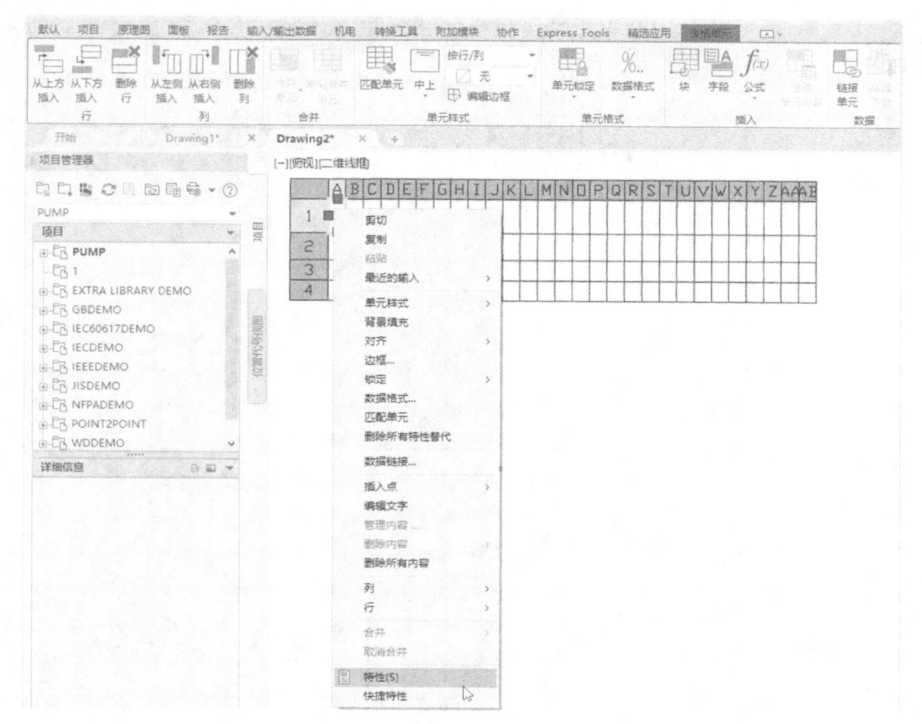

图 5-71　快捷菜单中的“特性”命令

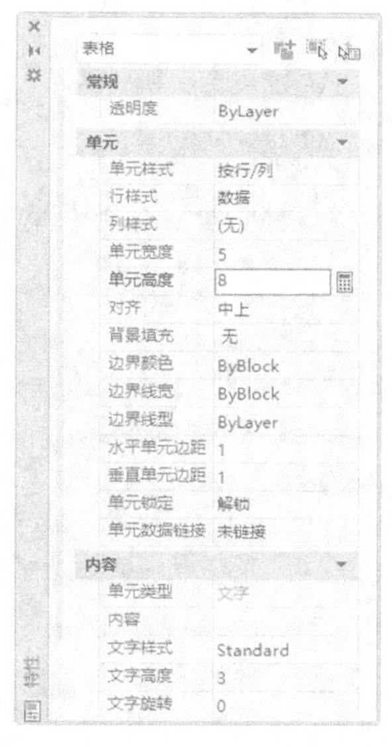

图 5-72　“特性”选项板

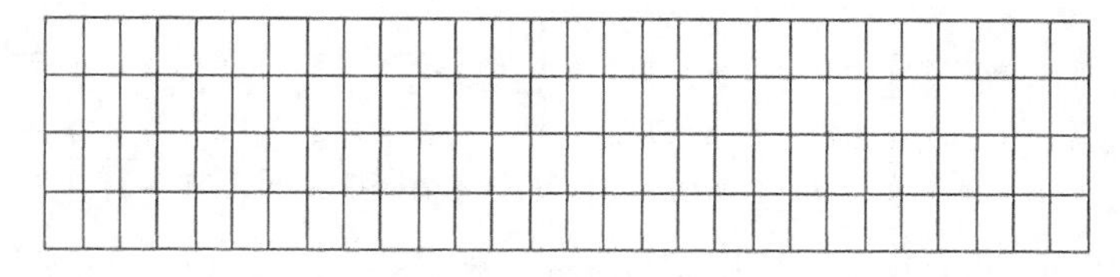

图 5-73　修改表格高度

（7）选择 A1 单元格，按住 Shift 键，同时选择右边的 M2 单元格，单击鼠标右键，打开快捷菜单，执行快捷菜单中的“合并”→“全部”命令，如图 5-74 所示，完成单元格的合并，如图 5-75 所示。

（8）用相同的方法合并其他单元格，结果如图 5-76 所示。

（9）在单元格中双击鼠标，打开“文字编辑器”选项卡，在单元格中输入文字，将文字大小改为 4，如图 5-77 所示。

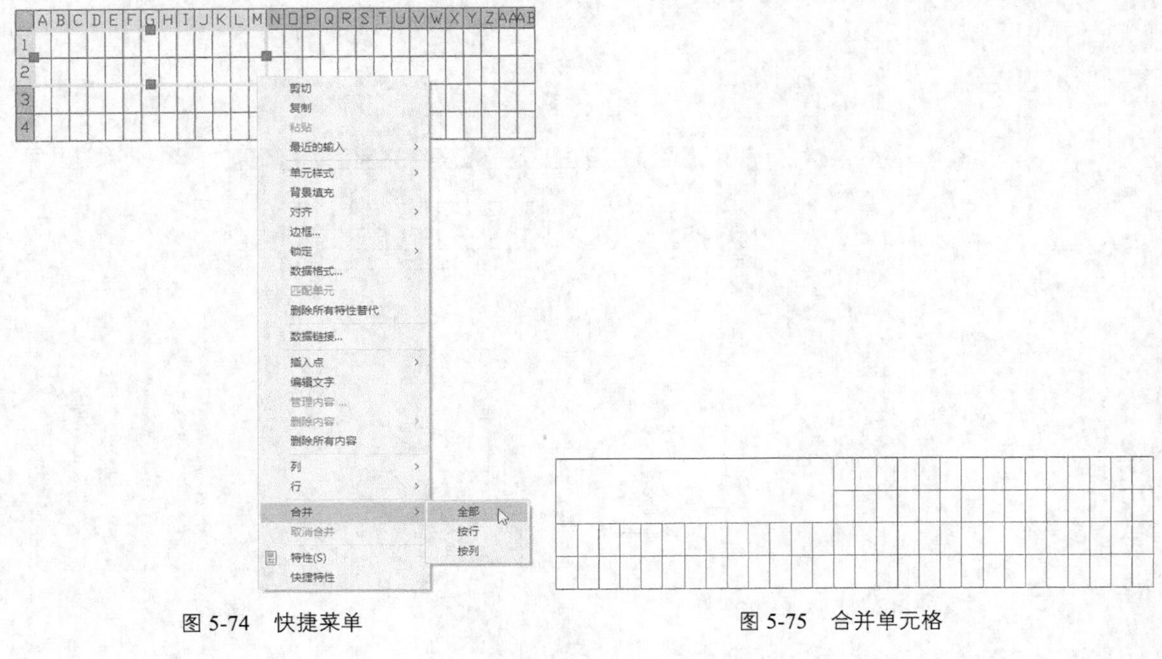

图 5-74　快捷菜单　　　　图 5-75　合并单元格

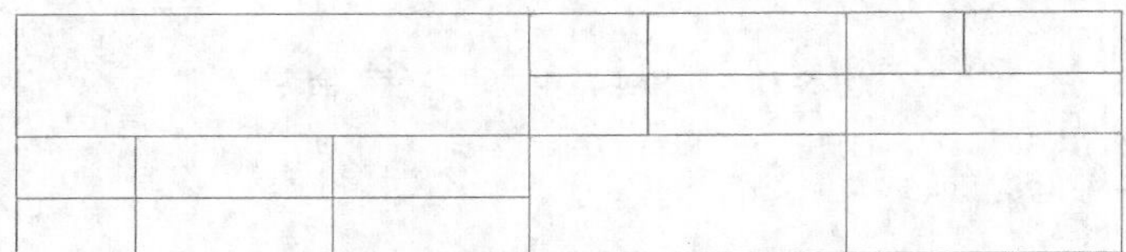

图 5-76　完成表格绘制

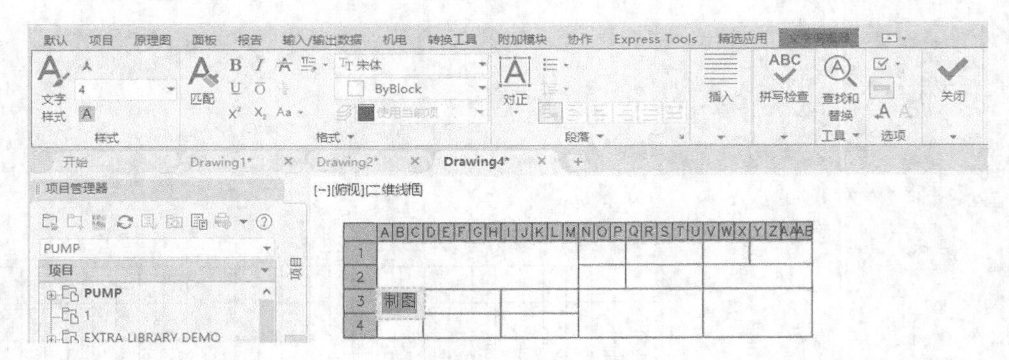

图 5-77　输入文字

（10）用相同的方法输入其他单元格文字，结果如图 5-78 所示。

			材料		比例
			数量		共　张第　张
制图					
审核					

图 5-78　完成标题栏文字输入

3. 移动标题栏

单击“默认”选项卡“修改”面板中的“移动”按钮✥，在命令行提示下选择上面绘制的表格，并捕捉表格的右下角点，以该点为基点，将其移动到图框的右下角点。这样，就将表格准确放置在了图框的右下角，如图 5-62 所示。

4. 保存样板图

单击快速访问工具栏中的“另存为”按钮，打开“图形另存为”对话框，将图形保存为.dwt 格式文件即可，如图 5-79 所示。

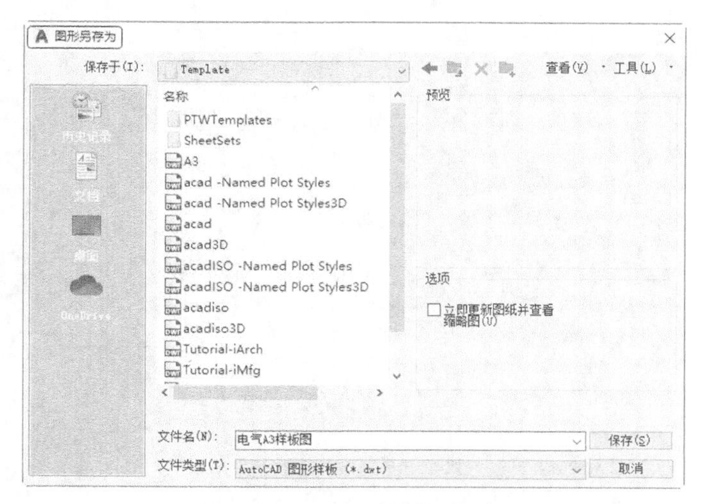

图 5-79 “图形另存为”对话框

第 2 篇 AutoCAD Electrical 2022 知识篇

本篇包括项目和图形创建，导线与元件插入、元件的编辑及交互参考、导线/线号编辑、PLC 插入与连接器电路图、示意图的绘制与编辑、报告和错误核查等。

本篇通过基础知识与实例相结合的方式深入浅出地介绍了 AutoCAD Electrical 2022 中各个命令的应用方法与技巧，使读者能够更加快速高效地掌握 AutoCAD Electrical 2022 应用技巧。

第6章 项目和图形创建

本章学习要点和目标任务

- 项目工具
- “其他工具”面板

项目应用是 AutoCAD Electrical 2022 的基础，它的主要功能是将多张图纸作为一个整体进行成套的管理。使用项目管理器可以创建新项目、激活已有项目、复制和删除其他项目，或者修改与项目相关联的信息。

项目文件会列出与每个打开的项目关联的图形文件。可以在项目文件中添加新的图形文件、对图形文件重新排序及更改项目设置。项目管理器中包含多个项目，但只能有一个项目文件处于激活状态，即当前使用状态，而且不能在项目管理器中同时打开两个具有相同名称的项目。

6.1 项目工具

6.1.1 项目管理器

“项目工具”面板整合了 AutoCAD Electrical 2022 项目中的一些基础命令，在“项目工具”选项卡中，可以对项目文件进行基本的操作，比如新建、复制、删除等。

项目管理器是用于处理项目及项目中包含的图形工具。项目管理器是一个选项板，即使在执行其他命令时，也能继续在该屏幕上操作选项板。可以将其固定，调整大小，以及将其设置为自动隐藏。

执行命令主要有如下 4 种方法。

- 命令行：aeproject。
- 菜单栏：执行菜单栏中的“项目”→“项目”→“项目管理器”命令。
- 工具栏：单击“项目”工具栏中的“项目管理器”按钮。
- 功能区：单击“项目”选项卡“项目工具”面板中的“项目管理器”按钮。

执行“项目管理器”命令之后，在绘图区左侧打开“项目管理器”选项板，如图 6-1 所示，若已打开该列表，则绘图区无变化，使用“项目管理器”可以执行以下操作。

单击“项目管理器”列表中的“打开项目”按钮，或在项目管理器的空白区域中单击鼠标右键，执行弹出的快捷菜单中的“打开项目”命令，系统打开“选择项目文件”对话框，如图 6-2 所示。在弹出的对话框中选择.wdp 项目文件。

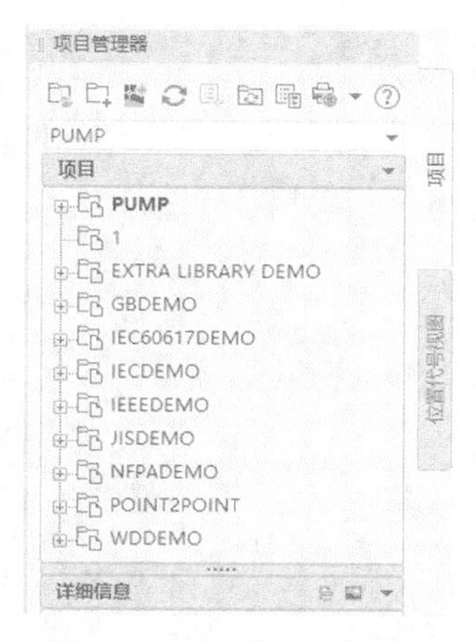

图 6-1 “项目管理器”列表

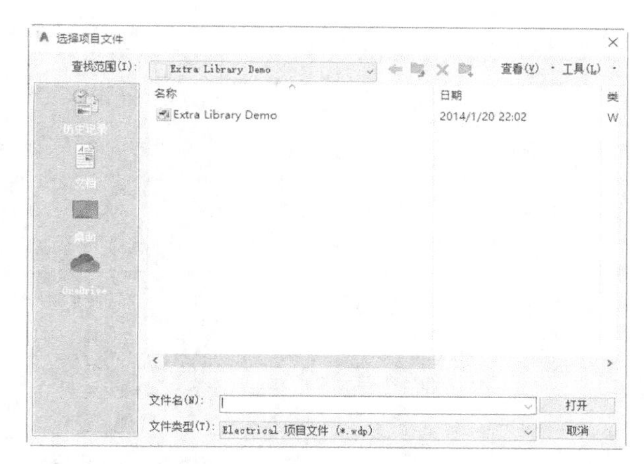

图 6-2 “选择项目文件”对话框

6.1.2 项目的创建/激活/关闭

本节介绍项目的“创建”“激活”“关闭”3 个命令的应用。

（1）项目的创建

单击“项目管理器”列表中的“新建项目”按钮，或在项目管理器的空白区域中单击鼠标右键，执行弹出的快捷菜单中的“新建项目”命令。系统打开“创建新项目”对话框，如图 6-3 所示，新项目将成为激活项目，并以粗体文字显示且总是显示在列表的顶部。

在该对话框“位置代号”一栏中，单击“浏览”按钮，打开“浏览文件夹”对话框，如图 6-4 所示。用户可以选择提前创建的文件夹作为项目位置，以便灵活控制项目的创建位置。

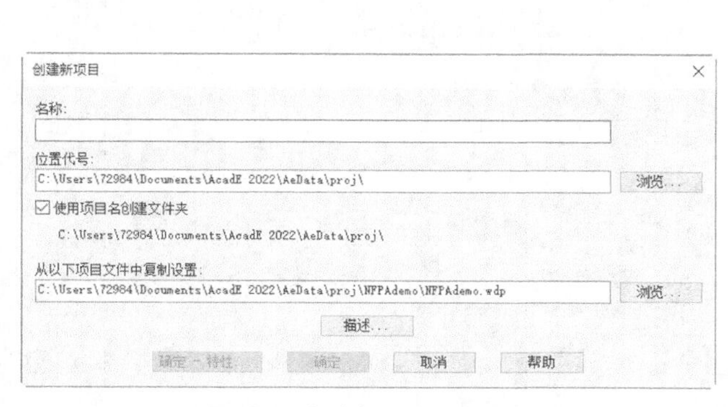

图 6-3 “创建新项目”对话框

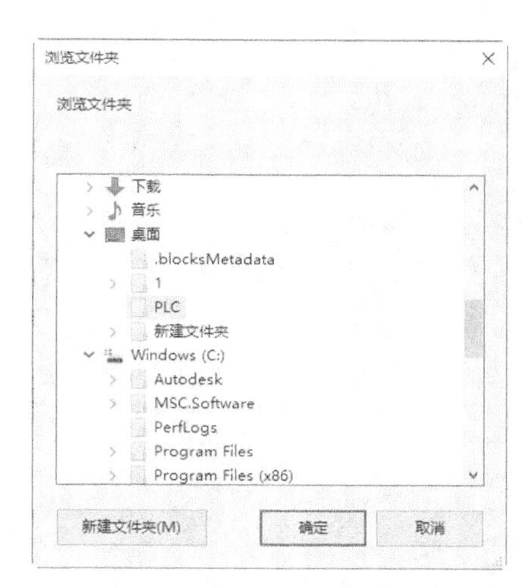

图 6-4 “浏览文件夹”对话框

（2）项目的激活和关闭

在“项目管理器”选项板中的项目文件处单击鼠标右键，系统弹出图 6-5 所示的快捷菜单。执行弹出的快捷菜单中的“激活”或“关闭”命令，可以激活或者关闭该项目。

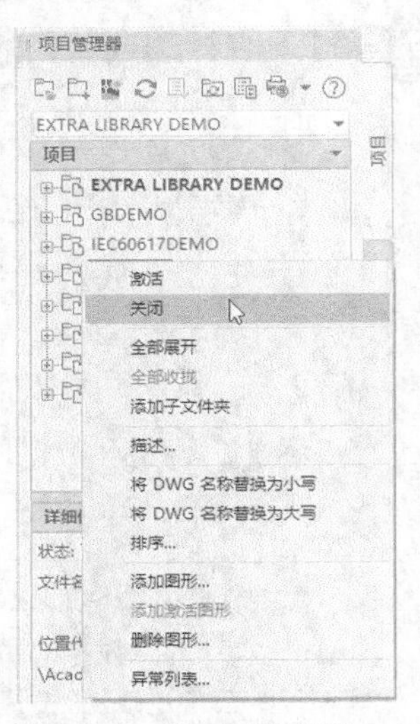

图 6-5　右键快捷菜单

6.1.3　项目特性

在现有项目中，有些可能需要使用旧式 JIC 标准，而有些可能需要使用 IEC 标准。

在“项目管理器”选项板中的项目文件处单击鼠标右键，系统弹出图 6-6 所示的快捷菜单。执行快捷菜单中的“特性”命令，系统弹出“项目特性”对话框，如图 6-7 所示。“图形格式”选项卡将会在“图形特性”对话框部分详细介绍，此处不再赘述，其余选项卡各参数含义如下。

（1）“项目设置”选项卡

定义用于库、目录查找和错误检查的项目设置。此选项卡中定义的所有信息将在项目定义文件中保存为项目默认值。单击“项目特性”对话框中的“项目设置”选项卡，如图 6-7 所示。其各参数含义如下。

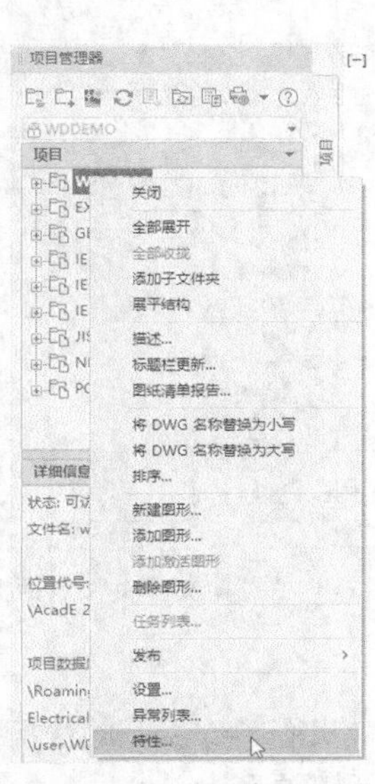

图 6-6　快捷菜单中的“特性”命令

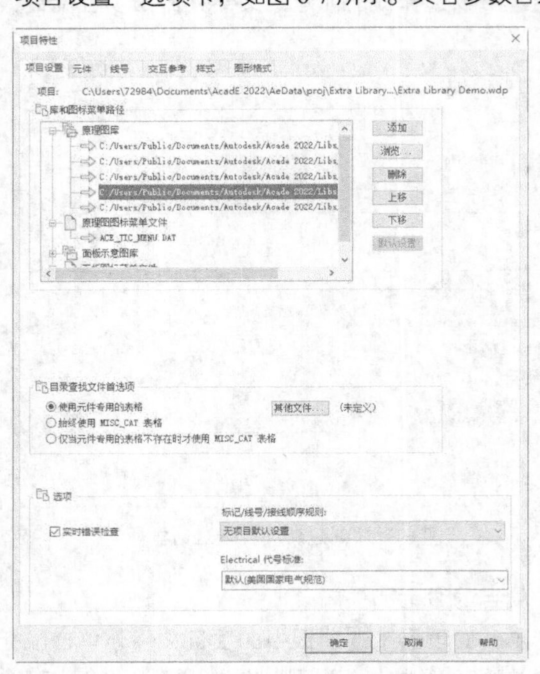

图 6-7　“项目特性”对话框

库和图标菜单路径：选择要使用的原理图库、面板库和图标菜单。

①“原理图库”：若要修改树状结构中现有的输入字段，请双击文件夹（例如，原理图库），并亮显要更改的路径。然后，浏览至要用于项目的原理图或基础示意图符号库的路径。还可以包括一系列路径，让 AutoCAD Electrical 2022 工具集按顺序搜索。路径中可以包括电子、气动或其他原理图库。

②“原理图图标菜单文件”：若要为项目使用非默认的图标菜单，请输入文件名。将此菜单参考保存在项目的.wdp 文件中。值得注意的是只能为图标菜单指定一个搜索路径。

③“添加”：向库树状结构中添加新项目。

④“浏览”：浏览文件夹以从中选择符号库或图标菜单。

⑤“删除”：从库树状结构中删除选定的路径。

⑥“上移”：将选定的路径在库树状结构中上移一个位置。

⑦“下移”：将选定的路径在库树状结构中下移一个位置。

⑧“默认设置”：将环境文件 (WD.ENV) 中的默认路径置于亮显的文件夹下所有搜索路径的列表框树视图中。

“目录查找文件首选项”栏各选项说明如下。

⑨“使用元件专用的表格”：按照目录表格查找元件名称。如果未找到元件专用的表格，则在所属种类名表格中搜索。

⑩“其他文件”：定义辅助目录查找文件。

⑪“始终使用 MISC_CAT 表格”：仅搜索 MISC_CAT 表格。如果没有在 MISC_CAT 表格中发现目录号，则可以搜索其他元件专用的表格。

⑫“仅当元件专用的表格不存在时才使用 MISC_CAT 表格”：如果没有在目录数据库中发现元件专用的表格或种类表格，则使用 MISC_CAT 表格。

“选项”栏各选项说明如下。

⑬“实时错误检查”：对项目执行实时错误检查，以确定项目内是否发生线号或元件标记重复。

⑭“标记/线号/接线顺序规则”：为项目设置元件标记、线号和接线顺序规则。

⑮“Electrical 代号标准”：设置回路编译器使用的 Electrical 代号标准。将 3 个字符的后缀代号保存到.wdp 项目文件中。

（2）“元件”选项卡

单击“项目特性”对话框中的“元件”选项卡，如图 6-8 所示。在该选项卡中定义元件的项目设置。其各参数含义如下。

“元件标记格式”栏各选项说明如下。

① 标记格式：指定新元件创建标记的方式。标记最少由两部分信息组成，种类代号和字母数字型的参考号（例如，“CR”和“100”可以形成类似 CR100 或 100CR 的标记）。需要注意的是，N% 参数在定义的任何元件标记中都是必需的。

②“插入时搜索 PLC I/O 位址”复选框：搜索连接的 PLC I/O 模块的 I/O 点。如果找到，I/O 地址值就会替代默认元件标记的“%N”部分。

③“连续”：为图形输入开始的序号。如果为项目中的每个图形都分配了相同的开始序号，则连续标记在图形之间就不会间断。在为项目集的任何图形插入元件时，AutoCAD Electrical 2022 工具集会从设置的值开始查找，直到为目标元件种类找到下一个未使用的序号标记为止。

④“线参考”：当同一种类的多个元件位于同一参考位置时，可使用该列表创建唯一的基于参考的标记。

⑤“后缀设置”：单击“线参考”右侧的“后缀设置”按钮，系统弹出“基于参考的元件标记后缀列表”对话框，如图 6-9 所示。后缀列表中的各个条目显示在对话框的编辑框中。列出同一线参考或同一区域中重复的种类元件的后缀字符（以保持标记唯一）。后缀将被添加到元件标记的结尾。如果要将其插入标记内部，请在“标记格式”中使用“%X”。

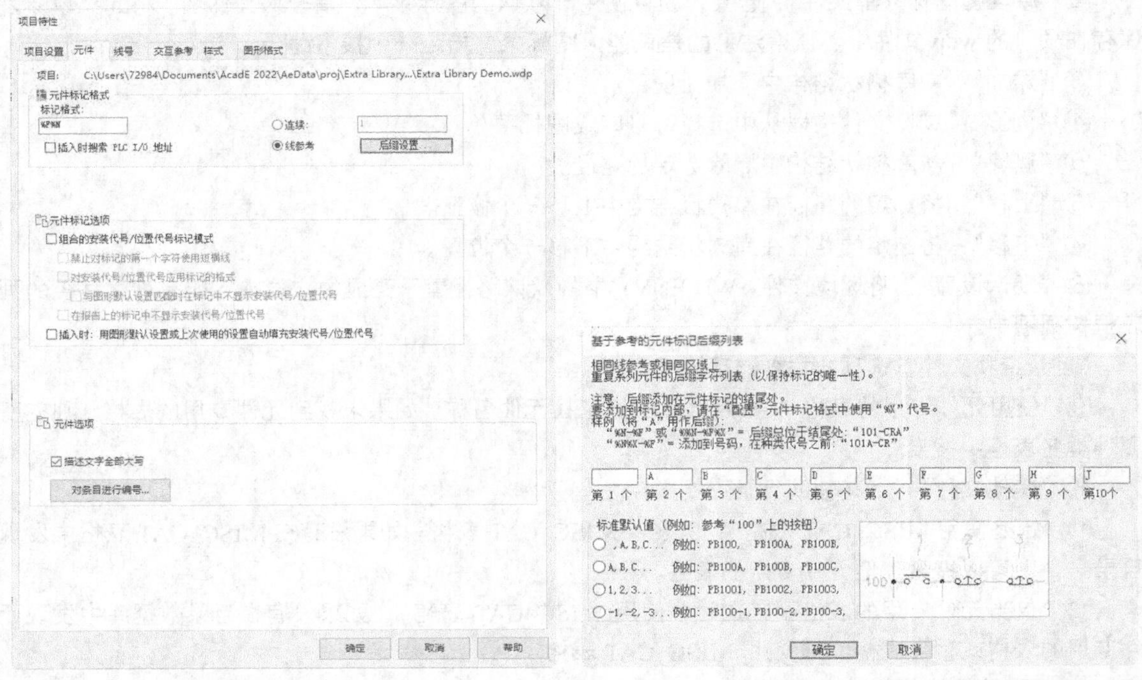

图 6-8 “元件”选项卡

图 6-9 “基于参考的元件标记后缀列表”对话框

“元件标记选项”说明如下。

①“组合的安装代号/位置代号标记模式”：使用组合的安装代号/位置代号标记来解释元件标记名称。例如，标有位置代号 PNL1 和 PNL2 的两个-100CR 继电器触点被理解为与不同的继电器线圈相关联。如果未选中此设置，这两个触点均与同一个主继电器线圈-100CR 相关联。

②“禁止对标记的第一个字符使用短横线”：禁止在没有前导安装代号/位置代号前缀的组合标记中使用任何单短横线字符前缀。

③“对安装代号/位置代号应用标记的格式”：指定在显示时将安装代号值和位置代号值作为标记的一部分排除。

④“与图形默认设置匹配时在标记中不显示安装代号/位置代号”：如果与图形的默认值相匹配，则不显示元件的位置代号值和安装代号值。

⑤“在报告上的标记中不显示安装代号/位置代号”：指定在报告中显示时将安装代号值和位置代号值作为标记的一部分排除。

⑥“插入时：用图形默认设置或上次使用的设置自动填充安装代号/位置代号”：填充“插入/编辑元件”对话框中的“安装代号/位置代号”编辑框。

元件选项说明如下。

①“描述文字全部大写”：强制描述文字全部为大写。

②“对条目进行编号”：对每个零件或每个元件条目进行编号。

（3）“线号”选项卡

单击“项目特性”对话框中的“线号”选项卡，如图 6-10 所示。在该选项卡中修改线号的项目设置。其各参数含义如下。

图 6-10 “线号”选项卡

“线号格式”：线号标记可以是连续标记，也可以是基于参考的标记。

① “格式”：指定新线号标记的创建方式。线号标记格式必须包含%N 参数。

② “插入时搜索 PLC I/O 位址”：为连接到定址 I/O 点的导线指定使用 PLC I/O 地址值。此设置会替代连续标记和基于参考的标记。和元件标记类似，AutoCAD Electrical 2022 工具集使用带有可替换参数的导线标记格式字符串。每个导线标记格式字符串都必须包含参数%N。典型的标记格式字符串可以包含%N 参数。

③ “连续”：为图形输入开始序号（字母、数字或字母数字型）。

④ “增量”：默认为“1”。将其设置为“2”并从“1”开始连续编号，则会形成 1、3、5、7、9、11 等线号。

⑤ “线参考”：设置线号标记后缀。此列表用于为多个导线网络创建唯一的基于参考的线号标记。

⑥ “后缀设置”：单击“线参考”右侧的“后缀设置”按钮，系统弹出“基于参考的线号后缀列表”对话框，如图 6-11 所示。此对话框中列出自同一线参考或同一区域开始的线号的后缀字符（以保持线号唯一）。从 4 个预定义的后缀列表中选择一个后缀列表，或输入自己的自定义后缀列表。

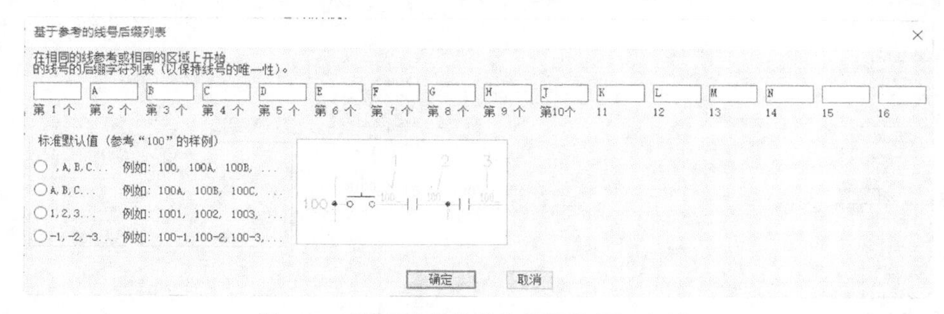

图 6-11 “基于参考的线号后缀列表”对话框

“线号选项”说明如下。

① “基于导线图层”：基于导线图层指定不同的线号格式。

② “基于端子符号位置”：指定使用导线网络上的线号端子作为线参考值，用于计算基于参考的线号。

③ “逐条导线”：指定为每根导线指定线号，而不是为每个导线网络指定一个默认线号。

“新线号放置”说明如下。

在更新现有线号时，“插入线号”工具不会考虑当前的线号设置（导线内、导线上或导线下）。

此设置仅在插入新线号时使用。使用“切换导线内线号”工具可以在 3 种模式下切换现有的线号。

①“导线上”：将线号放置在实体导线的上方

②“导线内”：将线号放置在线内。

③“导线下”：将线号放置在实体导线的下方。

④“居中”：指定将线号标记插入每根导线线段的中间。

⑤“偏移”：指定在指定的偏移距离插入线号标记。

⑥“间隙设置”：定义线号与导线间的距离。

⑦“偏移距离”：指定从导线网络中的第一根导线线段左侧或顶部的固定的、用户定义的偏移距离。

⑧“引线”：此选项对导线内线号不可用。选择作为引线插入新线号的方法，包含根据需要、始终或从不 3 种。此更改不会影响已经出现在图形上的线号。

“导线类型”说明如下。

单击“重命名用户列”按钮，将弹出“重命名用户列”对话框，如图 6-12 所示。用于重命名“设置导线类型”“创建/编辑导线类型”“更改/转换导线类型”对话框中的 User1 ~ User20 标题列。

（4）“交互参考”选项卡

在项目内创建的所有新图形文件将与交互参考的项目默认设置一起保存。

单击“项目特性”对话框中的“交互参考”选项卡，如图 6-13 所示。其各参数含义如下。

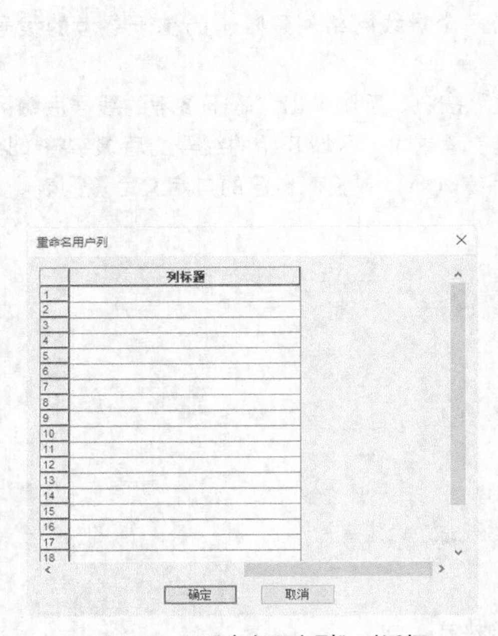

图 6-12 “重命名用户列”对话框

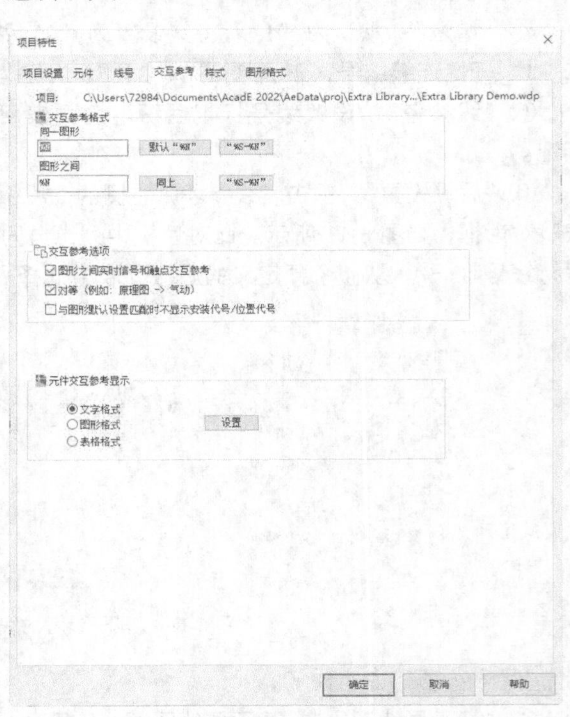

图 6-13 “交互参考”选项卡

“交互参考格式”说明如下。

定义交互参考注释格式。每个交互参考格式字符串都必须包含可替换参数%N。典型的格式字符串可能是%N 参数。对于图形上的参考，则使用“同一图形”；对于图形外的参考，则使用“图形之间”。可以为两者使用相同的格式。

“交互参考选项”说明如下。

① “图形之间实时信号和触点交互参考”：在多个图形间交互参考以自动更新继电器、导线源符号及目标符号。

② “对等”：在交互参考中包含跨规定对等元件。

③ “与图形默认设置匹配时不显示安装代号/位置代号”：如果值与图形特性值不匹配，则抑制组合标记前缀。

“元件交互参考显示”说明如下。

① “文字格式”：将交互参考显示为文字。

② “图形格式”：在新行上显示每个参考时，使用 AutoCAD Electrical 2022 工具集图形字体或使用接点映射编辑框显示交互参考。

③ “表格格式”：在表格对象中显示交互参考。

④ “设置”：元件交互参考显示有 3 种格式。下面通过单击“设置”按钮，详细介绍各种格式的样式。

- 文字格式：单击“设置”按钮，系统弹出“文字交互参考格式设置”对话框，如图 6-14 所示。该对话框用于将交互参考显示为文字。
- 图形格式：单击“设置”按钮，系统弹出“图形交互参考格式设置”对话框，如图 6-15 所示。通过该对话框定义图形交互参考格式，包括是否使用图形字体或触点映射，以及是显示还是隐藏未使用的触点。

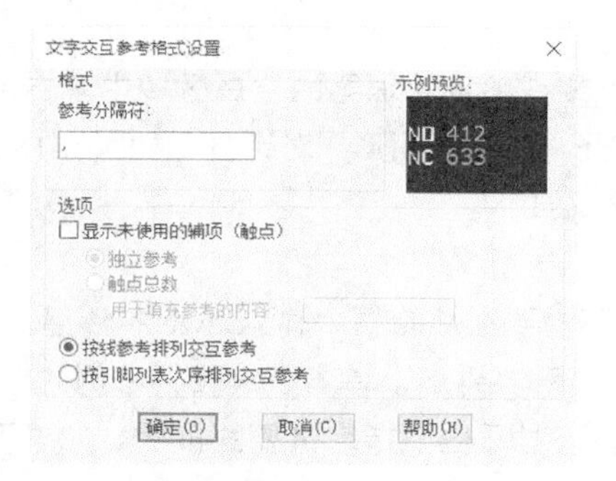

图 6-14 “文字交互参考格式设置”对话框

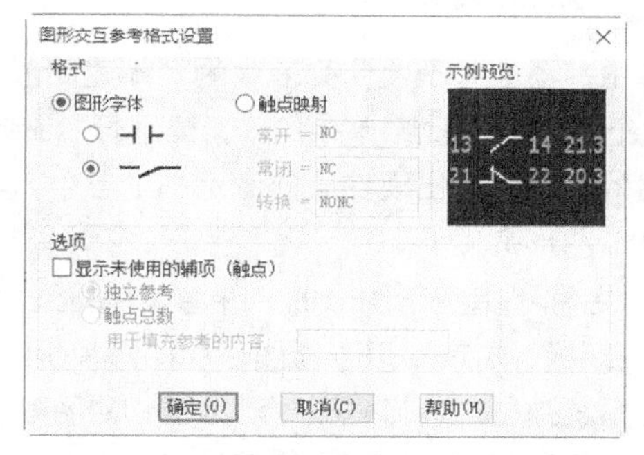

图 6-15 “图形交互参考格式设置”对话框

- 表格格式：单击“设置”按钮，系统弹出“表格交互参考格式设置”对话框，如图 6-16 所示。通过该设置定义表格交互参考格式，包括是否使用图形字体或触点映射，以及是显示还是隐藏主参考和未使用的触点等。

此格式在自动获得实时更新的表格对象中显示交互参考，使用户可以定义要显示的列。要在表格中显示元件交互参考，请选择预定义的表格样式，并定义要显示的列标签。

（5）“样式”选项卡

单击“项目特性”对话框中的“样式”选项卡，如图 6-17 所示。通过该选项卡可以修改不同元件样式的项

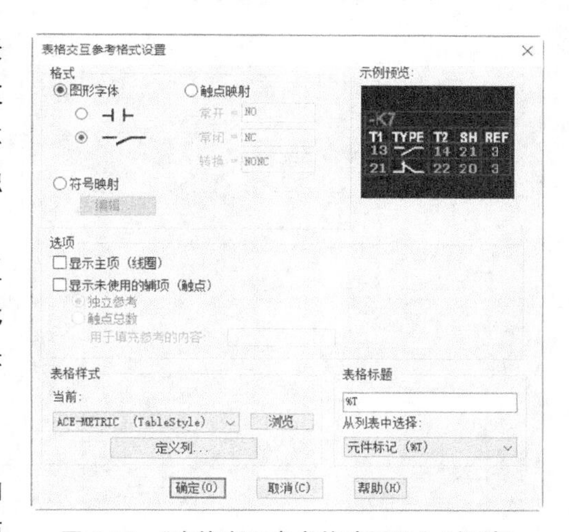

图 6-16 “表格交互参考格式设置”对话框

目设置。其各参数含义如下。

① 箭头样式：指定默认的导线信号箭头样式。从预定义的样式中进行选择，或选择用户定义的样式。

② “PLC 样式”：指定默认的 PLC 模块样式。从预定义的样式中进行选择，或选择用户定义的样式。

③ “串联输入/输出标记样式”：为离开串联输入/输出源标记和进入目标标记的导线定义默认的串联输入/输出标记样式和图层。

④ “图层列表”：列出串联输入/输出图层。

⑤ “添加”：作为串联输入/输出图层来定义图层名。

⑥ “移除”：从定义的图层列表中删除所选图层。

⑦ “导线交叉”：指定在导线交叉时的默认操作模式。

⑧ “导线 T 形相交”：指定默认导线 T 形标记。

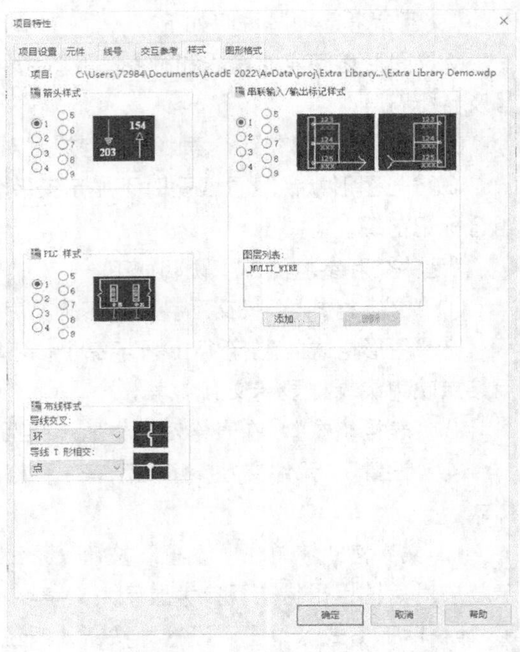

图 6-17 “样式”选项卡

6.1.4 新建图形

单击“项目管理器”列表中的“新建图形”按钮；或在项目管理器的空白区域中单击鼠标右键，执行弹出的快捷菜单中的“新建图形”命令。系统打开“创建新图形”对话框，如图 6-18 所示，新创建的图形将会出现在当前激活的项目中，其各参数含义如下。

（1）图形文件

① 名称：指定新图形的文件名，值得注意的是此处不需要在编辑框中输入.dwg 扩展名。

② 模板：指定要用于新图形的图形模板（.dwt）的路径和文件名。单击该编辑框右侧的“浏览”按钮，系统弹出“选择模板”对话框，如图 6-19 所示。在该对话框中指定需要的模板。如果不指定模板，则系统将会为图形选定默认模板 ACAD.dwt 文件。

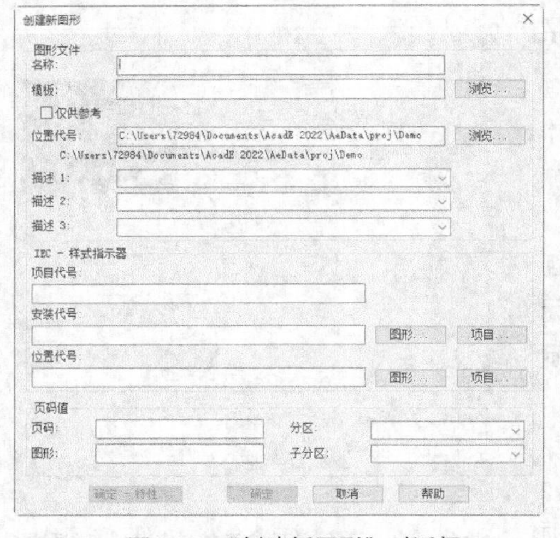

图 6-18 “创建新图形”对话框

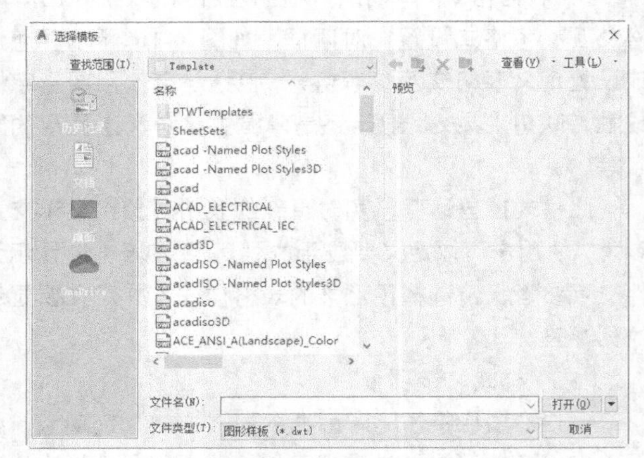

图 6-19 “选择模板”对话框

③ 仅供参考：如果单击此选项，图形将包含在项目范围的打印和标题栏列表中。

④ 位置代号：指定图形文件的位置。单击该编辑框右侧的“浏览”按钮，系统弹出“浏览文件夹”对话框，如图 6-20 所示。在该对话中指定文件保存位置。如果保留为空，则将新图形保存在激活项目的定义文件所在位置。

⑤ 描述 1～3：每个图形文件最多指定 3 行描述文字。图形描述可以映射到标题栏属性并包含在图纸清单报告中。需要注意的是，如果图形未包含在项目中，或者项目文件不可用于编辑，则图形描述处于禁用状态。

（2）IEC-样式指示器

指定图形的默认值，例如“项目代号（%P）”“安装代号（%I）”“位置代号（%L）”字段。如果元件的安装代号和/或位置代号值为空，则将使用%I 和%L 默认值。

① 项目代号：指定图形的项目代号。此值可以用作可替换参数%P。

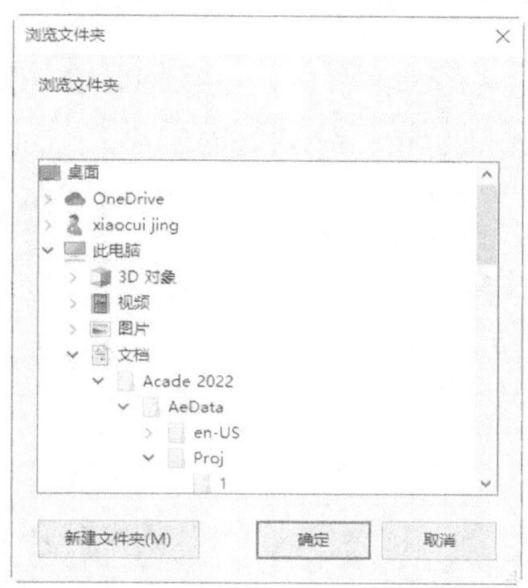

图 6-20 “浏览文件夹”对话框

② 安装代号：指定图形的安装代号。此值可以用作可替换参数%I。

③ 位置代号：指定图形的位置代号。此值可以用作可替换参数%L。

④ 图形：单击该按钮，将显示要从激活图形中选择的所有安装代号或所有位置代号列表，如图 6-21 所示。

⑤ 项目：单击该按钮，将显示要从激活项目中或从 Default.INST 或 Default.LOC 文件中选择的所有安装代号或所有位置代号列表，如图 6-22 所示。

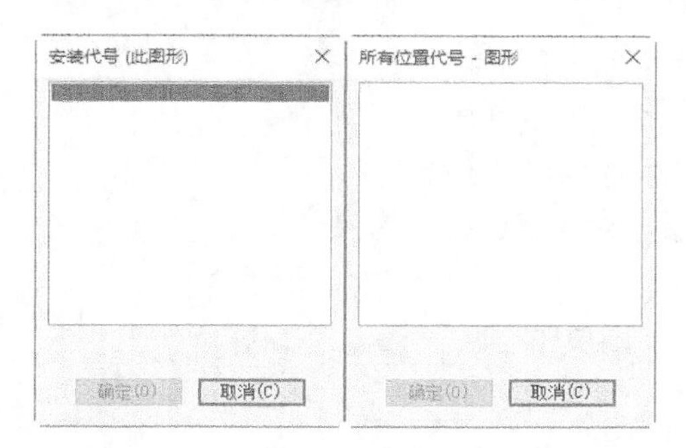

图 6-21 “安装/所有位置代号”对话框

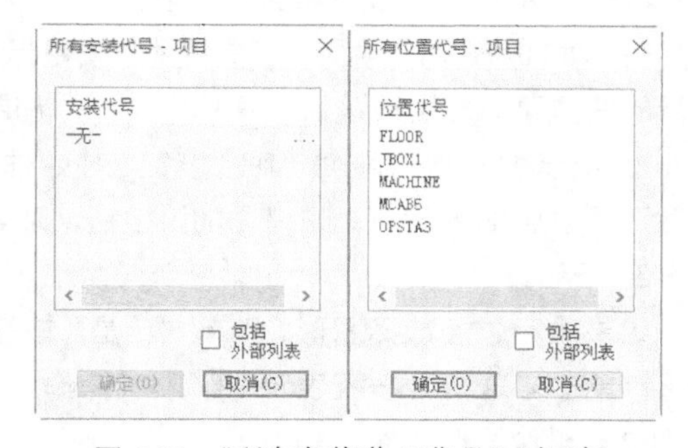

图 6-22 “所有安装/位置代号”对话框

（3）页码值

① 页码：指定图形的页码编号值。此值可以用作可替换参数%S。

② 图形：指定图形的图形编号值。此值可以用作可替换参数%D。

③ 分区：指定图形的分区值。此值可以用作可替换参数%A。

④ 子分区：指定图形的子分区值。此值可以用作可替换参数%B。

（4）图形特性

创建图形文件，并打开“图形特性”对话框，如图 6-23 所示。从中可以定义标记格式、参考样式等图形特性。

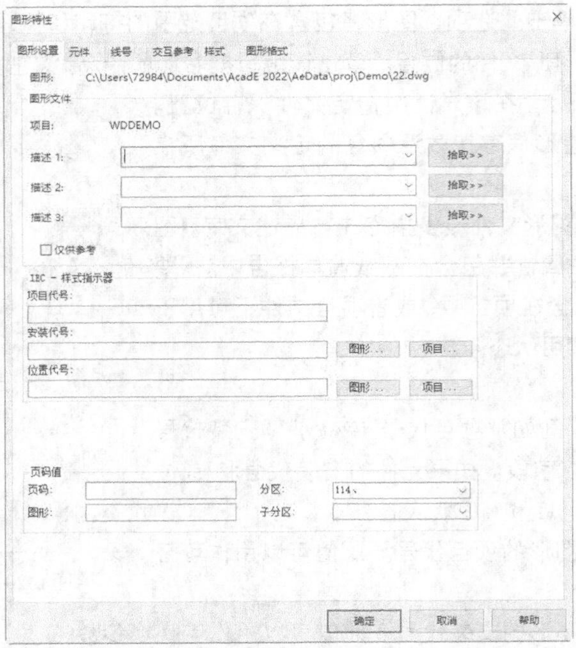

图 6-23 “图形特性”对话框

6.1.5 添加/删除/排序图形文件

（1）添加图形文件

将一个或多个图形添加到激活项目中。

在“项目管理器”中的项目文件处单击鼠标右键，系统弹出图 6-24 所示的快捷菜单。执行该快捷菜单中的“添加图形”命令，系统弹出图 6-25 所示的“选择要添加的文件”对话框，在其中选择要添加到激活项目中的图形，单击“添加”按钮，系统弹出提示对话框，如图 6-26 所示。

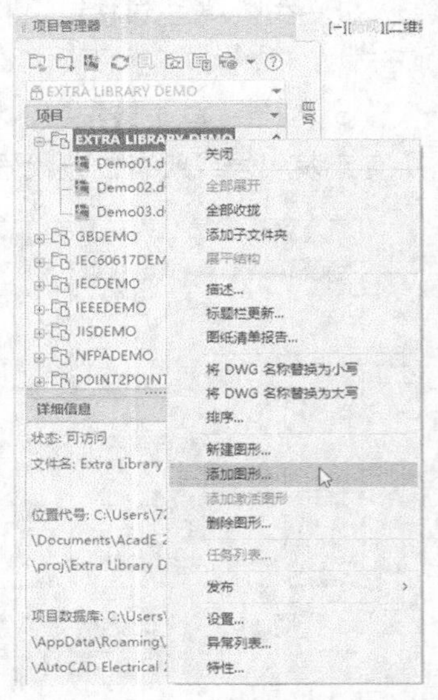

图 6-24 快捷菜单

如果确定添加选择图形，则单击“是”按钮；反之，则单击“否”按钮；单击“取消”按钮表示取消本次操作。

（2）删除图形文件

从当前项目中删除一个或多个图形。图形文件不会被删除，删除的仅仅是对图形的引用。

在“项目管理器”中的项目文件处单击鼠标右键，系统弹出图 6-24 所示的快捷菜单。执行该快捷菜单中的“删除图形”命令，系统弹出“选择要处理的图形”对话框，如图 6-27 所示。

在该对话框中单击“图形”单选按钮，在第一个“项目图纸清单”选项中选中要删除的图形，然后单击下面的“处理”按钮，选中的图形会在第二个“项目图纸清单”选项中出现。此时，“确定”按钮处于激活状态。

单击“确定”按钮，系统弹出提示对话框，如图 6-28 所示。若确定在当前项目中删除该图形，则单击“确定”按钮；否则单击“取消”按钮。

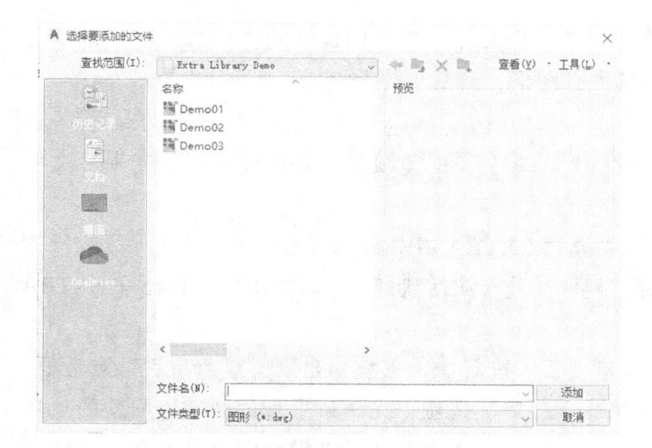

图 6-25 “选择要添加的文件”对话框

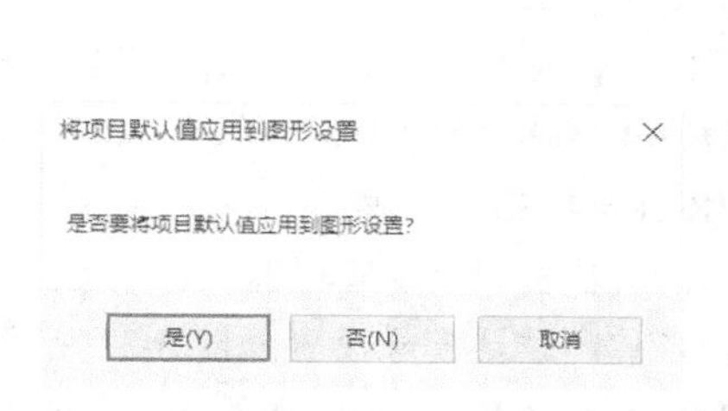

图 6-26 “将项目默认值应用到图形设置”对话框

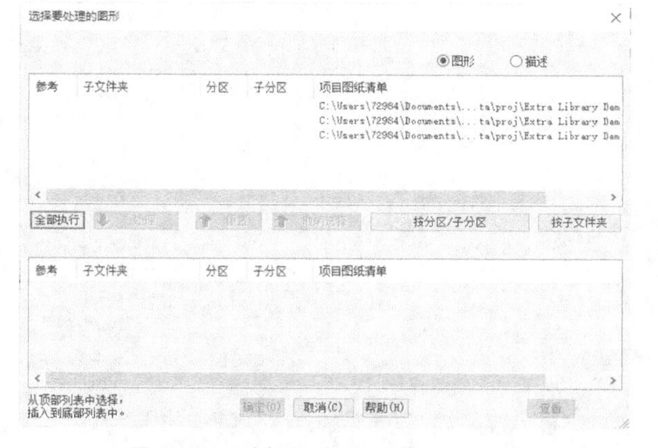

图 6-27 “选择要处理的图形”对话框

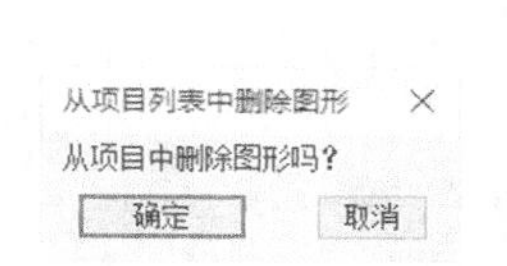

图 6-28 “从项目列表中删除图形”对话框

（3）图形文件排序

基于选定字段对项目中的图形进行排序。如果项目包含文件夹，则对文件夹中的图形进行排序。执行该命令不会对文件夹进行排序。

在“项目管理器”中的项目文件处单击鼠标右键，系统弹出图 6-24 所示的快捷菜单。执行该快捷菜单中的“排序”命令，系统弹出“排序”对话框，如图 6-29 所示，单击“确定”按钮，完成排序操作。

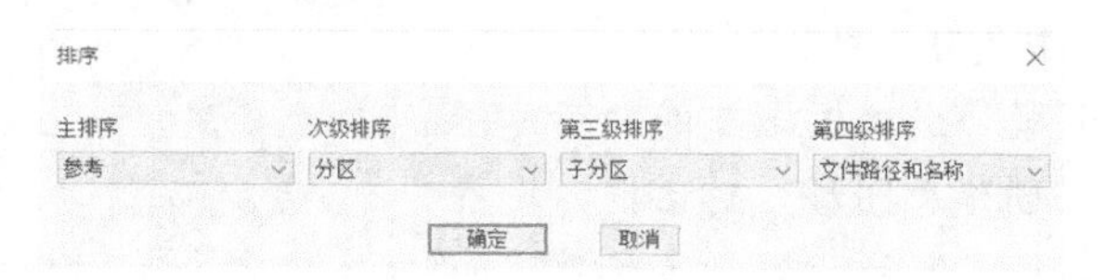

图 6-29 “排序”对话框

6.1.6 实例——创建项目文件

本实例通过利用 KE-Jetronic 汽油喷射装置的电路图重点练习项目文件的创建及图形文件的创建等。前面我们介绍了执行 CAD 绘图命令绘制电气图形，在绘制过程中可能会在一个.dwg 文件中放置多张电气图纸。但是这种绘图方式在 AutoCAD Electrical 2022 绘图中是不被允许的。不同电气图纸需要放置在不同的.dwg 文件中。

接下来介绍创建项目文件的操作思路：首先创建项目文件，并将创建好的图形添加到当前项目中，然后在激活的项目文件下创建图形；并添加现有图形；最后对图形排序。

1. 创建新项目文件

在利用 AutoCAD Electrical 2022 进行电气设计时，首先要创建项目文件，然后再补充项目文件内需要的图纸。

（1）单击鼠标右键，选择“项目管理器”选项板的 EXTRA LIBRARY DEMO 项目文件，执行弹出的快捷菜单中的“激活”命令，如图 6-30 所示。确保其处于激活状态，从而使新建项目继承 EXTRA LIBRARY DEMO 属性。

（2）单击“项目管理器”选项板上方的“新建项目”按钮，系统弹出“创建新项目”对话框，项目名称和位置代号设置如图 6-31 所示。然后单击“确定”按钮，完成新项目的创建。则新的项目保存在 C 盘 KE-Jetronic 文件夹下，文件名为 KE-Jetronic.wdp。读者可以根据绘图需要设置文件保存的位置。

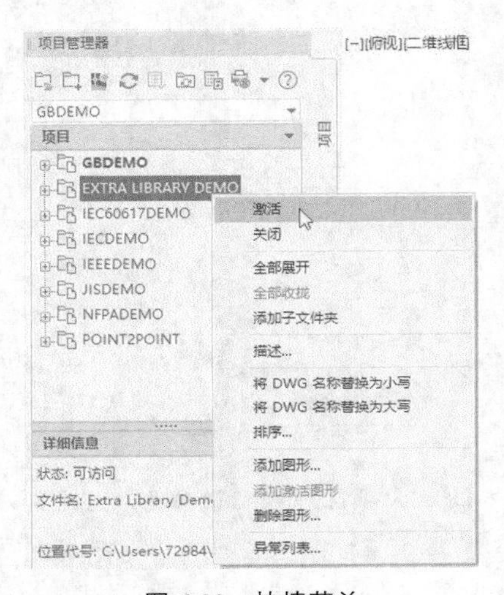

图 6-30 快捷菜单

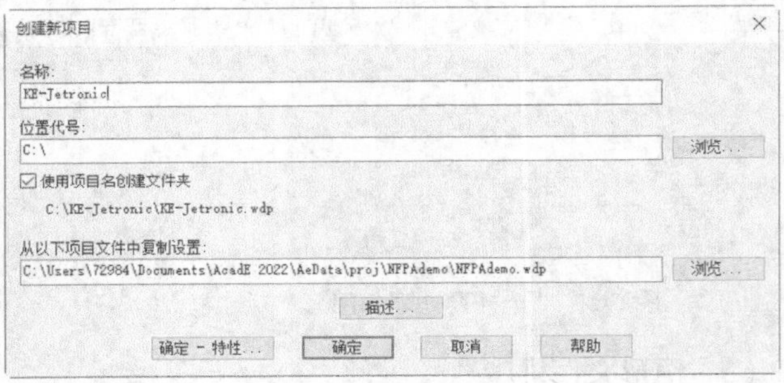

图 6-31 “创建新项目”对话框

2. 创建新图形文件

项目创建完成后需要通过创建新的图纸来绘制电气图形，也可以通过执行“添加图纸”命令来添加绘制好的电气图形，我们首先创建新的图形文件。

（1）单击“项目管理器”选项板上方的“新建图形”按钮，系统弹出“创建新图形”对话框，设置“名称”为 KE-Jetronic2.dwg，暂不设置其余参数，如图 6-32 所示。

（2）单击该对话框“模板”右侧的“浏览”按钮，系统弹出“选择模板”对话框。选取 ACE_ GB_a1_a.dwt 作为模板，如图 6-33 所示。单击“打开”按钮，完成模板设置。

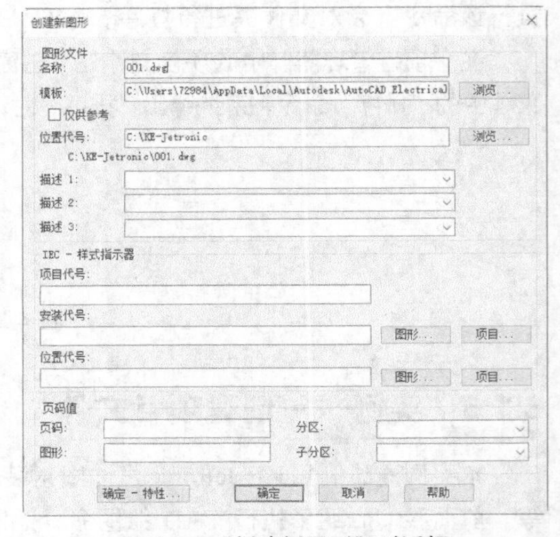

图 6-32 “创建新图形”对话框

（3）单击“创建新图形”对话框中的“确定”按钮，系统弹出提示对话框，如图 6-34 所示。然后单击“是”按钮，完成新图纸的创建。

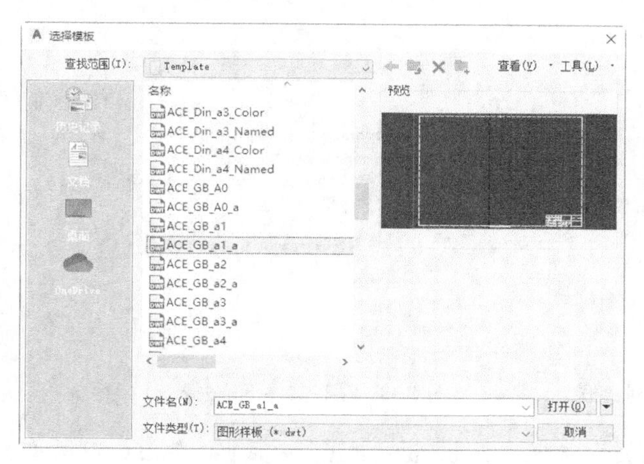

图 6-33 “选择模板”对话框

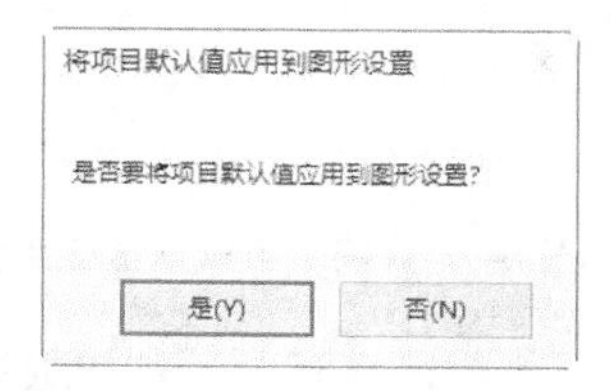

图 6-34 “将项目默认值应用到图形设置”对话框

（4）使用鼠标指针双击项目管理器新建的 KE-Jetronic 项目，便可看到新建 KE-Jetronic 2.dwg 图纸在项目文件下拉列表中。

3. 添加图形文件

项目文件为图纸的合集，读者可以将已经绘制好的图纸直接添加到项目文件中生成图纸合集。

（1）在项目管理器新建的 KE-Jetronic 项目名称处单击鼠标右键，弹出图 6-35 所示的快捷菜单。执行快捷菜单中的“添加图形”命令，系统弹出“选择要添加的文件”对话框，选择已经绘制好的 KE-Jetronic 图纸，如图 6-36 所示。

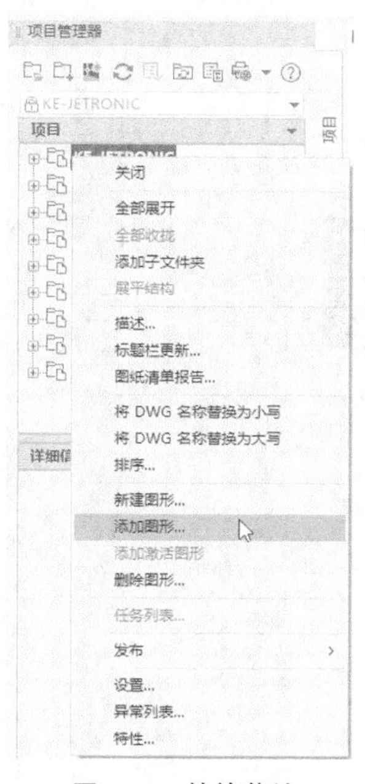

图 6-35 快捷菜单

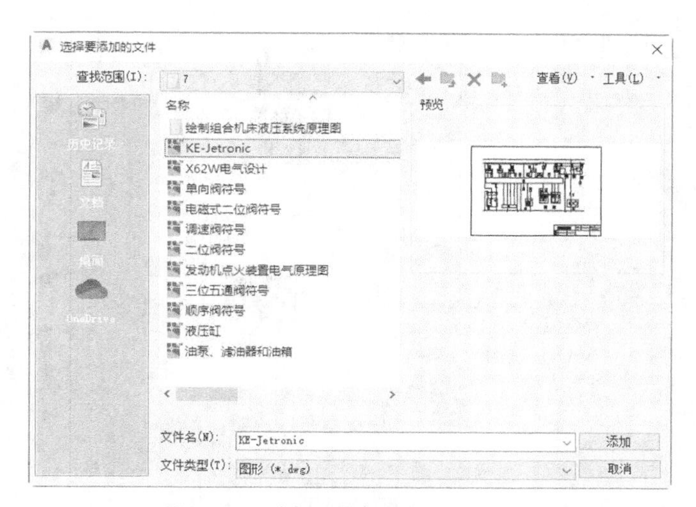

图 6-36 “选择要添加的文件”对话框

（2）单击“添加”按钮，系统弹出提示对话框，如图 6-37 所示。单击“是”按钮，完成现有图纸添加。在项目管理器新建的 KE-Jetronic 项目下拉列表中即可看到 KE-Jetronic 图纸，如图 6-38 所示。

4. 排序图形文件

完成电气图纸设置后，为了便于观察，可以对添加的图纸重新进行排序。

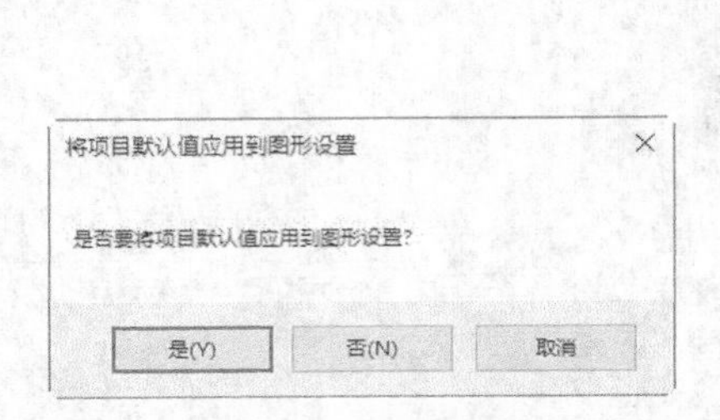

图 6-37 “将项目默认值应用到图形设置”对话框

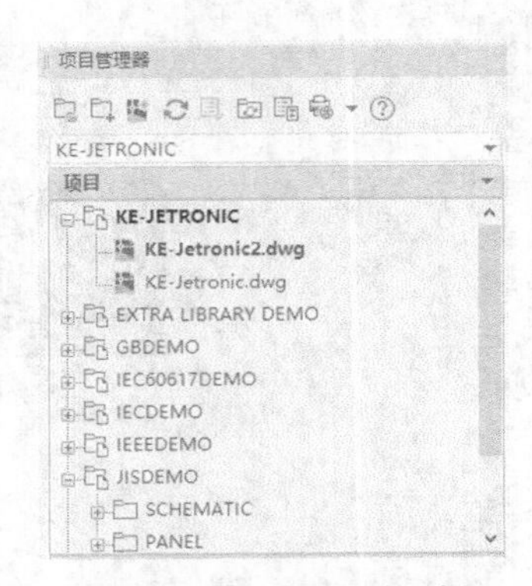

图 6-38 项目文件下拉列表

（1）执行图 6-35 所示的快捷菜单中的“排序”命令，系统弹出“排序”对话框，如图 6-39 所示。

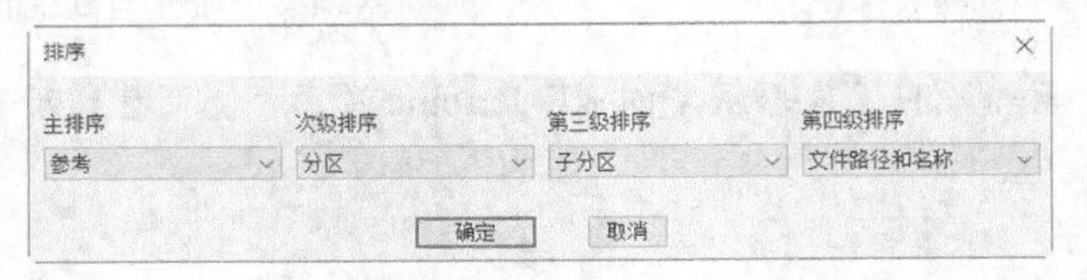

图 6-39 “排序”对话框

（2）系统采取默认设置，单击“确定”按钮，完成排序。

5. 设置阶梯参数

执行图 6-35 所示快捷菜单中的“特性”命令，系统弹出“项目特性”对话框，单击“图形格式”选项卡，如图 6-40 所示。按照图 6-40 所示设置阶梯参数。

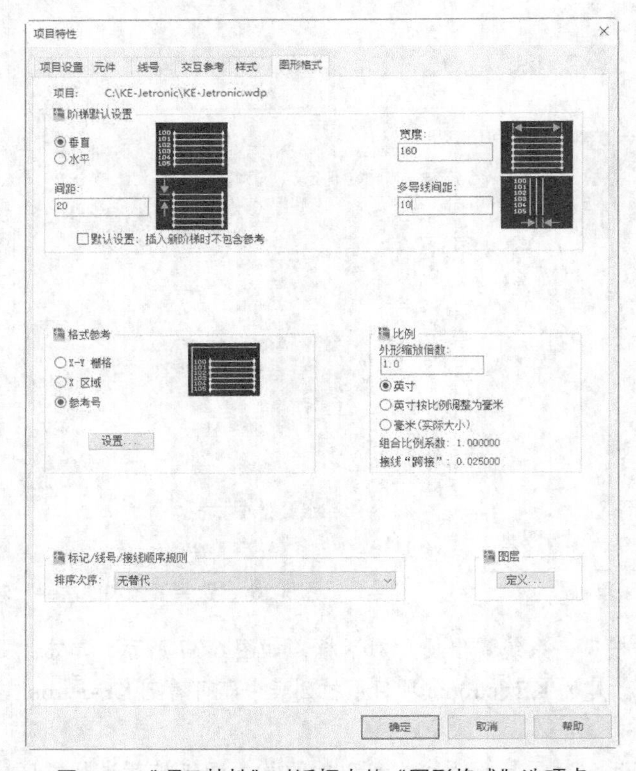

图 6-40 “项目特性”对话框中的“图形格式”选项卡

6.1.7 复制/删除项目

由于电气图纸有一定的相似性，因此在制图过程中往往可以直接运用之前创建好的项目文件。此时便需要执行“复制项目”命令辅助操作。还可以通过执行“删除项目”命令精简项目文件。

（1）复制项目

通过执行“复制项目”命令创建现有机电项目的副本以便使用。复制的机电项目不会存储原始项目的参考。建议读者关闭要复制的项目的所有图形，但必须确保有一个图形文件已打开。

“复制项目”命令将现有的项目另存为一个新名称，并创建图形文件的重命名副本。

执行该命令主要有如下 4 种方法。

- 命令行：aecopyproject。
- 菜单栏：执行菜单栏中的“项目”→“项目”→“复制项目”命令。
- 工具栏：单击“项目”工具栏中的“复制项目”按钮。
- 功能区：单击“项目”选项卡“项目工具”面板中的“复制”按钮。

执行上述命令后，系统弹出“复制项目：步骤 1-选择要复制的现有项目”对话框，如图 6-41 所示。操作步骤如下。

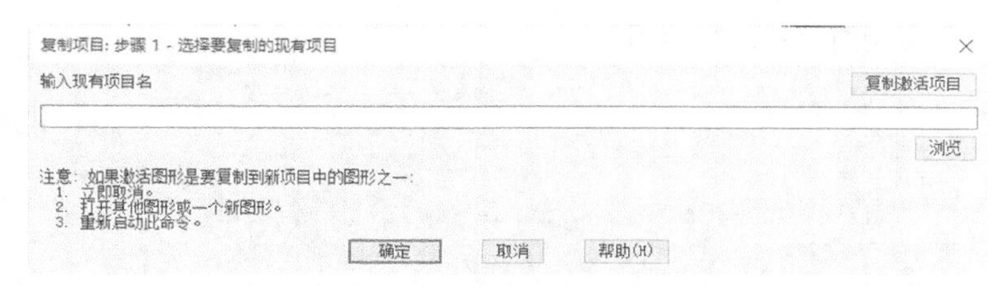

图 6-41 “复制项目：步骤 1-选择要复制的现有项目”对话框

① 单击图 6-41 中的“复制激活项目”按钮，可以复制当前项目；或者单击“浏览”按钮，系统弹出“选择要复制的现有项目”对话框，如图 6-42 所示。在对话框中单击要复制的项目。

图 6-42 “选择要复制的现有项目”对话框

② 单击“确定”，系统弹出“复制项目：步骤 2-选择新项目的路径和名称”对话框，如图 6-43 所示。在该对话框的“文件名”一栏中输入新项目的名称，单击“保存”按钮。系统弹出“选择要

处理的图形”对话框，如图 6-44 所示。在该对话框的顶部列表中选择要复制到新项目的一个或多个图形，然后，单击“处理”按钮，图形被插入底部列表。

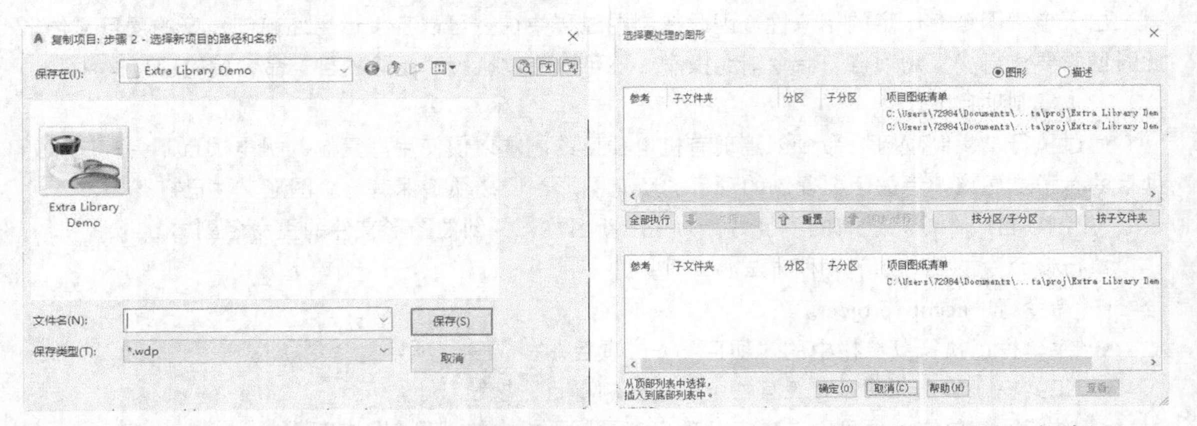

图 6-43 “复制项目：步骤 2-选择新项目的路径和名称”对话框　　图 6-44 “选择要处理的图形”对话框

③ 最后，单击“确定”按钮，系统弹出“复制项目：步骤 4-输入项目图形的基本路径”对话框，如图 6-45 所示。在该对话框中输入新项目的路径，并选择要复制的项目的相关文件。需要注意的是新项目的路径不能和复制对象的路径相同。

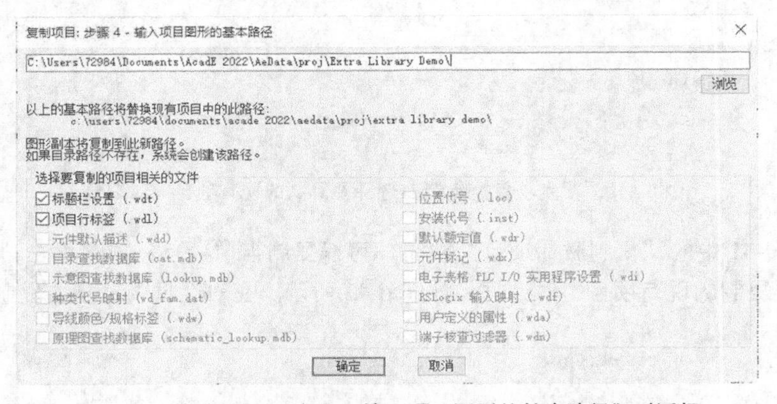

图 6-45 “复制项目：步骤 4-输入项目图形的基本路径”对话框

④ 单击“确定”按钮，系统弹出“复制项目：步骤 5-更改新图形的文件名”对话框，如图 6-46 所示。在该对话框中单击“编辑”按钮，如果需要，可以修改新图形的文件名称，最后单击“确定”按钮，完成“复制项目”操作。复制的项目将成为激活项目。

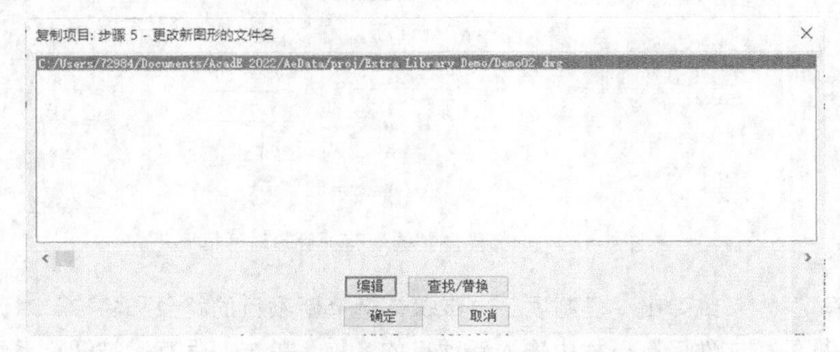

图 6-46 “复制项目：步骤 5-更改新图形的文件名”对话框

（2）删除项目

执行“删除项目”命令删除已经创建的项目，并提供用于同时删除项目中的图形文件的选项。此处的删除项目为永久删除，不能放弃。

执行该命令主要有如下 3 种方法。

- 命令行：aedeleteproject。
- 菜单栏：执行菜单栏中的“项目”→“项目”→“删除项目”命令。
- 功能区：单击“项目”选项卡“项目工具”面板中的“删除项目”按钮。

执行上述命令后，系统弹出“选择要删除的现有项目”对话框，如图 6-47 所示。操作步骤如下。

① 在“选择要删除的现有项目”对话框中，查找并选择 .wdp 项目定义文件，单击“打开”按钮，系统弹出“项目文件删除实用程序”对话框，如图 6-48 所示。

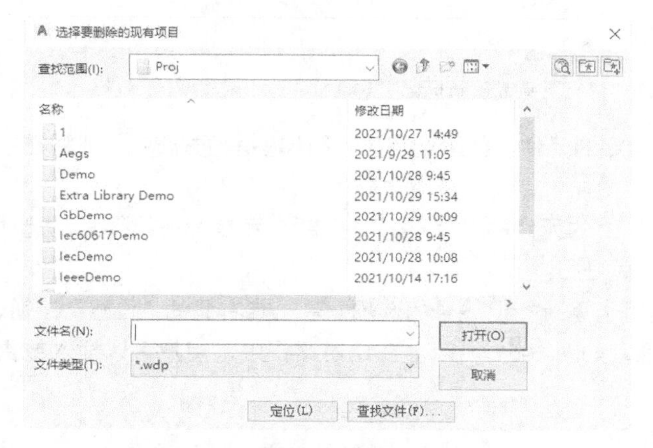

图 6-47 “选择要删除的现有项目”对话框

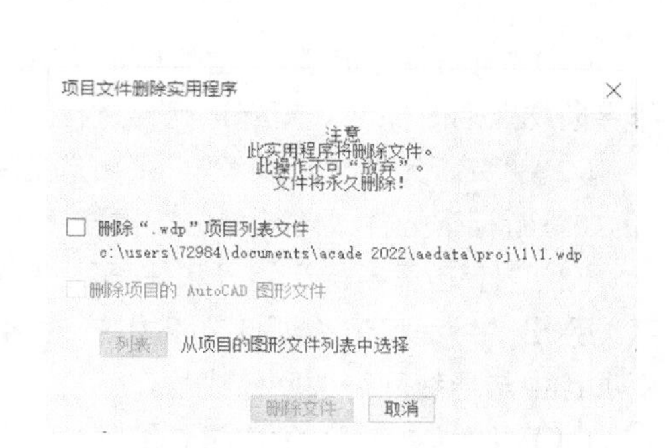

图 6-48 “项目文件删除实用程序”对话框

② 该对话框各选项如下。

- 删除“.wdp”项目列表文件：删除选定的 .wdp 文件。
- 删除项目的 AutoCAD 图形文件：除非单击“列表”选项，否则删除在项目定义文件中列出的所有文件。
- 列表：从项目的图形列表中选择要删除的特定图形。

③ 选定选项后，执行“删除文件”命令，完成删除项目操作，如图 6-49 所示。

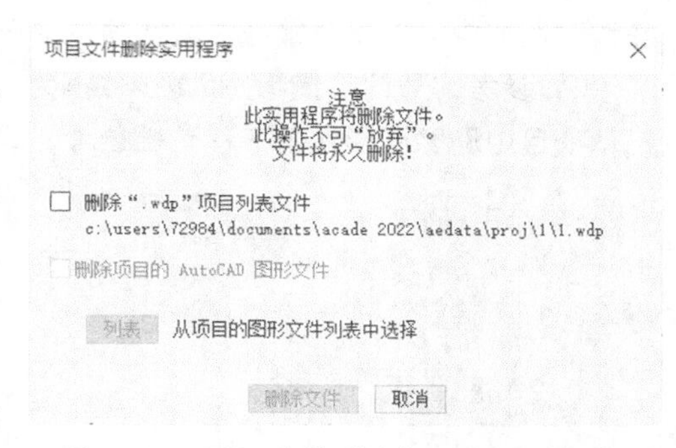

图 6-49 “项目文件删除实用程序”对话框

6.1.8 更新/重新标记

执行“更新/重新标记”命令重排序或更新元件标记、线号、交互参考、信号参考、选择图形特性、阶梯及标题栏。

执行该命令主要有如下 4 种方法。

- 命令行：aeprojupdate。
- 菜单栏：执行菜单栏中的“项目”→“在项目范围内进行更新”→“重新标记”命令。

- 工具栏：单击“项目”工具栏中的“在项目范围内进行更新/重新标记”按钮。
- 功能区：单击“项目”选项卡“项目工具”面板中的“更新/重新标记”按钮。

执行上述命令后，系统弹出“在项目范围内进行更新或重新标记”对话框，如图 6-50 所示。该对话框中各参数含义如下。

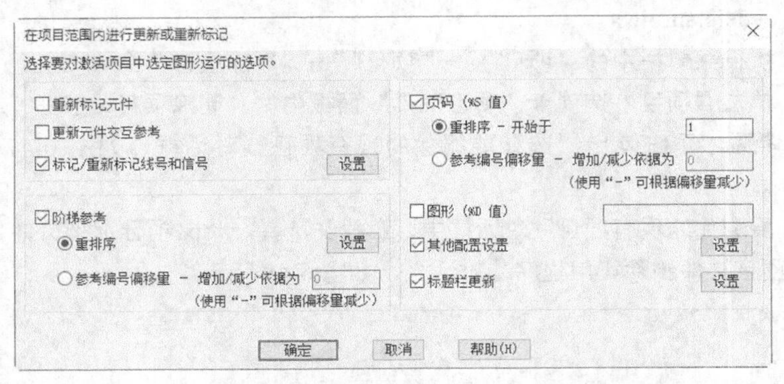

图 6-50 “在项目范围内进行更新或重新标记”对话框

（1）“重新标记元件”：重新标记所有未固定的元件。如果选定了“阶梯参考重排序”，则将在重排序阶梯之后，完成重新标记元件过程。

（2）“更新元件交互参考”：更新选定图形上的元件的交互参考。更新交互参考在执行其他选项（例如重新标记元件或对阶梯进行重排序）之后进行。

（3）“标记/重新标记线号和信号”：设置用于重新标记线号的选项。单击其右侧的“设置”按钮，系统弹出“导线标记（项目范围内）”对话框，如图 6-51 所示。在此对话框中，用户可以插入或更新项目中与导线网络关联的线号。

（4）“阶梯参考”：依次重新编号各个阶梯。

① 重排序：单击其右侧的“设置”按钮，系统弹出“重新编号阶梯”对话框，如图 6-52 所示。在该对话框中可以重新编号在激活项目中选定图形的阶梯。

② 参考编号偏移量-增加/减少依据为：如果图形已被添加到项目当中，则上移阶梯参考；如果已从项目中删除图形，则下移阶梯参考。要下移阶梯参考，请输入一个负值。

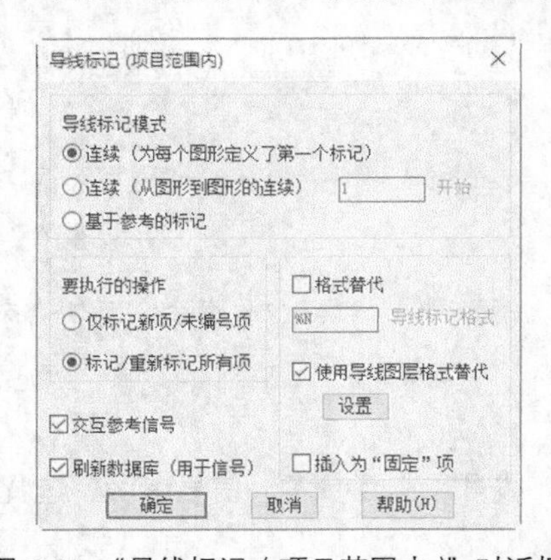

图 6-51 “导线标记（项目范围内）”对话框

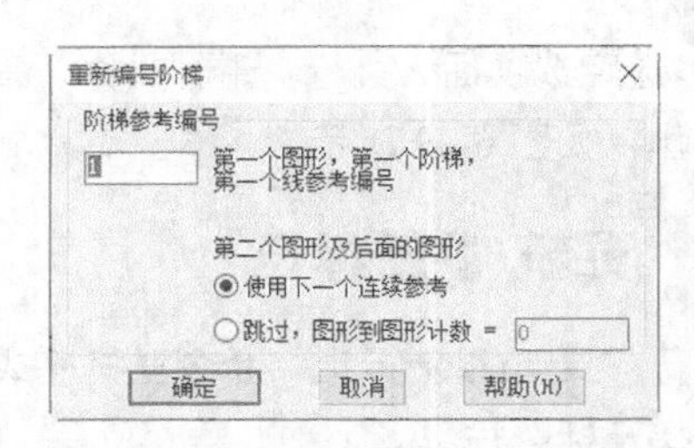

图 6-52 “重新编号阶梯”对话框

（5）“页码（%S 值）”：自动重排序相邻图形上的页码值。

① 重排序-开始于：输入数字以开始重排序。

② 参考编号偏移量-增加/减少依据为：选择按照给定的数字增大或减小当前页码值。

（6）“图形（%D 值）”：在项目范围内对图形的%D“DWG NAME”参数进行更新。

（7）“其他配置设置”：在项目范围内更新与元件、交互参考及导线标记模式和格式相关的图形参数。单击其右侧的“设置”按钮，系统弹出“更改每一幅图形的设置—项目范围”对话框，如图 6-53 所示。在其中设置元件格式，元件格式设置已在“项目特性”中介绍，此处不再赘述。

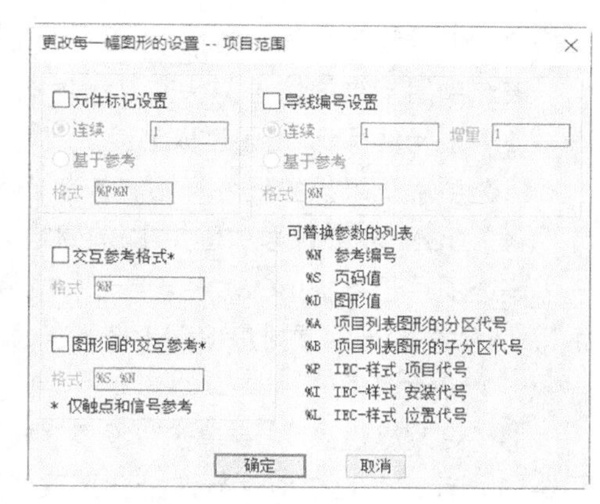

图 6-53 “更改每一幅图形的设置—项目范围”对话框

（8）“标题栏更新”：自动更新激活图形或整个项目图形集的标题栏信息。单击其右侧的“设置”按钮，系统弹出“更新标题栏”对话框，如图 6-54 所示。在其中选择需要更新的参数进行更新。

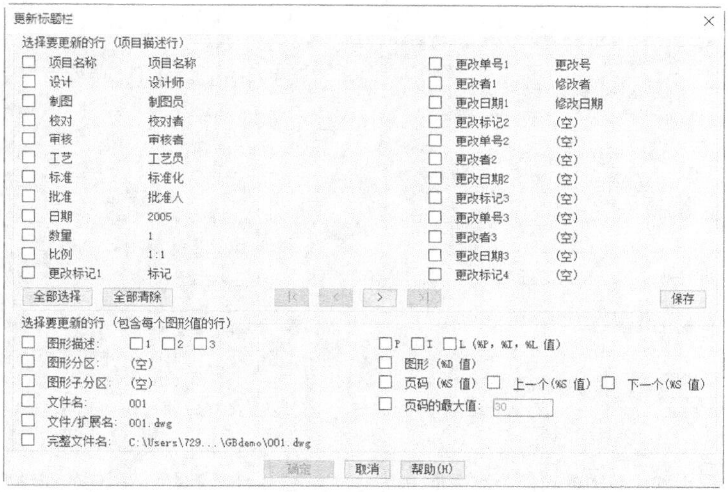

图 6-54 “更新标题栏”对话框

6.1.9 实用程序

该命令提供了设置线号、元件标记和属性文字的方法。用户可以定义脚本并在项目范围内应用这些脚本。

执行该命令主要有如下 4 种方法。

- 命令行：aeutilities。
- 菜单栏：执行菜单栏中的“项目”→“适用于项目范围的功能”命令。
- 工具栏：单击“项目”工具栏中的“适用于项目范围的功能”按钮。
- 功能区：单击“项目”选项卡“项目工具”面板中的“适用于项目范围的功能”按钮。

执行上述命令后，系统弹出“适用于项目范围的功能”对话框，如图 6-55 所示。该对话框中各参数含义如下。

（1）线号

“线号”栏用于设置线号、删除指定的线号、重置指定的线号或固定/取消固定线号。

（2）信号箭头交互参考文字

该选项用于维护信号箭头交互参考文字，或删除当前项目中的所有信号箭头交互参考文字。

（3）主元件标记：固定/取消固定

该选项用于维护主元件标记，或将当前项目中的所有主元件标记设置为“固定”或“标准”。

（4）BOM 表条目号：固定/取消固定

该选项用于维护 BOM 表条目号，或将当前项目中的所有 BOM 表条目号设定为“固定”或“普通”。以后在运行“重排序 BOM 表条目号”时，固定的 BOM 表条目号将不会被更改。

（5）更改属性

①“更改属性大小”：单击“设置”按钮，系统弹出“项目范围内的属性大小更改”对话框，如图 6-56 所示。通过该对话框选择要更改的属性，然后输入选定属性的高度和宽度定义。如果不想更改属性高度或宽度，请勿定义输入值。

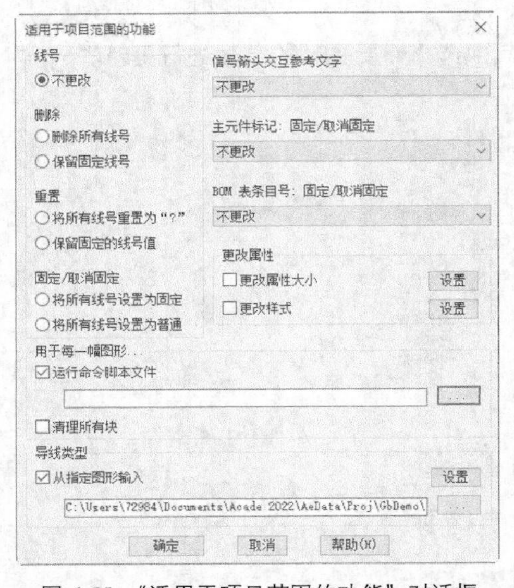

图 6-55 “适用于项目范围的功能”对话框

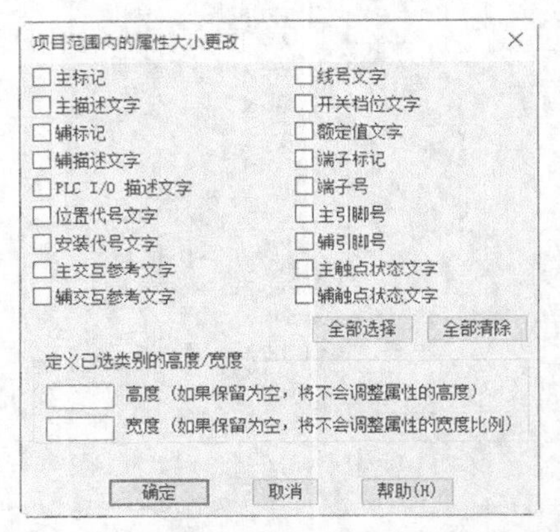

图 6-56 “项目范围内的属性大小更改”对话框

②“更改样式”：单击“设置”按钮，系统弹出“项目范围的 AutoCAD Electrical 样式更改”对话框，如图 6-57 所示。通过该对话框选择一种文字字体，以应用于元件属性上使用的文字样式。

（6）用于每一幅图形

输入名称或单击“浏览”按钮 ... ，浏览要用于当前项目中每个图形的命令脚本文件，或清理所有块。

（7）导线类型

输入在其他图形或图形模板上定义的导线类型。输入图形或模板名称，或者单击“浏览”按钮 ... ，浏览该图形或模板。程序可读取指定图形并提取所有导线类型信息。

单击“设置”按钮以显示“输入导线类型”对话框，如图 6-58 所示。从该对话框中可以选择要输入的导线类型；定义是否要覆盖现有导线类型的任何导线编号和 USERn 差异；定义是否要覆盖现有导线图层的颜色和线型差异。

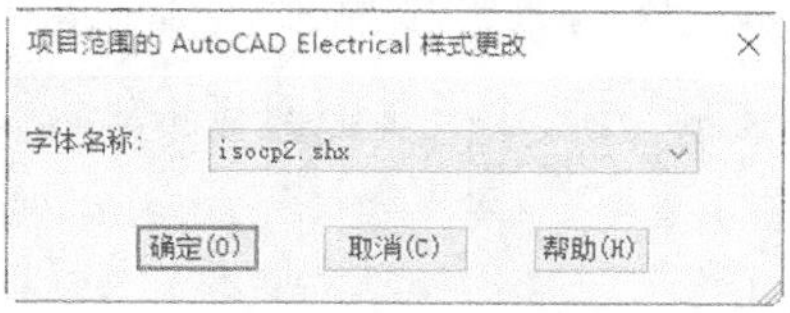

图 6-57 “项目范围的 AutoCAD Electrical 样式更改”对话框

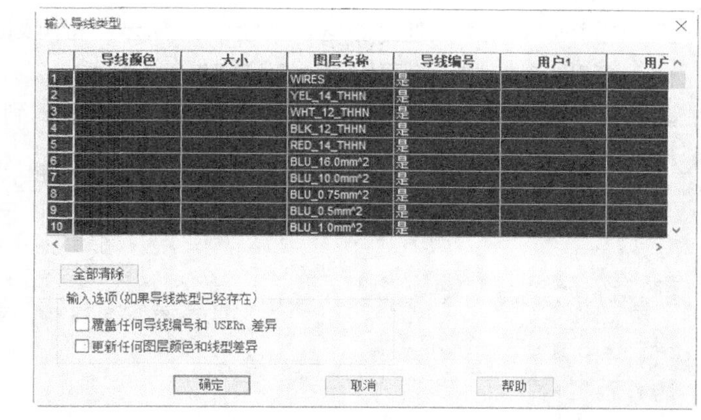

图 6-58 “输入导线类型”对话框

6.1.10 标记验证图形

标记图形以追踪更改。验证图形以报告更改。在发出图形以供检查之前，请单击“标记”选项。每个 AutoCAD Electrical 元件、线号和起始阶梯参考都在当前项目临时数据库文件的表格中进行了不可见的标记和参考。当图形被返回后，可以使用“验证”选项来生成更改报告。

执行该命令主要有如下 4 种方法。

- 菜单栏：执行菜单栏中的“项目”→“标记”→“验证图形”命令。
- 工具栏：单击“项目”工具栏中的“标记/验证图形”按钮。
- 功能区：单击“项目”选项卡“项目工具”面板中的“标记/验证图形”按钮。
- 命令行：aemarkverify。

（1）执行上述命令后，系统弹出“标记和验证”对话框，如图 6-59 所示。在“标记/验证图形或项目”选项组中指定标记项目或激活图形。若要执行该命令，必须对当前图形进行重命名并且当前图形是激活项目的一部分。

（2）单击“操作步骤”选项组中的“标记”单选按钮，同时也可以选择“包括非 AutoCAD Electrical 块”以标记所有的块，即使它们不带有 AutoCAD Electrical 2022 工具集的智能性也是如此；选择“包括直线/导线”以检测图形中对任何直线或导线的改变。

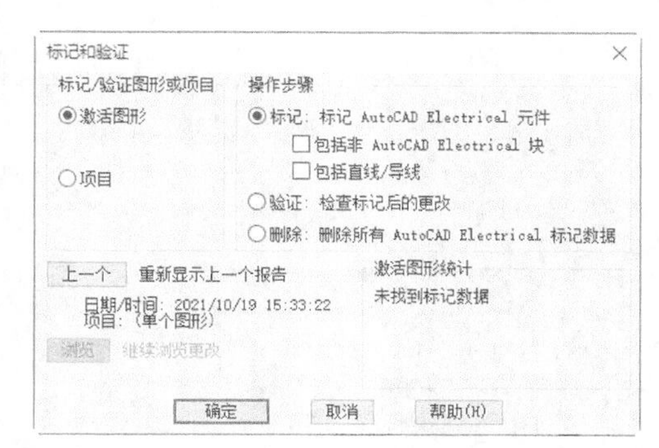

图 6-59 “标记和验证”对话框

（3）单击“确定”按钮。系统弹出“请输入您姓名的首字母”对话框，如图 6-60 所示。

（4）在该对话框中输入用户姓名的开头字母和对图形集的任何注释，然后单击“确定”按钮。此信息被包含在随后的报告中。不可见的标志即被放置到线号和元件标记上。这些标志不会改变图形的外观或功能。但是，它们可能会少量增加图形的大小。

（5）在完成对图形的编辑或收到用户返回的图形后，请在 AutoCAD Electrical 2022 工具集中重新打开图形以验证这些改变。

（6）重新打开“标记和验证”对话框，在“操作步骤”选项组中单击“验证”单选按钮，单击

“确定”按钮。系统弹出验证报告，如图 6-61 所示。检测到的报告列表将显示在报告对话框中。

（7）在图 6-61 中，指定以 AutoCAD Electrical 2022 工具集报告格式显示数据、保存报告或打印这些更改。也可以选择浏览整个列表以检查其中每个检测到的更改。

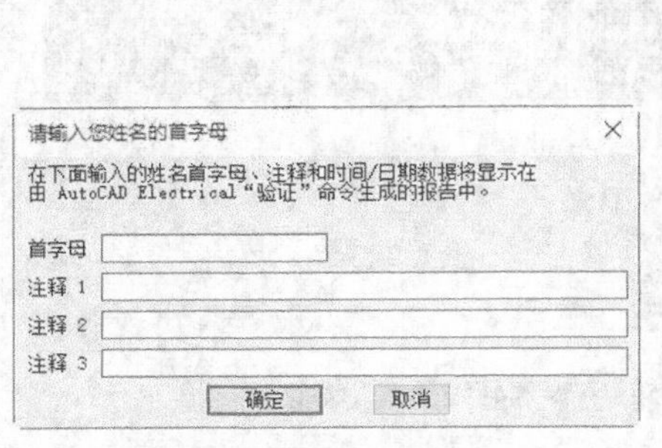

图 6-60 “请输入您姓名的首字母”对话框

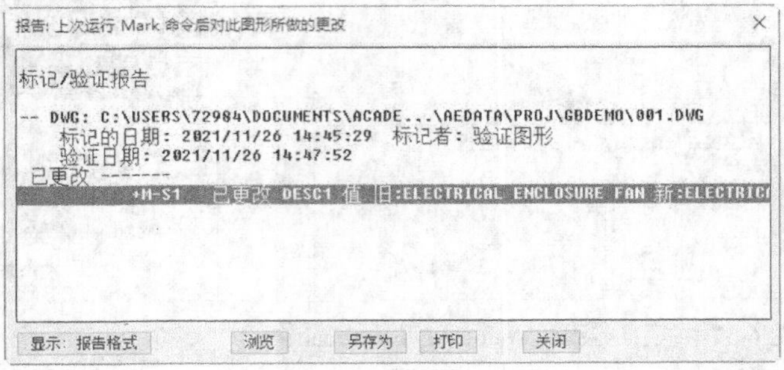

报告: 上次运行 Mark 命令后对此图形所做的更改

标记/验证报告

-- DWG: C:\USERS\72984\DOCUMENTS\ACADE...\AEDATA\PROJ\GBDEMO\001.DWG

标记的日期: 2021/11/26 14:45:29 标记者: 验证图形

验证日期: 2021/11/26 14:47:52

已更改 -------

+M-S1 已更改 DESC1 值 旧:ELECTRICAL ENCLOSURE FAN 新:ELECTRIC

显示: 报告格式　浏览　另存为　打印　关闭

图 6-61 验证报告

6.1.11 图形特性

在“项目管理器”选项板“项目文件”下拉列表中的图形文件处单击鼠标右键，系统弹出图 6-62 所示的快捷菜单。执行该菜单中的“图形特性”命令，系统弹出“图形特性”对话框，如图 6-63 所示。“图形特性”对话框的各选项卡中的参数在本章前面已经介绍，其中“图形格式”选项卡稍有不同，此处我们将重点讲解该选项卡，其余不再赘述。

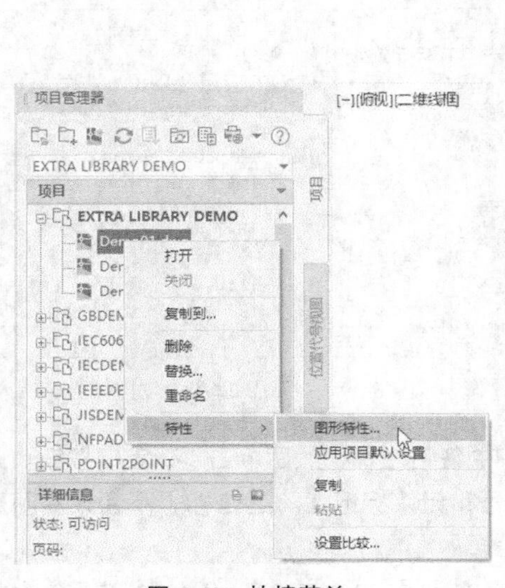

图 6-62 快捷菜单

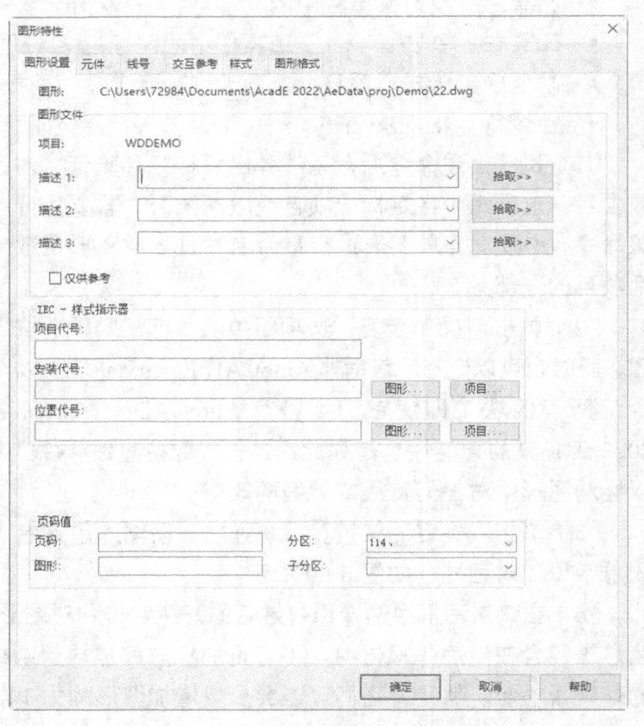

图 6-63 “图形特性”对话框

单击“项目特性”对话框中的“图形格式”选项卡，如图 6-64 所示。通过该选项卡定义图形的项目默认设置，各参数含义如下。

（1）阶梯默认设置。

①“垂直/水平”：指定是水平还是垂直创建阶梯。

②“间距”：指定每条横档之间的距离。

③“默认设置：插入新阶梯时不包含参考”，为“插入阶梯”命令设置默认值。

④“宽度”：指定阶梯的宽度。

⑤“多导线间距”：指定多导线相位中每条横档之间的距离。

（2）格式参考：指定默认的参考系统，有如下 4 种模式。

①“*X-Y* 栅格”：所有参考都沿图形的左侧和顶部与数字和字母的 *X-Y* 栅格系统相关联。

②“*X* 区域”：类似 *X-Y* 栅格，但是没有 *Y* 轴。

③“参考号”：每个阶梯列都有指定的参考号。

④“设置”：指定显示参考号的方式——仅编号、编号位于六角形中、页码和编号值等。

（3）比例。

①“外形缩放倍数”：设置在图形上插入新元件或线号时所用的缩放倍数。

②“英寸/英寸按比例调整为毫米/毫米（实际大小）”：如果图形使用 JIC1/JIC125 库中的库符号，则选择“英寸”单选按钮；如果图形使用米制度量的符号库，则选择“毫米（实际大小）”单选按钮。这可以调整接线的跨接距离，从而确定距离很近的导线末端是否连接。

（4）标记/线号/接线顺序规则：为图形设置元件标记、线号和接线的默认排序顺序。该项的选择将替代排序次序的项目设置。

（5）图层：定义和管理导线和元件图层。

（6）分区设置。

① *X*、*Y* 分区。在图 6-64 所示的“图形格式”选项卡中，在“格式参考”选项组中选择“*X-Y* 栅格”选项。然后单击其下方的“设置”按钮，系统弹出“*X-Y* 夹点 设置”对话框，如图 6-65 所示。

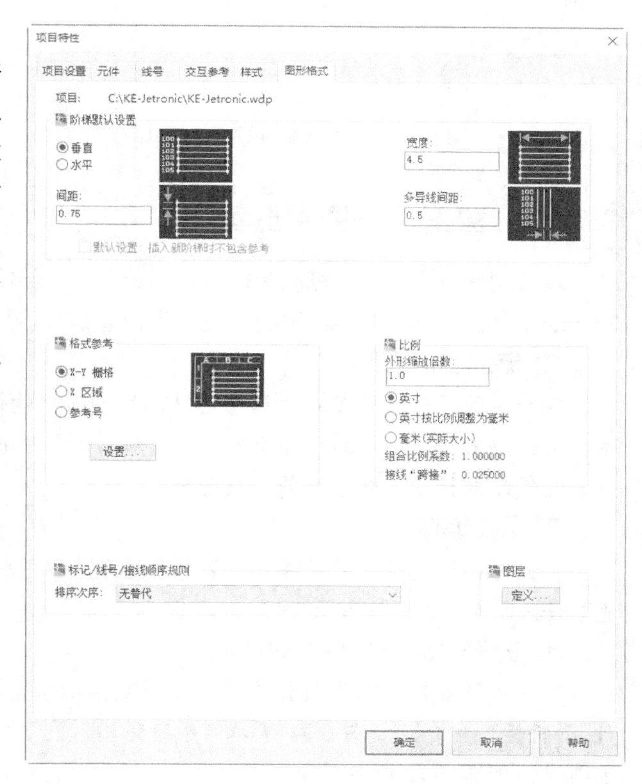

图 6-64 “图形格式”选项卡

② 可以通过以下方法调用“*X-Y* 夹点 设置”对话框。

a. 单击“原理图”选项卡“插入导线/线号”面板“插入阶梯”下拉列表中的“*XY* 栅格设置”按钮。

b. 命令行：aexygrid。

对话框中各参数含义如下。

a.“原点”：指定 *XY* 栅格的原点。单击“拾取”按钮，系统回到绘图区。在图形上单击原点，或者直接在对话框中输入 *X*，*Y* 值。值得注意的是，在通过“特性”对话框访问时，“拾取”按钮不可用。

b.“间距”：指定栅格的间距。输入水平值和垂直值。

c. “*X-Y* 格式”：指定 *X-Y* 栅格中用来确定标记的%N 部分的顺序。如果将此选项设置为“水平-垂直”，栅格的水平值将用作第一部分，垂直值将用作第二部分。如果将此选项设置为“垂直-水平”，垂直值将用作第一部分，水平值将用作第二部分。

d. “栅格标签”：指定栅格列的标签。输入水平值和垂直值。可以只输入第一个值，也可以输入完整的列表。如果输入完整的列表，请使用逗号分隔值，例如“A, B, C, D”。

③ *X* 分区。在图 6-64 所示的“图形格式”选项卡“格式参考”选项组中选择“*X* 区域”选项。然后单击其下方的“设置”按钮，系统弹出“*X* 区域 设置”对话框，如图 6-66 所示。

④ 该对话框的调用还可以通过以下方法。

a. 单击“原理图”选项卡“插入导线/线号”面板“插入阶梯”下拉列表中的“*X* 区域设置”按钮。

b. 命令行：aexzone。

该对话框中各参数含义与使用方法与“*X-Y* 夹点 设置”对话框相同，此处不再赘述。

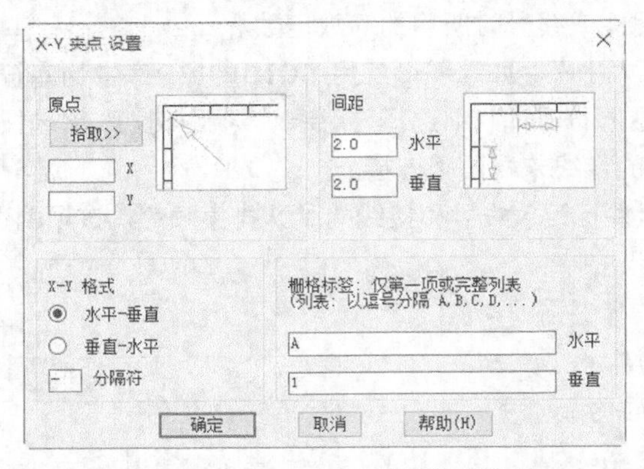

图 6-65 “*X-Y* 夹点 设置”对话框

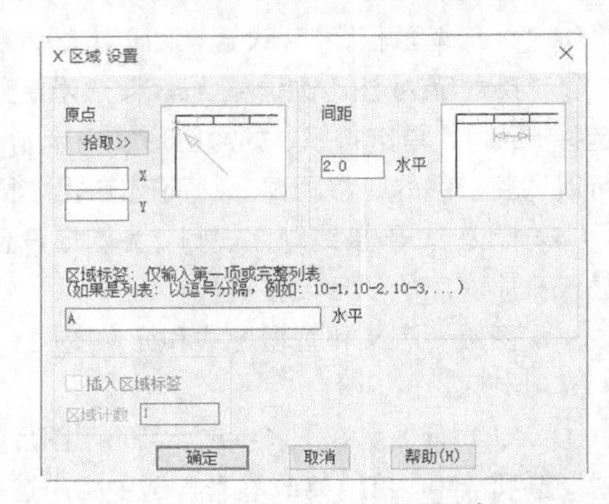

图 6-66 “*X* 区域 设置”对话框

6.1.12 实例——图形分区

本实例通过设置 *X-Y* 栅格参数将图形分区。在绘制原理图时我们一般采用 A3（尺寸为 420mm×297mm）图纸，本例以 A3 图纸为例，为读者讲解图纸的分区。

1. 添加图形文件

在激活的项目文件处单击鼠标右键，执行弹出的快捷菜单中的“添加图形”命令，如图 6-67 所示。系统弹出“选择要添加的文件”对话框，如图 6-68 所示。单击“添加”按钮。系统弹出图 6-69 所示的提示对话框，单击“是”按钮。

2. 测量间距

首先将图形打开，然后单击“默认”选项卡“注释”面板中的“线性”按钮，标注水平向与竖直向分区尺寸，如图 6-70 所示。

3. 打开“图形特性”对话框

在项目管理器中确保打开的图形处于激活状态，然后在其名称处单击鼠标右键执行“特性”→“图形特性”命令，如图 6-71 所示。系统弹出“图形特性”对话框，单击该对话框中的“图形格式”选项卡，如图 6-72 所示。

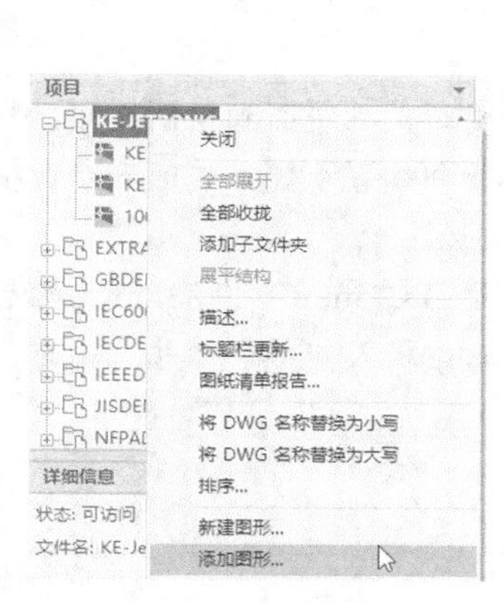

图 6-67　快捷菜单 1

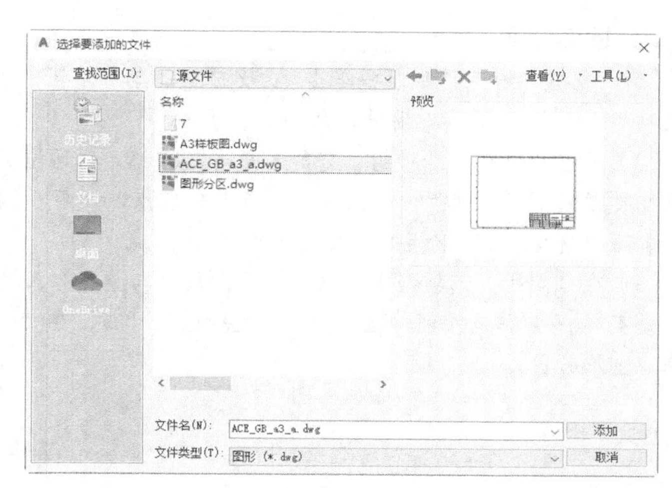

图 6-68　“选择要添加的文件”对话框

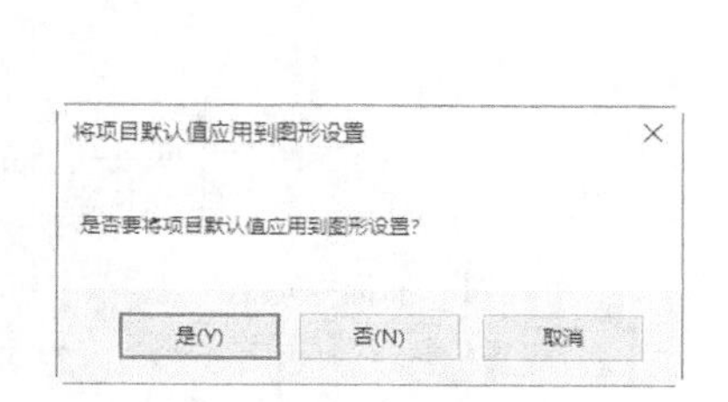

图 6-69　“将项目默认值应用到图形设置”对话框

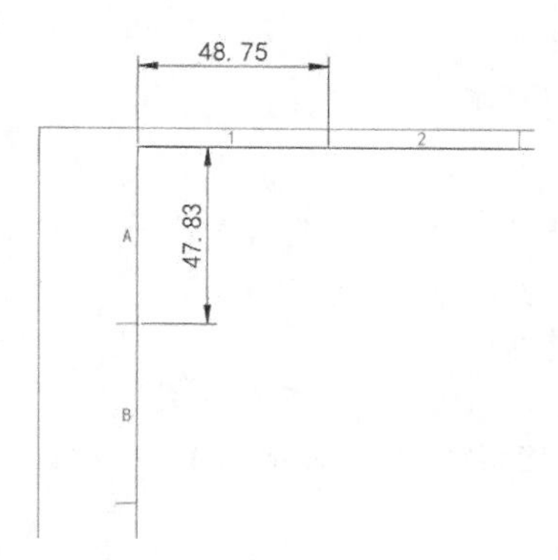

图 6-70　尺寸标注

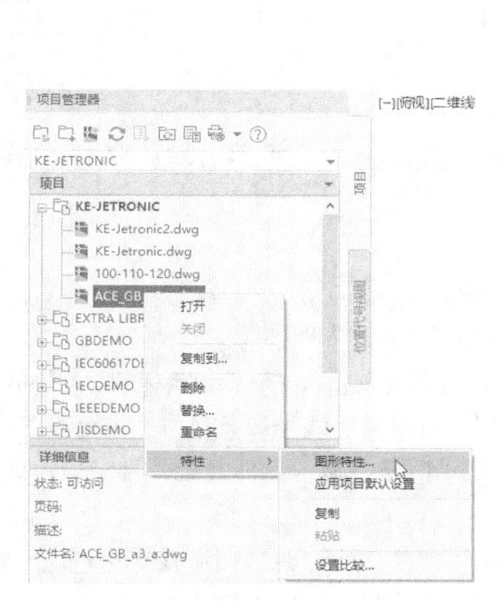

图 6-71　快捷菜单 2

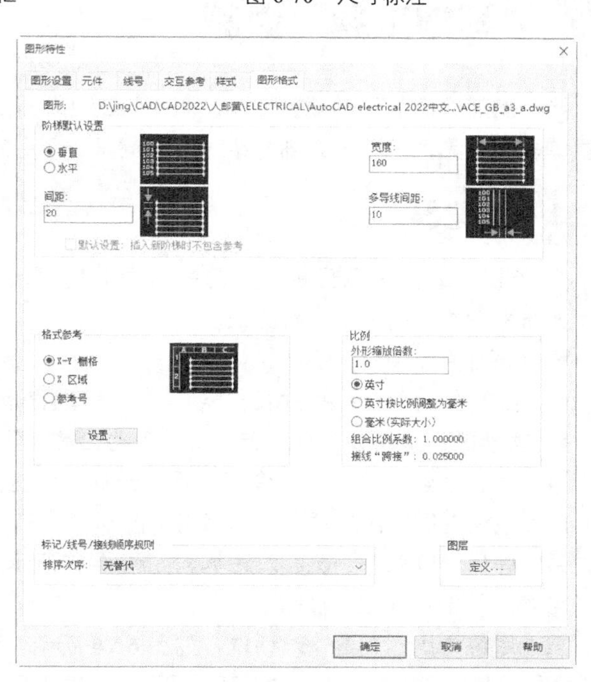

图 6-72　“图形格式”选项卡

4．图形分区

（1）“格式参考”选项组中单击“*X-Y* 栅格”单选按钮。然后单击其下方的“设置”按钮，系统弹出“*X-Y* 夹点 设置”对话框，如图 6-73 所示。

（2）单击“原点”选项组下方的“拾取”按钮，对话框被临时隐藏，系统回到绘图界面，打开对象捕捉模式。光标捕捉内框的左上角点为拾取点，如图 6-74 所示。单击鼠标，系统回到对话框模式，也可以直接在 *X*、*Y* 栏中设置坐标点。

（3）在“间距”选项组中，设置水平向尺寸与竖直向尺寸分别为 48.75mm、47.83mm。然后单击“垂直-水平”单选按钮，在“水平”框中输入“1”，在“垂直”框中输入“A”。单击“确定”按钮完成图形分区。

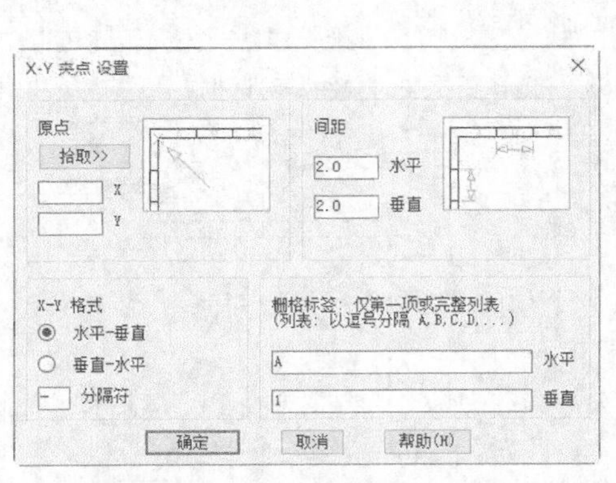

图 6-73 “*X-Y* 夹点 设置”对话框

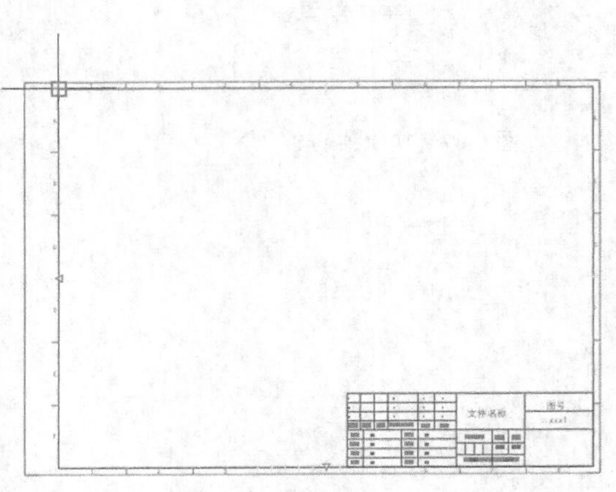

图 6-74 捕捉拾取点

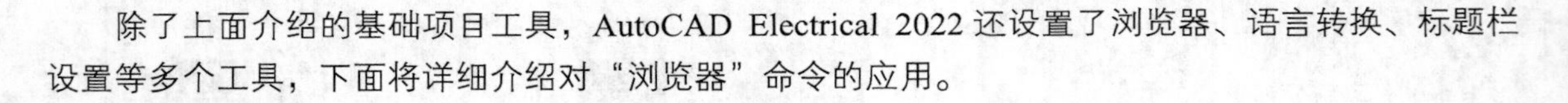

6.2 “其他工具”面板

除了上面介绍的基础项目工具，AutoCAD Electrical 2022 还设置了浏览器、语言转换、标题栏设置等多个工具，下面将详细介绍对“浏览器”命令的应用。

6.2.1 浏览器

“浏览器”命令是浏览到所选条目的相关参考。通过该命令可以对所有元件进行浏览、跳转和查找。执行命令主要有如下 3 种方法。

- 命令行：aesurf。
- 菜单栏：执行菜单栏中的“项目”→“浏览器”命令。
- 功能区：单击“项目”选项卡“其他工具”面板中的“浏览”按钮。

（1）执行上述命令后，命令行出现“选择‘浏览器’追踪的标记（或按<Enter>键键入）”的提示，此处我们在图形区域单击，选择当前图形中的元件标记、目录号、线号或条目号。或者按 Enter 键，系统弹出“键入以浏览”对话框，如图 6-75 所示。在该对话框中输入元件标记、目录号、线号或条目号。单击“确定”按钮。

（2）系统弹出“浏览”对话框，如图 6-76 所示。双击“浏览”对话框中列出的任一参考，如果该参考位于其他图形中，将自动打开该图形，且激活图形将关闭（除非按住 Shift 键）。

（3）使用“浏览”对话框，编辑元件，显示每个参考的 BOM 表条目号或不同的元件参考。单击“关闭”按钮。

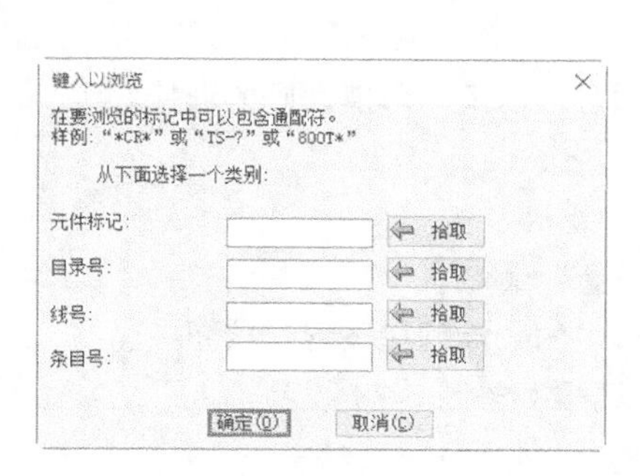

图 6-75 “键入以浏览”对话框

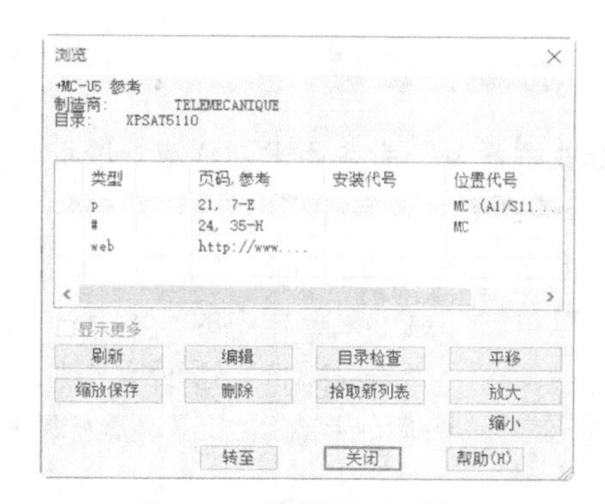

图 6-76 “浏览”对话框

“浏览”对话框中各参数含义如下。

①“刷新”：使激活图形上的更改对浏览工具可见。

②“编辑”：单击该按钮，系统弹出“插入/编辑元件”对话框，在对话框中编辑参考。

③“目录检查”：单击该按钮，系统弹出“BOM 表检查”对话框，如图 6-77 所示，在其中显示亮显参考的 BOM 表。

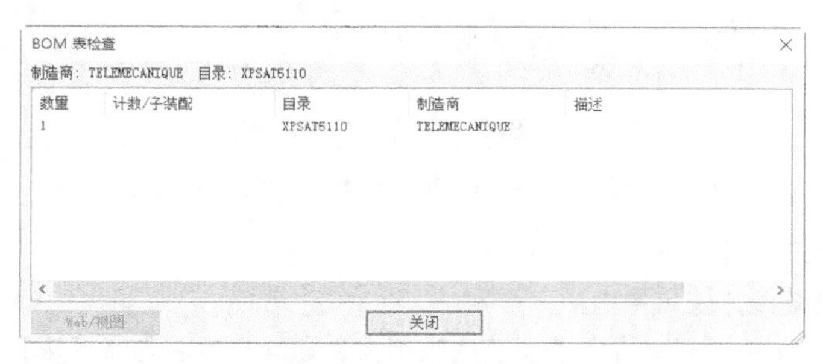

图 6-77 “BOM 表检查”对话框

④“平移”：单击该按钮，“浏览”对话框被隐藏，系统回到绘图区，光标形状变为手形，按住鼠标左键左、右、上、下移动，则视图会在激活视口中移动。

⑤“缩放保存”：在 WD_M 块上保存当前缩放比例。

⑥“放大”：增加图形区域的外观放大倍数。

⑦“缩小”：减小图形区域的外观放大倍数。

⑧“删除”：删除当前显示的实例。

⑨“拾取新列表”：单击该按钮，“浏览”对话框被隐藏，系统回到绘图区。在其中单击希望浏览的元件端子或信号参考。

⑩“转至”：单击该按钮，直接转到亮显条目的参考。

浏览列表框中的专用代号含义如下。

①“C”：元件符号。

②“P”：主符号或独立的原理图符号或单线符号。单线符号由“类别”列中的“1-”值表示。

③“t”：端子。

④“w”：线号。

⑤ “#”：面板布局符号。

⑥ “# np”：面板布局铭牌参考。

6.2.2 标题栏设置

“标题栏设置”命令用于创建或修改标题栏属性与项目，以及图形值之间的连接。

执行该命令主要有如下方法。

- 命令行：aesetuptitleblock。
- 菜单栏：执行菜单栏中的“项目”→“标题栏设置”命令。
- 功能区：单击“项目”选项卡“其他工具”面板中的“标题栏设置”按钮。

执行上述命令后，系统弹出“设置标题栏更新”对话框，如图 6-78 所示。

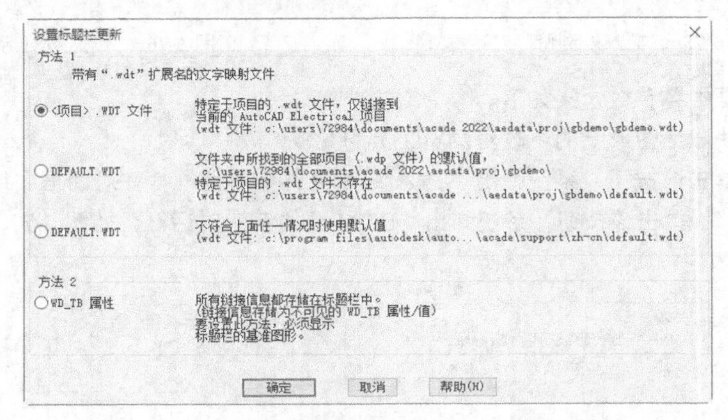

图 6-78 “设置标题栏更新”对话框

1. 标题栏连接方法 1

（1）选择标题栏链接方法 1 中有以下 3 种方法。

① <项目>.WDT 文件：创建特定于项目的映射文件，其文件名与激活项目名相同，且扩展名为 WDT。

② DEFAULT.WDT：在项目文件所在的文件夹中创建默认映射文件。如果特定于项目的文件不存在，则使用此文件。

③ DEFAULT.WDT：在默认的 AutoCAD Electrical 2022 工具集支持文件夹中创建默认映射文件。如果特定于项目的文件不存在并且在项目文件夹中不存在“DEFAULT.WDT”文件，则使用此文件。

（2）单击“确定”按钮。系统弹出“标题栏设置”对话框，如图 6-79 所示。

提示：如果.WDT 文件存在，则系统会弹出“.WDT 文件存在”对话框，如图 6-80 所示。在该对话框中单击“查看”，系统会弹出记事本文件以查看和编辑该文件；单击“覆盖”以创建一个文件；单击“编辑”以修改现有文件。如果未找到现有文件，则需要识别标题栏的 AutoCAD 块名。

（3）在该对话框中可以从各个列表中选择属性，以映射到其相应的 AutoCAD Electrical 2022 工具集值。

（4）单击“图形值”按钮，以指定特定于图形的值和打印值。

（5）单击“确定”按钮。“标题栏设置”将用选定的映射更新或创建 WDT 文件。

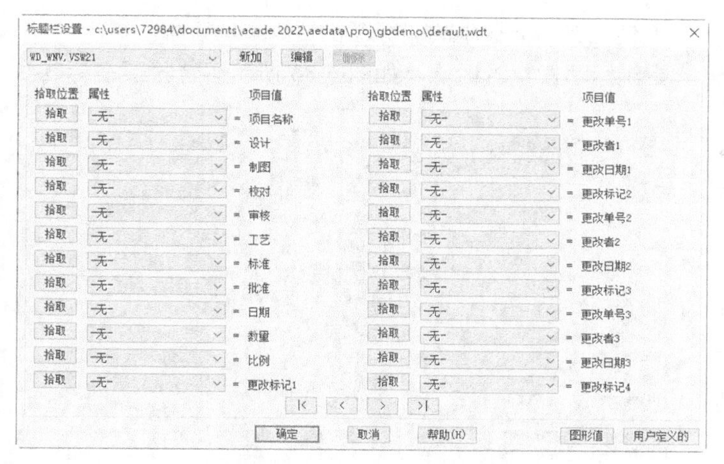

图 6-79 “标题栏设置”对话框

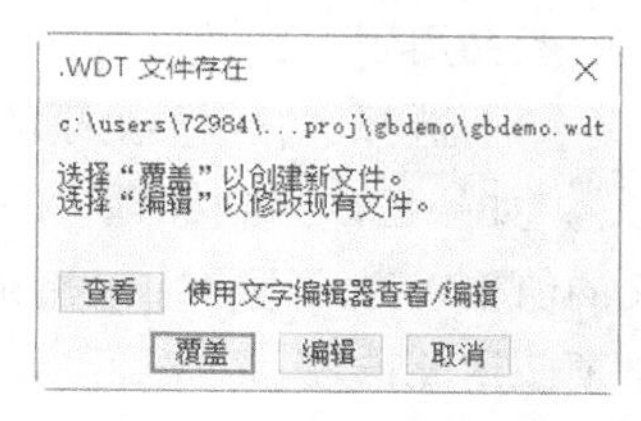

图 6-80 “.WDT 文件存在”对话框

2. 标题栏连接方法 2

（1）选择 WD_TB 属性，单击“确定”按钮。系统弹出“标题栏设置-WD_TB 属性方法”对话框，如图 6-81 所示。

（2）在该对话框中，从各个列表中选择属性，以映射到其相应的 AutoCAD Electrical 2022 工具集值。

（3）单击“图形值”按钮，以指定特定于图形的值和打印值。

（4）单击“用户定义的”按钮，系统弹出“标题栏设置-用户自定义”对话框，如图 6-82 所示。以将属性映射到文字常量或 AutoLisp 值。然后单击“确定”按钮。

（5）设置完成后，在“标题栏设置-WD_TB 属性方法”对话框中单击“确定”选项，将用选定的映射更新 WD_TB 属性定义并保存图形。

图 6-81 “标题栏设置-WD_TB 属性方法”对话框

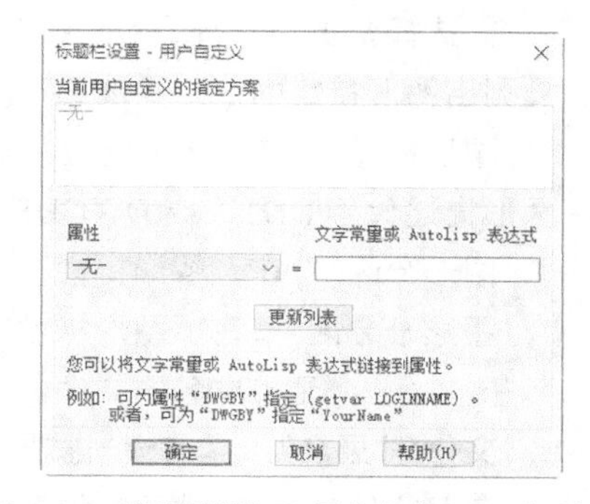

图 6-82 “标题栏设置-用户自定义”对话框

6.2.3 标题栏更新

“标题栏更新”命令用于自动更新当前图形或整个项目图形集的标题栏信息。

执行该命令主要有如下两种方法。

- 命令行：aeupdatetitleblock。

- 功能区：单击“项目”选项卡“其他工具”面板中的“标题栏更新”按钮。

（1）执行上述命令后，系统弹出“更新标题栏”对话框，如图 6-83 所示。选择要在标题栏上更新的行。

（2）选择“重排序页码%S 值”。将对页码值进行重新编号并更改页码最大值。在项目图形集中添加图形时一般会用到此选项。

（3）选择“激活要处理的每个图形”。如果已映射到标题栏的用户定义的值要求激活图形才能检索值，则必须使用此选项。

（4）单击“确定应用于项目范围”按钮。选择要处理的图形并单击“确定”按钮。

图 6-83 “更新标题栏”对话框

该对话框中各参数含义如下。

① 选择要更新的行（项目描述行）

列出项目范围内的 LINE1 ~ LINExx 描述行，具体如下。

“全部选择”：选择所显示的项目描述行集。

“全部清除”：清除所显示的项目描述行集。

|<：显示第一个描述行集。

<：显示上一个描述行集。

>：显示下一个描述行集。

>|：显示最后一个描述行集，其中有一个描述行具有值。

“保存”：单击该按钮，将选中描述行的列表保存到被称作 default.wdu 的文件中。将 default.wdu 文件保存在 User 文件夹下。

② 选择要更新的行（包含每个图形值的行）

列出图形特定的值，具体如下。

“图形描述”：在“图形特性”对话框中指定的图形描述。1 个图形最多可以添加 3 个图形描述。将图形描述代号 DD1（或 DWGDESC）、DD2 和 DD3 用于这 3 个描述行。

“图形分区”：在“图形特性”对话框中指定图形分区代号。

“图形子分区”：在“图形特性”对话框中指定图形子分区代号。

“文件名”：无扩展名的文件名。

“文件/扩展名”：具有适当扩展名的文件名。

“完整文件名”：文件所在位置的完整文件名和路径名。

“P”：在“图形特性”对话框中指定图形的项目值。

“I”：在“图形特性”对话框中指定图形的安装代号值。

“L”：在“图形特性”对话框中指定图形的位置代号值。

“图形（%D 值）”：图形设置的%D 值。

“页码（%S 值）”：图形设置的%S 值。

“上一个（%S 值）”：项目中上一个图形的页码（%S 值）值。

“下一个（%S 值）”：项目中下一个图形的页码（%S 值）值。

“页码的最大值”：项目中的最大图形数。

“重排序页码%S 值”：对选择要进行处理的每个图形的页码进行重新编号。

③“激活要处理的每个图形”：指定要激活的图形，从而可以更新项目中选定图形上的标题栏行。只有当某些用户定义的值要求激活图形时才必须使用此选项。

④“确定仅应用于激活图形”：仅更新激活图形中选定行的文字。

⑤“确定应用于项目范围”：更新项目中选定图形上的选定行的文字。

6.2.4 其余命令

“其他工具”面板中包含多种命令，由于剩余命令比较简单，此处不再一一介绍。接下来我们详细介绍各个命令在系统中的含义，具体如下。

（1）“继续浏览”：从中止的位置继续浏览上一个任务。

（2）“上一个图形”：加载“项目资源管理器”中列在当前图形上面的一个相邻图形，并关闭当前图形。

（3）“下一个图形”：加载“项目资源管理器”中列在当前图形下面的一个相邻图形，并关闭当前图形。

（4）“移植实用程序”：将 AutoCAD Electrical 2022 工具集早期版本中的数据库和支持文件移植到当前版本。

（5）“语言转换”：将元件描述文字从一种语言翻译成另一种语言。描述文字和切换位置文字在原理图和面板元件上进行处理。

（6）“编辑语言数据库”：打开当前语言表格进行检查和修改。默认表格为 wd_lang1.mdb。

（7）“标题栏设置”：可以将部分 AutoCAD Electrical 2022 工具集项目描述数据条目和部分图形值链接至标题栏中的属性。有两个方法，属性映射文件或映射属性嵌入标题栏中。

（8）“标题栏更新”：自动更新当前图形或整个项目图形集的标题栏信息。项目和图形特定的设置被链接到标题栏中包含的一个或多个属性。

（9）“基于目录更新元件”：根据指定的目录值，使用目录数据库中的值更新元件值。

（10）“IEC 标记模式更新”：根据 IEC 标记模式中的更改更新元件标记。

（11）“更新为新的 WD_M 块、值、图层”：用较新的副本替换当前图形中的原理图 wd_m.dwg 块，并转换为较新的配置值和图层。

（12）“更新为新的 WD_M 块，不更改”：用较新的副本替换当前图形中的原理图 wd_m.dwg 块，但保留现有配置值和图层名称。

（13）“更新为新的 WD_PNLM 块、值、图层”：用较新的副本替换当前图形中的面板 wd_m.dwg 块，并转换为较新的配置值和图层。

（14）“更新为新的 WD_PNLM 块，不更改”：用较新的副本替换当前图形中的面板 wd_m.dwg 块，但保留现有配置值和图层名称。

（15）“更新符号库 WD_M 块”：设置当前图形中的 wd_m 块的属性写入符号库中的 wd_m.dwg 图形文件。

（16）“设置列表实用程序”：报告项目中的每个图形的设置，并提供编辑报告和使用已编辑值更新图形特性。

（17）“扩展数据列表”：列出了选定对象的扩展实体数据、扩展数据。

（18）“扩展数据编辑器”：允许显示和编辑对象的“1000”类型的扩展图元数据（扩展数据）。

（19）“关闭右键单击菜单”：关闭 AutoCAD Electrical 2022 工具集中的快捷菜单。

（20）“打开右键单击菜单”：打开 AutoCAD Electrical 2022 工具集中的快捷菜单。

（21）“添加目录表格”：将新的空白表格添加至目录查找数据库文件中。

（22）“创建特定于项目的目录数据库”：创建特定于项目的目录数据库，其中仅包含项目中使用的条目。

（23）“将对象移至图层”：将活动图形中某图层上的所有对象映射至其他图层。

（24）“PLC 数据库移植实用程序”：将“类别”字段添加至 PLC 数据库表格中。该字段由“电子表格到 PLC I/O 实用程序”使用以确定模块位置。

6.2.5 综合实例——自定义标题栏

本实例首先执行“定义属性”“创建块”命令创建带属性的块模板；通过执行“标题栏设置”命令设置属性，然后将标题栏保存为模板，执行“新建图形”命令创建图形，并修改标题栏参数，最后执行“标题栏更新”命令更新标题栏。

1. 打开文件

单击“快速访问”工具栏中的“打开”按钮，打开“源文件\第 6 章\A3 样板图.dwg”文件。如图 6-84 所示。

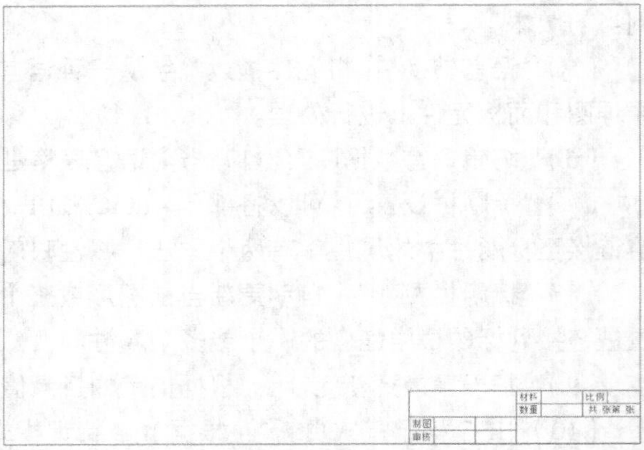

图 6-84 A3 样板图

2. 定义标题栏块特殊属性 WD_TB

（1）单击“默认”选项卡“块”面板中的“定义属性”按钮，系统弹出“属性定义”对话框，如图 6-85 所示。

（2）在该对话框中勾选“不可见”复选框，在“标记（T）”一栏中设置属性 WD_TB。设置对正方式为“居中”。单击“确定”按钮。

（3）系统回到绘图区，在标题栏上方适当位置单击鼠标左键放置属性。

3. 绘制定位线

单击“默认”选项卡“绘图”面板中的“直线”按钮，打开“对象捕捉”模式。绘制标题栏图中的对角线，将其作为定位线，如图 6-86 所示。

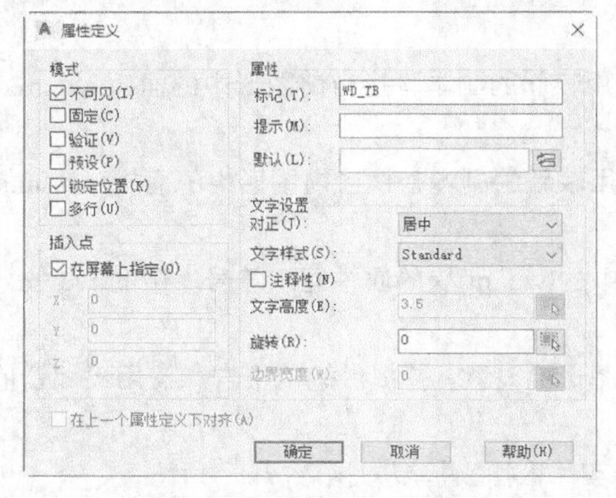

图 6-85 “属性定义”对话框

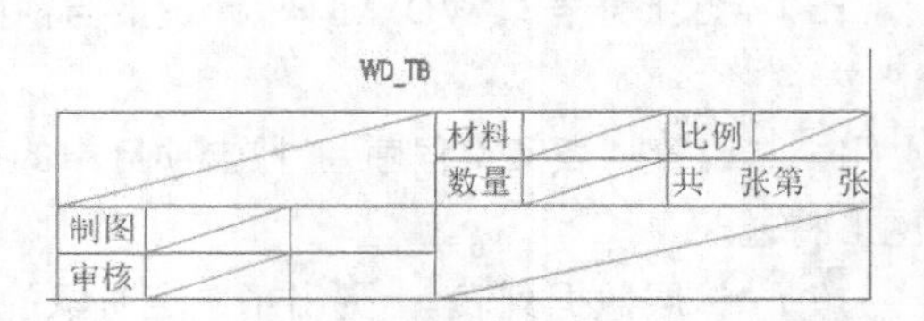

图 6-86 定位线绘制

4. 定义标题栏属性

（1）单击“默认”选项卡“块”面板中的“定义属性”按钮，系统弹出“属性定义”对话框，取消对“不可见”复选框的勾选，设置“标记”属性为“图名”，其余属性为默认。单击“确定”按钮。系统回到绘图区，选择标题栏左上角对角线中点，将其作为放置点。可以通过执行“移动”命令调整属性位置。

（2）单击“默认”选项卡“修改”面板中的“复制”按钮，复制步骤（1）的“图名”属性。以对角线中点为基点将其放置到其他对角线中点处。如图 6-87 所示。

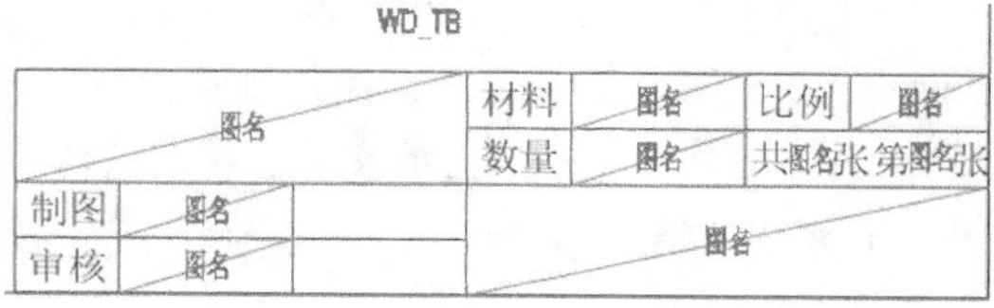

图 6-87　复制属性

（3）双击复制的“图名”属性，系统弹出“编辑属性定义”对话框，如图 6-88 所示。将“标记”属性修改为“制图”，单击“确定”按钮。

（4）用同样的方式修改其他属性，然后通过执行“删除”命令，删除辅助对角线。结果如图 6-89 所示。

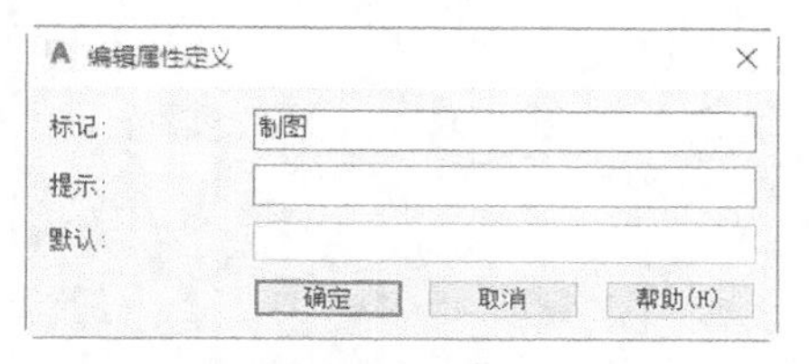

图 6-88　修改属性

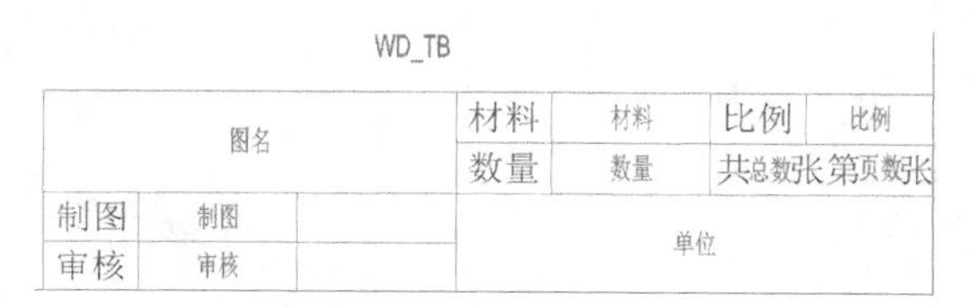

图 6-89　标题栏属性

5. 标题栏设置

单击“项目”选项卡“其他工具”面板中的“标题栏设置”按钮，系统弹出“设置标题栏更新”对话框，如图 6-90 所示。选择“方法 2”，单击“确定”按钮。系统弹出“标题栏设置-WT_TB 属性方法”对话框，如图 6-91 所示。单击“拾取”按钮系统回到绘图区，单击鼠标左键拾取相应的属性，返回“标题栏设置-WT_TB 属性方法”对话框，在属性栏显示拾取的属性；也可以通过单击属性列表中的 -无- 按钮，然后在其下拉列表中选择需要的属性。

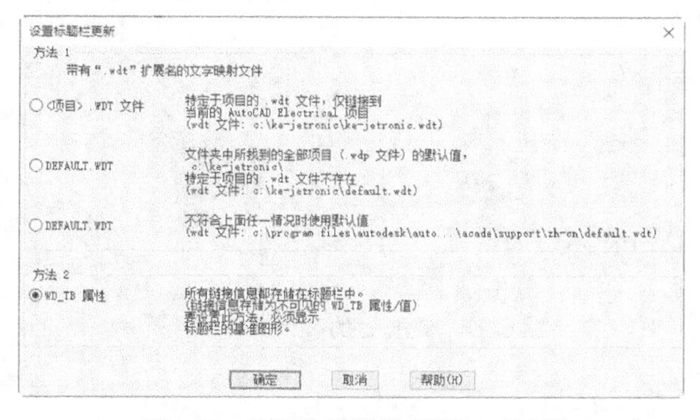

图 6-90　“设置标题栏更新”对话框

图 6-91　“标题栏设置-WT_TB 属性方法”对话框

6. 复制属性

首先，双击“WD_TB”属性，系统弹出“编辑属性定义”对话框，如图 6-92 所示。复制默认栏中的内容，将软件最小化返回至桌面，然后单击鼠标右键选择“新建”→“文本文档”，新建一个空白文本文档，将默认栏中的内容粘贴至文本文档中，调整文字的位置和内容，如图 6-93 所示。单击“文件”

下的“另存为”按钮，打开“另存为”对话框，如图 6-94 所示，设置保存的类型为“所有文件”，输入文件的名称为“WD_TB”，单击“保存”按钮。

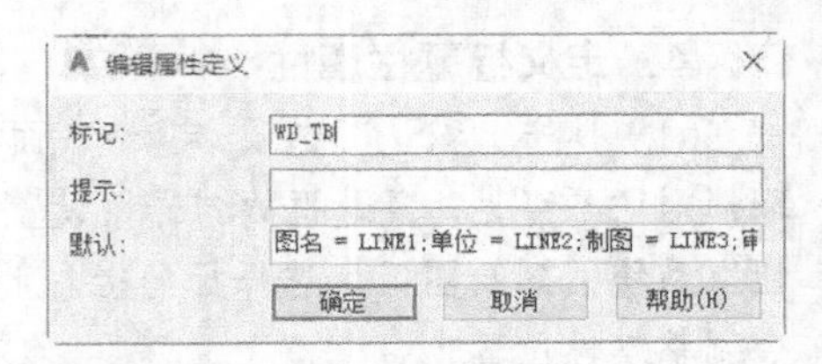

图 6-92 “编辑属性定义”对话框

7. 标题栏更新

（1）打开项目文件的根目录，如图 6-95 所示，复制“KE-Jetronic”文件，打开副本文件并删除内容，复制步骤 6 中的 WD_TB.txt 文件内容到当前文件，将其名称修改为“KE-Jetronic_wdtitle.wdl”如图 6-96 所示。将文件格式设置为“所有文件”，保存文件，最后删除根目录中的“KE-Jetronic.副本”文件，最终项目文件如图 6-97 所示。

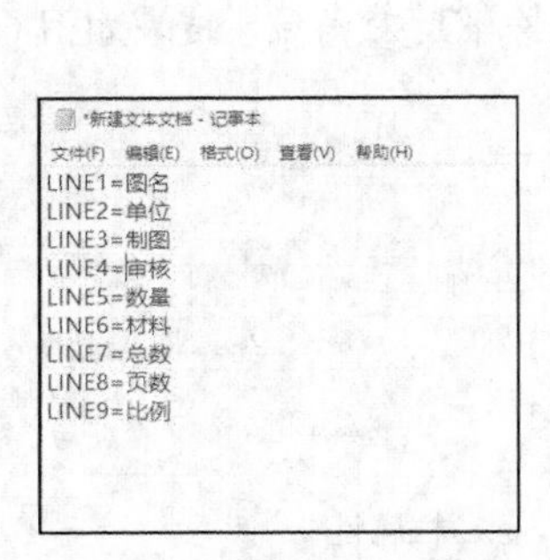

图 6-93 WD_TB.txt 文件

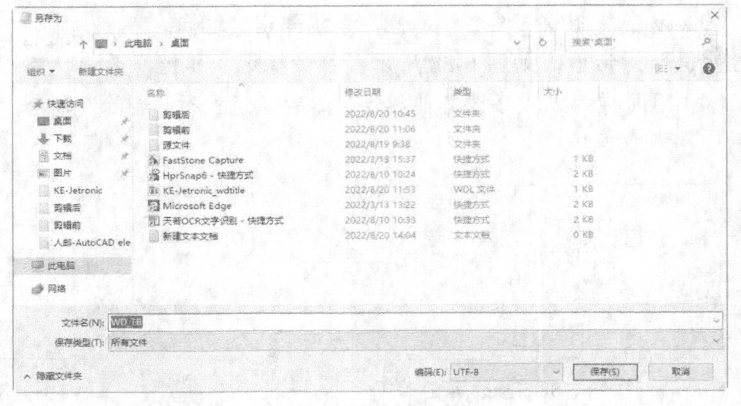

图 6-94 “另存为”对话框

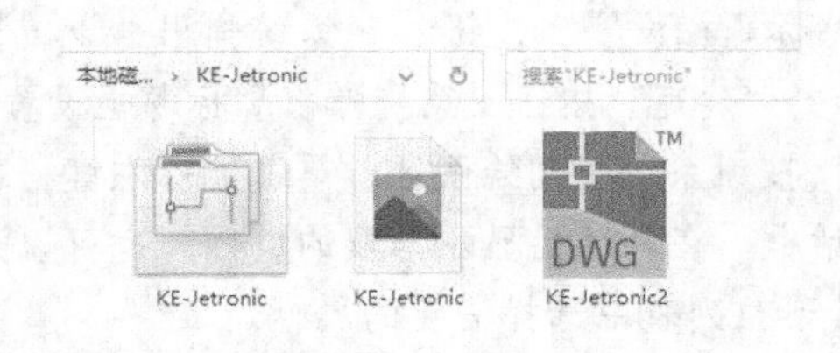

图 6-95 “创建新图形”对话框

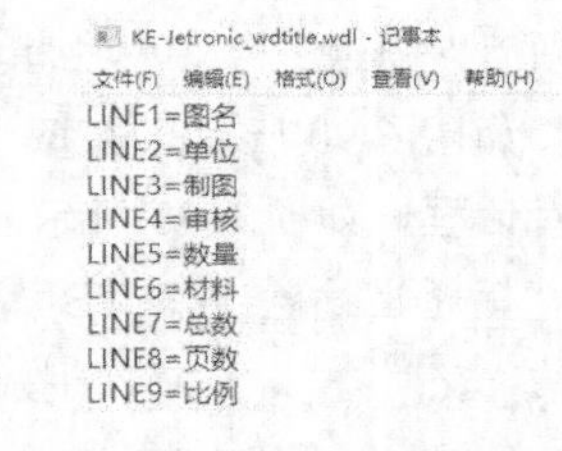

图 6-96 “KE-Jetronic_wdtitle.wdl”文件

（2）单击“项目”选项卡“其他工具”面板中的“标题栏设置”按钮，系统弹出“设置标题栏更新”对话框，选择“方法 2”，单击“确定”按钮，系统弹出“标题栏设置”对话框，更新项目值，如图 6-98 所示。

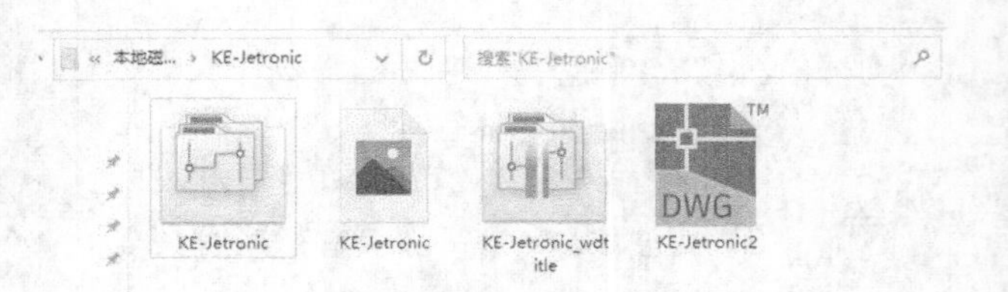

图 6-97 更改后的项目文件

8. 创建块并保存

（1）执行快速访问工具栏中的“另存为”命令，将样板保存到指定位置。

（2）单击“默认”选项卡“块”面板中的“创建”按钮，系统弹出“块定义”对话框，如图 6-99 所示。设置块名称为“Title”。以标题栏左下角点为“拾取点”。选择标题栏及“WD_TB”属性为“选择对象”。单击“确定”按钮完成块创建。

（3）执行快速访问工具栏中的“另存为”命令，系统弹出“图形另存为”对话框，如图 6-100 所示。选择“文件类型”为“.dwt”。选择“文件名”为“A3”。单击“保存”命令，系统弹出“样板选项”对话框。然后单击“确定”按钮完成操作。

图 6-98　更新项目值

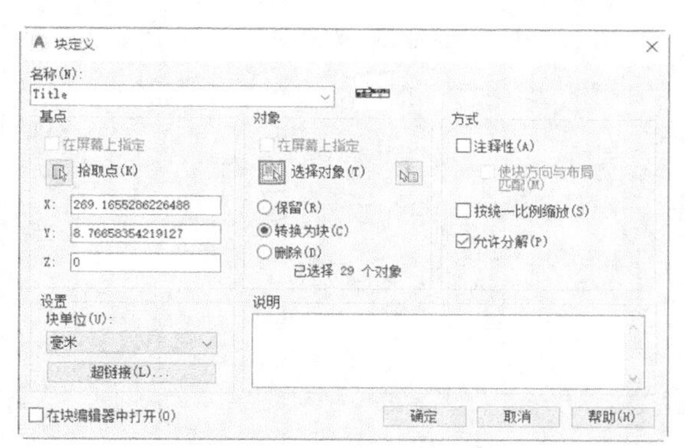

图 6-99　“块定义”对话框

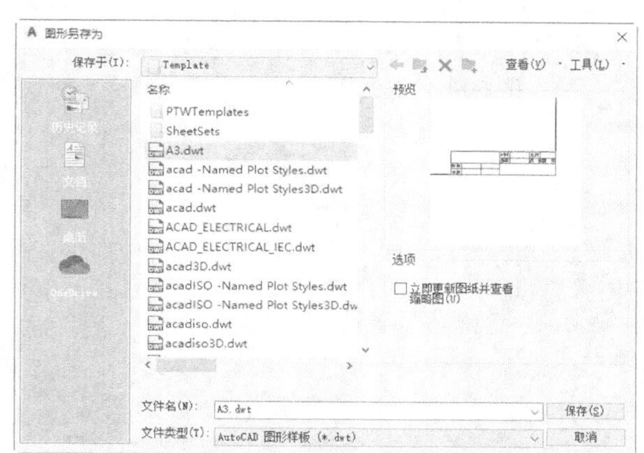

图 6-100　“图形另存为”对话框

9. 新建图形

（1）在激活的项目环境中单击“项目管理器”中的“新建图形”按钮，系统弹出“创建新图形”对话框，如图 6-101 所示。设置名称为“100-110-120”，模板选择“A3”。单击“确定”按钮，创建图纸。

（2）在“项目管理器”列表激活项目名称处单击鼠标右键，在弹出的快捷菜单中选择“描述”命令，如图 6-102 所示。系统弹出“项目描述”对话框，如图 6-103 所示。基于上一步的操作，左侧列表中的名称与标题栏属性一一对应。并一一输入图纸信息。单击“确定”按钮。此时标题栏参数并未发生变化。

（3）单击“项目”选项卡“其他工具”面板中的“标题栏更新”按钮，系统弹出“更新标

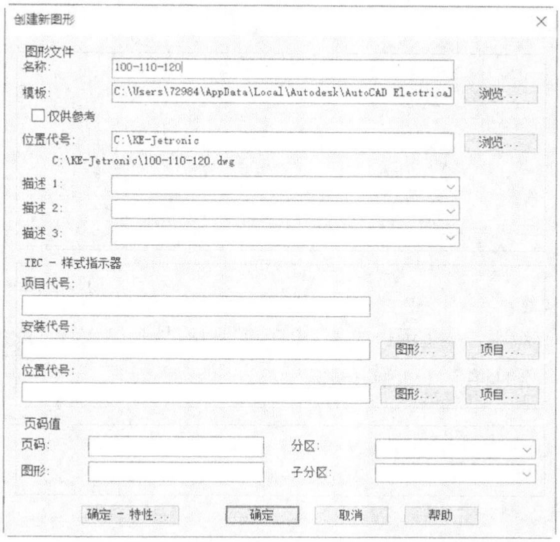

图 6-101　“创建新图形”对话框

题栏”对话框，各参数设置如图 6-104 所示。单击“确定应用于项目范围”按钮。系统弹出“选择要处理的图形”对话框，单击“全部执行”按钮，并单击“确定”按钮。标题栏参数更新，如图 6-105 所示。

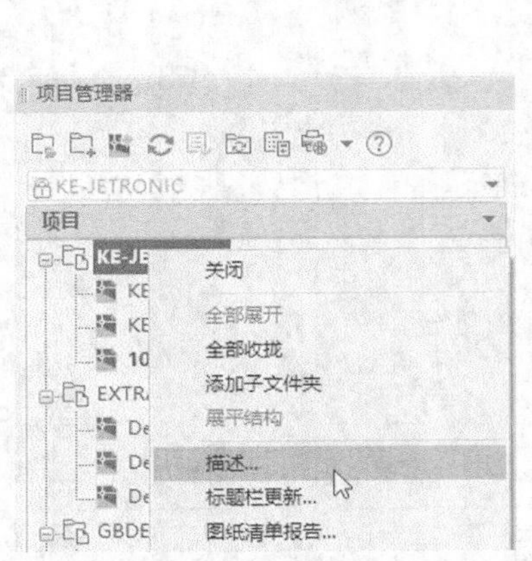

图 6-102　快捷菜单

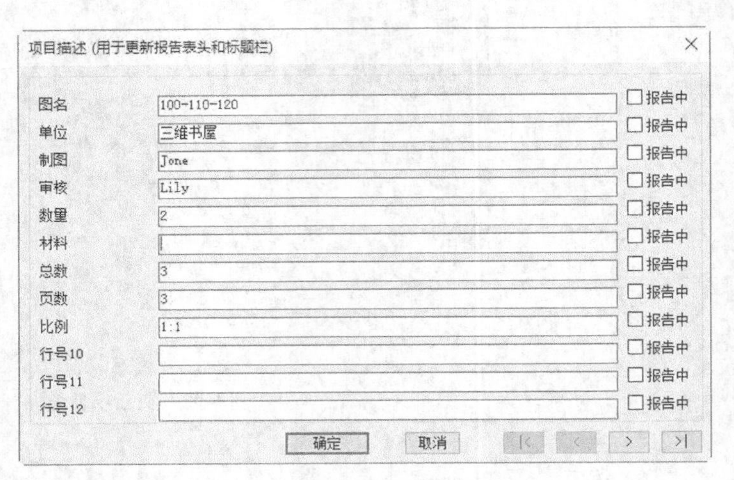

图 6-103　“项目描述”对话框

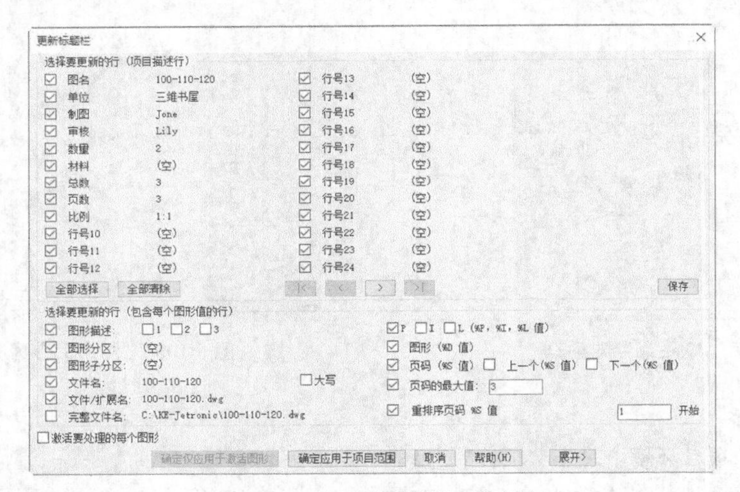

图 6-104　“更新标题栏”对话框

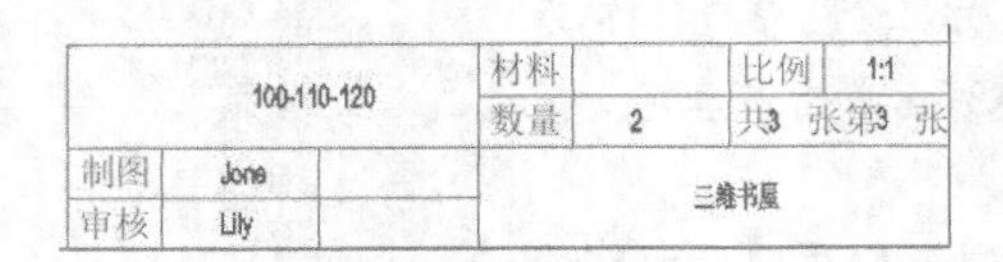

图 6-105　更新标题栏

提示：在定义不可见属性时，名称必须为“WD_TB”。在项目目录下创建的文件名称为<项目名>_wdtitle.wdl。

第7章

导线与元件插入

本章学习要点和目标任务

- 导线插入
- 元件的应用
- 线号/信号插入
- 导线属性注释

通过观察电气图纸我们会发现，电气图纸主要由两部分组成，分别是导线和元件。

本章将重点介绍导线的绘制、编辑，以及线号插入等。而元件的应用我们会在下一章节详细介绍。

元件属于 CAD 中定义的块，它增加了一系列的属性，并把这些带有属性的块定义成了元件。可以说源箭头、目标箭头及线号都属于一类元件，只不过这些元件表达特定的信息。

一般性的元件就是我们在绘图中常见的各种电器元件的符号，它们也就是本章介绍的主要内容。

7.1 导线插入

当线位于 AutoCAD Electrical 2022 工具集定义的导线图层上时，AutoCAD Electrical 2022 工具集会将线图元视为导线。用户可以在图形中设置多个导线图层。每个导线图层都有一个描述性名称，并可为其指定一种屏幕颜色以真实地模仿导线颜色。导线不必在捕捉点处开始或结束，也不必正交（它们可以任意角度斜交）。

7.1.1 多线的绘制

通过执行“多母线”命令，用户可以在电气原理图中插入具有自动连接特性的垂直或水平的多导线母线。母线间距默认为水平母线的默认阶梯横档间距。多母线布线会自动打断，并重新连接到在其路径中找到的任何基本元件上。若它经过任意现有布线，则会自动插入导线交叉间隔。

执行命令主要有如下 4 种方法。

- 命令行：aemultibus。
- 菜单栏：执行菜单栏中的“导线”→“多导线母线”命令。
- 工具栏：单击“导线”工具栏中的“多导线母线”按钮。
- 功能区：单击“原理图”选项卡“插入导线/线号”面板中的“多母线”按钮。

执行上述命令后，系统弹出“多导线母线”对话框，如图 7-1 所示。其中各项参数含义如下。

（1）“水平间距/垂直间距”：指定多母线横档之间的水平/垂直间距。此处的默认值是通过选择“项目特性”对话框“图形格式”选项卡处的“多导线间距”选项进行设置。

（2）元件（多导线）：从元件接线处接母线。

（3）其他母线（多导线）：从已有的母线处绘制母线。

（4）空白区域，水平/垂直走向：单击该单选按钮后，用户可在绘图区的空白区域绘制水平/垂直母线

- 导线数：指定多母线的导线根数，可以直接在“导线数”左侧一栏中输入导线数，也可单击右侧响应的按钮，选择导线数。

完成“多导线母线”对话框中的参数设置后，系统进入多母线绘制状态。根据命令行提示，首先指定第一个相位的起点，在命令行中输入选项“C”，继续绘制母线。若在命令行中输入“F”，则可以翻转母线折弯处的形状。最后，单击鼠标左键，完成母线绘制。命令行提示中各选项的含义如下。

（1）若用选项“继续（C）”响应提示，用户可以在当前光标位置处插入下一个导线，并继续插入导线。

（2）若用选项“导线类型（T）”响应提示，系统将显示“设置导线类型”对话框，如图 7-2 所示，从中可为新导线设定导线类型。

（3）若用选项“翻转（F）”响应提示，系统将会改变母线折弯处的形状，可以通过再次输入“F”，使母线折弯回到初始状态。

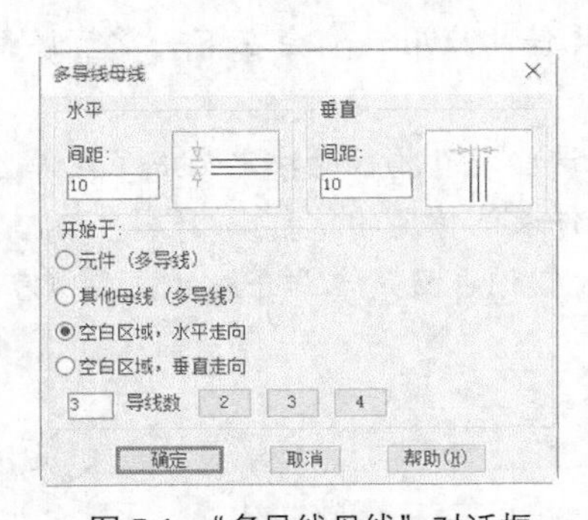

图 7-1 “多导线母线”对话框

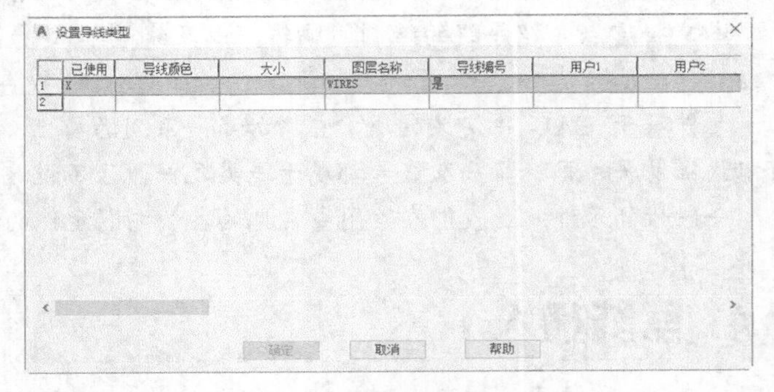

图 7-2 “设置导线类型”对话框

7.1.2 单线的绘制

插入各条导线或者插入多母线布线。

在电气原理图中插入具有自动连接特性的导线和导线交叉间隙/回路。执行“导线”命令只能绘制水平和垂直两种普通导线。

执行该命令主要有如下 4 种方法。

- 命令行：aewire。
- 菜单栏：执行菜单栏中的“导线”→“插入导线”命令。
- 工具栏：单击“导线”工具栏中的“插入导线”按钮。
- 功能区：单击“原理图”选项卡“插入导线/线号”面板“插入导线”下拉列表中的“导线”按钮。

执行上述命令后，根据系统提示指定导线的起点。可将光标放置在多母线导线上，无须执行“对象捕捉”命令，系统会自动捕捉多母线上一点，将其作为起点。在命令行中输入选项“C”，继续绘

制导线，也可以单击鼠标左键，完成导线绘制。然后按 Enter 键或单击鼠标右键，结束命令。命令行提示中各选项的含义如下。

（1）若用选项“地点垂直（V）/起点水平（H）”响应提示，系统将强制导线从上一个选择点起为垂直/水平方向。为导线选择第一个点后此选项可用。

（2）若用选项“继续（C）”响应提示，用户可以在当前光标位置处插入下一个导线，并继续插入导线。

（3）若用选项“导线类型（T）”响应提示，系统将显示“设置导线类型”对话框，如图 7-2 所示，从中可为新导线设定导线类型。

（4）若设置“碰撞关闭/启用”，在插入导线时暂时禁用或启用碰撞检查。系统将仅记住对当前任务的此设置。在 AutoCAD Electrical 2022 工具集重新启动时，会启用碰撞检查。

（5）若用选项“显示连接（X）”响应提示，系统将在导线接近元件时显示元件上的接线连接点。这些点将显示为临时图形。

7.1.3 插入阶梯

根据图形特性中的指定插入带有横档的阶梯和线参考号。

执行该命令主要有如下 3 种方法。

- 命令行：aeladder。
- 菜单栏：执行菜单栏中的“导线”→“阶梯”→“插入阶梯”命令。
- 功能区：单击“原理图”选项卡“插入导线/线号”面板“插入阶梯”下拉列表中的“插入阶梯”按钮。

执行上述命令后，系统弹出“插入阶梯”对话框，如图 7-3 所示。在执行该命令前，通过修改“图形特性：图形格式”对话框中的“阶梯默认设置”来确定阶梯式垂直或水平，如图 7-4 所示。单击“确定”按钮。在命令行提示下输入“导线类型（T）”并按 Enter 键，系统弹出“设置导线类型”对话框以设置新的导线类型。新的导线类型将成为当前导线类型，命令将继续进行阶梯插入。图 7-3 中各参数含义如下。

（1）“宽度”：指定阶梯宽度。

（2）“间距”：指定每条横档之间的距离。

（3）“长度”：指定阶梯的长度和横档的数目。用户可以输入阶梯总长度、阶梯横档数，或者将两者保留为空。

（4）“第一个参考”：指定阶梯的起始线参考。“索引”是线参考编号的增量数（默认值为 1）。如果用户不希望显示所有线参考号，可以执行 AutoCAD Electrical 2022 中的“删除”命令删除不想显示的线参考号。请勿删除顶级线参考号。此参考号是阶梯的 MLR 块，包含阶梯的智能设置。

（5）“相”：指定是创建单相阶梯，还是创建三相阶梯。如果指定创建三相阶梯，那么“宽度”和“绘制横档”选项将不可用。

（6）“绘制横档”：指定横档的绘制方式。

① “无母线”：只绘制线参考号。

② “无横档”：只绘制带有横档的热母线和中性母线。

③ “是”：在每个参考位置（跳过=0）自动包含一个横档，或每隔一个线参考位置（跳过=1）自动包含一个横档。

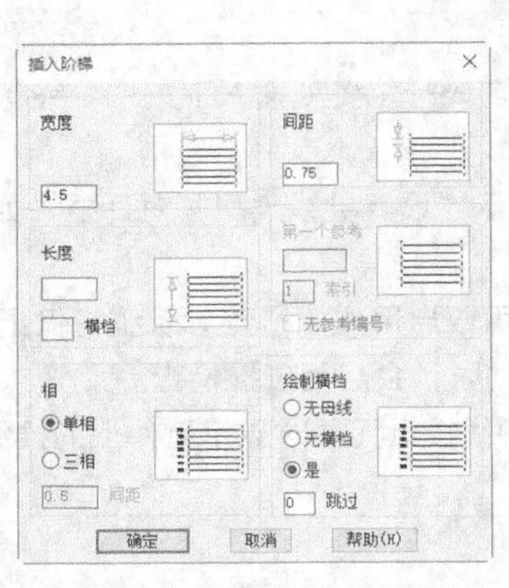

图 7-3 “插入阶梯”对话框

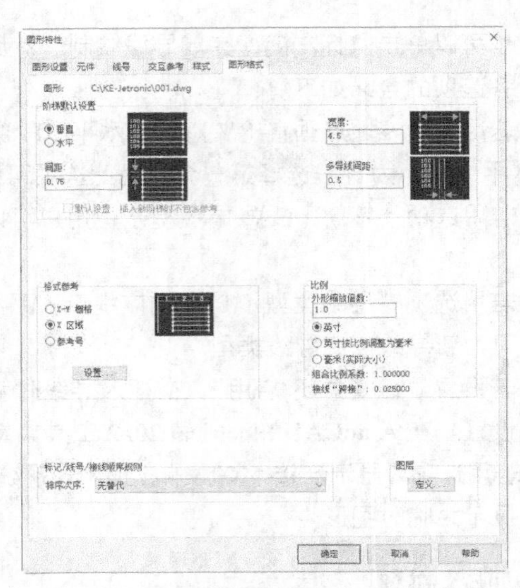

图 7-4 “阶梯默认值”设置

7.1.4 实例——双路自投供电简易图电源线绘制

本实例通过执行“多母线”命令及“导线”命令绘制双路自投供电简易图电源线，如图 7-5 所示。

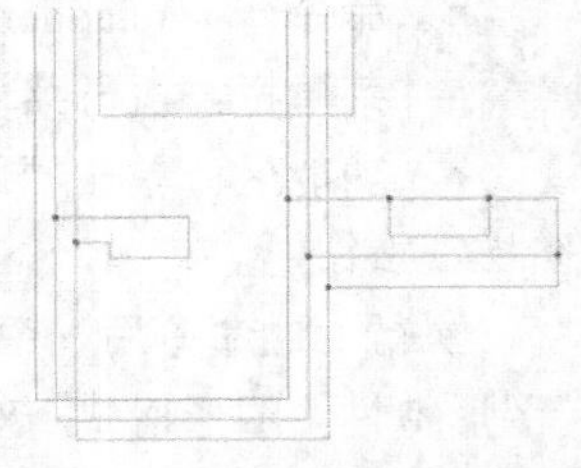

图 7-5 绘制双路自投供电简易图电源线

1. 新建项目

（1）单击“项目管理器”选项板上方的“新建项目”按钮，系统弹出“创建新项目”对话框，文件名为“双路自投供电简易图电源线绘制”，新的项目保存在 C 盘的“双路自投供电简易图电源线绘制”文件夹下。

（2）找到“KE-Jetronic2.dwg”图形，在右键快捷菜单中选择“复制到”命令，如图 7-6 所示，系统弹出“复制到”对话框，找到刚刚新建项目的根目录，如图 7-7 所示，然后单击“保存”按钮，添加新图形。

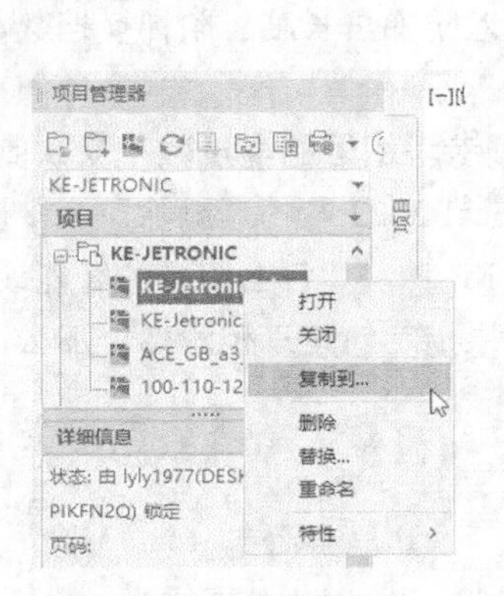

图 7-6 快捷菜单

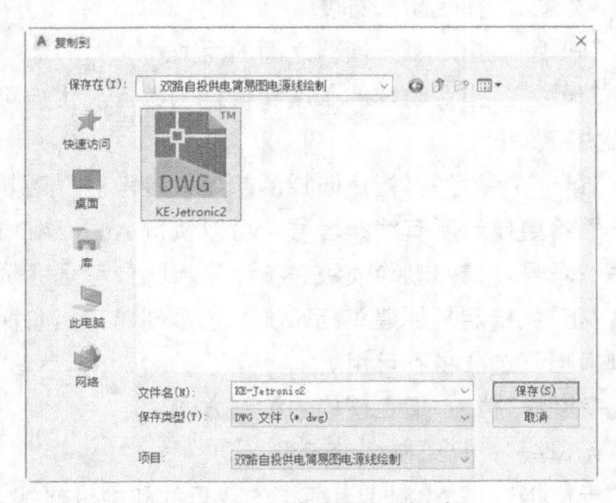

图 7-7 “复制到”对话框

（3）在新建的项目中找到“KE-Jetronic2.dwg”图形，在右键快捷菜单中选择“打开”命令，如图 7-8 所示，打开图形。

（4）继续在右键快捷菜单中选择“特性”子菜单中的“图形特性”命令，如图 7-9 所示，打开“图形特性”对话框，单击“样式”选项卡，将“布线的样式”栏中的“导线交叉”设置为实心，“导线 T 形相交”设置为点，如图 7-10 所示，然后单击“确定”按钮，返回绘图软件。

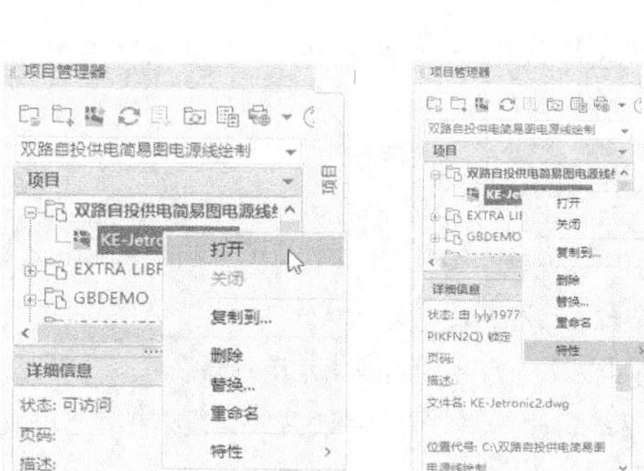

图 7-8　打开图形

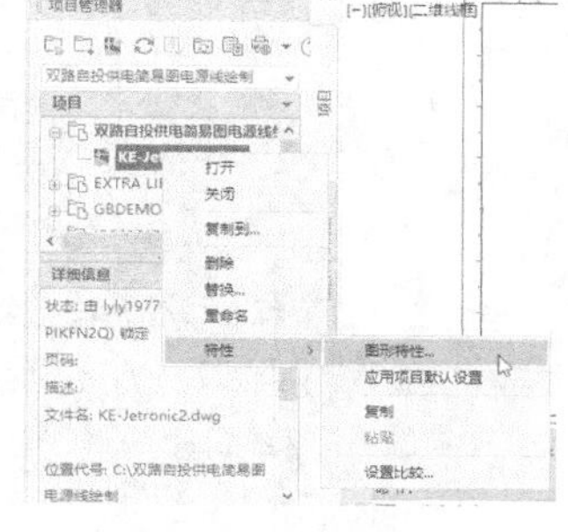

图 7-9　图形特性

图 7-10　设置布线样式

2. 绘制多母线导线

（1）单击“原理图”选项卡“插入导线/线号”面板中的“多母线”按钮，系统弹出“多导线母线”对话框，参数设置如图 7-11 所示。单击“确定”按钮。

（2）系统回到绘图窗口绘制多母线电路图。命令行提示与操作如下。

命令：_aemultibus↙

当前导线类型：“RED_2.5mm^2”

第一个相位的起点 [导线类型(T)]：T↙（系统弹出“设置导线类型”对话框，如图 7-12 所示。设置导线属性，然后单击“确定”按钮）

当前导线类型：“RED_2.5mm^2”

第一个相位的起点 [导线类型(T)] 到：（在样板图左上角单击鼠标左键，此位置作为第一个相位起点）

(T=导线类型)(继续(C)/翻转(F))：F↙（向下拖动光标，然后向右拖动光标，翻转多线转弯方式）C↙（向上拖动鼠标继续绘制电源线）

到（继续(C)/翻转(F))：F↙（翻转多线转弯方式，然后在适当位置单击鼠标左键结束导线绘制）

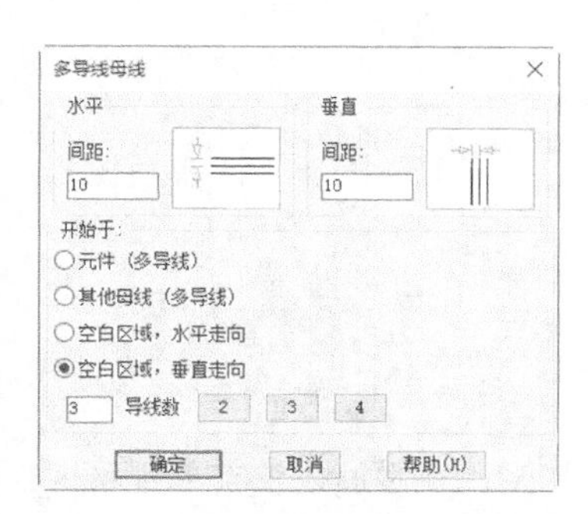

图 7-11　“多导线母线”对话框

设置导线类型

	已使用	导线颜色	大小	图层名称	导线编号	用户1	用户2
45	X	RED	2.5mm^2	RED_2.5mm^2	是		
46		RED	4.0mm^2	RED_4.0mm^2	是		
47		RED	6.0mm^2	RED_6.0mm^2	是		
48		TAN	0.5mm^2	TAN_0.5mm^2	是		
49		TAN	0.75mm^2	TAN_0.75mm^2	是		
50		TAN	1.0mm^2	TAN_1.0mm^2	是		
51		TAN	1.5mm^2	TAN_1.5mm^2	是		
52		TAN	10.0mm^2	TAN_10.0mm^2	是		
53		TAN	16.0mm^2	TAN_16.0mm^2	是		
54		TAN	2.5mm^2	TAN_2.5mm^2	是		
55		TAN	4.0mm^2	TAN_4.0mm^2	是		
56		TAN	6.0mm^2	TAN_6.0mm^2	是		
57		VIO	0.5mm^2	VIO_0.5mm^2	是		
58		VIO	0.75mm^2	VIO_0.75mm^2	是		

确定　取消　帮助

图 7-12　“设置导线类型”对话框

绘制的多线电源线 1 如图 7-13 所示。

（3）重复执行“多母线”命令，系统弹出“多导线母线”对话框，参数设置如图 7-11 所示。在“开始于”选项组中单击“其他母线（多导线）”单选按钮，将“导线数”设置为“2”，将“间距”设置为“30”，单击“确定”按钮。

（4）系统回到绘图窗口。单击自左向右第 4 条导线上的一点，将其设为起始点，向右拖动光标，光标依次经过第 5 条、第 6 条电源线。继续向右拖动光标，在终点处单击鼠标，完成多线电源线 2 的绘制，如图 7-14 所示。

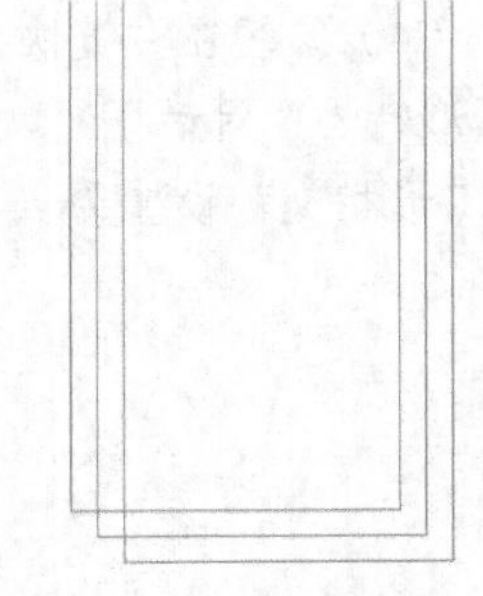

图 7-13　绘制多线电源线 1

3. 绘制单导线

（1）单击“原理图”选项卡“插入导线/线号”面板“插入导线”下拉列表中的“导线”按钮，绘制导线 1，如图 7-15 所示。命令行提示与操作如下。

```
命令: _aewire↙
插入导线
当前导线类型: "RED_2.5mm^2"
指定导线起点或 [导线类型(T)/X=显示连接]: (在适当位置单击鼠标左键作为起点并向下拖动鼠标)
指定导线末端或 [V = 起点垂直/H = 起点水平/TAB = 碰撞关闭/继续(C)]:(向右绘制水平导线)
指定导线末端或 [V = 起点垂直/H = 起点水平/TAB = 碰撞关闭/继续(C)]: (向上绘制竖向直线，在适当位置单击鼠标左键结束导线绘制)
指定导线末端或 [V = 起点垂直/H = 起点水平/TAB = 碰撞关闭/继续(C)]: ↙
指定导线起点或 [快速移动(S)/导线类型(T)/X=显示连接]: ↙
```

（2）用同样的方法绘制导线 2，如图 7-16 所示。命令行提示与操作如下。

```
命令: _aewire↙
插入导线
当前导线类型: "RED_2.5mm^2"
指定导线起点或 [导线类型(T)/X=显示连接]: (在适当位置单击鼠标左键，将此位置作为起点并向右绘制水平直线)
指定导线末端或 [V = 起点垂直/H = 起点水平/TAB = 碰撞关闭/继续(C)]:C↙(继续绘制导线并向下拖动光标)
指定导线末端或 [V = 起点垂直/H = 起点水平/TAB = 碰撞关闭/继续(C)]:C↙(继续绘制导线并向上拖动光标)
指定导线末端或 [V = 起点垂直/H = 起点水平/TAB = 碰撞关闭/继续(C)]:C↙(继续绘制导线并向左拖动光标)
指定导线末端或 [V = 起点垂直/H = 起点水平/TAB = 碰撞关闭/继续(C)]: (在遇到的第一条导线重合处单击鼠标左键完成导线绘制)
指定导线起点或 [快速移动(S)/导线类型(T)/X=显示连接]: ↙
```

（3）用同样的方法绘制剩余电源线，绘制结果如图 7-5 所示。

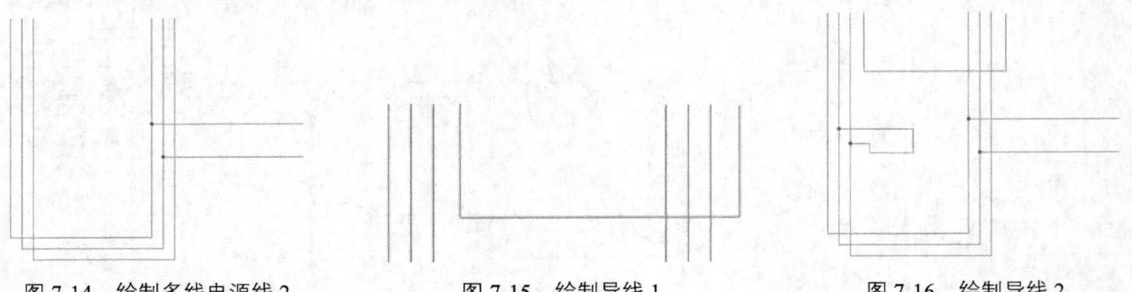

图 7-14　绘制多线电源线 2　　图 7-15　绘制导线 1　　图 7-16　绘制导线 2

（4）保存图形后关闭当前的图形，选中“KE_Jetronic2.dwg”图形，在右键快捷菜单中将图形重新命名为“双路自投供电简易图电源线绘制”。

7.1.5 22.5° /45° /67.5° 导线

在电气原理图中插入与水平方向呈 22.5° /45° /67.5° 的导线段，用户可以在导线图层（该导线图层不一定是当前图层）中插入角度为 22.5° /45° /67.5° 的导线段，也可以执行 AutoCAD Electrical 2022 "插入直线" 命令在有效的导线图层上插入 AutoCAD Electrical 2022 工具集导线。

执行该命令主要有如下 4 种方法。

- 命令行：AE225/45/675WIRE。
- 菜单栏：执行菜单栏中的 "导线" → "角度导线" → "插入 22.5° /45° /67.5° 导线" 命令。
- 工具栏：单击 "导线" 工具栏中的 "插入 22.5° /45° /67.5° 导线" 按钮。
- 功能区：单击 "原理图" 选项卡 "插入导线/线号" 面板 "插入导线" 下拉列表中的 "22.5° /45° /67.5° " 按钮。

执行上述命令后，根据系统提示指定导线的起点。可将光标放置在多母线导线上，无须执行 "对象捕捉" 命令，系统会自动捕捉多母线上一点为起点。在命令行中输入选项 "C"，继续绘制与水平向呈 22.5° /45° /67.5° 的导线，也可以单击鼠标左键，完成导线绘制，然后按 Enter 键或单击鼠标右键，结束命令。命令行提示中各选项的含义如下。

- 若用选项 "地点垂直（V）/起点水平（H）" 响应提示，系统将强制导线从上一个选择点起为垂直/水平方向。为导线选择第一个点后此选项可用。
- 若用选项 "继续（C）" 响应提示，用户可以在当前光标位置处插入下一个导线，并继续插入导线。
- 若用选项 "导线类型（T）" 响应提示，系统将显示 "设置导线类型" 对话框，如图 7-12 所示，从中可为新导线设定导线类型。
- 若按 Enter 键，则系统结束角度导线绘制，但是可以通过 "九十度（N）" 选项，继续绘制水平向或竖直向导线。
- 若用选项 "九十度（N）" 响应提示，则根据提示绘制水平向或竖直向导线。在插入导线时暂时禁用或启用碰撞检查。系统将仅记住对当前任务的此设置。在 AutoCAD Electrical 2022 工具集重新启动时，会启用碰撞检查。
- 若用选项 "显示连接（X）" 响应提示，系统将在导线接近元件时显示元件上的接线连接点。这些点将显示为带有临时图形。

以上 3 个角度导线绘制如图 7-17 所示。

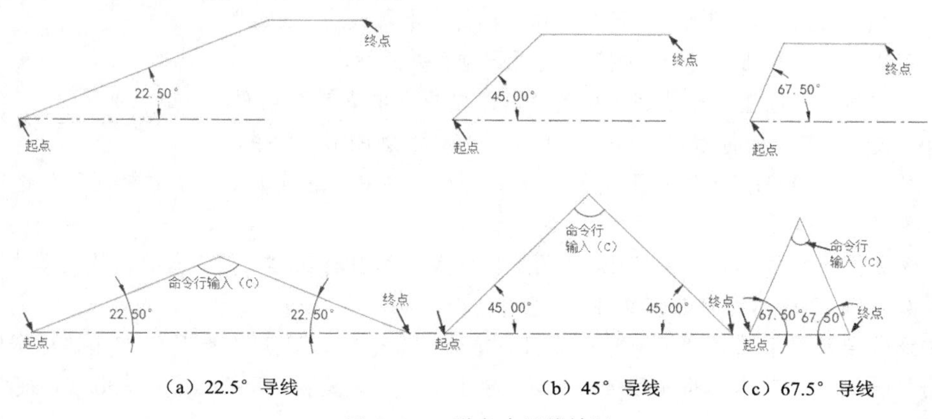

图 7-17 3 种角度导线绘制

7.1.6 插入导线间隙

用户可以根据电气原理图的需要插入、删除或翻转导线间隙。

在选定的导线交叉处根据图形设置中的定义插入间隙或回路。可以通过在“项目特性”对话框“样式”选项卡“布线样式”选项组中选择“实心”来关闭自动间隙/回路功能。

执行该命令主要有如下 3 种方法。

- 命令行：aewiregap。
- 工具栏：单击“导线”工具栏中的“插入导线间隙”按钮。
- 功能区：单击“原理图”选项卡“插入导线/线号”面板“插入导线”下拉列表中的“间隙”按钮。

执行上述命令后，根据系统提示选择要保留实体的导线，然后选择要设置间隙的交叉导线，需要注意的是在执行命令过程中可以选择多条导线设置间隙。然后按 Enter 键结束命令的执行。命令行提示中各选项的含义如下。

- “选择要保留实体的导线”：在电气原理图中选择一条要保留为实体的导线。
- “选择要设置间隙的交叉导线”：选择与要保留实体的导线相交的导线插入缝隙。

导线间隙设置样式如图 7-18 所示。

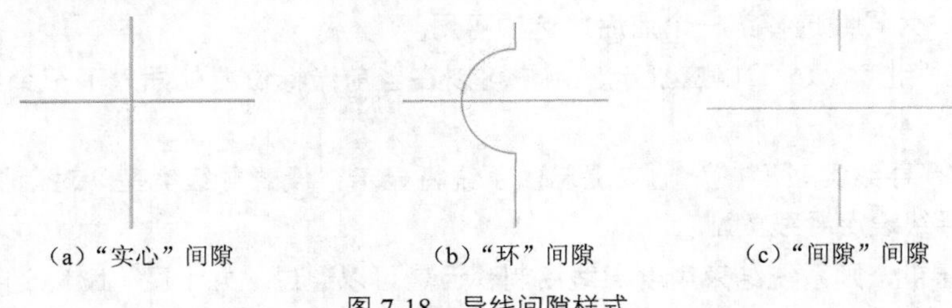

(a)“实心”间隙　(b)“环”间隙　(c)“间隙”间隙

图 7-18 导线间隙样式

7.1.7 实例——手动插入间隙

在绘制电气原理图的过程中一般会自动插入间隙，而在一些特殊情况下需要手动插入间隙，本实例将通过执行“间隙”命令手动插入间隙，如图 7-19 所示。

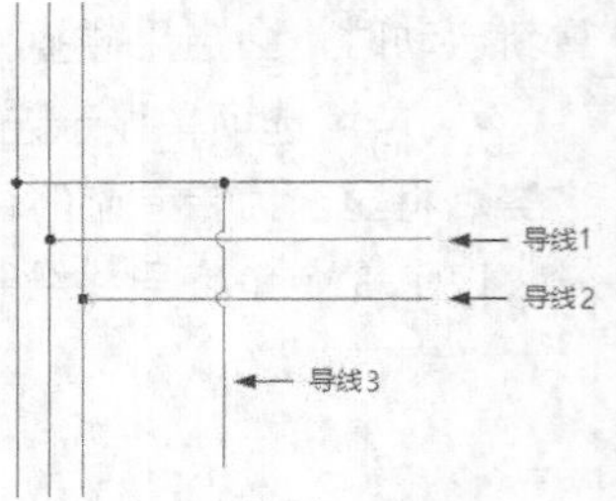

图 7-19 手动插入间隙

(1) 单击“项目管理器”选项列表中的“打开项目”按钮，系统弹出“选择项目文件”对话框，选择“双路自投供电简易图电源线绘制.wdp”文件，如图 7-20 所示。单击“打开”按钮。打开该项目并激活。

(2) 单击“项目管理器”选项列表中的“双路自投供电简易图电源线绘制.wdp”文件，单击鼠标右键在快捷菜单中选择“添加图形”命令，将源文件中的“双路 0001.dwg”图形文件，添加到本项目中。继续单击“项目管理器”选项列表中的“刷新”按钮，刷新项目。

(3) 在激活项目中的“双路 0001.dwg”图形文件处单击鼠标右键，在弹出的快捷菜单中单击“打开”按钮，如图 7-22 所示。打开该文件。

(4) 右键快捷菜单中选择“特性”→“图形特性”命令，如图 7-20 所示，打开“图形特性”对话框，单击“样式”选项卡，将布线的样式，“导线交叉”设置为“环”，然后单击“确定”按钮，返回绘图软件。

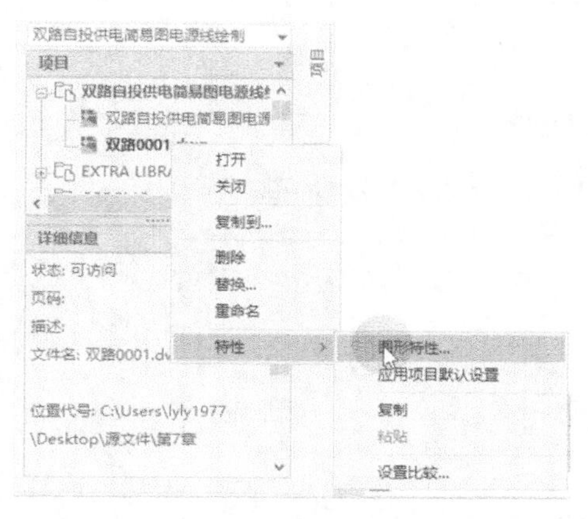

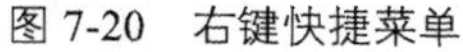
图 7-20　右键快捷菜单

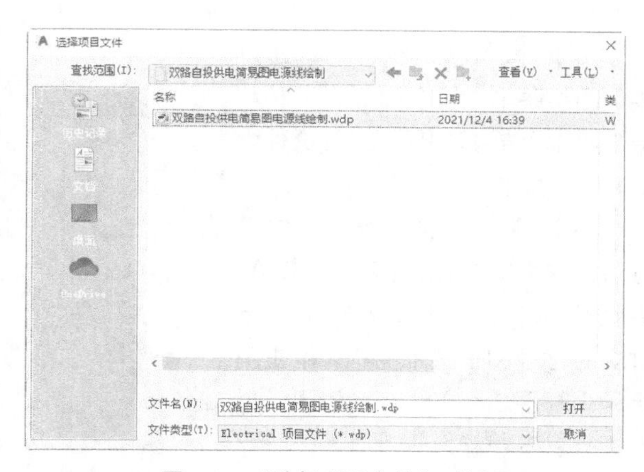

图 7-21　“选择项目文件”对话框

（5）单击“原理图”选项卡“插入导线/线号”面板“插入导线”下拉列表中的“间隙”按钮，在命令行提示下选择导线 1、导线 2 为保留实体的导线，选择导线 3 为设置间隙的导线。命令行提示与操作如下。

```
命令: _aewiregap↙
导线交叉间隙/回路
选择要保留实体的导线: (选择导线 1)
 选择要设置间隙的交叉导线: (选择导线 3)↙
 选择要保留实体的导线: (选择导线 2)↙
选择要设置间隙的导线: (选择导线 3)↙
```

最终结果如图 7-14 所示。

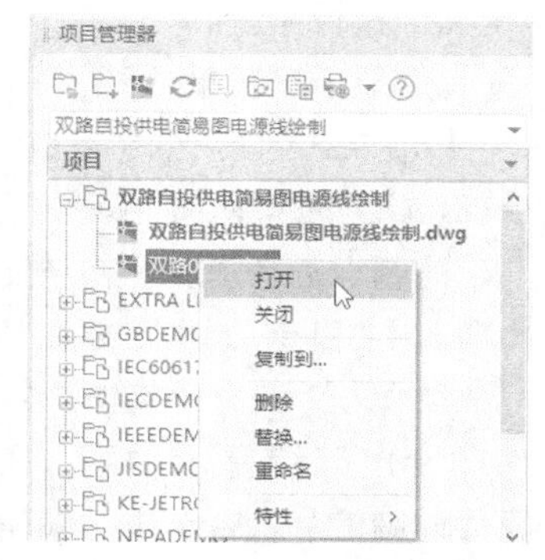

图 7-22　打开“双路 0001.dwg”图形文件

7.2 元件的应用

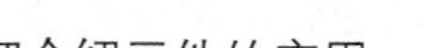

电气原理图主要由导线和元件组成，上一节我们介绍了导线的绘制，那么本节将详细介绍元件的应用。

7.2.1 插入元件

通过执行软件中的“响应”命令，从图标菜单中选择元件到电气原理图中，执行该命令主要有如下两种方法。

- 功能区：单击“原理图”选项卡“插入元件”面板“插入元件”下拉列表中的“目标浏览器”按钮。
- 功能区：单击“原理图”选项卡“插入元件”面板“插入元件”下拉列表中的“图标菜单”按钮。

执行上述命令之后，系统弹出“插入元件”对话框，如图 7-23 所示。对话框中各参数含义如下。

（1）“菜单”按钮：单击该按钮可以更改“菜单”树视图的可见性。

（2）“到上一级”按钮：显示“菜单”树视图中当前菜单的上一级菜单。如果选择了“菜单”树视图中的主菜单，则此选项不可用。

（3）“视图”按钮：单击“视图”按钮，系统弹出下拉菜单。选项包括带文字的图标、仅图标或列表视图。通过单击不同的选项以更改“符号预览”窗口和“最近使用的”窗口的视图显示。

（4）“菜单”树状结构：通过读取图标菜单文件（.dat）创建树状结构。树状结构取决于在.dat 文件中定义的子菜单的排列顺序。

（5）“符号预览”窗口：位于对话框的中间位置，显示与“菜单”树状结构中选定的菜单或子菜单对应的符号和子菜单图标。单击图标，令基于.dat 文件定义的图标特性执行以下功能之一。

① 在图形上插入符号或回路。

② 执行命令。

③ 显示子菜单。

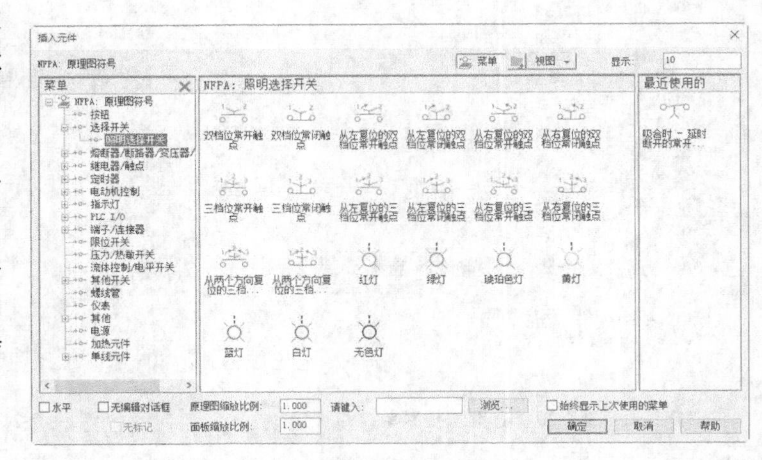

图 7-23 “插入元件”对话框

（6）“最近使用的”窗口：显示在当前编辑任务期间最后插入的元件；最近使用的图标将显示在顶部。此列表将遵循“符号预览”窗口中的视图选项设置（“仅图标”“带文字的图标”“列表视图”）。显示的图标总数取决于在“显示”编辑框中指定的值。

（7）“显示”：指定要在“最近使用的”列表框中显示的图标数。请仅输入整数，默认值为 10。

（8）“水平”：垂直方向或水平方向插入图标。此值与图形的默认阶梯横档方向相反。

（9）“无编辑对话框”：在将符号插入图形时，关闭“插入/编辑元件”对话框。如果以后要添加元件详细信息，请单击“编辑元件”工具，然后选择要编辑的元件。

（10）“无标记”：插入未标记的元件（即未指定唯一元件标记）。显示的未标记的值是元件的 TAG1/TAG2 默认值。如果以后要添加元件详细信息，请单击“编辑元件”工具，然后选择要编辑的元件。

（11）“始终显示上次使用的菜单”：指明在每次打开“插入元件”对话框时显示上次使用的菜单。例如，如果从“按钮”菜单插入按钮，下次再打开“插入元件”对话框时，在默认情况下将显示“按钮”菜单。

（12）“原理图缩放比例”：指定元件块的插入比例。将默认为在“图形特性”→“图形格式”对话框中设置的值。设置比例后，将保留该比例值，直到重置或图形编辑任务完成。

（13）“面板缩放比例”：指定示意图插入比例。将默认为在“图形特性”→“图形格式”对话框中设置的值。设置比例后，将保留该比例值，直到重置或图形编辑任务完成。

（14）“请键入”：手动键入要插入的元件块。

（15）“浏览”：查找并选择要插入的元件。

1.“菜单”树状结构视图的选项

在“菜单”树状结构视图中的主菜单或子菜单上单击鼠标右键以显示以下选项。

（1）“展开/收拢”：切换菜单的可见性。

（2）“特性”：打开“特性”对话框以查看现有菜单或子菜单特性，如菜单名、图像或子菜单标题。使用图标菜单向导可以更改任何菜单特性。

2.“符号预览”窗口的选项

在“符号预览”窗口中的图标上或空白区域内单击鼠标右键，以显示以下选项。

（1）视图：更改“符号预览”窗口及“最近使用的”窗口的视图显示。当前视图选项使用复选标记指明。选项包括“带文字的图标”“仅图标”“列表视图”。

（2）特性：（仅适用于图标）打开“特性”对话框以查看现有的符号图标特性，如图标名、图像、块名等。使用图标菜单向导可以更改任何图标特性。

“菜单”树状结构将显示选定元件类型（气动元件、液压元件或 P&ID 元件）的符号。通过功能区上的“原理图”选项卡“插入元件”面板或者通过“附加库”工具栏，可以访问“插入气动元件”“插入液压元件”“插入 P&ID 元件”工具。

3. 插入多相元件符号

若插入带熔断器的三极隔离开关，系统弹出图 7-24 所示的对话框。

单击 <<═ 左 按钮，元件以选中点为参考点向导线左侧插入；单击 右 ═>> 按钮，元件以选中点为参考点向导线右侧插入。

构建到左侧还是右侧?

<<═ 左　右 ═>>

取消

图 7-24 “构建到左侧还是右侧？”对话框

7.2.2 多次插入元件

在 AutoCAD Electrical 2022 应用中，执行“多次插入（图标菜单）”命令可以实现一次插入多个相同元件的操作，大大提高用户的绘图效率。

选择要插入的辅元件类型，并在图形中选择栏选点，以便在栏选线与基本导线的每个交叉点处进行插入。执行该命令主要有如下两种方法。

- 功能区：单击“原理图”选项卡“插入元件”面板“多次插入”下拉列表中的“多次插入（图标菜单）”按钮。
- 功能区：单击“原理图”选项卡“插入元件”面板“多次插入”下拉列表中的“多次插入（拾取主要项）”按钮。

在执行“多次插入（图标菜单）”命令后，系统弹出图 7-23 所示的“插入元件”对话框。在该对话框中通过栏选选中要插入的元件，系统回到绘图区；而在执行“多次插入（拾取主要项）”命令后，在绘图区选择要多次插入的元件。关闭“对象捕捉”功能，然后栏选要插入元件的导线，选择完成后单击鼠标右键结束命令的执行。系统弹出“保留？”对话框，如图 7-25 所示。对话框中各参数含义如下。

（1）“保留此项”：保留当前插入的元件。

（2）“全部保留，不询问”：将保留多次插入的所有元件，且系统不再弹出“保留？”对话框。

（3）“否，跳到下一页”：系统不保留当前插入元件，转到下一插入点。

（4）“在每项后面显示编辑对话框”：在插入当前元件后，系统会弹出“插入/编辑元件”对话框，如图 7-26 所示。可以在该对话框中完成对元件的注释。

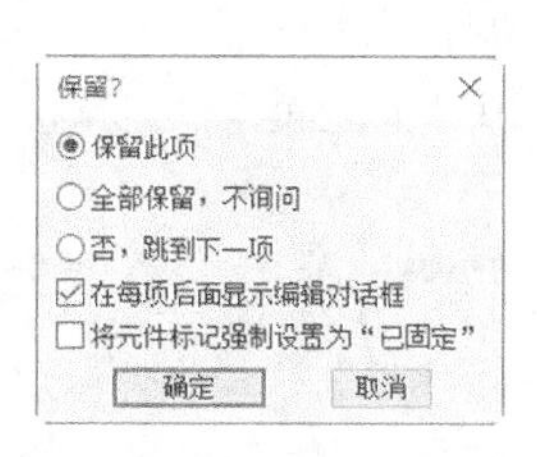

图 7-25 “保留？”对话框

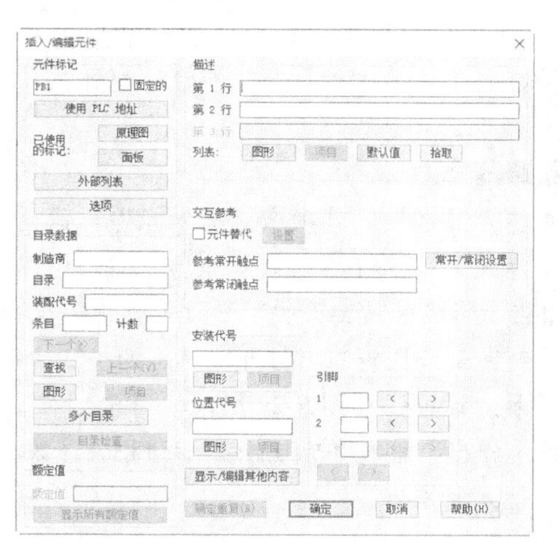

图 7-26 “插入/编辑元件”对话框

（5）“将元件标记强制设置为‘已固定’”：固定插入的对应元件。

7.2.3 用户定义的列表

从具有目录指定的元件的已定义列表中插入原理图元件。执行该命令主要有如下 3 种方法。

- 命令行：aecomponentcat。
- 菜单栏：执行菜单栏中的“元件”→“插入元件（列表）”→“插入元件（用户定义的列表）”命令。
- 功能区：单击“原理图”选项卡“插入元件”面板“图标菜单”下拉列表中的“用户定义的列表”按钮。

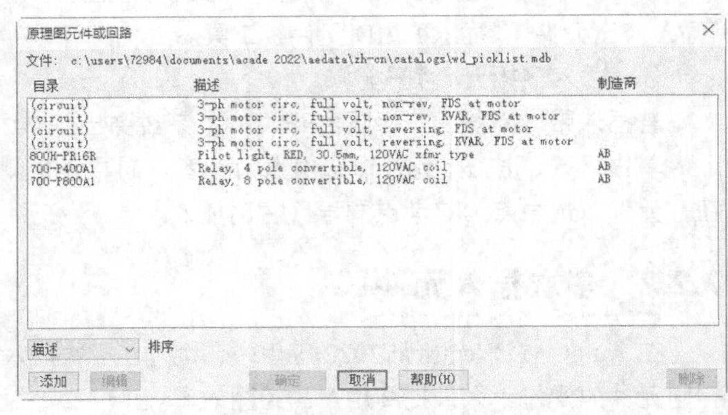

图 7-27 “原理图元件或回路”对话框

执行上述命令后，系统弹出“原理图元件或回路”对话框，如图 7-27 所示。按目录、描述或制造商对元件列表进行排序。选择要插入的元件，单击“确定”按钮。在激活图形中指定插入点。系统弹出“插入/编辑元件”对话框，在该对话框中进行任意更改，然后单击“确定”按钮。

7.2.4 实例——双路自投供电简易图元件插入

在前面实例中，我们已经演示了电源线的绘制，本实例我们将详细介绍如何在电路里插入元件，如图 7-28 所示。

1. 打开图形文件

（1）单击“项目管理器”选项列表中的“打开项目”按钮，系统弹出“选择项目文件”对话框，选择“双路自投供电简易图电源线绘制.wdp”文件，单击“打开”按钮，打开该项目并激活。

（2）在激活项目中的“双路自投供电简易图电源线绘制.dwg”图形文件处单击鼠标右键，在弹出的快捷菜单中单击“打开”按钮。打开该文件。

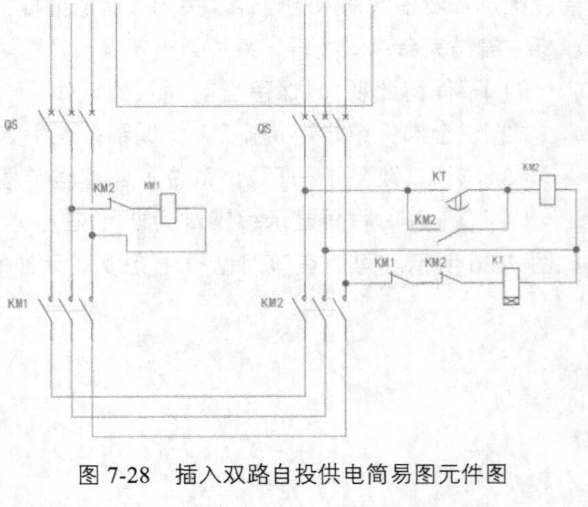

图 7-28 插入双路自投供电简易图元件图

2. 断路器插入

（1）单击“原理图”选项卡“插入元件”面板中的“图标菜单”按钮。系统弹出“插入元件”对话框，将“原理图缩放比例”设置为“2”。在对话框中单击“断路器/隔离开关”→“三极断路器”→“断路器”图标。

（2）系统回到绘图窗口，打开“对象捕捉”功能，捕捉垂直电源线最左侧导线上端一点并单击，系统弹出提示对话框，如图 7-29 所示，单击“右”按钮。

（3）系统弹出“插入/编辑元件”对话框，修改“元件标记”为“QS”，如图 7-30 所示。单击“确定”按钮。插入断路器。

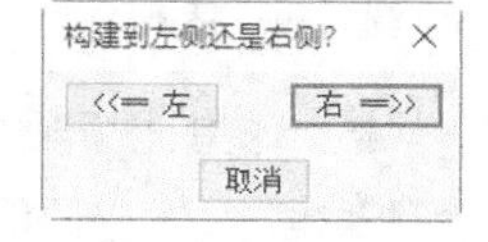

图 7-29　提示对话框

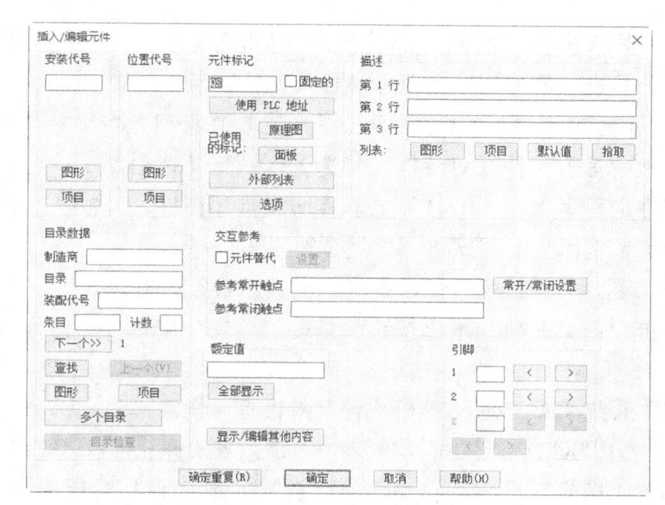

图 7-30　“插入/编辑元件”对话框

（4）双击“QS”按钮，系统弹出“增强属性编辑器”对话框，单击“特性”选项卡，在“颜色”下拉列表中选择“红”，如图 7-31 所示，单击“确定”按钮。插入的断路器 1 如图 7-32 所示。

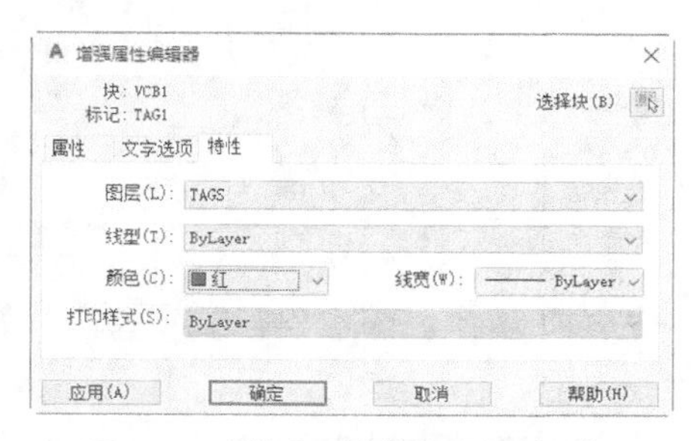

图 7-31　“增强属性编辑器”对话框

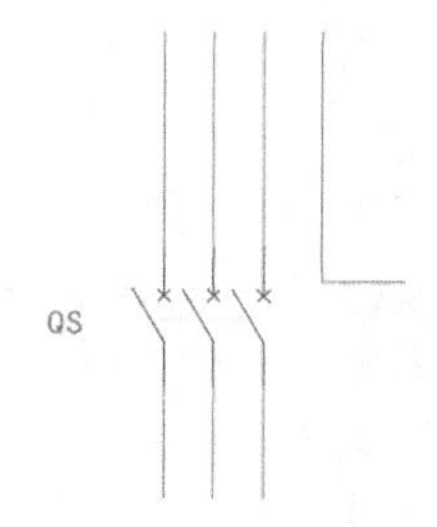

图 7-32　断路器 1 插入

（5）重复上述命令，插入右侧的断路器。系统弹出提示对话框，在该对话框中点单击“使用重复的元件标记 QS”单选按钮，如图 7-33 所示。单击“确定”按钮。将断路器 2 插入适当位置，如图 7-34 所示。

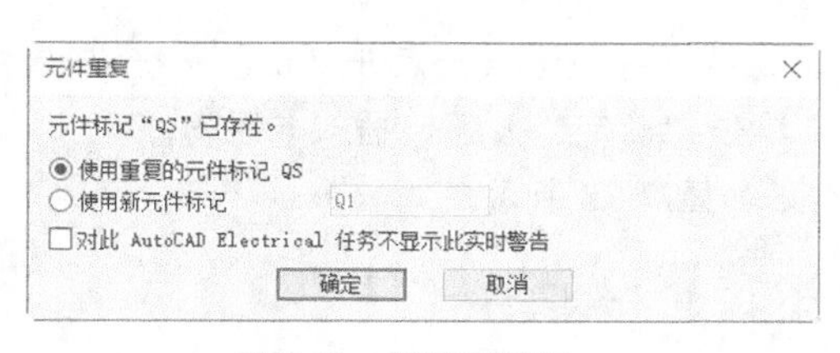

图 7-33　提示对话框

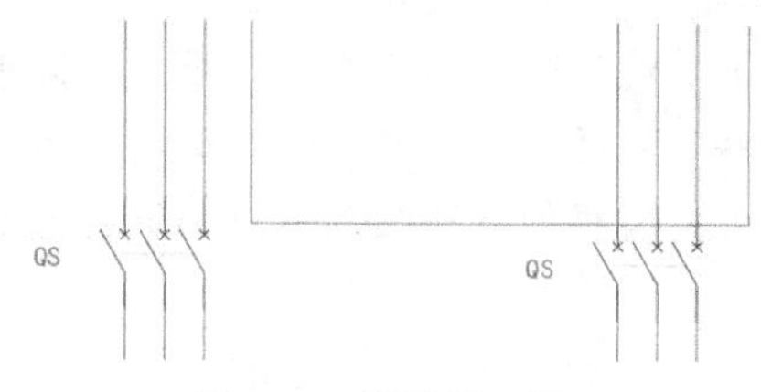

图 7-34　断路器 2 插入

3. 常闭触点插入

（1）重复执行“图标菜单”命令，系统弹出“插入元件”对话框，勾选“水平”复选框，单击“继电器和触点”→“继电器常闭触点”图标。

（2）系统回到绘图窗口，打开“对象捕捉”功能，捕捉电源线适当一点并单击，系统弹出“插入/编辑元件”对话框，修改“元件标记”为“KM2”，单击“确定”按钮，将文字颜色改为红色，插入常闭触点。如图 7-35 所示。

4．多次执行“插入”命令插入常闭触点

（1）单击“原理图”选项卡“插入元件”面板“多次插入”下拉列表中的“多次插入（图标菜单）”按钮，系统弹出“插入元件”对话框，勾选“水平”复选框，单击“继电器和触点”→“继电器常闭触点”图标。

（2）系统回到绘图窗口，通过窗选方式选择水平导线两处位置，单击鼠标右键，系统弹出“保留？”对话框，单击“保留此项”单选按钮，单击“确定”按钮，如图 7-36 所示。

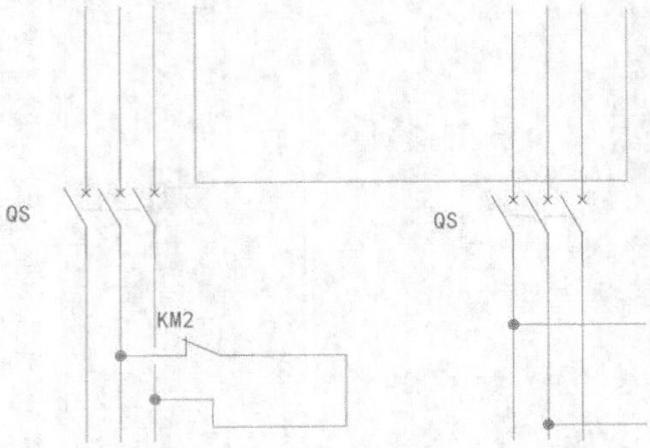

图 7-35　常闭触点插入 1

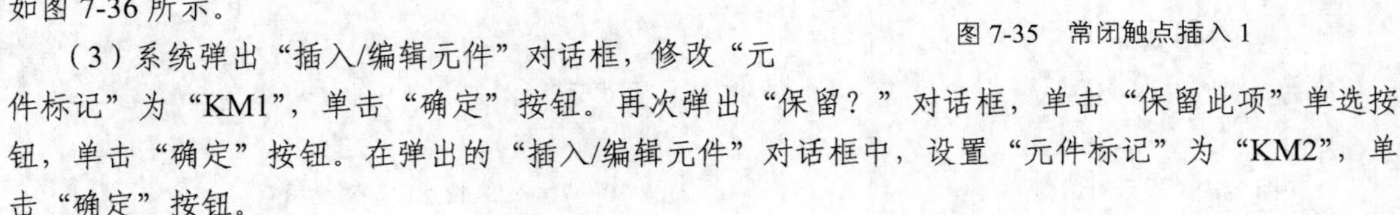

（3）系统弹出“插入/编辑元件”对话框，修改“元件标记”为“KM1”，单击“确定”按钮。再次弹出“保留？”对话框，单击“保留此项”单选按钮，单击“确定”按钮。在弹出的“插入/编辑元件”对话框中，设置“元件标记”为“KM2”，单击“确定”按钮。

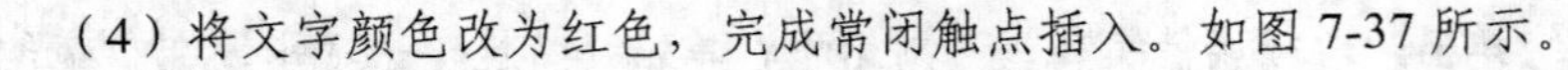

（4）将文字颜色改为红色，完成常闭触点插入。如图 7-37 所示。

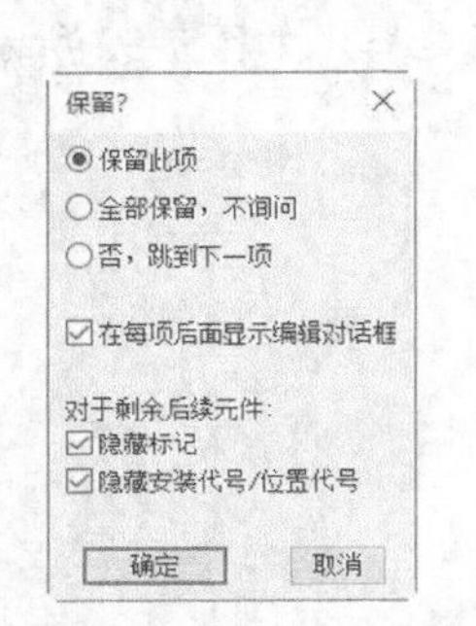

图 7-36　“保留？”对话框

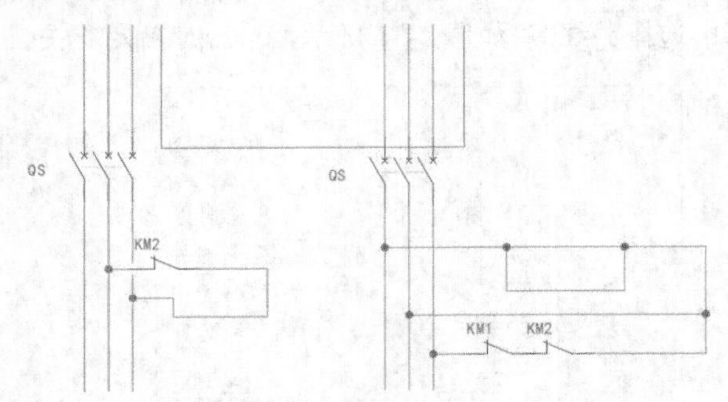

图 7-37　常闭触点插入 2

5．插入继电器

（1）单击“原理图”选项卡“插入元件”面板“图标菜单”下拉列表中的“用户定义的列表”按钮，系统弹出“原理图元件或电路”对话框，如图 7-27 所示。在对话框中选择“700-P800A1”元件，单击“确定”按钮。

（2）系统回到绘图窗口，打开“对象捕捉”功能，捕捉导线适当一点并单击，系统弹出“插入/编辑元件”对话框，修改“元件标记”为“KM1”，单击“确定”按钮，插入电阻器。

（3）用同样的方法插入另一个继电器 KM2，结果如图 7-38 所示。

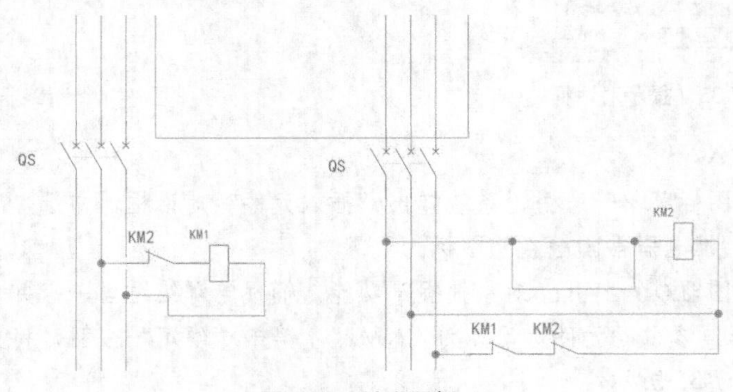

图 7-38　继电器插入

6. 三极接触器插入

（1）重复执行“图标菜单”命令，系统弹出“插入元件”对话框，设置“原理图缩放比例”为“2”，单击“电动机控制”→“电动机起动器”→“带三极常开触点的电动机起动器”图标。

（2）系统回到绘图窗口，打开“对象捕捉”功能，捕捉垂直电源线最左侧导线适当一点并单击，系统弹出提示对话框。单击“右”按钮。

（3）系统弹出“插入/编辑元件”对话框，修改“元件标记”为“KM1”，单击“确定重复”按钮，在电路图确定位置插入三极接触器“KM2”。将文字颜色改为红色，结果如图 7-39 所示。

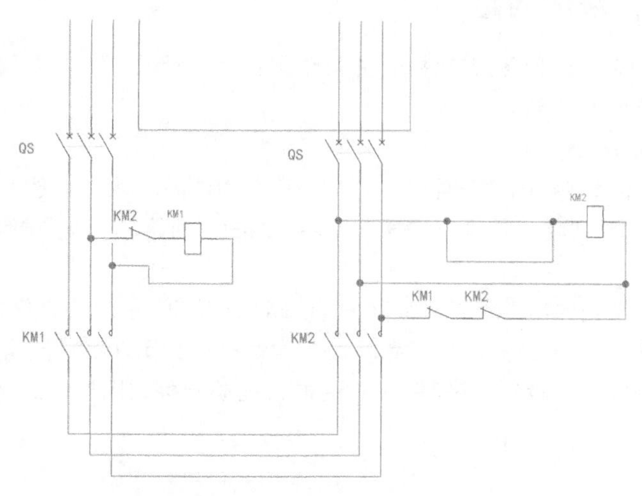

图 7-39　三极接触器插入

7. 插入定时器延时常开触点

（1）重复执行“图标菜单”命令，系统弹出“插入元件”对话框，设置“原理图缩放比例”为“2”，勾选“水平”复选框，单击“定时器”→“吸合时-延时常开触点”图标。

（2）系统回到绘图窗口，打开“对象捕捉”功能，捕捉导线适当一点并单击，系统弹出“插入/编辑元件”对话框，修改“元件标记”为“KT”，单击“确定”按钮，插入定时器延时常开触点。

（3）将文字颜色改为红色，完成常开触点插入。如图 7-40 所示。

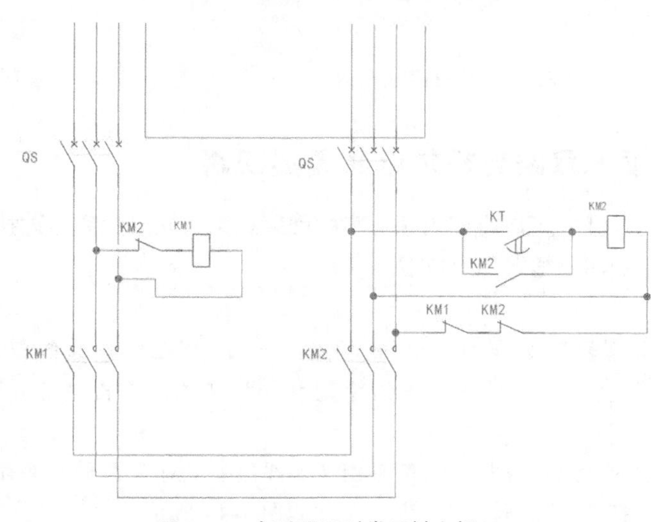

图 7-40　定时器延时常开触点插入

8. 插入定时器线圈

（1）重复执行“图标菜单”命令，系统弹出“插入元件”对话框，设置“原理图缩放比例”为“1.5”，勾选“水平”复选框，单击“定时器”→“吸合时-延时线圈”图标。

（2）系统回到绘图窗口，打开“对象捕捉”功能，捕捉导线适当一点并单击，系统弹出“插入/编辑元件”对话框，修改“元件标记”为“KT”，单击“确定”按钮，插入定时器延时线圈。

（3）将文字颜色改为红色，完成常闭触点插入。如图 7-28 所示。

7.2.5 插入已写为块的回路

插入已写为块的回路（外部图形文件），并自动更新元件标记。

执行该命令有以下 3 种方法。

- 命令行：aewbcircuit。
- 菜单栏：执行菜单栏中的“元件”→“插入已写为块的回路”命令。
- 功能区：单击“原理图”选项卡“插入元件”面板“回路”下拉列表中的“插入已写为块的回路”按钮。

执行上述命令后，系统弹出“插入已写为块的回路”对话框，在其中选择需要的回路，如图 7-41 所示。单击“打开”按钮。系统弹出“回路缩放”对话框，如图 7-42 所示。在该对话框中设置自定义缩放比例，然后单击“确定”按钮关闭对话框，拖动光标到图形上适当位置并单击，完成回路插入。

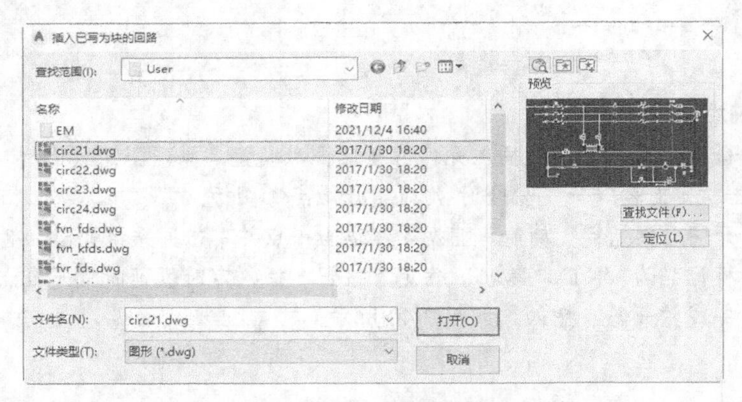

图 7-41 “插入已写为块的回路”对话框

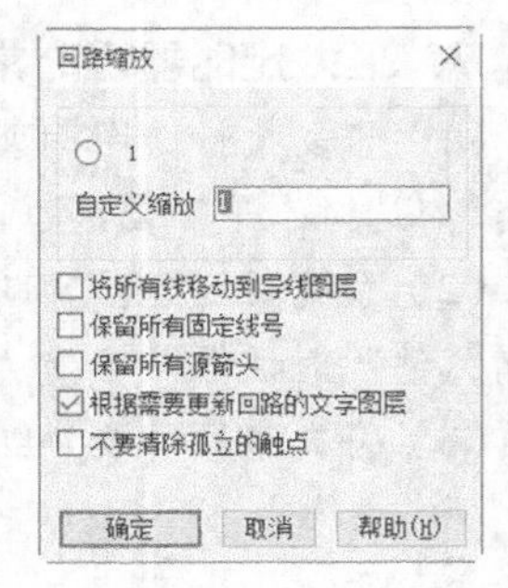

图 7-42 回路缩放

7.2.6 实例——插入双路自投供电简易图回路

为了提高绘图效率，我们可以将使用频率高的回路定义为块。然后通过执行“插入已写为块的回路”命令将定义为块的回路插入指定位置。

1. 打开图形文件

（1）单击“项目管理器”选项列表中的“打开项目”按钮，系统弹出“选择项目文件”对话框，选择“双路自投供电简易图电源线绘制.wdp”文件。单击“打开”按钮。打开该项目并激活。

（2）在激活项目中的“双路自投供电简易图电源线绘制.dwg”图形文件处单击鼠标右键，在弹出的快捷菜单中单击“打开”按钮，打开该文件，如图 7-43 所示。

2. 将回路定义为图块

（1）在命令行中输入“wblock”命令，然后按 Enter 键，系统弹出“写块”对话框，如图 7-44 所示。单击“拾取点”按钮，系统回到绘图区，打开“对象捕捉”模式，选择图 7-43 所示的点 1 为拾取点。

（2）单击“选择对象”按钮，选择整个回路为对象。然后按 Enter 键或单击鼠标右键回到对话框模式。

（3）单击“保留”单选按钮，在“文件名和路径”对话框中设置名称为“双路自投供电简易图”并设置保存路径。单击“确定”按钮，完成图块写入。

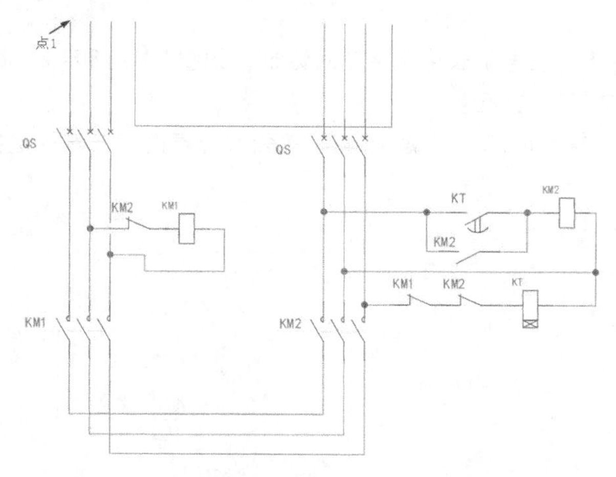

图 7-43　简易图回路

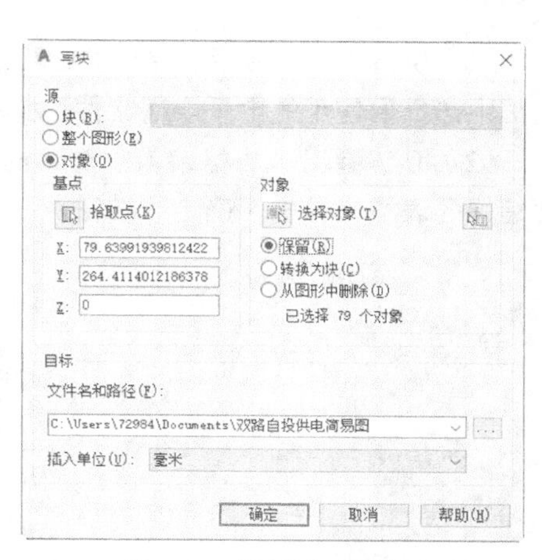

图 7-44　“写块”对话框

3. 插入块回路

（1）单击快速访问工具栏中的“新建”按钮，系统弹出“选择样板”对话框，选择“ACE_GB_a3_a.dwt”为模板，单击“确定”按钮，新建一个绘图文件。

（2）单击“原理图”选项卡“插入元件”面板“回路”下拉列表中的“插入已写为块的回路按钮，系统弹出“插入已写为块的回路”对话框，找到上面保存的回路图块，如图 7-45 所示。单击“打开”按钮。

（3）系统弹出“回路缩放”对话框，将“自定义缩放”设置为“1”。勾选“将所有线移动到导线图层”“保留所有源箭头”“根据需要更新回路的文字图层”复选框，如图 7-46 所示。单击“确定”按钮。

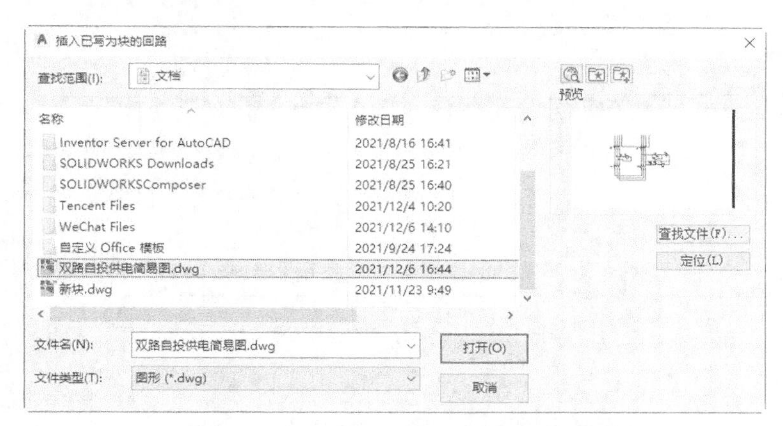

图 7-45　“插入已写为块的回路”对话框

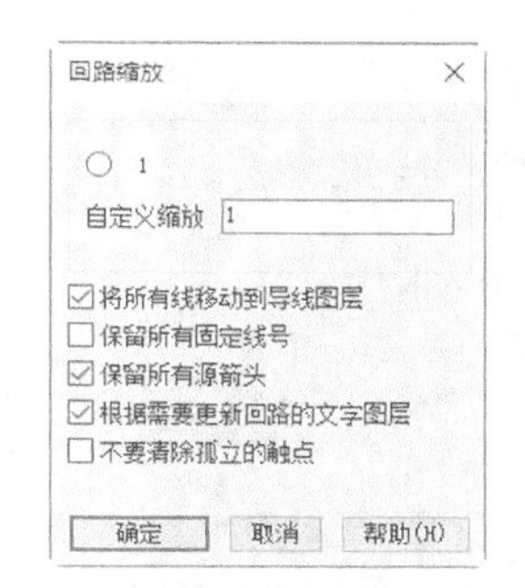

图 7-46　“回路缩放”对话框

（4）系统回到绘图窗口，移动光标到空白区域适当位置单击，插入回路图块到当前图形中。

7.2.7 设备列表

从定义的设备列表中插入原理图元件及元件标记。设备列表只是带入了设备的型号，但是并没有带入块。执行该命令主要有如下 3 种方法。

- 命令行：aecomponentteq。
- 菜单栏：执行菜单栏中的“元件”→“插入元件（列表）”→“插入元件（设备列表）”命令。
- 功能区：单击“原理图”选项卡“插入元件”面板“插入元件”下拉列表中的“设备列表”按钮。

（1）执行上述命令后，系统弹出“选择设备列表电子表格文件”对话框，如图 7-47 所示。从对话框中选择要使用的电子表格文件，并单击“打开”按钮。

（2）系统弹出“表格编辑”对话框，如图 7-48 所示。数据库中存在多个表/表格，在其中选择要编辑的表格，单击“确定”按钮。

图 7-47 “选择设备列表电子表格文件”对话框

图 7-48 “表格编辑”对话框

（3）系统弹出“设置”对话框，如图 7-49 所示。在该对话框中确定是要使用默认设置，还是选择以前保存设置的文件。此处选择“默认设置”，单击“确定”按钮。

系统弹出“（文件）中的原理图设备”对话框，如图 7-50 所示。

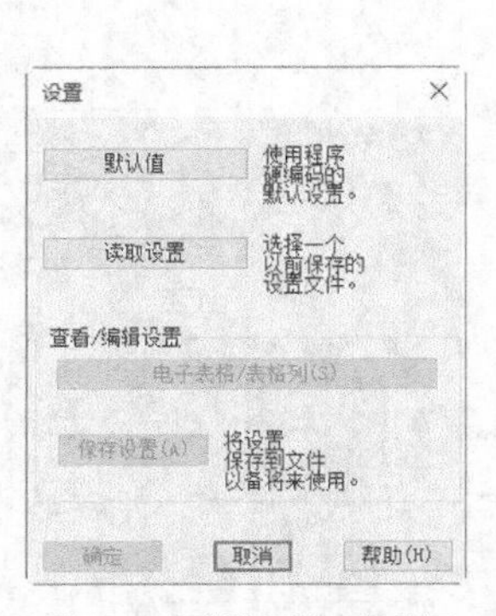

图 7-49 “设置”对话框

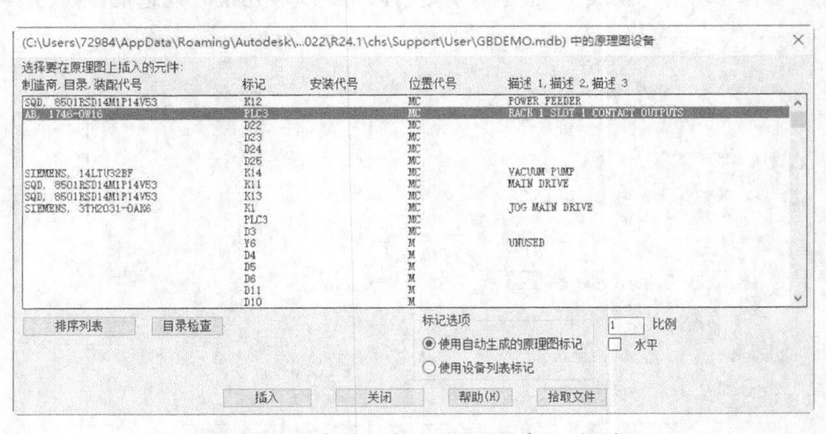

图 7-50 “（文件）中的原理图设备”对话框

（4）在该对话框中通过排序或执行目录检查来检查元件。在图形上选择要插入的元件。对元件的比例、方向或旋转角度进行任意更改。选择将元件插入图形的方法，单击“插入”按钮。

（5）系统弹出“插入 PLC3 AB, 1746-OW16”对话框，如图 7-51 所示。在该对话框中单击“图标菜单”以选择要插入的元件。单击“确定”按钮。

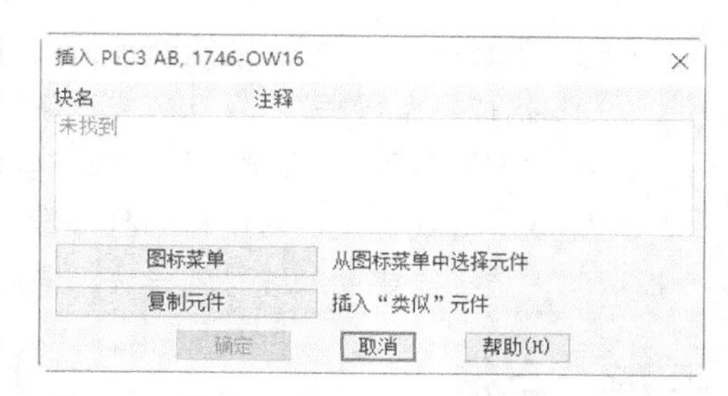

图 7-51 “插入 PLC3 AB, 1746-OW16”对话框

7.3 线号/信号插入

在电气原理图中，插入导线与元件后，需要对电源线做出表示，如添加线号、箭头等。接下来对各个命令进行详细介绍。

7.3.1 线号

在电气原理图中，线号以块的形式存在，并根据图形特性中的指定插入线号。用户可以通过执行“线号”命令将线号插入线条导线实体。系统提供了 4 种线号类型：普通、固定、额外和信号。AutoCAD Electrical 2022 工具集将每个线号类型指定给它自身的图层。用户可以向这些图层中的每个图层指定不同的颜色以便能够轻松地区分这些图层。

执行该命令主要有如下 4 种方法。

- 命令行：aewireno。
- 菜单栏：执行菜单栏中的“导线/插入线号”命令。
- 工具栏：单击“插入线号”工具栏中的“插入线号”按钮。
- 功能区：单击“原理图”选项卡“插入导线/线号”面板“插入线号”下拉列表中的“线号”按钮。

执行上述命令后，系统弹出“导线标记（本页）”对话框，如图 7-52 所示。其中各项参数含义如下。

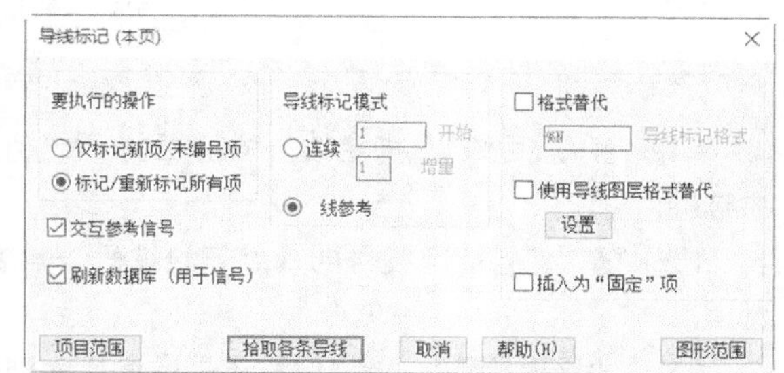

图 7-52 “导线标记（本页）”对话框

（1）“要执行的操作”：指定是处理所有导线，还是仅处理未标记的（新）导线。

（2）“导线标记模式”：指定使用基于顺序或线参考的图形设置。

（3）“格式替代”：指定要用来替代“图形特性”对话框中所设置的导线标记格式。

（4）“使用导线图层格式替代”：使用图层定义的格式来替代默认线号格式（在“图形特性”→“图形格式”对话框的“图层”部分中设置的）。

（5）“插入为‘固定’项”：强制使所有线号成为固定的（如果以后再次执行线号重新标记操作，这些线号将不更新）。

（6）“交互参考信号”：更新导线信号源/目标符号上的交互参考文字。

（7）“刷新数据库（用于信号）”：更新导线信号源/目标符号数据库。

（8）“项目范围”：标记或重新标记项目范围中的布线。

（9）“拾取各条导线”：仅标记或重新标记在当前图形上选定的布线。

（10）“图形范围”：标记或重新标记当前图形上的布线。

在完成“导线标记”对话框中的参数设置后，单击对话框中的“拾取各条导线”按钮。在命令行提示下，选择需要插入线号的导线，最后单击鼠标右键，结束命令的执行。

7.3.2 三相

在电气原理图中，通过对三相回路使用递增前缀和后缀来插入固定线号。

可以在连续模式中使用“三相线号”，插入一长串递增线号，并将每个线号一次指定给选定的导线。

执行该命令主要有如下 3 种方法。

- 命令行：ae3phasewireno。
- 工具栏：单击“插入线号”工具栏中的“三相线号”按钮。
- 功能区：单击“原理图”选项卡“插入导线/线号”面板“线号”下拉列表中的“三相”按钮。

执行上述命令后，系统弹出“三相导线编号”对话框，如图 7-53 所示。其中各项参数含义如下。

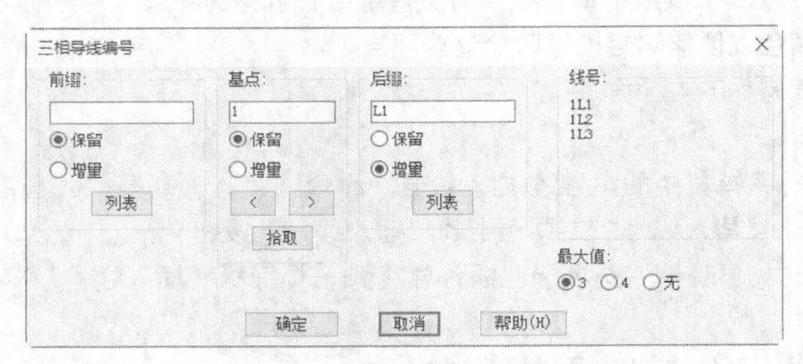

图 7-53 “三相导线编号”对话框

（1）“前缀/后缀”：指定线号的前缀值/后缀值。可以直接输入值或单击“列表”在默认拾取列表中选择。

（2）“基点”：指定线号的基点起始编号。直接输入值或单击“拾取”，在激活图形上选择现有属性值。

（3）“保留/增量”：指定保留还是递增输入到图形上的线号的前缀值、基点值和后缀值。例如，如果设置基点 =100/增量、后缀 =L1/保留，则线号将为 100L1、101L1、102L1。

（4）“线号”：显示要插入图形的线号的预览。

（5）“最大值”：指定线号的最大数。在选择新选项（3、4 或无）时，“线号”区域将与预览一同自动更新。相关的选定值也将一同被更新。选择“无”以生成递增线号的连续列表。

7.3.3 实例——双路自投供电简易图线号插入

上面我们已经学习了线路及元件的插入，本实例我们将对绘制的线路图插入相应的线号。如图 7-54 所示。

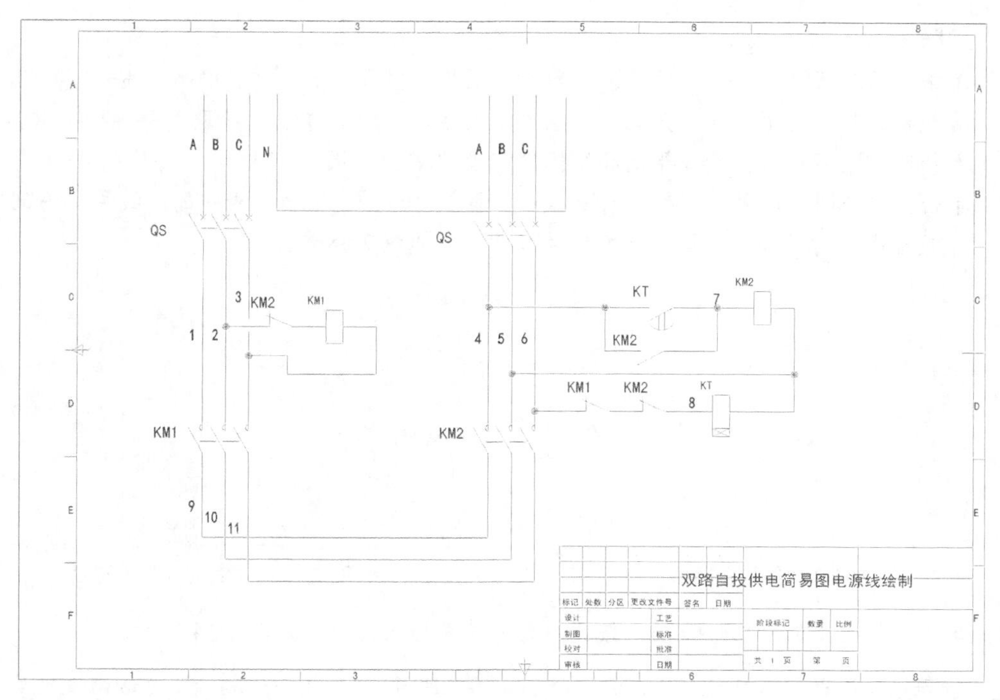

图 7-54 插入线号

1. 打开图形文件

（1）单击“项目管理器”选项列表中的“打开项目”按钮，系统弹出“选择项目文件”对话框，选择“双路自投供电简易图电源线绘制.wdp”文件。单击“打开”按钮。打开该项目并激活。

（2）在激活项目中的“双路自投供电简易图电源线绘制.dwg”图形文件处单击鼠标右键，在弹出的快捷菜单中单击“打开”按钮，打开该文件。

2. 三相线号插入

（1）单击“原理图”选项卡“插入导线/线号”面板“线号”下拉列表中的“三相”按钮，系统弹出“三相导线编号”对话框，如图 7-55 所示。在“前缀:”下一栏输入“A”，并单击“增量”单选按钮；也可以在“前缀:”下一栏输入“A，B，C”，并单击“保留”单选按钮。

（2）“基点:”“后缀:”下一栏均为空，并单击“保留”单选按钮。在“最大值”处选择“3”，单击“确定”按钮。

（3）系统回到绘图区窗口，依次单击选择左侧垂直的 3 条导线及右侧垂直的 3 条导线，插入线号。如图 7-56 所示。

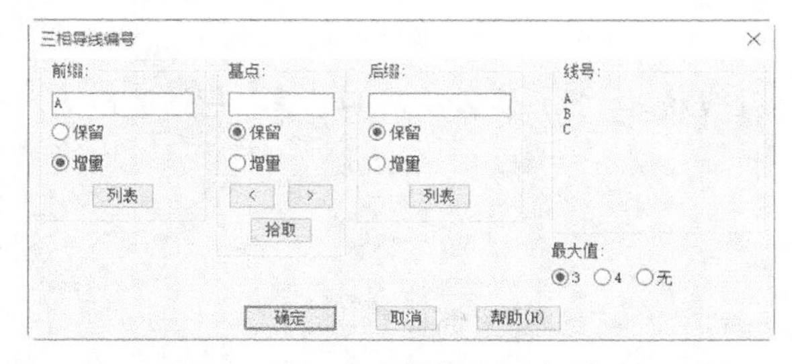

图 7-55 “三相导线编号”对话框 1

图 7-56 三相线号插入

3. 线号插入

（1）单击“原理图”选项卡“插入导线/线号”面板“线号”下拉列表中的“线号”按钮，系统弹出“导线标记”对话框，在“开始”一栏中输入字母“N”，单击“拾取各条导线”按钮。

（2）系统回到绘图窗口，选择指定导线标记字母“N”，如图 7-57 所示。

（3）单击“原理图”选项卡“插入导线/线号”面板“线号”下拉列表中的“线号”按钮，系统弹出“导线标记”对话框，设置“开始”栏为“1”，如图 7-58 所示。

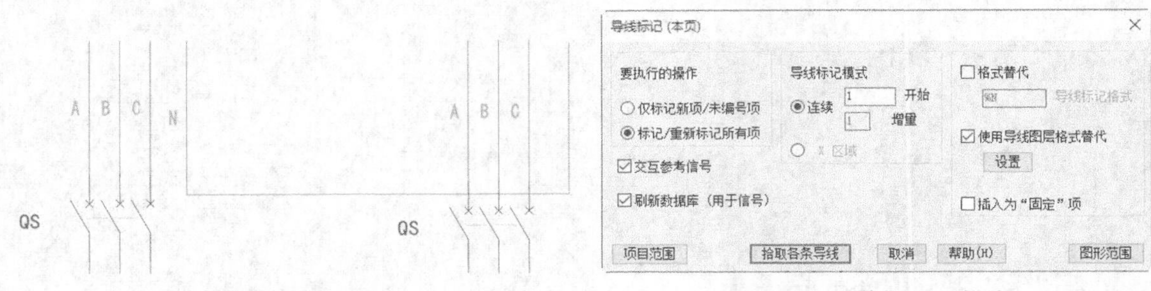

图 7-57　单线号标记

图 7-58　“导线标记”对话框

（4）单击对话框中的“图形范围”按钮，为电路图插入线号，如图 7-54 所示。

提示：本例也可以只执行“三相”命令来插入线号，“三相导线编号”对话框设置如图 7-59 所示。

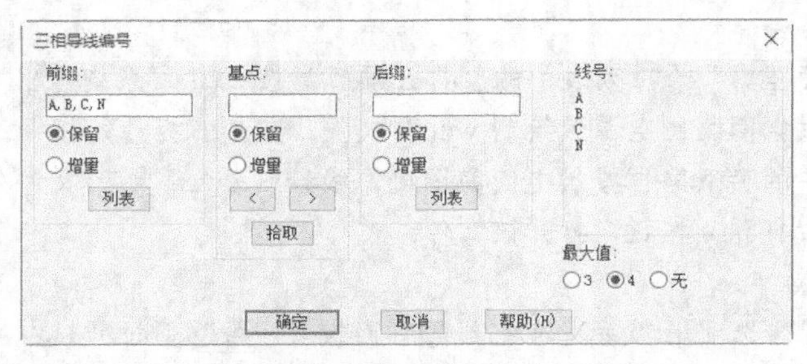

图 7-59　“三相导线编号”对话框 2

7.3.4　信号箭头

信号箭头主要应用于电气原理图中非连接的导线的相互直接连接。源箭头表示电流从一根导线流出，目标箭头表示从另一根导线流入电流。完成源箭头和目标箭头的配合后，该两根导线将变为同一根导线，同理，它们有相同的线号。

1. 源箭头

插入导线源信号箭头，并将其线号传递到目标导线网络。插入源箭头表明导线有后续的连接，一根导线只有一个源箭头。

执行该命令主要有如下 4 种方法。

- 命令行：aesource。
- 菜单栏：执行菜单栏中的“导线”→“信号参考”→“源信号箭头”命令。
- 工具栏：单击“信号”工具栏中的“源信号箭头”按钮。
- 功能区：单击“原理图”选项卡“插入导线/线号”面板中的“源箭头”按钮。

（1）执行上述命令后，在系统提示下单击源箭头端点旁边的导线。如果没有自由端，请单击“确定”按钮为箭头添加分支导线端。

（2）然后系统弹出“信号-源代号”对话框，如图 7-60 所示。在对话框中输入唯一代号。此代号用于将源箭头与其他目标箭头相关联。

（3）如果目标不存在，而用户需要将其插入激活图形，可以单击“确定”按钮以插入匹配的目标，或者单击目标箭头端点附近的导线。

图 7-54 中的各项参数含义如下。

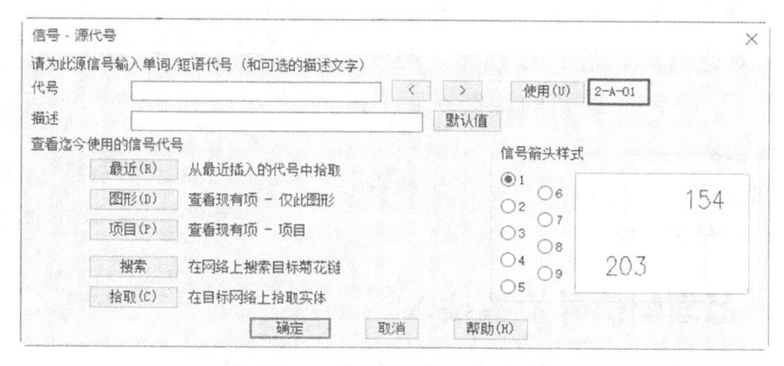

图 7-60 “信号-源代号”对话框

①“代号”：如果源箭头和目标箭头有相同的代号，则表明这一组导线连接在一起。代号的设置没有特别的规定，只要代号不重复出现即可。而目标箭头属于跟随箭头，可以根据实际情况标示，允许重复。

②“使用”：单击“使用”按钮，则其右侧的代号会出现在代号栏中。

③“描述”：指定源信号的描述。该内容会显示在图纸上，如电压 380V。

④“默认值”：单击“默认值”按钮，系统会弹出提示对话框，如图 7-61 所示。可在对话框中选择相应的描述内容。

⑤“最近”：显示此任务中使用的代号的选择列表。

⑥“图形”：显示在激活图形上使用的代号的选择列表。

⑦“项目”：显示在激活项目中使用的代号的选择列表。

⑧“搜索”：沿着导线网络，查看另一端是否存在目标箭头。如果存在，其信号代号会显示在代号框中。

⑨“拾取”：暂时关闭对话框，以便用户可以在现有的导线网络上进行拾取。如果找到了现有的目标箭头，其信号代号会显示在代号框中。

⑩“信号箭头样式”：指定源信号要使用的箭头样式。

⑪“确定”：关闭对话框并更新所有关联的目标箭头。

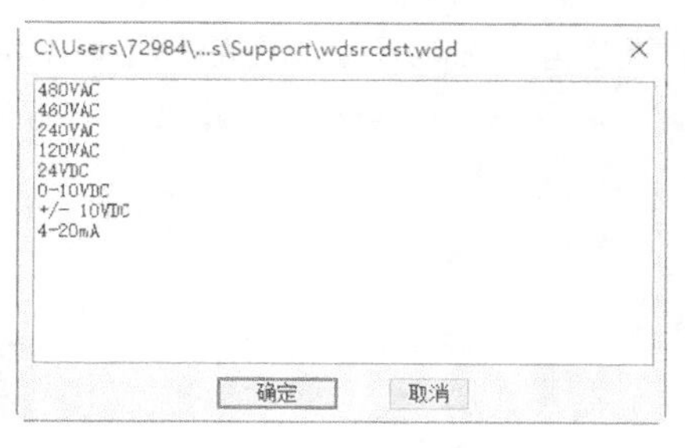

图 7-61 提示对话框

信号箭头样式如图 7-62 所示，其中“7.2-A”表示源箭头的目标箭头在第 7 页，2-A 区。“110V”属于对该导线的描述，表示该导线为电压 110V 的导线。

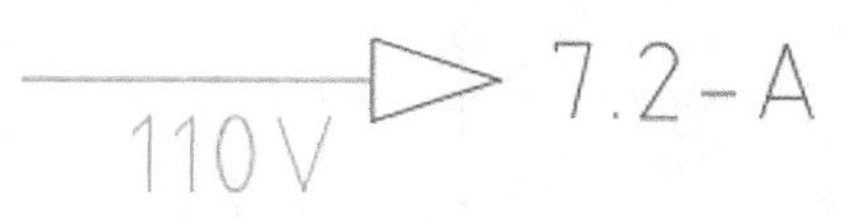

图 7-62 信号箭头样式

2. 目标箭头

插入其线号来自匹配源的导线目标信号箭头。

执行该命令主要有如下 4 种方法。

- 命令行：aedestination。
- 菜单栏：执行菜单栏中的“导线/信号参考/目标信号箭头”命令。
- 工具栏：单击“信号”工具栏中的“目标信号箭头”按钮。
- 功能区：单击“原理图”选项卡“插入导线/线号”面板“信号箭头”下拉列表中的“目标箭头”按钮。

执行上述命令后，单击目标箭头端点附近的导线，导线选择原则与源箭头选择原则相同，系统弹出“插入目标代号”对话框，如图 7-63 所示。在对话框中输入要与此目标箭头相关联的源箭头的代号。单击“确定”按钮。

对话框中各参数含义与“源箭头”命令的各参数含义相似，此处不再赘述。

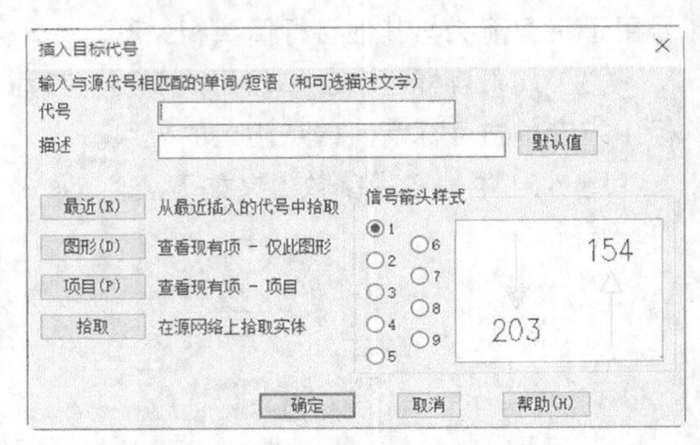

图 7-63 “插入目标代号”对话框

7.3.5 实例——原理图信号箭头插入

本实例将详细介绍源箭头及目标箭头的创建，如图 7-64 所示。

1. 打开图形文件

（1）单击“项目管理器”选项列表中的“打开项目”按钮，系统弹出“选择项目文件”对话框，选择“双路自投供电简易图电源线绘制.wdp”文件，单击“打开”按钮。打开该项目并激活。

（2）在激活项目中的“双路自投供电简易图电源线绘制.dwg”图形文件处单击鼠标右键，在弹出的快捷菜单中单击“打开”按钮。打开该文件。

2. 图形分区

（1）测量分区尺寸。单击“默认”选项卡“注释”面板中的“线性”按钮。分别标注水平向及竖直向分区尺寸 50.38mm（根据实际数值确定，不一定和实例一致）、71.75mm（根据实际数值确定，不一定和实例一致），如图 7-65 所示。

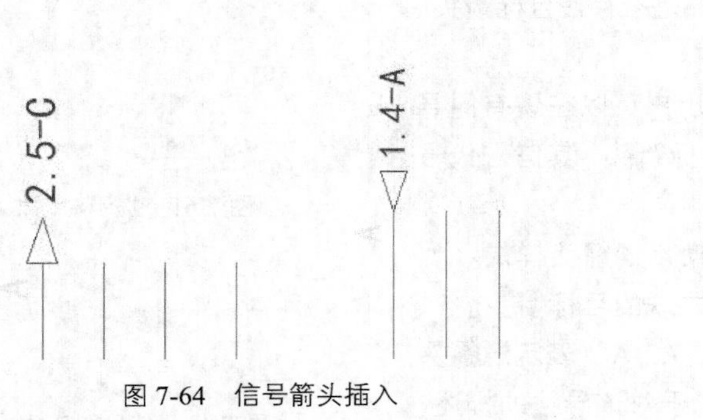

图 7-64 信号箭头插入

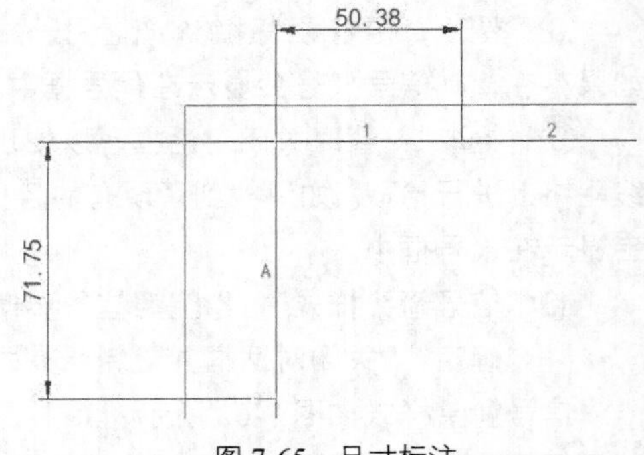

图 7-65 尺寸标注

（2）选择区域类型。执行菜单栏中的“项目”→“图形属性”命令，系统弹出“图形特性”对话框。选择其中的“图形格式”选项卡。在“格式参考”选项组中单击“*X-Y* 栅格”单选按钮，如图 7-66 所示。然后单击“设置”按钮，系统弹出“*X-Y* 夹点 设置”对话框，如图 7-67 所示。

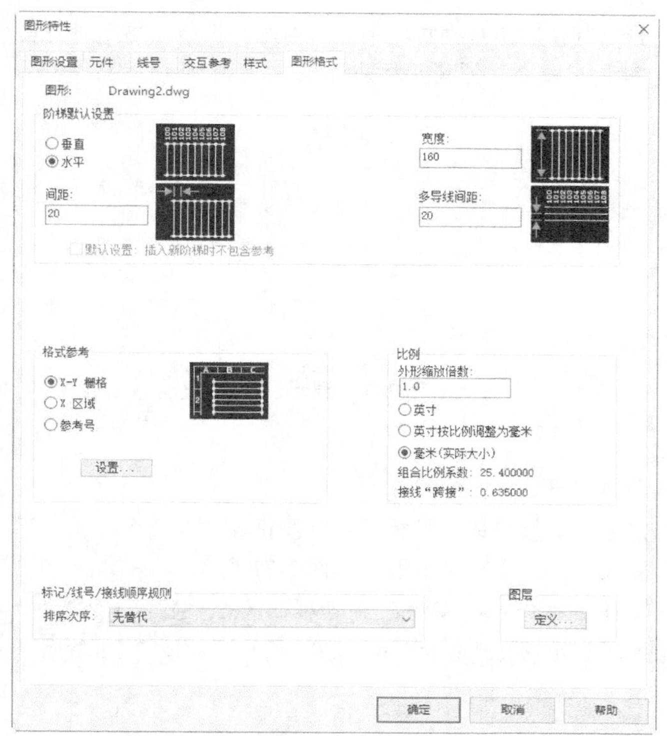

图 7-66 “图形格式”选项卡

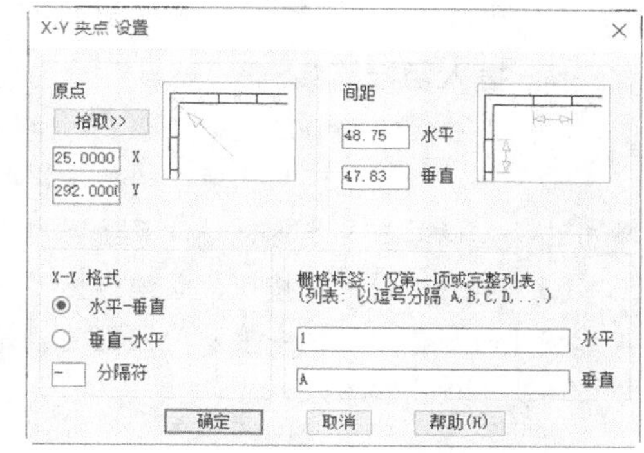

图 7-67 “*X-Y* 夹点 设置”对话框

（3）设置区域参数。单击“拾取”按钮，选择样板图内框的左上角点为原点。将“水平”间距设置为 50.38mm，将“垂直”间距设置为 71.75mm。在栅格标签的“水平”栏中输入“1”，在“垂直”栏中输入“A”。单击两次“确定”按钮完成区域划分。

（4）单击“默认”选项卡“修改”面板中的“删除”按钮。选择标注的尺寸，并将其删除。

（5）双击激活项目下的“双路 0001.dwg”图形文件，将其打开。利用上述方法对其进行分区。

提示：此处分区的意义便是为了给元件和导线定位。因此在绘制电气原理图时我们首先要进行分区然后再进行绘图操作。

3. 插入源箭头

（1）单击“原理图”选项卡“插入导线/线号”面板中的“源箭头”按钮，在命令行提示下单击选择左边垂直导线的最上端，系统弹出“信号-源代号”对话框，如图 7-68 所示。输入代号，单击“确定”按钮，完成操作。

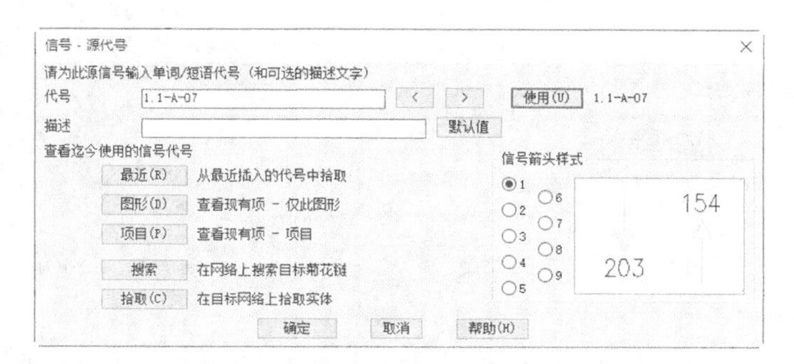

图 7-68 “信号-源代号”对话框

（2）系统弹出“源/目标信号箭头”对话框，如图 7-69 所示。单击“确定”按钮。由于目标箭头与源箭头在不同的图纸上，此处按“Esc”键退出命令。源箭头标注如图 7-70 所示。

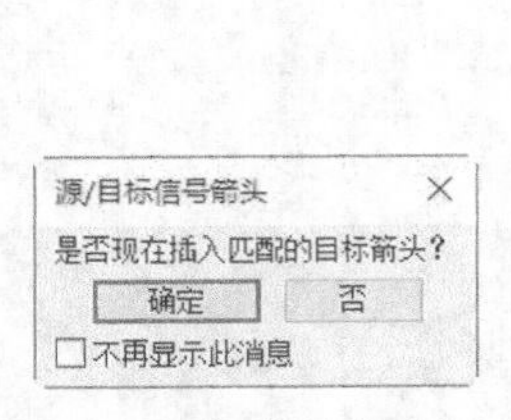

图 7-69 “源/目标信号箭头”对话框

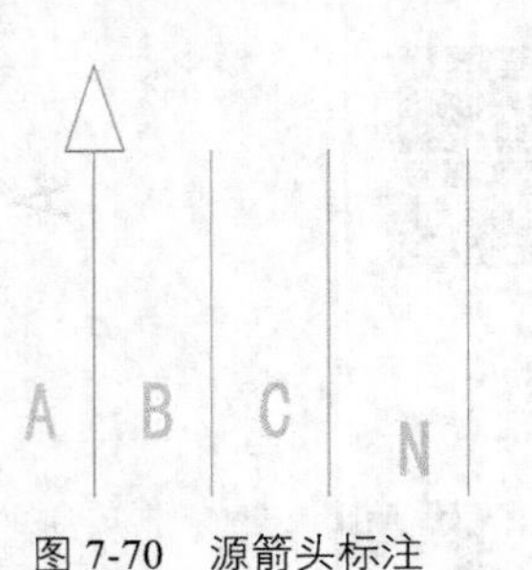

图 7-70 源箭头标注

4. 插入目标箭头

（1）双击“双路 0001.dwg”图形文件，将其打开。

（2）单击“原理图”选项卡“插入导线/线号”面板中的“目标箭头”按钮，在命令行提示下单击选择左侧垂直导线的上端，系统弹出“插入目标代号”对话框，如图 7-71 所示。

（3）单击“最近”按钮，系统弹出“信号源/目标代号-最新的”对话框，单击“显示不成对的”单选按钮，则在对话框中显示为匹配的源箭头，此处我们选择“1.1-A-07”代号，如图 7-72 所示，单击两次“确定”按钮。

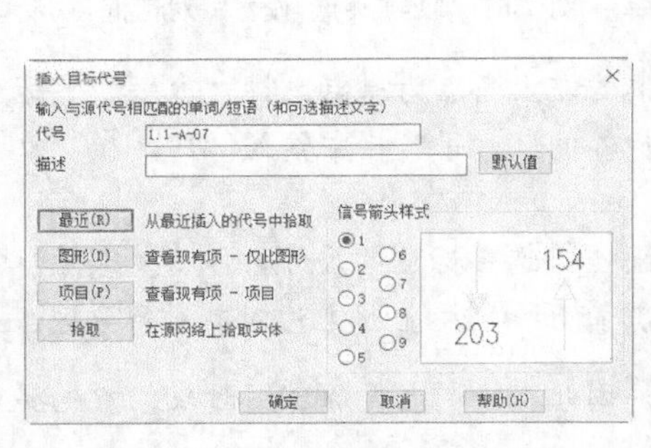

图 7-71 “插入目标代号”对话框

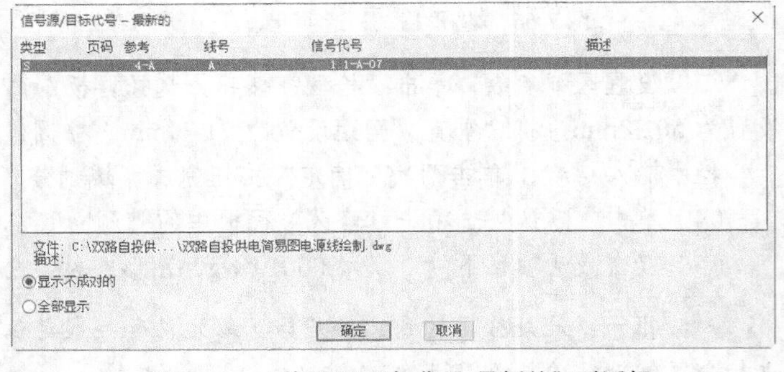

图 7-72 “信号源/目标代号-最新的”对话框

（4）系统弹出“更改目标导线图层？”对话框，如图 7-73 所示。单击“是”按钮，完成目标箭头插入，如图 7-74 所示。

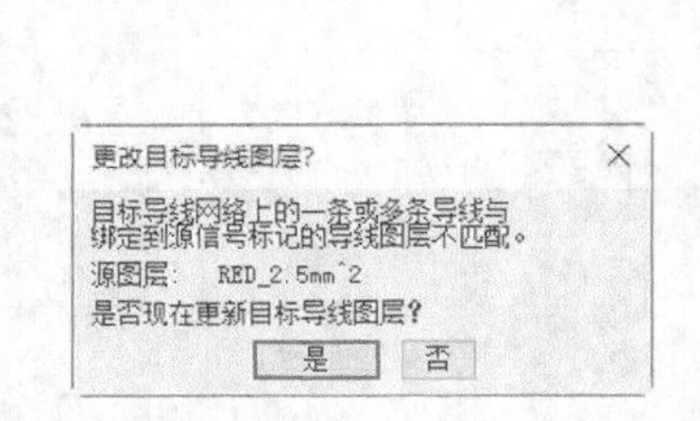

图 7-73 “更改目标导线图层？”对话框

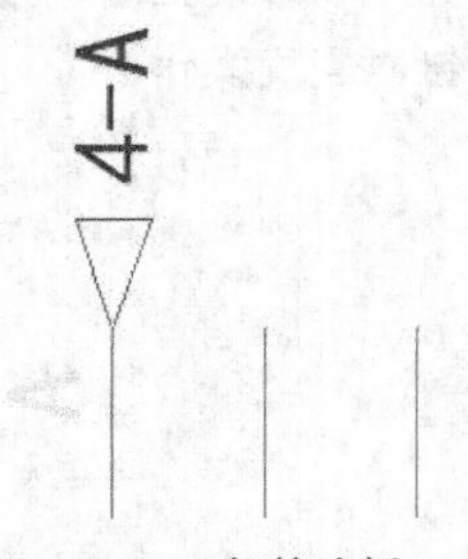

图 7-74 目标箭头插入

5. 更新标题栏

（1）从信号箭头注释我们发现，其中只有分区显示没有页码显示。则我们需要更新标题栏页码。

（2）在激活项目名称处单击鼠标右键，执行弹出的快捷菜单中的“标题栏更新”命令，如图 7-75 所示。

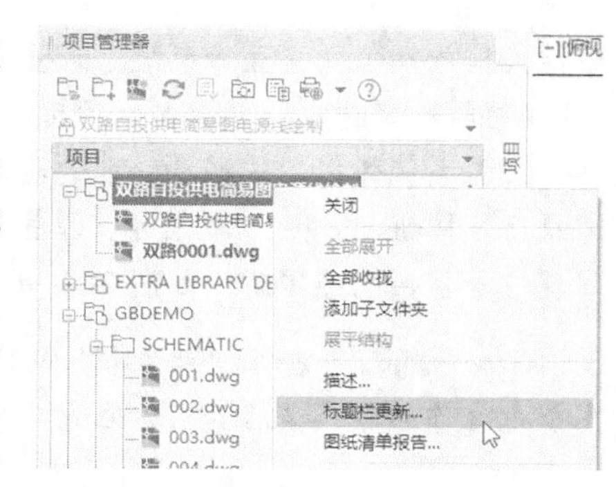

图 7-75 “标题栏更新”快捷菜单

（3）系统弹出“更新标题栏”对话框，勾选其中的“图形（%D 值）”“页码（%S 值）”“页码的最大值”“重排序页码%S 值”复选框，如图 7-76 所示。单击“确定应用于项目范围”按钮，系统弹出“选择要处理的图形”对话框，单击“全部执行”按钮，如图 7-77 所示，单击“确定”按钮。

（4）将图形移动至标题栏页码处，我们会发现页码已经更新，如图 7-78 所示。

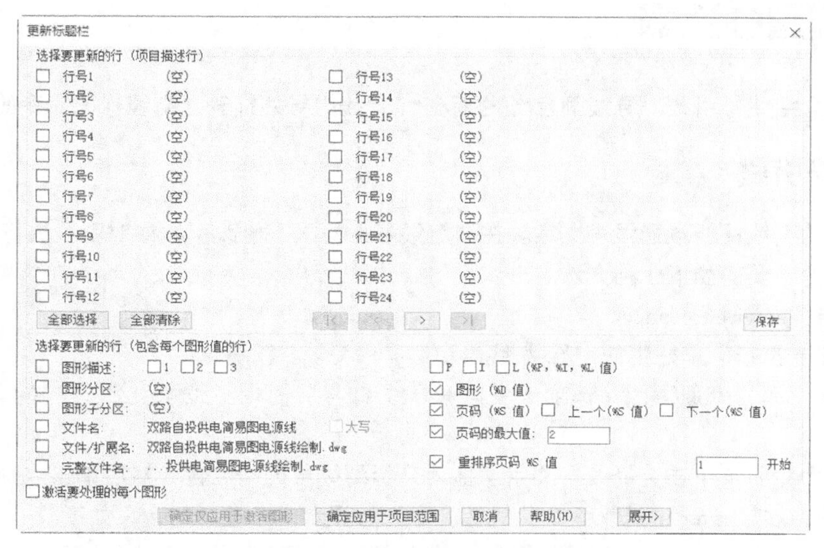

图 7-76 “更新标题栏”对话框

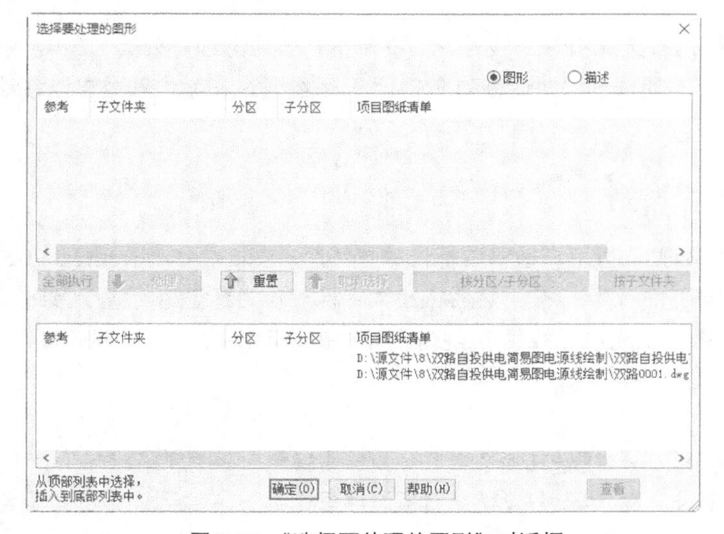

图 7-77 “选择要处理的图形”对话框

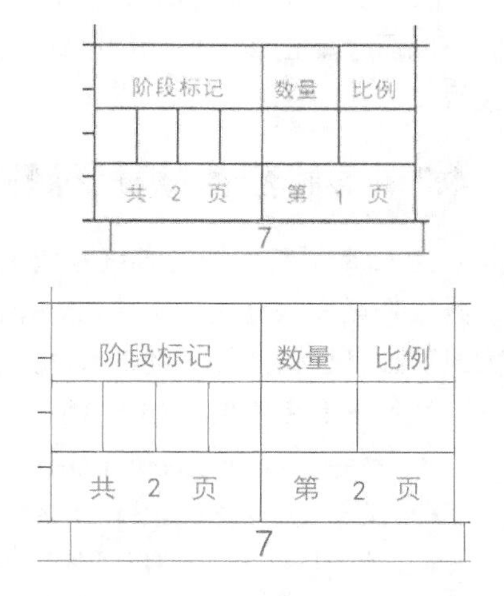

图 7-78 页码更新

6. 更新信号箭头

（1）单击“原理图”选项卡“编辑导线/线号”面板中的“更新信号参考”按钮，系统弹出“更新导线信号和独立交互参考”对话框，如图 7-79 所示。勾选“导线信号”复选框。并单击“项目范围”按钮。

（2）系统弹出“选择要处理的图形”对话框，单击“全部执行”按钮，如图 7-77 所示，单击“确定”按钮。我们会发现信号箭头已经更新，如图 7-74 所示。

提示：“更新信号参考”的命令比较简单，我们在本节中略作学习，今后不在其他章节中重复介绍。

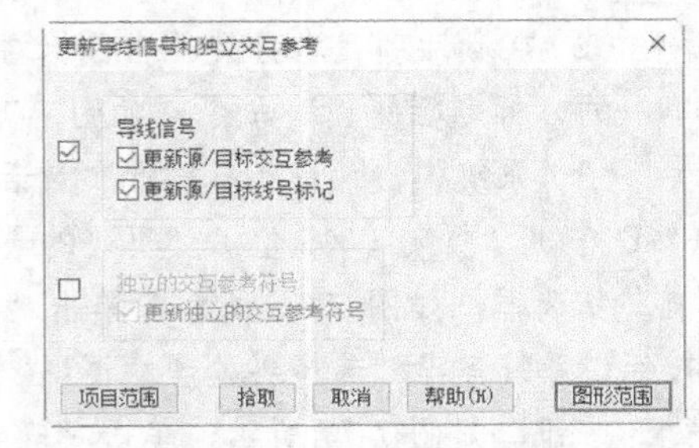

图 7-79 “更新导线信号和独立交互参考”对话框

7.4 导线属性注释

本小节将介绍线号引线、导线颜色/规格标签、导线内导线标签、电缆标记命令的应用。

7.4.1 线号引线

使用附着的引线重新放置线号文字。在选定线号上插入、修改引线或对引线进行分类。

执行该命令主要有如下 3 种方法。

- 命令行：aewirenoleader。
- 菜单栏：执行菜单栏中的“导线/线号引线”命令。
- 功能区：单击“原理图”选项卡“插入导线/线号”面板“线号引线”下拉列表中的“线号引线”按钮。

执行上述命令后，单击选择线号文字。拖动光标到线号的新位置，然后单击以确定位置点，最后单击鼠标右键或按 Enter 键结束命令的执行。命令行提示中各选项的含义如下。

（1）在“分类（C）/<选择引线的线号>:”的提示下，选择添加引线的线号，然后指定新位置以放置线号。

（2）在“快速移动（S）/分类（C）/<选择引线的线号>”提示下，若用选项“分类（C）”。系统可以通过单击线号将导线引线分类。若用选项“快速移动（S）”，则系统通过在新位置单击以移动线号。

7.4.2 导线颜色/规格标签

插入带/不带引线的导线颜色/规格标签。当用户选择要标记的导线后，AutoCAD Electrical 2022 工具集将读取该导线的图层名，检索匹配的文字标签，然后将该文字标签作为标签/引线插入图形。如果更改了已添加标签的导线图层，那么生成的导线颜色/规格标签将被自动修改。

执行该命令主要有如下 3 种方法。

- 命令行：aewirecolorlabel。
- 菜单栏：执行菜单栏中的“导线”→“线号其他选项”→“导线颜色”→“规格标签”命令。
- 功能区：单击“原理图”选项卡“插入导线/线号”面板“线号引线”下拉列表中的“导线颜色/规格标签”按钮。

执行上述命令后，系统弹出“插入导线颜色/规格标签”对话框，如图 7-80 所示。单击“设置”按钮，系统弹出“导线标签颜色/规格设置”对话框，如图 7-81 所示。通过该对话框更改标签的大小、箭头样式和图层。对话框中各参数含义如下。

（1）“插入导线颜色/规格标签”对话框

① “设置”：设置导线标签/引线的默认颜色/规格文字字符串、文字大小、箭头大小、隙缝大小和箭头类型。要添加或修改默认颜色/规格文字字符串，请从“导线标签颜色/规格设置”对话框中的列表中选择图层名称。要添加新的导线图层名称，请使用“导线”→“创建/编辑导线类型”对话框。

② “带引线/无引线”：将文字标签（带/不带引线）放置到选定的位置。

③ “自动放置（A）”：自动将标签放置到图形上。AutoCAD Electrical 2022 工具集会寻找一个合适的位置来放置标签；标签会被自动放置，而无须在零件上进行拾取。

④ “手动（M）”：将标签放置到选定的引线位置点。

（2）“导线标签颜色/规格设置”对话框

① “导线图层名”：选择图层名，以添加/修改导线标签和引线的默认颜色/规格文字字符串。

② “引线”：设置引线的大小、箭头大小、箭头类型和引线/间隙大小。

③ “引线/文字图层”：指定引线/文字图层。

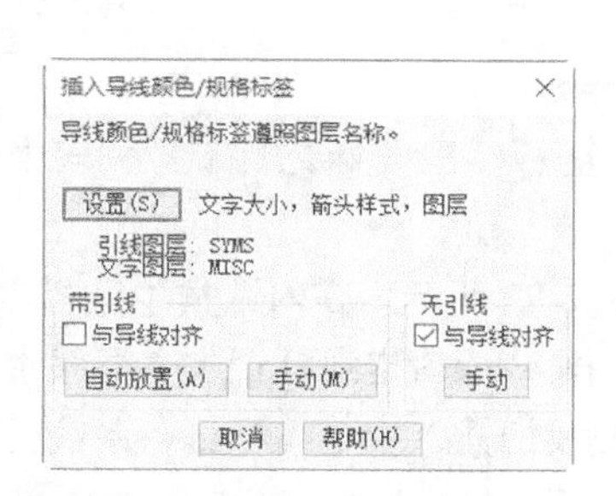

图 7-80 “插入导线颜色/规格标签”对话框

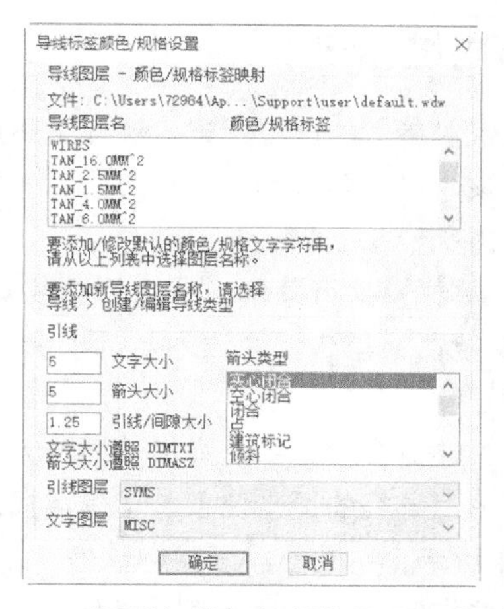

图 7-81 “导线标签颜色/规格设置”对话框

7.4.3 导线内导线标签

插入仅供参考的导线内导线标签。该标签不用于报表和编号。

执行该命令主要有如下 3 种方法。

- 命令行：aeinlinewire。
- 菜单栏：执行菜单栏中的“导线/线号其他选项/导线内导线标签”命令。
- 功能区：单击“原理图”选项卡“插入导线/线号”面板“线号引线”下拉列表中的“导线内导线标签”按钮 -A-。

执行该命令后，系统弹出“插入元件”对话框，如图 7-82 所示。其中具有预定义的导线内导线标签和用户定义的导线标签的选项。选择标签并在导线适当位置单击放置标签。按 Esc 键退出命令的执行。

如果标签太宽，请使用“原理图”选项卡→“编辑元件”面板→“修改属性”下拉列表→“压缩属性/文字”工具，还可以使用菜单栏中的“线号”→“线号其他选项”→“调整导线内导线/标签间隔”工具调整隙缝宽度，而不是压缩属性以适合隙缝。这两个命令会在下一章中进行详细介绍，此处不再赘述。

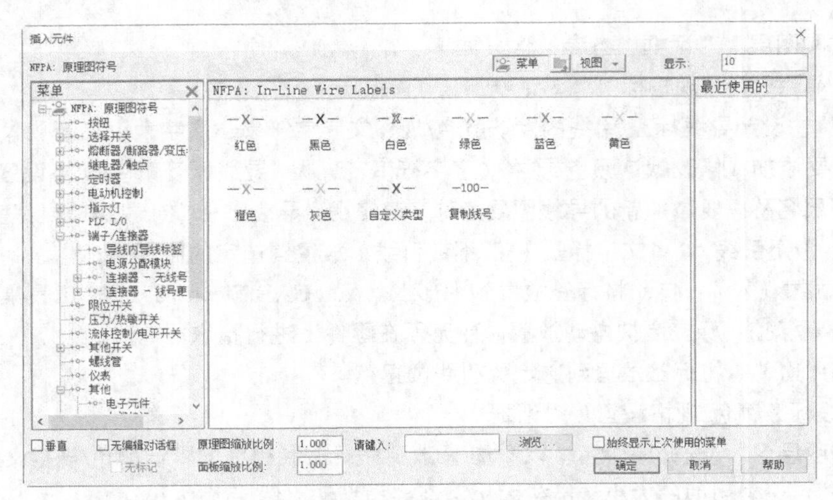

图 7-82 “插入元件”对话框 1

7.4.4 电缆标记

插入仅供参考的电缆标记。该标记不用于报表和编号。

执行该命令主要有如下 3 种方法。

- 命令行：aecablemarker。
- 菜单栏：执行菜单栏中的“导线/电缆/电缆标记”命令。
- 功能区：单击“原理图”选项卡“插入导线/线号”面板“电缆标记”下拉列表中的“电缆标记”按钮 。

执行上述命令后，系统弹出“插入元件”对话框，如图 7-83 所示。在对话框中选择电缆标记。然后在图形上导线的适当位置单击确定插入点，系统弹出“插入/编辑电缆标记（主导线）”对话框，如图 7-84 所示。完成参数设置后单击“确定”按钮。在此处我们插入主电缆标记，系统提示“是否要插入一些辅元件？”对话框。如图 7-85 所示。单击“确定插入辅项”按钮，系统自动插入绑定到主电缆标记的辅电缆标记。如果主电缆标记为单线符号，则不会显示图 7-85 所示的提示框。图 7-84 中各参数含义如下。

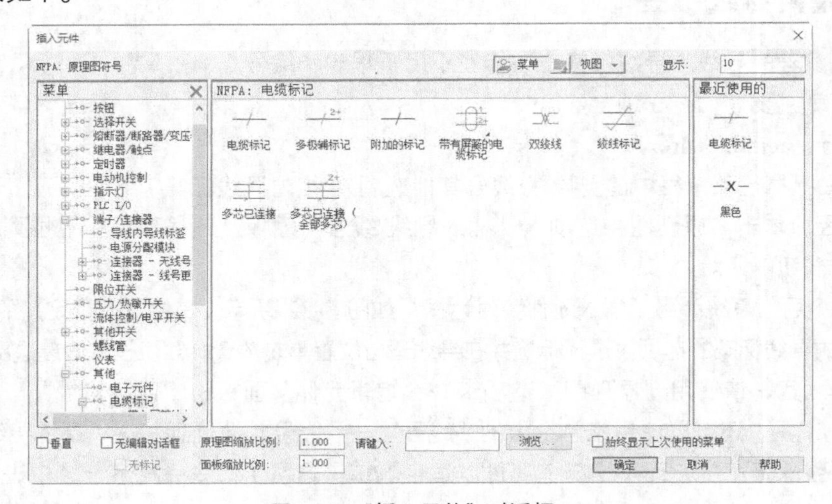

图 7-83 “插入元件”对话框 2

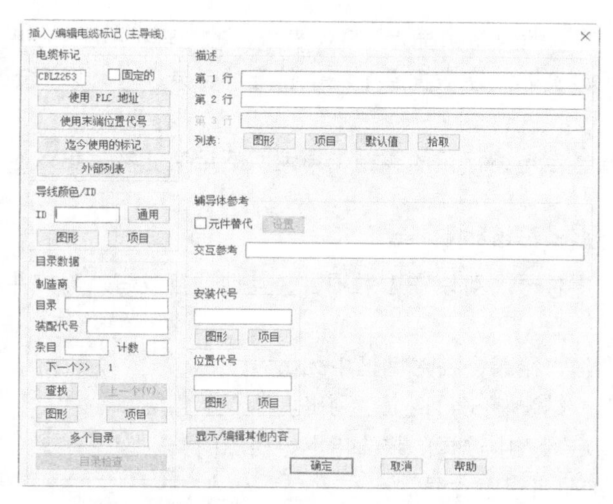

图 7-84 “插入/编辑电缆标记（主导线）”对话框

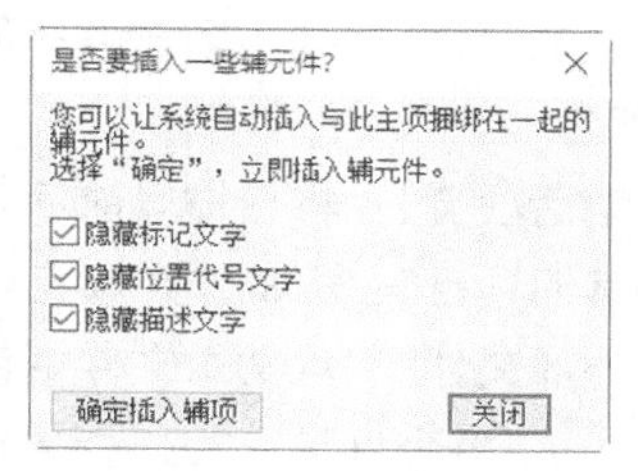

图 7-85 “是否要插入一些辅元件?”对话框

1. 电缆标记

有若干种方法可以定义此电缆的标记。如果存在现有标记，则该标记将显示在编辑框中。如果没有，可以在编辑框中键入特定标记。如果想要 AutoCAD Electrical 2022 工具集对此标记进行标记，使其在重新标记时不更新，请确保选择了“固定的”复选框。

（1）“使用 PLC 地址”：搜索指向附近某个 PLC I/O 地址的接线，如果找到了，则在元件的标记名中使用该 PLC 地址号。

（2）“使用末端位置代号”：使用正在连接的元件的位置代号。

（3）“迄今使用的标记”：列出与当前电缆属于同一种类的所有电缆的标记名。请从列表中选择一个标记以便复制，或为此新电缆标记增加一个标记。

（4）“外部列表”：从外部列表文件中指定一个标记。

2. 导线颜色/ID

可以通过在编辑框中手动输入导体颜色代码，或从项目、图形或通用拾取列表中选择导体颜色代码。

（1）“通用”：从颜色列表中选择。该列表在文件 cblcolor.dat 中进行定义。

（2）“图形”：列出在当前图形中的用于类似电缆标记的导线颜色。

（3）“项目”：列出项目中用于类似电缆标记的导线颜色。如果此区域不可用，则说明所编辑的元件不携带任何“额定值 1”的属性。

3. 目录数据

可以指令 AutoCAD Electrical 2022 工具集列出图形范围或项目范围内的类似电缆标记及其目录指定。在编辑任务期间，系统将记住对插入布线图中的每种元件类型最后所进行的 MFG/CAT/ASSYCODE 指定。在插入该类型的其他元件时，指定将以前元件的目录设置为默认值。

（1）“制造商”：列出元件的制造商号。输入值，或者单击“查找”按钮，并从目录浏览器中选择目录。

（2）“目录”：列出元件的目录号。输入值，或者单击“查找”按钮，并从目录浏览器中选择目录。

（3）“装配代号”：列出电缆标记的装配代号。装配代号用于将多个零件号链接到一起。

（4）“条目”：列出元件的 BOM 表条目号。具有相同目录的元件会获得相同的 BOM 表条目号。

（5）“计数”：为零件号指定数量值（空 = 1）。此值将被插入 BOM 表报告的“辅项数量”列中。

（6）“查找”：打开从中选择目录值的目录浏览器。在数据库中搜索特定的目录条目，以指定给选定的电缆标记。

（7）“上一个”：扫描上一个项目，以查找选定电缆标记的实例，再返回标记值。然后可以通过从对话框列表中拾取来进行目录指定。

（8）“图形”：列出当前图形中的类似电缆标记使用的零件号。

（9）“项目”：列出项目中类似元件使用的零件号。可以在激活项目、其他项目或者外部文件中进行搜索。

“激活项目”：将扫描当前项目中的所有图形，结果会在对话框中列出。

“其他项目”：扫描选定项目中的所有图形，结果将在对话框中列出。

“外部文件”：从文本文件中包含的目录指定列表中选择。将值指定给相应的类别。

（10）“多个目录”：为选定的元件插入或编辑目录零件号。

（11）“目录检查”：显示选定条目在 BOM 表模板中的外观。

4. 描述

可以输入 1 行、2 行或 3 行描述属性文字。

（1）“图形”：显示在当前图形中找到的描述列表，以便用户可以拾取类似的描述以进行编辑。

（2）“项目”：显示在项目中找到的描述列表，以便用户可以拾取类似的描述以进行编辑。

（3）“默认值”：打开一个 ASCII 码文本文件，用户可以从中快速选择标准描述。

（4）“拾取”：从当前图形上的某一电缆标记中拾取描述。

5. 辅导体参考

（1）“元件替代”：用特定于元件的交互参考设置替代图形的 WD_M 块设置。单击“设置”以手动编辑元件的交互参考设置。

（2）“交互参考”：在执行“交互参考”命令时，AutoCAD Electrical 2022 工具集会自动填充交互参考文字。

6. 安装代号

更改安装代号。用户可以在当前图形或整个项目中搜索安装代号。AutoCAD Electrical 2022 工具集将快速读取所有当前图形文件或选定的图形文件，然后返回迄今为止使用过的所有安装代号列表。请从该列表中拾取安装代号，以使用安装代号来自动更新元件。

7. 位置代号

更改位置代号。用户可以在当前图形或整个项目中搜索位置代号。AutoCAD Electrical 2022 工具集将快速读取所有的当前图形文件或选定的图形文件，然后返回迄今为止使用过的所有位置代号列表。请从该列表中拾取位置代号，以使用位置代号来自动更新元件。

8. 显示/编辑其他内容

查看或编辑除预定义的 AutoCAD Electrical 2022 工具集属性之外的所有属性。

7.4.5 实例——导线的属性注释

本实例将详细介绍线号的引出及导线的各规格标注、导线内的属性标注、电缆标记，如图 7-86 所示。

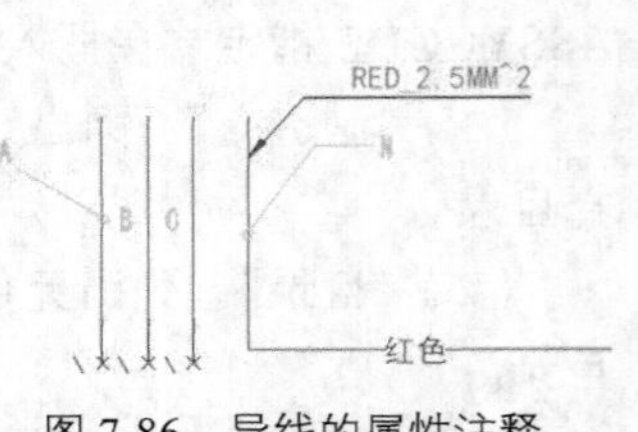

图 7-86 导线的属性注释

1. 打开图形文件

（1）单击“项目管理器”选项列表中的“打开项目”按钮，系统弹出“选择项目文件”对话框，选择“双路自投供电简易图电源线绘制.wdp”文件，单击“打开”按钮。打开该项目并激活。

（2）在激活项目中的“双路自投供电简易图电源线绘制.dwg”图形文件处单击鼠标右键，在弹出的快捷菜单中单击“打开”按钮。打开该文件。

2. 添加信号引线

（1）单击“原理图”选项卡“插入导线/线号”面板“线号引线”下拉列表中的“线号引线”按钮，在命令行提示下，选择已经在图形中标注的线号“A”，然后斜向上拖动光标并在适当位置单击指定线号放置位置。最后单击鼠标右键或按 Enter 键完成线号引线放置。如图 7-87 所示。

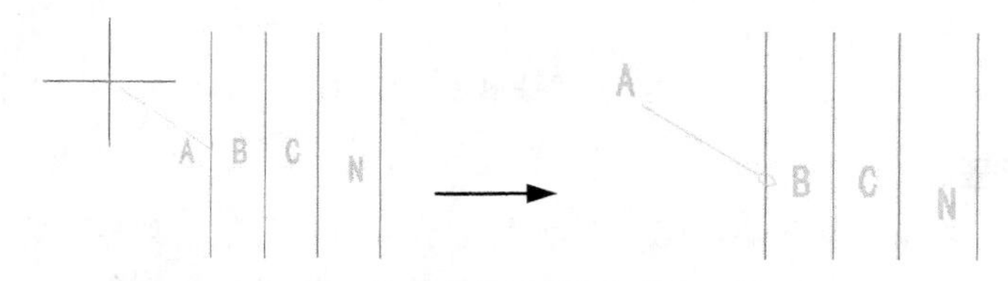

图 7-87　线号引线添加流程 1

（2）重复执行“线号引线”命令。选择线号“N”，拖动光标到适当位置单击指定引线第一点，然后开启“正交”功能并水平向右拖动光标，到适当位置单击及按 Enter 键结束命令的执行。其引线添加流程如图 7-88 所示。

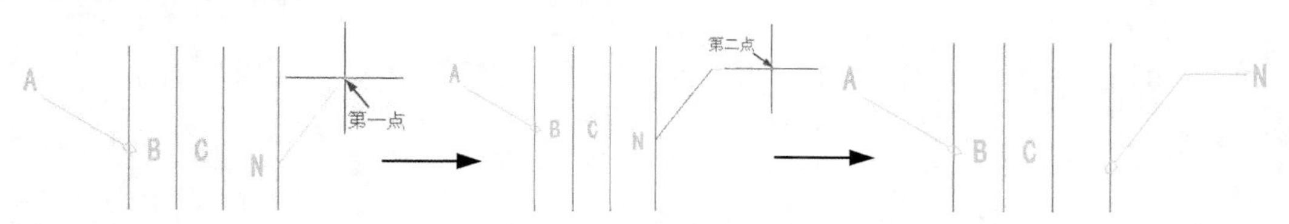

图 7-88　线号引线添加流程 2

3. 导线属性标注

（1）单击“原理图”选项卡“插入导线/线号”面板“线号引线”下拉列表中的“导线颜色/规格标签”按钮，系统弹出“插入导线颜色/规格标签”对话框，如图 7-89 所示。

（2）单击“设置”按钮，系统弹出“导线标签颜色/规格设置”对话框，如图 7-90 所示。将“文字图层”设置为“RED_1.5MM^2”，将其余属性设置为默认。单击“确定”按钮。返回“插入导线颜色/规格标签”对话框。

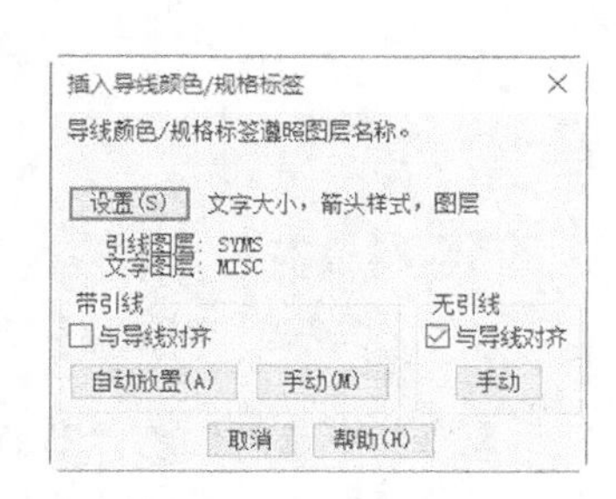

图 7-89　“插入导线颜色/规格标签”对话框

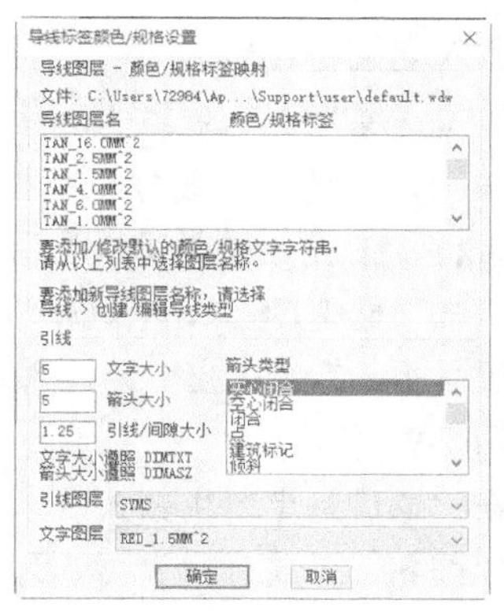

图 7-90　“导线标签颜色/规格设置”对话框

（3）单击“手动（M）”按钮，系统返回绘图窗口。通过单击选择指定导线，然后在“对象捕捉”模式下，选择导线上一点为引线起点并拖动光标。在适当位置单击指定第一点，在“正交”模式下向右水平拖动光标，在适当位置单击鼠标并按 Enter 键，完成属性插入，导线属性插入流程如图 7-91 所示。

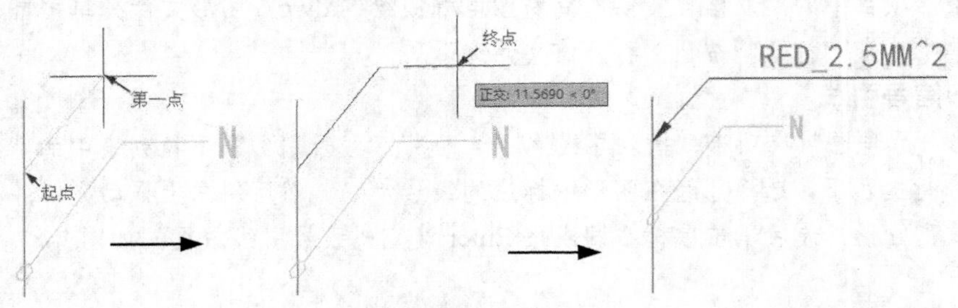

图 7-91　导线属性插入流程

4．添加导线标签

单击“原理图”选项卡“插入导线/线号”面板“线号引线”下拉列表中的“导线内导线标签”按钮，系统弹出“插入元件”对话框，如图 7-92 所示。根据导线颜色，在此处单击“红色”按钮，系统返回绘图窗口，在指定红色线处单击放置标签，如图 7-93 所示。

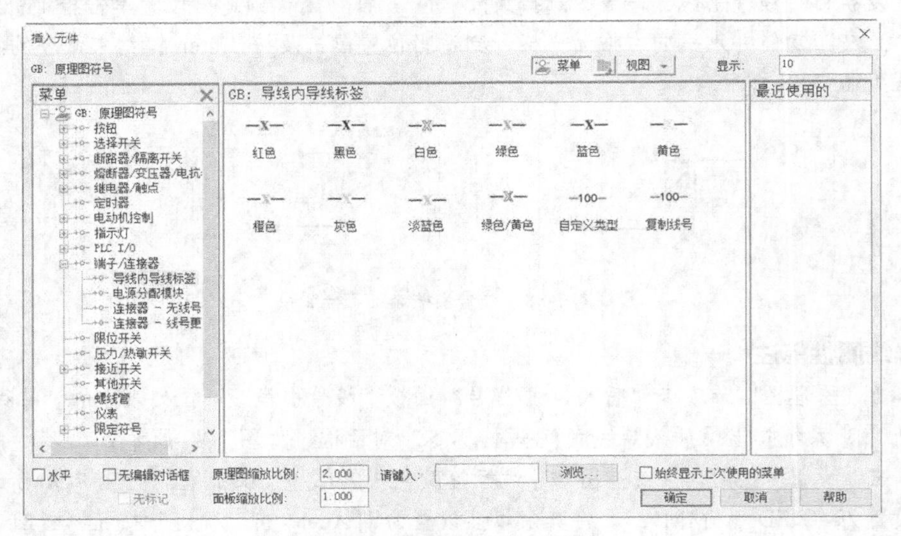

图 7-92　“插入元件”对话框

5．插入电缆标记

（1）单击“原理图”选项卡“插入导线/线号”面板“电缆标记”下拉列表中的“电缆标记”按钮，系统弹出“插入元件”对话框，设置“原理图缩放比例”为“1”。

（2）单击“电缆标记”，系统回到绘图窗口，在左侧垂直直线适当位置单击，系统弹出“插入/编辑电缆标记（主导线）”对话框，如图 7-94 所示。

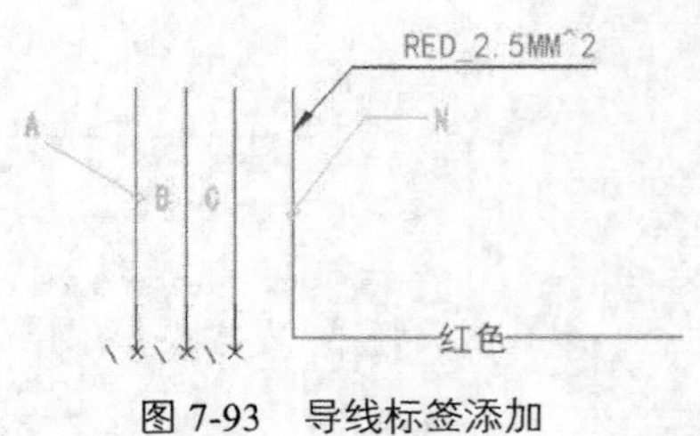

图 7-93　导线标签添加

（3）在“电缆标记”中输入 1。单击“导线颜色/ID”下方的“通用”按钮，系统弹出“常用颜色”对话框，如图 7-95 所示。在其中选择红色“RED”，单击“确定”按钮。为电缆添加颜色标记。

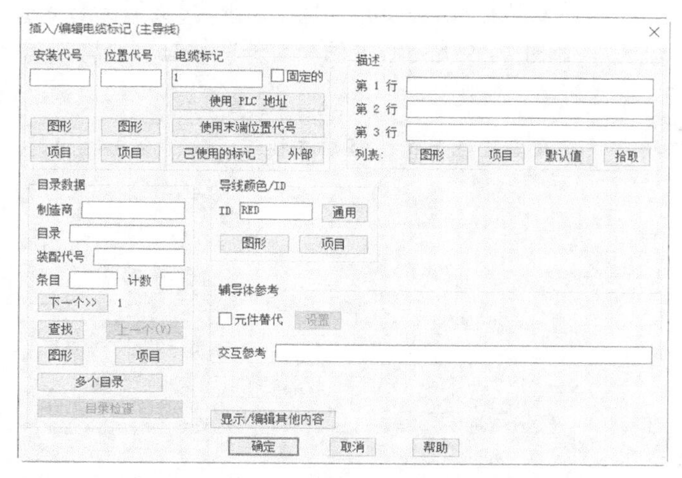

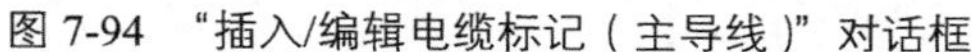
图 7-94 “插入/编辑电缆标记（主导线）”对话框

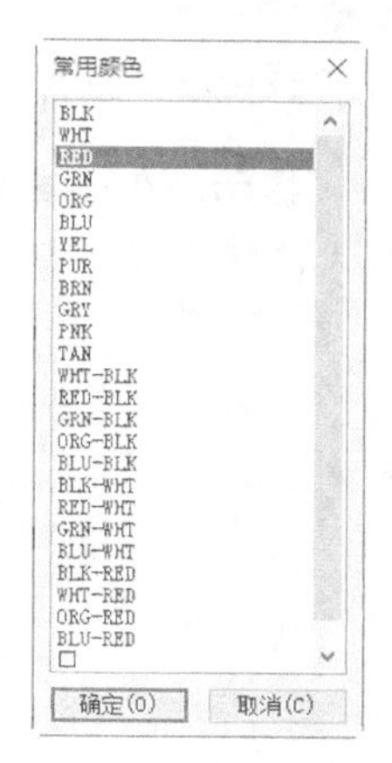

图 7-95 “常用颜色”对话框

（4）继续单击“确定”按钮。系统弹出提示对话框，如图 7-96 所示。提示“是否要插入一些辅元件？”，在此处我们单击“关闭”按钮，不插入辅元件。

（5）系统回到绘图窗口，电缆标记出现在导线位置。

（6）用同样的方法标记其他电缆，结果如图 7-97 所示。

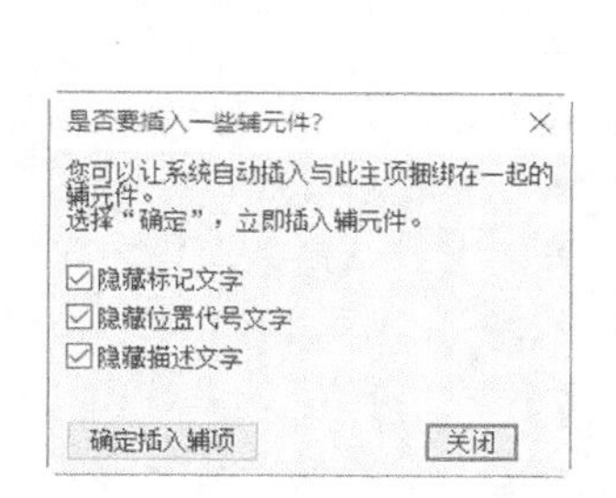

图 7-96 提示对话框

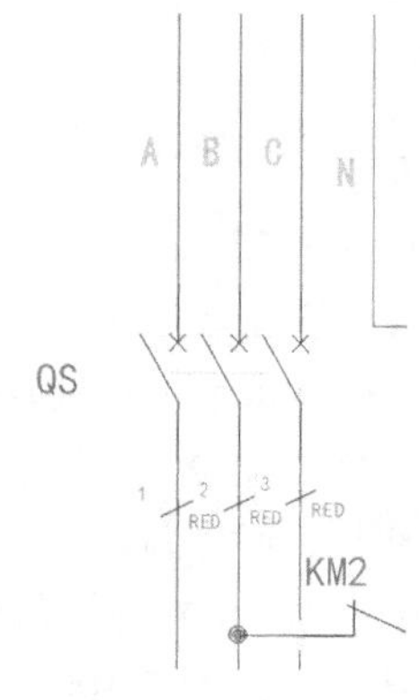

图 7-97 电缆标记

提示：导线标签只用于注释导线，会在打印中出现，但是不会出现在 BOM 表等的参数生成中。

7.5 综合实例——三相电动机起动控制电路图

三相电动机是指用三相交流电驱动的交流电动机。本实例重点练习导线的绘制、元件的插入及线号的插入，如图 7-98 所示。

1. 新建项目

（1）打开 AutoCAD Electrical 2022 应用程序，单击“项目管理器”选项板中的“新建项目”按钮，系统弹出“创建新项目”对话框。设置名称为“三相电动机”。

（2）单击“创建新项目”对话框中“从以下项目文件中复制设置”选项右侧的“浏览”按钮，

系统弹出“选择项目文件”对话框，由于系统默认标准为“NFPAdemo.wdp”（美国国家标准），此处将其修改为“Gbdemo.wdp”（国家标准），如图 7-99 所示。单击“打开”按钮。系统回到“创建新项目”对话框，单击“确定”按钮。完成新项目创建。

提示：在创建项目时，要将项目保存在安装位置盘，否则在插入元件时会出现问题，软件后台将无法搜索到对应图库路径。

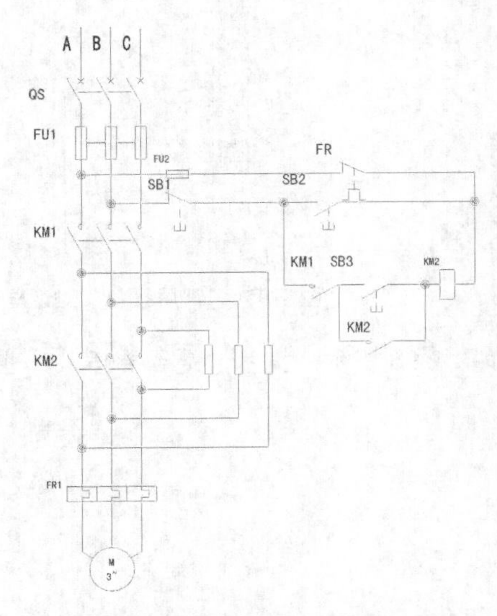

图 7-98 三相电动机起动控制电路图

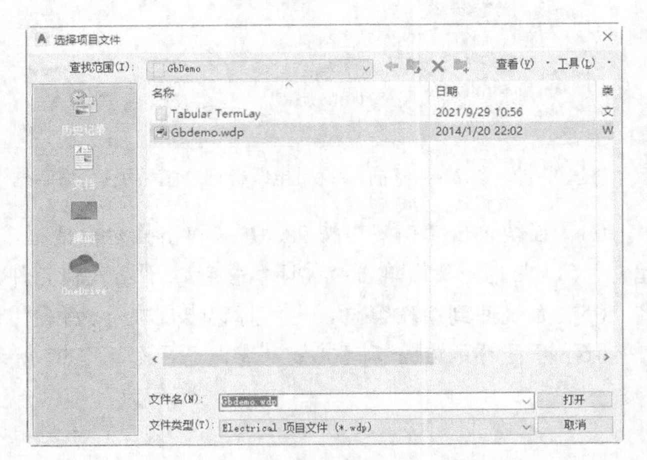

图 7-99 “选择项目文件”对话框

2．设置项目特性

（1）在“项目管理器”选项板中的“三相电动机”项目名称处单击鼠标右键，执行弹出的快捷菜单中的“特性”命令。

（2）系统弹出“项目特性”对话框。单击“元件”选项卡，勾选“禁止对标记的第一个字符使用短横线”复选框，如图 7-100 所示。

（3）将对话框转换到“样式”选项卡。在“布线样式”选项组中的“导线交叉”样式选择“实心”，在“导线 T 形相交”样式选择“点”。如图 7-101 所示。单击“确定”按钮完成项目特性设置。

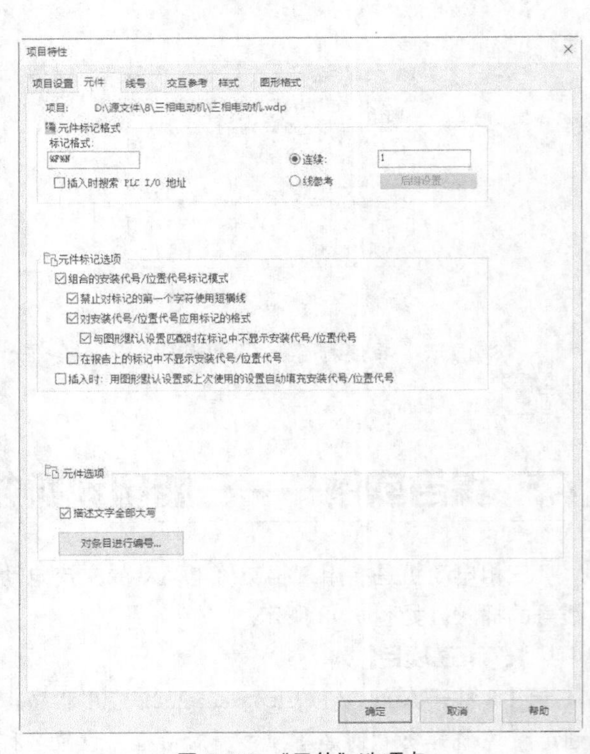

图 7-100 “元件”选项卡

3．新建图形

（1）单击“项目管理器”选项板上方的“新建图形”按钮，系统弹出“创建新图形”对话框。设置“名称”为“三相电动机”。

（2）在“模板”右侧单击“浏览”按钮，系统弹出“选择模板”对话框，选择“ACE_GB_a3_a.dwt”为模板，单击“打开”按钮。系统回到“创建新图形”对话框，完成模板选择。单击

“确定”按钮。系统弹出提示对话框，然后单击“是”按钮完成图形创建。

4. 图形分区

（1）测量分区尺寸。单击“默认”选项卡“注释”面板中的“线性”按钮。标注水平向分区尺寸为 48.75mm，如图 7-102 所示。

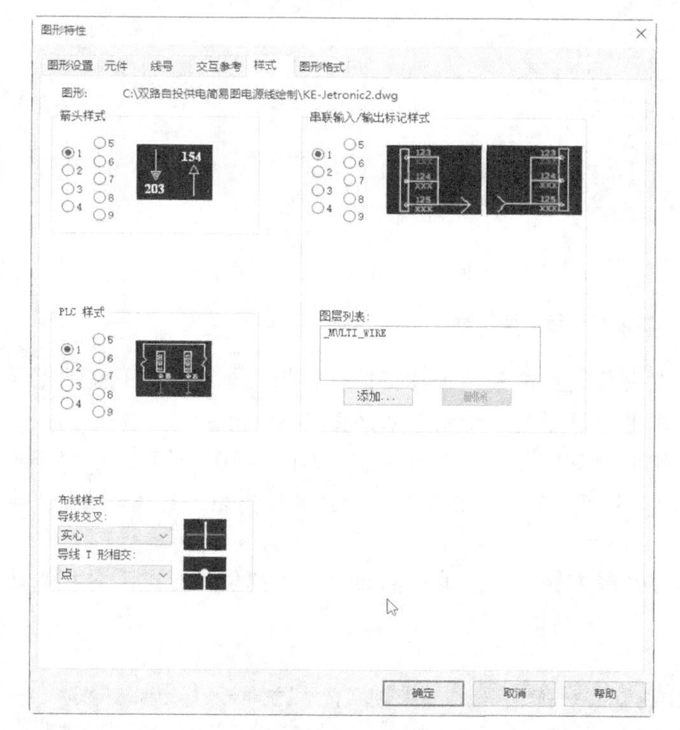

图 7-101 “样式”选项卡

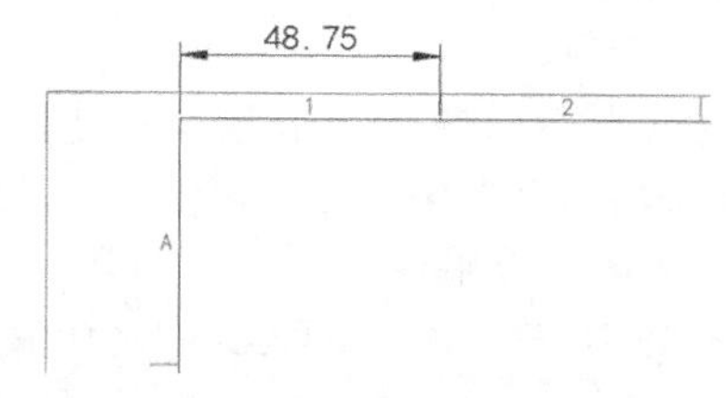

图 7-102 尺寸标注

（2）选择区域类型。在“项目管理器”选项卡中的“三相电动机”图形名称处单击鼠标右键。执行弹出的快捷菜单中的“特性”→“图形特性”命令，系统弹出“图形特性”对话框。单击其中的“图形格式”选项卡。在“格式参考”选项组中单击“X 区域”单选按钮，然后单击“设置”按钮，系统弹出“X 区域设置”对话框，单击“拾取”按钮，选择样板图内框的左上角点为原点。将“水平”间距设置为 48.75mm。在区域标签中输入“1”。单击两次“确定”按钮完成区域划分。

（3）单击“默认”选项卡“修改”面板中的“删除”按钮。选择标注的 48.75mm 尺寸，并将其删除。

5. 绘制多线电路

（1）单击“原理图”选项卡“插入导线/线号”面板中的“多母线”按钮，系统弹出“多导线母线”对话框，如图 7-103 所示。设置“水平”间距为 10mm，设置“垂直”间距为 10mm。在“开始于:”选项组中单击“空白区域，垂直走向”单选按钮。设置导线数为 3。单击“确定”按钮。

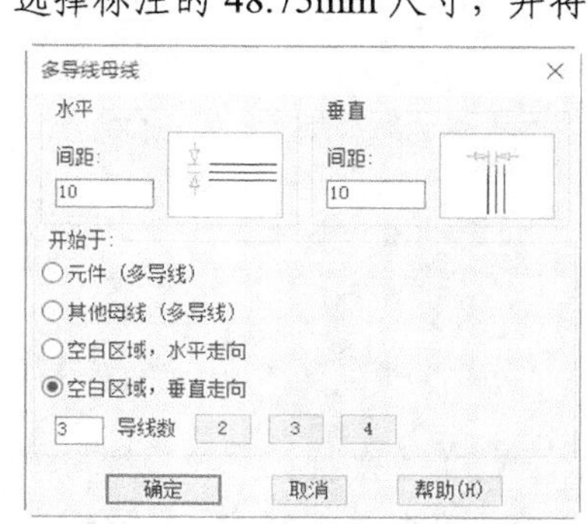

图 7-103 “多导线母线”对话框

（2）在命令行“第一个相位的起点[导线类型 T]”提示下输入“T”，系统弹出“设置导线类型”对话框，如图 7-98 所示。“已使用”列表中的“X”表示当前导线层。设置导线颜色为“RED”，设置大小为“2.5mm^2”。单击“确定”按钮。

设置导线类型

	已使用	导线颜色	大小	图层名称	导线编号	用户1	用户2
45	X	RED	2.5mm^2	RED_2.5mm^2	是		
46		RED	4.0mm^2	RED_4.0mm^2	是		
47		RED	6.0mm^2	RED_6.0mm^2	是		
48		TAN	0.5mm^2	TAN_0.5mm^2	是		
49		TAN	0.75mm^2	TAN_0.75mm^2	是		
50		TAN	1.0mm^2	TAN_1.0mm^2	是		
51		TAN	1.5mm^2	TAN_1.5mm^2	是		
52		TAN	10.0mm^2	TAN_10.0mm^2	是		
53		TAN	16.0mm^2	TAN_16.0mm^2	是		
54		TAN	2.5mm^2	TAN_2.5mm^2	是		
55		TAN	4.0mm^2	TAN_4.0mm^2	是		
56		TAN	6.0mm^2	TAN_6.0mm^2	是		
57		VIO	0.5mm^2	VIO_0.5mm^2	是		
58		VIO	0.75mm^2	VIO_0.75mm^2	是		

确定　取消　帮助

图 7-104 “设置导线类型”对话框

（3）系统回到绘图窗口，在图纸左侧空白处适当位置单击指定第一个相位起点，向下拖动光标绘制垂直电源线，在电源线终点处单击结束电源线绘制。绘制结果如图 7-105 所示。

（4）重复执行“多母线”命令，系统弹出“多导线母线”对话框，如图 7-103 所示。在“开始于”选项组中单击“其他母线（多导线）”单选按钮，其余参数不变。设置导线类型为默认。单击“确定”按钮。

（5）系统回到绘图窗口。选择垂直电源线最左侧导线上的一点为第一个相位的起点，向右拖动光标绘制电源线，命令行提示与操作如下。

命令：_aemultibus↙

选择用于开始多相母线连接的现有导线：(选择垂直电源线最左侧导线上的一点为起点，向右拖动光标，然后向下拖动光标)

到 (继续(C)/翻转(F))：F↙（翻转多相母线转弯方式并继续向下拖动光标）C↙（继续绘制多相线并向左拖动光标）

到 (继续(C)/翻转(F))：F↙（翻转多相母线转弯方式并继续向左拖动光标）C↙（将多相线拖动到垂直线路的第一个导线处）

到 (继续(C)/翻转(F))：F↙（翻转多相母线转弯方式）

选择用于开始多相母线连接的现有导线：↙

绘制结果如图 7-106 所示。

图 7-105 垂直电路

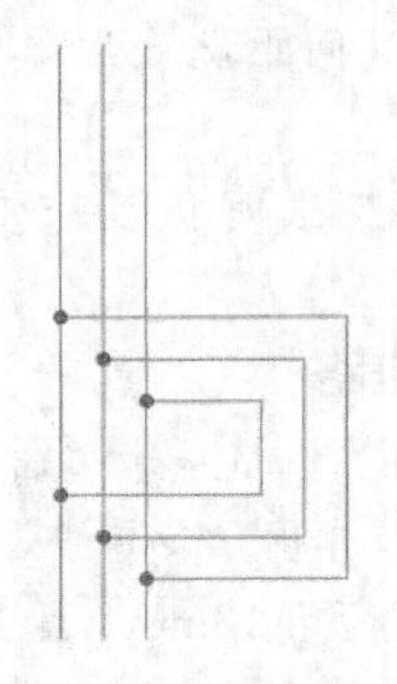

图 7-106 反转电路

（6）重复执行“多母线”命令，系统弹出“多导线母线”对话框，参数设置如图 7-107 所示。选择垂直电源线的第一根导线为起点，在此处单击并向右拖动光标，在终点处单击完成电源线绘制。绘制结果如图 7-108 所示。

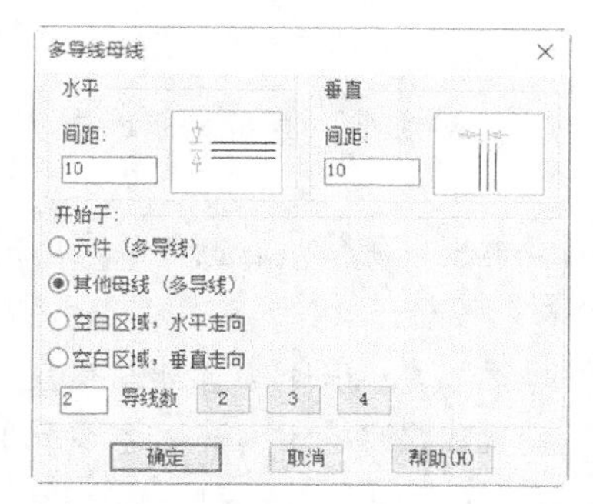

图 7-107 “多导线母线”对话框的参数设置

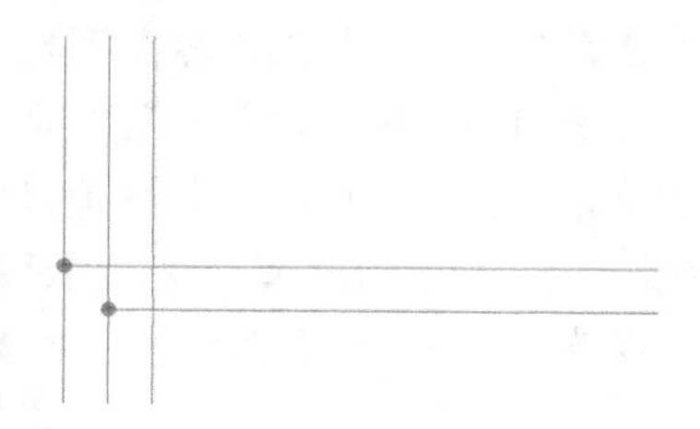

图 7-108 水平电源线

6. 绘制单线

（1）单击“原理图”选项卡“插入导线/线号”面板“插入导线”下拉列表中的“导线”按钮，命令行提示与操作如下。

```
命令：_aewire↙
插入导线
当前导线类型：“RED_2.5mm^2”
指定导线起点或 [导线类型(T)/X=显示连接]：(选择水平向电源线右上端点为起点并向下拖动光标)
指定导线末端或 [V = 起点垂直/H = 起点水平/TAB = 碰撞关闭/继续(C)]：V↙（向左拖动光标）C↙（继续绘制导线并向上拖动光标）
指定导线末端或 [V = 起点垂直/H = 起点水平/TAB = 碰撞关闭/继续(C)]：C↙（继续绘制导线并向左拖动光标，在与下侧的水平线重合时单击）
指定导线末端或 [V = 起点垂直/H = 起点水平/TAB = 碰撞关闭/继续(C)]：↙
```

绘制结果如图 7-109 所示。

（2）用同样的方式绘制剩余电源线，绘制结果如图 7-110 所示。

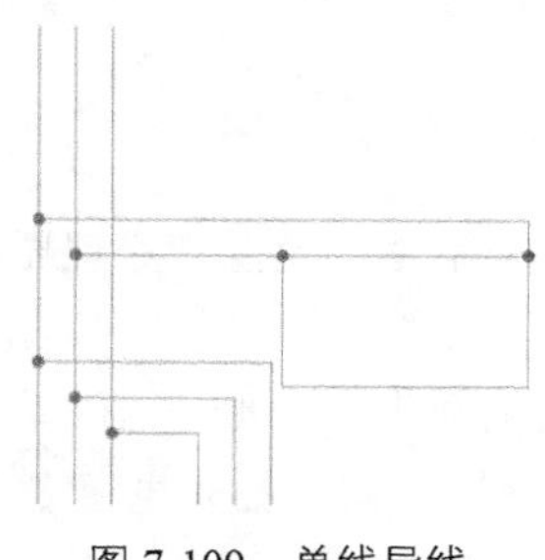

图 7-109 单线导线

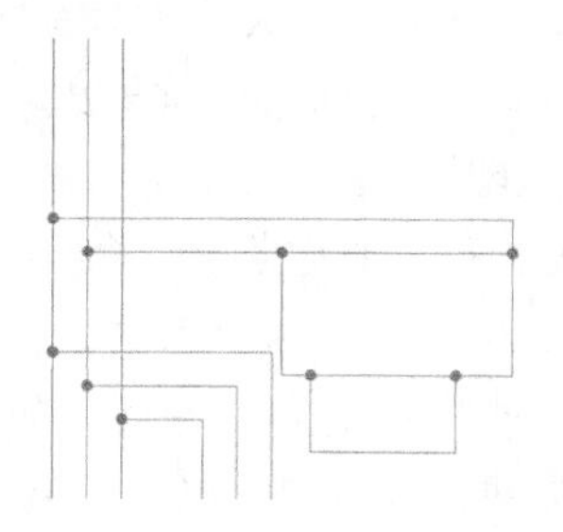

图 7-110 完整电源线

7. 插入断路器

（1）单击“原理图”选项卡“插入元件”面板中的“图标菜单”按钮。系统弹出“插入元件”对话框，将“原理图缩放比例”设置为“1.5”。在对话框中单击“断路器/隔离开关”→“三极断路器”→“断路器”图标。

（2）系统回到绘图窗口，打开“对象捕捉”功能，捕捉垂直电源线最左侧导线上端一点并单击该点，系统弹出提示对话框，如图 7-111 所示。单击“右”按钮。

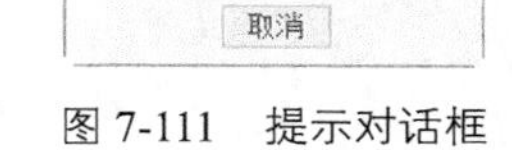

图 7-111 提示对话框

（3）系统弹出“插入/编辑元件”对话框，修改“元件标记”为“QS”。单击“确定”按钮。插入断路器。

（4）双击“QS”，系统弹出“增强属性编辑器”对话框，选择“特性”选项卡，在“颜色”下拉列表中单击“红”，如图 7-112 所示。单击“确定”按钮。插入断路器，如图 7-113 所示。

8. 插入三极熔断器

（1）重复执行“图标菜单”命令，系统弹出“插入元件”对话框，单击“熔断器/变压器/电抗器”→“熔断器”→“三极熔断器”图标。

（2）系统回到绘图窗口，打开“对象捕捉”功能，捕捉垂直电源线最左侧导线上端的一点并单击该点，系统弹出提示对话框，如图 7-111 所示。单击“右”按钮。

（3）系统弹出“插入/编辑元件”对话框，修改“元件标记”为“FU1”，单击“确定”按钮，插入熔断器。修改“FU1”颜色为红色，如图 7-114 所示。（设置图层颜色后可省略本步骤）

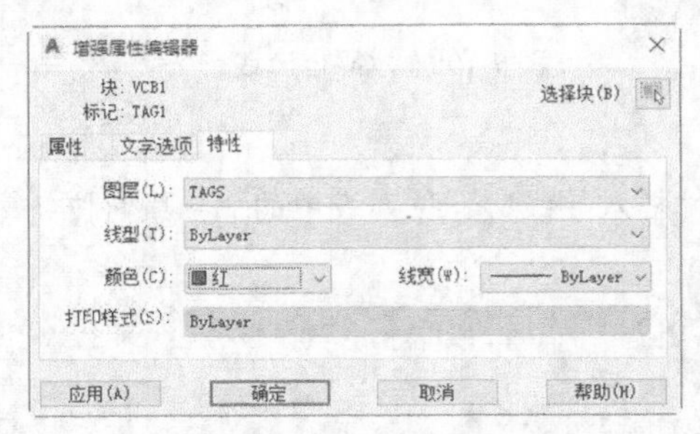

图 7-112 “增强属性编辑器”对话框

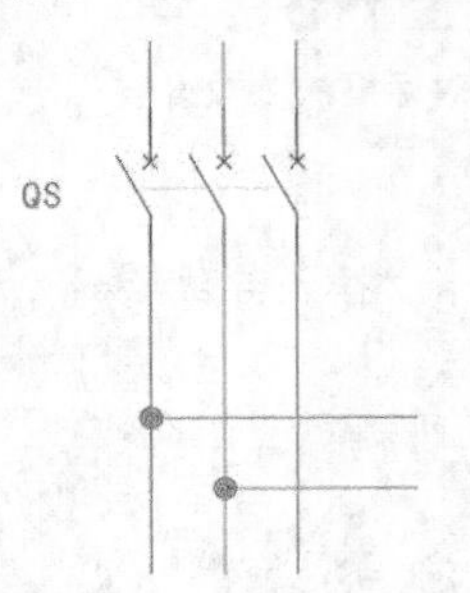

图 7-113 插入断路器

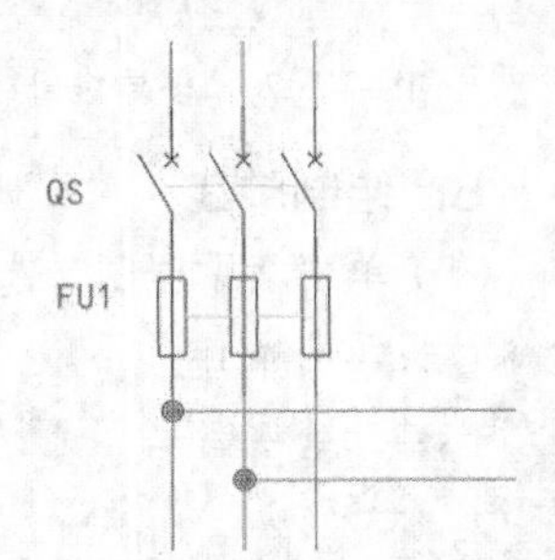

图 7-114 插入三极熔断器

9. 插入主电路三极接触器

（1）重复执行“图标菜单”命令，系统弹出“插入元件”对话框，单击“电动机控制”→“电动机起动器”→“带三极常开触点的电动机起动器”图标。

（2）系统回到绘图窗口，打开“对象捕捉”功能，捕捉垂直电源线最左侧导线适当一点并单击该点，系统弹出提示对话框，如图 7-111 所示。单击“右”按钮。

（3）系统弹出“插入/编辑元件”对话框，修改“元件标记”为“KM1”，单击“确定”按钮，将文字颜色改为红色，插入三极接触器。

（4）用相同的方式插入“KM2”，结果如图 7-115 所示。

10. 插入电阻器

（1）重复执行“图标菜单”命令，系统弹出“插入元件”对话框，设置“原理图缩放比例”为“1”，单击“其他”→“电子元件”→“固定电阻器”图标。

（2）系统回到绘图窗口，打开“对象捕捉”功能，捕捉左侧导线上适当一点并单击该点，系统弹出“插入/编辑元件”对话框，删除“元件标记”，单击“确定”按钮，插入电阻器。

（3）用同样的方法插入另外两个电阻器，结果如图 7-116 所示。

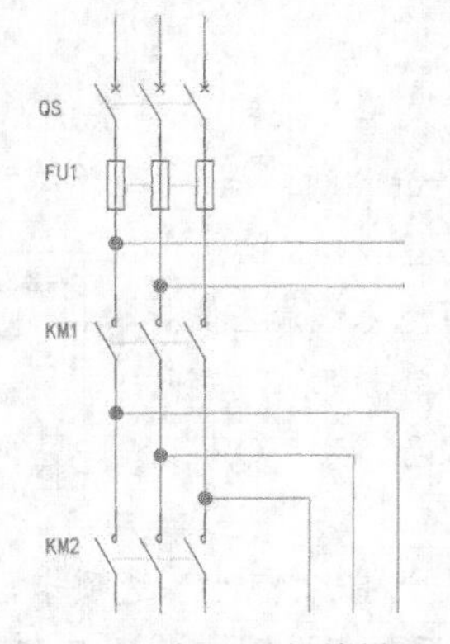

图 7-115 插入三极接触器

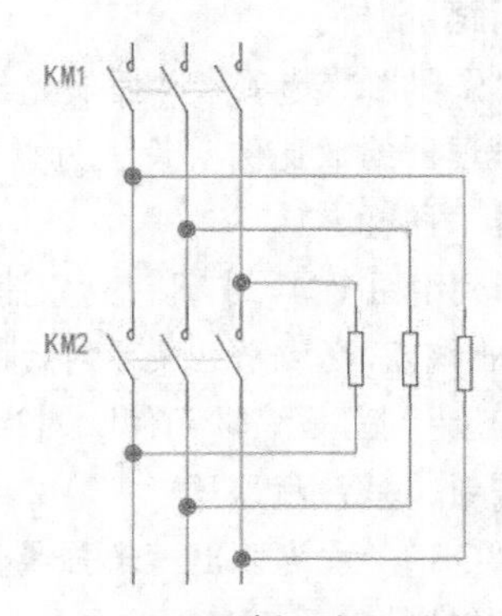

图 7-116 插入电阻器

11. 插入热继电器

（1）重复“图标菜单”命令，系统弹出“插入元件”对话框，“原理图缩放比例”为 1。单击“电动机控制”→“三极过载”图标。

（2）系统回到绘图窗口，打开“对象捕捉”功能，捕捉电源线上一点并单击鼠标左键，系统弹出提示对话框，如图 7-111 所示。单击“右”按钮。

（3）系统弹出“插入/编辑元件”对话框，修改“元件标记”为“FR1”，单击“确定”按钮，插入热继电器。如图 7-117 所示。

12. 插入三相电动机

（1）重复执行“图标菜单”命令，系统弹出“插入元件”对话框，设置“原理图缩放比例”为“1”。单击“电动机控制”→“三相电动机”→“三相电动机”图标。

（2）系统回到绘图窗口，打开“对象捕捉”功能，捕捉电源线上一点并单击该点，

系统弹出“插入/编辑元件”对话框，删除“元件标记”，单击“确定”按钮，插入电动机。修改文字颜色为红色，如图 7-118 所示。

13. 插入熔断器

（1）重复执行“图标菜单”命令，系统弹出“插入元件”对话框，勾选“水平”复选框，设置“原理图缩放比例”为“1.5”。单击“熔断器/变压器/电抗器”→“熔断器”→“熔断器”图标。

（2）系统回到绘图窗口，打开“对象捕捉”功能，捕捉电源线上一点并单击该点，系统弹出“插入/编辑元件”对话框，修改“元件标记”为“FU2”，单击“确定”按钮，插入熔断器。修改“FU2”颜色为红色，如图 7-119 所示。

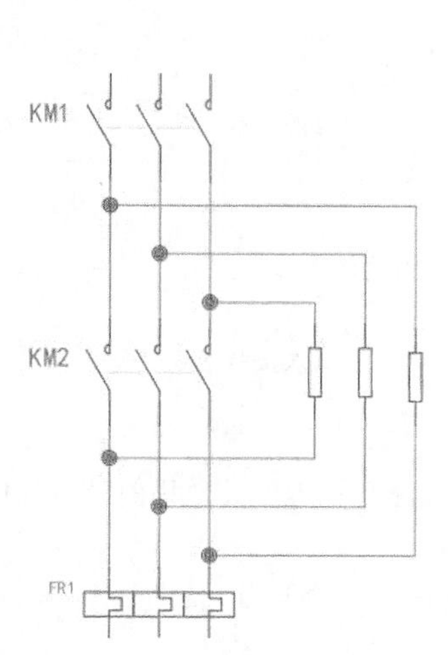

图 7-117 插入热继电器

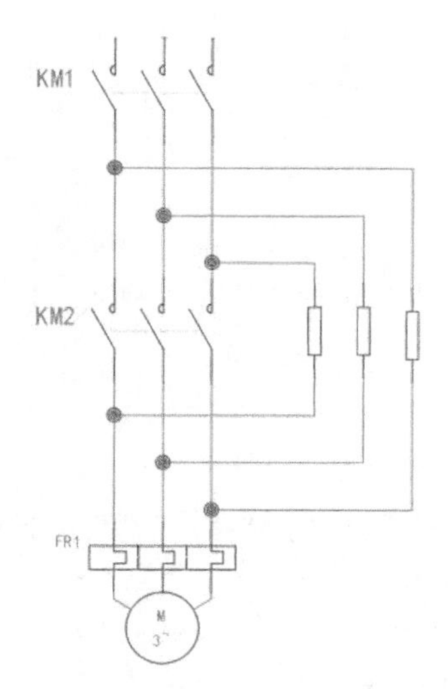

图 7-118 插入三相电动机

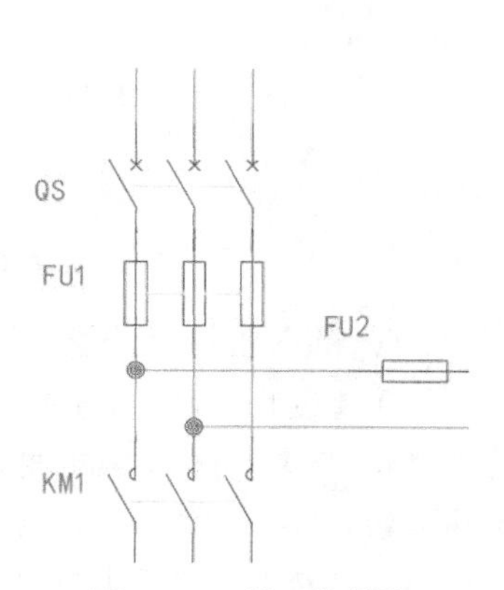

图 7-119 插入熔断器

14. 插入按钮

（1）重复执行“图标菜单”命令，系统弹出“插入元件”对话框，勾选“水平”复选框，设置“原理图缩放比例”为“1.5”。单击“按钮”→“瞬动型常闭按钮”图标。

（2）系统回到绘图窗口，打开“对象捕捉”功能，捕捉电源线上一点并单击该点，系统弹出“插入/编辑元件”对话框，修改“元件标记”为“SB1”，单击“确定”按钮，插入熔断器。修改“SB1”颜色为红色。

（3）使用同样的方法插入“SB2”“SB3”，如图 7-120 所示。

15. 插入 FR

（1）重复执行“图标菜单”命令，系统弹出“插入元件”对话框，勾选“水平”复选框，设置“原理图缩放比例”为“1.5”。单击“电动机控制”→“多极过载，常闭触点”图标。

（2）系统回到绘图窗口，打开“对象捕捉”功能，捕捉电源线上一点并单击该点，系统弹出“插入/编辑元件”对话框，修改“元件标记”为“FR”，单击“确定”按钮，插入熔断器。修改“FR”颜色为红色。如图 7-121 所示。

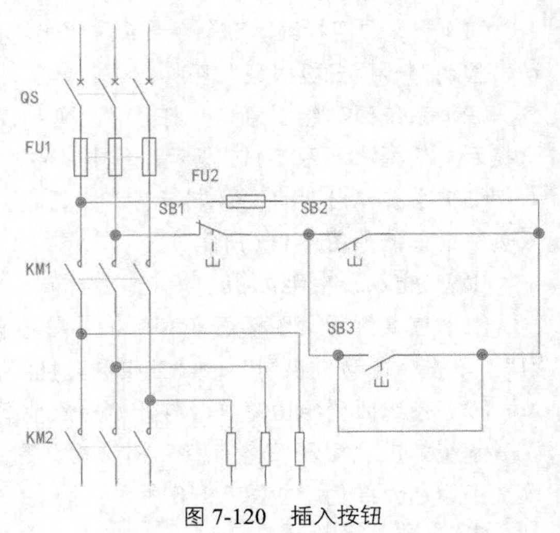

图 7-120　插入按钮

16. 插入接触器

（1）重复执行“图标菜单”命令，系统弹出“插入元件”对话框，勾选“水平”复选框。单击“电动机控制”→“电动机起动器”→“带单极常开触点的电动机起动器”图标。

（2）系统回到绘图窗口，打开“对象捕捉”功能，捕捉电源线上适当一点并单击该点，系统弹出“插入/编辑元件”对话框，修改“元件标记”为“KM1”，单击“确定”按钮，修改文字颜色为红色，插入接触器。

（3）用相同的方式插入“KM2”，结果如图 7-122 所示。

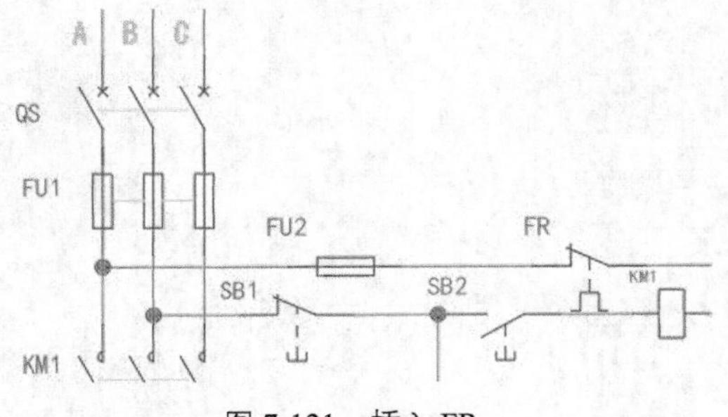

图 7-121　插入 FR

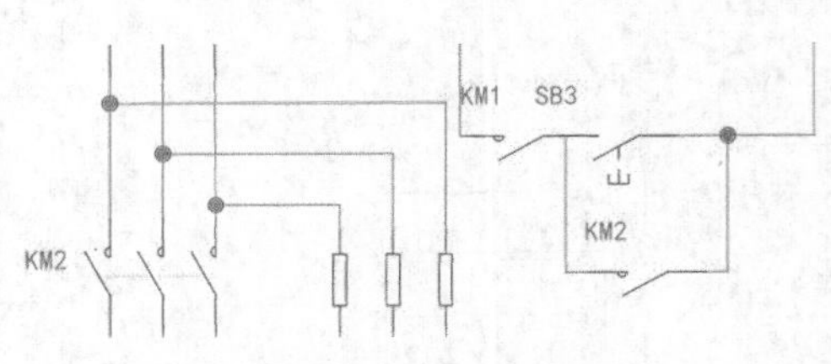

图 7-122　插入接触器

17. 插入接触器线圈

（1）重复执行“图标菜单”命令，系统弹出“插入元件”对话框，设置“原理图缩放比例”为“1”。勾选“水平”复选框。单击“电动机控制”→“电动机起动器”→“电动机起动器”图标。

（2）系统回到绘图窗口，打开“对象捕捉”功能，捕捉电源线上适当一点并单击该点，系统弹出“插入/编辑元件”对话框，修改“元件标记”为“KM1”，单击“确定”按钮，将修改文字颜色为红色，插入接触器线圈。

（3）用相同的方式插入“KM2”，结果如图 7-123 所示。

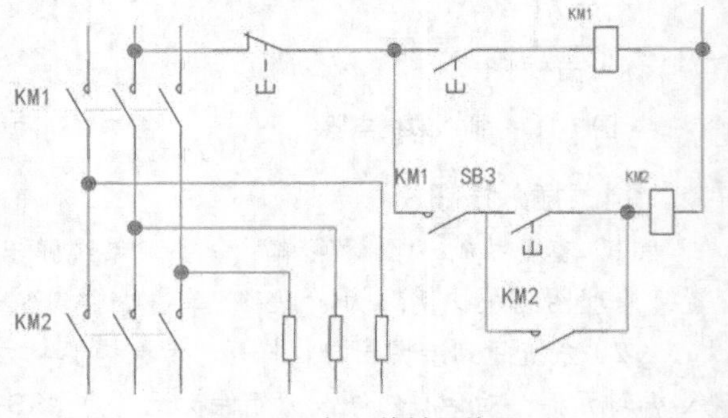

图 7-123　插入接触器线圈

18. 插入三相电源线线号

（1）单击“原理图”选项卡“插入导线/线号”面板“插入线号”下拉列表中的“三相”按钮。

（2）系统弹出“三相导线编号”对话框，在“前缀”列表下输入“A，B，C”。“最大值”选择“3”，如图 7-124 所示。在“线号”下方可以预览插入的线号。单击“确定”按钮。

（3）系统回到绘图窗口，依次从左到右单击选择垂直三相线的上端点。标注线号如图 7-125 所示。

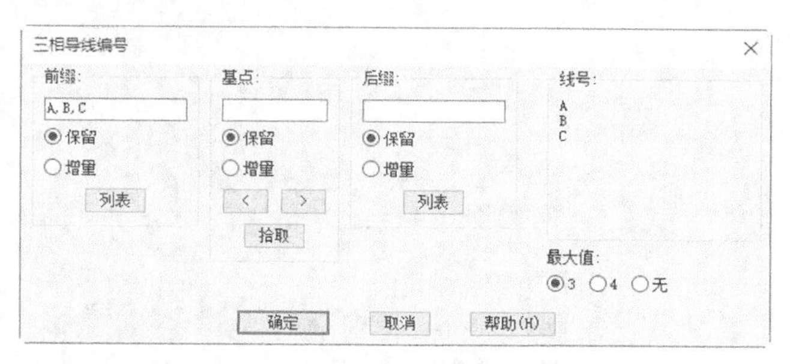

图 7-124 “三相导线编号”对话框

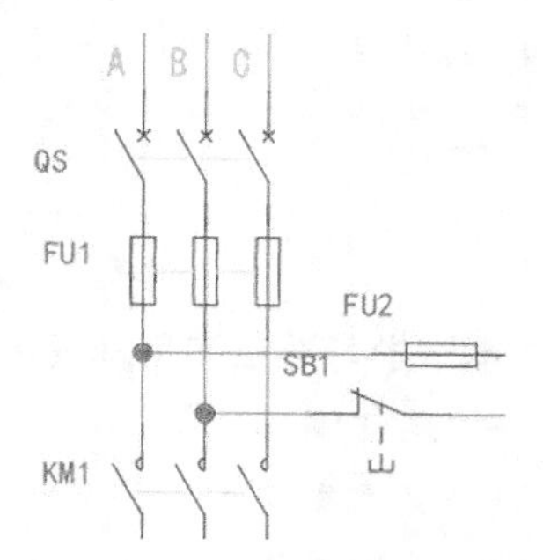

图 7-125 插入三相电源线线号

第 8 章

元件的编辑及交互参考

本章学习要点和目标任务

- 元件编辑
- 交互参考
- 其他工具

本章主要从元件编辑、交互参考和其他工具 3 方面介绍电气图纸修改的方法。在绘图过程中，我们经常需要调整元件的方向、复制元件、移动元件位置等，这就需要用户掌握编辑元件的方法。

AutoCAD Electrical 2022 虽然提供了元件库，元件库里面包含了大量的电气元件，但是有时需要用户自定义元件以完成电气图绘制。这就要求用户掌握自定义元件块的方法。

在电气图中有一个非常重要的关系，即父子关系，也被称为主辅关系，反映主元件与辅元件之间的控制关系。这就要求用户掌握交互参考的添加方法。

8.1 元件编辑

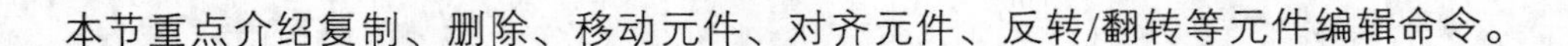

本节重点介绍复制、删除、移动元件、对齐元件、反转/翻转等元件编辑命令。

8.1.1 编辑

通过执行“编辑”命令可以编辑元件、PLC 模块、端子、线号或信号箭头。执行该命令主要有如下 3 种方法。

- 命令行：aeeditcomponent。
- 菜单栏：执行菜单栏中的“元件”→“编辑元件”命令。
- 功能区：单击“原理图”选项卡“编辑元件”面板中的“编辑”按钮。

执行上述命令后，在命令行提示下选择需要编辑的元件，系统弹出“插入/编辑元件”对话框，如图 8-1 所示。在该对话框中可以为元件添加引脚、制造商和型号，以便对元件进行更好的分类。设置完成后，单击“确定”按钮。

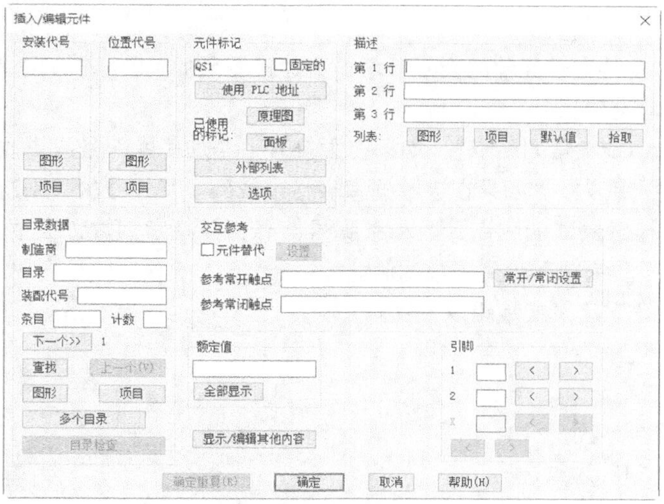

图 8-1 “插入/编辑元件”对话框

8.1.2 操纵元件

本节重点介绍元件的复制、删除、移动、对齐等命令，在绘制电路图的过程中，元件插入很难一蹴而就，需要经过二次编辑来辅助绘制电路图。

1. 复制元件

在电气图中，若是一个元件重复出现在图形中的不同位置，用户可以通过执行“复制元件”命令复制该元件，然后指定插入元件的放置位置。且“多次插入”（拾取主要项）命令属于复制命令，激活此命令后，选择电气中已有的电气元件，然后将其复制到指定位置。执行该命令主要有如下 3 种方法。

- 命令行：aecopycomp。
- 菜单栏：执行菜单栏中的“元件”→“复制元件”命令。
- 功能区：单击“原理图”选项卡“编辑元件”面板中的“复制元件”按钮。

执行上述命令后，根据命令行提示，从图形中选择与需要插入的新元件类似的元件。选择插入点插入所选符号的副本，然后系统弹出“插入/编辑元件”对话框，如图 8-2 所示。对话框中各参数含义如下。“元件标记”“目录数据”“描述”“安装代号”“位置代号”“显示/编辑其他内容”在 7.1.4 节已介绍过，此处不再赘述。

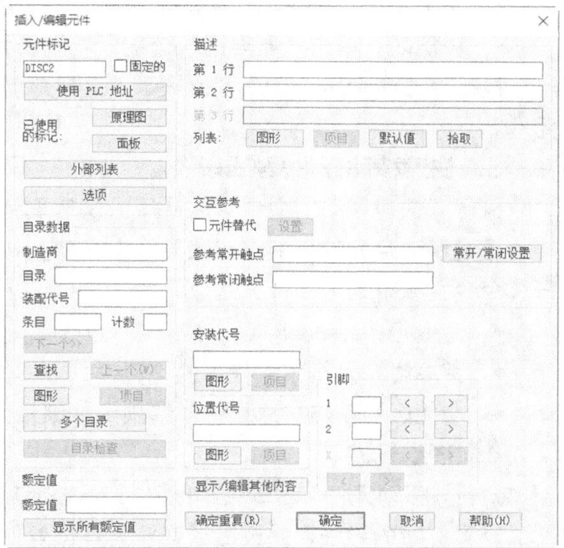

图 8-2 “插入/编辑元件”对话框

（1）额定值

指定每个额定值属性的值。使用“显示所有额定值”，输入最多 12 个元件的额定值属性值。选择“默认值”，则属性值可以从默认值列表中选择。如果“额定值”不可用，则说明用户所编辑的元件不包含额定值属性值。

（2）交互参考

①“元件替代”：用特定于元件的交互参考设置替代图形的 WD_M 块设置。单击“设置”以手动编辑元件的交互参考设置。

②“参考常开触点/参考常闭触点”：如果在主符号上添加了零件号或更改了现有零件号，系统将会咨询引脚列表数据库表格。如果在该数据库表格中找到了零件号的“制造商”“目录”“装配”值的匹配项，系统将检索关联的触点计数和引脚号信息，并将它们放置在主元件上。单击“常开/常闭设置”以查看或手动编辑引脚列表数据值。

③“常开/常闭设置”定义或编辑以下项。

最大常开触点计数。

最大常闭触点计数。

最大常开/常闭触点计数。

最大未定义类型“4”触点计数。

（3）引脚

“引脚”栏用于将引脚号指定给实际位于元件上的引脚。

2. 删除元件

执行“删除元件”命令删除所选的元件，打断的导线将被修复，由此导致指定给一个导线网络的多个线号的任意实例也将得到调整。如果删除的是辅触点，AutoCAD Electrical 2022 工具集将在当前图形中查找其主触点，并从主触点的交互参考注释中删除已删除的辅触点信息（如果主触点位于其他某个图形中，那么可能需要在图形集上单独执行一次“交互参考”命令）。如果删除的是主原理图元件，用户可以选择搜索相关辅元件，浏览它们，并可以将其删除。执行该命令主要有如下 3 种方法。

- 命令行：aeerasecomp。
- 菜单栏：执行菜单栏中的“元件”→“删除元件”命令。
- 功能区：单击“原理图”选项卡“编辑元件”面板中的“删除元件”按钮。

执行上述命令后，在命令行提示下选择要删除的元件，然后单击鼠标右键或按 Enter 键删除该元件。

3. 快速移动元件/导线段

执行“快速移动”命令可以让用户快速重新放置元件和导线段。单击某元件以使该元件沿其连接的导线滑动且元件只能在该段导线上移动。导线保持连接状态，并且现有线号将会自行居中。执行该命令主要有如下 3 种方法。

- 命令行：aescoot。
- 菜单栏：执行菜单栏中的“元件”→“快速移动”命令。
- 功能区：单击“原理图”选项卡“编辑元件”面板中的“快速移动”按钮。

4. 移动元件

执行“移动元件”命令会打断并重新连接任何基本导线，而且会在必要时插入符号的旋转版本。其会修复打断的导线，并删除留在空元件位置处的不必要的线号。需要注意的是与“快速移动”命令不同，“移动元件”命令可以将元件移动到图形的其他导线上。执行该命令主要有如下 3 种方法。

- 命令行：aemove。
- 菜单栏：执行菜单栏中的“元件”→“移动元件”命令。
- 功能区：单击“原理图”选项卡“编辑元件”面板中的“移动元件”按钮。

执行上述命令后，在命令行提示下选择需要移动的元件，然后移动光标在适当位置单击并放置元件。

5. 对齐元件/线号

执行“对齐元件”命令将所选元件与选定主元件对齐。执行该命令主要有如下 3 种方法。

- 命令行：aealign。
- 菜单栏：执行菜单栏中的“元件”→“对齐”命令。
- 功能区：单击“原理图”选项卡“编辑元件”面板中的“对齐”按钮。

执行上述命令后，可以分别选择各个元件，也可以通过窗选方式选择元件。将所有已连接的导线调整为对齐，并使线号重新居中。通过在命令行中输入 V 或 H 字符并后跟一个空格来切换使用垂直对齐和水平对齐功能。命令行提示中各选项的含义如下。

（1）选择要与之对齐的元件 [垂直（V）/<水平（H）>]：选择 V，则系统默认为垂直对齐；选择 H，则系统默认为水平对齐。

（2）选择要对齐的元件：选择要与之对齐的主元件。

（3）选择对象：选择要移动到与选定主元件对齐位置的元件。

6. 反转/翻转元件

“反转/翻转元件”命令在元件仅有两条接线时可用，可指定仅反转或翻转元件的图形及属性。该命令主要有如下 3 种方法。

- 命令行：aeflip。
- 菜单栏：执行菜单栏中的“元件”→“反转/翻转元件”命令。
- 功能区：单击“原理图”选项卡“编辑元件”面板中的“反转/翻转元件”按钮。

执行上述命令后，系统弹出“反转/翻转元件”对话框，如图 8-3 所示。对话框中各参数含义如下。

（1）“反转”：垂直于两个接线形成的轴反转元件图形和属性。

（2）“翻转”：沿着接线的轴翻转元件图形和属性（例如，从导线的顶部至底部，反之亦然）。

（3）“仅图形”：指定仅反转或翻转图形，不修改元件属性。

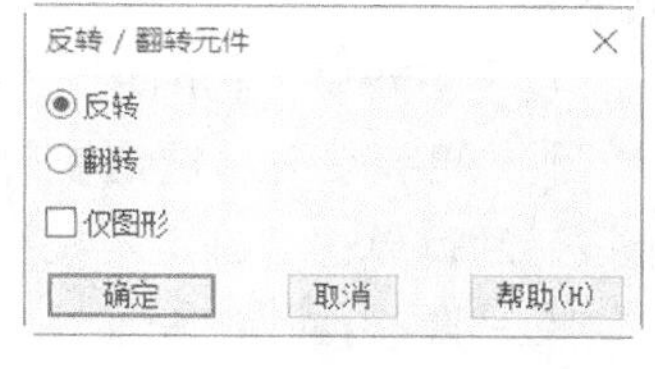

图 8-3 “反转/翻转元件”对话框

在图 8-1 所示的对话框中选择指定参数，然后单击“确定”按钮完成设置。在图形中选择需要修改的元件，单击完成修改，最后按 Enter 键结束命令的执行。

7. 替换触点状态

程序将查看选定的触点，读取其块名，并检查第 5 个字符是 1 还是 2。程序将查找与相对 1 或 2 匹配的块名，并用此块替换现有块。执行该命令主要有如下 3 种方法。

- 命令行：aetogglenonc。
- 菜单栏：执行菜单栏中的“元件”→“切换常开”→“常闭”命令。
- 功能区：单击“原理图”选项卡“编辑元件”面板中的“切换常开/常闭”按钮。

执行上述命令后，在命令行提示下选择要切换的元件，在该元件处单击，切换元件状态完成操作。

8.1.3 替换/更新块

块替换器工具可以在多种不同模式下运行。

替换块：交换块，并保留旧块的比例、旋转、接线、属性值和属性位置。例如，利用此工具可以将绿色标准指示灯转换为红色标准指示灯，或在图形范围内将所有红色压力测试指示灯转换为红色标准指示灯。

更新：用相同块的更新版本更新给定块的所有实例。同样保留所有属性值和接线。执行该命令主要有如下 3 种方法。

- 命令行：aeswapblock。
- 菜单栏：执行菜单栏中的“元件”→“元件其他选项”→“替换”→“更新块”命令。
- 功能区：单击“原理图”选项卡“编辑元件”面板中的“替换/更新块”按钮。

执行上述命令后，系统弹出“替换块/更新块/库替换”对话框，如图 8-4 所示。对话框中各参数含义如下。

（1）替换块（替换为其他块名）

①“替换块-一次一个”：交换块，一次交换一个块。

②“替换块-图形范围”：在图形范围内交换块。

③“替换块-项目范围”：在项目中交换块。

④“从图标菜单中拾取新块”：指定从图标菜单中选择新块。

⑤“拾取‘类似’新块”：指定选择类似于原始块的新块。

⑥“从文件选择对话框浏览到新块”：指定从文件选择对话框中选择新块。

⑦“保留原来的属性位置”：指定保留原始块的属性位置。

⑧“保留原有块比例”：指定保留原始块的比例值。

⑨“允许重新连接未定义的导线类型线条”：指定在新块换入时包含用于重新连接的非导线线条。

⑩“如果主项替换使种类发生了改变，将自动重新标记”：如果元件的种类代号因替换发生了改变，则将自动对元件重新标记。否则，即使元件标记与新元件的种类代号不匹配，元件标记也将保持不变。

（2）更新块（相同块名的修改后版本或不同版本）

①“更新块—将选定块替换为新版本”：用相同块的更新版本更新给定块的所有实例，单击该单选按钮后，单击“确定”按钮，系统弹出“更新块-新块的路径\文件名”对话框，如图 8-5 所示。

②“库替换—将全部块替换为新版本”：用相同符号的更新版本更新库符号的所有实例。

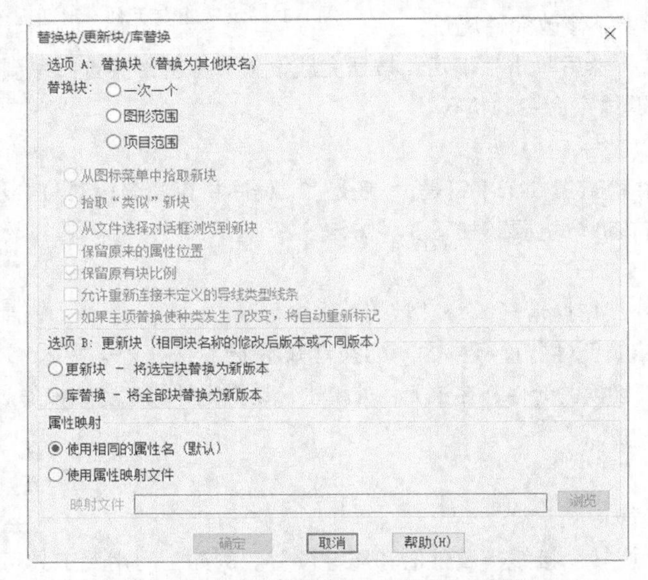

图 8-4 “替换块/更新块/库替换”对话框

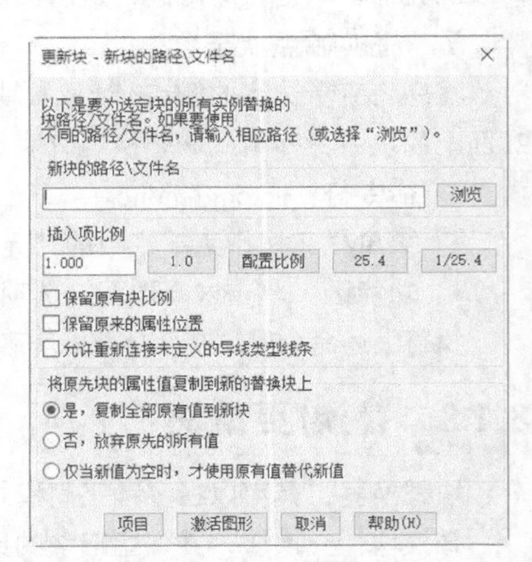

图 8-5 “更新块-新块的路径\文件名”对话框

（3）属性映射

“使用相同的属性名”：使用原始块中的相同属性名。

- “使用属性映射文件”：允许将某些属性的值映射到不同的属性名中。
- “映射文件”：确定 AutoCAD Electrical 2022 工具集应如何映射属性。此文件应具有两个属性名列。第一个属性名列包含当前的属性名，第二个属性名列包含新的属性名。映射文件可以是 Excel 电子表格、以逗号分隔的文件（.csv）或用空格将当前属性名与新属性名隔开的单个文本文件。

图 8-5 所示的对话框中的各参数含义如下。

（1）“新块的路径\文件名”：指定将替换选定块的所有实例块的路径\文件名。输入文件名或单击“浏览”按钮。

（2）“插入项比例”的参数含义如下。

“比例”：指定要使用的缩放比例。

“保留原有块比例”：指定保留原始块的比例值。

“保留原来的属性位置”：指定保留原始块的属性位置。

（3）“将原先块的属性值复制到新的替换块上”：指定是将原先块的属性值复制到新的替换块上还是放弃所有原有值，或者仅在新值为空时复制原有值。

8.1.4 实例——编辑元件

本例将通过对插入元件的编辑来练习复制、删除、对齐等编辑元件命令的执行。

1. 绘制导线

单击“原理图”选项卡“插入导线/线号”面板中的“导线”按钮，绘制水平向、竖直向导线，如图 8-6 所示。

图 8-6 导线图绘制

2. 插入元件

（1）单击“原理图”选项卡“插入元件”面板中的“图标菜单”按钮，系统弹出“插入元件”对话框。

（2）在对话框中选择“电动机控制”→“多极过载，常闭触点”，将其插入图中适当位置，如图 8-7 所示。

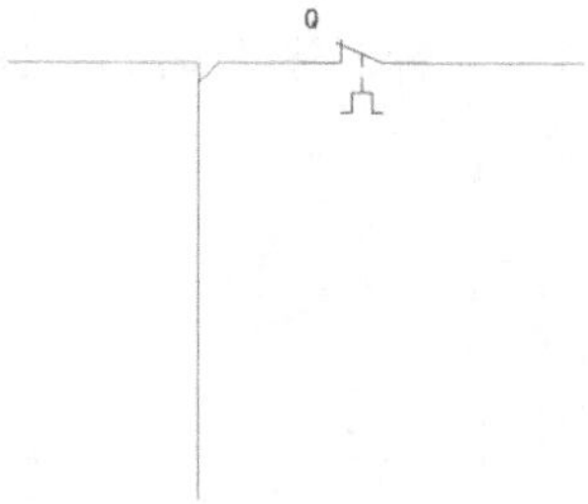

图 8-7 常闭触点

3. 复制元件

（1）单击“原理图”选项卡“编辑元件”面板中的“复制元件”按钮，在命令行提示下单击要复制的元件，如图 8-8（a）所示。

（2）在选中元件后拖动元件到绘图区适当位置，如图 8-8（b）所示。然后单击鼠标完成元件复制，如图 8-8（c）所示。按 Enter 键结束命令的执行。

提示： 通过执行“复制”命令可以看出，元件会根据导线的方向自动调整插入方向。

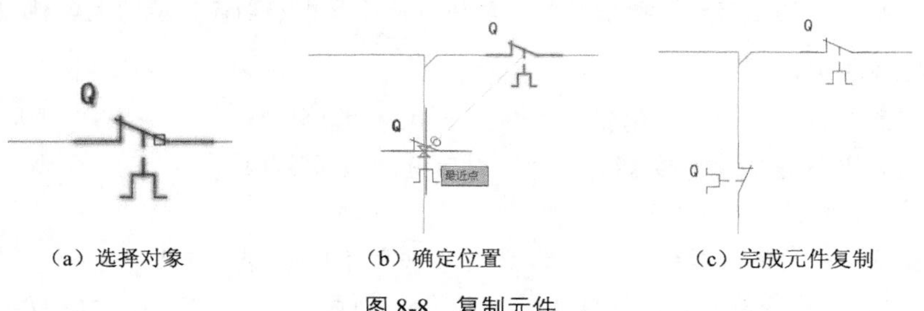

（a）选择对象　（b）确定位置　（c）完成元件复制

图 8-8 复制元件

4．删除元件

单击“原理图”选项卡“编辑元件”面板中的“删除元件”按钮，在绘图区单击要删除的元件，如图 8-9（a）所示。然后按 Enter 键或单击鼠标右键完成删除操作。删除元件后，导线会自动连接，如图 8-9（b）所示。

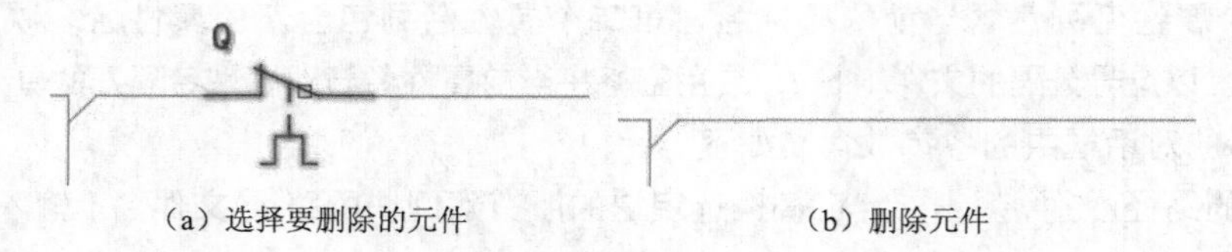

（a）选择要删除的元件　　（b）删除元件

图 8-9　删除元件

5．快速移动元件

（1）单击“原理图”选项卡“编辑元件”面板中的“快速移动”按钮，单击选择元件，如图 8-10（a）所示。

（2）然后在该导线上移动元件，如图 8-10（b）所示，单击完成快速移动操作，并按 Enter 键结束命令的执行。结果如图 8-10（c）所示。

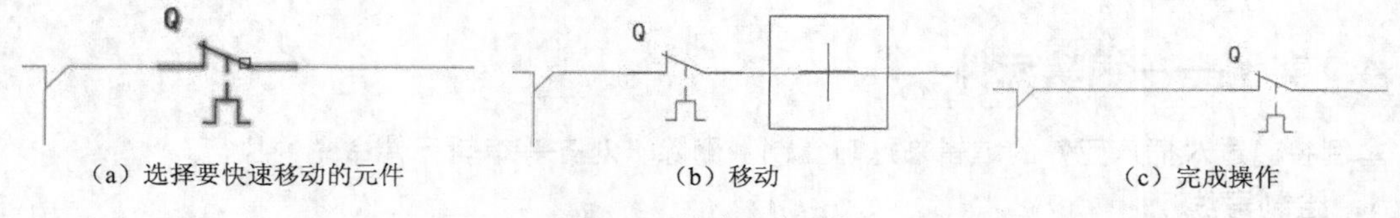

（a）选择要快速移动的元件　　（b）移动　　（c）完成操作

图 8-10　快速移动元件

6．移动元件

（1）单击“原理图”选项卡“编辑元件”面板中的“移动元件”按钮，单击要移动的元件，如图 8-11（a）所示。

（2）然后移动元件到指定导线位置，如图 8-11（b）所示。单击放置元件，并按 Enter 键结束命令的执行，结果如图 8-11（c）所示。

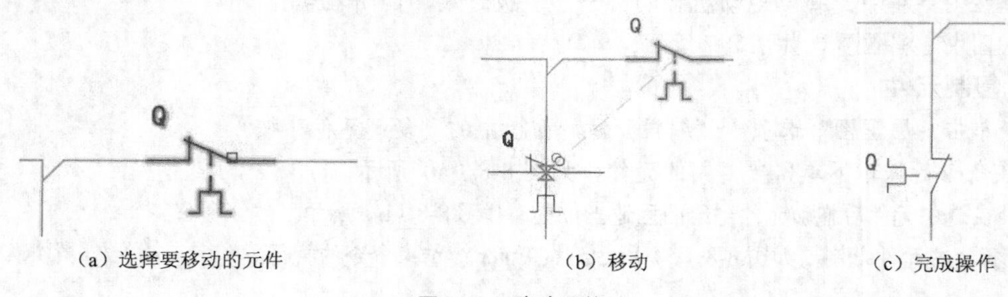

（a）选择要移动的元件　　（b）移动　　（c）完成操作

图 8-11　移动元件

提示：执行“快速移动”命令只能在元件当前导线上移动而不能跨越其他导线。

7．反转/翻转元件

（1）单击“原理图”选项卡“编辑元件”面板中的“反转/翻转元件”按钮，系统弹出“反转/翻转元件”对话框，如图 8-12 所示。单击“反转”单选按钮。

（2）单击要编辑的元件，如图 8-13（a）所示，然后单击反转元件，按 Enter 键结束命令的执行，结果如图 8-13（b）所示。

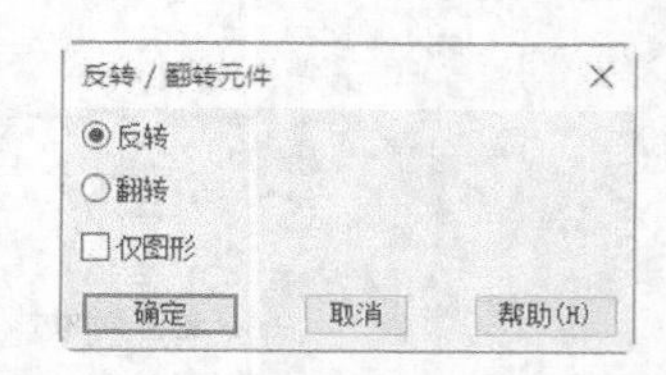

图 8-12　“反转/翻转元件”对话框

8. 替换触点状态

（1）单击“原理图”选项卡“编辑元件”面板中的“切换常开/常闭”按钮，单击要编辑的元件，如图 8-14（a）所示。

（2）单击调整元件状态，结果如图 8-14（b）所示。

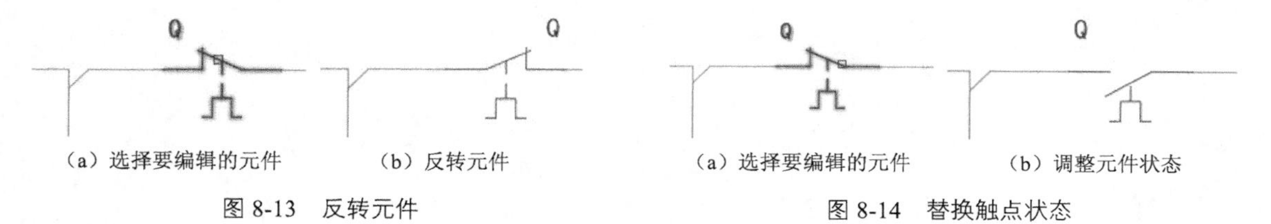

（a）选择要编辑的元件　（b）反转元件

图 8-13　反转元件

（a）选择要编辑的元件　（b）调整元件状态

图 8-14　替换触点状态

9. 替换/更新块

（1）单击“原理图”选项卡“编辑元件”面板中的“替换/更新块”按钮，系统弹出“替换块/更新块/库替换”对话框，如图 8-15 所示。

（2）在“替换块”选项组中单击“一次一个”单选按钮，单击“从图标菜单中拾取新块”单选按钮，其余参数为默认。

（3）单击“确定”按钮，系统弹出“插入元件”对话框，执行“按钮”→“瞬动型常开按钮”命令，系统回到绘图区，单击要替换的元件，如图 8-16 所示。

（4）系统弹出“警告-主项/辅项冲突”对话框，如图 8-17 所示。

（5）单击“确定”按钮，完成替换操作，结果如图 8-18 所示。

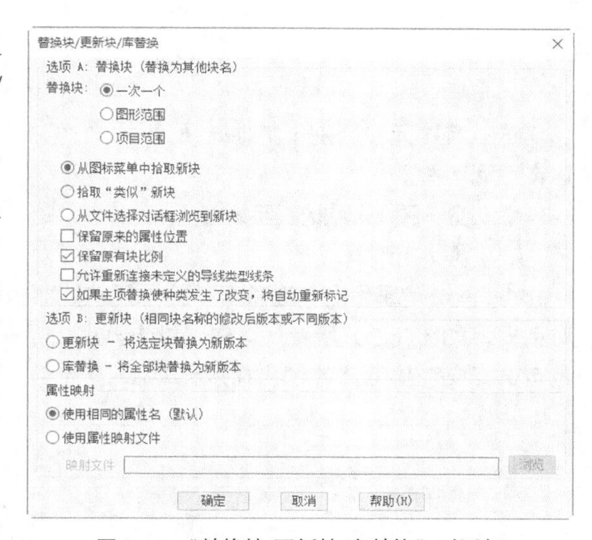

图 8-15　“替换块/更新块/库替换”对话框

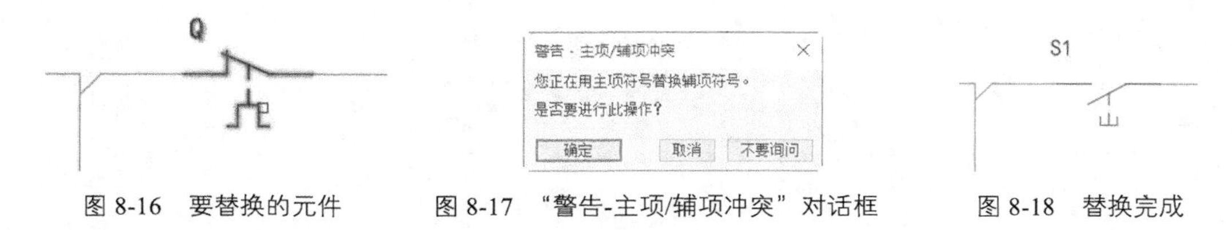

图 8-16　要替换的元件　　图 8-17　“警告-主项/辅项冲突”对话框　　图 8-18　替换完成

8.2 交互参考

交互参考取决于收集和注释若干组具有相同的 TAG 文字字符串值（例如“101CR”）的元件。元件不一定要属于相同的种类才能交互参考，但它们必须具有相同的 TAG1/TAG2/TAG_*/TAG 属性值。

系统将在主元件的交互参考中自动过滤使用虚连接线直接连接到主元件的辅元件。

8.2.1 交互参考设置

在电气图中存在一些较为特殊的元件，它们之间存在父子关系，其由主元件（父元件）及辅元件（子元件）组成。例如继电器，其主元件为线圈，辅元件为触点，如图 8-19 所示。

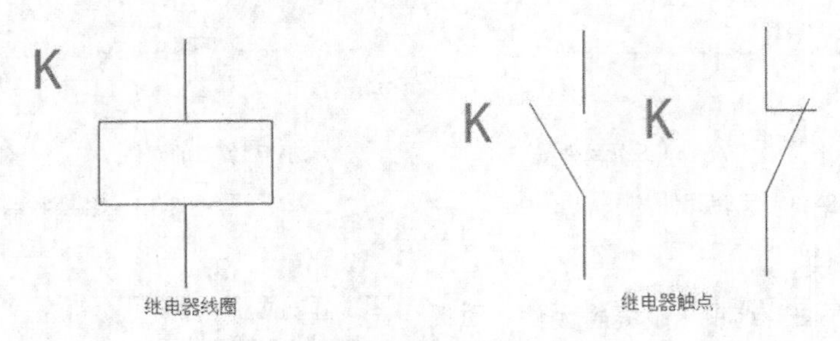

图 8-19 父元件与子元件示例

这些特殊元件区别于其他普通元件，它们拥有自身的交互参考，并且需要把元件的触点信息表达在线圈下方。

1. 统一图纸添加交互参考

（1）插入元件

① 单击“原理图”选项卡“插入元件”面板中的“图标菜单”按钮，系统弹出“插入元件”对话框，如图 8-20 所示。单击“继电器/触点”→“继电器线圈”按钮，将其插入绘图区域。此处也可选择交流接触器等作为插入元件。

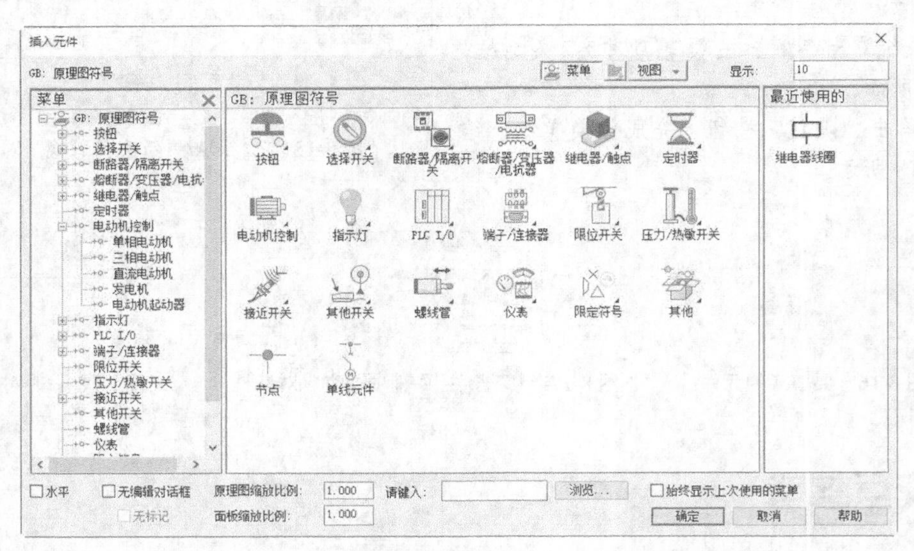

图 8-20 “插入元件”对话框

② 系统随即弹出“插入/编辑元件”对话框。在“目录数据”选项列表中单击“查找”按钮，系统弹出“目录浏览器”对话框，在其中选择制造商及型号，如图 8-21 所示。单击“确定”按钮。

③ 系统返回“插入/编辑元件”对话框，在“目录”“制造商”框中出现选择参数。在“引脚”选项列表中自动生成 K1、K2 引脚。

④ 单击“交互参考”选项列表中的“常开/常闭设置”按钮，系统弹出“最大常开/常闭触点计数和/或所允许的引脚号”对话框，如图 8-22 所示，在其中可以看到插入继电器的常开触点和常闭触点等各种形式。在其下方有对应的引脚列表，该列表用于后期触点引脚的引用。

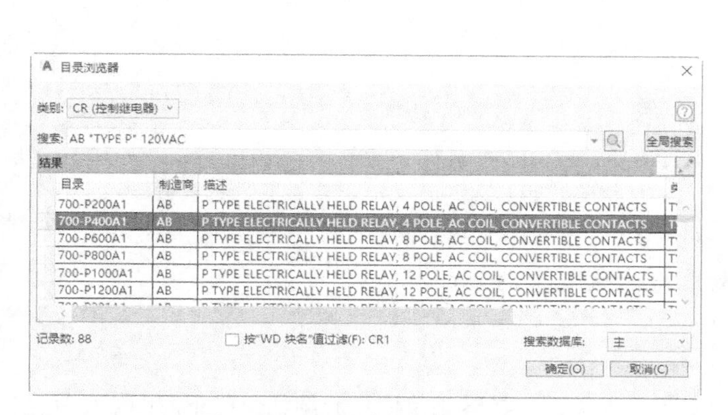

图 8-21 “目录浏览器”对话框

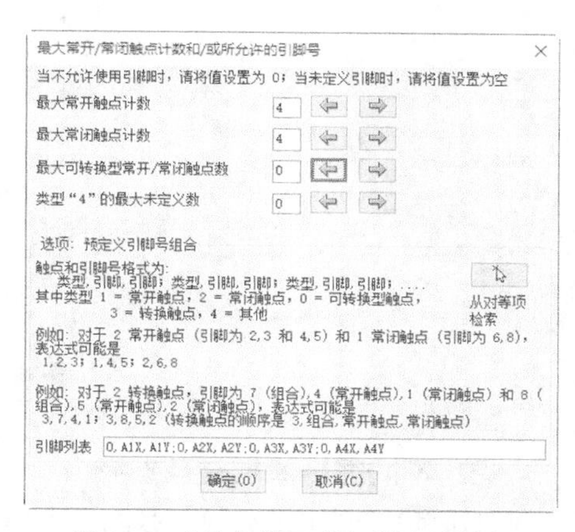

图 8-22 “最大常开/常闭触点计数和/或所允许的引脚号”对话框

在“描述”选项列表中输入“正转”，如图 8-23 所示。单击“确定”按钮。继电器标记如图 8-24 所示。

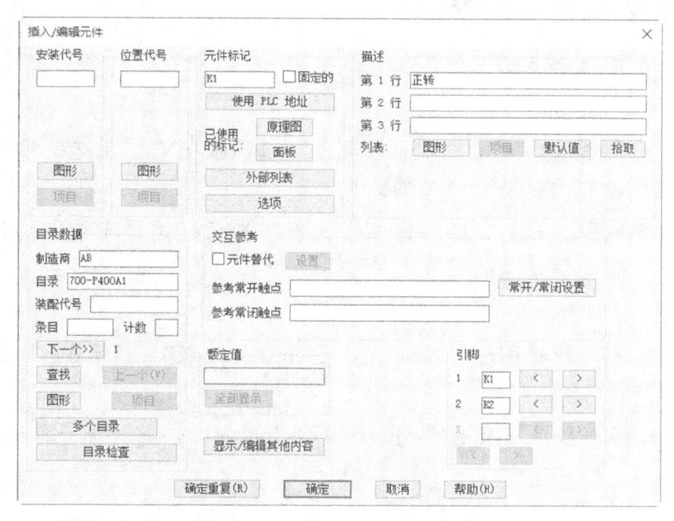

图 8-23 “插入/编辑元件”对话框

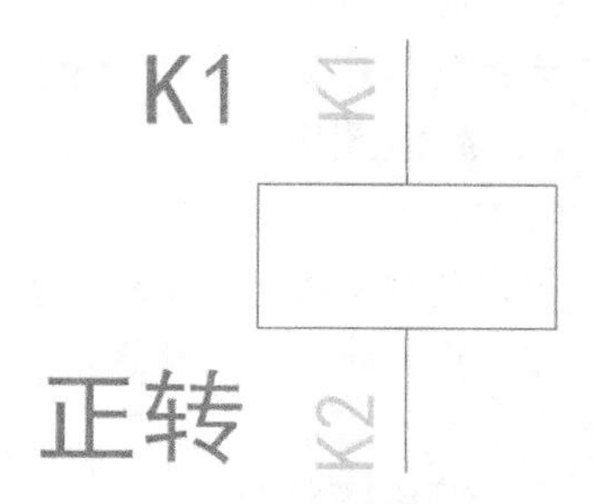

图 8-24 继电器线圈

（2）添加交互参考

① 用同样的方式插入“继电器常开触点”元件。系统弹出“插入/编辑元件”对话框，在该对话框中设置主元件继电器线圈与辅元件触点之间的连接。一是在“元件标记”处写入上面插入的继电器线圈的元件标记；二是单击“主项/同级项”按钮，系统返回绘图窗口，单击上面插入的继电器线圈主元件。

② 系统返回“插入/编辑元件”对话框，在“描述”“交互参考”“引脚”部分自动生成连接信息，建立主元件与辅元件之间的联系。单击“确定”按钮。在插入的触点中添加了对应引脚的信息，在主元件下方出现辅元件信息，如图 8-25 所示。

③ 如图 8-25 所示，继电器线圈有一个常开触点，引脚为 A1X、A1Y，常开触点位于水平 *X* 区域的 7 区。

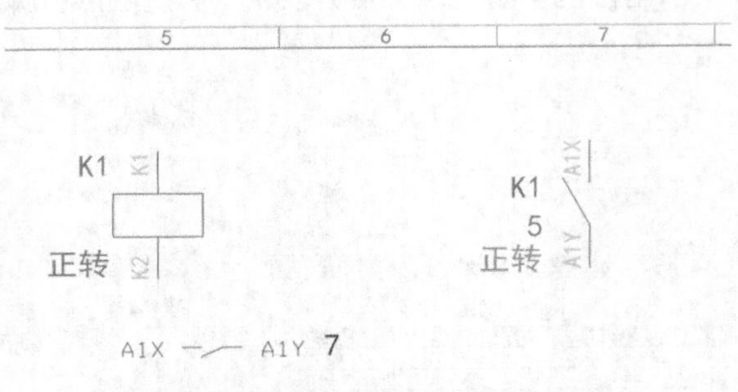

图 8-25　继电器线圈与继电器触点

2. 不同图纸添加交互参考

上面我们介绍了在同一张图纸上建立交互参考关系，接下来我们将介绍如何在不同图纸中让主元件和辅元件进行交互参考。

值得注意的是在交互参考前要对图纸进行分区定位，以便正确地表达元件在图纸中的位置。下面我们将通过实例为大家介绍如何在不同图纸中建立交互参考关系。

8.2.2　实例——主辅元件建立交互参考关系

本实例介绍不同图纸之间如何建立交互参考关系。

1. 新建项目

（1）打开 AutoCAD Electrical 2022 应用程序，单击“项目管理器”选项板中的“新建项目”按钮，系统弹出“创建新项目”对话框，设置名称为“交互参考”。

（2）在“位置代号”处选择默认保存位置。也可以通过单击“浏览”按钮将位置代号更改到安装目录的其他位置。单击“确定”按钮，创建新项目。

2. 新建图形

（1）单击“项目管理器”选项板上方的“新建图形”按钮，选择“ACE_GB_a3_a.dwt”文件为模板，创建“主元件.dwg”图形文件。

（2）重复执行“新建图形”命令，选择“ACE_GB_a3_a.dwt”文件为模板，创建“辅元件.dwg”图形文件。

3. 设置项目特性

在“项目管理器”选项板中的“交互参考”项目名称处单击鼠标右键，执行弹出的快捷菜单中的“特性”命令。系统弹出“项目特性”对话框。单击“图形格式”选项卡，在“格式参考”选项组中单击“*X-Y* 栅格”单选按钮，然后单击“确定”按钮，完成分区格式设置。

4. 标题栏页码更新

（1）在“交互参考”项目名称处单击鼠标右键，执行弹出的快捷菜单中的“标题栏更新”命令，系统弹出“更新标题栏”对话框，选择指定复选框，如图 8-26 所示。

（2）单击“确定应用于项目范围”按钮，系统弹出“选择要处理的图形”对话框。在该对话框中单击“全部执行”按钮，然后单击“确定”按钮。图形文件页码被更新，如图 8-27 所示。

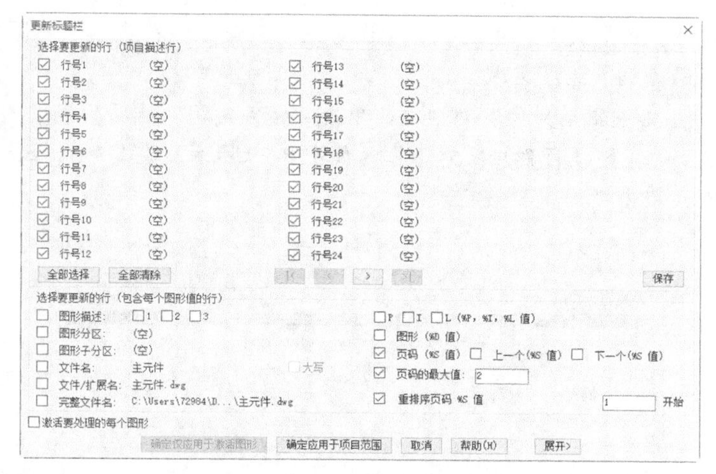

图 8-26 “更新标题栏”对话框

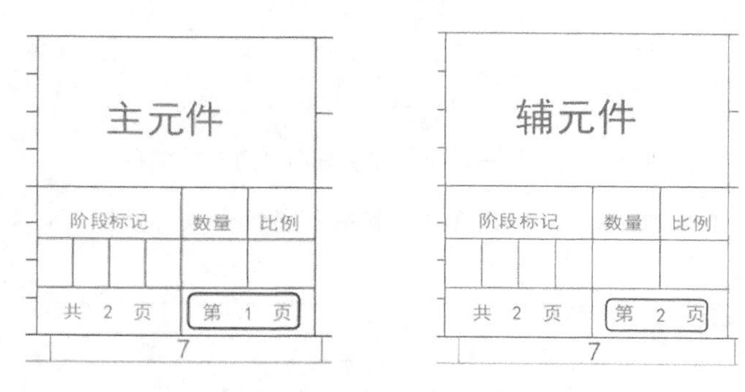

图 8-27 图形页码更新

5. 图形分区

（1）测量分区尺寸。双击“项目管理器”选项组中的“主元件”按钮，打开“主元件”图形文件。单击“默认”选项卡“注释”面板中的“线性”按钮。标注水平向尺寸与竖直向尺寸，如图 8-28 所示。

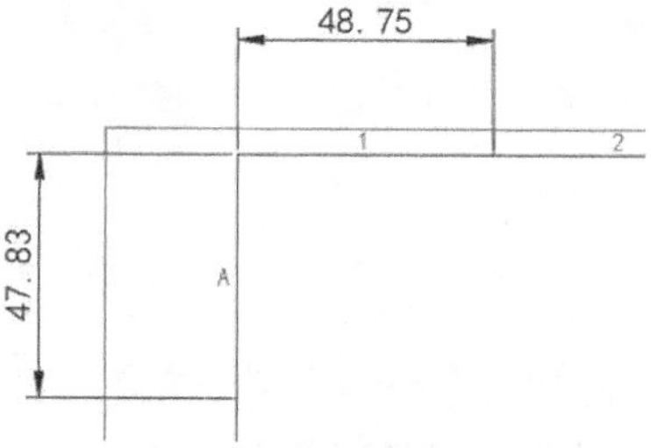

（2）选择区域类型。执行菜单栏中的“项目”→“图形属性”命令，系统弹出“图形特性”对话框。单击其中的“图形格式”选项卡。在“格式参考”选项组中单击“*X-Y* 栅格”单选按钮，然后单击“设置”按钮，系统弹出“*X-Y* 夹点设置”对话框，单击“拾取”按钮，选择样板图内框的左上角点为原点。设置“水平”间距为 48.75mm，设置“垂直”间距为 47.83mm。在栅格标签中“水平”栏中输入“1”，在“垂直”栏中输入“A”。单击两次“确定”按钮完成区域划分。

48. 75
1
2
47. 83
A

图 8-28 标注水平向尺寸与竖直向尺寸

（3）单击“默认”选项卡“修改”面板中的“删除”按钮。选择标注的尺寸，并将其删除。

（4）用同样的方式为“辅元件”图形文件分区。

6. 插入元件

（1）打开“主元件”图形文件。单击“原理图”选项卡“插入元件”面板中的“图标菜单”按钮，系统弹出“插入元件”对话框。单击“继电器/触点”→“继电器线圈”按钮，将其插入绘图区域。

（2）系统弹出（插入/编辑元件）对话框，将“元件标记”设置为“K1”，单击“确定”按钮。插入线圈。

（3）打开“辅元件”图形文件。重复执行“图标菜单”命令，单击“继电器/触点”→“继电器常开触点”按钮，将触点插入绘图区域。

（4）系统弹出“插入/编辑辅元件”对话框，单击“元件标记”选项列表中的“项目”按钮，系统弹出“种类=‘CR’的完整项目列表”对话框，如图 8-29 所示。在其中选择标记“-K1”，即选择上一步插入的主元件，单击“确定”按钮。

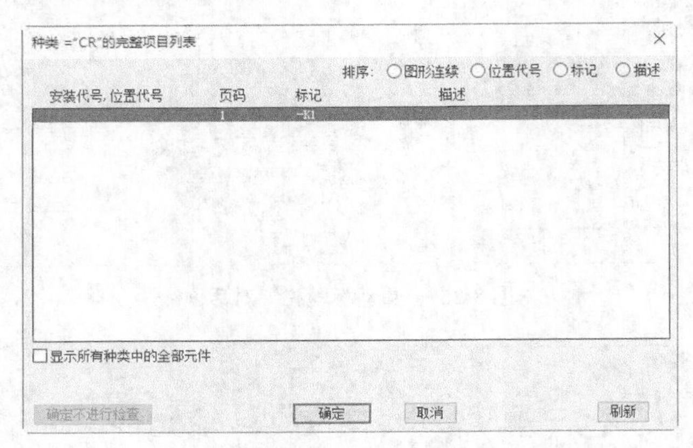

图 8-29 “种类=‘CR’的完整项目列表”对话框

（5）系统回到“插入/编辑辅元件”对话框，其中各参数会被自动设置，如图 8-30 所示。单击“确定”按钮。

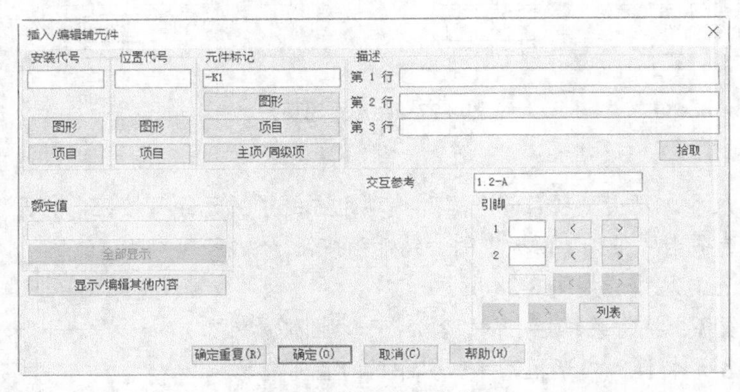

图 8-30 辅元件参数设置

（6）观察两个图形文件中出现的交互参考信息，如图 8-31 所示。由图 8-31 可知，在主元件（父元件）下出现的是辅元件（子元件）信息，表示子元件常开触点在第二页、2-A 区。在辅元件（子元件）下出现的是主元件（父元件）信息，表示主元件线圈在第一页、2-A 区。

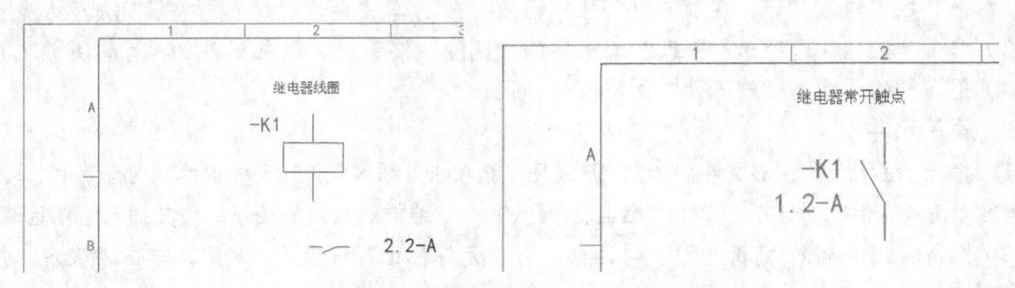

图 8-31 不同图形文件间的交互参考信息

8.2.3 交互参考编辑

本节主要介绍交互参考的隐藏、更新、交互参考检查、辅元件位置代号/描述更新、复制/添加元件替代、删除元件替代、交互参考表格等。

（1）元件交互参考

在相关主元件和辅元件上添加或更新交互参考信息。在该命令的执行过程中会弹出错误报告，该报告并不能表明交互参考信息存在错误，只能作为参考来应用。执行该命令主要有如下 3 种方法。

- 命令行：aexref。
- 菜单栏：执行菜单栏中的“元件”→“交互参考”→“元件交互参考”命令。
- 功能区：单击“原理图”选项卡“编辑元件”面板中的“元件交互参考”按钮。

执行该命令后，系统弹出“元件交互参考”对话框，如图 8-32 所示。选择要处理的对象，单击“确定”按钮。对话框中各参数含义如下。

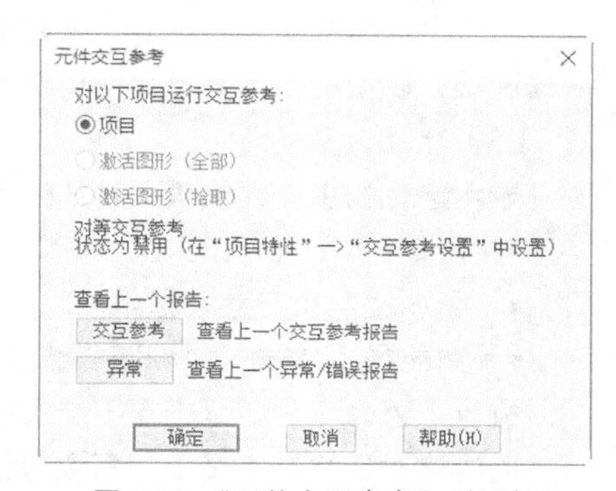

图 8-32 “元件交互参考”对话框

① “对以下项目运行交互参考”：指定要在选定元件、当前图形还是整个项目上运行报告。

② “交互参考”：显示上一个交互参考报告。

③ “异常”：显示上一个异常/错误报告。

④ 可以在“图形特性”对话框“交互参考”选项卡中设置交互参考格式。此操作以每个图形为基础，并且可以包括页码和图形 ID、线参考或栅格参考位置及固定标点符号。

（2）隐藏/取消隐藏交互参考

隐藏或取消隐藏选定元件的交互参考属性。执行该命令主要有如下 3 种方法。

- 命令行：aehidexref。
- 菜单栏：执行菜单栏中的“元件”→“交互参考”→“元隐藏”→“取消隐藏交互参考”命令。
- 功能区：单击“原理图”选项卡“编辑元件”面板中的“隐藏/取消隐藏交互参考”按钮。

执行上述命令后，在命令行提示下选择要隐藏或显示其交互参考的对象。允许采用单项选择、窗选或多项选择的方式。单击鼠标右键以结束选择并执行命令。

（3）更新独立交互参考

更新独立的交互参考符号上的交互参考注释。执行该命令主要有如下 3 种方法。

- 菜单栏：执行菜单栏中的“元件”→“交互参考”→“更新独立交互参考”命令。
- 功能区：单击“原理图”选项卡“编辑元件”面板中的“更新独立交互参考”按钮。
- 命令行：aeupdatesaxref。

执行上述命令后，系统弹出“更新导线信号和独立交互参考”对话框，如图 8-33 所示。对话框中各参数含义如下。

① 导线信号

a. “更新源/目标交互参考”：更新每个导线网络源箭头和目标箭头符号上的自/到交互参考注释。

b. “更新源/目标线号标记”：使目标端上的线号标记与每个导线信号对的源端上包含的线号匹配。

② 独立的交互参考符号

"更新独立的交互参考符号"：更新独立的交互参考符号对之间的交互参考注释。它们是线号信号符号，可以浮动，但不具有线号属性，也不附加到导线。

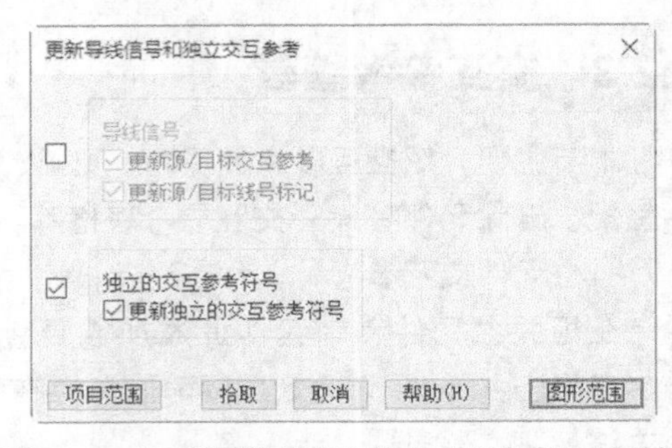

图 8-33 "更新导线信号和独立交互参考"对话框

（4）将交互参考值更改为多行文字

将长型单行交互参考属性更改为多行文字（MTEXT）。执行该命令主要有如下 3 种方法。

- 命令行：aexref2text。
- 菜单栏：执行菜单栏中的"元件"→"交互参考"→"将交互参考值更改为多行文字"命令。
- 功能区：单击"原理图"选项卡"编辑元件"面板中的"将交互参考值更改为多行文字"按钮。

执行上述命令后，在命令行提示下选择要更改的文字字符串。使用夹点或双击文字来显示文字格式选项，以便将参考字符串的格式更改为多行。单击"确定"按钮完成操作。

（5）交互参考检查

显示选定的主元件或辅元件的交互参考信息。执行该命令主要有如下 3 种方法。

- 命令行：aexrefcheck。
- 菜单栏：执行菜单栏中的"元件"→"交互参考"→"交互参考检查"命令。
- 功能区：单击"原理图"选项卡"编辑元件"面板中的"交互参考检查"按钮。

执行上述命令后，单击需要交互参考检查的图块。系统弹出"参考列表"对话框，如图 8-34 所示。通过该对话框可直观地查看参考信息。

（6）辅元件位置代号/描述更新

更新辅触点和面板元件的安装代号/位置代号/描述，以与原理图主项上的相应项匹配。执行该命令主要有如下方法。

- 命令行：aechildlocupdate。
- 菜单栏：执行菜单栏中的"元件"→"交互参考"→"辅元件位置代号"→"描述更新"命令。
- 功能区：单击"原理图"选项卡"编辑元件"面板中的"辅元件位置代号/描述更新"按钮。

执行上述命令后，系统弹出"从原理图主触点更新辅触点和面板"对话框，如图 8-35 所示。

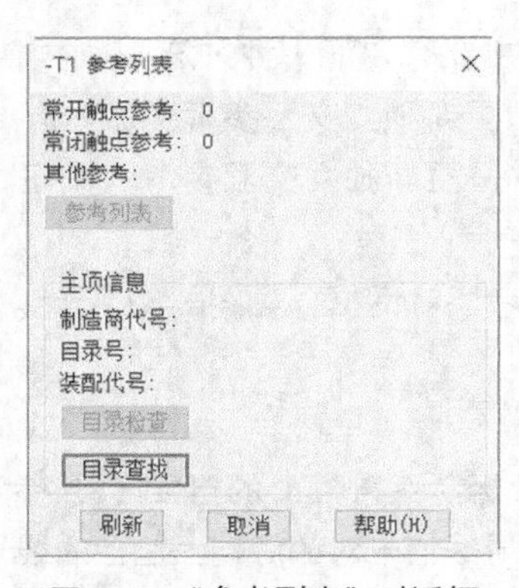

图 8-34 "参考列表"对话框

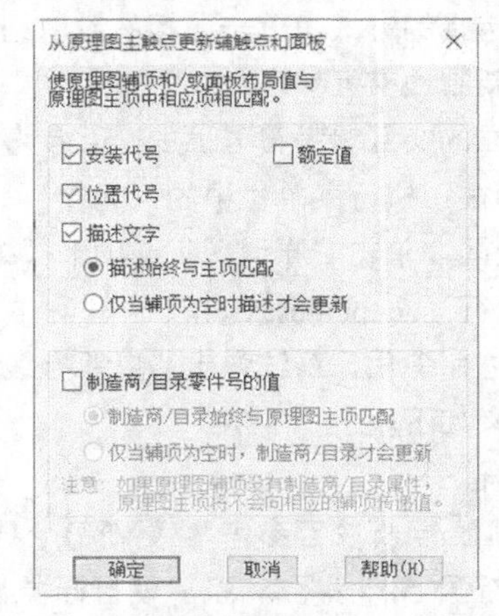

图 8-35 "从原理图主触点更新辅触点和面板"对话框

在对话框中选择要与原理图主元件相关项匹配的值，然后单击“确定”按钮，最后在图形中选择要更新的元件，在元件上单击鼠标右键，或键入“ALL”以处理整个图形。

（7）复制/添加元件替代

从其他符号复制元件交互参考替代，或从对话框中添加新的替代元件。执行该命令主要有如下3种方法。

- 菜单栏：执行菜单栏中的“元件”→“交互参考”→“复制”→“添加元件替代”命令。
- 功能区：单击“原理图”选项卡“编辑元件”面板中的“复制/添加元件替代”按钮。
- 命令行：aecopyoverride。

执行上述命令后，系统弹出“交互参考元件替代”对话框，如图 8-36 所示，对话框中各参数含义如下。

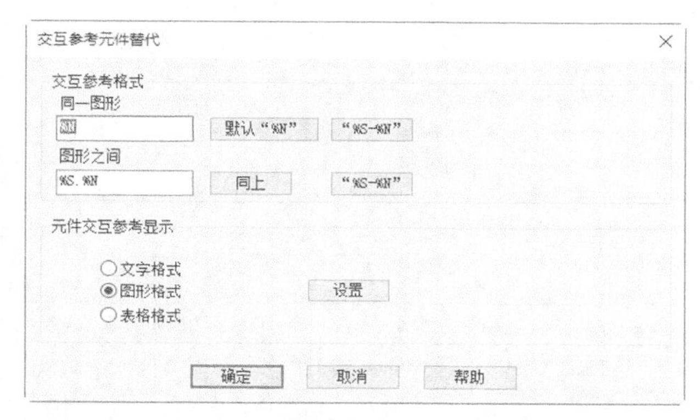

图 8-36 “交互参考元件替代”对话框

①“交互参考格式”：定义交互参考注释格式。每个交互参考格式字符串都必须带有可替换参数%N。典型的格式字符串可能只包含%N 参数。上半部分用于打开图形参考，而下半部分用于关闭图形参考。可以为两者使用相同的格式。

②“元件交互参考显示”：AutoCAD Electrical 2022 工具集支持以下不同样式的交互参考。

“文字格式”：将交互参考显示为文字，且在同一属性的不同参考之间以用户定义的字符串作为分隔符。

“图形格式”：使用 AutoCAD Electrical 2022 工具集图形字体或触点映射编辑框来显示交互参考，将每个参考显示在新的一行中。

“表格格式”：在自动获得更新的表格对象中显示交互参考，同时允许用户定义要显示的列。

（8）删除元件替代

删除选定元件上的元件交互参考替代。执行该命令主要有如下 3 种方法。

- 命令行：aermoverride。
- 菜单栏：执行菜单栏中的“元件”→“交互参考”→“删除元件替代”命令。
- 功能区：单击“原理图”选项卡“编辑元件”面板中的“删除元件替代”按钮。

执行上述命令后，系统弹出“删除元件替代”对话框，如图 8-37 所示。选择删除项目上的元件替代、激活图形还是图形上的所选元件。选择“项目”和“激活图形（全部）”将删除图形上的所有元件的替代，而选择“激活图形（拾取）”仅删除所

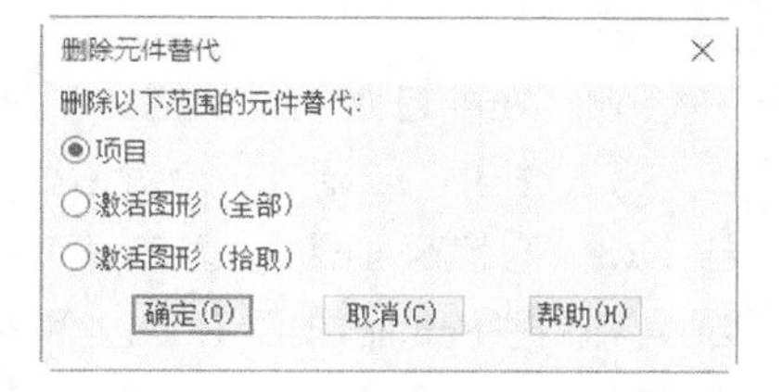

图 8-37 “删除元件替代”对话框

选元件的替代。

（9）交互参考表格

显示带有选定元件标记的所有独立 PLC I/O 点的交互参考值表格。执行该命令主要有如下 3 种用方法。

- 命令行：aeshowxreftable。
- 菜单栏：执行菜单栏中的“元件”→“交互参考”→“交互参考表格”命令。
- 功能区：单击“原理图”选项卡“编辑元件”面板中的“交互参考表格”按钮。

执行上述命令后，在命令行提示下选择电气元件。系统弹出“报告生成器”对话框，如图 8-38 所示，对话框中各参数含义如下。

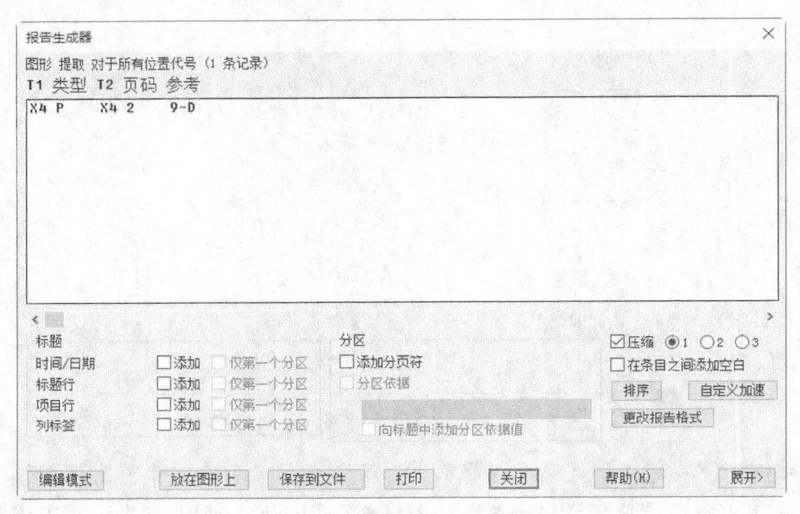

图 8-38 “报告生成器”对话框

①“标题”：在报告的每个分区顶部显示选定的条目。

②“添加”：在报告中显示标题信息，选择添加时间/日期、标题行、项目行或列标签。

③“仅第一个分区”：仅在第一个区域顶部显示选定的标题条目。不再将标题信息显示在每个区域的顶部。

④“分区”的参数含义如下。

“添加分页符”：每隔 58 行添加一个分页符。

“分区依据”：指定一个值，按这个值划分分区。该下拉列表显示报告允许的分区依据。

“向标题中添加分区依据值”：向页标题中添加分区依据值。例如，如果选择“安装代号/位置代号”作为分区依据，则分区的安装代号值和位置代号值将显示在分区标题中。

⑤“压缩”：控制列间距。选择“1”表示在列之间保留最小空间，选择“3”表示在列之间保留最大空间。

⑥“在条目之间添加空白”：在报告条目之间添加空白行。

⑦“排序”：显示一个对话框，可以在其中选择字段以对报告进行排序。

⑧“自定义加速”：显示一个对话框，可以在其中选择用于后期处理报告数据的选项。每个报告都具有关联的 lisp 文件（.lsp）和对话框定义文件（.dcl）。可以根据报告的任何后期处理需求自定义这些文件。

⑨“更改报告格式”：打开一个对话框，可以在其中指定要在报告中包含的字段、字段顺序和字段标签。修改报告格式后，可以将其保存在 .set 文件中以供将来使用。

⑩“编辑模式”：打开一个对话框，可以在其中编辑报告数据。可以在报告中上移或下移数据、从目录中添加行及删除行。

⑪“放在图形上”：打开一个对话框，可以在其中指定表格设置并将报告作为表格插入。设置包括表格样式、列宽、标题、图层、分区定义和放置。

⑫“保存到文件”：打开一个对话框，可以在其中定义文件设置并将报告保存为文件。设置包括文件类型；是否包含标题行、时间、日期、列标签等；是否在报告包含多个分区时仅在第一个分区中显示报告包含的行。

⑬“打印”：打印报告。选择打印机、打印范围和打印份数。

8.2.4 实例——交互参考编辑

本实例主要讲解交互参考创建完成后如何对其编辑，在上个实例的基础上对创建的交互参考进行隐藏、更新独立参考等操作。

1. 打开图形文件

（1）单击“项目管理器”选项列表中的“打开项目”按钮，系统弹出“选择项目文件”对话框，选择“交互参考.wdp”文件。单击“打开”按钮。打开该项目并激活。

（2）双击“辅元件.dwg”图形文件将其打开。

2. 隐藏交互参考

（1）单击“原理图”选项卡“编辑元件”面板中的“隐藏/取消隐藏交互参考”按钮，在命令行提示下单击图形中的元件，然后按 Enter 键，则该元件的交互信息被隐藏，如图 8-39 所示。

（2）重复执行该命令，则该元件的交互信息会被再次显示，如图 8-40 所示。值得注意的是在启用命令选择对象时要选择元件而不是交互参考信息。

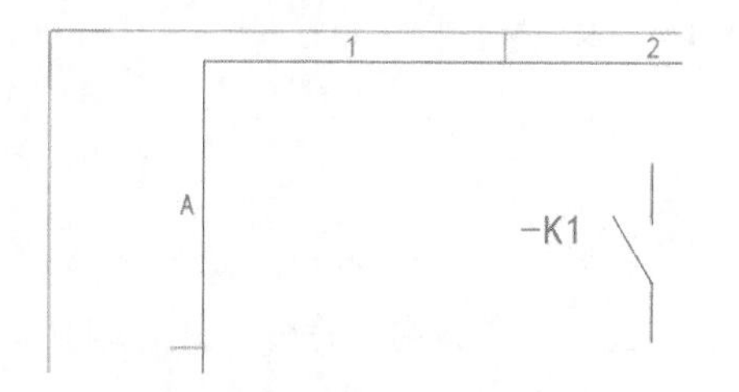

图 8-39 隐藏交互参考信息

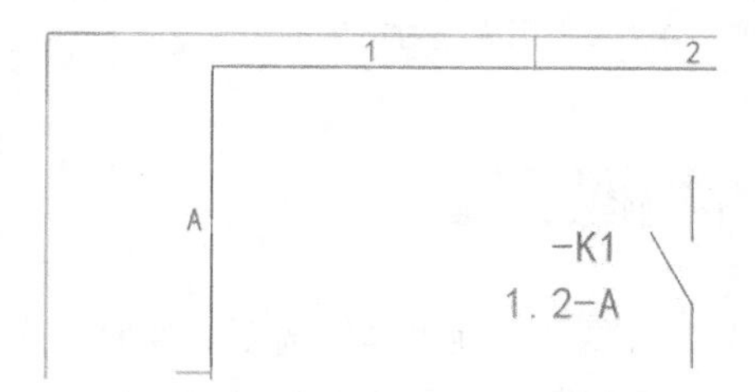

图 8-40 显示交互参考信息

3. 将交互参考值更改为多行文字

（1）双击图纸中的参考信息，系统弹出“增强属性编辑器”对话框，这表明该信息在图形中以块的形式存在。

（2）单击“原理图”选项卡“编辑元件”面板中的“将交互参考值更改为多行文字”按钮，在命令行提示下单击交互参考信息，然后按 Enter 键完成操作。

（3）双击“1.2-A”，系统弹出“文字编辑器”选项卡，如图 8-41 所示。则交互参考值被转换为多行文字。在该选项卡中能够更加灵活地修改交互参考信息。

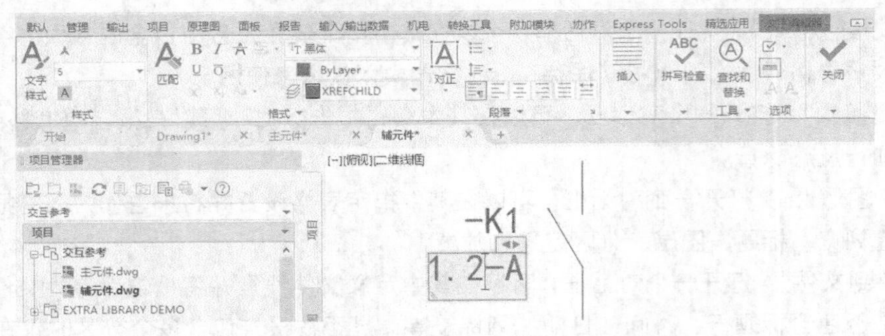

图 8-41 “文字编辑器”选项卡

4. 交互参考检查

（1）单击“原理图”选项卡“编辑元件”面板中的“交互参考检查”按钮，选择常开触点元件，系统弹出“-K1 参考列表”对话框 1，如图 8-42 所示。在该对话框中可以查看触点的主元件信息。

（2）单击对话框中的“参考列表”按钮，系统弹出“-K1 参考列表”对话框 2，如图 8-43 所示，在该对话框中可以查看主元件与辅元件的参考信息。

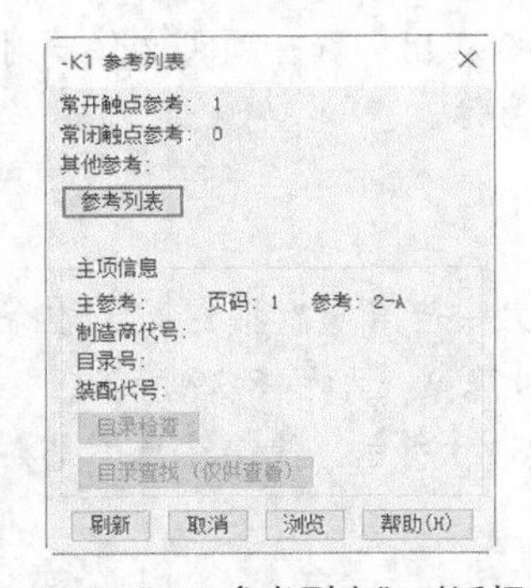

图 8-42 “-K1 参考列表”对话框 1

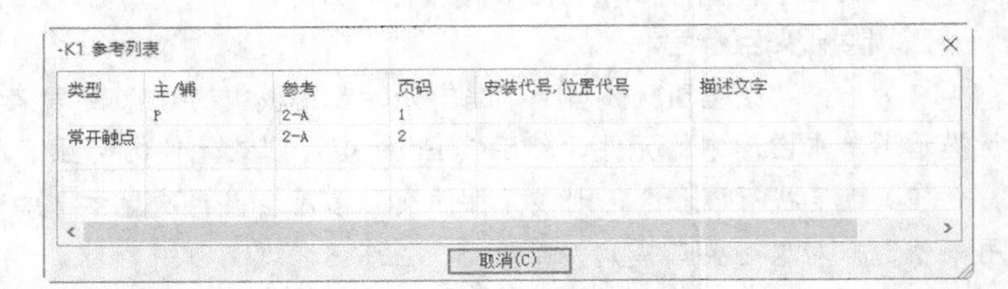

图 8-43 “-K1 参考列表”对话框 2

8.3 其他工具

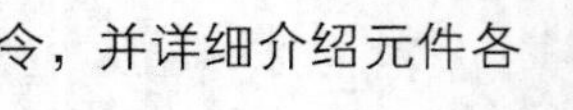

本节将介绍“其他工具”选项卡中的“符号编译器”“图标菜单向导”命令，并详细介绍元件各参数的含义及如何创建元件块的属性。

8.3.1 符号编译器

定义新的 AutoCAD Electrical 2022 元件、端子和面板布局库符号。执行该命令主要有如下 3 种方法。

- 命令行：aexref2text。
- 菜单栏：执行菜单栏中的“元件”→“符号库”→“符号编译器”命令。
- 功能区：单击“原理图”选项卡“其他工具”面板“符号编译器”下拉列表中的“符号编译器”按钮。

（1）执行上述命令后，系统弹出“选择符号/对象”对话框，如图 8-44 所示，各参数含义如下。

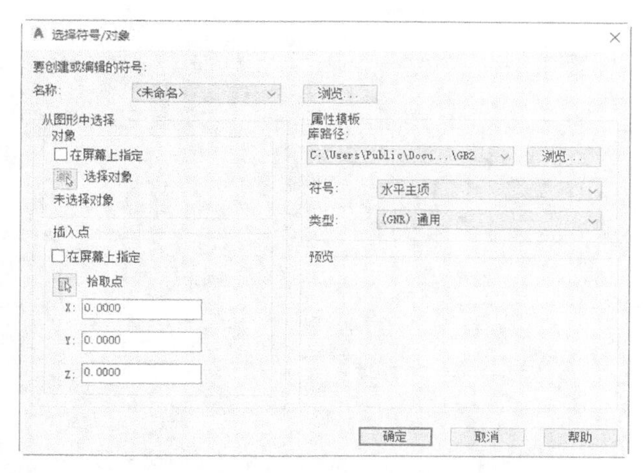

图 8-44 “选择符号/对象”对话框

① “名称”：列出当前图形中的所有块定义。选择现有块进行编辑或将其用作新符号的起点。选择“<未命名>”以从头开始创建符号。浏览以选择当前图形中没有列出的图形文件。

② “从图形中选择”：选择要创建或编辑的符号一部分的任何现有对象。现有对象可以包括现有块、属性、属性定义及任何符号图形。在进入块编辑器之前，请选择“在屏幕上指定”以在单击“确定”按钮后选择对象。

③ “插入点”：输入符号的插入点坐标，或选择“拾取点”以在图形上进行选择。在进入块编辑器之前，选择“在屏幕上指定”以在单击“确定”按钮后指定插入点。这些坐标将成为符号的插入基点。

④ “库路径”：选择符号编译器属性模板的路径。浏览文件夹，或从当前项目的库路径列表中进行选择。若要创建单线符号，请选择原理图库文件夹下默认情况下为“1-”的单线文件夹。

⑤ “符号”：指定符号类别，例如“水平主项”。该类别可以指定符号的水平方向或垂直方向。它也可以定义其是原理图还是面板，以及在更深层类别中是主项、辅项还是端子等。将根据选定文件夹中的属性模板动态编译列表。属性模板块名以“AT_”开头。

⑥ “类型”：选择用于查找相应属性模板的类型。

⑦“预览”：显示选定命名块或图形上所选定对象的预览。选定的块将显示为已分解。

（2）参数设置完成后，单击“确定”按钮。系统进入“符号编译器”选项卡绘制环境。系统弹出“符号编译器属性编译器”对话框，如图 8-45 所示，在其中设置元件属性。

（3）单击“符号编译器”选项卡“编辑”面板中的“符号核查”按钮，系统弹出“符号核查”对话框，如图 8-46 所示。符号核查没有错误，然后单击“确定”按钮。

（4）单击“完成”按钮，系统弹出“关闭块编辑器：保存符号”对话框，如图 8-47 所示。对话框中各参数如下。

① 符号

a. “块/写块”：选择“块”，将新元件插入图形，或选择“写块”保存新符号的副本。如果选择了“写块”，则文件路径可用。

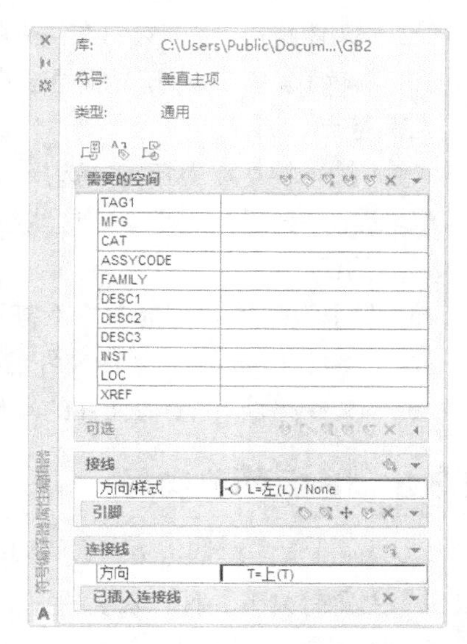

图 8-45 “符号编译器属性编译器”对话框

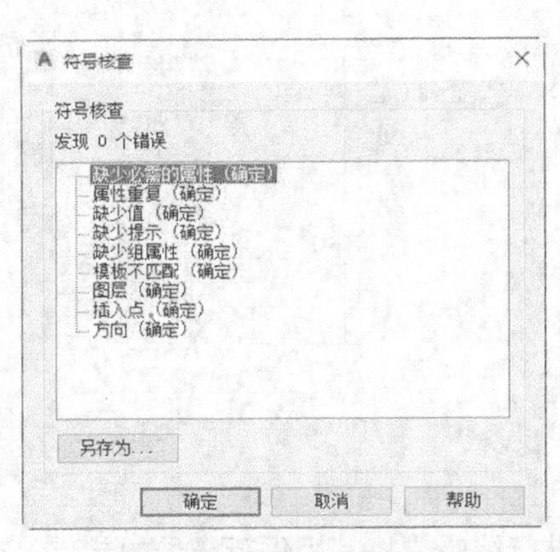

图 8-46 “符号核查”对话框

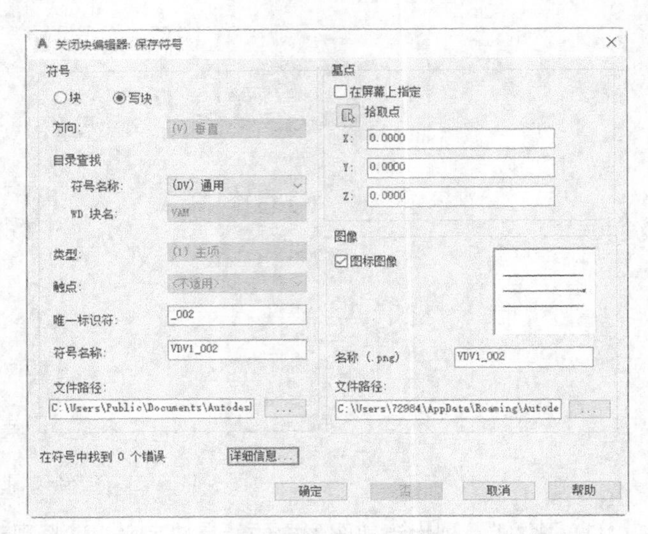

图 8-47 “关闭块编辑器：保存符号”对话框

b. “方向”：符号的第一个字符，“H”表示水平，“V”表示垂直。

c. “目录查找”。

“符号名称”：符号名称随后的两个字符表示种类类型，并可以使符号与目录查寻表匹配。

“WD 块名”：在原理图符号上，WD 块名值将替代由符号名称的第 2 个字符和第 3 个字符定义的目录查寻表。将始终在面板示意图符号上使用 WD 块名值以匹配目录查寻表的符号。

d. “类型”：符号名称的第 4 个字符可以为“1”，用于表示主项符号；第 4 个字符可以为“2”，用于表示辅项符号；第 4 个字符也可以是用户自定义的字符，用于表示其他符号类型。

e. “触点”：如果符号是原理图辅项，则第 5 个字符为“1”，表示常开触点，或第 5 个字符为“2”，表示常闭触点。否则为用户定义的触点。

f. “唯一标识符”：将附加字符添加到符号名称以使其具有唯一性。

g. “符号名称”：符号文件名。符号编译器将根据方向、目录查找、类型、触点及唯一标识符建议文件名。根据需要编辑符号名称。

h. “文件路径”：符号的文件夹名称。浏览某个文件夹或输入文件夹名称。

i. “详细信息”：打开“符号核查”对话框以查看特定错误。

② 基点

输入符号的基点坐标，或选择“拾取点”以在图形中进行选择。选择“在屏幕上指定”以在单击“确定”按钮后指定基点。这些坐标将成为符号的插入基点。

③ 图像

a. “图标图像”：创建在将新符号添加到图标菜单时要使用的图像。

b. “名称（.png）”：图像文件名。图像文件将创建为.png 文件类型。

c. “文件路径”：图像文件的文件夹名称。

8.3.2 图标菜单向导

在 AutoCAD Electrical 2022 图标菜单中添加新的条目和页面，或编辑现有的条目和页面。执行该命令主要有如下 3 种方法。

- 命令行：aemenuwiz。

- 菜单栏：执行菜单栏中的“元件”→“符号库”→“图标菜单向导”命令。
- 功能区：单击“原理图”选项卡“其他工具”面板中的“图标菜单向导”按钮。

执行上述命令后，系统弹出“选择菜单文件”对话框，如图 8-48 所示，单击“确定”按钮，系统弹出“图标菜单向导”对话框，在空白处单击鼠标右键，在弹出的快捷菜单中选择“添加图标”→“元件”命令，如图 8-49 所示，创建自定义元件。

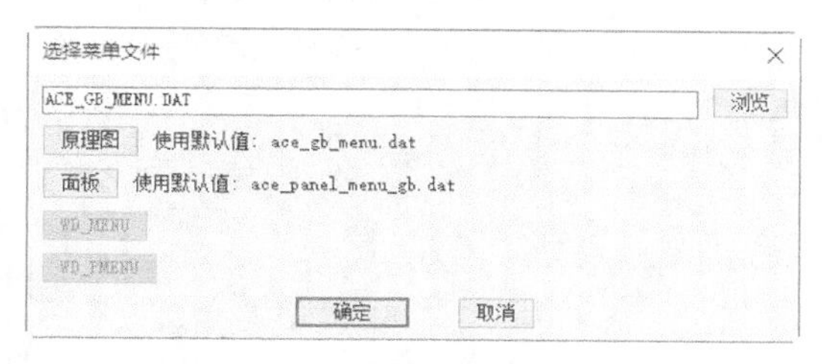

图 8-48 “选择菜单文件”对话框

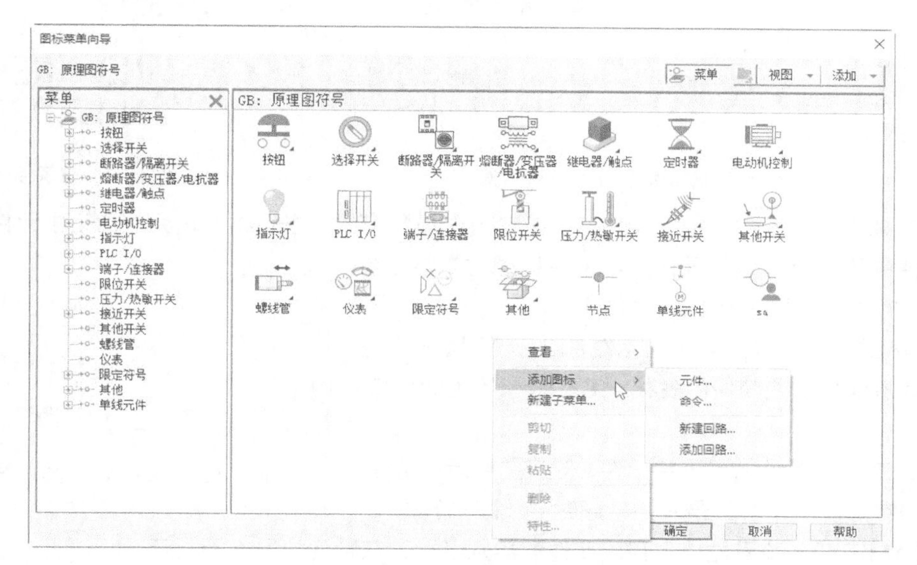

图 8-49 “图标菜单向导”对话框

8.3.3 元件特征

了解元件属性对用户绘图有很大的帮助，知其所以然即可举一反三。本节将介绍元件的命名、元件块中各单词含义，以便用户能够自定义元件。

1. 元件属性

（1）单击“原理图”选项卡“插入元件”面板中的“图标菜单”按钮，在弹出的“插入元件”对话框中选择“电动机起动器”，将接触器插入绘图区，系统随即弹出“插入/编辑元件”对话框，如图 8-50 所示。该对话框涵盖了元件的安装代号、位置代号、元件标记、制造商等元件属性。

（2）执行“默认”选项板中的“分解”命令，分解接触器，如图 8-51 所示。分解后显示的英文字符为元件的各个代码，其含义分别如下。

①“TAG1”：该属性是主元件独有，其与“插入/编辑元件”对话框中的“元件标记”相对应。双击该属性，系统弹出“编辑属性定义”对话框，如图 8-52 所示，在“默认”一栏中的“K”是元

件名称的默认值，在此处可以修改默认名称。在插入元件时显示的名称由默认值再加上数字组成，后面的数字是系统分配的序号。单击“确定”按钮保存名称。

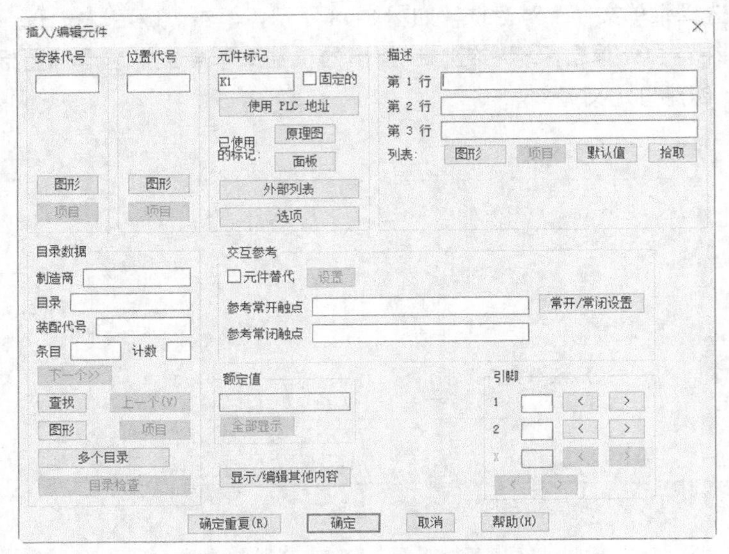

图 8-50 “插入/编辑元件”对话框

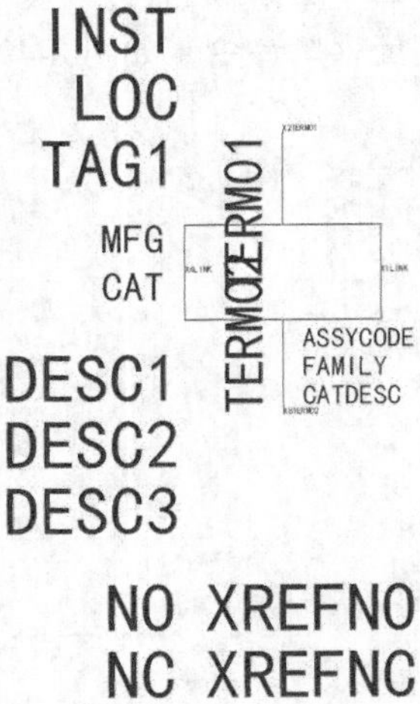

图 8-51 分解接触器

②“TAG2”：其与“TAG1”相对应，是辅元件所独有的。当系统为辅元件指定主元件时，软件会将主元件的属性复制到辅元件。如果在绘图时未指定主元件，则“TAG2”显示系统赋予的默认值。

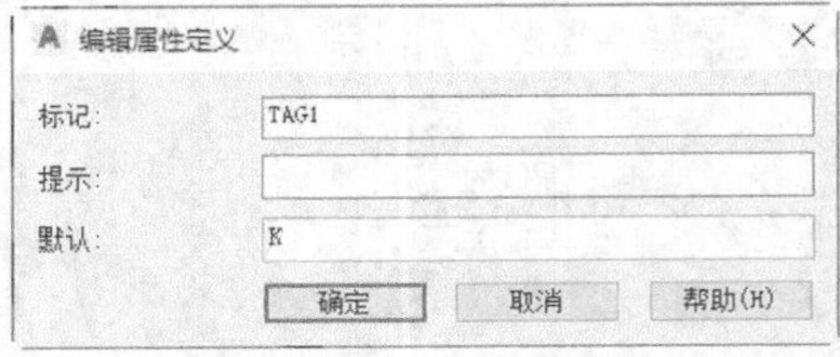

图 8-52 “编辑属性定义”对话框

③“MFG”：该属性独属于主元件，对应“制造商”属性，用来存放元件制造公司的名称。名称最长不能超过 24 个字符。

④“CAT”：该属性独属于主元件，对应“目录”属性，将元件型号存放在其中，且最长不能超过 60 个字符。

⑤“FAMILY”：该属性用来存放元件的类别名称，在默认情况下不显示。

⑥“ASSYCODE”：该属性是主元件所独有，对应“装配代号”属性，装配件代号最长不能超过 24 个字符。

⑦“INST”：其对应“安装代号”属性，用来存储 IEC 标准中的高层代号，代号最长不能超过 24 个字符。

⑧“LOC”：其对应“位置代号”属性，内容最长不能超过 16 个字符，是 Location 的缩写。

⑨“DESC1、DESC2、DESC3”：其对应于元件的“描述 1、描述 2、描述 3”，每个描述最长不能超过 60 个字符。

⑩“XREF”：该属性独属于辅元件，用于记载主元件的位置，对应“交互参考”属性。由 ACE 自动录入内容。

⑪“XREFNO、XREFNC”：其独属于主元件。XREFNO 用来显示常开触点交互参考；XREFNC 用来显示常闭触点交互参考。

“X?LINK”：“?”为一个变量，取值可为 0、1、2、4、8。该属性表示用虚线将相关元件连接起来，辅元件的元件名称和交互参考会被自动隐藏。这些数字表述的连接方向分别如下。

“1”：将导线从右侧连接到元件端子。

“2”：将导线从上边连接到元件端子。

“4”：将导线从左边连接到元件端子。

“8”：将导线从下边连接到元件端子。

“0”：可根据实际情况改变导线连接角度。

⑫ “TERM*n*、X?TERM*n*”：该属性主要是用于元件端子描述，其中 *n* 的取值一般是两个字符或数字，通常为 01、02、03……。一个属性表示一个端子，但是端子表现在原理图中的属性值为“A?”，“?”表示 1、2……。

X?TERM*n* 代表元件的接线。每一个 X?TERM*n* 必定有一个 TERM*n* 与之对应。“ ?” 的取值为“0、1、2、4、8”，其中各数字的含义与上面相同。

2．元件的命名

在绘图区插入“电机起动器”后，在块的模下，双击该元件。系统弹出“增强属性编辑器”对话框，如图 8-53 所示。该对话框中显示的块名“HMS1”为元件的定义名称。

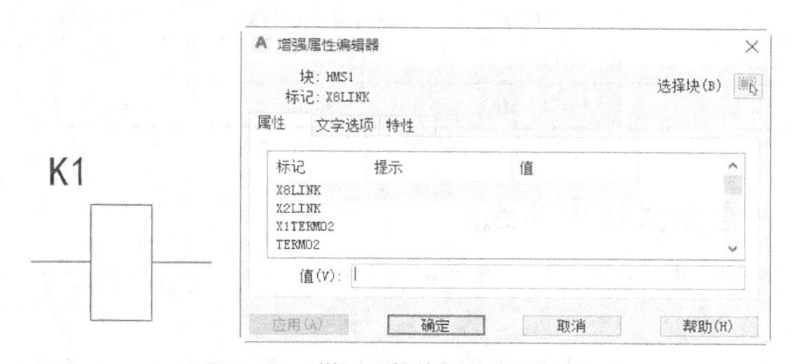

图 8-53 “增强属性编辑器”对话框

其中各字母代表的含义如下。

（1）H 表示水平（元件插入方向）；MS 表示接触器（电气元件种类）；1 表示常开（常开/常闭）。

（2）元件命名由以下几部分组成。元件插入方向、电气元件种类、常开/常闭、用户自定义。其中各部分的详细信息如下。

① 元件插入方向：“V”为垂直，“H”为水平。

② 电气元件种类：电气元件种类如表 8-1 所示。

③ 常开/常闭：“1”为常开，“2”为常闭。

④ 用户自定义：用户可以按照绘图要求自定义元件名称，但整个名称长度不能超过 32 个字符。

表 8-1 电气元件种类对照

代号	元件名称	代号	元件名称	代号	元件名称
AM	电流表	EN	机柜/硬件	MO	电动机
AN	蜂鸣器，电铃	FM	频率表	MS	接触器
CB	断路器	FS	流量传感器	OL	过载
CR	控制继电器	FU	熔断器	PB	按钮
DR	传动器	LS	限位开关	SS	选择开关
DS	隔离开关	LT	灯，指示灯	TS	热敏开关

续表

代号	元件名称	代号	元件名称	代号	元件名称
PS	压力开关	TRMS	端子	PNEU-CYL	气缸
PE	光控开关	DI	DIN 导轨	PNEU-FLC	流向控制
PW	电源	CA	电容器	PNEU-FLT	过滤器
PX	接近开关	HZ	转换开关	PNEU-MET	仪表
RE	电阻器	NP	铭牌	PNEU-MFL	消声器
SU	浪涌抑制器	MISC	其他	PNEU-MNF	支路
SW	双稳开关	CO	连接器/引脚	PNEU-MOT	气动电动机
TD	时间继电器	DN	装置网络	PNEU-NOZ	喷嘴
LR	闭锁式继电器	PM	功率表	PNEU-OPR	操作器
VM	电压表	IN	测量仪表	PNEU-PMP	泵
WO	电缆	PLCIO	可编程逻辑控制器	PNEU-TNK	容器
WW	导线槽	PNEU-ACT	传动装置	PNEU-VAC	吸盘夹子
XF	变压器	PNEU-ALU	空气添加器	PNEU-VLV	阀

8.3.4 实例——自定义过电流线圈

本实例通过自定义元件，练习执行“符号编译器”命令及“图标菜单向导”命令。

1. 绘制元件

（1）单击“快速访问”工具栏中的“新建”按钮，系统弹出“选择样板”对话框，选择样板为“ACE_GB_a3_a.dwt”，单击“确定”按钮。

（2）单击“默认”选项卡“绘图”面板中的“矩形”按钮，绘制矩形，尺寸为 10mm × 5mm。

（3）单击“默认”选项卡“绘图”面板中的“直线”按钮，捕捉矩形上、下两条边的中点作为直线的起点，绘制两条竖直线，尺寸为 5mm。

（4）单击“默认”选项卡“注释”面板中的“多行文字”按钮，在矩形内添加文字注释，如图 8-54 所示。

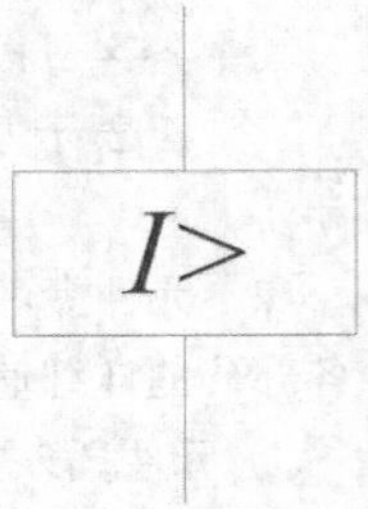

图 8-54　过电流线圈

2. 编译元件

（1）单击“原理图”选项卡“其他工具”面板“符号编译器”下拉列表中的“符号编译器”按钮，系统弹出“选择符号/对象”对话框，如图 8-55 所示。

（2）单击“选择对象”按钮，系统回到绘图区将过电流线圈选择为对象；单击“拾取点”按钮，打开“对象捕捉”，系统回到绘图区捕捉过电流线圈上方竖直线的最上端的端点为元件的插入点，如图 8-56 所示。

（3）在“库路径”选择默认。“符号”下拉列表如图 8-57 所示，表明元件的放置方向及父子关系。在此处选择“垂直主项”。

（4）“类型”下拉列表如图 8-58 所示。在此处选择“（CR）控制继电器”，单击“确定”按钮。

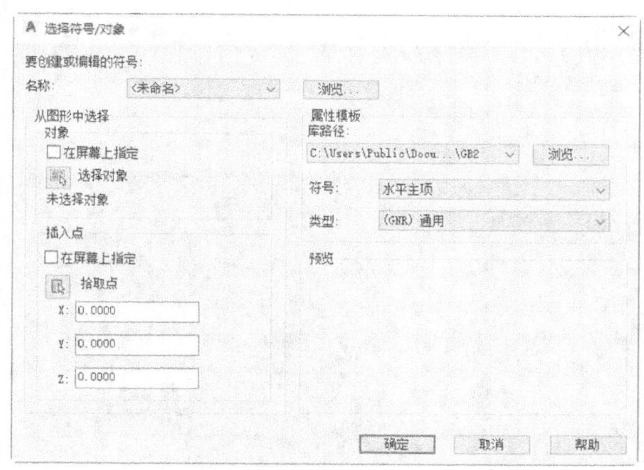

图 8-55 “选择符号/对象”对话框

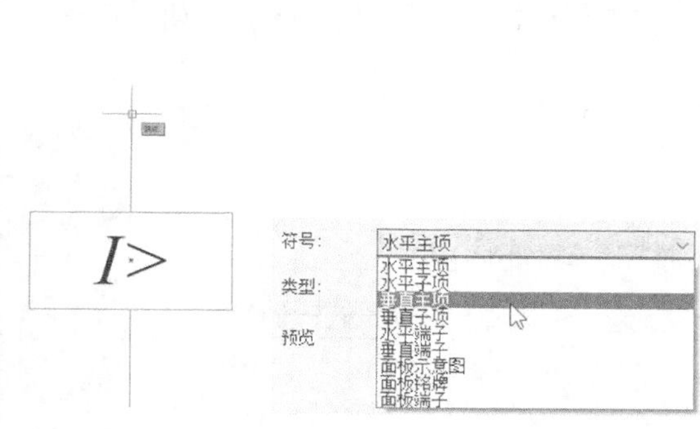

图 8-56 捕捉端点　　图 8-57 “符号”下拉列表

3. 编辑图块属性

（1）系统进入“块编辑器”绘图窗口，单击“符号编译器”选项板“编辑”面板中的“选项板可见性切换”按钮，系统弹出“符号编译器属性编译器”对话框，如图 8-59 所示。在“需要的空间列表”中已经设置“元件名称（TAG1）”为“K”，设置“类型（FAMILY）”为“CR”。

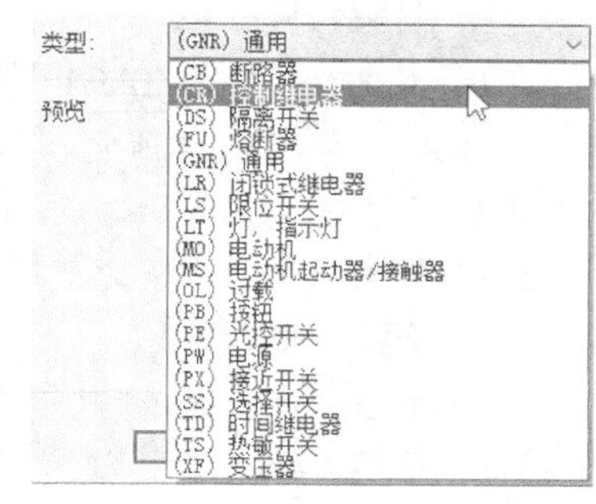

图 8-58 “类型”下拉列表

（2）按住 Ctrl 键选择“需要的空间”列表中的“TAG1”“MFG”“CAT”等所有选项，然后单击“插入属性”按钮，将属性插入图中适当位置；也可以按住鼠标左键直接拖动选中的选项到元件附近并松开鼠标左键，在适当位置单击，放置元件属性。如图 8-60 所示。

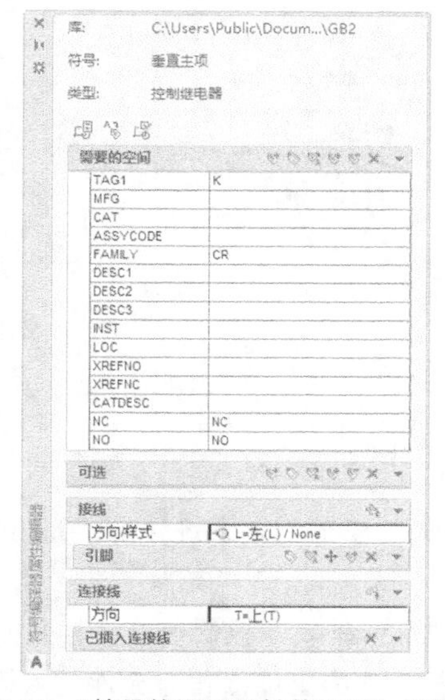

图 8-59 “符号编译器属性编译器”对话框

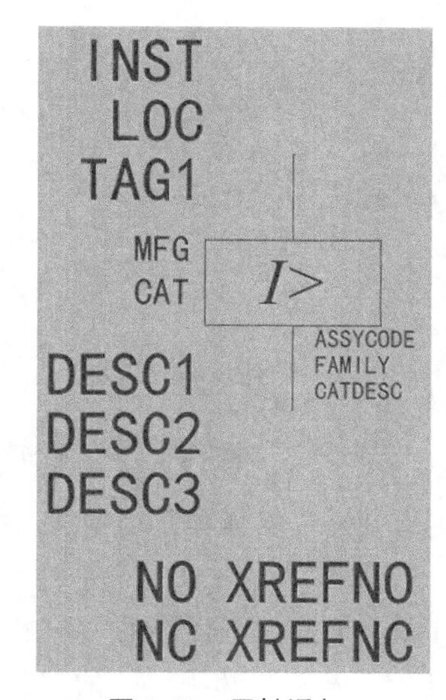

图 8-60 属性添加

（3）在“符号编译器属性编译器”对话框中，“接线”用于设置打断导线并添加端子号的位置。“方向/样式”下拉列表如图 8-61 所示。在此处选择“T=上（T）/None”，然后单击“插入接线”按钮，选择最上端竖直线上端点，如图 8-62 所示。按 Enter 键结束命令的执行。

（4）继续在“方向/样式”下拉列表中选择“B=下（B）/None”，然后单击“插入接线”按钮，选择最下端竖直线下端点，如图 8-63 所示。

（5）单击“关闭”按钮，关闭对话框。

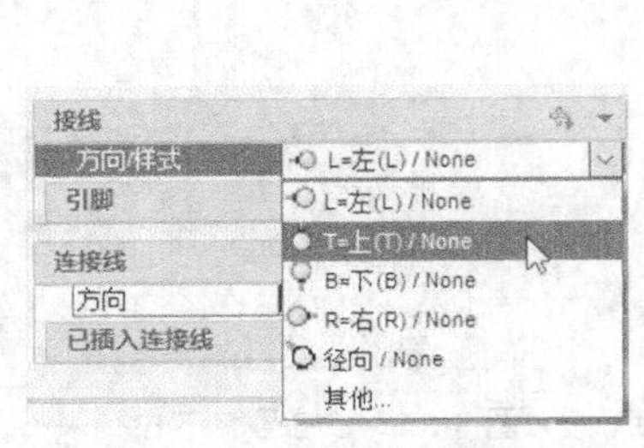

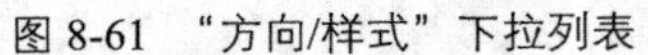

图 8-61 “方向/样式”下拉列表

图 8-62 接线端点 1（TERM01）

图 8-63 接线端点 2（TERM02）

4. 设置元件参数

（1）双击绘图区的 TAG1 属性，系统弹出“编辑属性定义”对话框，在“默认”一栏输入元件标记“KA”，如图 8-64 所示。单击“确定”按钮。

（2）双击上面插入的端点 TERM01、TERM02，系统弹出“编辑属性定义”对话框，在“默认”一栏中分别输入“引脚”为“1”“2”。

5. 核查、保存元件

（1）单击“符号编译器”选项板“编辑”面板中的“符号核查”按钮，系统弹出“符号核查”对话框，如图 8-65 所示。该对话框中的信息表明必需的属性不缺少，属性不重复等。单击“确定”按钮关闭对话框。

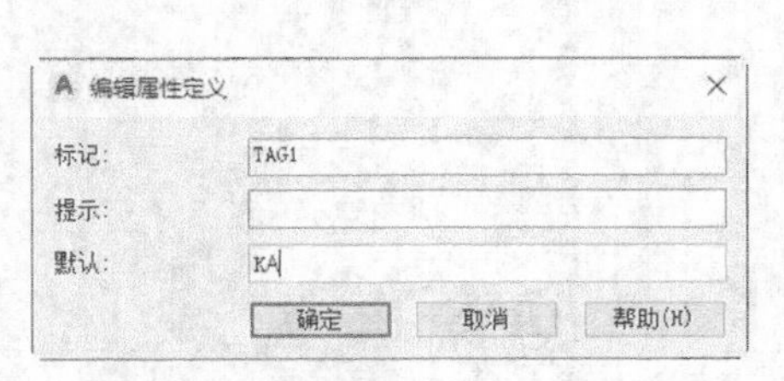

图 8-64 “编辑属性定义”对话框

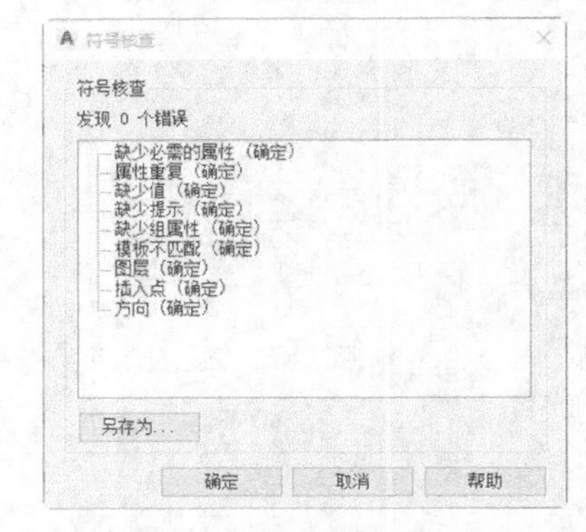

图 8-65 “符号核查”对话框

（2）单击“符号编译器”选项板“编辑”面板中的“完成”按钮，系统弹出“关闭块编辑器：保存符号”对话框。

（3）在该对框中“符号名称”一栏设置名称为“VCR1”，即垂直、控制继电器、主元件。

（4）单击“基点”选项组下的“拾取点”按钮，选择元件的上端点作为元件插入点。

（5）在“符号”选项组的“文件路径”中，单击“浏览”按钮，将元件块保存到源文件文件夹下。

（6）在“基点”选项组的“文件路径”中，单击“浏览”按钮，将元件块示意图保存到源文件文件夹下。

（7）单击对话框中的“确定”按钮，系统弹出“关闭块编辑器”对话框，如图 8-66 所示，单击“否”按钮。完成元件定义。

6．将元件添加到图标菜单

（1）单击“原理图”选项板“其他工具”面板中的“图标菜单向导”按钮，系统弹出“选择菜单文件”对话框，如图 8-67 所示。单击“确定”按钮。

图 8-66 “关闭块编辑器”对话框

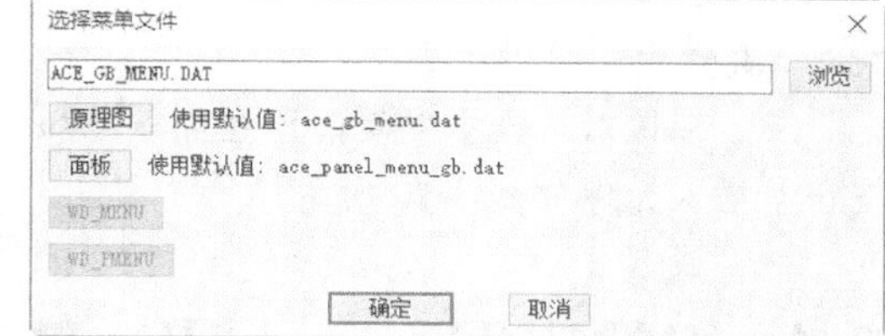

图 8-67 “选择菜单文件”对话框

（2）系统弹出“图标菜单向导”对话框，如图 8-68 所示。执行右上角的“添加”→“元件”命令，系统弹出“添加图标-元件”对话框。

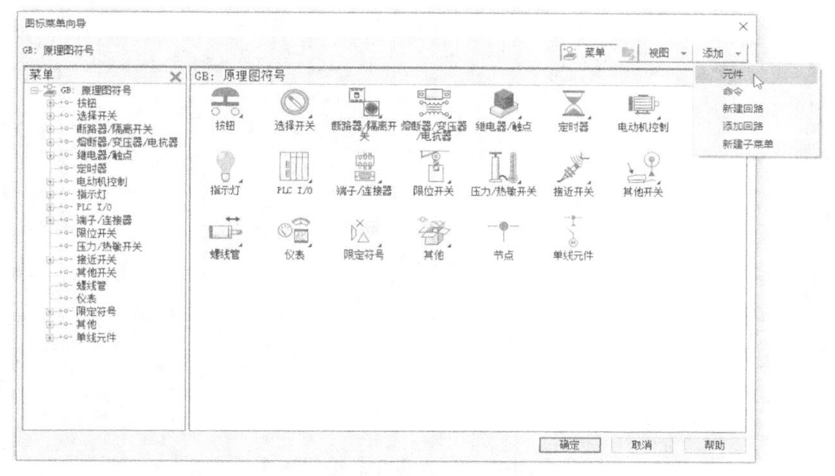

图 8-68 “图标菜单向导”对话框

（3）在“名称”栏中输入“过电流线圈”；在“图像文件”栏中单击右侧的“浏览”按钮，选择之前保存的图像位置；在“块名”一栏中单击“浏览”按钮，选择之前保存的“VCR1.dwg”图块，对话框设置如图 8-69 所示。

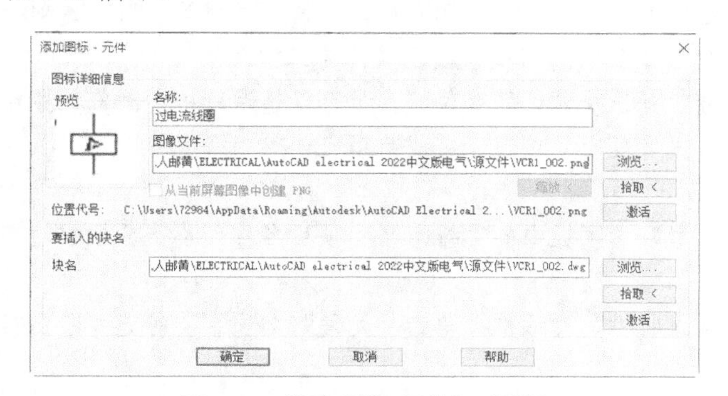

图 8-69 “添加图标-元件”对话框

（4）单击“确定”按钮，系统返回“图标菜单向导”对话框。在该对话框中出现“过电流线圈”元件，单击“确定”按钮。

7. 插入元件

（1）单击“原理图”选项板“插入元件”面板中的“图标菜单”按钮，系统弹出“插入元件”对话框。

（2）在该对话框中选择“过电流线圈”，将其插入图中适当位置，系统弹出“插入/编辑元件”对话框。

（3）在该对话框中发现，已经自动添加“引脚 1”“引脚 2”，单击“确定”按钮。插入元件如图 8-70 所示。

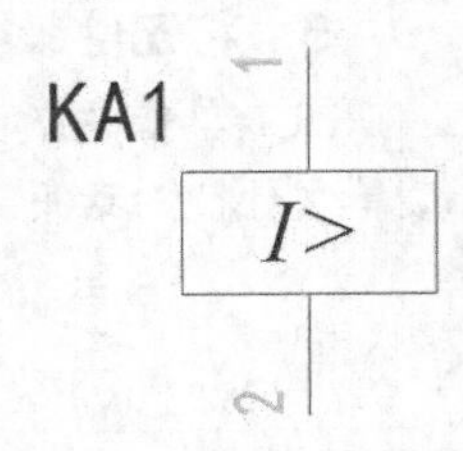

图 8-70　插入元件

8.4 综合实例——一用一备排污泵电路图绘制

排污泵由水泵和电动机组成，并同时潜入液体工作。这就要求排污泵具有良好的绝缘性，本例我们将介绍一用一备排污泵的原理图及控制电路图的绘制，如图 8-71 所示。

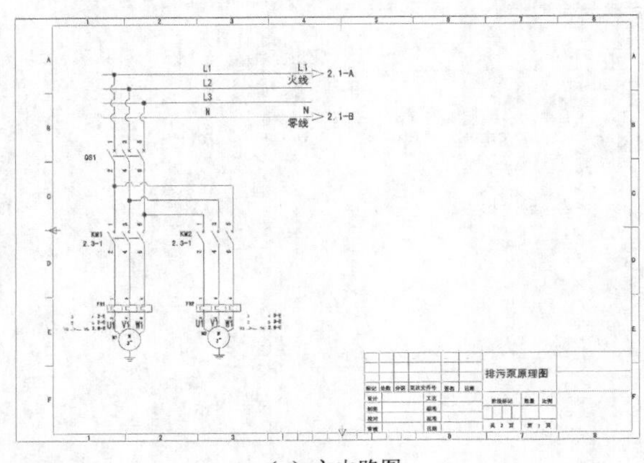

（a）主电路图

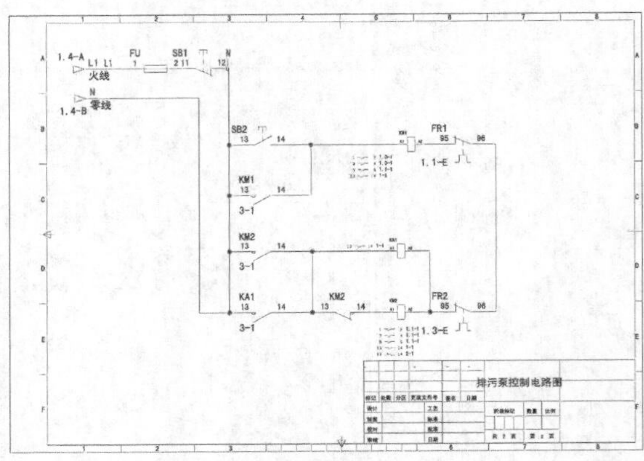

（b）控制电路图

图 8-71　排污泵电路图绘制

8.4.1 设置绘图环境

1. 新建项目

（1）打开 AutoCAD Electrical 2022 应用程序，单击“项目管理器”选项板中的“新建项目”按钮，系统弹出“创建新项目”对话框。设置名称为“排污泵”。

（2）在“位置代号”处选择默认保存位置。也可以通过单击“浏览”按钮将位置代号更改到安装目录的其他位置。单击“确定”按钮。完成新项目创建。

2. 设置项目特性

（1）在“项目管理器”选项板中的“排污泵”项目名称处单击鼠标右键，执行弹出的快捷菜单中的“特性”命令。

（2）系统弹出“项目特性”对话框。单击“元件”选项卡，勾选“禁止对标记的第一个字符使用短横线”复选框。

（3）将对话框转换到“样式”选项卡。在“布线样式”选项组的“导线交叉”样式中选择“环”，在“导线 T 形相交”样式中选择“点”。

（4）单击“图形格式”选项卡，在“格式参考”选项组中单击“*X-Y* 栅格”单选按钮。然后单击“确定”按钮，完成对项目特性的设置。

3. 新建图形

选择“ACE_GB_a3_a.dwt”为模板，创建“排污泵原理图.dwg”文件和“排污泵控制电路图.dwg”文件。

4. 标题栏页码更新

（1）在“排污泵”项目名称处单击鼠标右键，执行弹出的快捷菜单中的“标题栏更新”命令，系统弹出“更新标题栏”对话框，选择指定复选框，如图 8-72 所示。

（2）然后单击“确定应用于项目范围”按钮，系统弹出“选择要处理的图形”对话框。在该对话框中单击“全部执行”按钮，然后单击“确定”按钮。

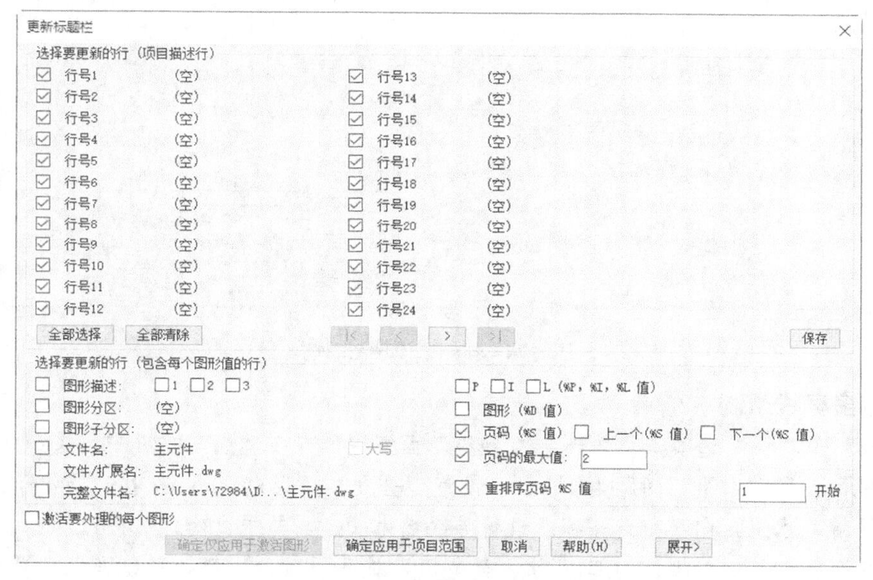

图 8-72 “更新标题栏”对话框

5. 图形分区

（1）测量分区尺寸。双击“排污泵”选项组中的“排污泵原理图”，打开图形文件。单击“默认”选项卡“注释”面板中的“线性”按钮。标注水平向尺寸与竖直向尺寸，如图 8-73 所示。

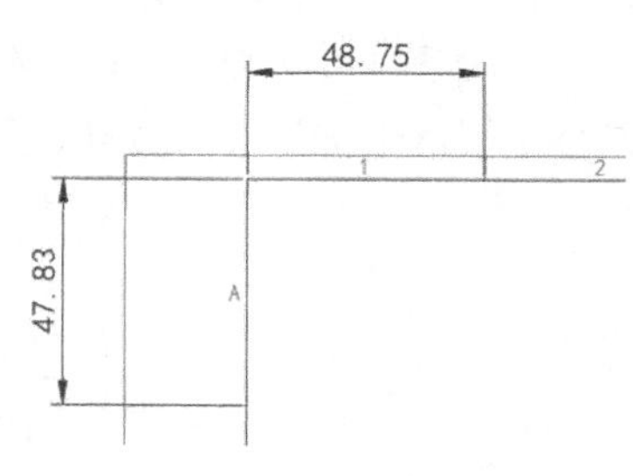

图 8-73 尺寸标注

（2）选择区域类型。执行菜单栏中的“项目”→“图形属性”命令，系统弹出“图形特性”对话框。选择其中的“图形格式”选项卡然后单击“设置”按钮，系统弹出“*X-Y* 夹点设置”对话框。单击“拾取”按钮，选择样板图内框的左上角点为原点。将“水平”间距设置为 48.75mm，将“垂直”间距设置为 47.83mm。在栅格标签中“水平”栏中输入“1”，在“垂直”栏中输入“A”。单击两次“确定”按钮完成区域划分。

（3）单击“默认”选项卡“修改”面板中的“删除”按钮。选择标注的尺寸，并将其删除。

（4）用同样的方式为“排污泵控制电路图”图形文件进行区域划分。

8.4.2 排污泵原理图绘制

本节绘制排污泵原理图，如图 8-74 所示。

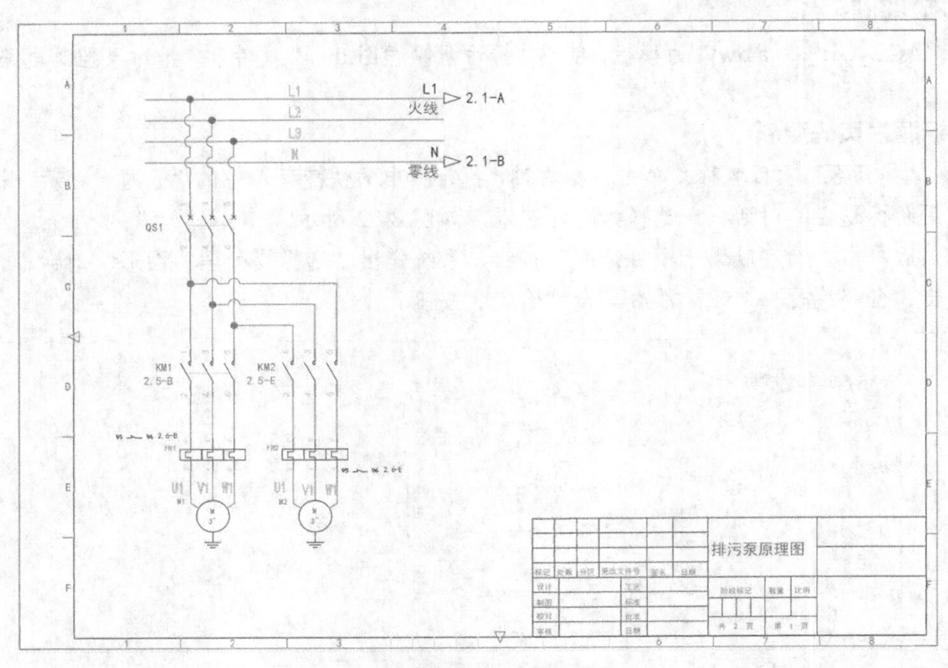

图 8-74 排污泵原理图绘制

1. 水平多导线绘制

（1）单击“原理图”选项卡“插入导线/线号”面板中的“多母线”按钮，系统弹出“多导线母线”对话框，设置“水平”间距为10mm，设置“垂直”间距为10mm。在“开始于:”选项组中单击“空白区域，水平走向”单选按钮。设置导线数为“4”。单击“确定”按钮。

（2）在命令行“第一个相位的起点[导线类型 T]”提示下输入“T”，系统弹出“设置导线类型”对话框，设置导线颜色为“RED”，设置导线大小为“4.0mm^2”。单击“确定”按钮。

（3）系统回到绘图窗口，在图纸左侧空白处适当位置单击指定第一个相位起点，然后向右拖动光标绘制水平多导线。如图 8-75 所示。

图 8-75 水平多导线绘制

2. 垂直多导线绘制

（1）重复执行“多母线”命令，系统弹出“多导线母线”对话框。在“开始于”列表中单击“其他母线（多导线）”单选按钮，设置导线数为“3”，如图 8-76 所示。单击“确定”按钮。

（2）系统回到绘图窗口，选择最上边水平导线的适当位置单击，指定第一个相位起点，向下拖动光标绘制垂直电源线，在电源线终点处单击，结束电源线绘制。绘制结果如图 8-77 所示。

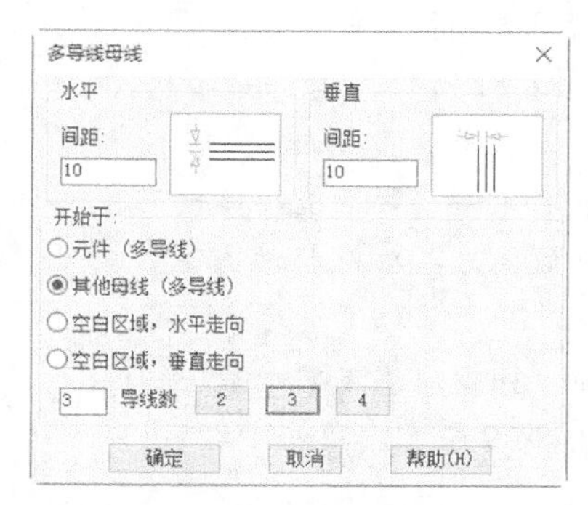

图 8-76　垂直多导线参数设置

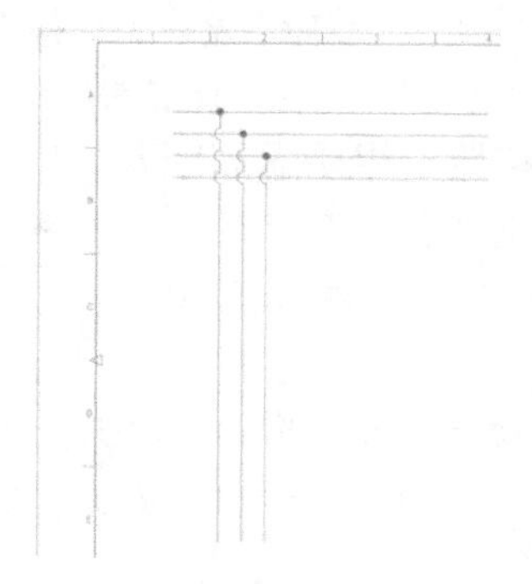

图 8-77　垂直多导线绘制

3. 其他多导线绘制

（1）重复执行“多母线”命令，系统弹出“多导线母线”对话框。在“开始于”选项组中单击“其他母线（多导线）”单选按钮，其余参数不变。设置导线类型为“默认”。单击“确定”按钮。

（2）系统回到绘图窗口。选择垂直电源线最左侧导线为第一个相位的起点，向右拖动光标绘制电源线，然后向下拖动光标并在命令行中输入“f”改变导线翻转样式。继续向下拖动光标，在适当位置单击完成多导线绘制，如图 8-78 所示。

4. 三极断路器插入

（1）单击“原理图”选项卡“插入元件”面板中的“图标菜单”按钮。系统弹出“插入元件”对话框，将“原理图缩放比例”设置为“1.5”。在对话框中单击“断路器/隔离开关”→“三极断路器”→“断路器”图标。

（2）系统回到绘图窗口，打开“对象捕捉”功能，捕捉垂直电源线最左侧导线上端一点并单击，系统弹出提示对话框，如图 8-79 所示。单击“右”按钮。

（3）系统弹出“插入/编辑元件”对话框，修改“元件标记”为“QS1”；将“引脚 1”设置为“1”，将“引脚 2”设置为“2”，单击“确定”按钮。插入三极断路器。

（4）双击“QS1”，系统弹出“增强属性编辑器”对话框，单击“特性”选项卡，在“颜色”下拉列表中选择“红”，单击“确定”按钮。插入的三极断路器如图 8-80 所示。

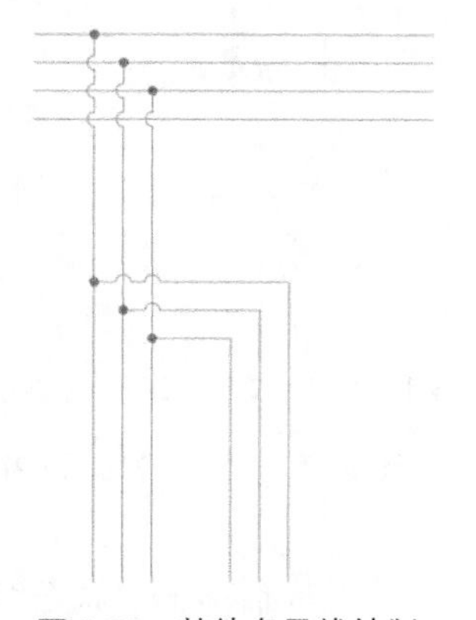

图 8-78　其他多导线绘制

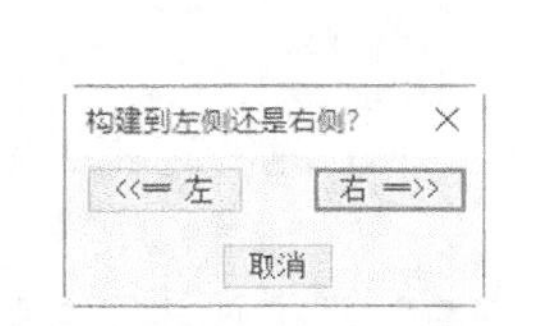

图 8-79　提示对话框

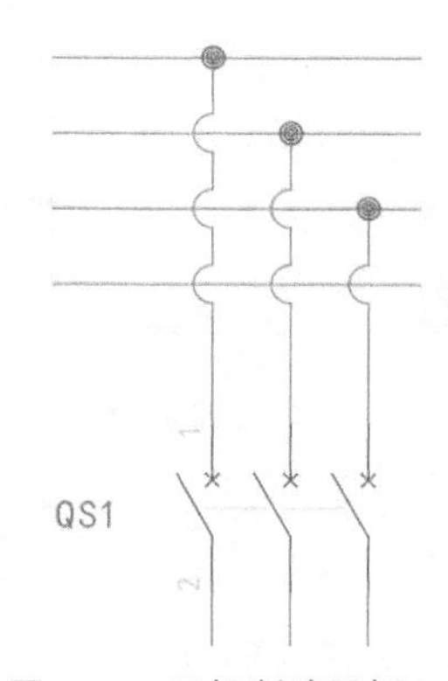

图 8-80　三极断路器插入

（5）单击“原理图”选项卡“编辑元件”面板中的“编辑”按钮，在命令行提示下选择 QS1 中间触点，系统弹出“插入/编辑辅元件”对话框，将“引脚 1”设置为“3”，将“引脚 2”设置为

“4”，单击“确定”按钮。

（6）重复执行“编辑”命令，选择 QS1 最右侧触点添加引脚，将“引脚 1”设置为“5”，将“引脚 2”设置为“6”，绘制结果如图 8-81 所示。

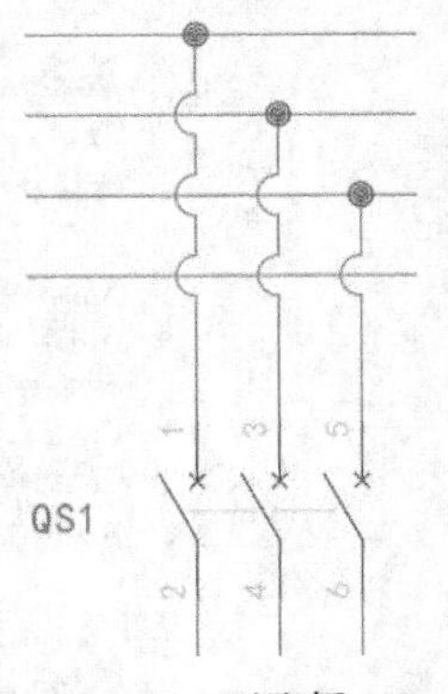

图 8-81 引脚插入

5. 主电路三极接触器插入

（1）重复执行“图标菜单”命令，系统弹出“插入元件”对话框，单击“电动机控制”→“电动机起动器”→“带三极常开触点的电动机起动器”图标。

（2）系统回到绘图窗口，打开“对象捕捉”功能，捕捉垂直电源线最左侧导线适当一点并单击，系统弹出提示对话框，如图 8-79 所示。单击“右”按钮。

（3）系统弹出“插入/编辑辅元件”对话框，修改“元件标记”为“KM1”，将“引脚 1”设置为“1”，将“引脚 2”设置为“2”，单击“确定”按钮，将“元件标记”修改“为红色”，插入三极接触器。

（4）单击“原理图”选项卡“编辑元件”面板中的“编辑”按钮，在命令行提示下选择 KM1 中间触点，系统弹出“插入/编辑辅元件”对话框，将“引脚 1”设置为“3”，将“引脚 2”设置为“4”。单击“确定”按钮。

（5）重复执行“编辑”命令，选择 KM1 最右侧触点添加引脚，将“引脚 1”设置为“5”，将“引脚 2”设置为“6”。

6. 主电路三极接触器的复制与移动

（1）单击“原理图”选项卡“编辑元件”面板中的“复制元件”按钮，打开“对象捕捉”功能，在命令行提示下选择 KM1 左侧触点为复制对象，单击捕捉触点上一点，将其作为复制基点，系统弹出“插入/编辑辅元件”对话框，如图 8-82 所示。修改“元件标记”为“KM2”，复制结果如图 8-83 所示。

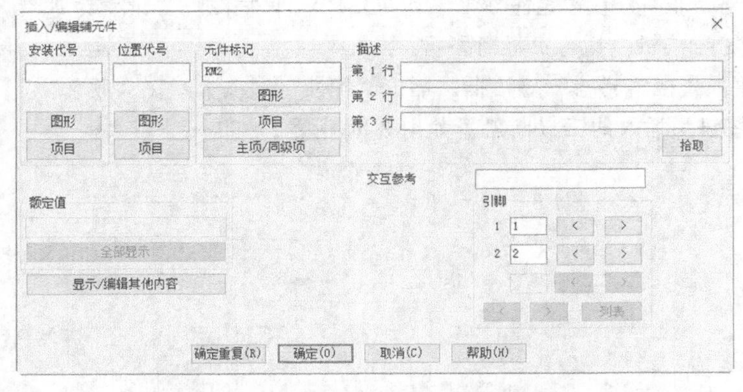

图 8-82 “插入/编辑辅元件”对话框

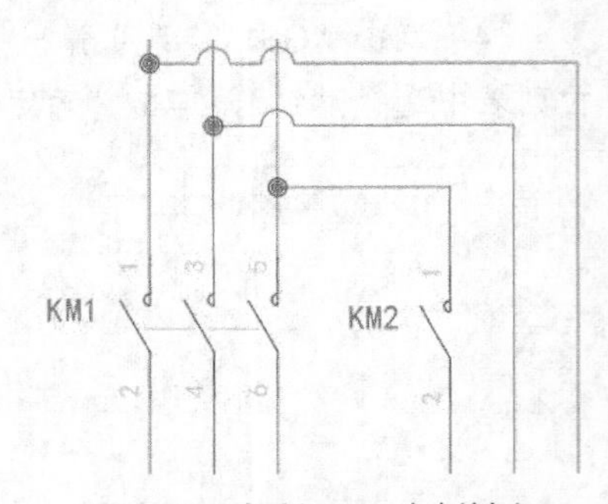

图 8-83 复制 KM1 左侧触点

（2）重复执行“复制”命令，复制 KM1 的中间触点及右侧触点到指定垂直导线上，如图 8-84 所示。

（3）在复制过程中有一个触点并没有被准确地放置在垂直导线上，此时我们单击“原理图”选项卡“编辑元件”面板中的“移动元件”按钮，使用鼠标单击要移动的元件，并在准确位置处单击，完成触点移动，结果如图 8-85 所示。

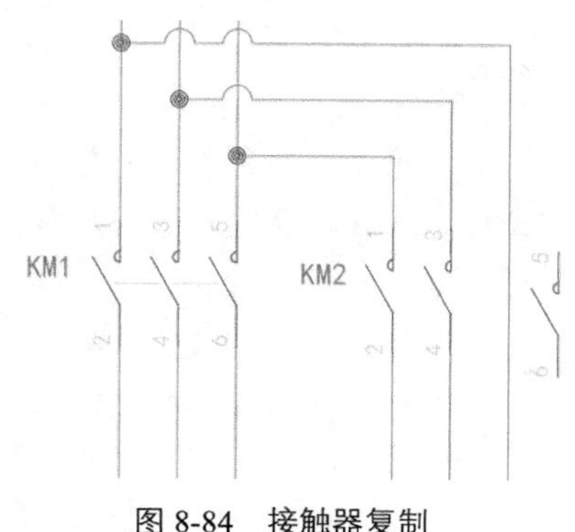

图 8-84 接触器复制

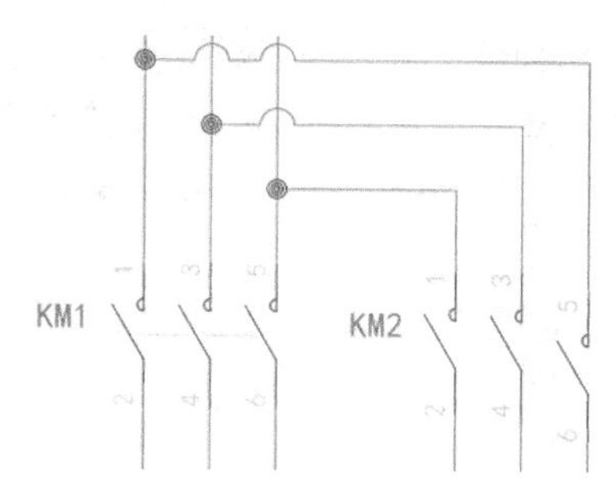

图 8-85 触点移动

7. 主电路三极接触器对齐

（1）单击“原理图”选项卡“编辑元件”面板中的“对齐”按钮，命令行提示与操作如下。

```
命令: _aealign↙
对齐元件
选择要与之对齐的元件 (垂直(V)/<水平(H)>):H↙（选择水平对齐）
选择要与之对齐的元件 (垂直(V)/<水平(H)>): (选择接触器 KM1 中一个触点作为对齐参照)
选择要对齐的元件: (单击需要对齐的 KM2 中的 3 个触点)
选择对象: ↙
```

（2）对齐后元件如图 8-86 所示。

8. 热继电器的插入

（1）重复执行“图标菜单”命令，系统弹出“插入元件”对话框，将“原理图缩放比例”设置为“1”。单击“电动机控制”→“三极过载”图标。

（2）系统回到绘图窗口，打开“对象捕捉”功能，捕捉电源线上一点并单击，系统弹出提示对话框，如图 8-79 所示。单击“右”按钮。

（3）系统弹出“插入/编辑元件”对话框，修改“元件标记”为“FR1”，将“引脚 1”设置为“1”，将“引脚 2”设置为“2”，单击“确定重复”按钮。

（4）在插入热继电器 FR1 的同时，继续插入热继电器 FR2，如图 8-87 所示。从图 8-87 中还可看出热继电器的位置分别是“2-E”区和“3-E”区。

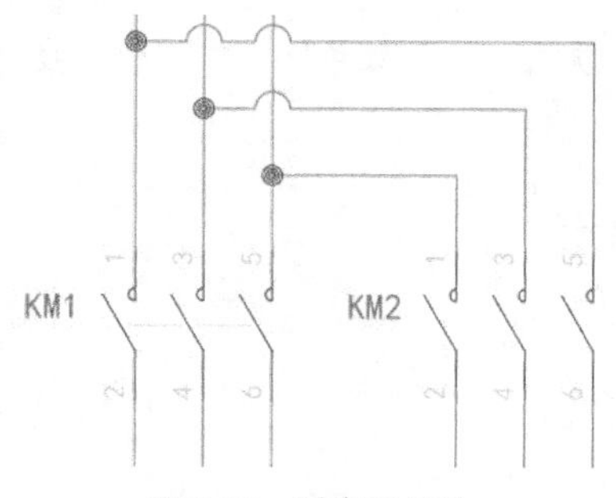

图 8-86 对齐后元件

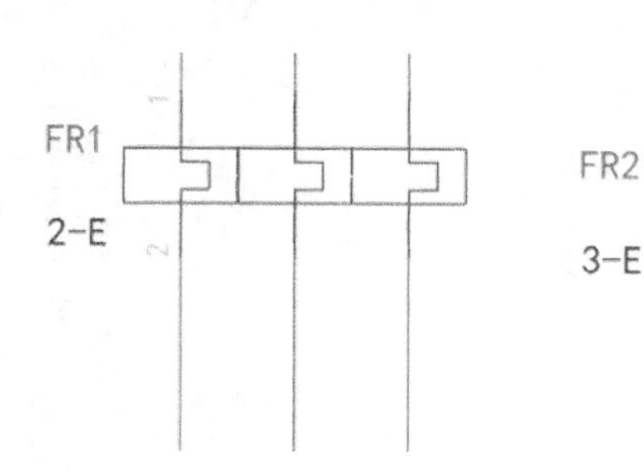

图 8-87 插入热继电器

（5）单击“原理图”选项卡“编辑元件”面板中的“编辑”按钮，在命令行提示下选择 FR1 中间触点，系统弹出“插入/编辑辅元件”对话框，将“引脚 1”设置为“3”，将“引脚 2”设置为“4”。单击“确定”按钮。

（6）重复执行“编辑”命令，选择 FR1 最右侧触点添加引脚，将“引脚 1”设置为“5”，将“引脚 2”设置为“6”。

（7）用同样的方式为 FR2 添加剩余引脚，结果如图 8-88 所示。

（8）单击“原理图”选项卡“编辑元件”面板中的“反转/翻转元件”按钮，系统弹出“反转/翻转元件”对话框，单击“翻转”单选按钮，勾选“仅图形”复选框，如图 8-89 所示，单击“确定”按钮。

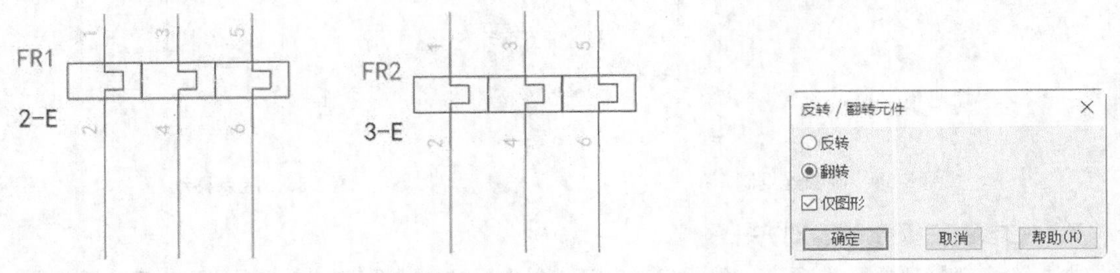

图 8-88　添加引脚　　图 8-89　“反转/翻转元件”对话框

（9）系统回到绘图区，依次单击 6 个热继电器触点，并将该热继电器翻转方向，如图 8-90 所示。

（10）单击“原理图”选项卡“编辑元件”面板中的“对齐”按钮，以 FR1 中的一个触点为参照，将 FR2 水平对齐，结果如图 8-91 所示。

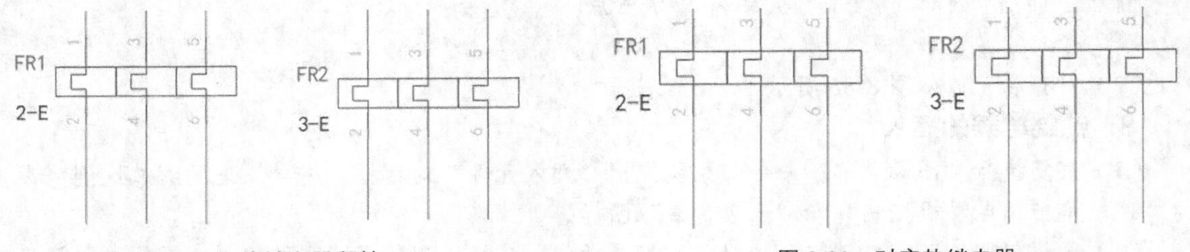

图 8-90　热继电器翻转　　图 8-91　对齐热继电器

9. 三相电动机插入

（1）重复执行“图标菜单”命令，系统弹出“插入元件”对话框，将“原理图缩放比例”设置为“1”。单击“电动机控制”→“三相电动机”→“三相电动机”图标。

（2）系统回到绘图窗口，打开“对象捕捉”功能，捕捉电源线上一点并单击，系统弹出“插入/编辑元件”对话框，设置“元件标记”为“M1”。

（3）单击“确定重复”按钮，插入 M2 电动机。修改“文字颜色”为“红色”，如图 8-92 所示。

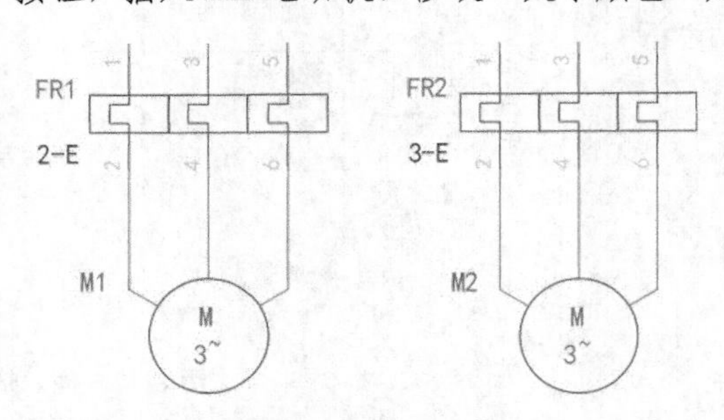

图 8-92　三相电动机插入

10. 接地线插入

（1）重复执行“图标菜单”命令，系统弹出“插入元件”对话框，将“原理图缩放比例”设置为“1”。单击“其他”→“接地”图标。

（2）系统回到绘图窗口，打开“对象捕捉”功能，捕捉电动机上一点并单击，系统弹出“插入/编辑元件”对话框，删除“元件标记”。

（3）单击“确定重复”按钮，插入另一接地线。如图 8-93 所示。

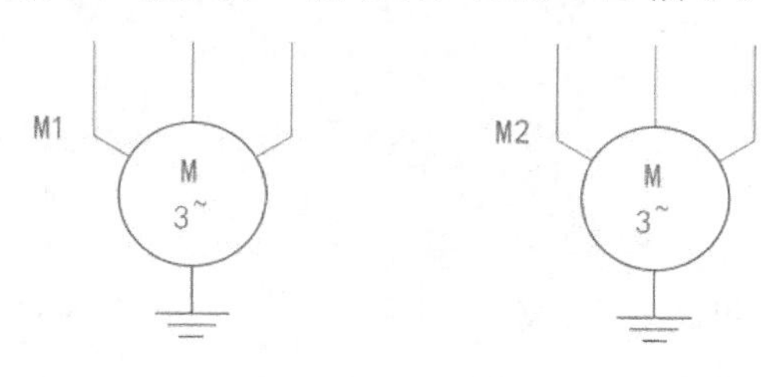

图 8-93 接地线插入

11. 插入电源线线号

（1）单击“原理图”选项卡“插入导线/线号”面板“线号”下拉列表中的“三相”按钮。

（2）系统弹出“三相导线编号”对话框，在“前缀”列表下输入“L1，L2，L3，N”。“最大值”选择“4”，如图 8-94 所示。在“线号”下方可以预览插入的线号。单击“确定”按钮。

（3）系统回到绘图窗口，从上到下依次单击水平向导线的左端点。标注线号如图 8-95 所示。

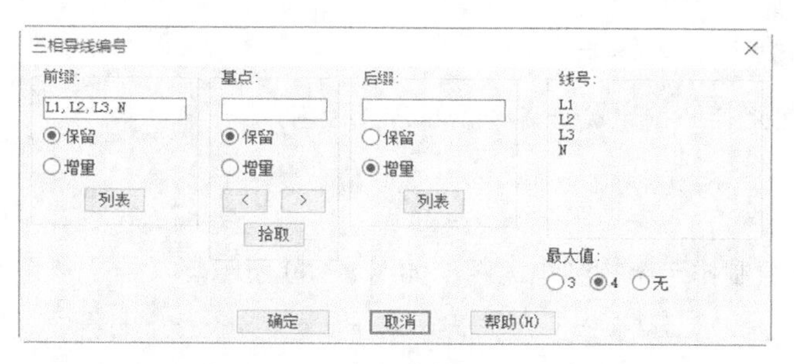

图 8-94 “三相导线编号”对话框

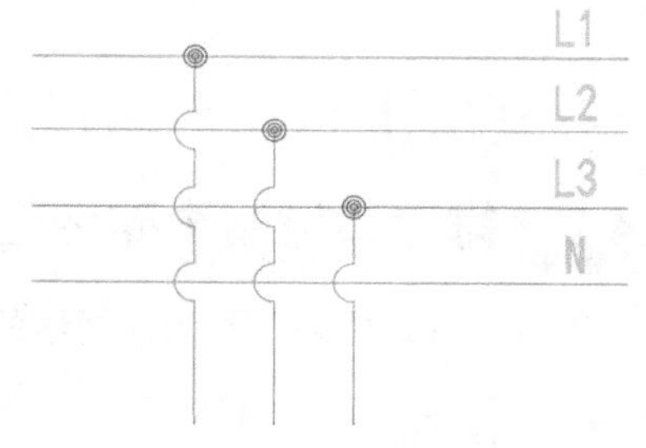

图 8-95 水平向导线线号插入

（4）重复执行“三相”命令，在“三相导线编号”对话框中，在“前缀”列表下输入“U1,V1,W1”。“最大值”选择“3”。在“线号”下方可以预览插入的线号。单击“确定”按钮。

（5）系统回到绘图窗口，从上到下依次单击垂直向导线的左端点。标注线号如图 8-96 所示。

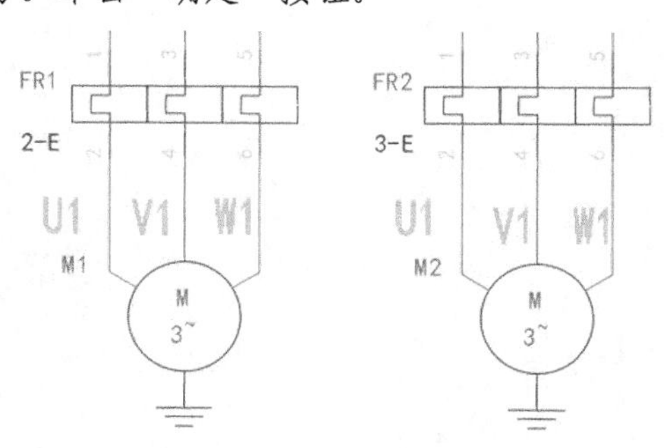

图 8-96 垂直线线号插入

12. 插入源箭头

（1）单击“原理图”选项卡“插入导线/线号”面板中的“源箭头”按钮，在命令行提示下单击最上边水平向导线的右端点，

（2）系统弹出“信号-源代号”对话框，如图 8-97 所示。单击“使用”按钮，直接使用系统提供默认代号。在“描述”一栏中输入“火线”，单击“确定”按钮。

（3）系统弹出“源/目标信号箭头”对话框，如图 8-98 所示。单击“否”按钮结束命令的执行。

（4）重复执行“源箭头”命令，选择最上面水平向导线的第 4 条导线的右端点。

（5）系统弹出“信号-源代号”对话框，单击“使用”按钮使用系统提供默认代号。在“描述”一栏中输入“零线”，单击“确定”按钮。

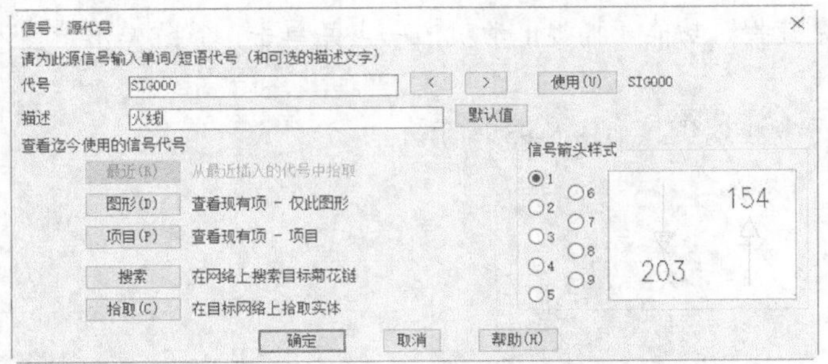

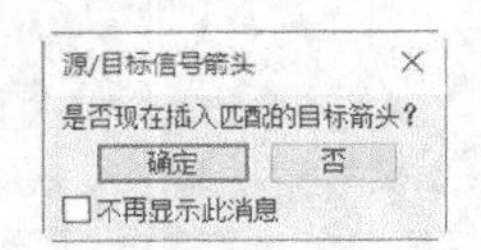

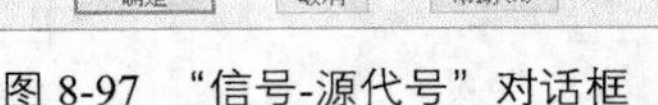
图 8-97 “信号-源代号”对话框

图 8-98 “源/目标信号箭头”对话框

（6）系统弹出“源/目标信号箭头”对话框。单击“否”按钮结束命令的执行。源箭头插入如图 8-99 所示。

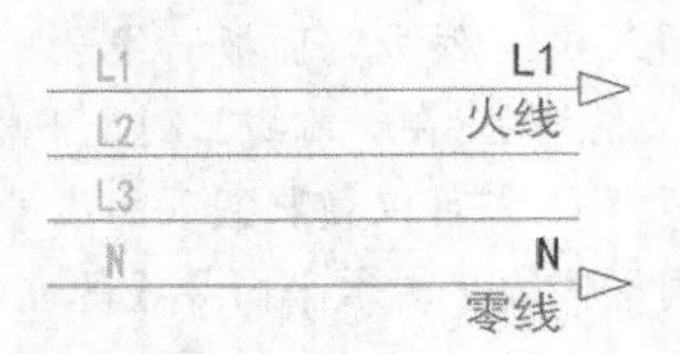

图 8-99 源箭头插入

注意：接下来需要将排污泵控制图元件绘制完成后再绘制排污原理图。

8.4.3 排污泵控制电路图绘制

本节重点介绍如何利用前面学的知识绘制排污泵控制电路图，如图 8-100 所示。

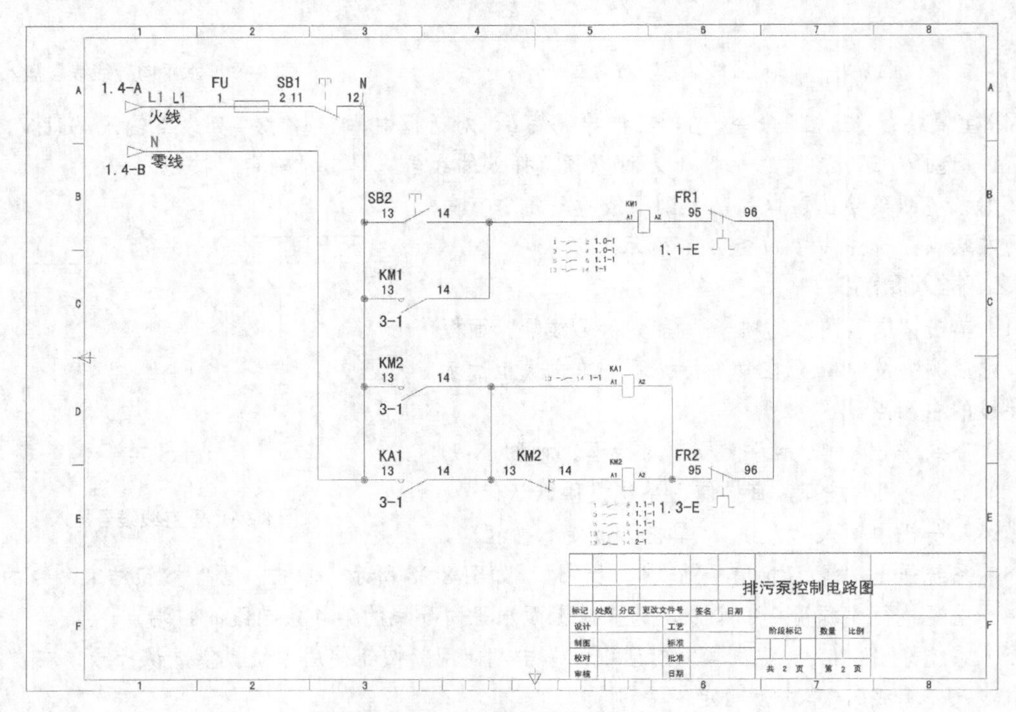

图 8-100 排污泵控制电路图绘制

1. 绘制多导线

（1）单击“原理图”选项卡“插入导线/线号”面板中的“多母线”按钮，系统弹出“多导线母线”对话框，设置“水平”间距为 20mm，设置“垂直”间距为 20mm。在“开始于:”选项组中单击“空白区域，水平走向”单选按钮。设置导线数为“2”。单击“确定”按钮。

（2）在命令行“第一个相位的起点[导线类型 T]”提示下输入“T”，系统弹出“设置导线类型”对话框，设置导线颜色为“RED”，设置导线大小为“2.5mm^2”。单击“确定”按钮。

（3）系统回到绘图窗口，在图纸左侧空白处适当位置单击指定第一个相位起点，向右拖动光标，然后再向下拖动光标，此时在命令行中输入“f”翻转导线转弯样式。继续向下拖动光标到终点处，单击鼠标结束绘制。绘制结果如图 8-101 所示。

图 8-101　多导线绘制

2. 绘制单导线

（1）单击“原理图”选项卡“插入导线/线号”面板“插入导线”下拉列表中的“导线”按钮，在右侧垂直线上选择一点作为导线的起始相位点，向右拖动光标，然后再向下继续拖动光标，在命令行输入绘制命令“c”，继续向左拖动光标，当光标与左侧第一条垂直导线相遇时单击鼠标结束绘制。绘制结果如图 8-102 所示。

（2）用同样的方式绘制剩余电源线，结果如图 8-103 所示。

图 8-102　单导线绘制　　图 8-103　完整电源线绘制

3. 插入熔断器

（1）单击“原理图”选项卡“插入元件”面板中的“图标菜单”按钮。系统弹出“插入元件”对话框，勾选左下角的“水平”复选框，将“原理图缩放比例”设置为“2”。

（2）单击“熔断器/变压器/电抗器”→“熔断器”→“熔断器”图标。系统回到绘图窗口，打开“对象捕捉”功能，单击捕捉第一条水平电源线左侧一点作为插入点。

（3）系统弹出“插入/编辑元件”对话框，修改“元件标记”为“FU”，将“引脚 1”设置为“1”，“引脚 2”为“2”，单击“确定”按钮，插入熔断器。修改“FU”颜色为红色，如图 8-104 所示。

4. 插入按钮

（1）重复执行“图标菜单”命令，系统弹出“插入元件”对话框，勾选“水平”复选框，将“原理图缩放比例”设置为“2”。单击“按钮”→“瞬动型常闭按钮”图标。

（2）系统回到绘图窗口，打开“对象捕捉”功能，捕捉电源线上一点并单击，系统弹出“插入/编辑元件”对话框，修改“元件标记”为“SB1”，将“引脚 1”设置为“11”，将“引脚 2”设置为“12”，单击“确定”按钮，插入电动按钮。修改“SB1”颜色为红色。

（3）同样的方法插入“瞬动型常开按钮”SB2，将“引脚 1”设置为“13”，将“引脚 2”设置为“14”，如图 8-105 所示。

（4）单击“原理图”选项卡“编辑元件”面板中的“反转/翻转元件”按钮，系统弹出“反转/翻转元件”对话框，单击“翻转”单选按钮，勾选“仅图形”复选框，如图 8-106 所示。单击“确定”按钮。

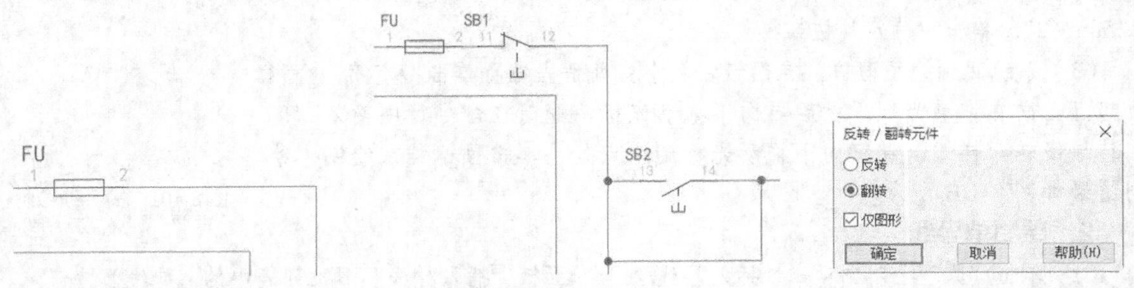

图 8-104　插入熔断器　　图 8-105　按钮插入　　图 8-106　“反转/翻转元件”对话框

（5）系统回到绘图窗口，单击 SB1、SB2，按钮方向发生变化，如图 8-107 所示。

（6）重复执行“反转/翻转元件”命令，在弹出的“反转/翻转元件”对话框中，单击“反转”单选按钮，勾选“仅图形”复选框，单击“确定”按钮，选择 SB1、SB2 为对象，结果如图 8-108 所示。

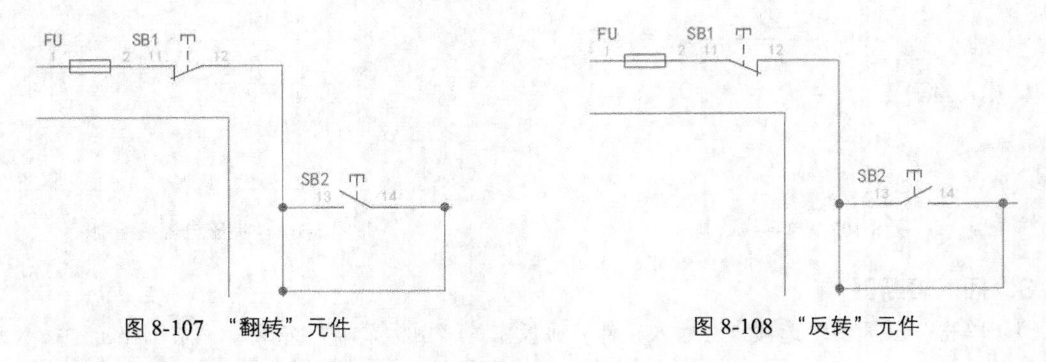

图 8-107　“翻转”元件　　图 8-108　“反转”元件

5. 插入接触器和继电器常开触点

（1）重复执行“图标菜单”命令，系统弹出“插入元件”对话框，勾选“水平”复选框，将“原理图缩放比例”设置为“2”。单击“电动机控制”→“电动机起动器”→“带单极常开触点的电动机起动器”图标。

（2）系统回到绘图窗口，打开“对象捕捉”功能，捕捉电源线适当一点并单击，系统弹出“插入/编辑元件”对话框，修改“元件标记”为“KM1”，将“引脚 1”设置为“13”，将“引脚 2”设置为“14”。

（3）单击“确定重复”按钮，继续插入接触器 KM2、继电器 KA1。将“引脚 1”设置为“13”，将“引脚 2”设置为“14”。修改“元件标记”颜色为“红色”，结果如图 8-109 所示。

（4）单击“原理图”选项卡“编辑元件”面板中的“对齐”按钮，以 SB2 为基准，竖直向对齐 KM1、KM2、KA1，如图 8-110 所示。

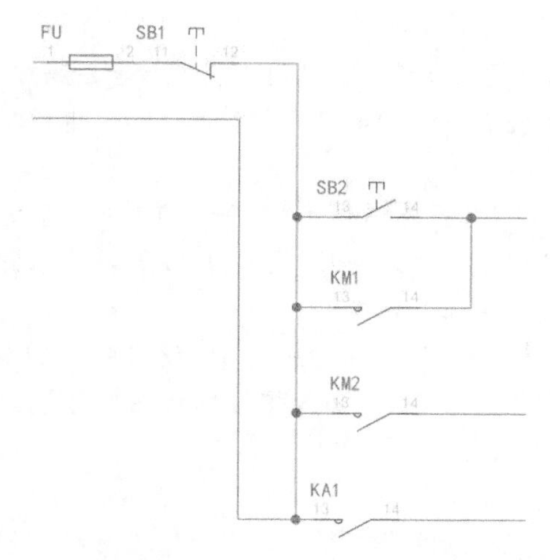

图 8-109　常开触点插入

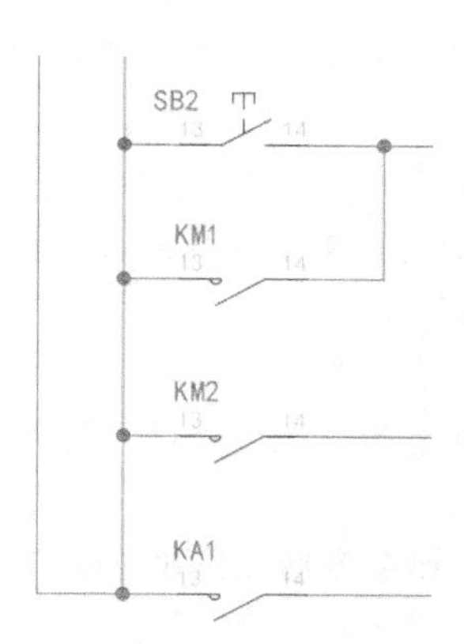

图 8-110　对齐触点

6. 插入接触器常闭触点

（1）执行“导线”命令，补充绘制单导线，如图 8-111 所示。

（2）重复执行“图标菜单”命令，系统弹出“插入元件”对话框，勾选“水平”复选框，将“原理图缩放比例”设置为“2”。单击“电动机控制”→“电动机起动器”→“带单极常闭触点的电动机起动器”图标。

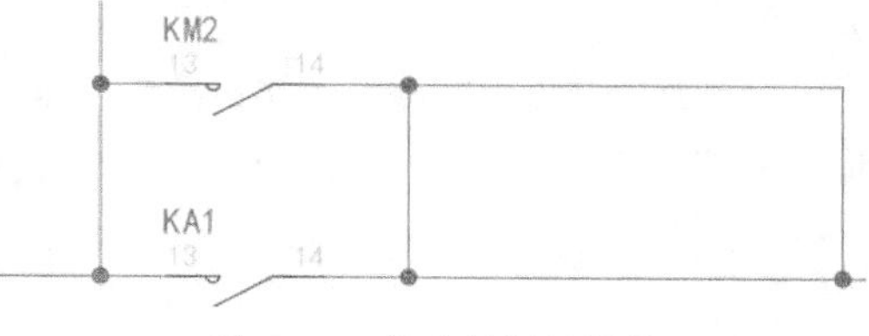

图 8-111　补充绘制单导线

（3）系统回到绘图窗口，打开“对象捕捉”功能，捕捉电源线适当一点并单击，系统弹出“插入/编辑元件”对话框，修改“元件标记”为“KM2”，将“引脚 1”设置为“13”，将“引脚 2”设置为“14”。单击“确定”按钮。将“元件标记”颜色修改为“红色”，结果如图 8-112 所示。

（4）单击“原理图”选项卡“编辑元件”面板中的“反转/翻转元件”按钮，系统弹出“反转/翻转元件”对话框，单击“翻转”单选按钮，勾选“仅图形”复选框，单击“确定”按钮。

（5）系统回到绘图窗口，单击 KM2。然后在命令行中输入“S”，按 Enter 键，系统弹出“反转/翻转元件”对话框。

（6）单击“反转”单选按钮，勾选“仅图形”复选框，单击“确定”按钮。单击 KM2。完成元件翻转，如图 8-113 所示。

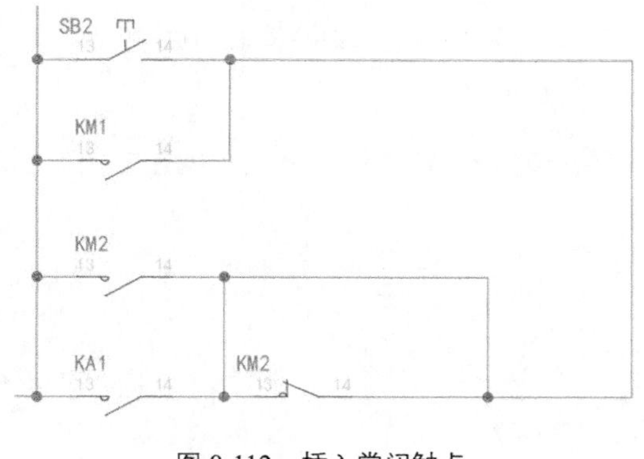

图 8-112　插入常闭触点

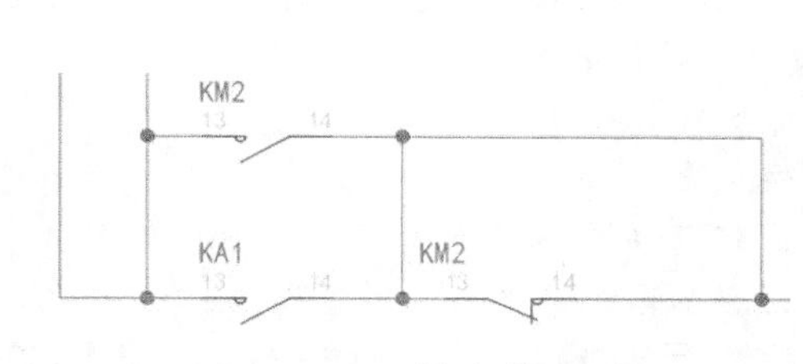

图 8-113　“反转/翻转”元件

7. 接触器线圈的插入

（1）重复执行“图标菜单”命令，系统弹出“插入元件”对话框，将“原理图缩放比例”设置为“1”。勾选“水平”复选框。单击“电动机控制”→“电动机起动器”→“电动机起动器”图标。

（2）系统回到绘图窗口，打开“对象捕捉”功能，捕捉电源线上适当一点并单击，系统弹出“插入/编辑元件”对话框，修改“元件标记”为“KA1”，将“引脚 1”设置为“A1”，将“引脚 2”设置为“A2”。

（3）单击“确定重复”按钮，插入“KM1”与“KA2”，将“引脚 1”设置为“A1”，将“引脚 2”设置为“A2”。将“元件标记”颜色修改为“红色”，插入接触器线圈。结果如图 8-114 所示。

8. 热继电器线圈的插入

（1）重复执行“图标菜单”命令，系统弹出“插入元件”对话框，将“原理图缩放比例”设置为“2”。勾选“水平”复选框。单击“电动机控制”→“多极过载，常闭触点”图标。

（2）系统回到绘图窗口，打开“对象捕捉”功能，捕捉电源线上适当一点并单击，系统弹出“插入/编辑元件”对话框，修改“元件标记”为“FR1”，将“引脚 1”设置为“95”，将“引脚 2”设置为“96”。

（3）单击“确定重复”按钮，插入“FR2”，将“引脚 1”设置为“95”，将“引脚 2”设置为“96”。将“元件标记”颜色修改为“红色”。结果如图 8-115 所示。

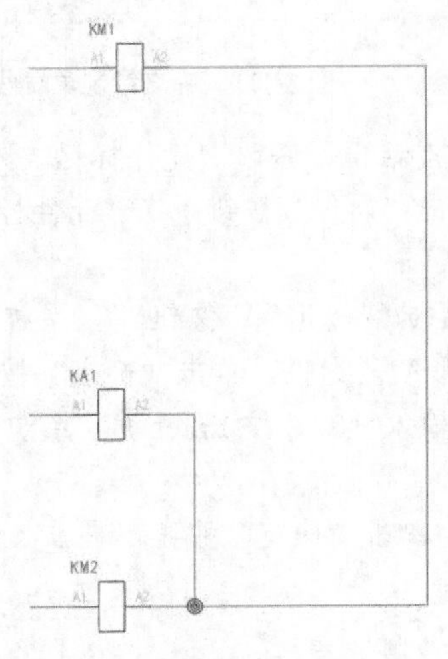

图 8-114　接触器线圈的插入

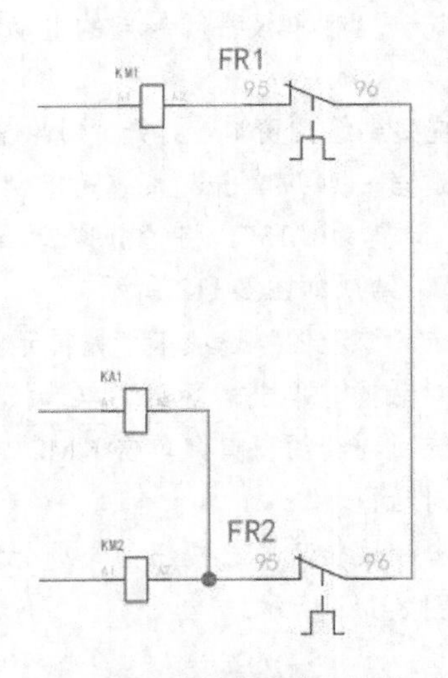

图 8-115　热继电器线圈的插入

9. 移动元件

单击“原理图”选项卡“编辑元件”面板中的“快速移动”按钮，移动 SB1/FU 元件。命令行提示与操作如下。

```
命令：_aescoot↙
快速移动(S)
选择用于快速移动的元件、导线或线号：(单击 SB1)
到：(水平向左移动，在适当位置单击放置 SB1)
选择用于快速移动的元件、导线或线号：(继续单击 FU)
```

```
到：（水平向左移动，在适当位置单击放置 FU）
选择用于快速移动的元件、导线或线号：↙
```

结果如图 8-116 所示。

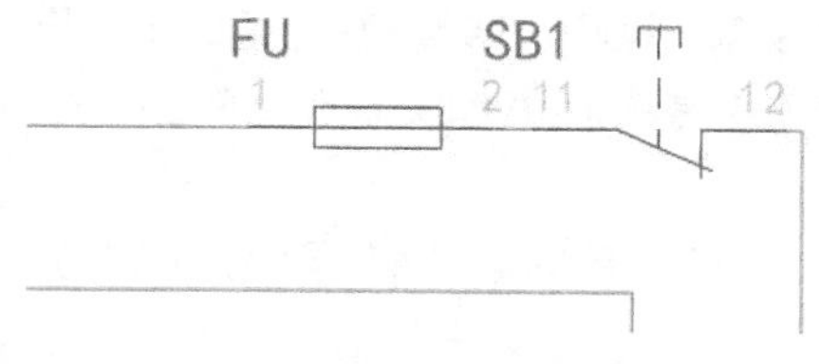

图 8-116　快速移动元件

10. 插入目标箭头

（1）单击“原理图”选项卡“插入导线/线号”面板中的“目标箭头”按钮，在命令行提示下单击最上端水平线左端点，系统弹出“插入目标代号”对话框。

（2）单击“项目”按钮，系统弹出“信号代号-项目范围 源”对话框，勾选“显示源箭头”复选框，在对话框中选择线号 L1，单击两次“确定”按钮。

（3）系统弹出“更改目标导线图层？”对话框，单击“是”按钮，完成目标箭头插入，如图 8-117 所示。

（4）重复执行“目标箭头”命令，在“信号代号-项目范围 源”对话框中选择图 8-118 所示的线号“N”，结果如图 8-118 所示。

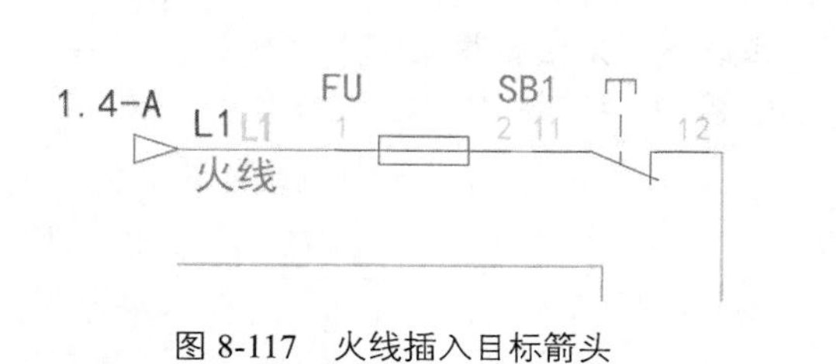

图 8-117　火线插入目标箭头

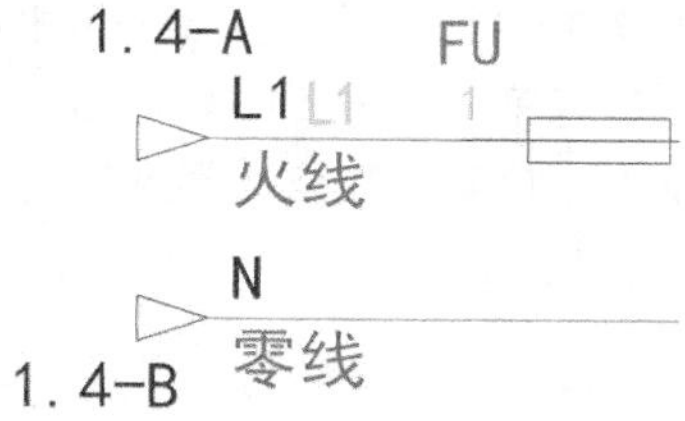

图 8-118　添加零线目标箭头

11. 更新信号箭头

（1）打开“排污泵原理图.dwg”文件。单击“原理图”选项卡“编辑导线/线号”面板中的“更新信号参考”按钮，系统弹出“更新导线信号和独立交互参考”对话框，如图 8-119 所示。勾选“导线信号”复选框，并单击“项目范围”按钮。

（2）系统弹出“选择要处理的图形”对话框，单击“全部执行”按钮，然后单击“确定”按钮。源箭头更新，如图 8-120 所示。

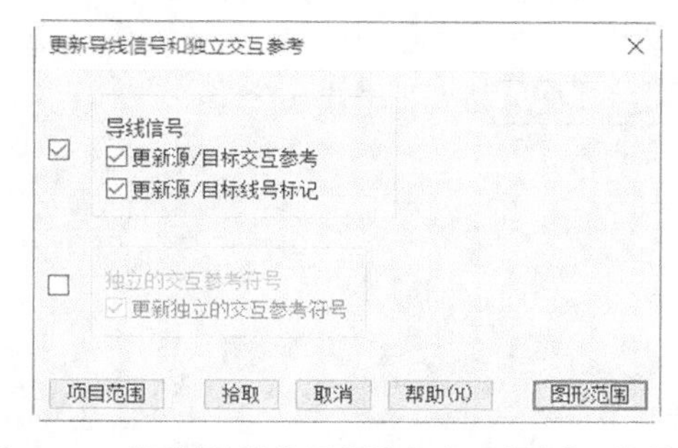

图 8-119　“更新导线信号和独立交互参考”对话框

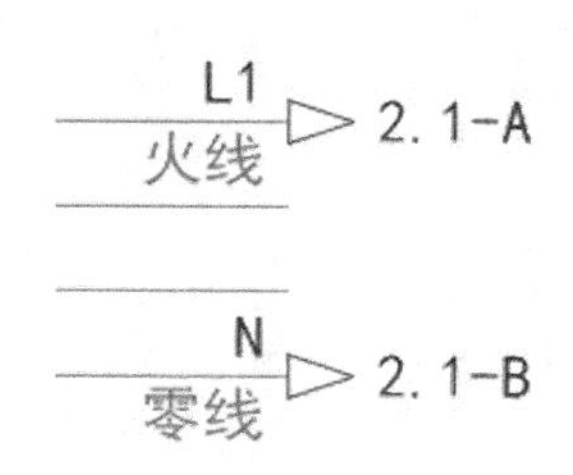

图 8-120　源箭头更新

12．同一图纸添加交互参考

（1）单击“原理图”选项卡“编辑元件”面板中的“编辑”按钮，单击接触器常开触点 KM1，系统弹出“插入/编辑辅元件”对话框。

（2）单击该对话框中的“主项/同级项”按钮，系统返回绘图窗口，单击接触器线圈 KM1，系统再次返回对话框模式，在“交互参考”栏中填入信息，单击“确定”按钮。添加的交互参考信息如图 8-121 所示。

（3）用同样的方式为接触器 KM2 和继电器 KA1 添加交互参考。结果如图 8-122 所示。

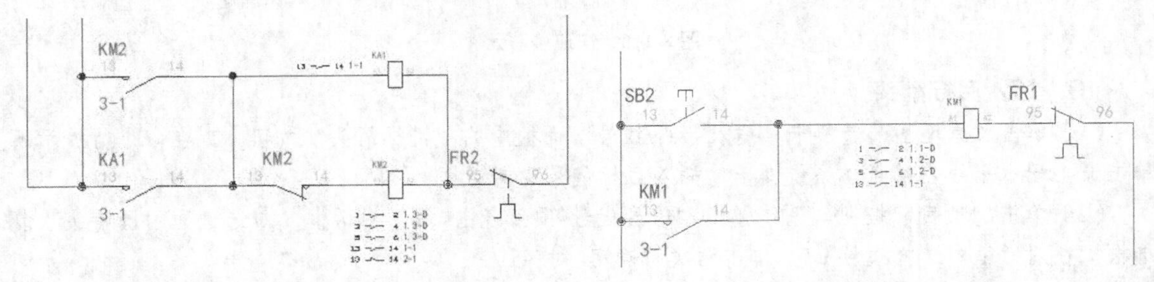

图 8-121　接触器交互参考添加　　　　图 8-122　剩余交互参考添加

13．不同图纸添加交互参考

（1）打开“排污泵控制电路图”文件。单击“原理图”选项卡“编辑元件”面板中的“编辑”按钮，选择热继电器 FR1 常闭触点，系统弹出“插入/编辑辅元件”对话框。

（2）单击“元件标记”选项组中的“项目”按钮，系统弹出“种类= ‘OL’ 的完整项目列表”对话框，选择第一页的 FR1，单击“确定”按钮。系统返回对话框模式，在“交互参考”栏中填入信息。单击“确定”按钮，添加的交互参考信息如图 8-123 所示。

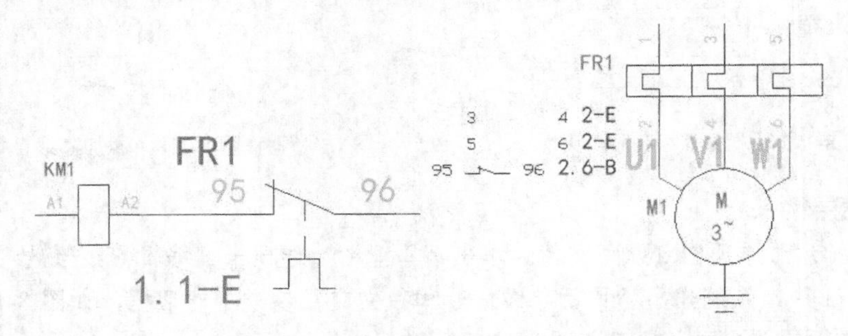

图 8-123　添加热继电器 FR1 交互参考

（3）用同样的方法给热继电器 FR2 添加交互参考，结果如图 8-124 所示。

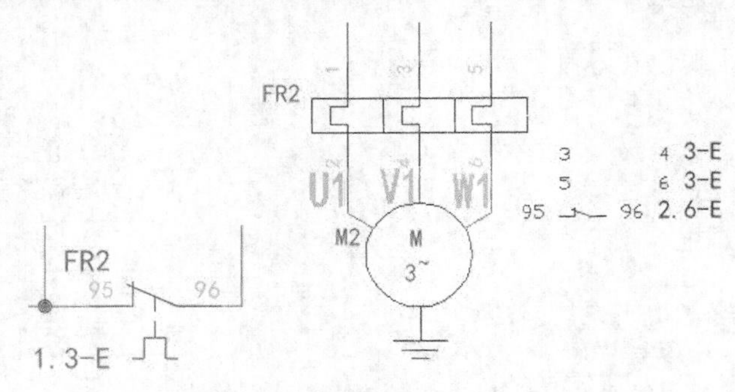

图 8-124　添加热继电器 FR2 交互参考

（4）在“排污泵原理图”中为接触器常开触点 KM1、KM2 添加交互参考，如图 8-125 所示。

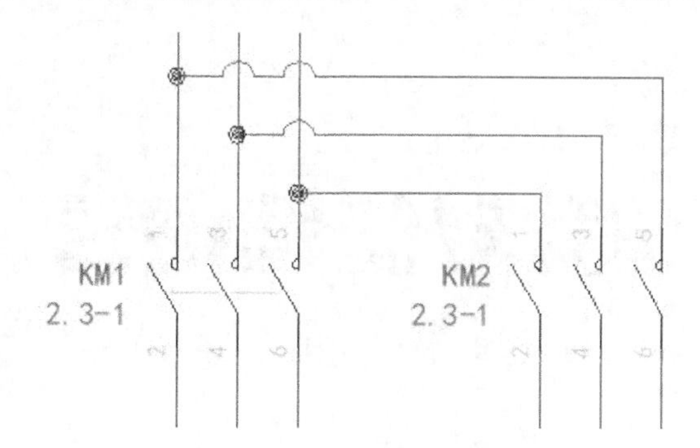

图 8-125 添加 KM1、KM2 交互参考

第 9 章

导线/线号编辑

本章学习要点和目标任务

- 导线/线号编辑
- 回路编辑

本章重点介绍导线、线号及回路的编辑，在绘制电路图的过程中，经常需要对电路图及线号进行多次编辑。为了提高绘制电路图的效率。就需要我们熟练掌握各个编辑命令，以便更加快捷、高效地绘制电气图纸。

9.1 导线/线号编辑

本节主要介绍“编辑导线/线号”面板中的“导线编辑”“线号编辑”等命令。

9.1.1 修剪导线

通过执行该命令修剪接线间的导线。执行该命令主要有如下 3 种方法。

- 命令行：aetrim。
- 菜单栏：执行菜单栏中的“导线”→“修剪导线”命令。
- 功能区：单击“原理图”选项卡“编辑导线/线号”面板中的“修剪导线”按钮。

执行上述命令后，在命令行提示下选择要修剪的导线，进而修剪导线。命令行提示中各选项的含义如下。

在“栏选（F）/交叉（C）/范围缩放（Z）/<选择要修剪的导线>:”的提示下，选择要修剪的一条导线，然后直接在该导线处单击将其删除；如果选择“栏选（F）”选项，则在绘图区多次单击进行栏选，栏选线内的导线被修剪；如果选择“交叉（C）”选项，利用窗选方式选择要修剪的所有导线，进而删除指定导线；如果选择“范围缩放（Z）”选项，缩放范围以便所有导线段在屏幕上都可见，便于用户删除导线。

9.1.2 修改导线

（1）“拉伸导线”命令

将导线末端拉伸或修剪到离该导线最近的导线或导线内元件接线点处。执行该命令主要有如下

3 种方法。

- 命令行：aestretctwire。
- 菜单栏：执行菜单栏中的“导线”→“拉伸导线”命令。
- 功能区：单击“原理图”选项卡“编辑导线/线号”面板中的“拉伸导线”按钮。

执行上述命令后，在命令行提示下选择要拉伸的导线末端。导线将被拉伸或修剪到离其最近的导线或导线内元件接线点处。

（2）“弯曲导线”命令

将导线弯曲成直角，但要避免与其他导线组成几何图形。执行该命令主要有如下 3 种方法。

- 命令行：aebendwire。
- 菜单栏：执行菜单栏中的“导线”→“弯曲导线”命令。
- 功能区：单击“原理图”选项卡“编辑导线/线号”面板“修改导线”下拉列表中的“弯曲导线”按钮。

执行上述命令后，单击组成直角的两条导线之一，然后继续利用鼠标左键选择组成直角的反向导线，继续添加其他导线段。单击鼠标右键退出命令的执行。

（3）显示导线

亮显所有导线，并显示线号与导线段之间的关系。执行该命令主要有如下 3 种方法。

- 命令行：aeshowwire。
- 菜单栏：执行菜单栏中的“导线”→“导线其他选项”→“显示导线”命令。
- 功能区：单击“原理图”选项卡“编辑导线/线号”面板中的“显示导线”按钮。

执行上述命令后，系统弹出“显示导线和线号指示器”对话框，如图 9-1 所示。单击“确定”按钮，显示多条导线。

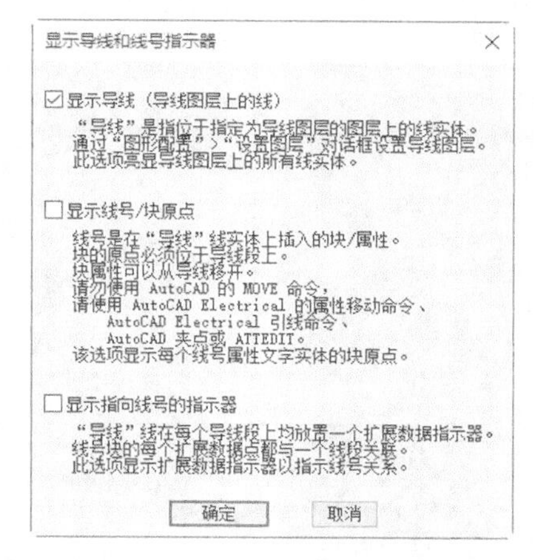

（4）检查/跟踪导线

检查导线段，并亮显已连接到该导线段的所有其他导线段。执行该命令主要有如下 3 种方法。

- 命令行：aetracewire。
- 菜单栏：执行菜单栏中的“导线”→“导线其他选项”→“检查”→“跟踪导线”命令。
- 功能区：单击“原理图”选项卡“编辑导线/线号”面板中的“检查/跟踪导线”按钮。

执行上述命令后，在网络上单击一条导线，在命令行中输入“A”以显示“所有线段”。如果要逐步浏览导线，请按空格键。命令行提示中各选项的含义如下。

- 在“选择导线线段:”提示下选择要检查的一条导线，然后按空格键依次亮显已连接到该导线段的其他导线段。
- 在“平移（P）/缩放（Z）/所有线段（A）/退出（Q）/<空格键 = 逐步>:”提示下在命令行中输入“所有线段（A）”以显示导线网络中的所有导线；如果在命令行中输入“平移（P）”，选中图形并按下鼠标左键移动图形；如果在命令行中输入“缩放（Z）”，则显示所有导线。

9.1.3 创建编辑导线类型

定义和编辑导线类型。将图层定义为导线图层，定义为导线类型图层上的所有线段都被视为导线。程序会将导线图层名称和关联性（例如导线颜色和尺寸）保存在图形文件中。使用栅格控件排序并选择要修改的导线类型。执行该命令主要有如下 3 种方法。

- 命令行：aewiretype。
- 菜单栏：执行菜单栏中的“导线/创建/编辑导线类型”命令。
- 功能区：单击“原理图”选项卡“编辑导线/线号”面板中的“创建/编辑导线类型”按钮。

执行上述命令后，系统弹出“创建/编辑导线类型”对话框，如图 9-2 所示。在对话框中单击“添加现有图层”按钮，系统弹出“线‘导线’所在的图层”对话框，如图 9-3 所示。可以直接在“图层名称”中输入要添加的图层名，或者单击“拾取”按钮，系统弹出“为导线选择图层”对话框，如图 9-4 所示。将原理图中使用的导线图层添加到要由 AutoCAD Electrical 2022 工具集识别为图层的列表中，多次单击“确定”按钮完成导线图层的定义。图 9-2 对话框中各参数含义如下。

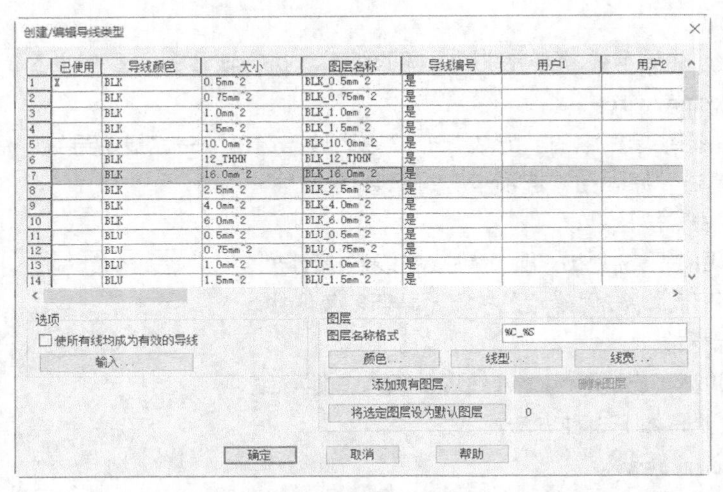

图 9-2 “创建/编辑导线类型”对话框

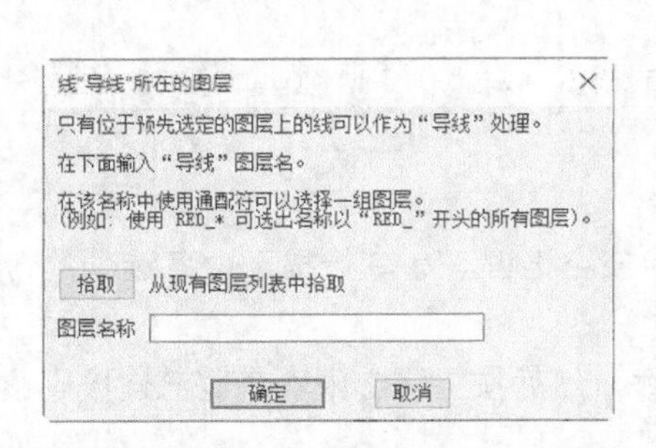

图 9-3 “线‘导线’所在的图层”对话框

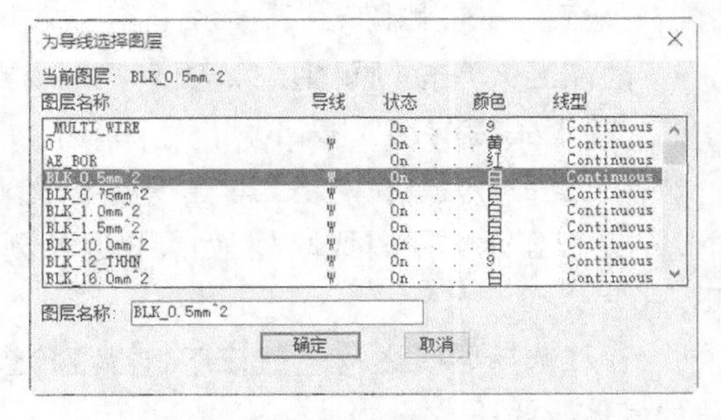

图 9-4 “为导线选择图层”对话框

导线类型栅格介绍如下。

（1）“已使用”：“已使用”列中的“x”表示图形中正在使用该图层名称。如果此列为空值则表示该图层名称存在于图形中，但当前未被使用。

（2）“导线颜色”：指定导线类型的颜色名称。修改颜色名称不能控制导线本身的颜色。

（3）“大小”：指定导线类型的尺寸值。

（4）“图层名称”：指定导线类型的图层名称。默认图层名称基于在“图层名称格式”中定义的格式。在创建导线类型时编辑该值，或者单击鼠标右键以重命名图层名称。

（5）“导线编号”：如果不希望将线号指定给特定图层上的导线，请为该图层的“导线编号”选择“否”。执行“插入线号”命令遵循以下规则。

如果网络中的所有导线都位于“导线编号”被设置为“否”的图层上，则不会插入新线号。

如果在网络中有任何导线位于“导线编号”被设置为“是”的图层上，则会更新现有非固定的线号或插入新的线号。

如果导线网络已经具有非固定的线号，则无论如何设置“导线编号”，都将更新该非固定的线号。执行“删除线号”命令删除线号。

（6）“快捷菜单选项”：在栅格中单击鼠标右键，弹出快捷菜单，菜单中的命令分别为“复制”“剪切”“粘贴”“删除图层”“重命名图层”。在图层名称单元格上单击鼠标右键以执行“重命名图层”命令。无法删除默认导线图层。

“选项”栏中各选项介绍如下。

（1）“使所有线均成为有效的导线”：使所有现有图层均成为有效的导线图层，并在导线类型栅格中显示它们，在选中该选项之前，请选择一个导线行；如果后来用户决定要将某些图层作为导线图层，将其他图层作为线图层，则可以取消选择此选项，将会从导线类型栅格中删除所有的图层。单击“添加现有图层”选项再次添加图层。

（2）“输入”：从现有图形或图形模板输入导线类型。指定图形后，将显示“输入导线类型”对话框。选择要输入的导线类型。

“图层”栏中各选项介绍如下。

（4）“图层名称格式”：格式化图层名称。基于格式输入颜色值和尺寸值后，程序会自动填充图层名称。例如，如果输入颜色值“BLK”和尺寸值“10AWG”，则程序按照默认的“%C_%S 格式”填充图层名称“BLK_10AWG”。占位符可以出现在格式中的任何位置（即 CUST%C_THIN%S）。有效的导线名称格式代号包括：%C = 导线颜色；%S = 导线大小；%1 – %5 = 用户 1 – 用户 5。

（5）“颜色”：单击该按钮，系统弹出“选择颜色”对话框，如图 9-5 所示。在对话框中将亮显与导线类型对应的颜色，用户可以通过选择其他颜色来修改该图层颜色显示。

（6）“线型”：单击该按钮，系统弹出“选择线型”对话框，如图 9-6 所示。在对话框中将亮显与导线类型对应的线型。单击对话框中的“加载”按钮，系统弹出“加载或重载线型”对话框，如图 9-7 所示。在对话框中选择需要的线型，单击“确定”按钮。

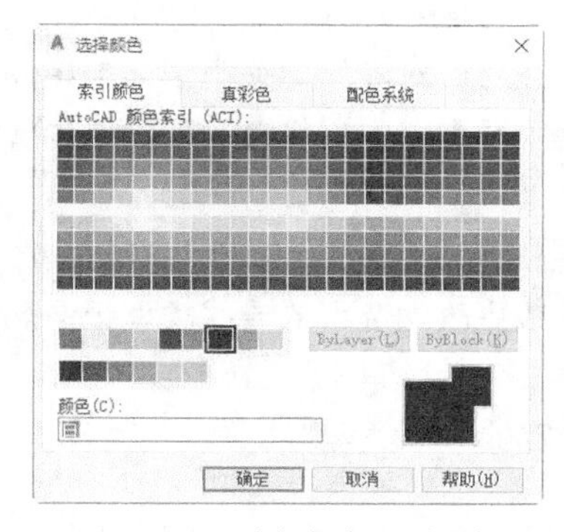

图 9-5 “选择颜色”对话框

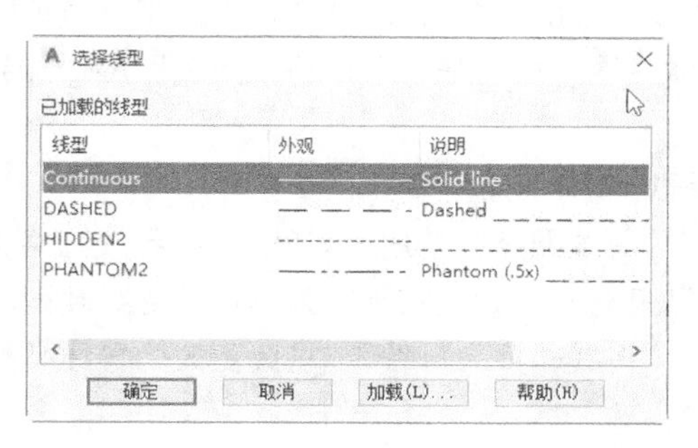

图 9-6 “选择线型”对话框

（7）“线宽”：单击该按钮，系统弹出“线宽”对话框，选择线宽，如图 9-8 所示。

（8）“添加现有图层”：显示用于指定图层名称的“线条导线图层”对话框。

（9）“删除图层”：从导线类型栅格中删除选定的图层名称。该图层不再是有效的导线图层，但它仍保留在图形中作为 AutoCAD 图层。

（10）“将选定图层设为默认图层”：使选定图层成为新导线的默认图层。

图 9-7 “加载或重载线型”对话框

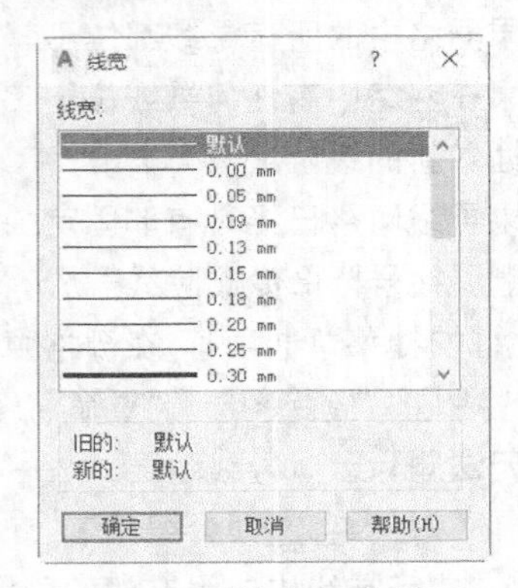

图 9-8 “线宽”对话框

9.1.4 更改/转换导线类型

将直线转换为导线，或将导线从一种导线类型更改为另一种导线类型。执行该命令主要有如下 4 种方法。

- 命令行：aeconvertwiretype。
- 菜单栏：执行菜单栏中的“导线”→“更改”→“转换导线类型”命令。
- 功能区：单击“原理图”选项卡“编辑导线/线号”面板中的“更改/转换导线类型”按钮。
- 在现有导线上的“更改/转换导线类型”按钮处单击鼠标右键。

执行上述命令后，系统弹出“更改/转换导线类型”对话框，如图 9-9 所示。在对话框中从导线类型列表中选择导线，或者单击“拾取”按钮，系统回到绘图面板。然后单击需要更改类型的导线，并按 Enter 键或单击鼠标右键，系统回到对话框环境。选择需要更改的属性并单击“确定”按钮，然后在绘图区中选择需要更改的导线，单击鼠标右键完成操作。对话框中各参数含义如下。

导线类型栅格：显示激活图形中使用的导线类型。将导线图层名称和导线特性（例如导线颜色、导线尺寸、是否针对线号处理导线图层及用户定义的特性）在栅格中列出。

“拾取”：允许用户在激活图形中拾取导线或线。拾取导线后，对应的导线类型记录将亮显。如果拾取激活图形中的线，可以将线所在图层添加到有效导线图层列表中，将自动创建新的导线类型记录。

“更改/转换”说明如下。

（1）“更改网络中的所有导线”：将导线网络中的所有导线更改为选定的导线类型记录。如果未选择，则只有一个导线被更改为选定的导线类型。

（2）“将线转换为导线”：将线更改为导线类型栅格中选定的导线类型。

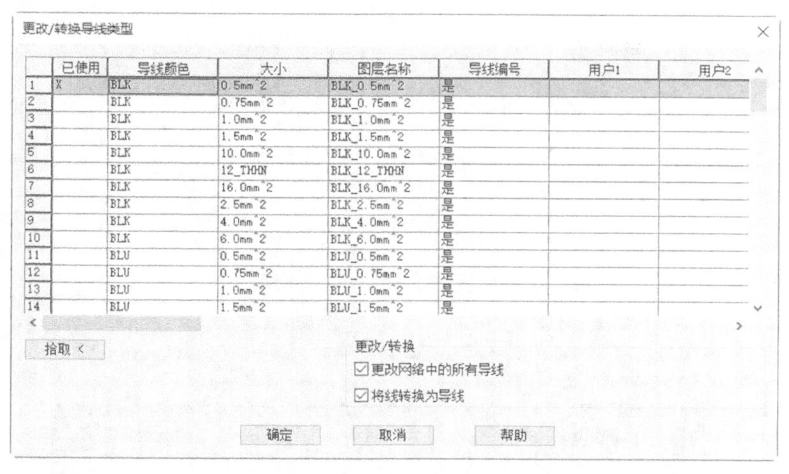

	已使用	导线颜色	大小	图层名称	导线编号	用户1	用户2
1	X	BLK	0.5mm^2	BLK_0.5mm^2	是		
2		BLK	0.75mm^2	BLK_0.75mm^2	是		
3		BLK	1.0mm^2	BLK_1.0mm^2	是		
4		BLK	1.5mm^2	BLK_1.5mm^2	是		
5		BLK	10.0mm^2	BLK_10.0mm^2	是		
6		BLK	12_THHN	BLK_12_THHN	是		
7		BLK	16.0mm^2	BLK_16.0mm^2	是		
8		BLK	2.5mm^2	BLK_2.5mm^2	是		
9		BLK	4.0mm^2	BLK_4.0mm^2	是		
10		BLK	6.0mm^2	BLK_6.0mm^2	是		
11		BLU	0.5mm^2	BLU_0.5mm^2	是		
12		BLU	0.75mm^2	BLU_0.75mm^2	是		
13		BLU	1.0mm^2	BLU_1.0mm^2	是		
14		BLU	1.5mm^2	BLU_1.5mm^2	是		

图 9-9 “更改/转换导线类型”对话框

9.1.5 实例——绘制控制电路

本实例通过绘制复杂电路来练习导线的“编辑”“修剪”等命令的应用。

1. 新建项目

打开 AutoCAD Electrical 2022 应用程序，单击“项目管理器”选项板中的“新建项目”按钮，系统弹出“创建新项目”对话框。创建名称为“第 9 章”的新项目。

2. 设置项目特性

（1）在“项目管理器”选项板中的“第 9 章”项目名称处单击鼠标右键，执行弹出的快捷菜单中的“特性”命令。

（2）系统弹出“项目特性”对话框。单击“元件”选项卡，勾选“禁止对标记的第一个字符使用短横线”复选框。

（3）将对话框转换到“样式”选项卡。在“布线样式”选项组的“导线交叉”样式中选择“实心”，在“导线 T 形相交”样式中选择“点”。单击“确定”按钮完成项目特性设置。

（4）转换到“图形格式”选项卡，设置“格式参考”为“*X-Y* 栅格”，然后单击“确定”按钮。

3. 新建图形

选择“ACE_GB_a3_a.dwt”为模板，创建“控制电路示意图.dwg”文件。

4. 插入阶梯

（1）单击“原理图”选项卡“插入导线/线号”面板中的“插入阶梯”按钮，系统弹出“插入阶梯”对话框，设置“宽度”为 170mm，设置“间距”为 15mm，设置“横档”为 10mm。单击“确定”按钮。

（2）在绘图区适当位置单击放置阶梯图，如图 9-10 所示。

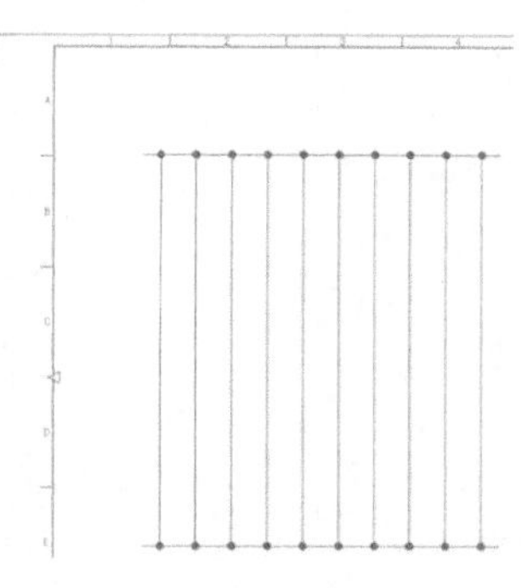

图 9-10　插入阶梯图 1

（3）重复“插入阶梯”命令，设置“宽度”为 170mm，设置“间距”为 15mm，设置“长度”为 11mm。单击“确定”按钮。

（4）捕捉阶梯图 1 右上角点，向右拖动光标，如图 9-11 所示，在适当位置单击，插入阶梯图 2，如图 9-12 所示。

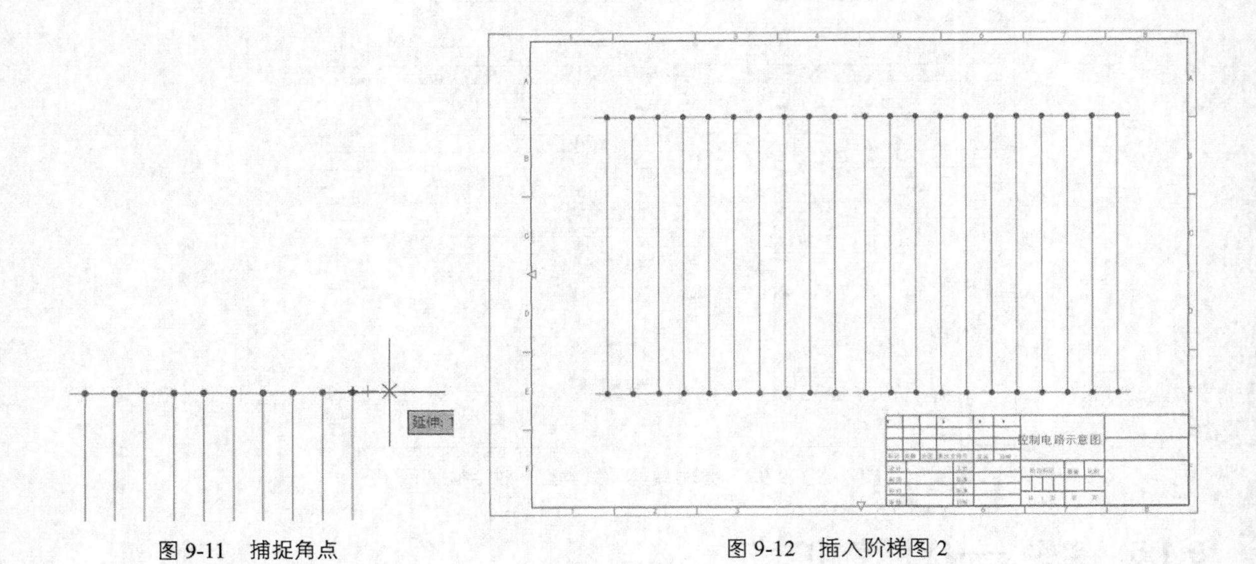

图 9-11　捕捉角点

图 9-12　插入阶梯图 2

5. 绘制单导线

单击“原理图”选项卡“插入导线/线号”面板中的“导线”按钮，在上面绘制的阶梯图中添加单导线，结果如图 9-13 所示。

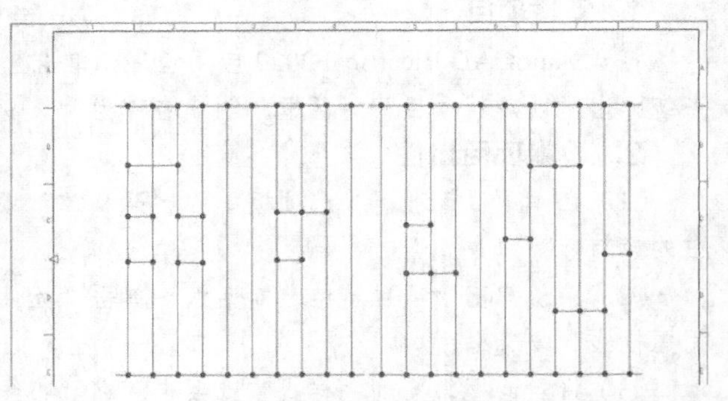

图 9-13　在阶梯图中绘制单导线

6. 修剪电路图

单击“原理图”选项卡“编辑导线/线号”面板中的“修剪导线”按钮，单击需要删除的导线，将其修剪掉。结果如图 9-14 所示。

7. 补充电路

重复执行“导线”命令，补充绘制电路，结果如图 9-15 所示。

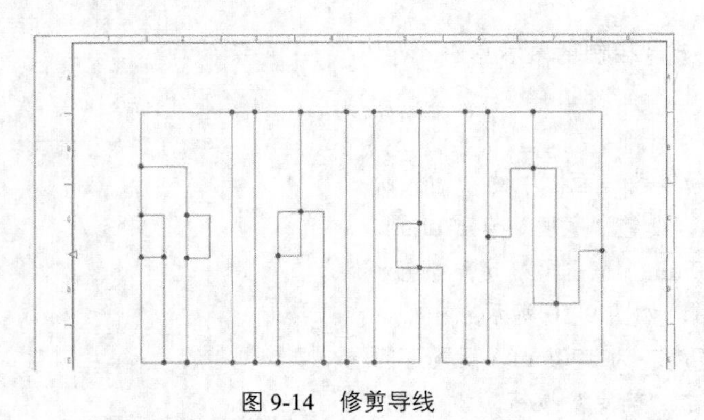

图 9-14　修剪导线

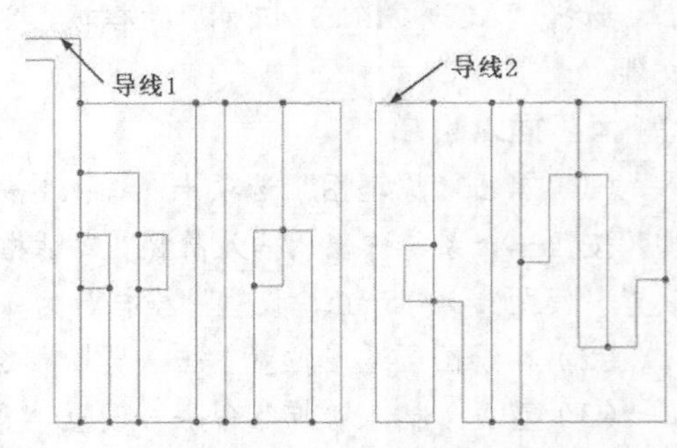

图 9-15　补充绘制电路图

8．编辑导线类型

（1）单击“原理图”选项卡“编辑导线/线号”面板中的“更改/转换导线类型”按钮，系统弹出“更改/转换导线类型”对话框，如图 9-9 所示。在对话框中修改“导线颜色”为“BLK”，修改导线大小为“2.5mm^2”，单击“确定”按钮。

（2）系统返回绘图区，单击图 9-15 中需要更改的导线 1、导线 2，整个图形的导线颜色将被修改为黑色。

9．检查/跟踪导线

单击“原理图”选项卡“编辑导线/线号”面板中的“检查/跟踪导线”按钮，选择图 9-15 中的导线 1，然后按空格键，系统会依次显示与之相连接的导线，结果如图 9-16 所示。

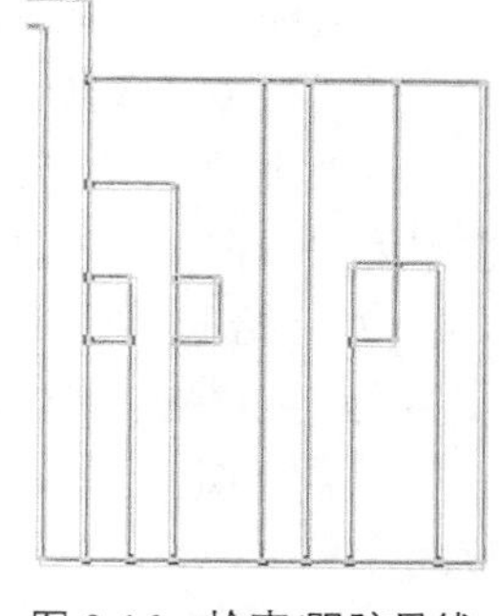

图 9-16　检查/跟踪导线

9.1.6　线号编辑

本节重点介绍线号的编辑命令，主要包括线号的“删除”“复制”“固定”“替换”等命令。

1．删除线号

通过执行该命令删除选定的线号。执行该命令主要有如下 3 种方法。

- 命令行：aeerasewirenum。
- 菜单栏：执行菜单栏中的“导线”→“删除线号”命令。
- 功能区：单击“原理图”选项卡“编辑导线/线号”面板中的“删除线号”按钮。

执行上述命令后，在命令行提示下单击将要删除的线号或者通过框选来批量删除线号，然后按 Enter 键或单击鼠标右键完成操作。在批量删除线号的过程中，系统只会删除线号而不会对框选中的元件和导线产生影响。

2．移动线号

将现有线号移动到同一导线网络上的选定位置。执行该命令主要有如下 3 种方法。

- 命令行：aemovewireno。
- 菜单栏：执行菜单栏中的“导线”→“移动线号”命令。
- 功能区：单击“原理图”选项卡“编辑导线/线号”面板中的“移动线号”按钮。

执行上述命令后，命令行提示“指定新的线号位置（在导线上选择）”。此时在该线号对应导线的新位置处单击，则线号被移动到此处。需要注意的是线号只能移动到对应的导线上，不能跨线号移动。

3．编辑线号

将现有线号移动到同一导线网络上的选定位置。执行该命令主要有如下 3 种方法。

- 命令行：aeeditwireno。
- 菜单栏：执行菜单栏中的“导线”→“编辑线号”命令。
- 功能区：单击“原理图”选项卡“编辑导线/线号”面板中的“编辑线号”按钮。

执行上述命令后，单击导线或选择现有线号，系统弹出“编辑线号/属性”对话框，如图 9-17 所示。在对话框中编辑线号或输

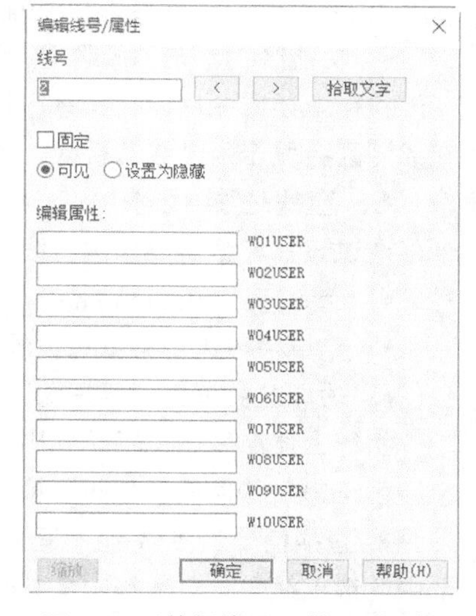

图 9-17　“编辑线号/属性”对话框

入新线号。使用箭头或单击“拾取文字”按钮来选择适当的线号。选择要显示线号还是将其隐藏。若要固定线号，请选择“固定”，然后单击“确定”按钮。如果线号已经固定，而用户希望将其重新变为普通线号，则取消对“固定”复选框的勾选。

对话框中各参数含义如下。

（1）“线号”：指定线号。如果用户在插入/编辑过程中输入现有线号，则系统将显示警告对话框。告知用户存在重复，并根据用户定义的格式建议其他线号。

（2）“拾取文字”：通过用户所选择的文字图元预填充线号编辑框。单击“向上”或“向下”按钮可以快速递增或递减线号。

（3）“固定”：选中该复选框固定线号，以便将来在自动线号实用程序处理线号时，该线号不会更改。

（4）“可见/设置为隐藏”：在图形中显示或隐藏线号。被设置为隐藏的线号仍存在并显示在导线报告中。

（5）“编辑属性”：编辑 W01USER-W10USER 属性。这些属性值可以包含在各种报告中。针对网络中的每个线号块编辑属性值，以确保一致性。

（6）“缩放”：如果视图在调整后，导线显示在屏幕之外，使用“缩放”可以恢复先前的屏幕视图。

4．固定线号

将选定线号标记为固定线号。执行该命令主要有如下 3 种方法。

- 命令行：aefixwireno。
- 菜单栏：执行菜单栏中的“导线”→“线号其他选项”→“固定线号”命令。
- 功能区：单击“原理图”选项卡“编辑导线/线号”面板中的“固定”按钮。

执行上述命令后，在命令行提示下单击或框选要固定的线号。选择完导线后单击鼠标右键。可以通过单击“编辑线号”工具，选择导线，然后查看对话框来检查导线是否固定。

5．替换线号

在单独的导线网络上替换两个线号。执行该命令主要有如下 3 种方法。

- 命令行：aeswapwireno。
- 菜单栏：执行菜单栏中的“导线”→“替换线号”命令。
- 功能区：单击“原理图”选项卡“编辑导线/线号”面板中的“替换”按钮。

执行上述命令后，在命令行提示下单击第一个导线或线号，继续单击第二个导线或线号，然后在绘图区会显示两个线号替换，单击鼠标右键结束命令的执行。

6．查找/替换线号

通过查找和替换操作编辑线号。执行该命令主要有如下 3 种方法。

- 命令行：aefindwireno。
- 菜单栏：执行菜单栏中的“导线”→“线号其他选项”→“查找”→“替换线号”命令。
- 功能区：单击“原理图”选项卡“编辑导线/线号”面板中的“查找/替换”按钮。

执行上述命令后，系统弹出“查找/替换线号”对话框，如图 9-18 所示，指定是仅在整个线号文字字符串与替换值匹配时替换文字，还是替换在线号文字字符串内与查找值相同的任意文字。输入查找/替换值（最多 3 组不同的值），然后单击“执行”按钮。选择处理项目、当前图形或当前图形中的选定线号。对话框中各参数含义如下。

（1）“全部，准确匹配”：指定仅当整个文字值与查找值完全匹配时，才替换该文字。

（2）“部分，子串匹配”：指定如果文字值的任意部分与查找值相匹配，那么就替换该文字。

（3）“仅匹配首次出现的项”：指定仅替换文字值中首次出现的项。

（4）“查找”：指定用户要查找的值。

（5）“替换”：指定用来替换查找值的文字字符串。

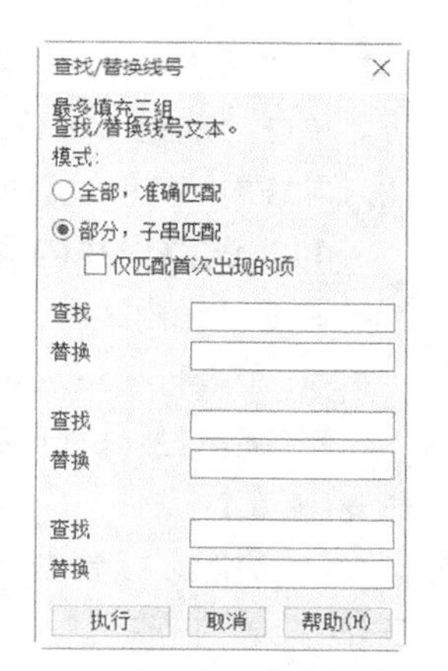

图 9-18 “查找/替换线号”对话框

7. 隐藏线号

隐藏选定的线号，方法是将其属性图层改为冻结的图层。执行该命令主要有如下 3 种方法。

- 命令行：aehidewireno。
- 菜单栏：执行菜单栏中的“导线”→“线号其他选项”→“隐藏线号”命令。
- 功能区：单击“原理图”选项卡“编辑导线/线号”面板中的“隐藏”按钮。

执行上述命令后，在命令行提示下单击要隐藏的线号，所选线号便被隐藏。单击鼠标右键结束命令的执行。

8. 取消隐藏线号

取消隐藏在导线上拾取的线号。将某一线号属性图层更改为普通的可见图层。执行该命令主要有如下 3 种方法。

- 命令行：aeshowwireno。
- 菜单栏：执行菜单栏中的“导线”→“线号其他选项”→“取消隐藏线号”命令。
- 功能区：单击“原理图”选项卡“编辑导线/线号”面板中的“取消隐藏”按钮。

执行上述命令后，在命令行提示下单击要取消隐藏线号的导线，隐藏的线号即被显示。单击鼠标右键结束命令的执行。

9. 复制线号

复制等电位的线号。通过执行该命令，线号的副本将沿用网络的主线号。用户可以将副本放置在导线网络上的任何位置。如果使用 AutoCAD Electrical 2022 工具集修改主线号，则线号的副本会随之更新。额外线号位于导线副本图层上，该图层是在图形特性中定义的。执行该命令主要有如下 3 种方法。

- 命令行：aecopywireno。
- 菜单栏：执行菜单栏中的“导线”→“复制线号”命令。
- 功能区：单击“原理图”选项卡“编辑导线/线号”面板“复制线号”中的“复制线号”按钮。

执行上述命令后，在命令行提示下通过单击鼠标左键为额外线号副本选择导线，单击的位置便是额外线号的导线位置。

10. 复制线号（导线内）

在导线内的拾取点处插入线号的额外副本。执行该命令主要有如下 3 种方法。

- 命令行：aecopywirenoil。
- 菜单栏：执行菜单栏中的“导线”→“复制线号（导线内）”命令。
- 功能区：单击“原理图”选项卡“编辑导线/线号”面板中的“复制线号（导线内）”按钮。

执行上述命令后，在命令行提示下单击指定线号的插入点。如果不存在线号，则在“编辑线号/

属性”对话框中输入线号。单击“拾取文字”按钮从图形中选择相似文字，或单击箭头递增或递减线号。单击“确定”按钮，线号将自动插入导线。然后再通过执行“复制线号（导线内）”命令将线号插入导线内。值得注意的是，若是用户需要删除导线内线号，则需要通过执行“删除元件”命令完成。

11. 调整导线内导线/标签间隙

调整导线内线号与仅供参考的导线标签的间距。执行该命令主要有如下 3 种方法。

- 命令行：aewirelabelgap。
- 菜单栏：执行菜单栏中的“导线”→“线号其他选项”→“调整导线内导线”→“标签间隙”命令。
- 功能区：单击“原理图”选项卡“编辑导线/线号”面板中的“调整导线内导线/标签间隙”按钮。

执行上述命令后，在命令行提示下键入“S”并按 Enter 键，打开“导线内导线标签间隙设置”对话框，如图 9-19 所示。根据需要调整对话框中的值，以定义间距大小的调整值。单击“确定”按钮完成设置。

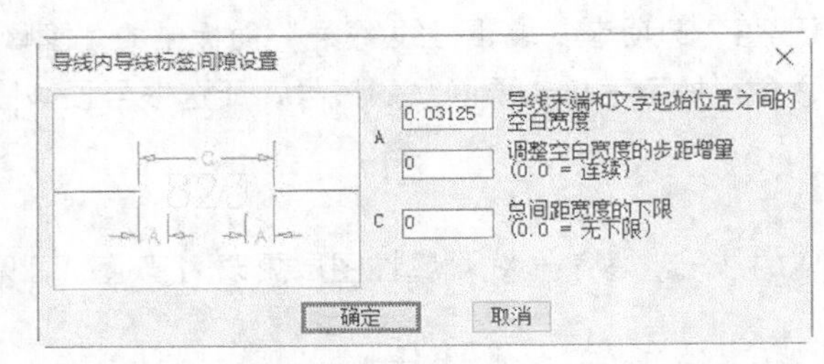

图 9-19 “导线内导线标签间隙设置”对话框

12. 翻转线号

将选定线号移动到导线另一侧的相同位置。执行该命令主要有如下 3 种方法。

- 命令行：aeflipwireno。
- 菜单栏：执行菜单栏中的“导线”→“翻转线号”命令。
- 功能区：单击“原理图”选项卡“编辑导线/线号”面板中的“翻转线号”按钮。

执行上述命令后，在命令行提示下单击要镜像的线号，然后线号会出现在导线的另一侧。

13. 切换导线内线号

切换线号放置的位置：导线上方、导线下方及导线内。如果没有足够的空间使线号成为导线内线号，则该线号仍保持为导线上方线号或导线下方线号。执行该命令主要有如下 3 种方法。

- 命令行：aetogglewireno。
- 菜单栏：执行菜单栏中的“导线”→“切换导线内线号”命令。
- 功能区：单击“原理图”选项卡“编辑导线/线号”面板中的“切换导线内线号”按钮。

执行上述命令后，选择要切换的线号。可以在线号上选择，也可以选择导线本身。单击鼠标右键退出命令的执行。执行该命令只能切换原始线号，通过执行“复制”命令得到的额外副本不能切换。

9.1.7 实例——编辑线号

本实例激活第 8 章绘制的“双路自投供电简易图电源线绘制”项目，打开双路自投图纸，在其上添加线号，然后通过移动线号、编辑线号、固定线号等操作练习上一节学习的内容。

1. 激活项目、打开图形

（1）在“双路自投供电简易图电源线绘制”项目处单击鼠标右键，在其弹出的快捷菜单中单击“激活”按钮，如图 9-20 所示。

（2）双击项目下拉列表中的“双路自投供电简易图电源线绘制.dwg”文件，将其打开。

图 9-20 激活项目

2. 编辑线号

（1）删除线号。单击“原理图”选项卡“编辑导线/线号”面板中的“删除线号”按钮，选择线号 7，如图 9-21（a）所示，单击鼠标，然后按 Enter 键，将线号删除，结果如图 9-21（b）所示。按快捷组合键 Ctrl+Z 撤销删除操作。

（2）移动线号。单击“原理图”选项卡“编辑导线/线号”面板中的“移动线号”按钮，移动线号 4、5、6，如图 9-22（a）所示。在命令行提示下，在导线上制定新线号的位置，结果如图 9-22（b）所示。

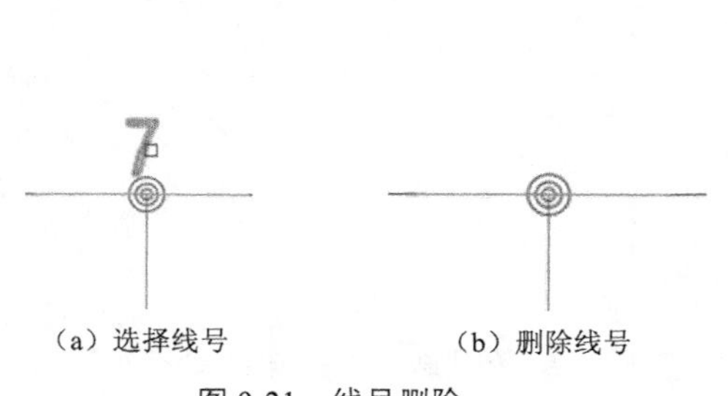

（a）选择线号　（b）删除线号

图 9-21 线号删除

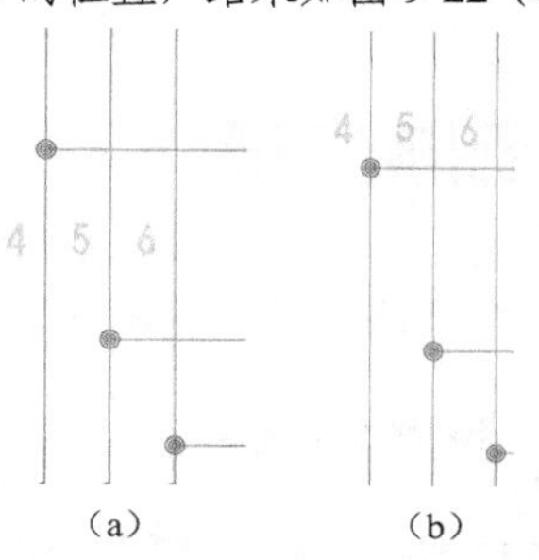

（a）　（b）

图 9-22 移动线号

（3）固定线号。单击“原理图”选项卡“编辑导线/线号”面板中的“固定”按钮，单击线号 8，将其固定。以后在运行重新标记的线号时，固定线号不会更改。

（4）编辑线号，单击“原理图”选项卡“编辑导线/线号”面板中的“编辑线号”按钮，选择线号 8 为编辑对象，系统弹出“编辑线号/属性”对话框，其中“固定”复选框属于选中状态。将“线号”栏中数值改为 12，如图 9-23 所示，单击“确定”按钮，结果如图 9-24 所示。

（5）替换线号。单击“原理图”选项卡“编辑导线/线号”面板中的“替换”按钮，单击线号 5、线号 6，将其替换，结果如图 9-25 所示，也可以直接选择两个线号的导线来替换线号。

（6）复制线号。单击“原理图”选项卡“编辑导线/线号”面板中的“复制线号/复制线号（导线内）”按钮/，选择指定的导线复制线号，结果如图 9-26 所示。

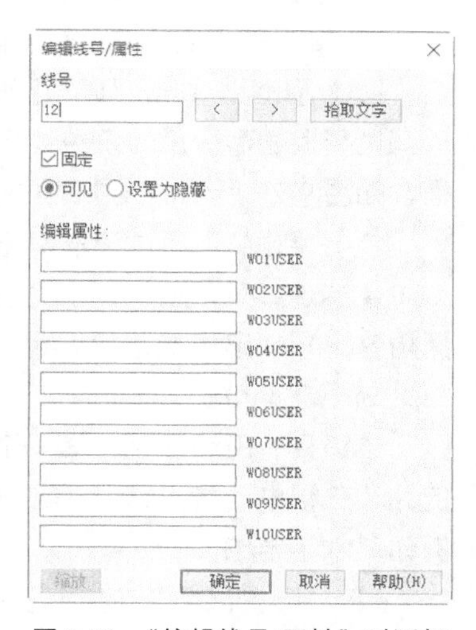

图 9-23 “编辑线号/属性”对话框

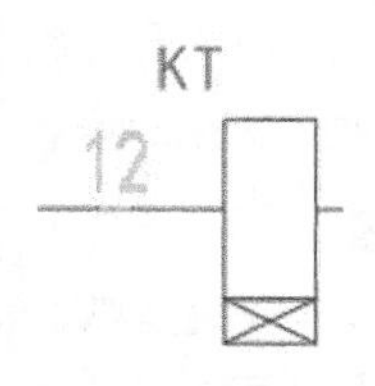

图 9-24 编辑线号

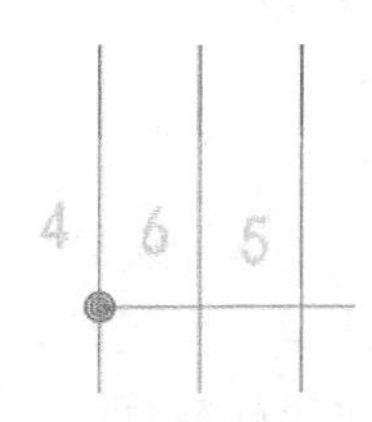

图 9-25 替换线号

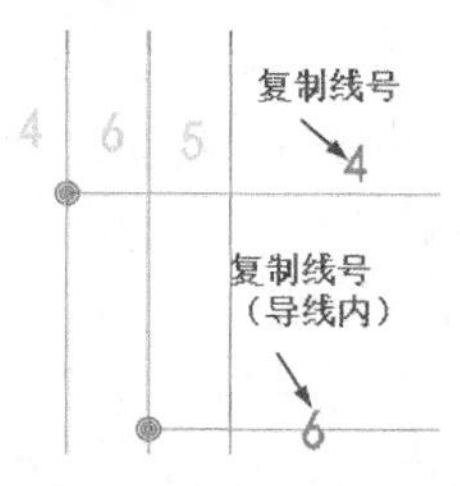

图 9-26 复制线号

（7）翻转线号。单击“原理图”选项卡“编辑导线/线号”面板中的“翻转线号”按钮，选择要翻转的线号 4，如图 9-27（a）所示，然后单击翻转线号，结果如图 9-27（b）所示。

（8）切换导线内线号。单击“原理图”选项卡“编辑导线/线号”面板中的“切换导线内线号”按钮，单击图 9-22 所示的线号 4、线号 5、线号 6，则线号会移动到导线内，结果如图 9-28 所示。

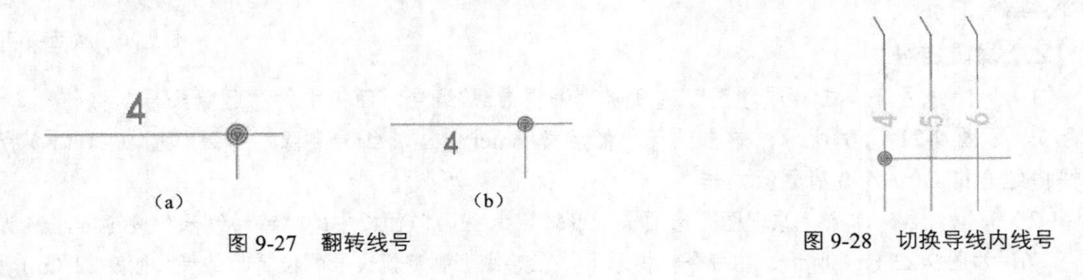

图 9-27　翻转线号

图 9-28　切换导线内线号

9.2 回路编辑

本节将介绍回路的编译与重用。

9.2.1 回路编译器

软件根据用户在可用回路和回路元素列表中的选择来编译回路，执行该命令有如下 3 种方法。

- 命令行：aecircbuilder。
- 菜单栏：执行菜单栏中的“元件”→“回路编译器”命令。
- 功能区：单击“原理图”选项卡“插入元件”面板中的“回路编译器”按钮。

执行上述命令后，系统弹出“回路选择”对话框，如图 9-29 所示。其中各项参数含义如下。

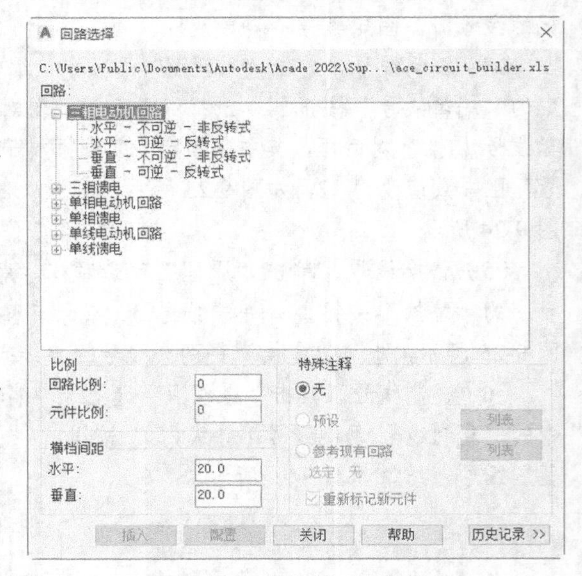

图 9-29　“回路选择”对话框

（1）“回路”：通过读取回路编译器电子表格的 ACE_CIRCS 表及使用在列“类别”“类型”中的数据构建树来创建树状结构。默认的电子表格文件为“ace_circuit_builder.xls”。

该树具有两个级别：第一个级别为回路类别，例如“三相电动机回路”。第二个级别为回路类型，例如“水平-全压-非反转式”。

（2）“历史记录”：选择先前插入的回路（包括所有注释值）以进行插入或配置。从该“历史记录”列表中选择回路，然后选择“插入”或“配置”。选择“删除”以从历史记录列表中删除显示的回路。如果选择了“参考现有回路”，该选项不可用。

（3）“回路比例”：为整个模板设置插入比例值。

（4）“元件比例”：为在编译回路时所插入的各个元件设置插入比例值。

（5）“水平横档间距”：为回路设置三相水平横档间距，图形的阶梯横档间距是默认值。

（6）“垂直横档间距”：为回路设置三相垂直横档间距，图形的多导线间距是默认值。

（7）“无”：指定为忽略特定注释选项。

（8）“预设”：指定是否使用回路编译器电子表格中的预设注释值。

（9）“预设 - 列表”：显示“注释预设”对话框，如图 9-30 所示。使用该对话框指定应用电子表格 ANNO_CODE 表中的注释值。

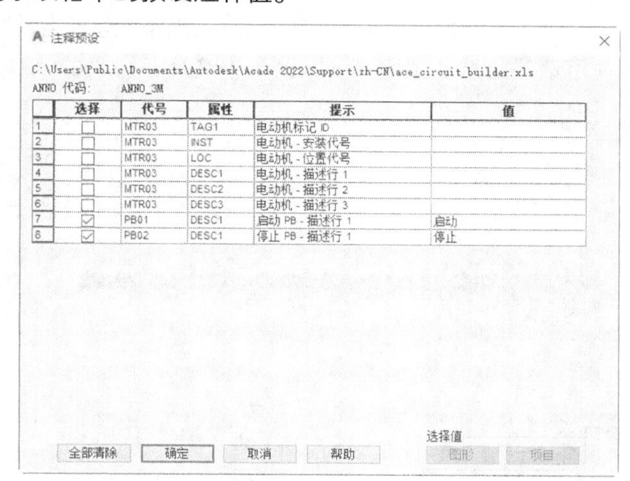

图 9-30 “注释预设”对话框

（10）“参考现有回路 - 列表”：显示“现有回路”对话框，找到显示在激活项目中的现有回路。从列表中选择回路，选定回路中的值将应用到新回路中。

（11）“重新标记新元件”：在选择“参考现有回路”时，指定是否重新标记元件作为新回路的一部分。

（12）“插入”：插入包含所有默认回路元素和设置的回路。

（13）“配置”：打开“回路配置”对话框，如图 9-31 所示。修改回路的选项，然后插入回路。

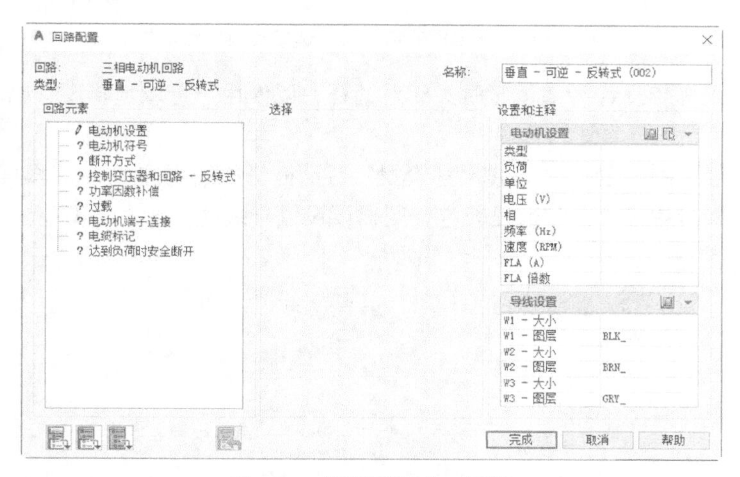

图 9-31 “回路配置”对话框

“回路配置”对话框中各参数的含义如下。

（1）“名称”：输入回路的名称。此名称将被添加到“回路选择”对话框的“历史记录”列表中，以便用于未来进行的插入操作。

（2）“回路元素”：显示选定回路的回路元素以进行配置，将根据回路模板动态创建树状结构，选择回路元素进行配置。

（3）“选择”：为亮显的回路元素选择选项，所显示的选项及默认值将在回路编译器电子表格中进行定义。

（4）“设置和注释”：输入回路的装置注释值、横档间距及导线类型。显示的回路值基于 AutoCAD Electrical 2022 标准数据库中的电动机或负荷查找。

（5）：仅插入亮显的回路元素。

（6）：插入达到亮显回路元素的所有回路元素（包括该亮显的回路元素）。

（7）：插入所有回路元素。

（8）：反转最新插入的回路元素。

（9）“电动机或负荷设置”：显示“选择电动机”或“选择负荷”对话框，如图 9-32 所示。使用该对话框从预定义参数列表中选择已定义的参数。

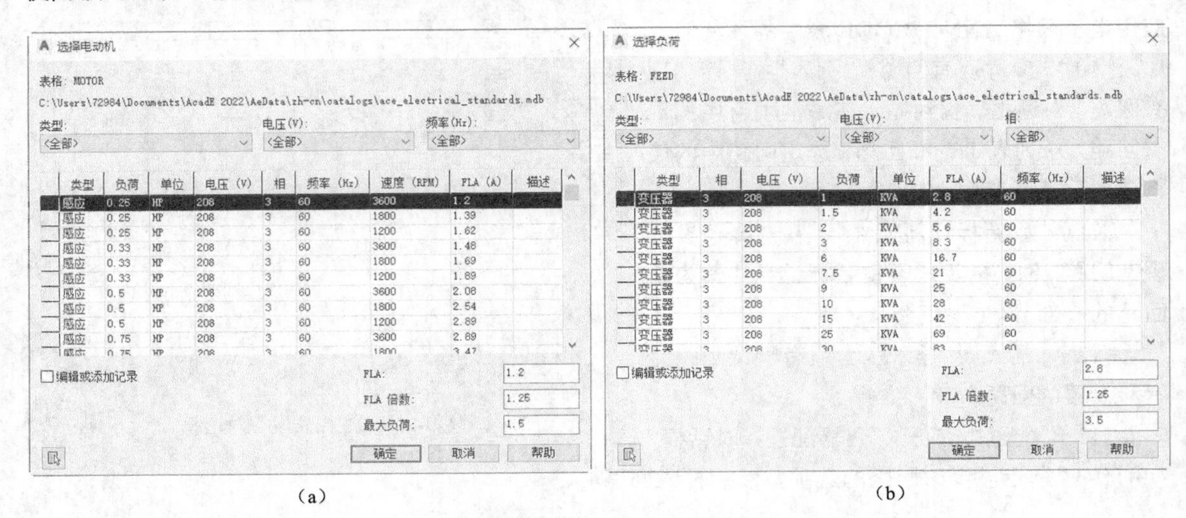

（a）（b）

图 9-32 “选择电动机”和“选择负荷”对话框

（10）“电动机或负荷设置”：暂时关闭对话框，以便用户可以选择现有电动机或馈电并重复使用现有值。

（11）“导线设置”：显示“导线尺寸查找”对话框，如图 9-33 所示。根据负荷和其他参数，使用该对话框来选择导线尺寸。若远程输电，则需要设置导线的“行程距离”。

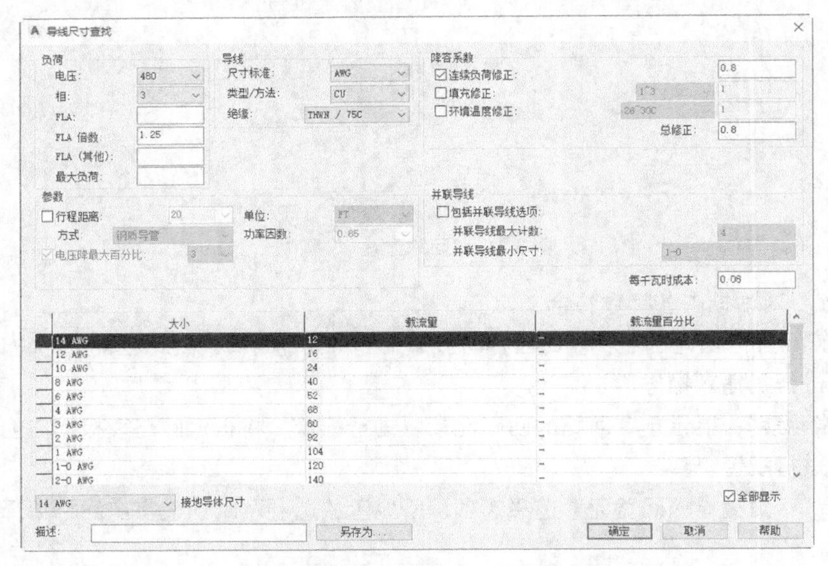

图 9-33 “导线尺寸查找”对话框

9.2.2 实例——调用三相电动机回路

本实例通过执行“回路编译器”命令，在三相线中插入三相电动机回路，如图 9-34 所示。

1. 绘制三相线

（1）单击“原理图”选项卡“插入导线/线号”面板中的“多母线”按钮，系统弹出“多导线母线”对话框，将“水平”间距、“垂直”间距设置为 10mm，在“开始于”处单击“空白区域，水平走向”选项，将“导线数”设置为 3。

（2）在绘制图单击指定起点，然后向右拖动光标，在终点处单击鼠标，绘制的三相线如图 9-35 所示。

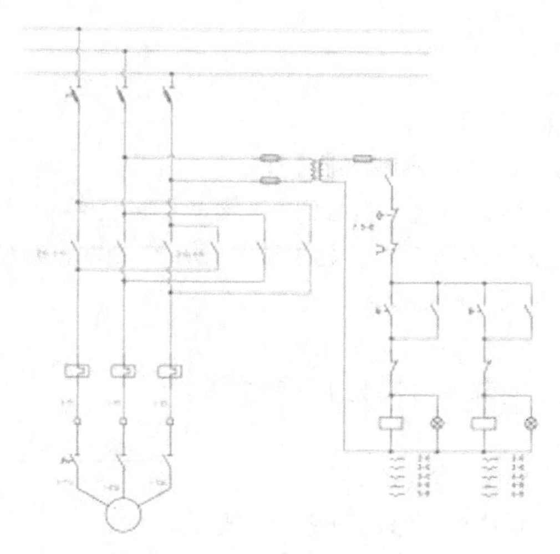

图 9-34　三相电动机回路

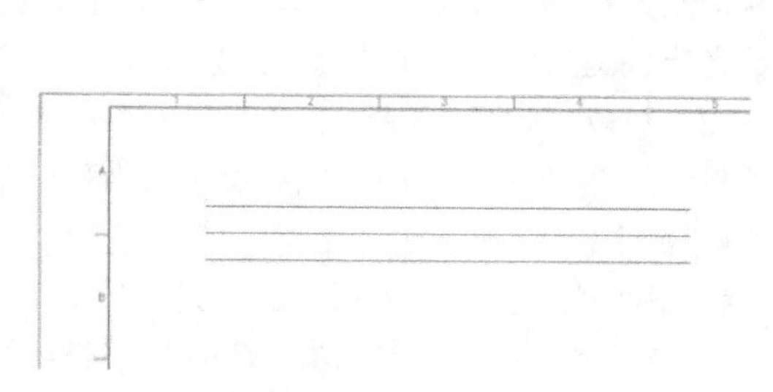

图 9-35　三相线

2. 回路编译

（1）单击“原理图”选项卡“插入元件”面板中的“回路编译器”按钮，系统弹出“回路选择”对话框，在“三相电动机回路”下拉列表中选择“垂直-可逆-反转式”，“比例”均设置为“1”，“横档间距”均设置为 20mm，在“特殊注释”处选择“无”，如图 9-36 所示。

（2）单击“插入”按钮，关闭“对象捕捉”功能和“栅格”功能，将光标放置在最上端水平线处，如图 9-37 所示，然后单击鼠标，三相电动机回路被插入图形，如图 9-34 所示。

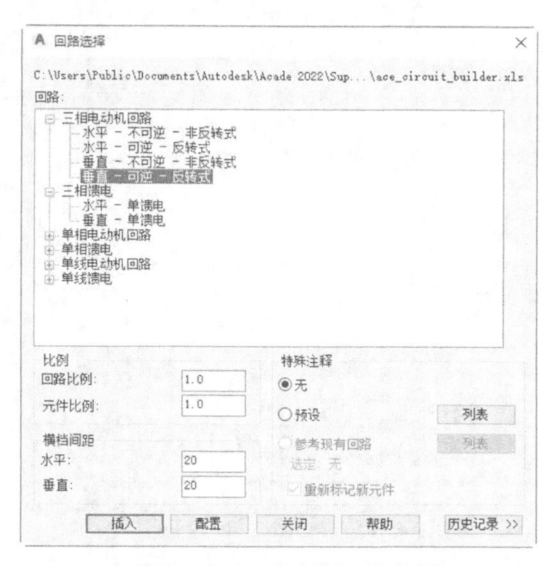

图 9-36　“回路选择”对话框

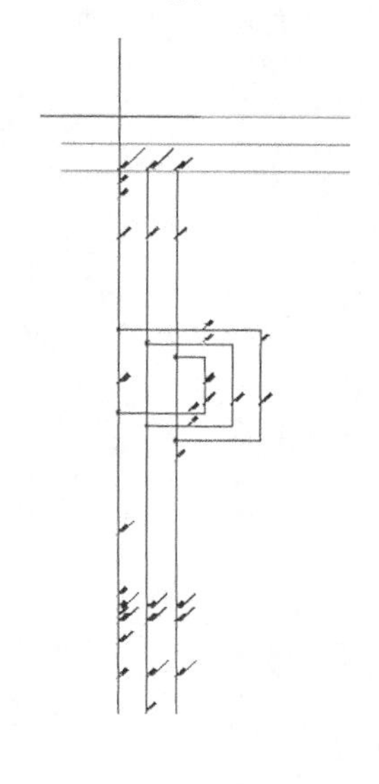

图 9-37　位置选择

9.2.3 回路重用

为了提高工作效率，用户可以通过执行“复制回路”“移动回路”等命令来编辑回路。接下来将详细介绍各个命令的执行。

（1）“复制回路”命令

复制激活图形中窗选的回路。“复制回路”命令只能在当前图纸下执行，不能跨图纸操作。执行该命令有如下 3 种方法。

- 命令行：aecopycircuit。
- 菜单栏：执行菜单栏中的“元件”→“复制回路”命令。
- 功能区：单击“原理图”选项卡“编辑元件”面板中的“复制回路”按钮。

执行该命令后，在命令行提示下单击鼠标并拖动光标以窗选（从右到左）要复制的元件和导线。确保捕捉接线和接线点。然后单击基点，继续选择要复制的第二点。如果要创建多个副本，请继续移动光标到适当位置并单击鼠标放置副本。完成操作后按 Enter 键。

（2）“移动回路”命令

将激活图形中的窗选回路移动到新的插入点处。执行该命令有如下 3 种方法。

- 命令行：aemovecircuit。
- 菜单栏：执行菜单栏中的“元件”→“移动回路”命令。
- 功能区：单击“原理图”选项卡“编辑元件”面板中的“移动回路”按钮。

执行该命令后，从右向左窗选要移动的回路，确保捕获绑定到垂直母线的接线和接线点。按 Enter 键或单击鼠标右键，在命令行提示下单击基点，然后拖动光标选择第二个位移点。

9.2.4 实例——三相电动机回路重用

本实例重点学习回路的复制、移动、保存、调用。

1. 复制回路

单击“原理图”选项卡“编辑元件”面板“回路”下拉列表中的“复制回路”按钮，选择三相电动机中的部分控制回路，如图 9-38 所示，命令行提示与操作如下。

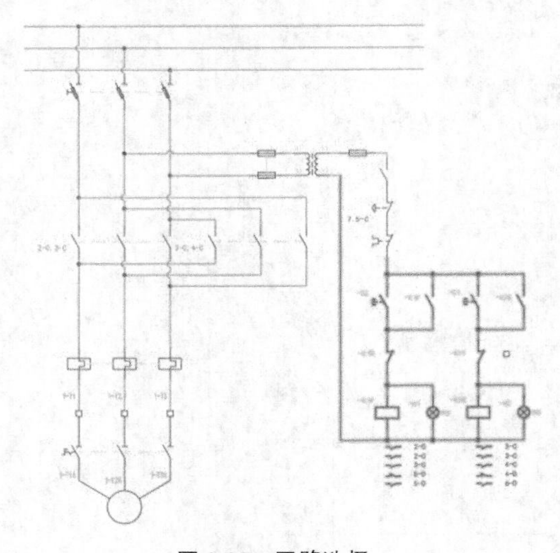

图 9-38 回路选择

```
命令：_aecopycircuit↙
复制回路
选择要复制的回路
选择对象：(指定对角点：窗选需要复制的回路)↙
选择对象： <基点或位移>/单个：(开启“对象捕捉”与“正交”功能，单击鼠标，选择竖直线上端点为基点)
指定第二个位移点：(在适当位置单击鼠标，确定第二个位移点)↙
```

结果如图 9-39 所示。

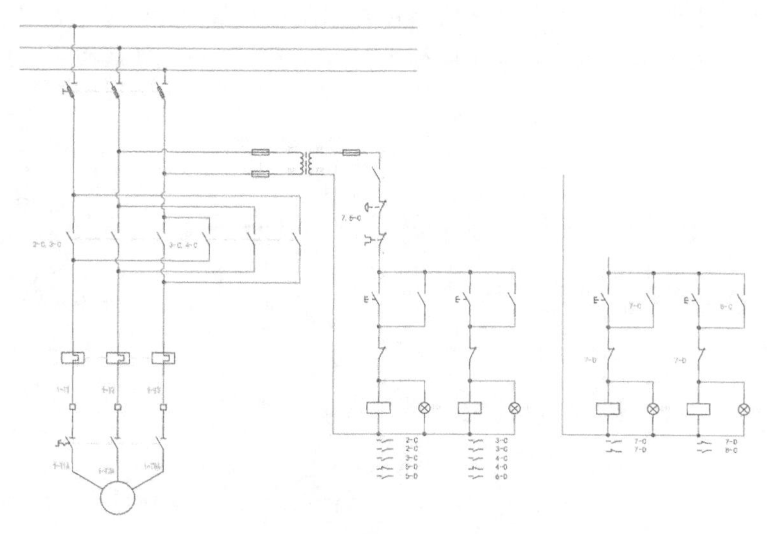

图 9-39　复制回路

2．移动回路

（1）单击“原理图”选项卡“编辑元件”面板中的“移动回路”按钮，在命令行提示下选择上面复制的回路，如图 9-40 所示。

（2）然后捕捉左侧垂直导线的上端点为基点，向右拖动光标，将其移动至样板图外面，如图 9-41 所示。单击完成回路移动。

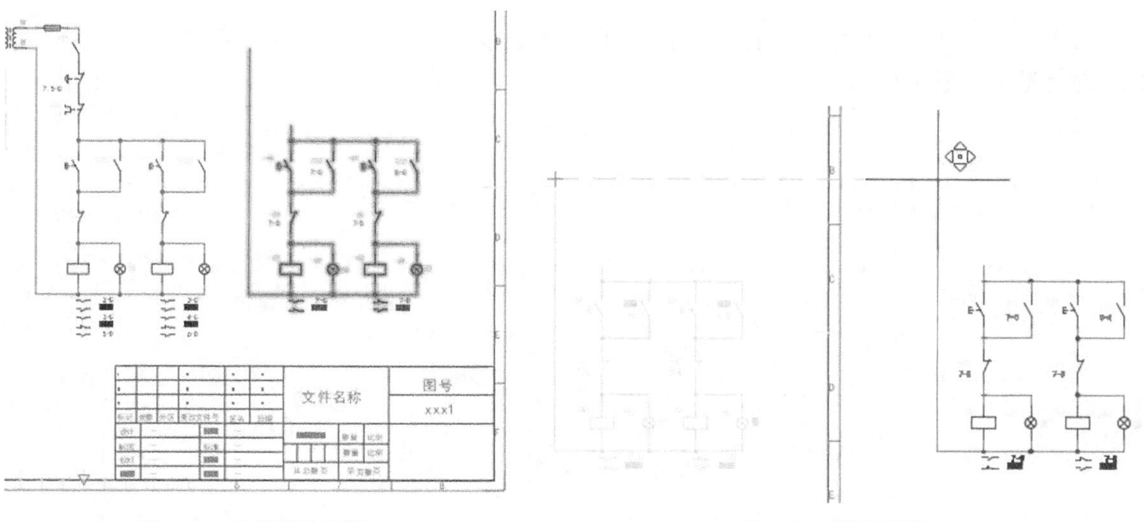

图 9-40　选择移动回路

图 9-41　移动回路

9.2.5 将回路保存到图标菜单

将窗选回路保存到图标菜单的“保存的用户自定义回路”页面。执行该命令有如下 3 种方法。

- 命令行：aesavecircuit。
- 菜单栏：执行菜单栏中的“元件”→“将回路保存到图标菜单”命令。
- 功能区：单击“原理图”选项卡“编辑元件”面板中的“将回路保存到图标菜单”按钮。

(1) 执行上述命令后，系统弹出“将回路保存到图标菜单”对话框。在“符号预览”窗口上单击鼠标右键，然后在弹出的快捷菜单中单击“添加图标”→“新建回路”按钮，如图 9-42 所示。

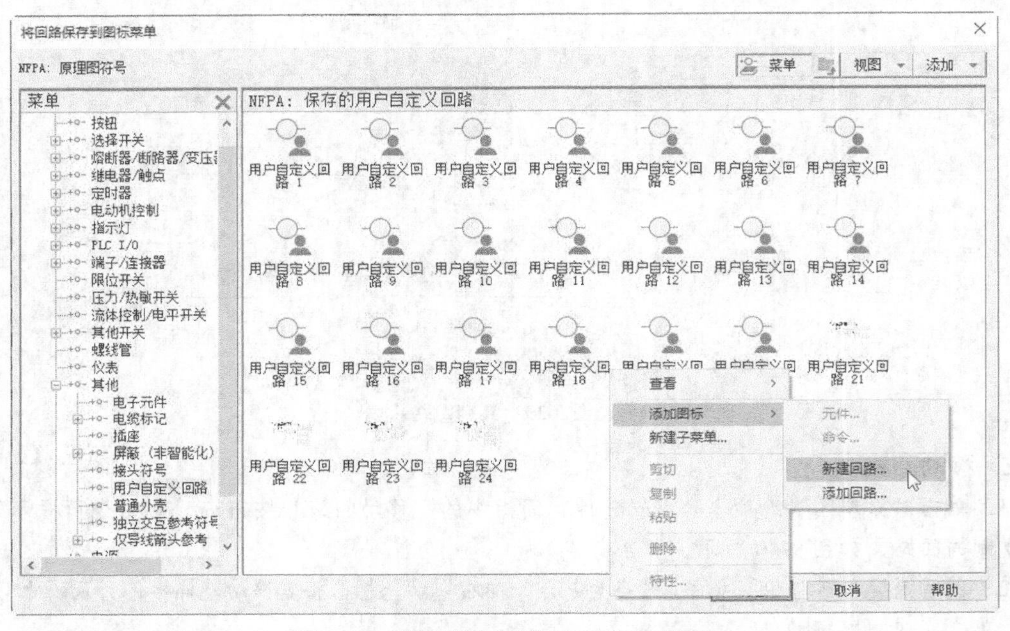

图 9-42 “将回路保存到图标菜单”对话框

(2) 也可以单击“添加”按钮，执行其下拉列表中的“新建回路”命令。系统弹出“创建新回路”对话框，如图 9-43 所示。

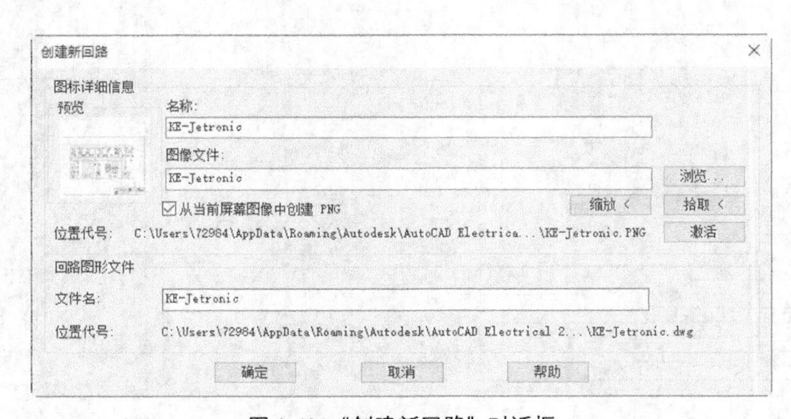

图 9-43 “创建新回路”对话框

（3）在该对话框中指定图标名称、要使用的图像文件、回路图形文件名称。单击“确定”按钮。

（4）系统回到绘图区，然后单击回路的插入基点。最后在适当位置单击鼠标并拖动光标进行窗选（从左到右），捕获所有相应的元件和布线，然后按 Enter 键结束命令的执行。其中图 9-43 对话框中各项参数含义如下。

① 图标详细信息

a. “预览”：显示指定图像文件的图像预览。

b. “名称”：指定要在图标中显示的名称、描述文字和图标的工具提示。

c. “图像文件”：指定要用于新图标的图像文件。可以使用以下方法之一输入图像文件名（或完整路径）或选择图像文件名。

浏览：查找要用于图标的现有图像，可以浏览.sld 或.png 图像。

拾取：在当前图形上选择现有块名以用作图像文件名。例如，如果选择块 HPB11，则图像文件名编辑框将显示“HPB11”。

激活：选择激活图形名称以用作图像文件（如果是新图形和尚未保存的图形，则该方法不可用）。

d. “从当前屏幕图像中创建 PNG”：从当前屏幕图像中创建 .png 图像文件，如果指定的图像文件不存在，则在默认情况下将选择该选项。

e. “缩放”：执行“缩放”命令放大当前屏幕图像。一旦退出“缩放”模式并按 Enter 键，对话框将重新显示，以便完成新图标的定义（仅当选择“从当前屏幕图像中创建 PNG”时可用）。

f. “位置代号”：指明图像文件位置（创建新图像或将浏览的图像复制到图像文件中）的完整路径（该选项将在指定图像文件后显示）。

② 回路图形文件

a. “文件名”：指定回路的文件名，输入要使用的图形文件名。

b. “位置代号”：显示创建的新图形文件的完整路径。

9.2.6 插入保存的回路

插入通过图标菜单选择的先前保存的回路。

执行该命令有以下 3 种方法。

- 命令行：aesavedcircuit。
- 菜单栏：执行菜单栏中的“元件”→“插入保存的回路”命令。
- 功能区：单击“原理图”选项卡“插入元件”面板中的“插入保存的回路”按钮。

执行上述命令后，系统弹出“插入元件”对话框，如图 9-44 所示。从“符号预览”窗口选择要插入图形中的回路。系统弹出“回路缩放”对话框，在该对话框中设置缩放比例，然后单击“确定”按钮。在图形上单击指定插入点，完成插入回路操作。

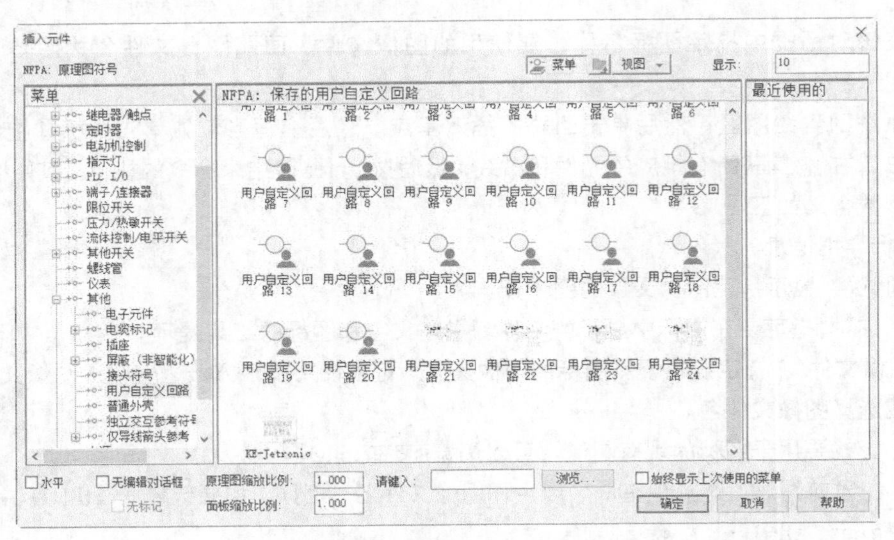

图 9-44 “插入元件”对话框

9.3 综合实例——Z3050 型摇臂钻床电路图绘制

摇臂钻床是一种摇臂可绕立柱回转和升降，通常主轴箱在摇臂上进行水平移动的钻床。摇臂钻床能用移动刀具轴的位置来对中，这就给在单件及小批生产中，加工大而重的工件上的孔带来了很大的方便。本例将介绍 Z3050 型摇臂钻床原理图和控制图的绘制，如图 9-45 所示。

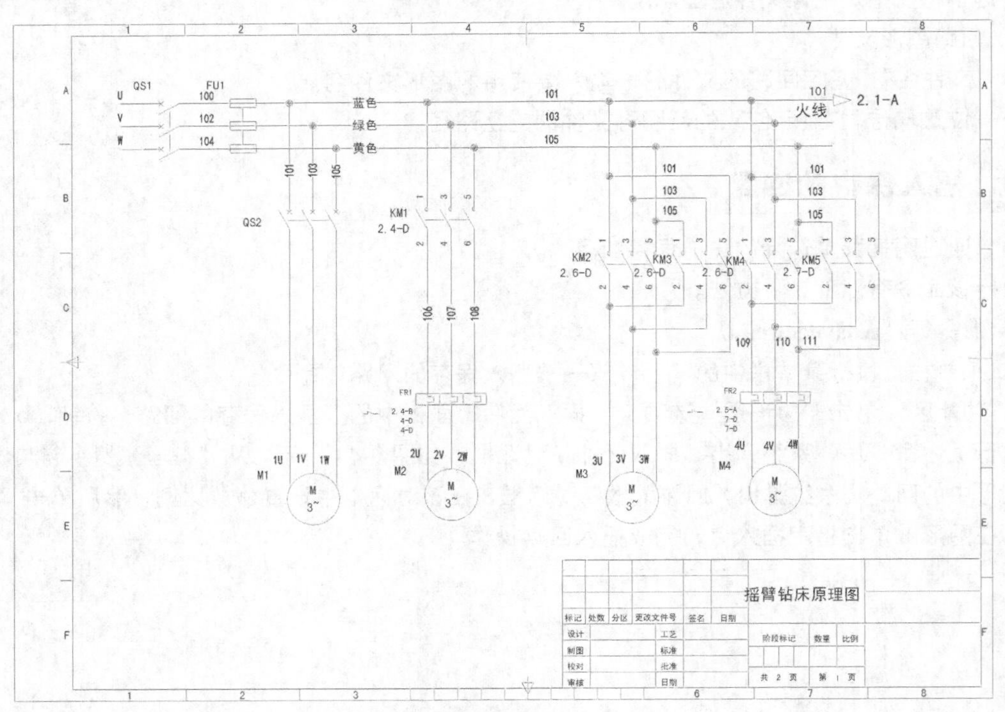

(a) Z3050 型摇臂钻床原理图

图 9-45 Z3050 型摇臂钻床原理图和控制图

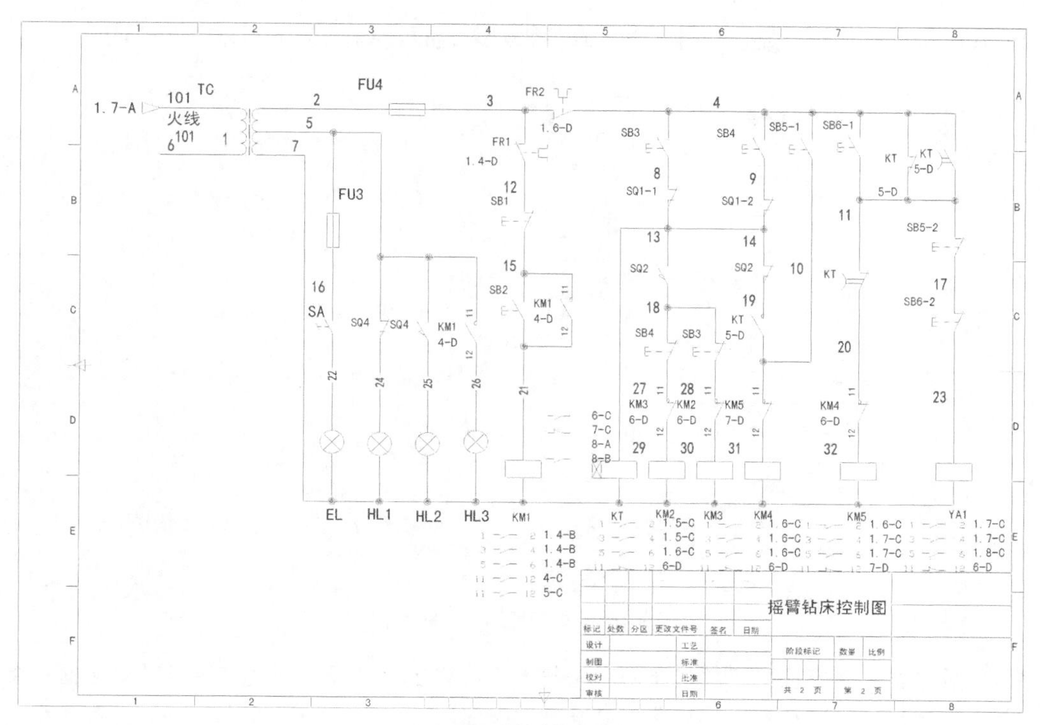

（b）Z3050 型摇臂钻床控制图

图 9-45　Z3050 型摇臂钻床原理图和控制图（续）

9.3.1　设置绘图环境

1. 新建项目

打开 AutoCAD Electrical 2022 应用程序，单击“项目管理器”选项板中的“新建项目”按钮，创建名称为“摇臂钻床”的新项目。

2. 设置项目特性

（1）在“项目管理器”选项卡中的“摇臂钻床”项目名称处单击鼠标右键，执行弹出的快捷菜单中的“特性”命令。

（2）系统弹出“项目特性”对话框。单击“元件”选项卡，勾选“禁止对标记的第一个字符使用短横线”复选框。

（3）将对话框转换到“样式”选项卡。在“布线样式”选项组的“导线交叉”样式中选择“实心”，在“导线 T 形相交”样式中选择“点”。

（4）选择“图形格式”选项卡，在“格式参考”选项组中单击“*X-Y* 栅格”单选按钮。然后单击“确定”按钮，完成项目特性设置。

3. 新建图形

选择“ACE_GB_a3_a.dwt”为模板，创建“摇臂钻床原理图.dwg”文件和“摇臂钻床控制图.dwg”文件。

4. 标题栏页码更新

（1）在“摇臂钻床”项目名称处单击鼠标右键，执行弹出的快捷菜单中的“标题栏更新”命令。

（2）系统弹出“更新标题栏”对话框，选择指定复选框，如图 9-46 所示。

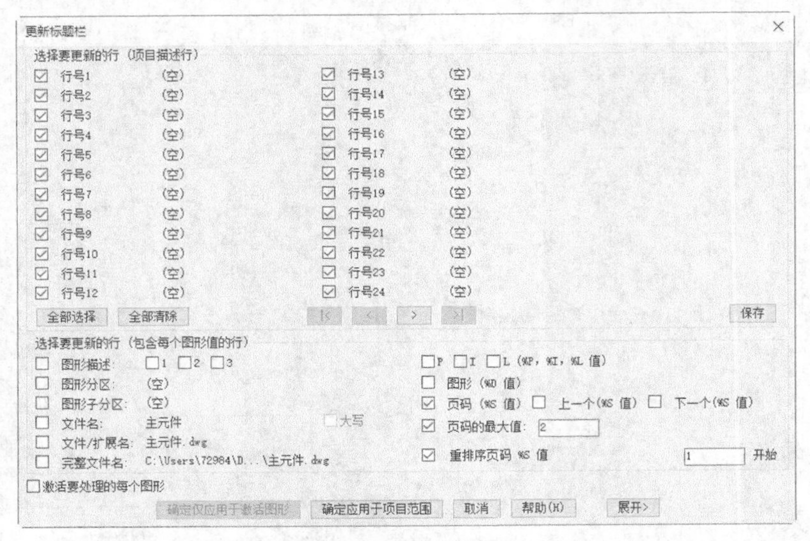

图 9-46 “更新标题栏”对话框

（3）然后单击“确定应用于项目范围”按钮，系统弹出“选择要处理的图形”对话框，在该对话框中单击“全部执行”按钮，然后单击“确定”按钮。

5. 图形分区

（1）测量分区尺寸。双击“摇臂钻床”选项组中的“摇臂钻床原理图”，打开图形文件。单击“默认”选项卡“注释”面板中的“线性”按钮。标注水平向尺寸与竖直向尺寸，如图 9-47 所示。

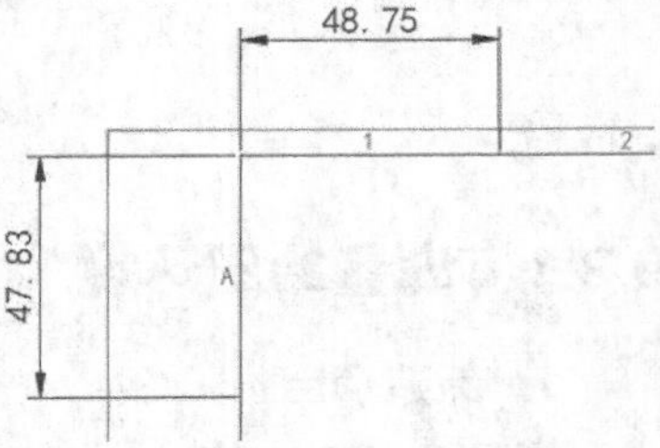

图 9-47 尺寸标注

（2）选择区域类型。单击“原理图”选项卡“插入导线/线号”面板中的“*XY* 栅格设置”按钮，系统弹出“*X-Y* 夹点设置”对话框，单击“拾取”按钮，选择样板图内框的左上角点为原点。将“水平”间距设置为 48.75mm，将“垂直”间距设置为 47.83mm。在栅格标签“水平”栏中输入“1”，在“垂直”栏中输入“A”。单击两次“确定”按钮完成区域划分。

（3）删除尺寸。单击“默认”选项卡“修改”面板中的“删除”按钮。选择标注的尺寸将其删除。

（4）用同样的方式为“摇臂钻床控制图”图形文件进行区域划分。

9.3.2 自定义元件

虽然 AutoCAD Electrical 2022 元件库已经给出很多元件可以直接利用，但在绘制电路图的过程中会有一些元件需要用户自己绘制，本节将讲解如何自定义元件，以方便在绘图过程中方便快捷地利用定义的元件绘制电路图。

1. 定义限位开关

（1）绘制元件

① 单击“原理图”选项卡“插入元件”面板中的“图标菜单”按钮，系统弹出“插入元件”对话框。

② 将“原理图缩放比例”设置为“1”，然后在对话框中选择“限位开关”→“限位开关，常闭触点”，将其插入绘图窗口。

③ 单击“默认”选项卡“修改”面板中的“分解”按钮，选择上面插入的触点将元件分解，如图 9-48 所示。

④ 单击“默认”选项卡“修改”面板中的“删除”按钮，删除元件所有属性，以及两条线段，如图 9-49 所示。

⑤ 单击“默认”选项卡“绘图”面板中的“直线”按钮，绘制一条水平线和一条竖直线，尺寸分别为 1.5mm、2mm。结果如图 9-50 所示。

（2）编译元件

① 单击“原理图”选项卡“其他工具”面板“符号编译器”下拉列表中的“符号编译器”按钮，系统弹出“选择符号/对象”对话框。

② 单击“选择对象”按钮，系统回到绘图区，选择过电流线圈为对象；单击“拾取点”按钮，打开“对象捕捉”功能，系统回到绘图区，捕捉过电流线圈上方竖直线的最上端为元件的插入点，如图 9-51 所示。

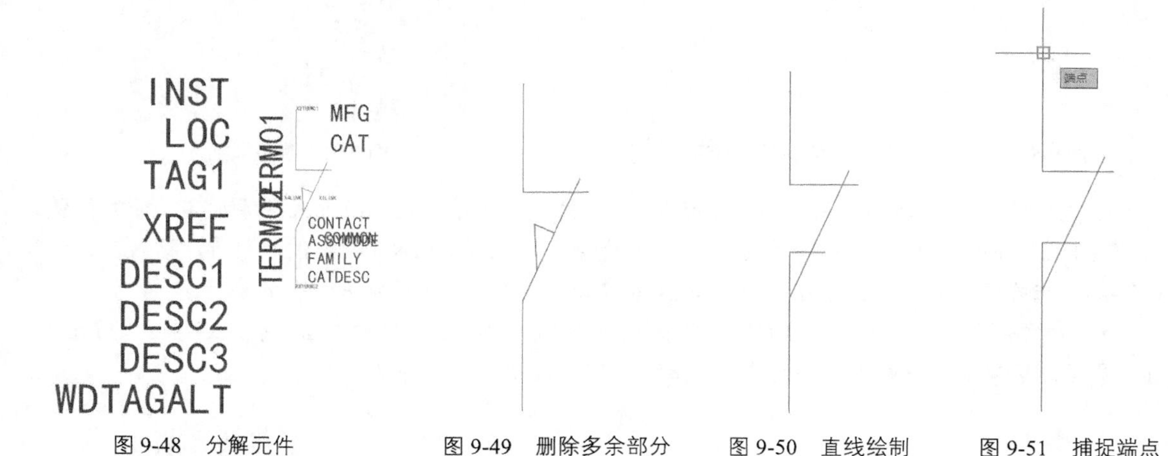

图 9-48 分解元件　图 9-49 删除多余部分　图 9-50 直线绘制　图 9-51 捕捉端点

③“库路径”选择默认。“符号”下拉列表如图 9-52 所示，表明元件的放置方向及“父子关系”。在此处选择“垂直子项”。

④“类型”下拉列表如图 9-53 所示。在此处选择“通用”，单击“确定”按钮。

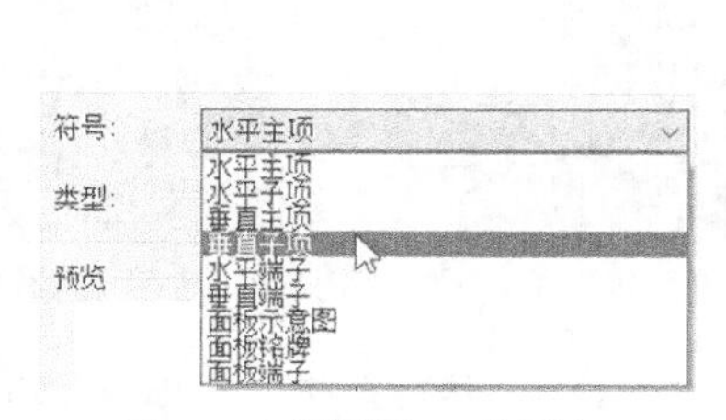

图 9-52 “符号”下拉列表

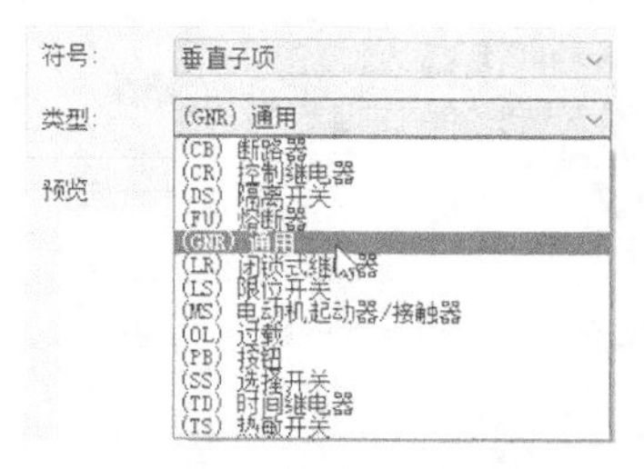

图 9-53 “类型”下拉列表

（3）编辑图块属性

① 系统进入“块编辑器”绘图窗口，单击“符号编译器”选项卡“编辑”面板中的“选项卡可见性切换”按钮，系统弹出“符号编译器属性编译器”对话框，如图 9-54 所示。

② 按住 Ctrl 键选择“需要的空间”列表中的 TAG2、FAMILY、INST 等所有选项，然后单击“插入属性”按钮，将属性插入图中适当位置；也可以按住鼠标左键直接拖动选中的选项到元件附近并松开鼠标左键，在适当位置单击，放置元件属性，如图 9-55 所示。

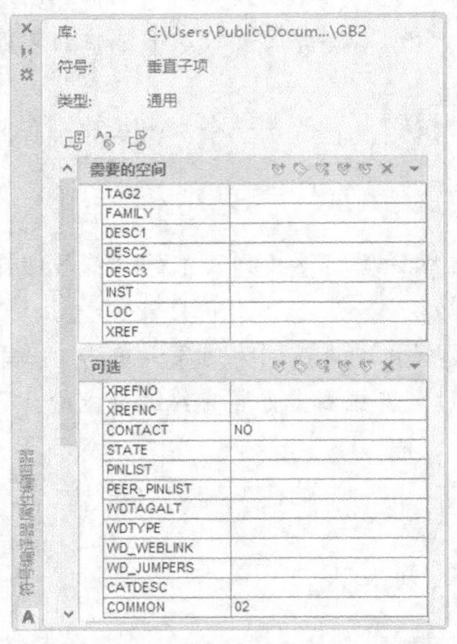

图 9-54 “符号编译器属性编译器”对话框

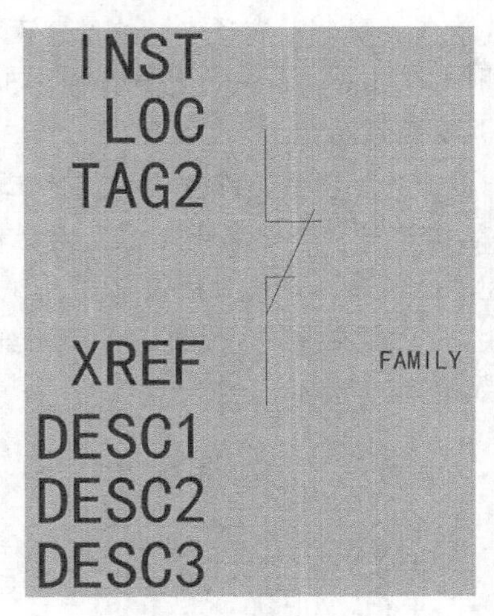

图 9-55 属性添加

③ 在“符号编译器属性编译器”对话框中，“接线”用于设置打断导线并添加端子号的位置。“方向/样式”下拉列表如图 9-56 所示。在此处选择“T=上（T）/None”，然后单击“插入连接线”按钮，选择最上端竖直线的上端点，如图 9-57 所示。按 Enter 键结束命令的执行。

④ 继续在“方向/样式”下拉列表中选择“B=下（B）/None”，然后单击“插入连接线”按钮，选择最下端竖直线的下端点，如图 9-58 所示。按 Enter 键结束命令的执行。

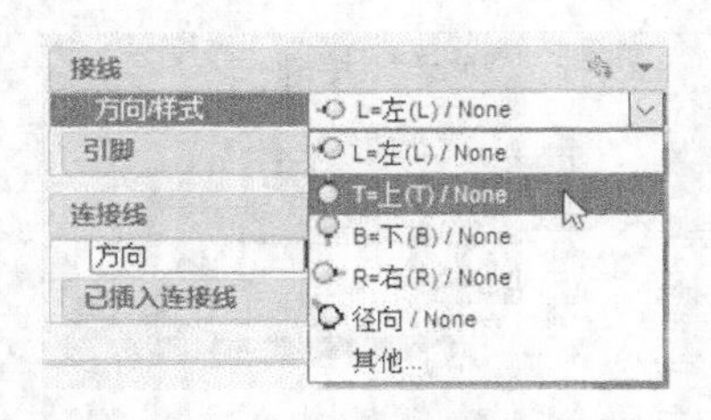

图 9-56 “方式/样式”下拉列表

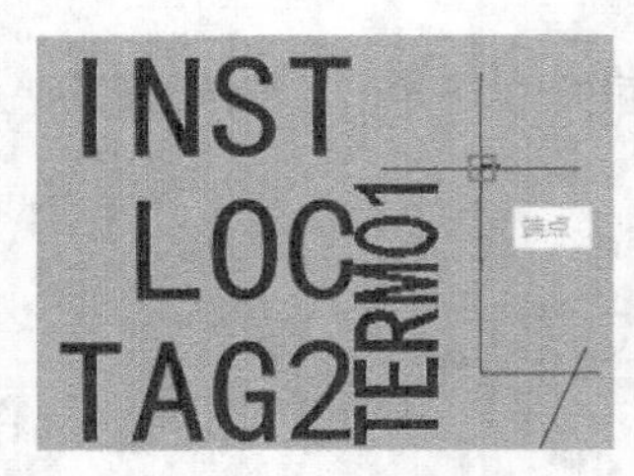

图 9-57 接线端点 1

图 9-58 接线端点 2

⑤ 添加连接线。选择“连接线”下拉列表中的“L=左（L）”，然后单击“连接线”右侧的“插入连接线”按钮，在元件左侧插入连接线。

⑥ 继续选择“连接线”下拉列表中的“R=右（R）”，然后单击“连接线”右侧的“插入连接线”按钮，在元件右侧插入连接线。下拉列表如图 9-59 所示。

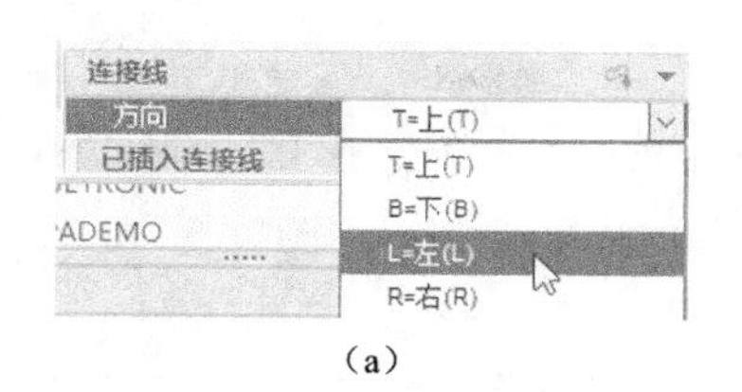

（a）

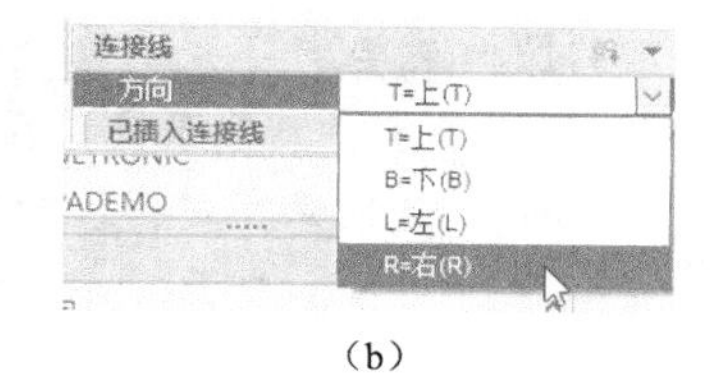

（b）

图 9-59 “连接线”下拉列表

（4）设置元件参数

双击绘图区的 TAG2 属性，系统弹出“编辑属性定义”对话框，在“默认”一栏中输入元件标记“SQ”，如图 9-60 所示。单击“确定”按钮。关闭“符号编译器属性编译器”对话框。

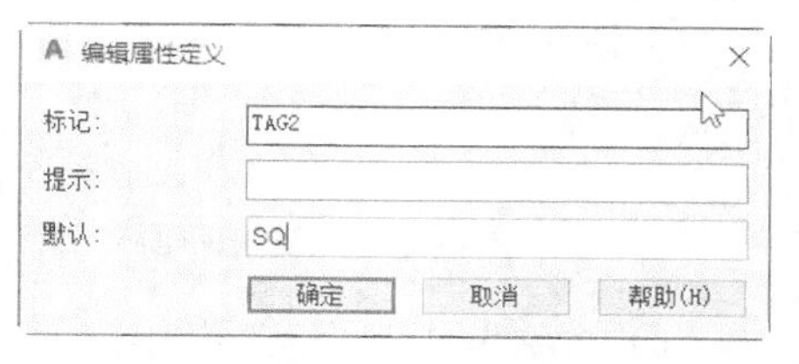

图 9-60 “编辑属性定义”对话框

（5）核查、保存元件

① 单击“符号编译器”选项卡“编辑”面板中的“符号核查”按钮，系统弹出“符号核查”对话框，如图 9-61 所示。该对话框中的信息表明必需的属性不缺少，属性不重复等。单击“确定”按钮关闭对话框。

② 单击“符号编译器”选项卡“编辑”面板中的“完成”按钮，系统弹出“关闭块编辑器：保存符号”对话框，如图 9-62 所示。

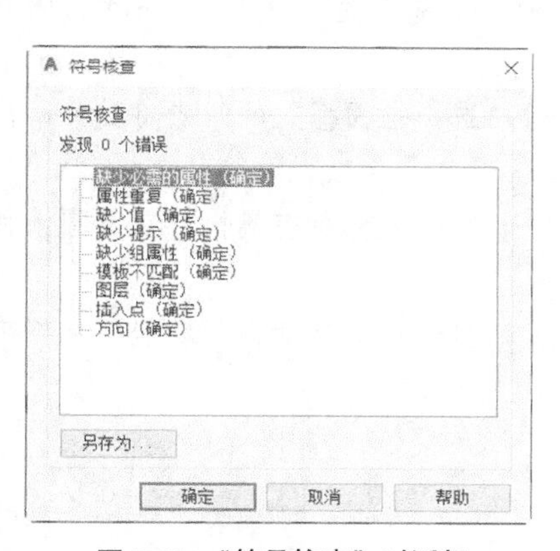

图 9-61 “符号核查”对话框

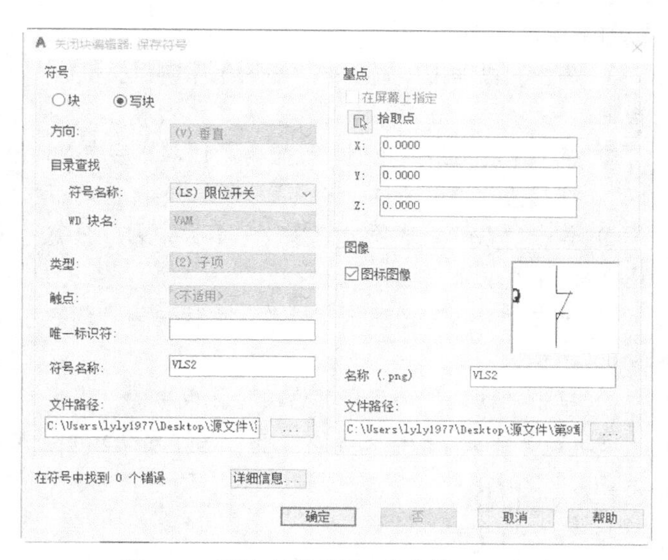

图 9-62 “关闭块编辑器：保存符号”对话框

③ 在该对框中的“符号名称”一栏设置名称为“VLS2”，即垂直、限位开关、辅元件。

④ 单击“基点”选项组下的“拾取点”按钮，选择元件的上端点作为元件插入点。

⑤ 在“符号”选项组的“文件路径”中，单击“浏览”按钮，将元件块保存到源文件文件夹下。

⑥ 在“基点”选项组的“文件路径”中，单击“浏览”按钮，将元件块示意图保存到源文件文件夹下。

⑦ 单击对话框中的“确定”按钮，系统弹出“关闭块编辑器”对话框，如图 9-63 所示，单击“否”按钮。完成元件定义。

（6）将元件添加到图标菜单

① 单击“原理图”选项卡“其他工具”面板中的“图标菜单向导”按钮，系统弹出“选择菜单文件”对话框，如图 9-64 所示。单击“确定”按钮。

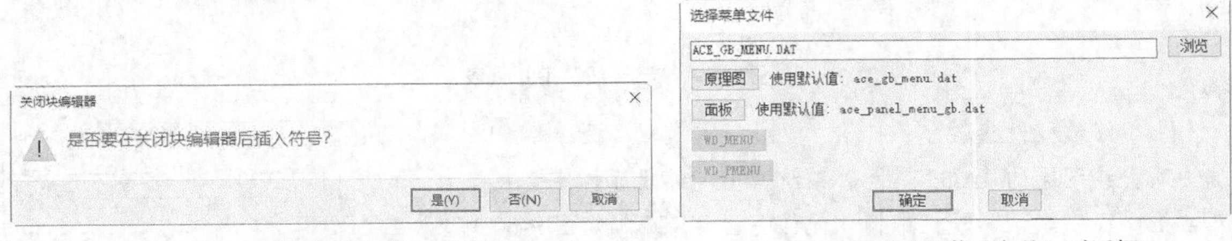

图 9-63 “关闭块编辑器”对话框　　图 9-64 “选择菜单文件”对话框

② 系统弹出“图标菜单向导”对话框，执行右上角的“添加”→“元件”命令，系统弹出“添加图标-元件”对话框。

③ 在“名称”栏中输入“过电流线圈”；在“图像文件”栏中单击其右侧的“浏览”按钮，选择之前保存的图像位置；在“块名”一栏中单击“浏览”按钮，选择之前保存的“VLS2.dwg”图块。

④ 单击“确定”按钮，系统返回“图标菜单向导”对话框。在该对话框中出现“限位开关”元件，单击“确定”按钮。

2. 定义转换开关

（1）绘制元件

① 单击“原理图”选项卡“插入元件”面板中的“图标菜单”按钮，系统弹出“插入元件”对话框。

② 将“原理图缩放比例”设置为“1”，然后在对话框中选择“其他开关”→“杠杆开关，常开触点”，将其插入绘图窗口。

③ 单击“默认”选项卡“修改”面板中的“分解”按钮，选择上面插入的触点将其分解，如图 9-65 所示。

④ 单击“默认”选项卡“修改”面板中的“删除”按钮，删除元件所有属性，以及圆，如图 9-66 所示。

⑤ 单击“默认”选项卡“绘图”面板中的“直线”按钮，打开“对象捕捉”功能，捕捉直线 1 的上、下两端点绘制两条水平线，尺寸为 0.5mm，结果如图 9-67 所示。

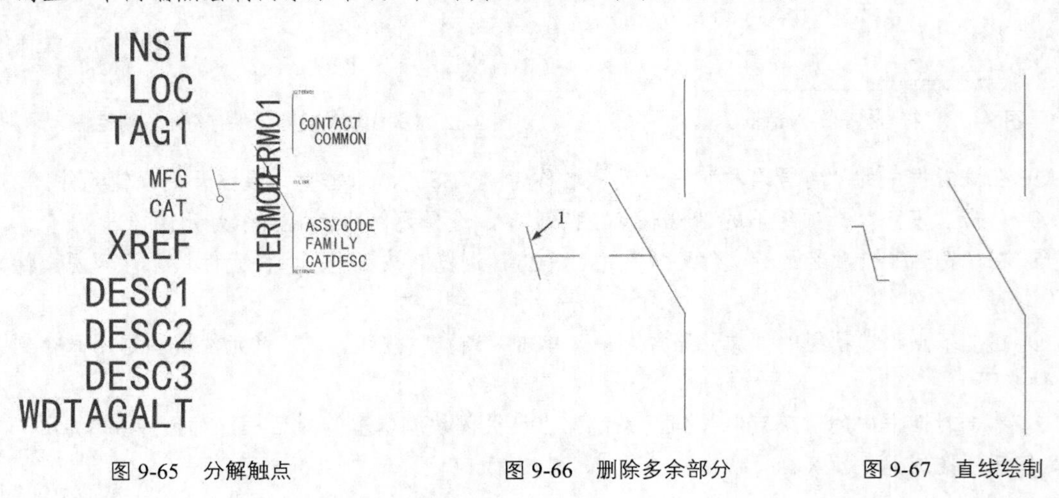

图 9-65 分解触点　　图 9-66 删除多余部分　　图 9-67 直线绘制

（2）编译元件

① 单击“原理图”选项卡“其他工具”面板中的“符号编译器”按钮，系统弹出“选择符号/对象”对话框。

② 单击“选择对象”按钮，系统回到绘图区，选择过电流线圈为对象；单击“拾取点”按钮，打开“对象捕捉”功能，系统回到绘图区捕捉竖直线的最上端为元件插入点，如图 9-68 所示。

③ “库路径”选择默认。“符号”下拉列表如图 9-69 所示，表明元件的放置方向及“父子关系”。在此处选择“垂直子项”。

④ “类型”下拉列表如图 9-70 所示。在此处选择“(GNR) 通用”，单击“确定”按钮。

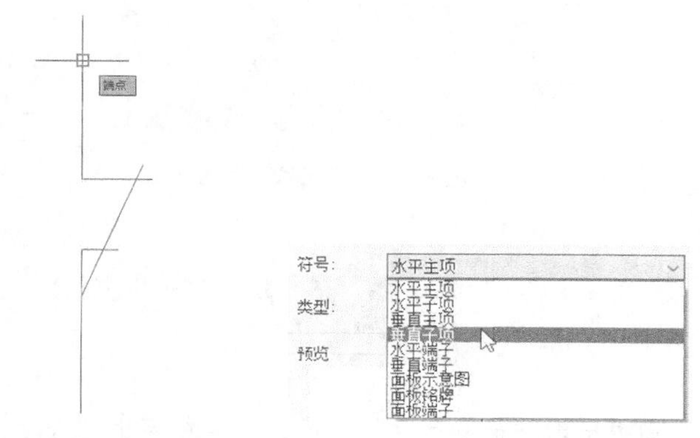

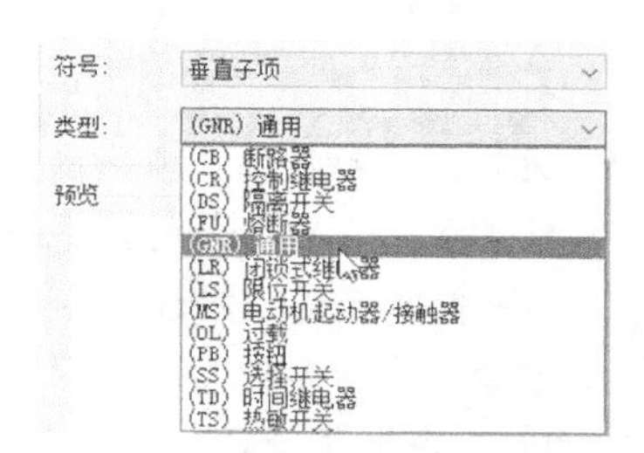

图 9-68 捕捉端点　　图 9-69 “符号”下拉列表　　图 9-70 “类型”下拉列表

（3）编辑图块属性

① 系统进入“块编辑器”绘图窗口，单击“符号编译器”选项卡“编辑”面板中的“选项卡可见性切换”按钮，系统弹出“符号编译器属性编译器”对话框。

② 按住 Ctrl 键选择“需要的空间”列表中的 TAG2、FAMILY、INST 等所有选项，然后单击“插入属性”按钮，将属性插入图中适当位置；也可以按住鼠标左键直接拖动选中的选项到元件附近并松开鼠标左键，在适当位置单击鼠标，放置元件属性。如图 9-71 所示。

③ 在“符号编译器属性编译器”对话框中，“接线”用于设置打断导线并添加端子号的位置。“方向/样式”下拉列表如图 9-72 所示。在此处选择“T=上（T）/None”，然后单击“插入连接线”按钮，选择最上端竖直线的上端点，如图 9-73 所示。按 Enter 键结束命令的执行。

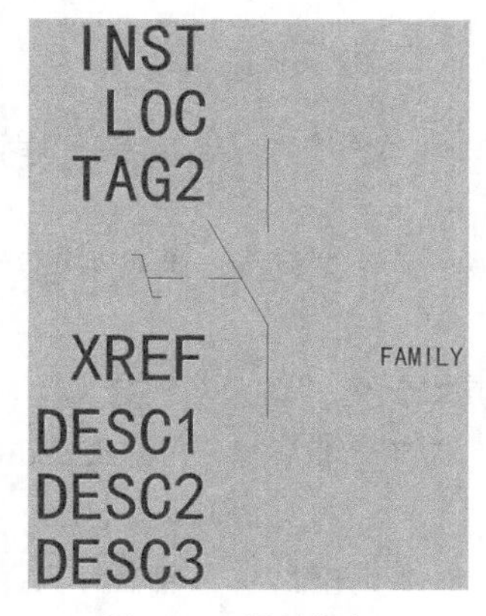

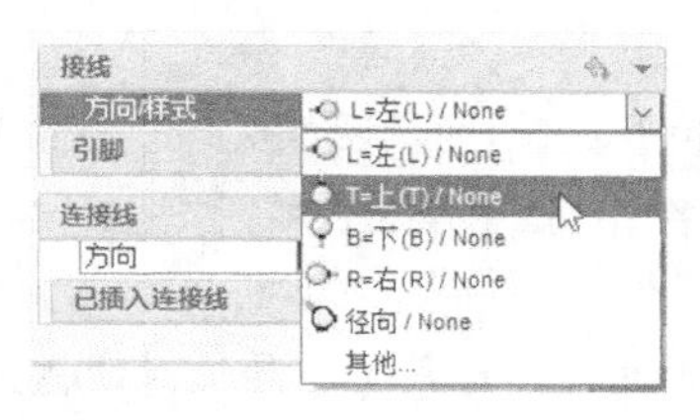

图 9-71 属性添加　　图 9-72 “方向/样式”下拉列表　　图 9-73 接线端点 1

④ 继续在“方向/样式”下拉列表中选择“B=下（B）/None”，然后单击“插入连接线”按钮，选择最下端竖直线的下端点，如图 9-74 所示。按 Enter 键结束命令的执行。

⑤ 单击“关闭”按钮，关闭对话框。

⑥ 添加连接线。选择“连接线”下拉列表中的“R=右（R）”，然后单击“连接线”右侧的“插入连接线”按钮，在元件右侧插入连接线。下拉列表如图 9-75 所示。

图 9-74 接线端点 2

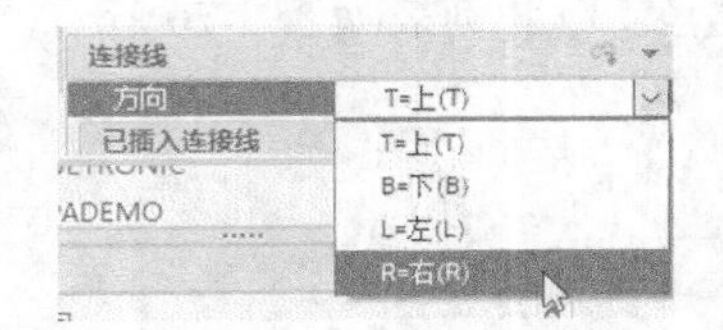

图 9-75 “连接线”下拉列表

（4）设置元件参数

双击绘图区的 TAG2 属性，系统弹出“编辑属性定义”对话框，在“默认”一栏中输入元件标记“SQ”，单击“确定”按钮。关闭“符号编译器属性编译器”对话框。

（5）核查、保存元件

① 单击“符号编译器”选项卡“编辑”面板中的“符号核查”按钮，系统弹出“符号核查”对话框，该对话框中的信息表明必需的属性不缺少，属性不重复等。单击“确定”按钮关闭对话框。

② 单击“符号编译器”选项卡“编辑”面板中的“完成”按钮，系统弹出“关闭块编辑器：保存符号”对话框。

③ 在该对框中“符号名称”一栏设置名称为“VHZ2”，即垂直、转换开关、辅元件。

④ 单击“基点”选项组下的“拾取点”按钮，选择元件的上端点作为元件插入点。

⑤ 在“符号”选项组的“文件路径”中，单击“浏览”按钮，将元件块保存到源文件文件夹下。

⑥ 在“基点”选项组的“文件路径”中，单击“浏览”按钮，将元件块示意图保存到源文件文件夹下。

⑦ 单击对话框中的“确定”按钮，系统弹出“关闭块编辑器”对话框，单击“否”按钮。完成元件定义。

（6）添加元件到图标菜单

① 单击“原理图”选项卡“其他工具”面板中的“图标菜单向导”按钮，系统弹出“选择菜单文件”对话框，单击“确定”按钮。

② 系统弹出“图标菜单向导”对话框，执行右上角的“添加”→“元件”命令，系统弹出“添加图标-元件”对话框。

③ 在“名称”栏中输入“转换开关”；在“图像文件”栏中单击其右侧的“浏览”按钮 浏览...，选择之前保存的图像位置；在“块名”一栏中单击“浏览”按钮 浏览...，选择之前保存的“VHZ2.dwg”图块。

④ 单击“确定”按钮，系统返回“图标菜单向导”对话框。在该对话框中出现“转换开关”元件，单击“确定”按钮。

9.3.3 摇臂钻床原理图绘制

本节绘制摇臂钻床原理图，如图 9-76 所示。

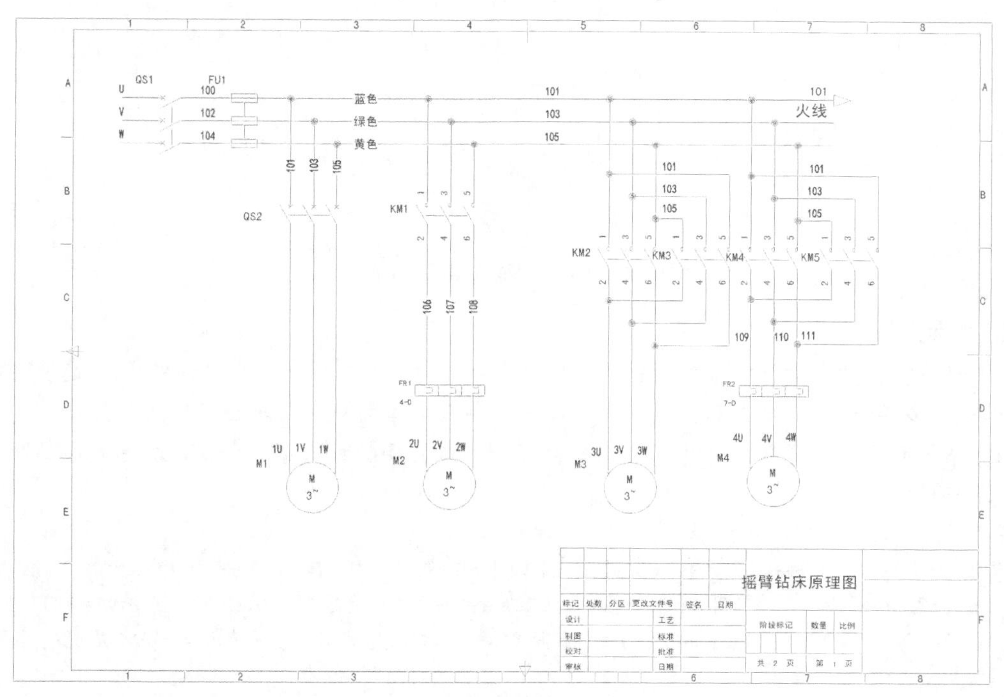

图 9-76 摇臂钻床原理图绘制

1. 水平多导线绘制

（1）单击“原理图”选项卡“插入导线/线号”面板中的“多母线”按钮，系统弹出“多导线母线”对话框，设置“水平”间距为 10mm，设置“垂直”间距为 10mm。在“开始于:”选项组中单击“空白区域，水平走向”单选按钮。设置导线数为“3”。单击“确定”按钮。

（2）系统回到绘图窗口，在图纸左侧空白处适当位置单击指定第一个相位起点，然后向右拖动光标绘制水平多导线。如图 9-77 所示。

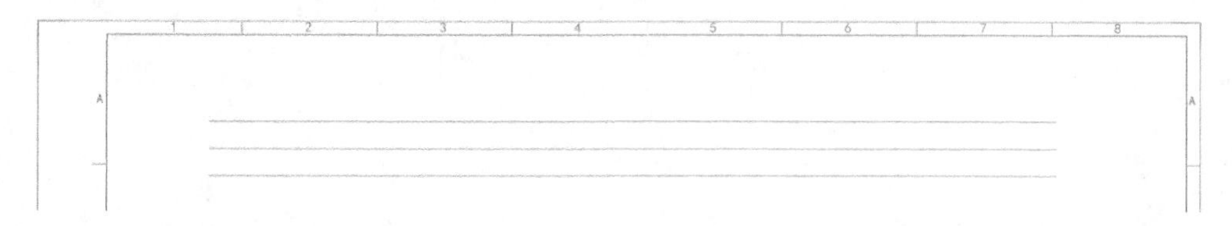

图 9-77 水平多导线绘制

2. 垂直多导线绘制

（1）重复执行“多母线”命令。系统弹出“多导线母线”对话框。在“开始于:”列表中单击“其他母线（多导线）”单选按钮，设置导线数为“3”，单击“确定”按钮。

（2）系统回到绘图窗口，选择最上边水平导线的适当位置单击鼠标，指定第一个相位起点，向下拖动光标绘制垂直电源线，在电源线终点处单击结束电源线绘制。

（3）同样的方法绘制另外 3 组多导线，结果如图 9-78 所示。

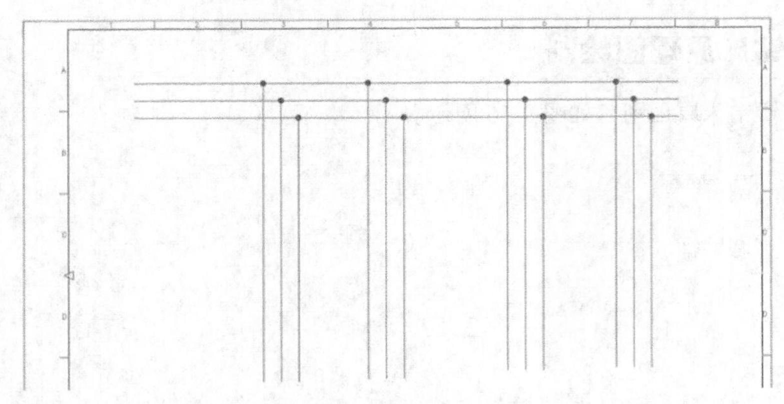

图 9-78　垂直多导线绘制

3. 绘制回路

（1）重复执行“多母线”命令，系统弹出“多导线母线”对话框。在“开始于:”选项组中单击“其他母线（多导线）”单选按钮，其余参数不变。导线类型为默认。单击“确定”按钮。

（2）系统回到绘图窗口。选择第 3 组垂直三相线最左侧导线为第一个相位的起点绘制回路，命令行提示与操作如下。

```
命令：_aemultibus↙
选择用于开始多相母线连接的现有导线：（选择垂直电源线最左侧导线的一点为起点，向右拖动光标，然后向下拖动光标）
到 （继续(C)/翻转(F))：F↙（翻转多相母线转弯方式并继续向下拖动光标）C↙（继续绘制多相母线并向左拖动光标）
到 （继续(C)/翻转(F))：F↙（翻转多相母线转弯方式并继续向左拖动光标）C↙（将多相母线拖动到垂直多导线的第一个导线处）
到 （继续(C)/翻转(F))：F↙（翻转多母线转弯方式）
选择用于开始多相母线连接的现有导线：↙
```

结果如图 9-79 所示。

（3）用同样的方式绘制另一回路 2，结果如图 9-80 所示。

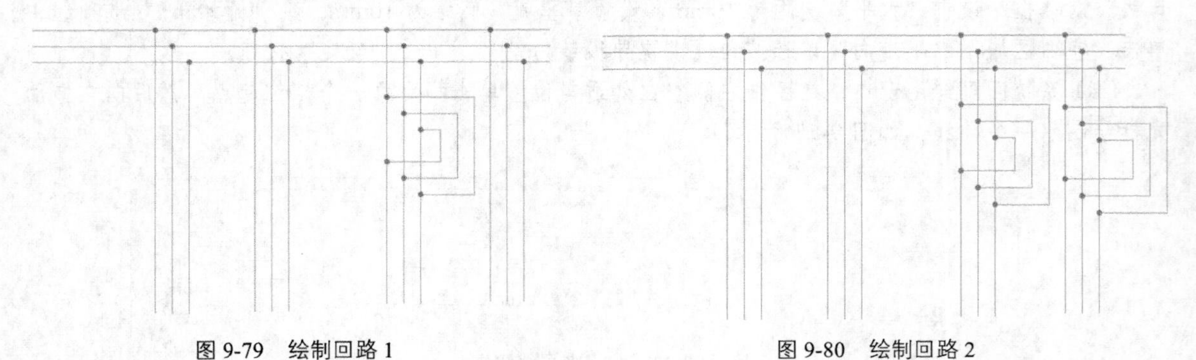

图 9-79　绘制回路 1　　　　图 9-80　绘制回路 2

4. 三极断路器 QS1 插入

（1）单击“原理图”选项卡“插入元件”面板中的“图标菜单”按钮。系统弹出“插入元件”对话框，将“原理图缩放比例”设置为“1.5”，勾选“水平”复选框。在对话框中单击“断路器/隔离开关”→“三极断路器”→“断路器”图标。

（2）系统回到绘图窗口，打开“对象捕捉”功能，捕捉水平电源线最上端导线的左侧一点并单击，系统弹出提示对话框，单击“向下”按钮。

（3）系统弹出“插入/编辑元件”对话框，修改“元件标记”为“QS1”，单击“确定”按钮。插入三极断路器 QS1。

（4）双击“QS1”，系统弹出“增强属性编辑器”对话框，选择“特性”选项卡，在“颜色”下拉列表中选择“红”，单击“确定”按钮。插入的三极断路器 QS1，如图 9-81 所示。

5. 三极熔断器 FU1 插入

（1）单击“原理图”选项卡“插入元件”面板中的“图标菜单”按钮。系统弹出“插入元件”对话框，勾选左下角的“水平”复选框，将“原理图缩放比例”设置为“1.5”。

（2）单击“熔断器/变压器/电抗器”→“熔断器”→“三极熔断器”图标。系统回到绘图窗口，打开“对象捕捉”功能，单击捕捉第一条水平电源线的左侧一点作为插入点。

（3）系统弹出“插入/编辑元件”对话框，修改“元件标记”为“FU1”，单击“确定”按钮，插入三极熔断器 FU1。修改“FU1”颜色为“红色”，结果如图 9-82 所示。

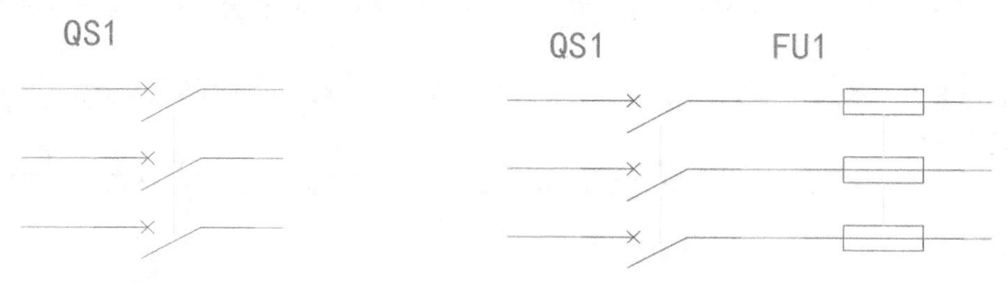

图 9-81　三极断路器 QS1 插入

图 9-82　三极熔断器 FU1 插入

6. 三极断路器 QS2 插入

（1）单击“原理图”选项卡“插入元件”面板中的“图标菜单”按钮。系统弹出“插入元件”对话框，将“原理图缩放比例”设置为“1.5”。在对话框中单击“断路器/隔离开关”→“三极断路器”→“断路器”图标。

（2）系统回到绘图窗口，打开“对象捕捉”功能，捕捉垂直电源线最左端导线上侧一点并单击，系统弹出提示对话框，单击“向右”按钮。

（3）系统弹出“插入/编辑元件”对话框，修改“元件标记”为“QS2”。单击“确定”按钮。插入三极断路器 QS2。

（4）将“元件标记”颜色修改为“红色”。插入的三极断路器 QS2，如图 9-83 所示。

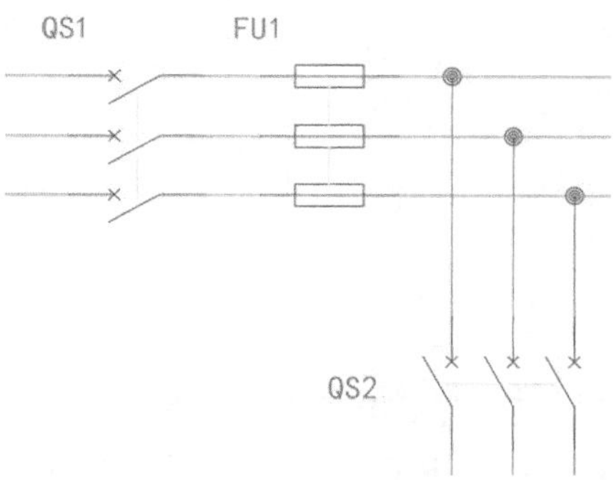

图 9-83　三极断路器 QS2 插入

7. 主电路三极接触器插入

（1）重复执行“图标菜单”命令，系统弹出“插入元件”对话框，单击“电动机控制”→“电动机起动器”→“带三极常开触点的电动机起动器”图标。

（2）系统回到绘图窗口，打开“对象捕捉”功能，捕捉垂直电源线最左侧导线适当一点并单击，系统弹出提示对话框。单击“右”按钮。

（3）系统弹出“插入/编辑辅元件”对话框，修改“元件标记”为“KM1”，将“引脚 1”设置为“1”，将“引脚 2”设置为“2”。

（4）单击“确定重复”按钮，插入 KM2、KM3、KM4、KM5 三极接触器，并将“元件标记”颜色修改为红色，结果如图 9-84 所示。

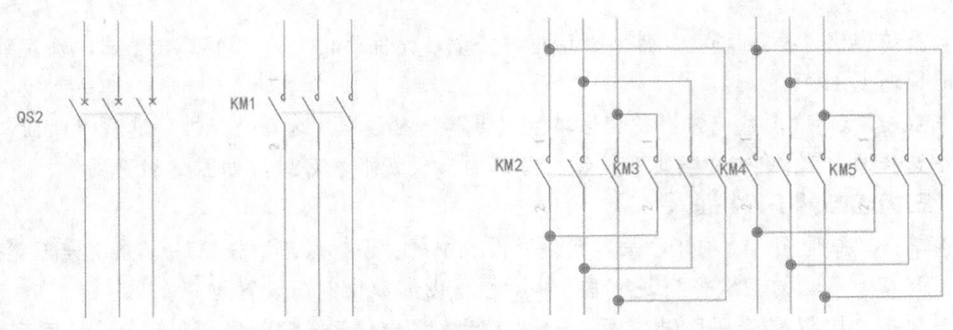

图 9-84　主电路三极接触器插入

8. 插入引脚

（1）单击“原理图”选项卡“编辑元件”面板中的“编辑”按钮，在命令行提示下选择 KM1 中间触点，系统弹出“插入/编辑辅元件”对话框，将“引脚 1”设置为“3”，将“引脚 2”设置为“4”，单击“确定”按钮。

（2）重复执行“编辑”命令，选择 KM1 最右侧触点添加引脚，将“引脚 1”设置为“5”，将“引脚 2”设置为“6”。

（3）重复执行“编辑”命令，继续为 KM2、KM3、KM4、KM5 三极接触器插入引脚，结果如图 9-85 所示。

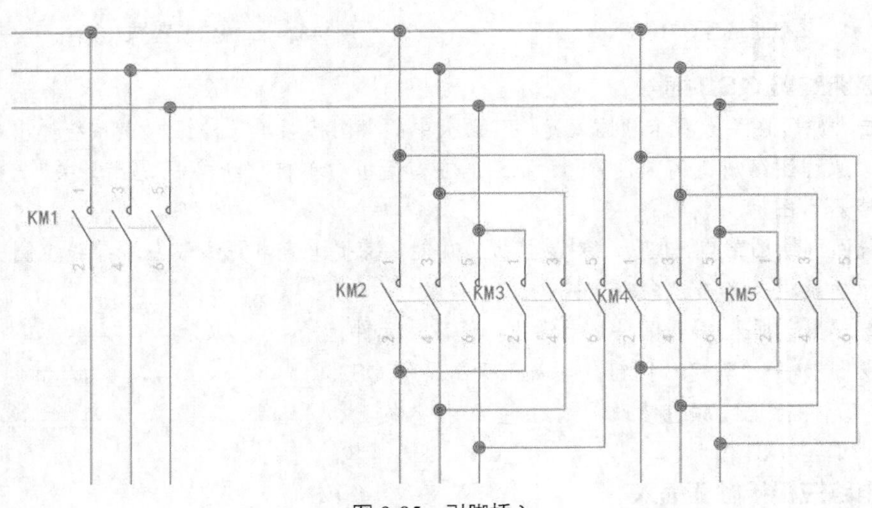

图 9-85　引脚插入

9. 热继电器插入

（1）重复执行“图标菜单”命令，系统弹出“插入元件”对话框，将“原理图缩放比例”设置为“1”。单击“电动机控制”→“三极过载”图标。

（2）系统回到绘图窗口，打开“对象捕捉”功能，捕捉垂直电源线 1 上一点并单击，系统弹出提示对话框。单击“右”按钮。

（3）系统弹出“插入/编辑元件”对话框，修改“元件标记”为“FR1”，单击“确定重复”按钮。

（4）在插入热继电器 FR1 的同时，在垂直电源线 2 处继续插入热继电器 FR2，如图 9-86 所示。从图中还可看出热继电器的位置分别是“4-D”“7-D”区。

图 9-86　插入热继电器 FR1、FR2

10. 三相电动机插入

（1）重复执行“图标菜单”命令，系统弹出“插入元件”对话框，将“原理图缩放比例”设置为“1.5”。单击“电动机控制”→“三相电动机”→“三相电动机”图标。

（2）系统回到绘图窗口，打开“对象捕捉”功能，捕捉电源线上一点并单击，系统弹出“插入/编辑元件”对话框，设置“元件标记”为“M1”。

（3）单击“确定重复”按钮，插入 M2、M3、M4 电动机。修改“文字颜色”为“红色”，如图 9-87 所示。

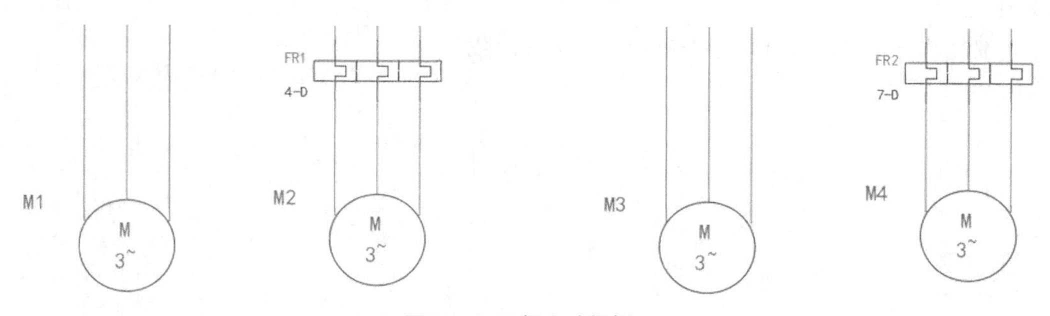

图 9-87　三相电动机插入

11. 插入电源线线号

（1）单击“原理图”选项卡“插入导线/线号”面板“插入线号”下拉列表中的“三相”按钮。

（2）系统弹出“三相导线编号”对话框，在“前缀”列表下输入“U,V,W”，“最大值”选择“3”，如图 9-88 所示。在“线号”下方可以预览插入的线号。单击“确定”按钮。

（3）系统回到绘图窗口，从上到下依次单击水平向的导线的左端点。标注线号如图 9-89 所示。

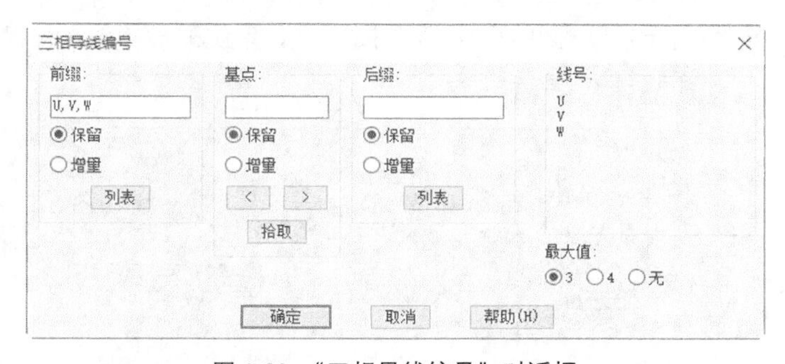

图 9-88　“三相导线编号”对话框

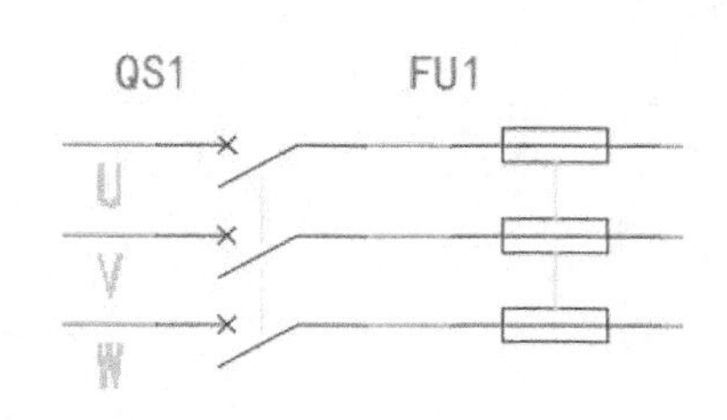

图 9-89　水平线线号插入并标注

（4）重复执行“三相”命令添加其余线号，标注线号如图 9-90 所示。

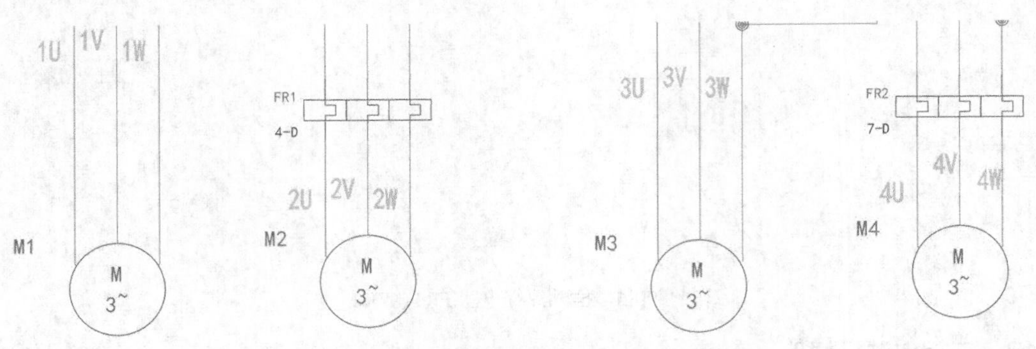

图 9-90　三相电动机线号插入并标注

12. 移动线号

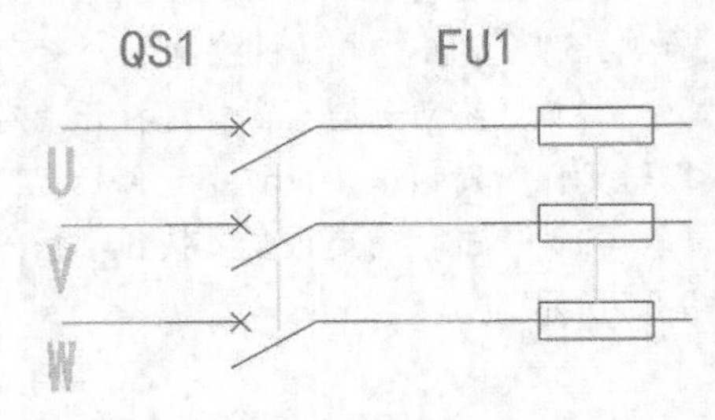

图 9-91　移动线号

（1）单击“原理图”选项卡“编辑导线/线号”面板中的“移动线号”按钮，根据命令行提示，单击最上端水平导线的左边缘，将线号“U”移动到电源线最左侧。

（2）用同样的方法将线号“V”“W”放置到电源线左侧，如图 9-91 所示。

（3）继续执行“移动线号”命令移动三相电动机线号，结果如图 9-92 所示。

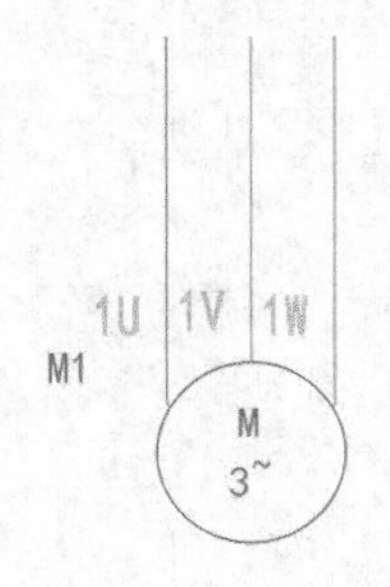

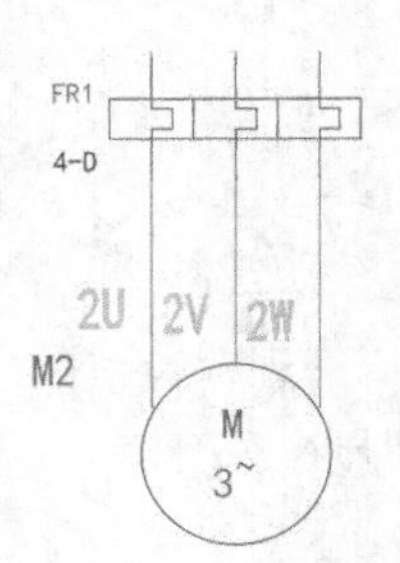

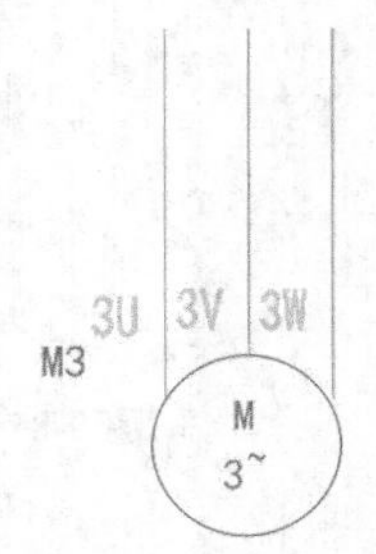

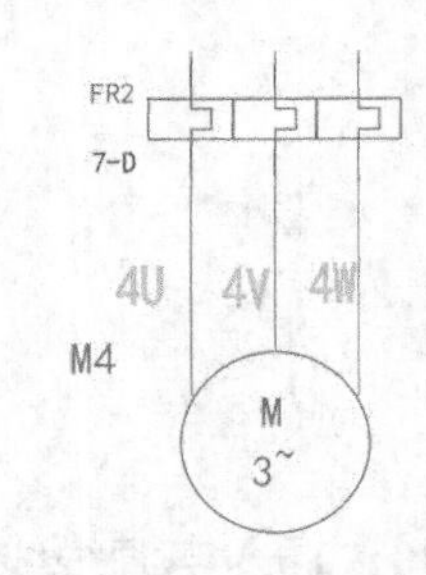

图 9-92　移动三相电动机线号

13. 翻转线号

单击“原理图”选项卡“编辑导线/线号”面板中的“翻转线号”按钮，在命令行提示下单击要镜像的线号，结果如图 9-93 所示。

14. 单线号插入

（1）单击“原理图”选项卡“插入导线/线号”面板中的“线号”按钮，系统弹出“导线标记”对话框。如图 9-94 所示。

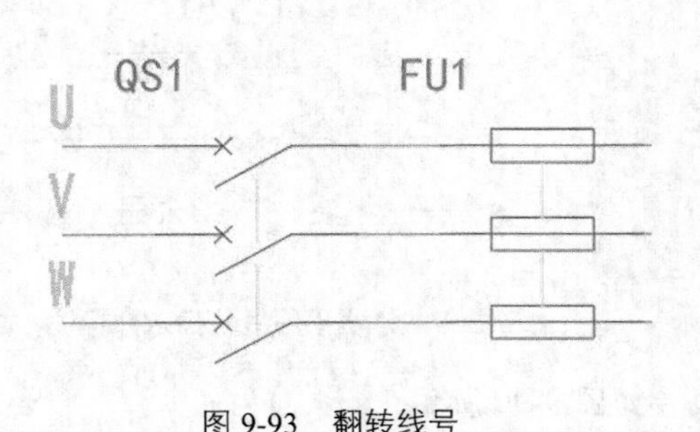

图 9-93　翻转线号

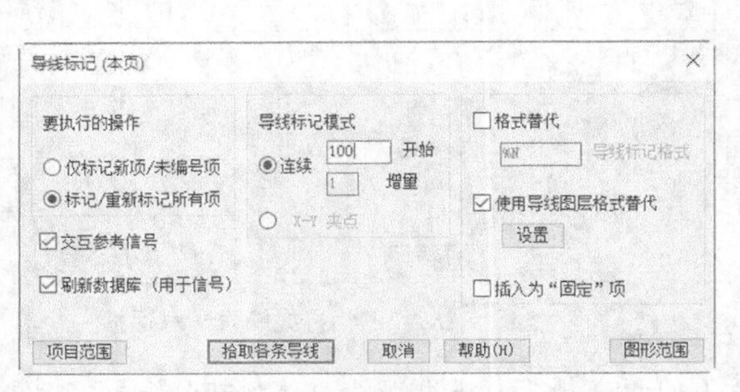

图 9-94　“导线标记”对话框

（2）在“导线标记模式”选项组中，将“开始”一栏设置为“100”，单击“连续”单选按钮，单击“图形范围”按钮，将线号自动插入主电路图，如图 9-95 所示。

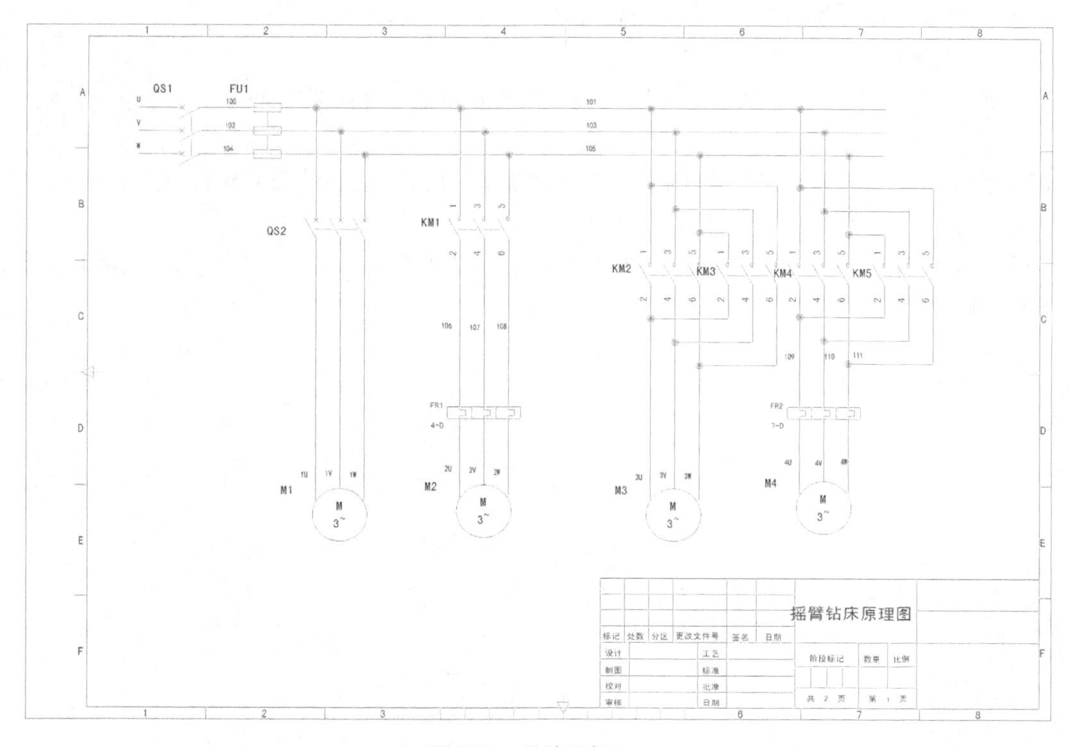

图 9-95　单线号插入

15. 切换线号

单击“原理图”选项卡“编辑导线/线号”面板中的“切换导线内线号”按钮，单击要切换的线号 106、107、108，结果如图 9-96 所示。

16. 复制线号

单击“原理图”选项卡“编辑导线/线号”面板中的“复制线号”按钮，单击 KM3、KM5 回路上端水平线复制线号，结果如图 9-97 所示。

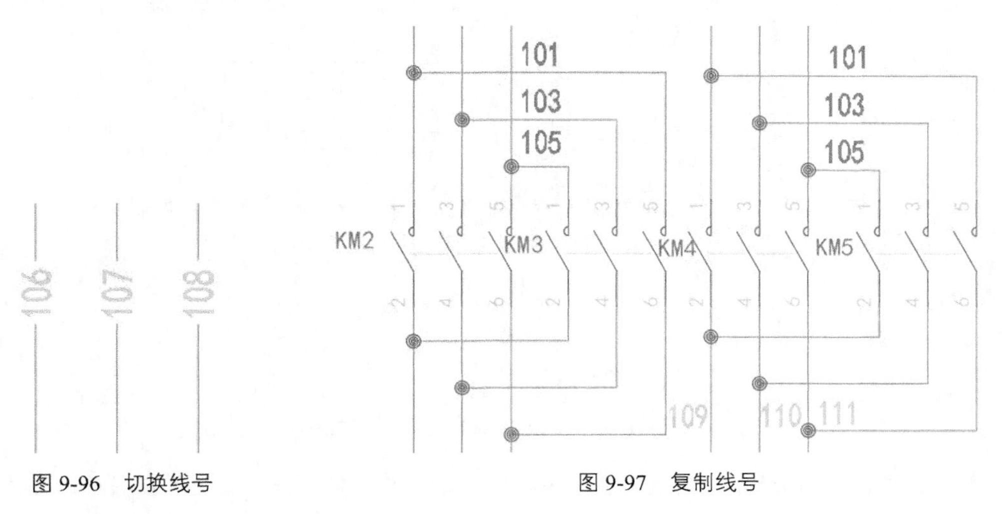

图 9-96　切换线号

图 9-97　复制线号

17. 复制线号（导线内）

单击“原理图”选项卡“编辑导线/线号”面板中的“复制线号（导线内）”按钮，单击 QS2 上端的 3 条垂直导线，复制线号 101、103、105，结果如图 9-98 所示。

18. 插入源箭头

（1）单击“原理图”选项卡“插入导线/线号”面板中的“源箭头”按钮，在命令行提示下单击最上边水平线的右端点。

（2）系统弹出“信号-源代号”对话框，单击“使用”按钮，直接使用系统提供默认代号。在“描述”一栏中输入“火线”，单击“确定”按钮。

（3）系统弹出“源/目标信号箭头”对话框，单击“否”按钮结束命令的执行。源箭头标注如图 9-99 所示。

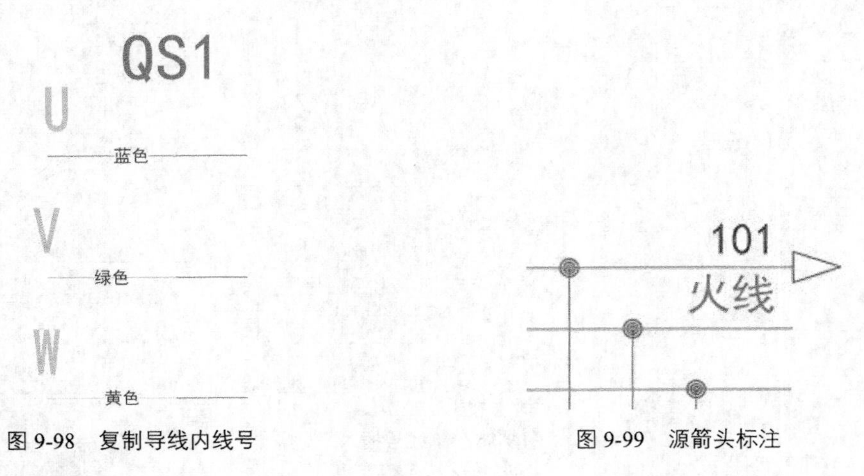

图 9-98 复制导线内线号　　图 9-99 源箭头标注

19. 编辑导线

（1）单击“原理图”选项卡“编辑导线/线号”面板中的“更改/转换导线类型”按钮，系统弹出“更改/转换导线类型”对话框，在该对话框中选择导线颜色为“BLU”，选择导线大小为“4.0mm^2”，如图 9-100 所示。

更改/转换导线类型

	已使用	导线颜色	大小	图层名称	导线编号	用户1	用户2
7		BLK	16.0mm^2	BLK_16.0mm^2	是		
8		BLK	2.5mm^2	BLK_2.5mm^2	是		
9		BLK	4.0mm^2	BLK_4.0mm^2	是		
10		BLK	6.0mm^2	BLK_6.0mm^2	是		
11		BLU	0.5mm^2	BLU_0.5mm^2	是		
12		BLU	0.75mm^2	BLU_0.75mm^2	是		
13		BLU	1.0mm^2	BLU_1.0mm^2	是		
14		BLU	1.5mm^2	BLU_1.5mm^2	是		
15		BLU	10.0mm^2	BLU_10.0mm^2	是		
16		BLU	16.0mm^2	BLU_16.0mm^2	是		
17		BLU	2.5mm^2	BLU_2.5mm^2	是		
18		BLU	4.0mm^2	BLU_4.0mm^2	是		
19		BLU	6.0mm^2	BLU_6.0mm^2	是		
20		GRN	0.5mm^2	GRN_0.5mm^2	是		

拾取 <

更改/转换

☑更改网络中的所有导线

☑将线转换为导线

确定　取消　帮助

图 9-100 “更改/转换导线类型”对话框

（2）单击“确定”按钮，系统返回绘图区，单击 QS1 最上端第一条直线的左端点，然后按 Enter

键结束命令的执行，修改导线颜色为蓝色。

（3）重复执行“更改/转换导线类型”命令，选择导线颜色为“GRN”，选择导线大小为“4.0mm^2”，更改 QS1 最上端第 2 条直线的颜色。

（4）用同样的方法，将 QS1 上第 3 条水平导线的颜色修改为“YEL”，导线大小修改为“4.0mm^2”。

20. 插入导线标签

（1）单击“原理图”选项卡“插入导线/线号”面板中的“导线内导线标签”按钮 -A-，系统弹出“插入元件”对话框。

（2）单击对话框中的“蓝色”标示，选择将其插入水平向第一条导线中。

（3）按 Esc 键退出命令的执行，然后按空格键，系统弹出“插入元件”对话框，单击“绿色”，为第二条导线添加标签。

（4）重复上述操作，为第 3 条导线添加黄色标签，结果如图 9-101 所示。

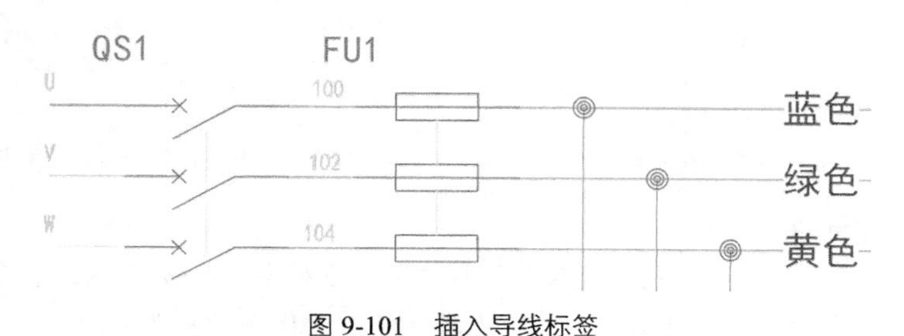

图 9-101　插入导线标签

9.3.4 摇臂钻床控制图绘制

本节重点介绍如何利用前面学的知识绘制摇臂钻床控制图，如图 9-102 所示。

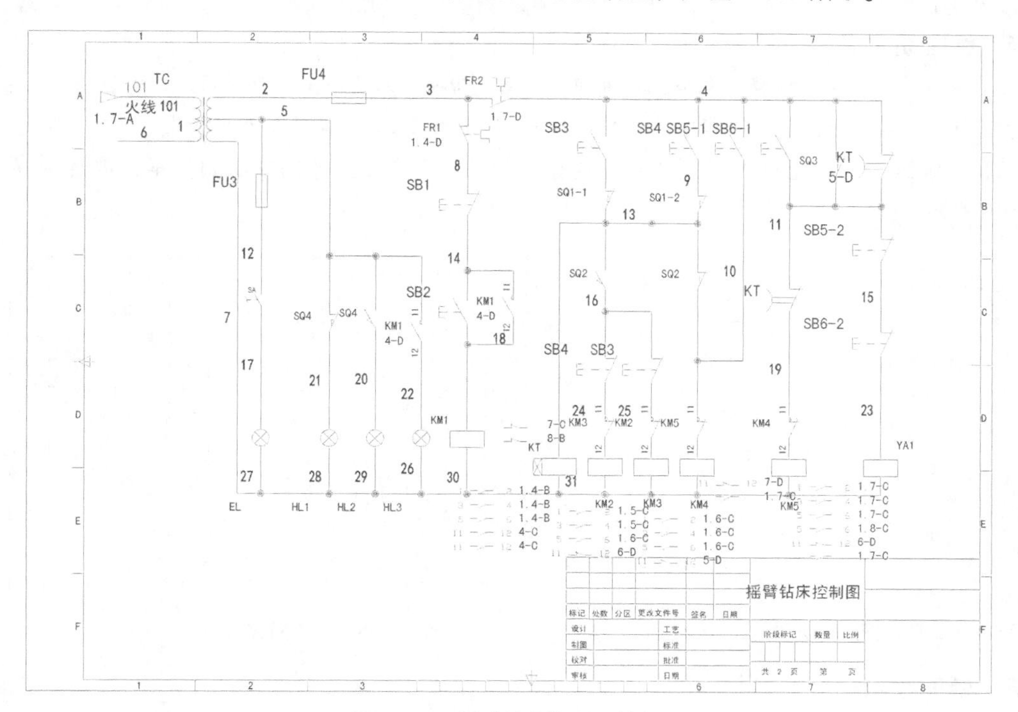

图 9-102　摇臂钻床控制图绘制

1. 绘制阶梯 1

（1）单击“原理图”选项卡“插入导线/线号”面板中的“插入阶梯”按钮，系统弹出“插入阶梯”对话框，设置“间距”为 25mm，设置“宽度”为 20mm。在“长度”选项组中的“横档”一栏选择“2”，其余设置为默认。单击“确定”按钮。

（2）在命令行“第一个相位的起点[导线类型 T]”提示下输入“T”，系统弹出“设置导线类型”对话框，设置导线颜色为“RED”，设置导线大小为“2.5mm^2”。单击“确定”按钮。

（3）系统返回绘图窗口，在适当位置单击放置阶梯 1。如图 9-103 所示。

2. 修剪导线

单击“原理图”选项卡“编辑导线/线号”面板中的“修剪导线”按钮，修剪阶梯图中的多余导线，结果如图 9-104 所示。

图 9-103　绘制阶梯 1　　　　图 9-104　修剪多余线段

3. 插入变压器元件

（1）单击“原理图”选项卡“插入元件”面板中的“图标菜单”按钮。系统弹出“插入元件”对话框，勾选左下角的“水平”复选框，将“原理图缩放比例”设置为“2”。

（2）单击“熔断器/变压器/电抗器”→“变压器”→“具有两个线圈的电源变压器 2 块”图标。系统回到绘图窗口，打开“对象捕捉”功能，单击捕捉第一条水平电源线右侧一点作为插入点。在弹出的“插入/编辑元件”对话框中修改“元件标记”为“TC”，然后单击“确定”按钮，元件插入结果如图 9-105 所示。

4. 绘制阶梯 2

（1）重复执行“插入阶梯”命令。系统弹出“插入阶梯”对话框，设置“间距”为 20mm，设置“宽度”为 170mm。在“长度”选项组中的“横档”一栏中选择“15”，其余设置为默认。单击“确定”按钮。

（2）系统返回绘图窗口，打开“对象捕捉”功能，选择变压器的右上角点单击放置阶梯 2，如图 9-106 所示。

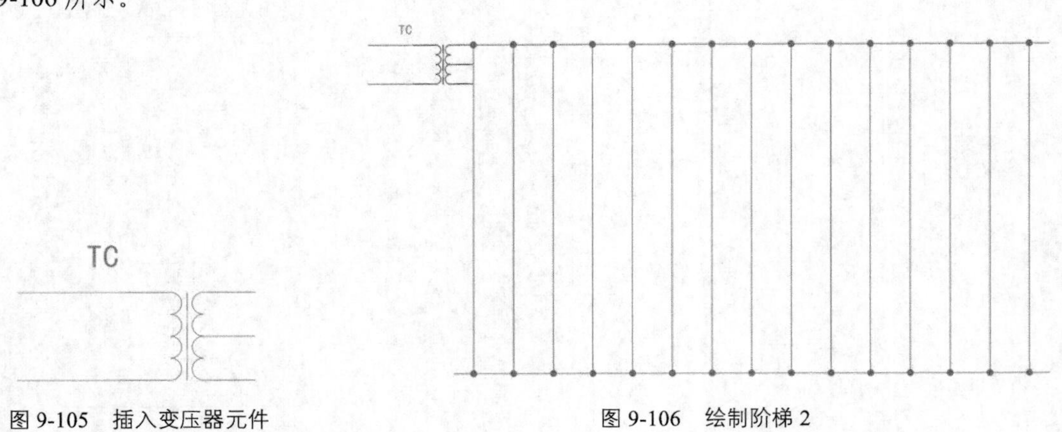

图 9-105　插入变压器元件　　　　图 9-106　绘制阶梯 2

5. 辅助线绘制

单击“原理图”选项卡“插入导线/线号”面板中的“导线”按钮，在阶梯 2 处绘制辅助线，绘制结果如图 9-107 所示。

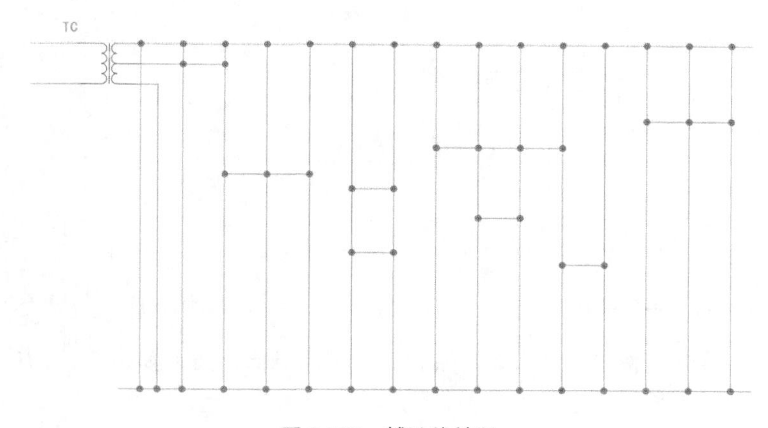

图 9-107　辅助线绘制

6. 修剪导线

单击“原理图”选项卡“编辑导线/线号”面板中的“修剪导线”按钮，修剪阶梯图中的多余导线，结果如图 9-108 所示。

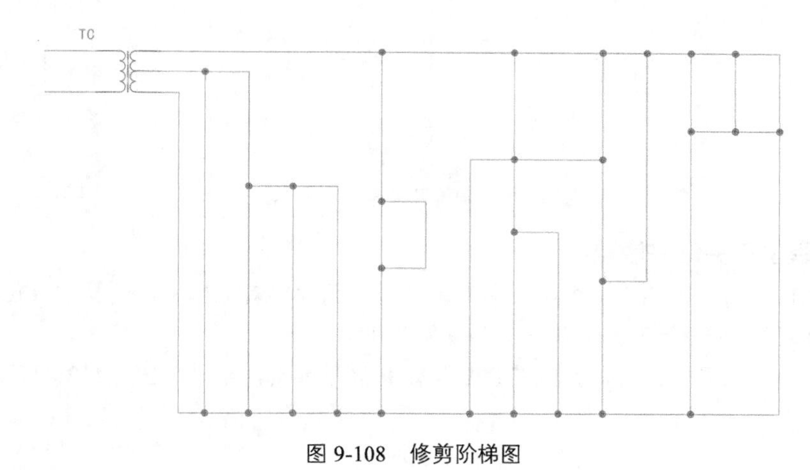

图 9-108　修剪阶梯图

7. 熔断器插入

（1）单击“原理图”选项卡“插入元件”面板中的“图标菜单”按钮。系统弹出“插入元件”对话框，勾选左下角的“水平”复选框，将“原理图缩放比例”设置为“2”。

（2）单击“熔断器/变压器/电抗器”→“熔断器”→“熔断器”图标。系统回到绘图窗口，打开“对象捕捉”功能，单击捕捉第一条水平电源线左侧一点作为插入点。

（3）系统弹出“插入/编辑元件”对话框，修改“元件标记”为“FU4”，单击“确定重复”按钮。

（4）继续插入熔断器。修改“元件标记”颜色为“红色”，如图 9-109 所示。

8. 插入转换开关

重复执行“图标菜单”命令，在弹出的“插入元件”对话框中单击“原理图符号”区中的“转换开关”按钮，将“原理图缩放比例”设置为“1”，结果如图 9-110 所示。

9. 插入限位开关常闭触点

（1）重复执行“图标菜单”命令，在弹出的“插入元件”对话框中单击“原理图符号”区中的“限位开关”按钮，将“原理图缩放比例”设置为“1.5”。

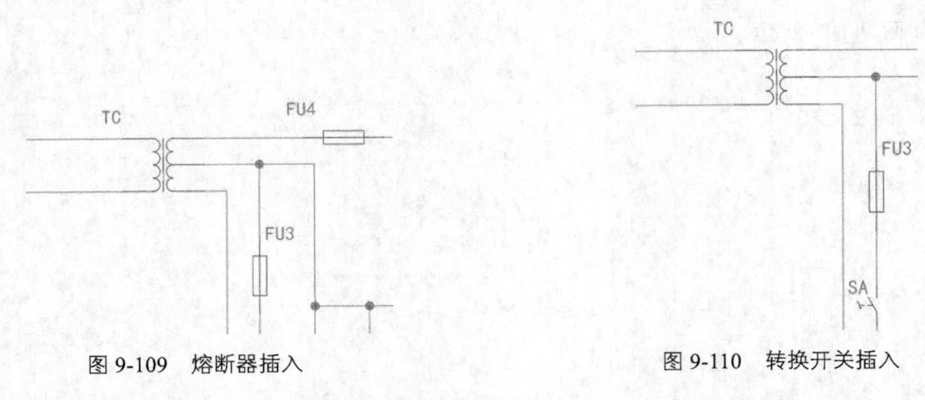

图 9-109　熔断器插入　　　　图 9-110　转换开关插入

（2）单击“确定重复”按钮，插入其余限位开关常闭触点，结果如图 9-111 所示。

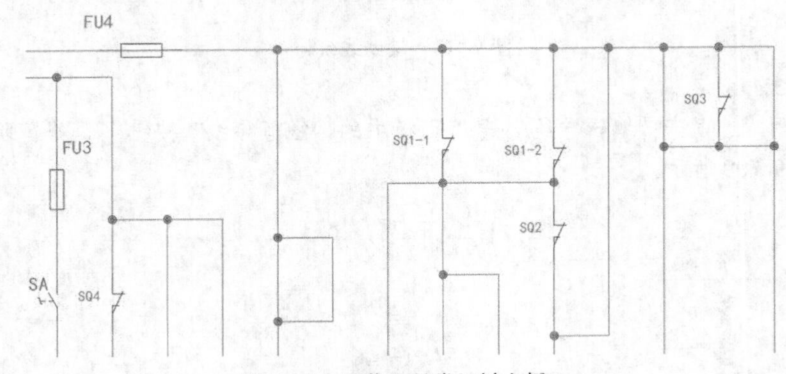

图 9-111　限位开关常闭触点插入

10. 插入限位开关常开触点

（1）重复执行“图标菜单”命令，在弹出的“插入元件”对话框中，选择“限位开关”→“限位开关，常开触点”，将“原理图缩放比例”设置为 1.5。

（2）单击“确定重复”按钮，插入其余限位开关常开触点，结果如图 9-112 所示。

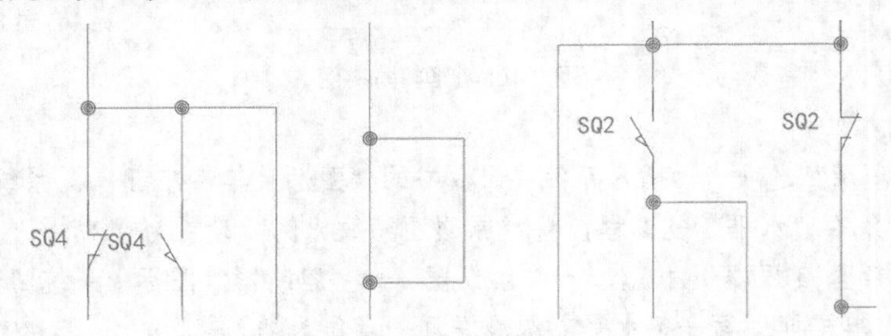

图 9-112　限位开关常开触点插入

11. 插入热继电器

（1）重复执行“图标菜单”命令，系统弹出“插入元件”对话框，勾选“水平”复选框，将“原理图缩放比例”设置为“1.5”。单击“电动机控制”→“多极过载，常闭触点”图标。

（2）系统回到绘图窗口，打开“对象捕捉”功能，捕捉电源线上一点并单击，系统弹出“插入/编辑元件”对话框，修改“元件标记”为“FR2”。

（3）单击“确定重复”按钮，插入其余热继电器常闭触点。修改“元件标记”颜色为“红色”。结果如图 9-113 所示。

12. 编辑热继电器

（1）单击“原理图”选项卡“编辑元件”面板中的“反转/翻转元件”按钮，系统弹出“反转/翻转元件”对话框，单击“翻转”单选按钮，勾选“仅图形”复选框，如图 9-114 所示。单击“确定”按钮。

（2）系统回到绘图窗口，单击 FR1、FR2，按钮方向发生变化，如图 9-115 所示。

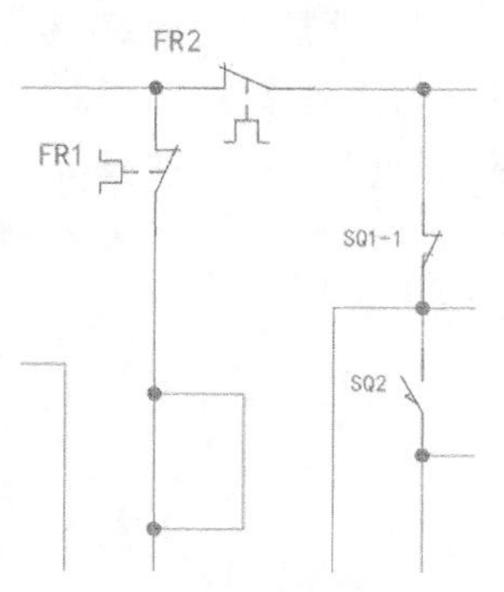

图 9-113 插入热继电器

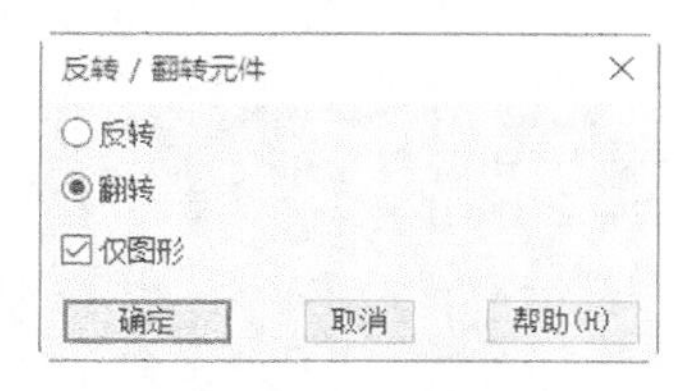

图 9-114 “反转/翻转元件”对话框

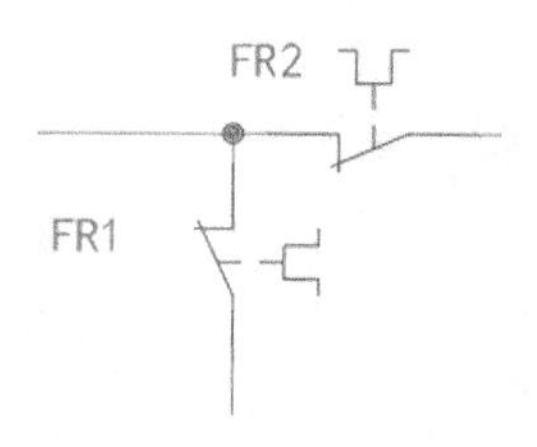

图 9-115 翻转元件

13. 插入按钮

（1）重复执行“图标菜单”命令，系统弹出“插入元件”对话框，将“原理图缩放比例”设置为 2。单击“按钮”→“瞬动型常闭按钮”图标。

（2）系统回到绘图窗口，打开“对象捕捉”功能，捕捉电源线上一点并单击，系统弹出“插入/编辑元件”对话框，修改“元件标记”为“SB1”。

（3）单击“确定重复”按钮，插入其余电动按钮常闭触点。

（4）使用同样的方法插入瞬动型常开按钮“SB2”，修改“元件标记”颜色为“红色”。如图 9-116 所示。

14. 插入延时触点

（1）重复执行“图标菜单”命令，系统弹出“插入元件”对话框，勾选“水平”复选框，将“原理图缩放比例”设置为“2”。单击“定时器”→“释放时-延时常闭触点”图标。

（2）系统回到绘图窗口，打开“对象捕捉”功能，捕捉电源线适当一点并单击，系统弹出“插入/编辑元件”对话框，修改“元件标记”为“KT”。单击“确定”按钮。

（3）重复上述操作，插入“释放时-延时常开触点”，修改“元件标记”颜色为“红色”，结果如图 9-117 所示。

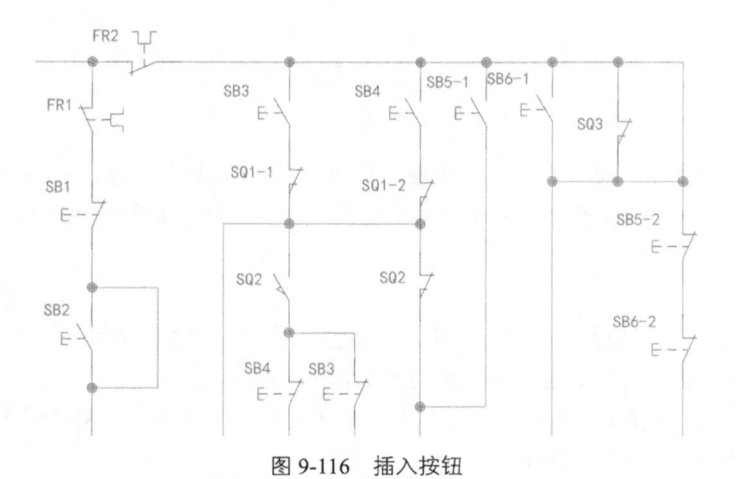

图 9-116 插入按钮

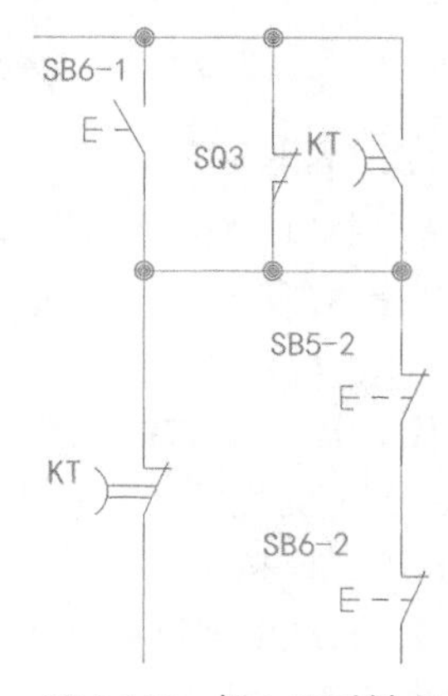

图 9-117 插入延时触点

15. 插入接触器常开触点

（1）重复执行“图标菜单”命令，系统弹出“插入元件”对话框，将“原理图缩放比例”设置为“1.5”。单击“电动机控制”→“电动机起动器”→“带单极常开触点的电动机起动器”图标。

（2）系统回到绘图窗口，打开“对象捕捉”功能，捕捉电源线适当一点并单击，系统弹出“插入/编辑元件”对话框，修改“元件标记”为“KM1”，设置“引脚 1”为“11”，设置“引脚 2”为“12”。

（3）单击“确定重复”按钮。插入其余接触器触点，将“元件标记”颜色修改为“红色”。

（4）用同样的方式插入接触器常闭触点，将“元件标记”颜色修改为“红色”，结果如图 9-118 所示。

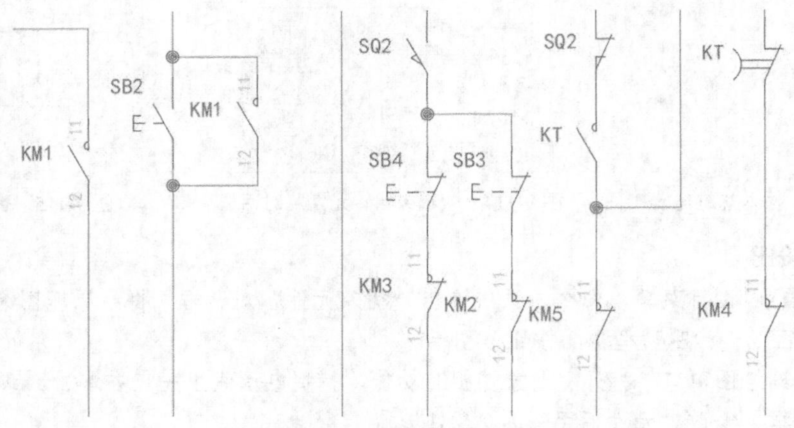

图 9-118　插入接触器触点

16. 对齐元件

单击“原理图”选项卡“编辑元件”面板中的“对齐”按钮，选择常闭触点 KM3 为参照，如图 9-119 所示，将 KM2、KM5、KM4 对齐。结果如图 9-120 所示

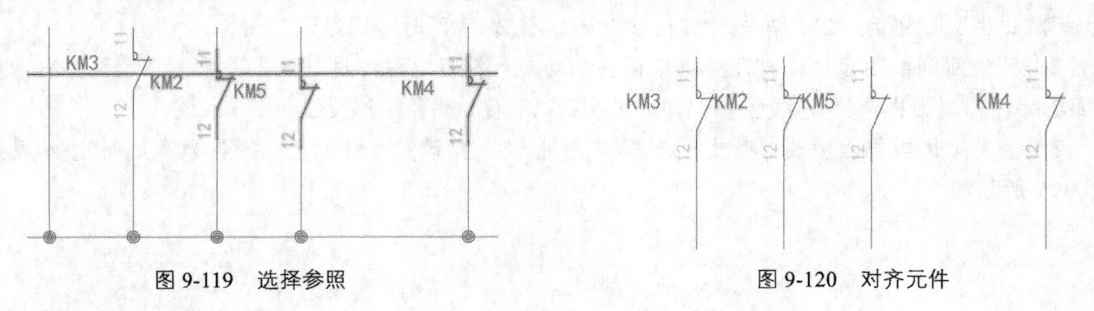

图 9-119　选择参照　　　　图 9-120　对齐元件

17. 插入指示灯

重复执行“图标菜单”命令，系统弹出“插入元件”对话框，将“原理图缩放比例”设置为“1.5”。单击“指示灯”→“标准指示灯”→“红灯”图标。单击“确定重复”按钮，将指示灯插入电路图，如图 9-121 所示。

18. 插入接触器线圈

（1）重复执行“图标菜单”命令，系统弹出“插入元件”对话框，将“原理图缩放比例”设置为“1.5”。单击“电动机控制”→“电动机起动器”→“电动机起动器”图标。

（2）系统回到绘图窗口，打开“对象捕捉”功能，捕捉电源线上适当一点并单击，系统弹出“插入/编辑元件”对话框，修改“元件标记”为“KM1”。

（3）单击“确定重复”按钮，插入剩余接触器线圈。将“元件标记”颜色修改为“红色”，并调整名称位置。结果如图 9-122 所示。

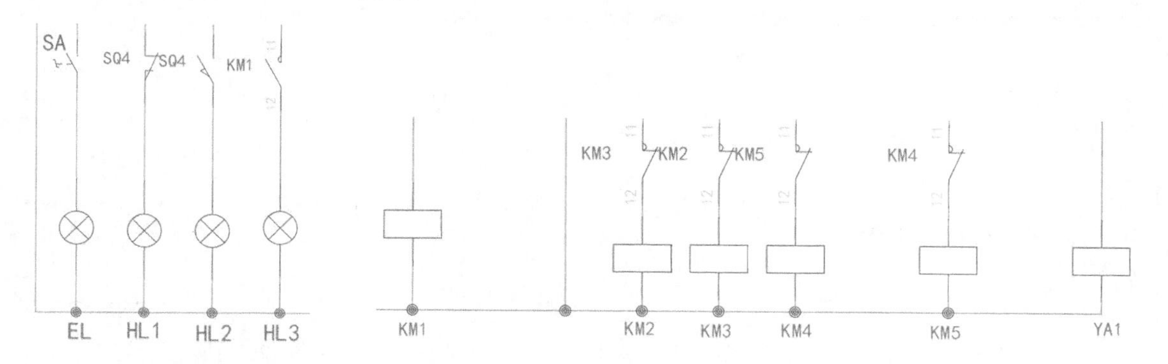

图 9-121　插入指示灯

图 9-122　插入接触器线圈

19. 插入吸合时-延时线圈

（1）重复执行“图标菜单”命令，系统弹出“插入元件”对话框，将“原理图缩放比例”设置为“1.5”。单击“定时器”→“吸合时-延时线圈”图标。

（2）系统回到绘图窗口，打开“对象捕捉”功能，捕捉电源线适当一点并单击，系统弹出“插入/编辑元件”对话框，修改“元件标记”为“KT”。单击“确定”按钮。修改“元件标记”颜色为红色，并调整元件标记位置，结果如图 9-123 所示。

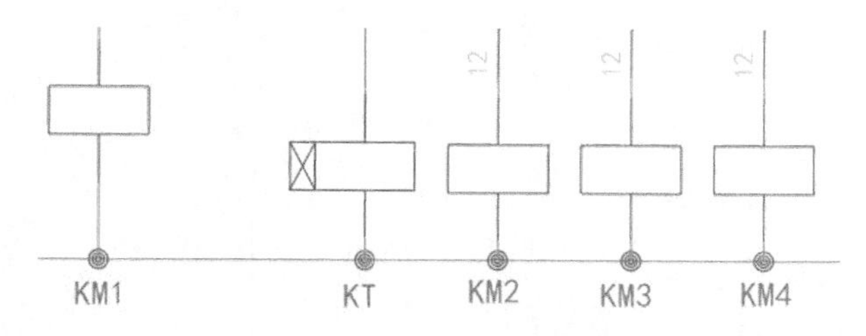

图 9-123　插入吸合时-延时线圈

20. 对齐元件

单击“原理图”选项卡“编辑元件”面板中的“对齐”按钮，选择常接触器线圈 KM5 为参照，将 KM1、KM2、KM3、KM4、KT、YA1 接触器线圈对齐。结果如图 9-124 所示。

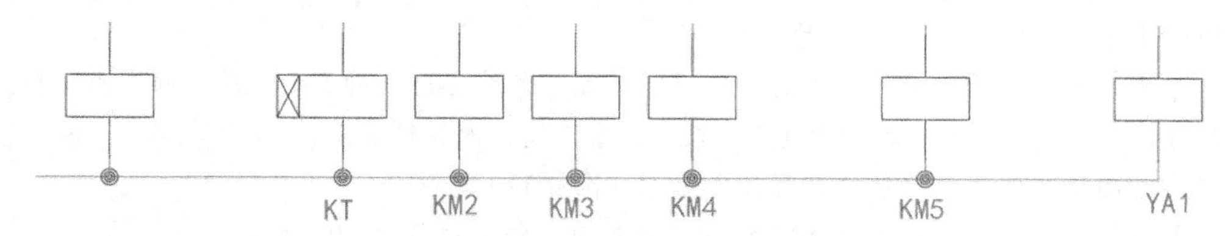

图 9-124　对齐接触器线圈

21. 插入目标箭头

（1）单击“原理图”选项卡“插入导线/线号”面板中的“目标箭头”按钮，在命令行提示下单击最上端水平线的左端点，系统弹出“插入目标代号”对话框。

（2）单击“项目”按钮，系统弹出“信号代号—项目范围 源”对话框，勾选“显示源箭头代号”复选框，在对话框中选择线号 101，如图 9-125 所示，单击两次“确定”按钮。完成目标箭头插入，如图 9-126 所示。

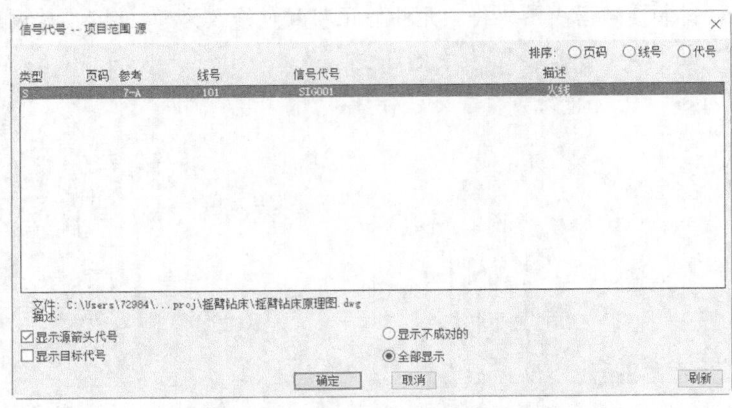

图 9-125 “信号代号—项目范围 源”对话框

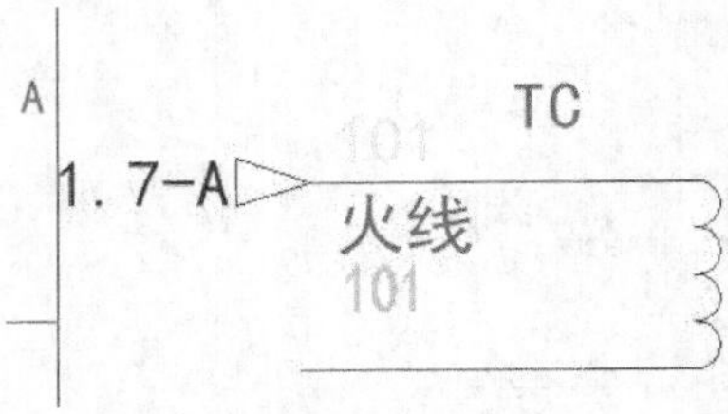

图 9-126 插入目标箭头

22. 更新信号箭头

（1）打开“摇臂钻床原理图.dwg”文件。单击“原理图”选项卡“编辑导线/线号”面板中的“更新信号参考”按钮，系统弹出“更新导线信号和独立交互参考”对话框，如图 9-127 所示。勾选“导线信号”复选框。并单击“项目范围”按钮。

（2）系统弹出“选择要处理的图形”对话框，单击“全部执行”按钮，然后单击“确定”按钮。更新源箭头，如图 9-128 所示。

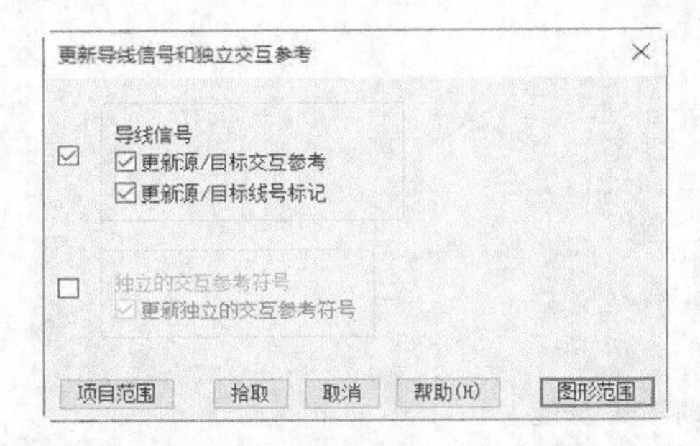

图 9-127 “更新导线信号和独立交互参考”对话框

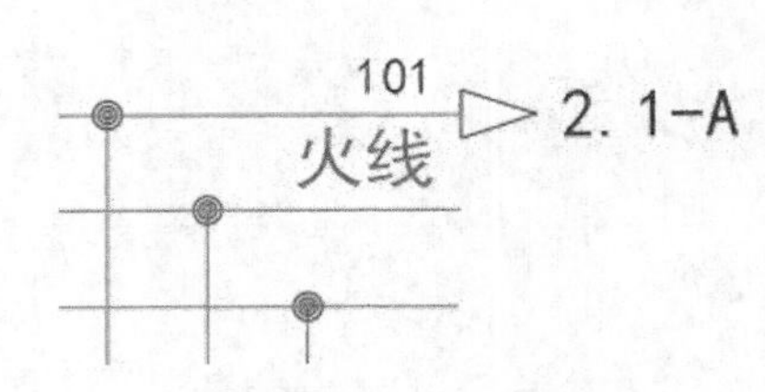

图 9-128 源箭头更新

23. 为热继电器 FR 添加交互参考

（1）单击“原理图”选项卡“编辑元件”面板中的“编辑”按钮，选择热继电器 FR1 常闭触点，系统弹出“插入/编辑辅元件”对话框。

（2）单击“元件标记”选项组中的“项目”按钮，系统弹出“种类= ‘OL’ 的完整项目列表”对话框，选择第一页的 FR1，单击“确定”按钮。系统返回对话框模式，“交互参考”一栏中被填入信息，单击“确定”按钮。添加的交互参考信息如图 9-129 所示。

（3）用同样的方法为热继电器 FR2 添加交互参考，结果如图 9-130 所示。

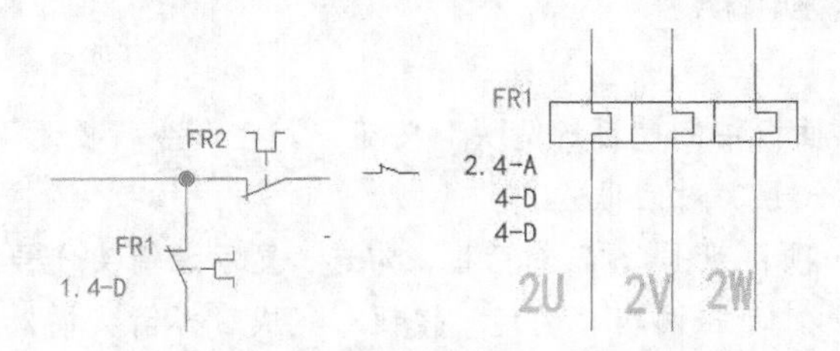

图 9-129 为热继电器 FR1 添加交互参考

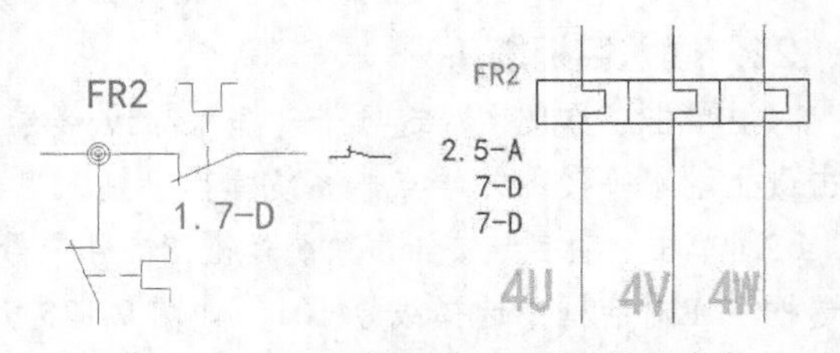

图 9-130 为热继电器 FR2 添加交互参考

24. 为接触器 KM1 添加交互参考

（1）单击“原理图”选项卡“编辑元件”面板中的“编辑”按钮，选择接触器常开触点 KM1，系统弹出“插入/编辑辅元件”对话框，如图 9-131 所示。

（2）单击该对话框中的“主项/同级项”按钮，系统返回绘图窗口，选择接触器线圈 KM1，系统再次返回对话框模式，在“交互参考”一栏中填入信息，如图 9-131 所示。单击“确定”按钮。

（3）利用同样的方式为另一个接触器常开触点 KM1 添加交互参考，如图 9-132 所示。

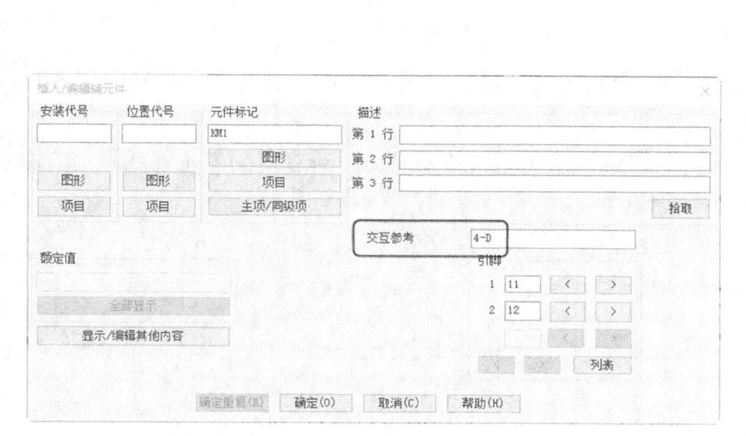

图 9-131 “插入/编辑辅元件”对话框

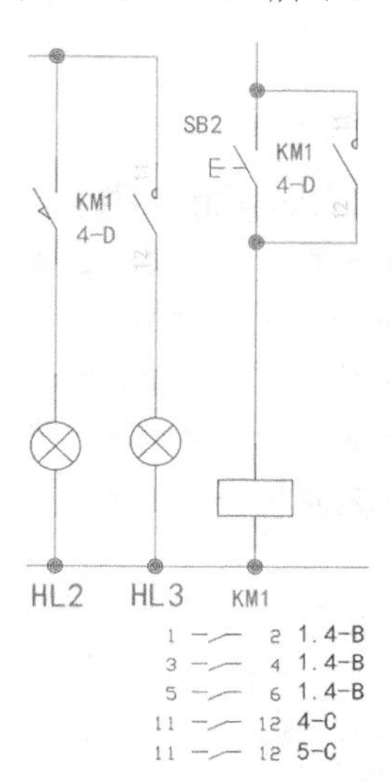

图 9-132 为接触器常开触点 KM1 添加交互参考 1

（4）打开“摇臂钻床原理图”文件。单击“原理图”选项卡“编辑元件”面板中的“编辑”按钮，选择接触器常开触点 KM1，系统弹出“插入/编辑辅元件”对话框。

（5）单击“元件标记”选项组中的“项目”按钮，系统弹出“种类= ‘MS’ 的完整项目列表”对话框，如图 9-133 所示，选择第二页的 KM1，单击“确定”按钮。系统返回对话框模式，“交互参考”一栏中被填入信息。单击“确定”按钮。添加的交互参考信息如图 9-134 所示。

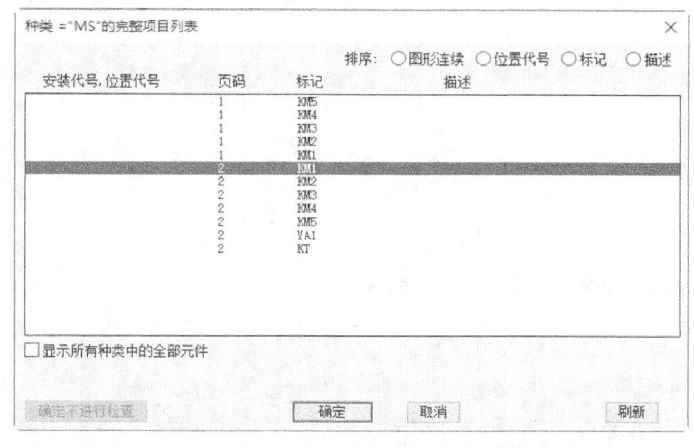

图 9-133 “种类= ‘MS’ 的完整项目列表”对话框

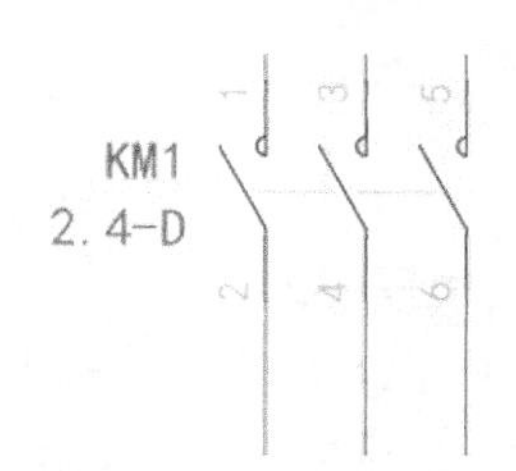

图 9-134 为接触器常开触点 KM1 添加交互参考 2

25. 为其余接触器添加交互参考

用同样的方式为接触器 KM2、KM3、KM4、KM5，以及继电器 KA1 添加交互参考。结果如图 9-135 所示。

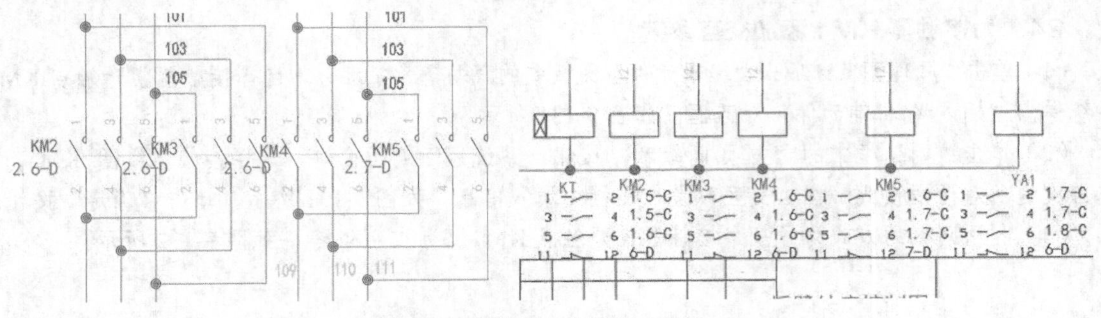

图 9-135　添加继电器交互参考

26．为时间继电器添加交互参考

（1）单击“原理图”选项卡“编辑元件”面板中的“编辑”按钮，选择时间继电器触点 KT，系统弹出“插入/编辑辅元件”对话框。

（2）单击该对话框中的“主项/同级项”按钮，系统返回绘图窗口，选择时间继电器线圈 KT，系统再次返回对话框模式。单击“确定”按钮。

（3）利用同样的方式为另外两个时间继电器触点 KT 添加交互参考，如图 9-136 所示。

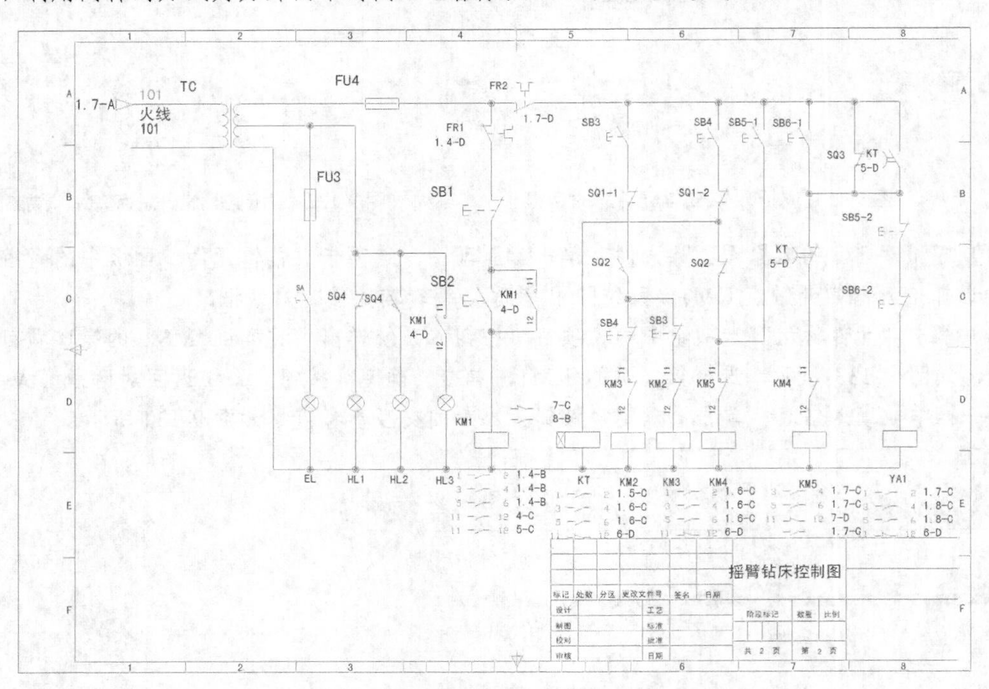

图 9-136　为时间继电器触点 KT 添加交互参考

27．线号插入

（1）单击“原理图”选项卡“插入导线/线号”面板中的“线号”按钮，系统弹出“页码 2-导线标记”对话框。

（2）在“导线标记模式”选项组中设置“1”为“开始”。如图 9-137 所示，单击“图形范围”按钮。线号自动被插入控制电路，如图 9-138 所示。

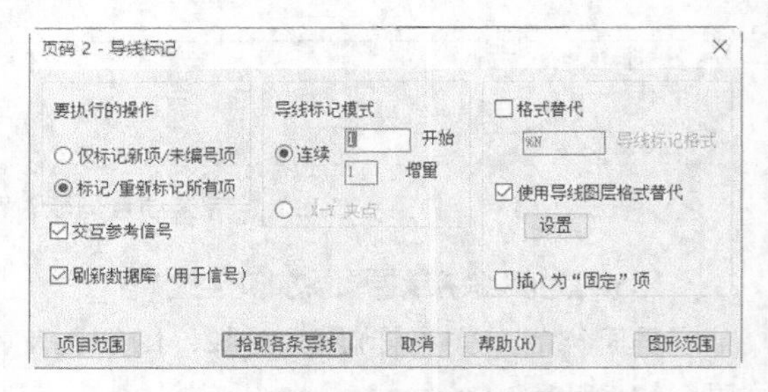

图 9-137　“页码 2-导线标记”对话框

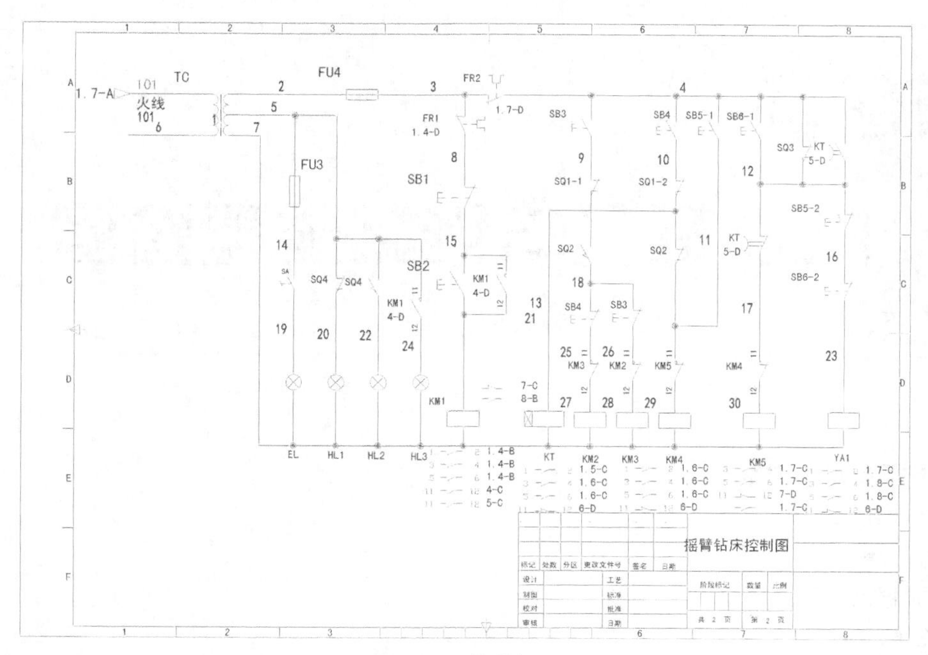

图 9-138 线号插入

28. 移动线号

单击“原理图”选项卡“编辑导线/线号”面板中的“移动线号”按钮，单击线号 4 处导线的适当位置，移动线号。需要注意的是在移动线号时直接指定导线上位置线号便会移动到此处。

29. 切换导线内线号

单击“原理图”选项卡“编辑导线/线号”面板中的“切换导线内线号”按钮，单击线号 22、24、25、26、21，将线号嵌入导线中，结果如图 9-139 所示。

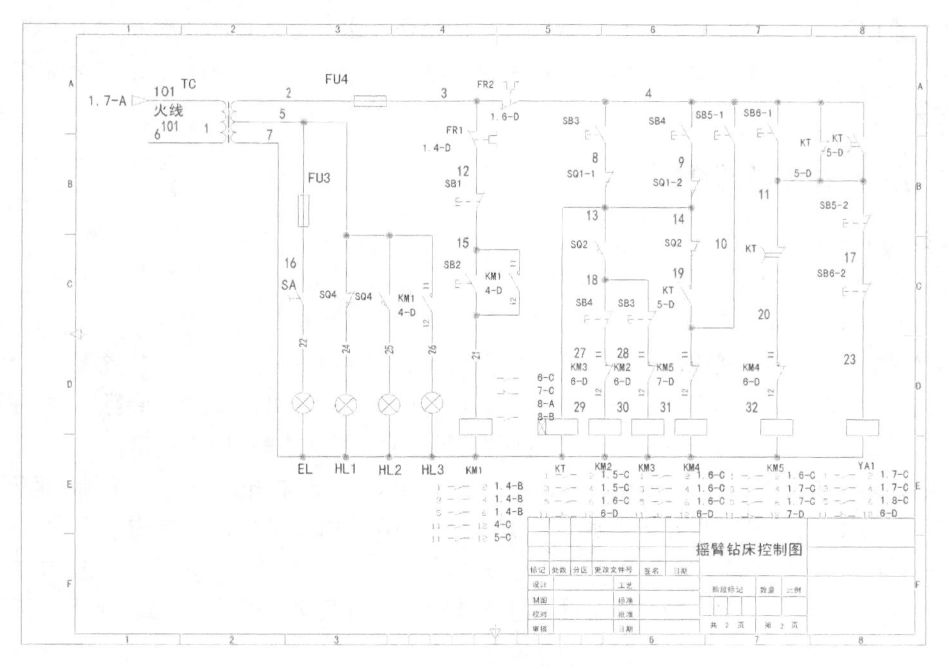

图 9-139 切换导线内线号

第10章

PLC 插入与连接器电路图

本章学习要点和目标任务

- PLC 插入
- PLC 编辑
- 编辑阶梯图
- 连接器

PLC 控制在电气系统中占有举足轻重的位置，本节将介绍 PLC 插入与连接器电路图的绘制。

连接器用于电路中两个导体的桥接，电路图中连接器的连接较为简单，本章将带大家学习连接器连接图的绘制。

10.1 PLC 插入

在电气原理图中，可以通过多种方式绘制 PLC 模块。本节重点介绍“插入 PLC（参数）”命令及“插入 PLC（完整单元）”命令的执行。前者为单独 PLC 模块的插入命令；后者为完整 PLC 系统的插入命令。

10.1.1 插入 PLC（参数）

插入参数化生成的 PLC I/O 模块。

执行该命令有如下 3 种方法。

- 命令行：aeplcp。
- 菜单栏：执行菜单栏中的“元件”→“插入 PLC 模块”→“插入 PLC（参数）”命令。
- 功能区：单击“原理图”选项卡“插入元件”面板中的“插入 PLC（参数）”按钮。

（1）执行上述命令后，系统弹出“PLC 参数选择”对话框，如图 10-1 所示。

（2）在该对话框的左上方的树中找到 PLC，选择模块，同时展开制造商、系列和类型。根据需要选择 PLC 模块的图形样式及方向（水平/垂直模块）。确定 PLC 的比例，单击“确定”按钮。

（3）在绘图区指定一点以插入 PLC 模块。系统弹出“模块布局”对话框，如图 10-2 所示。在该对话框中单击“允许使用分隔符/打断符”单选按钮以打断模块。然后在设置“间距”后单击“确定”按钮。

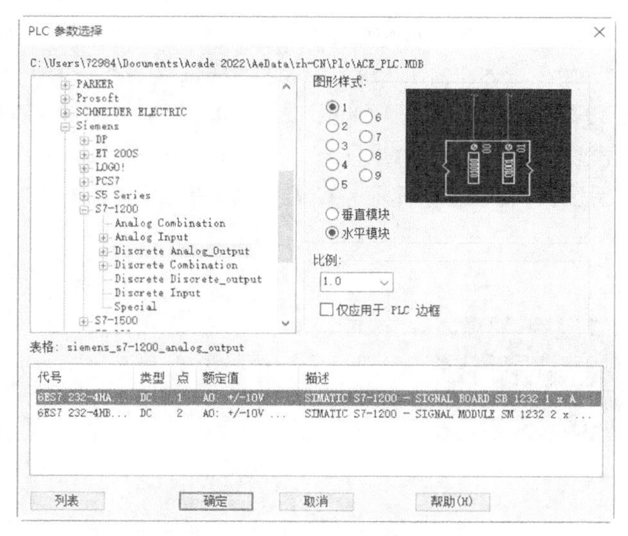

图 10-1 “PLC 参数选择”对话框

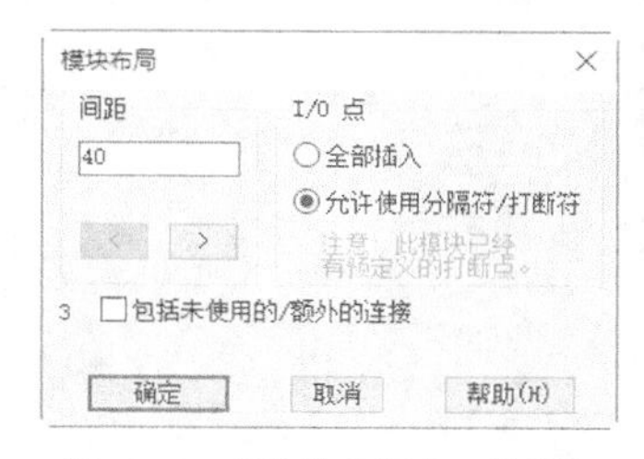

图 10-2 “模块布局”对话框

（4）系统弹出“I/O 点”对话框，如图 10-3 所示。此处对话框会因模型定义不同而有所不同。单击“确定”按钮。

（5）系统弹出“I/O 地址”对话框，如图 10-4 所示。输入或选择第一个地址，单击“确定”按钮，系统弹出“自定义打断/间距”对话框，如图 10-5 所示。执行“插入下一个 I/O 点”命令，插入 I/O 点。单击“添加分隔符”按钮，则系统跳过一个节点。单击“立即打断模块”按钮，模块被打断，完成一个 PLC 模块的插入。

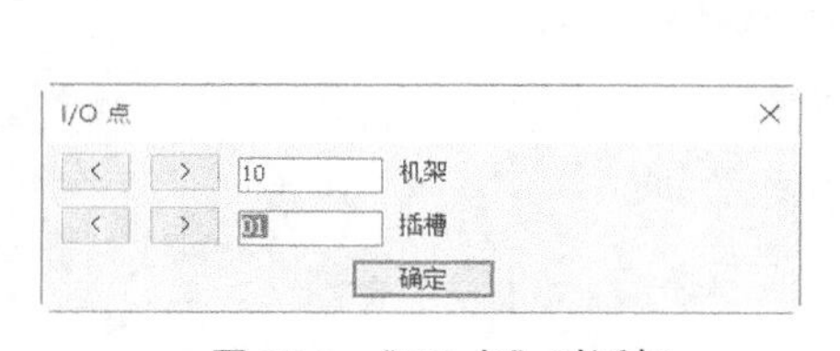

图 10-3 “I/O 点”对话框

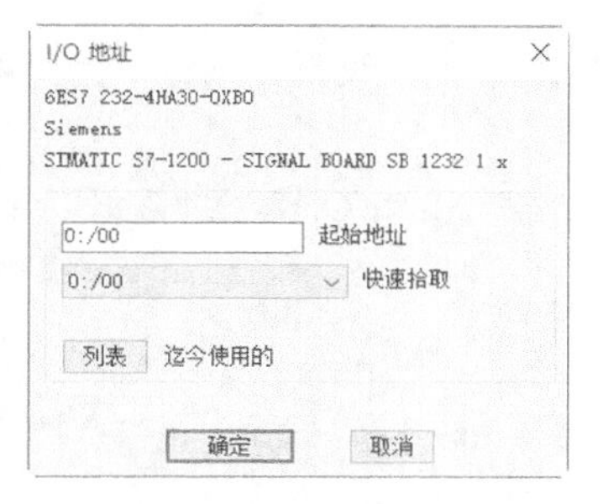

图 10-4 “I/O 地址”对话框

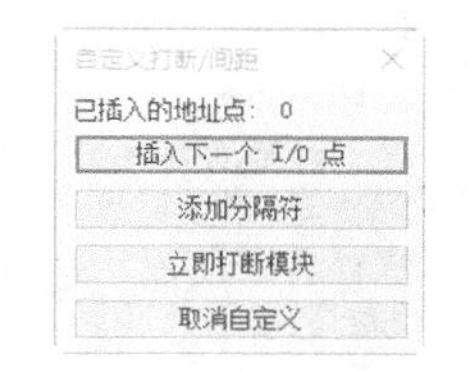

图 10-5 “自定义打断/间距”对话框

10.1.2 实例——参数 PLC 插入

本节介绍参数 PLC 插入，如图 10-6 所示，操作步骤如下。

1. 新建项目

打开 AutoCAD Electrical 2022 应用程序，单击“项目管理器”选项卡中的“新建项目”按钮，创建名称为“参数 PLC 插入”的新项目。

2. 新建图形

选择“ACE_GB_a3_a.dwt”为模板，创建“PLC 参数示意图.dwg”文件。

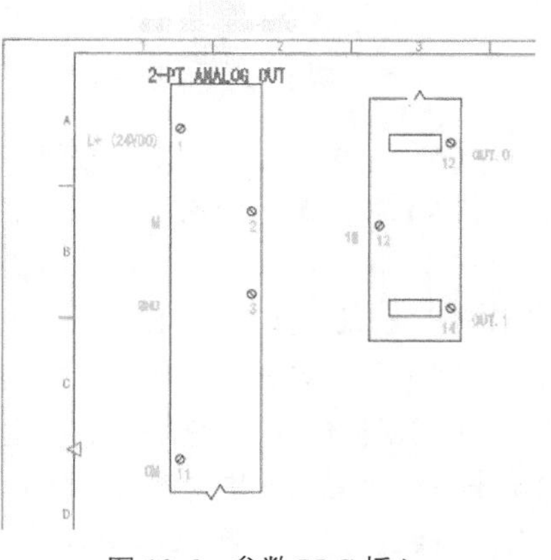

图 10-6 参数 PLC 插入

3. 插入 PLC（参数）

（1）单击“原理图”选项卡“插入元件”面板中的“插入 PLC（参数）”按钮，系统弹出“PLC 参数选择”对话框，如图 10-7 所示，选择西门子（Siemens）S7-1200 系列的“6ES7 232-4HB30-0XB0”，在“图形样式”中选择“1”，选择“垂直模块”。

（2）单击“确定”按钮，系统返回绘图区，如图 10-8 所示，在适当位置单击插入 PLC。

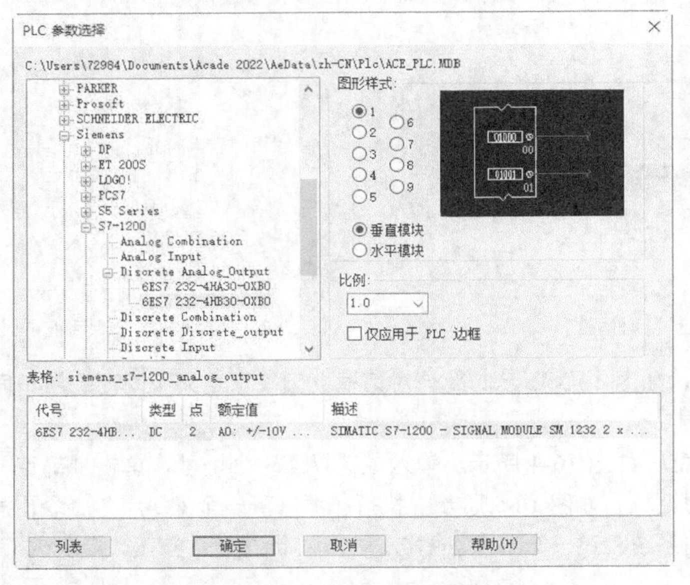

图 10-7 “PLC 参数选择”对话框

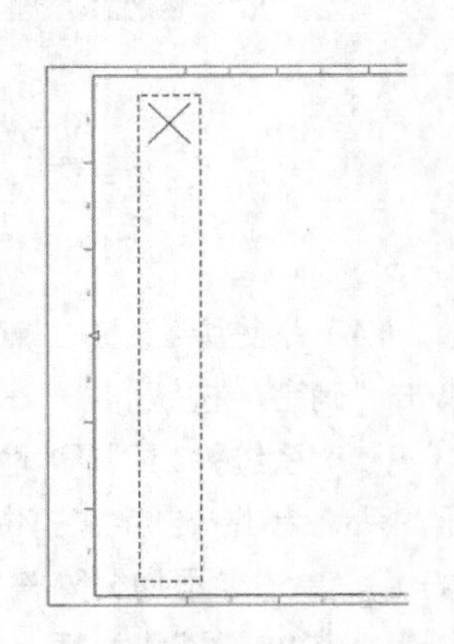

图 10-8 确定 PLC 位置

（3）系统弹出“模块布局”对话框，设置“间距”为“40”，单击“允许使用分隔符/打断符”单选按钮，如图 10-9 所示。

（4）单击“确定”按钮，系统弹出“I/O 点”对话框，如图 10-10 所示。

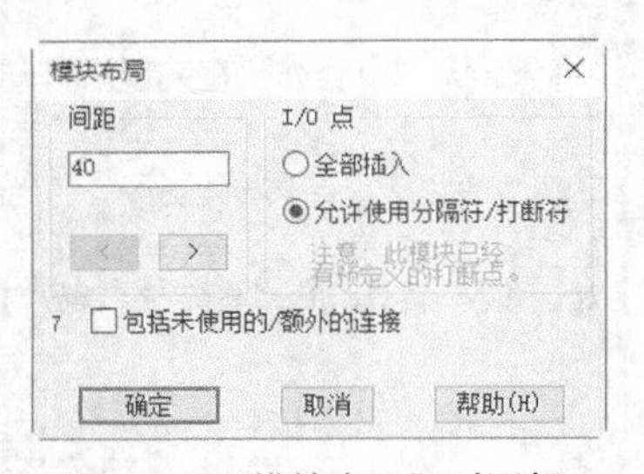

图 10-9 “模块布局”对话框

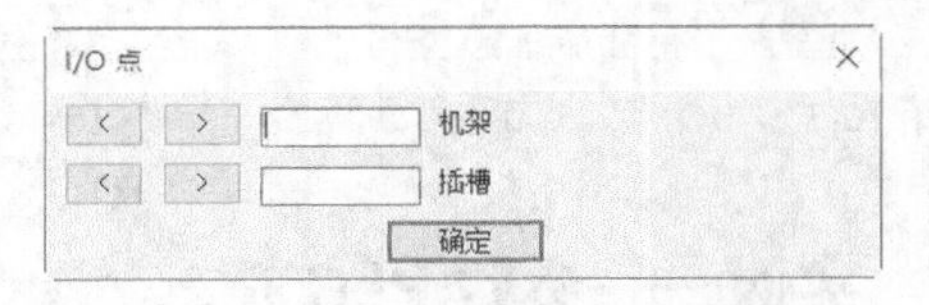

图 10-10 “I/O 点”对话框

（5）直接单击“确定”按钮，系统弹出“自定义打断/间距”对话框，如图 10-11 所示。

（6）两次单击“插入下一个 I/O 点”按钮，PLC 插入两个 I/O 点，如图 10-12 所示。

（7）接下来单击“添加分隔符”按钮，在 PLC 中会出现“×”的标志，继续单击“插入下一个 I/O 点”按钮，如图 10-13 所示。

（8）然后单击“立即打断”按钮，PLC 模块被打断，如图 10-14 所示。

（9）将被打断的模块放置在适当位置，系统弹出“模块布局”对话框，设置“间距”为“40”，单击“全部插入”单选按钮。然后单击“确定”按钮，系统弹出“I/O 地址”对话框，直接单击“确定”按钮，完成参数 PLC 模块插入，结果如图 10-6 所示。

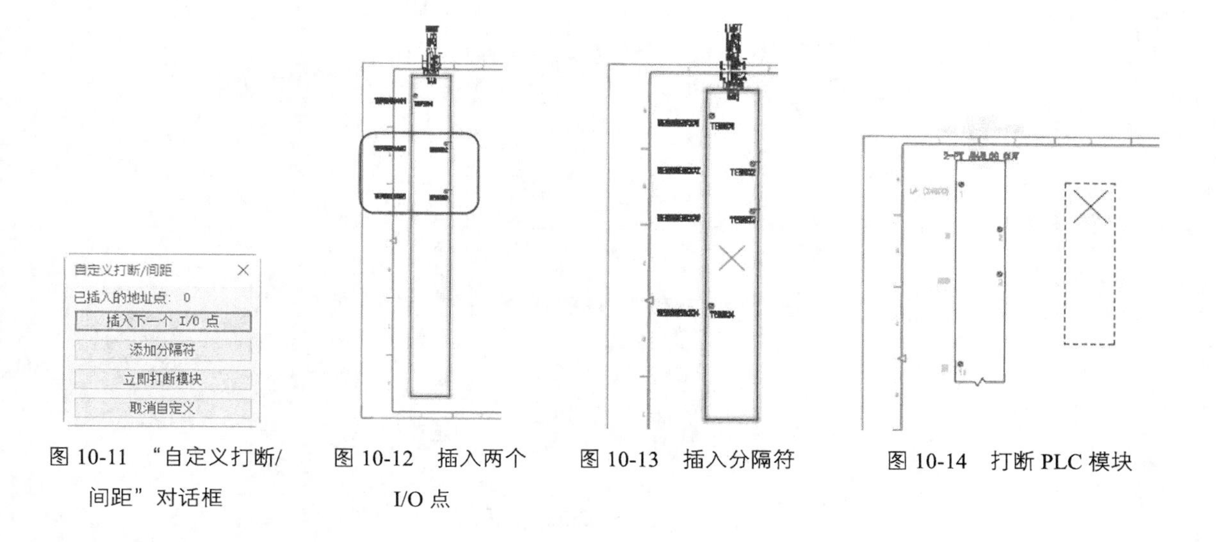

图 10-11 “自定义打断/间距”对话框　图 10-12 插入两个 I/O 点　图 10-13 插入分隔符　图 10-14 打断 PLC 模块

10.1.3 插入 PLC（完整单元）

插入作为固定库符号块的 PLC I/O 模块。该命令在绘图过程中应用性较差，使用次数较少。

执行该命令有如下 3 种方法。

- 命令行：aeplc。
- 菜单栏：执行菜单栏中的“元件”→“插入 PLC 模块”→“插入 PLC（完整单元）”命令。
- 功能区：单击“原理图”选项卡“插入元件”面板中的“插入 PLC（完整单元）”按钮。

执行上述命令后，系统弹出“插入元件”对话框，如图 10-15 所示。在“PLC 安装单元”选项板中选择要插入的 PLC 模块。在绘图区适当位置单击指定插入点。系统弹出“编辑 PLC 模块”对话框，在该对话框中添加或编辑信息，然后单击“确定”按钮完成操作。图 10-16 中各参数含义如下。

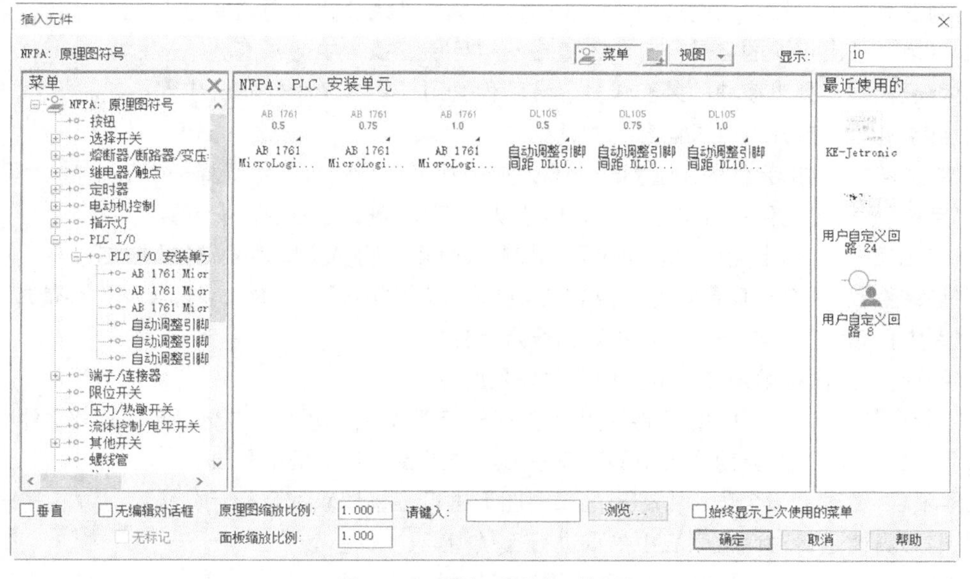

图 10-15 “插入元件”对话框

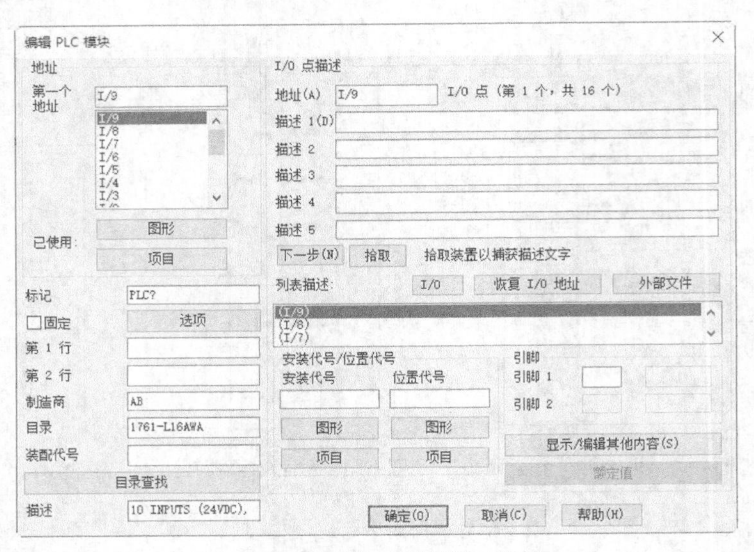

图 10-16 “编辑 PLC 模块”对话框

（1）地址

① “第一个地址”：指定 PLC 模块的第一个 I/O 地址，右侧列出可以从中进行选择的可用 I/O 地址。从列表中选择 I/O 地址时，“I/O 点描述：地址”将自动更新。

② “已使用：图形或项目”：列出已指定到图形或项目中的任何 I/O 点。从列表中为此新元件选择要复制或递增的标记。

（2）标记：指定分配给模块的唯一标识符。可以在编辑框中手动键入标记值。

（3）选项：用固定的文字字符串来替换标记格式中的%F 部分。然后，重新标记元件便可以使用此替代格式的值来计算 PLC 模块的新标记。

（4）第 1 行/第 2 行：指定可选的模块描述文字。可用于标识模块在 I/O 装配中的相对位置（例如机架号和插槽号）。

（5）制造商：列出模块的制造商号。输入值或从“目录查找”中选择值。

（6）目录：列出模块的目录号。输入值或从“目录查找”中选择值。

（7）装配代号：列出模块的装配代号。装配代号用于将多个零件号链接到一起。

（8）目录查找：打开“目录信息”对话框。

① “制造商”：列出元件的制造商号。输入值或从“目录查找”中选择一个值。

② “目录”：列出元件的目录号。输入值或从“目录查找”中选择一个值。

③ “装配代号”：列出元件的装配代号。装配代号用于将多个零件号链接到一起。

④ “目录查找”：打开目录数据库中 PLC I/O 表，从中可以手动输入、选择制造商值或目录值。在该数据库中搜索特定目录条目，以指定给选定元件。

⑤ “图形”：列出当前图形中的类似元件使用的零件号。

⑥ “项目”：列出项目中类似元件使用的零件号。可以在激活项目、其他项目或外部文件中搜索。

“激活项目”：将扫描当前项目中的所有图形，结果会在对话框中列出。

“其他项目”：对上一个项目中列出的每个图形进行扫描以获取目标元件类型，并在子对话框中返回目录信息。通过从对话框列表中拾取进行目录指定。

⑦ 描述：可选的描述文字行。可用于识别模块类型。

（9）I/O 点描述。

①“地址”：指定 I/O 地址。

②“描述 1～描述 5”：可选的描述文字。最多可输入 5 行描述属性的文字。

③“下一步/拾取”：从当前图形上的模块选择描述。

④“列表描述”：列出当前为拾取列表中模块或已连接的连线装置上的每个 I/O 点指定的 I/O 点描述。单击此选项旁边的某个按钮将在下面的方框中显示不同的描述列表。

⑤“I/O”：列出目前为止在模块上使用的 I/O 点描述。

⑥“恢复 I/O 地址”：列出找到的要连接到 I/O 模块的连线装置的描述。

⑦“外部文件”：显示 I/O 点描述的外部 ASCII 码文本文件（以逗号分隔）的内容。拾取文件中的条目，然后将值复制到“编辑”对话框的编辑框中。

（10）安装代号/位置代号：更改安装代号或位置代号。用户可以搜索当前图形或整个项目以查找安装代号和位置代号。系统将快速读取所有当前图形文件或选定图形文件，并返回迄今为止使用过的代号的列表。请从该列表中进行选择，以使用安装代号或位置代号自动更新模块。

（11）引脚：将引脚号指定给实际位于模块上的引脚。

（12）显示/编辑其他内容：查看或编辑除预定义的 AutoCAD Electrical 2022 工具集属性之外的所有属性。

（13）额定值：指定每个额定值属性的值。对于一个模块，最多可以输入 12 个额定值属性。选择“默认”可以显示默认值列表。如果“额定值”不可用，则说明当前编辑的模块不包含额定值属性。

10.2 PLC 编辑

10.2.1 拉伸 PLC 模块、元件或块

“拉伸 PLC 模块”命令旨在允许用户在 PLC 模块上的 I/O 点之间添加空格，可对任意块执行该命令。值得注意的是通过执行该命令用户也可以对绘制的导线进行拉伸。执行该命令主要有如下 3 种方法。

- 命令行：aestretchplc。
- 菜单栏：执行菜单栏中的“元件”→“元件其他选项”→“拉伸 PLC 模块”命令。
- 功能区：单击“原理图”选项卡“编辑元件”面板中的“拉伸 PLC 模块”按钮。

执行上述命令后，根据系统提示使用交叉窗口或交叉多边形窗口选择要拉伸的块。按 Enter 键完成选择对象操作，然后根据提示单击位移的基点和第二点，则选中的块将被分解、拉伸，然后使用新块名重新合并为块（保留所有原始块信息，包括属性）。在执行该命令时，命令行提示中各选项的含义如下。

（1）若按 Enter 键响应“指定第一点:”的提示，则系统会把上次绘线（或弧）的终点作为本次操作的起始点。特别地，若上次操作为绘制圆弧，则按 Enter 键响应后，会绘制出通过圆弧终点的与该圆弧相切的直线段，该线段的长度由光标在屏幕上指定的一点与切点之间线段的长度确定。

（2）在“指定下一个点”的提示下，用户可以指定多个端点，从而绘制出多条直线段。但是，

每一条直线段都是一个独立的对象，可以对其进行单独的编辑操作。

10.2.2 拆分 PLC 模块/元件

若要构建或插入 PLC 模块，“拆分 PLC 模块”命令尤其适用。执行该命令主要有如下 3 种方法。

- 命令行：aesplitplc。
- 菜单栏：执行菜单栏中的“元件”→“元件其他选项”→“拆分 PLC 模块”命令。
- 功能区：单击“原理图”选项卡“编辑元件”面板中的“拆分 PLC 模块”按钮。

执行上述命令后，在命令行提示下单击需要拆分的 PLC 图块，然后在图块上单击确定拆分点或输入“M”以使用交叉窗口或交叉多边形窗口为新的辅元件选择对象。使用窗选方式进行选择，直到选中所有对象。要取消选择任一对象，请按 U 键然后正常选择。然后按 Enter 键或单击鼠标右键结束选择。随后系统弹出“拆分块”对话框，如图 10-17 所示。对话框中各参数含义如下。

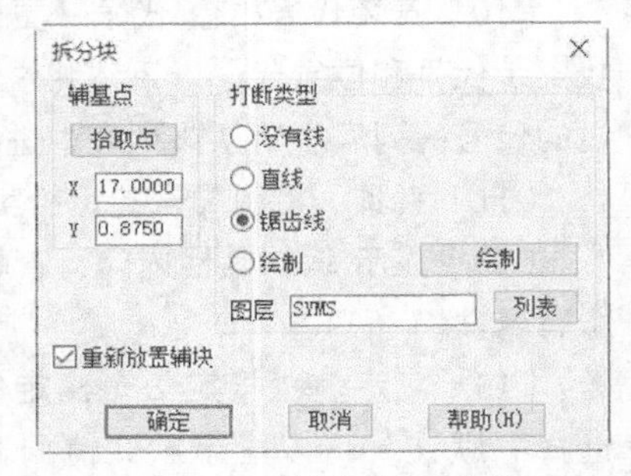

图 10-17 “拆分块”对话框

（1）“辅基点”：指定新块的原点。默认原点为导线内被拆分块上的第一组引脚。如果用户不希望接受默认原点，可以输入坐标，或者单击“拾取点”按钮然后选择图形中的原点。

（2）“打断类型”：指定打断类型为没有线、直线、锯齿线或绘制。将默认打断类型设置为锯齿线。单击“绘制”按钮以在图形上手动绘制打断类型。

（3）“图层”：指定用于辅块的图层。用户可以接受默认图层，也可以单击“列表”按钮以从现有图层列表中选择图层。

（4）“重新放置辅块”：指定重新放置辅块位置，以便将其作为此命令的一部分移动。

10.3 编辑阶梯图

阶梯绘制完成后往往面临着与实际电路图有一定差异的情况，这就需要对阶梯进行编辑。本节将介绍阶梯的“修改”“添加横档”命令。

10.3.1 修改阶梯

重新编号阶梯参考，并调整特定于阶梯的设置。可以通过执行该命令缩短、加长、加宽或压缩现有阶梯。执行该命令主要有如下 3 种方法。

- 命令行：aereviseladder。
- 菜单栏：执行菜单栏中的“导线”→“阶梯”→“修改阶梯”命令。
- 功能区：单击“原理图”选项卡“编辑导线/线号”面板中的“修改阶梯”按钮。

执行上述命令后，系统弹出“修改线参考号”对话框，如图 10-18 所示。更改线参考号的列使其与相应的阶梯长度匹配，然后单击“确定”按钮。该对话框中各参数含义如下。

（1）“横档间距”：指定每条横档之间的间距。

（2）“横档计数”：指定每个阶梯的横档数。

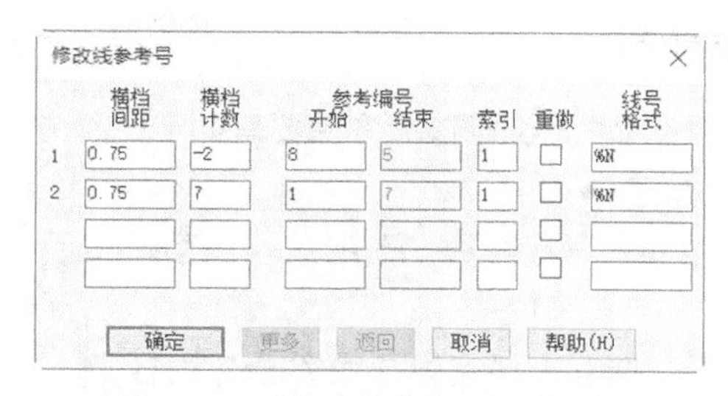

图 10-18 “修改线参考号”对话框

（3）“参考编号”：通过调整起始参考号和结束参考号来指定阶梯的长度。每个阶梯上的第一个线参考号都是一个智能的 AutoCAD 块及属性。其他所有线参考号都是文字实体（可以删除这些线参考号，但不能删除顶级线参考号或第一个线参考号）。

- “索引”：指定线参考号的增量值（默认值为 1）。单击“重做”将强制刷新线参考编号。
- “线号格式”：指定放置线号的格式（默认值为配置的线号格式值）。用户可以针对每个阶梯指定唯一的自动线号格式（如 24V 布线的一个阶梯需要其线号具有唯一的前缀或后缀）。

10.3.2 添加横档

在阶梯内部最接近用户选择点的线参考处添加阶梯横档。如果新横档在空白位置遇到了浮动的原理图装置，它将尝试打断导线以穿过该装置。执行该命令主要有如下 3 种方法。

- 命令行：aerung。
- 菜单栏：执行菜单栏中的“导线”→“添加横档”命令。
- 功能区：单击“原理图”选项卡“编辑导线/线号”面板中的“添加横档”按钮。

执行上述命令后，单击热母线与中性线之间的任意空白位置以添加横档。在插入横档期间，在命令提示中会显示当前导线类型。通过键入快捷键“T”，系统弹出“设置导线类型”对话框，如图 10-19 所示。在该对话框中选择新的导线类型来替代此导线类型。则新的导线类型变为当前导线类型，执行命令继续进行横档插入。如果新横档在空白位置遇到了浮动的原理图装置，它将尝试打断导线以穿过该装置。

设置导线类型

	已使用	导线颜色	大小	图层名称	导线编号	用户1	用户2
1	X	BLK	0.5mm^2	BLK_0.5mm^2	是		
2		BLK	0.75mm^2	BLK_0.75mm^2	是		
3		BLK	1.0mm^2	BLK_1.0mm^2	是		
4		BLK	1.5mm^2	BLK_1.5mm^2	是		
5		BLK	10.0mm^2	BLK_10.0mm^2	是		
6		BLK	12_THHN	BLK_12_THHN	是		
7		BLK	16.0mm^2	BLK_16.0mm^2	是		
8		BLK	2.5mm^2	BLK_2.5mm^2	是		
9		BLK	4.0mm^2	BLK_4.0mm^2	是		
10		BLK	6.0mm^2	BLK_6.0mm^2	是		
11		BLU	0.5mm^2	BLU_0.5mm^2	是		
12		BLU	0.75mm^2	BLU_0.75mm^2	是		
13		BLU	1.0mm^2	BLU_1.0mm^2	是		
14		BLU	1.5mm^2	BLU_1.5mm^2	是		

确定　取消　帮助

图 10-19 “设置导线类型”对话框

10.3.3 重新编号阶梯参考

在项目范围内重新编号阶梯参考。执行该命令主要有如下 3 种方法。

- 命令行：aerenumberladder。
- 菜单栏：执行菜单栏中的“导线”→“阶梯”→“重新编号阶梯参考”命令。
- 功能区：单击“原理图”选项卡“编辑导线/线号”面板中的“重新编号阶梯参考”按钮。

执行上述命令后，系统弹出“重新编号阶梯”对话框，如图 10-20 所示。为第一个图形中的第一个阶梯输入第一个阶梯编号。选择一种方法，然后单击“确定”按钮。系统弹出“选择要处理的图形”对话框，如图 10-21 所示，从中选择要处理的图形。“重新编号阶梯”对话框中各参数如下。

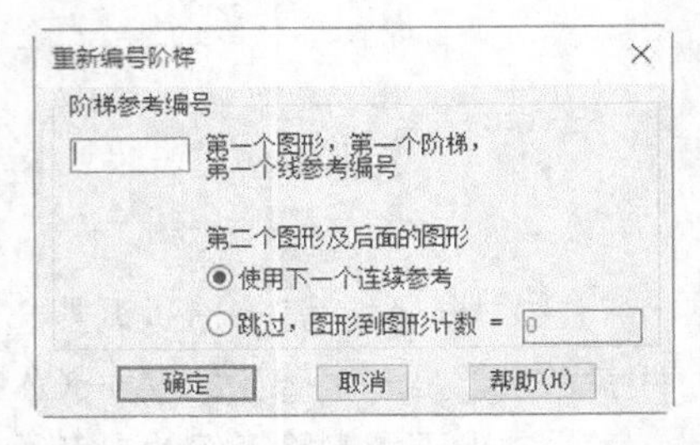

图 10-20 “重新编号阶梯”对话框

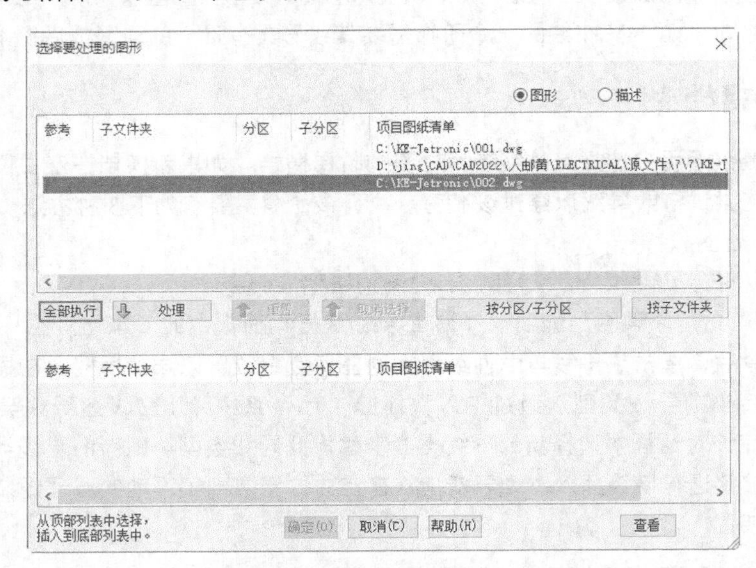

图 10-21 “选择要处理的图形”对话框

（1）“第一个图形，第一个阶梯，第一个线参考编号”：输入第一个阶梯线参考编号。

（2）“第二个图形及后面的图形”：为后续图形的阶梯选择选项。

“使用下一个连续参考”：从上一个图形中的最后一个线参考开始递增。

“跳过，图形到图形计数=”：为下一图形的第一个阶梯参考输入要跳过的数量。

10.4 综合实例——电动机全压起动 PLC 控制电路图

电动机全压起动也被称为直接起动，是最常用的起动方式，其具有起动转矩大、起动时间短的特点，本实例将介绍西门子的一款 S7 系列 PLC 实现电动机全压起动控制的外部接线图。电动机全压起动 PLC 原理图主电路和控制电路图如图 10-22 所示。

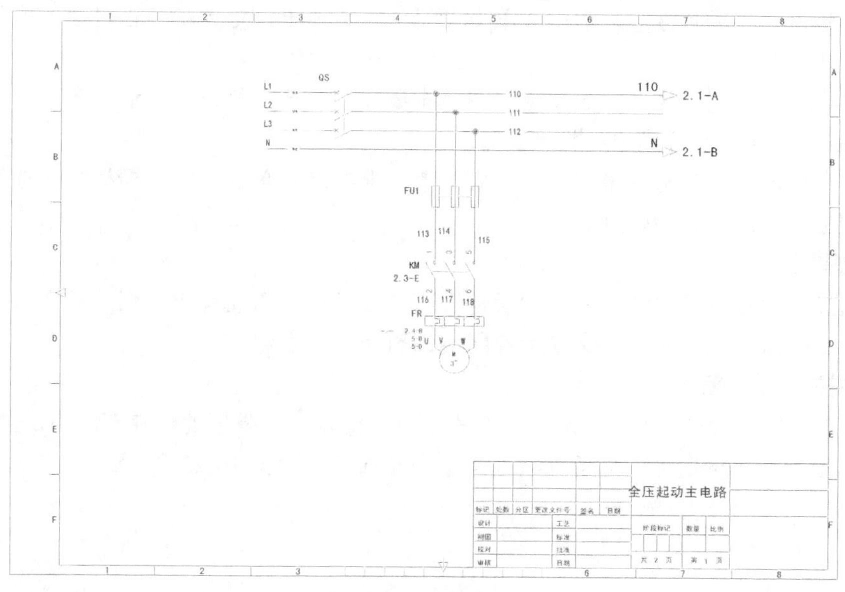

（a）主电路图

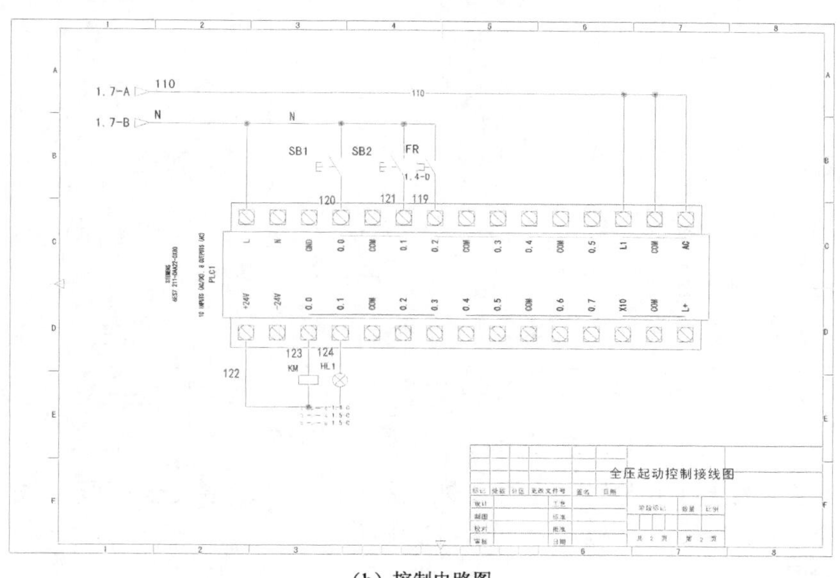

（b）控制电路图

图 10-22　电动机全压起动 PLC 原理图主电路和控制电路图

10.4.1　设置绘图环境

1. 新建项目

打开 AutoCAD Electrical 2022 应用程序，单击“项目管理器”选项卡中的“新建项目”按钮，创建名称为“电动机全压起动”的新项目。

2. 设置项目特性

（1）在“项目管理器”选项卡中的“电动机全压起动”项目名称处单击鼠标右键，执行弹出的快捷菜单中的“特性”命令。

（2）系统弹出“项目特性”对话框。单击“元件”选项卡，勾选“禁止对标记的第一个字符使用短横线”复选框。

（3）将对话框转换到“样式”选项卡。在“布线样式”选项组的“导线交叉”样式中选择“实心”，在“导线T形相交”样式中选择“点”。

（4）选择“图形格式”选项卡，在“格式参考”选项组中单击“*X-Y* 栅格”单选按钮，然后单击“确定”按钮，完成项目特性设置。

3. 新建图形

单击“项目管理器”选项卡上方的“新建图形”按钮，系统弹出“创建新图形”对话框。创建“全压起动主电路.dwg”和“全压起动控制接线图.dwg”文件。

4. 标题栏页码更新

（1）在“电动机全压起动”项目名称处单击鼠标右键，执行弹出的快捷菜单中的“标题栏更新”命令，系统弹出“更新标题栏”对话框，选择指定复选框，如图10-23所示。

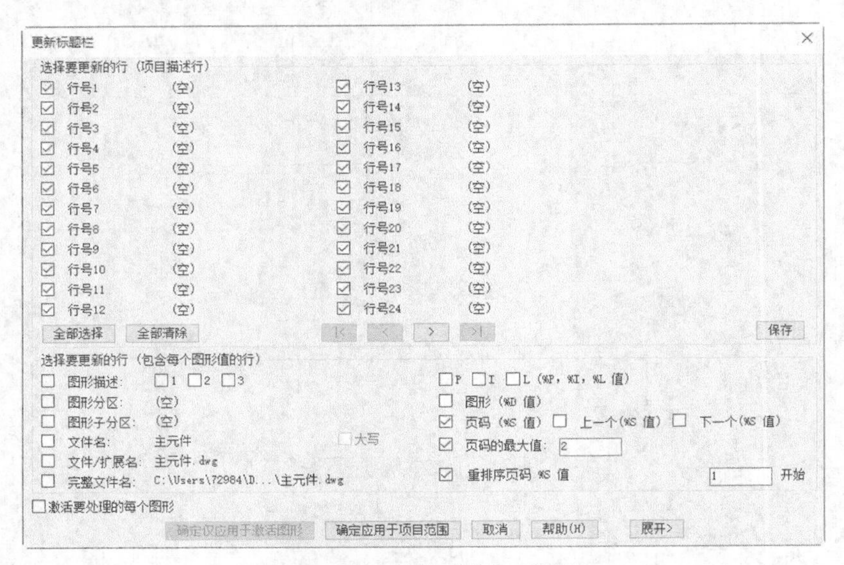

图10-23 “更新标题栏”对话框

（2）然后单击“确定应用于项目范围”按钮，系统弹出“选择要处理的图形”对话框，在该对话框中单击“全部执行”按钮，然后单击“确定”按钮。

5. 图形分区

（1）测量分区尺寸。双击“电动机全压起动”选项组中的“全压起动主电路”，打开图形文件。单击“默认”选项卡“注释”面板中的“线性”按钮。标注水平向尺寸与竖直向尺寸，如图10-24所示。

（2）选择区域类型。单击“原理图”选项卡“插入导线/线号”面板中的“*XY*栅格设置”按钮，系统弹出“*X-Y*夹点设置”对话框，单击“拾取”按钮，选择样板图内框的左上角点为原点。设置“水平”间距为48.75mm，设置“垂直”间距为47.83mm。在栅格标签“水平”栏中输入“1”，在“垂直”栏中输入“A”。单击两次“确定”按钮完成区域划分。

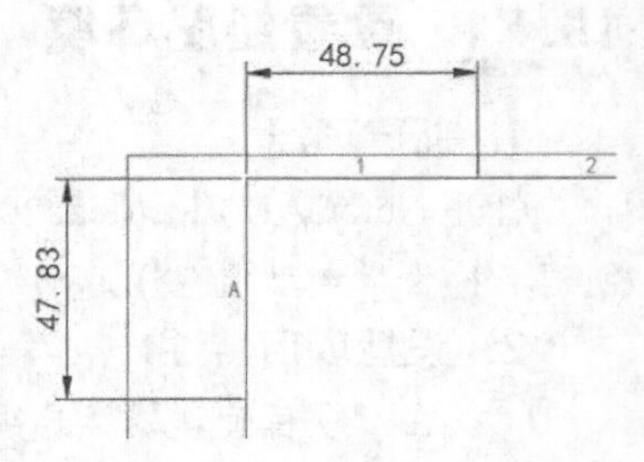

图10-24 尺寸标注

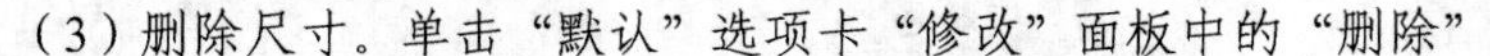

（3）删除尺寸。单击“默认”选项卡“修改”面板中的“删除”

按钮 。选择标注的尺寸并将其删除。

（4）用同样的方式为“全压起动控制接线图”图形文件进行区域划分。

10.4.2 电动机全压起动 PLC 控制电路主电路图绘制

本节绘制电动机全压起动 PLC 控制电路主电路图，如图 10-25 所示。

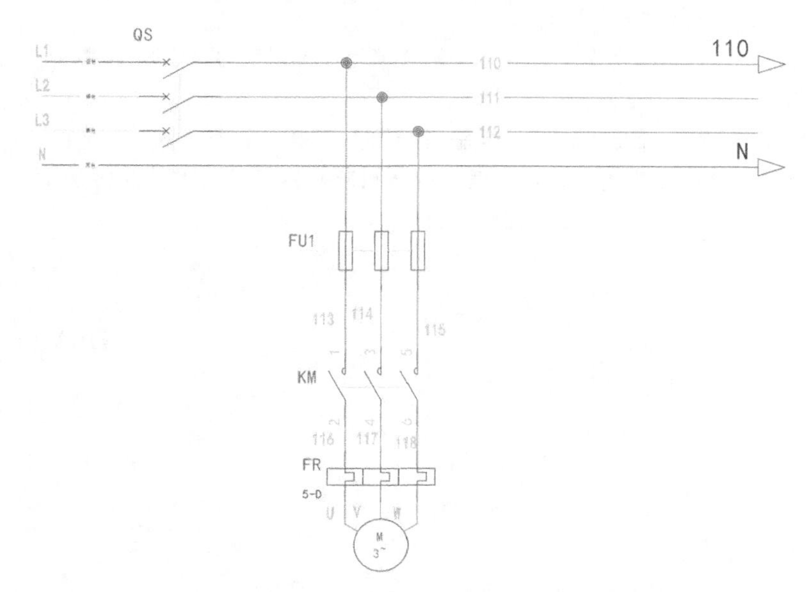

图 10-25　电动机全压起动 PLC 控制电路主电路图绘制

1. 水平多导线绘制

（1）单击“原理图”选项卡“插入导线/线号”面板中的“多母线”按钮，系统弹出“多导线母线”对话框，设置“水平”间距为 10mm，设置“垂直”间距为 10mm。在“开始于:”选项组中单击“空白区域，水平走向”单选按钮。设置“导线数”为“4”。单击“确定”按钮。

（2）系统回到绘图窗口，在图纸左侧空白处适当位置单击指定第一个相位起点，然后向右拖动光标绘制水平多导线。如图 10-26 所示。

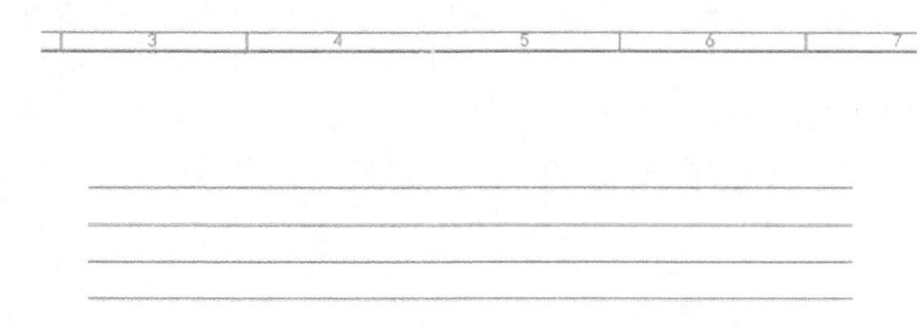

图 10-26　水平多导线绘制

2. 垂直多导线绘制

（1）重复执行“多母线”命令。系统弹出“多导线母线”对话框。在“开始于”列表中单击“其他母线（多导线）”单选按钮，设置“导线数”为“3”，单击“确定”按钮。

（2）系统回到绘图窗口，选择最上边水平导线的适当位置单击指定第一个相位起点，向下拖动光标绘制垂直电源线，在电源线终点处单击结束电源线绘制。结果如图 10-27 所示。

3. 三极断路器 QS1 插入

（1）单击“原理图”选项卡“插入元件”面板中的“图标菜单”按钮。系统弹出“插入元件”对话框，将“原理图缩放比例”设置为“1.5”，勾选“水平”复选框。在对话框中单击“断路器/隔离开关”→“三极断路器”→“断路器”图标。

（2）系统回到绘图窗口，打开“对象捕捉”功能，捕捉水平电源线最上端导线左侧一点并单击，系统弹出提示对话框，单击“向下”按钮。

（3）系统弹出“插入/编辑元件”对话框，修改“元件标记”为“QS1”。单击“确定”按钮。插入三极断路器 QS1。

（4）双击“QS1”，系统弹出“增强属性编辑器”对话框，选择“特性”选项卡，在“颜色”下拉列表中选择“红”，单击“确定”按钮。插入的三极断路器 QS1 如图 10-28 所示。

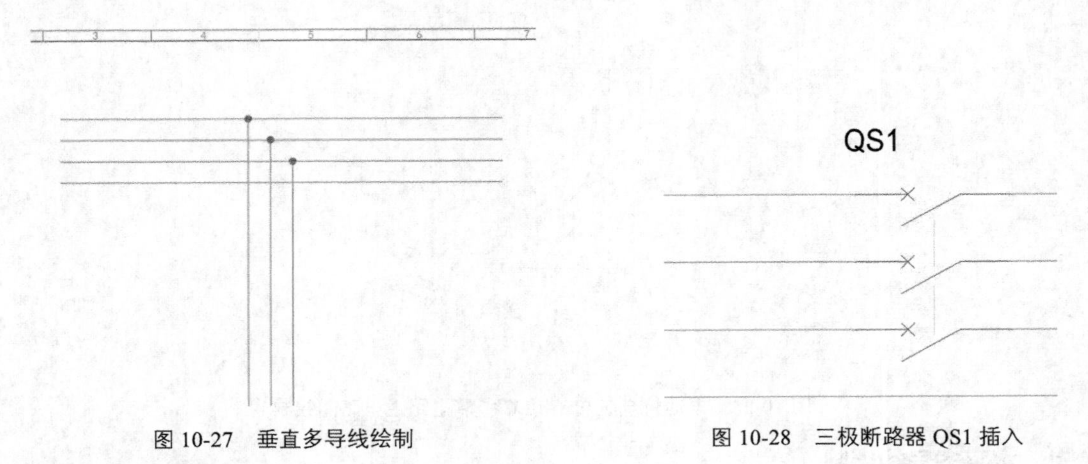

图 10-27　垂直多导线绘制　　图 10-28　三极断路器 QS1 插入

4. 三极熔断器 FU1 插入

（1）单击“原理图”选项卡“插入元件”面板中的“图标菜单”按钮。系统弹出“插入元件”对话框，将“原理图缩放比例”设置为“1.5”。

（2）单击“熔断器/变压器/电抗器”→“熔断器”→“三极熔断器”图标。系统回到绘图窗口，打开“对象捕捉”功能，单击捕捉左侧第一条垂直电源线适当一点作为插入点。

（3）系统弹出“构建到左侧还是右侧？”对话框，如图 10-29 所示。单击对话框中的“右=》”按钮。

（4）系统弹出“插入/编辑元件”对话框，修改“元件标记”为“FU1”，单击“确定”按钮，插入三极熔断器 FU1。修改“FU1”颜色为“红色”，结果如图 10-30 所示。

图 10-29　“构建到左侧还是右侧？”对话框　　图 10-30　三极熔断器 FU1 插入

5. 主电路三极接触器 KM1 插入

（1）重复执行“图标菜单”命令，系统弹出“插入元件”对话框，设置“原理图缩放比例”为“1.5”，单击“电动机控制”→“电动机起动器”→“带三极常开触点的电动机起动器”图标。

（2）系统回到绘图窗口，打开“对象捕捉”功能，捕捉垂直电源线最左侧导线适当一点并单击，系统弹出提示对话框，单击对话框中的“右”按钮。

（3）系统弹出“插入/编辑辅元件”对话框，修改“元件标记”为“KM1”，将“引脚 1”设置为“1”，将“引脚 2”设置为“2”。单击“确定”按钮，插入主电路三极接触器 KM1，并将“KM1”颜色改为“红色”。

6. 引脚插入

（1）单击“原理图”选项卡“编辑元件”面板中的“编辑”按钮，在命令行提示下选择 KM1 中间触点，系统弹出“插入/编辑辅元件”对话框，将“引脚 1”设置为“3”，将“引脚 2”设置为“4”，单击“确定”按钮。

（2）重复执行“编辑”命令，选择 KM1 最右侧触点添加引脚，将“引脚 1”设置为“5”，将“引脚 2”设置为“6”。结果如图 10-31 所示。

7. 热继电器 FR 插入

（1）重复执行“图标菜单”命令，系统弹出“插入元件”对话框，将“原理图缩放比例”设置为“1”。单击“电动机控制”→“三极过载”图标。

（2）系统回到绘图窗口，打开“对象捕捉”功能，捕捉左侧垂直电源线上一点并单击，系统弹出提示对话框，单击对话框中的“右”按钮。

（3）系统弹出“插入/编辑元件”对话框，修改“元件标记”为“FR”，单击“确定”按钮，完成热继电器 FR 插入，如图 10-32 所示。

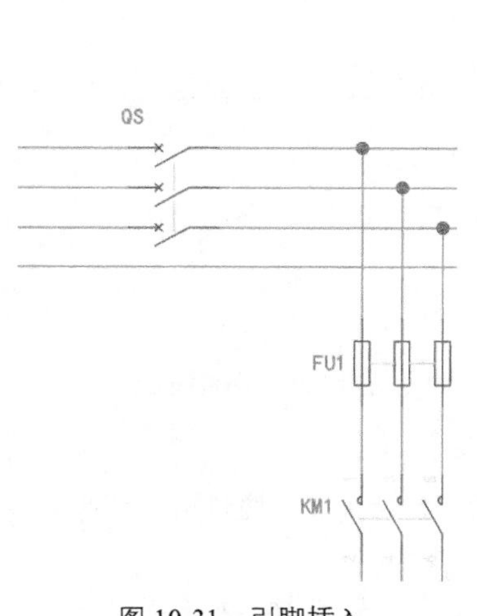

图 10-31 引脚插入

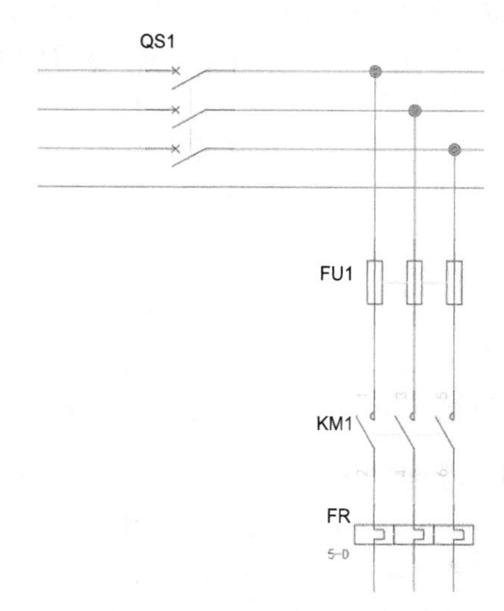

图 10-32 插入热继电器 FR

8. 三相电动机插入

（1）重复执行“图标菜单”命令，系统弹出“插入元件”对话框，将“原理图缩放比例”设置为“1”。单击“电动机控制”→“三相电动机”→“三相电动机”图标。

（2）系统回到绘图窗口，打开“对象捕捉”功能，捕捉中间垂直电源线上一点并单击，系统弹出“插入/编辑元件”对话框，删除“元件标记”内容。并将文字改为红色，如图 10-33 所示。

9. 电源线线号插入

（1）单击“原理图”选项卡“插入导线/线号”面板中的“三相”按钮。

（2）系统弹出“三相导线编号”对话框，在“前缀”列表下输入“L1，L2，L3，N”，在“最大值”选择“4”，在“线号”下方可以预览插入的线号。单击“确定”按钮。

（3）系统回到绘图窗口，从上到下依次单击水平向导线的左端点。标注线号如图 10-34 所示。

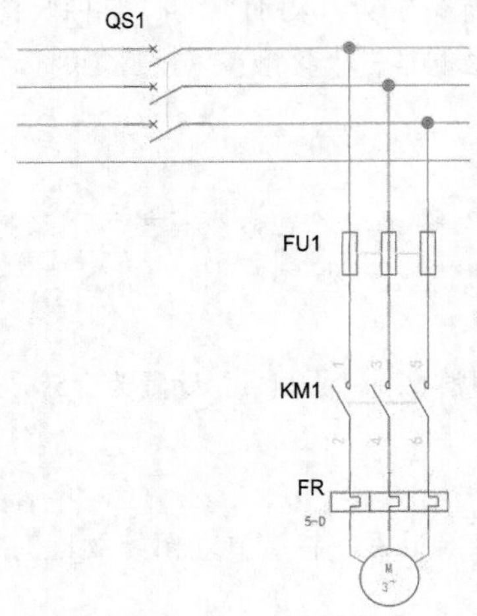

图 10-33　三相电动机插入

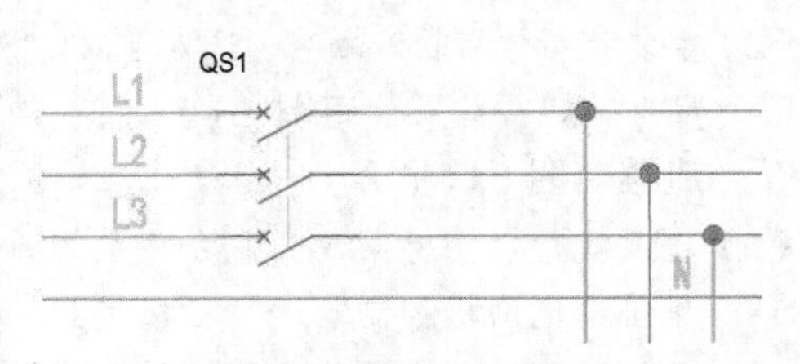

图 10-34　电源线线号插入并标注

（4）重复执行“三相”命令添加电动机接线线号，标注线号如图 10-35 所示。

10. 翻转线号

单击“原理图”选项卡“编辑导线/线号”面板中的“翻转线号”按钮，在命令行提示下单击线号为“W”的导线进行镜像，结果如图 10-36 所示。

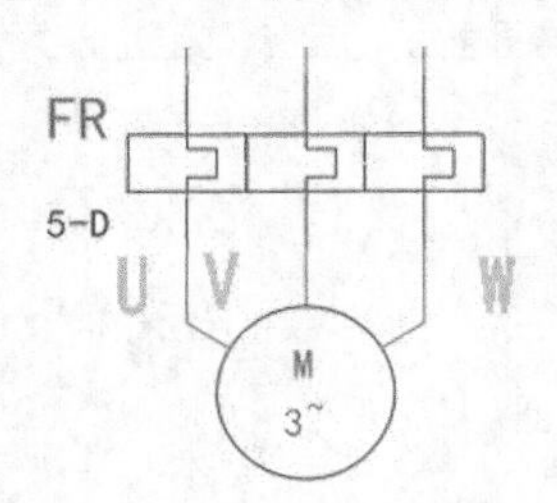

图 10-35　电动机接线线号插入并标注

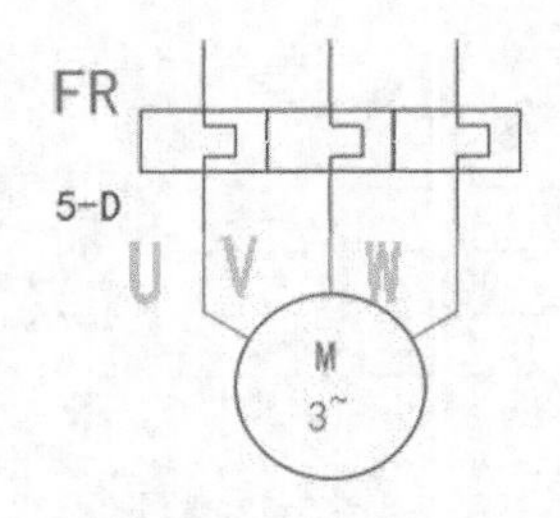

图 10-36　翻转线号

11. 移动线号

（1）单击“原理图”选项卡“编辑导线/线号”面板中的“移动线号”按钮，根据命令行提示，单击最上端水平导线的左边缘，将线号“L1”移动到电源线最左侧。

（2）用同样的方法将线号 L2，L3，N 放置到电源线最左侧，如图 10-37 所示。

12. 单线线号插入

（1）单击“原理图”选项卡“插入导线/线号”面板中的“线号”按钮，系统弹出“导线标记”对话框。

（2）在“导线标记模式”选项组中，将“开始”一栏设置为“110”，单击“连续”单选按钮，单击“图形范围”按钮，线号被自动插入主电路图，如图 10-38 所示。

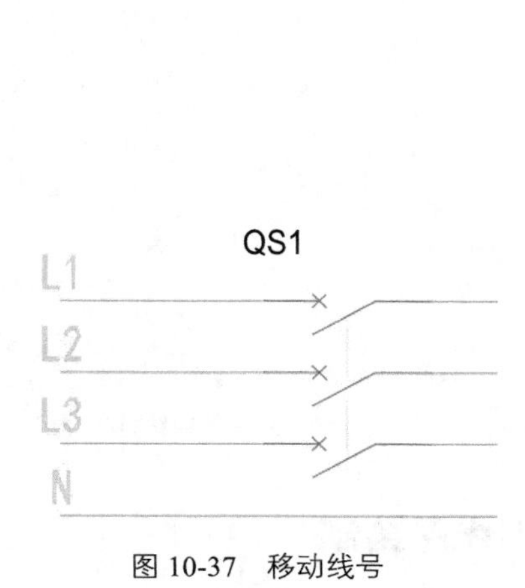

图 10-37　移动线号

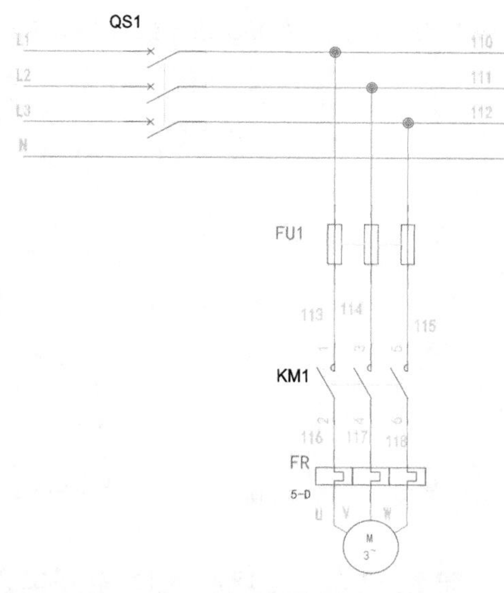

图 10-38　单线线号插入

13. 切换线号

单击“原理图”选项卡“编辑导线/线号”面板中的“切换导线内线号”按钮，单击要切换的线号 110、111、112，结果如图 10-39 所示。

14. 插入源箭头

（1）单击“原理图”选项卡“插入导线/线号”面板中的“源箭头”按钮，在命令行提示下单击最上边水平线的右端点，

（2）系统弹出“信号-源代号”对话框，在“代号”一栏中输入“火线”，单击“确定”按钮。

（3）系统弹出“源/目标信号箭头”对话框，单击“否”按钮结束命令的执行。

（4）用上面相同的方法为第 4 条水平线添加源箭头，结果如图 10-40 所示。

15. 编辑导线

（1）单击“原理图”选项卡“编辑导线/线号”面板中的“更改/转换导线类型”按钮，系统弹出“更改/转换导线类型”对话框，在该对话框中选择导线颜色为“BLU”，选择导线大小为“4.0mm^2”。

（2）单击“确定”按钮，系统返回绘图区，单击 QS1 最上端第 1 条直线的左端点，然后按 Enter 键结束命令的执行，导线颜色变为蓝色。

（3）重复执行“更改/转换导线类型”命令，选择导线颜色为“GRN”，选择导线大小为“4.0mm^2”，更改 QS1 最上端第 2 条直线的颜色为绿色。

（4）用同样的方法，将 QS1 上第 3 条水平导线的颜色改为“YEL”，选择导线大小改为“4.0mm^2”。同理将第 4 条水平导线颜色改为“BLK”，将导线大小改为“4.0mm^2”。

16. 插入导线标签

（1）单击“原理图”选项卡“插入导线/线号”面板中的“导线内导线标签”按钮，系统弹出“插入元件”对话框。

（2）单击对话框中的“蓝色”标示，选择将其插入第一条水平导线中。

（3）按 Esc 键退出命令的执行，然后按空格键，系统弹出“插入元件”对话框，选择“绿色”，为第 2 条导线添加标签。

（4）重复上述操作，为第 3 条导线添加黄色标签，为第 4 条导线添加黑色标签，结果如图 10-41 所示。

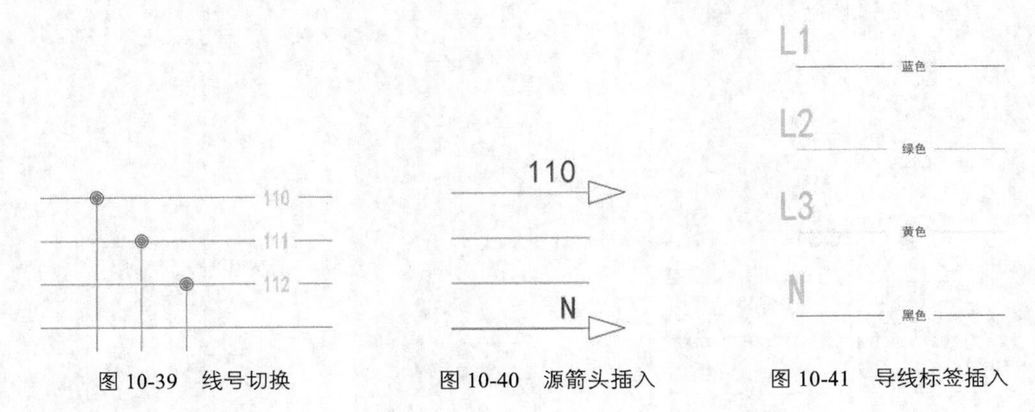

图 10-39　线号切换　　图 10-40　源箭头插入　　图 10-41　导线标签插入

10.4.3　电动机全压起动 PLC 控制电路控制接线图绘制

本节绘制西门子 S7 系列的电动机全压起动 PLC 控制电路控制接线图，如图 10-42 所示。

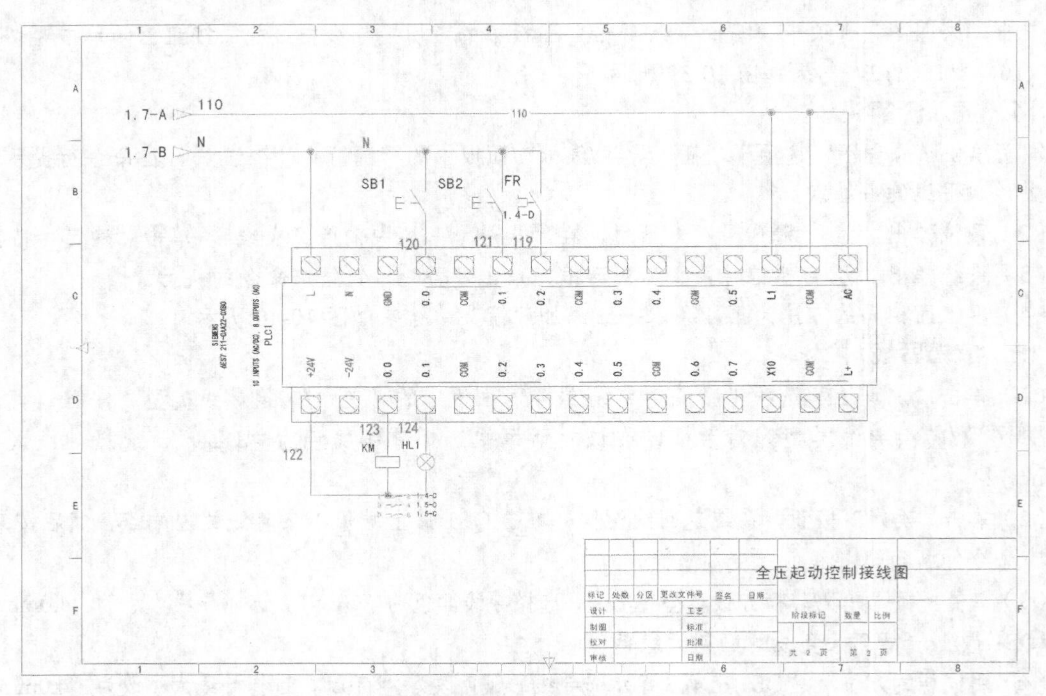

图 10-42　电动机全压起动 PLC 控制电路控制接线图

1. 插入完整 PLC

（1）单击“原理图”选项卡“插入元件”面板中的“插入 PLC（完整单元）”按钮，系统弹出“插入元件”对话框，将“原理图缩放比例”设置为“2”。

（2）单击“自动调整引脚间距 DL105（间距为 8）”→“F1-130AA”，然后在绘图区域适当位置单击放置 PLC 模块。

（3）系统随即弹出“编辑 PLC 模块”对话框，在“地址”选项组依次选择“X0~X7、X11”，然后在“I/O 点描述”选项组“地址”栏中依次将对应地址改为“0.0~0.7、L+”；将“Y0~Y5、Y6、Y7”改为“0.0~0.5，L1，AC”，如图 10-43 所示。

（4）单击对话框的“BOM 表数据”选项组中的“目录查找”按钮，系统弹出“目录信息”对话框，如图 10-44 所示。

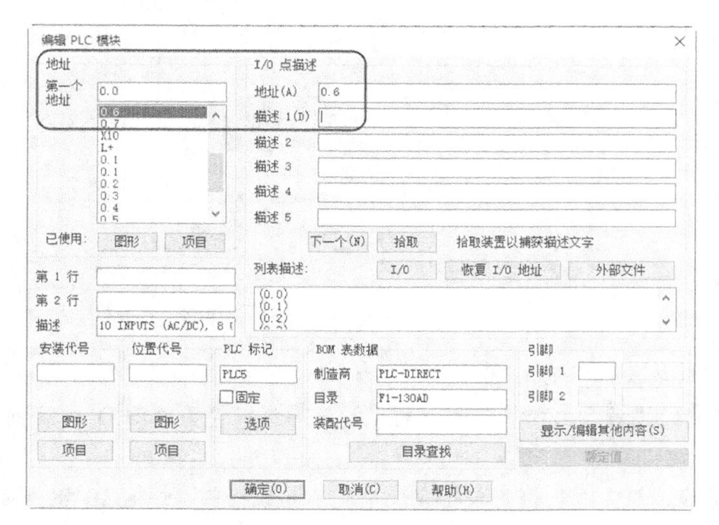

图 10-43　对应地址修改　　　　图 10-44　“目录信息”对话框

（5）单击对话框中的“目录查找”按钮，系统弹出“目录浏览器”对话框，如图 10-45 所示，在“搜索”一栏中输入“SIEMENS S7-200”，查找 PLC 型号。

图 10-45　“目录浏览器”对话框

（6）在搜索结果中的“目录”选择“6ES7 211-0AA22-0XB0”，设置完成后，多次单击“确定”按钮完成 PLC 插入，如图 10-46 所示。

2. 导线绘制

（1）单击“原理图”选项卡“插入导线/线号”面板中的“多母线”按钮☰，系统弹出“多导线母线”对话框，如图 10-47 所示。设置“水平”间距为 10mm，设置“垂直”间距为 10mm。在“开始于:”选项组中单击“元件（多导线）”单选按钮。单击“确定”按钮。

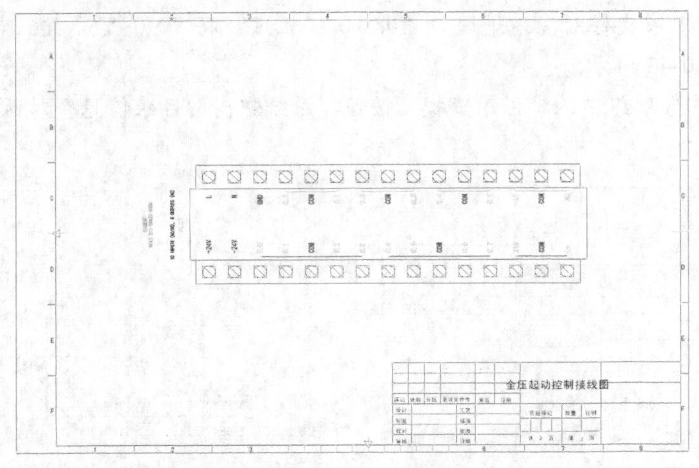

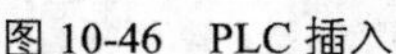

图 10-46　PLC 插入

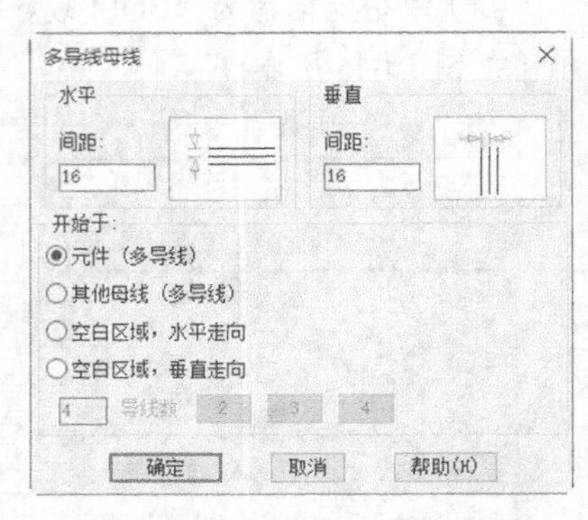

图 10-47　“多导线母线”对话框

（2）在命令行提示下窗选开始点，依次选择 L、0.0、0.1、0.2。

（3）在命令行输入“t”，系统弹出“设置导线类型”对话框，设置导线颜色为“RED”，设置导线大小为“2.5mm^2”。单击“确定”按钮。

（4）向上拖动光标绘制垂直多导线，并在适当位置单击完成垂直多导线绘制，如图 10-48 所示。

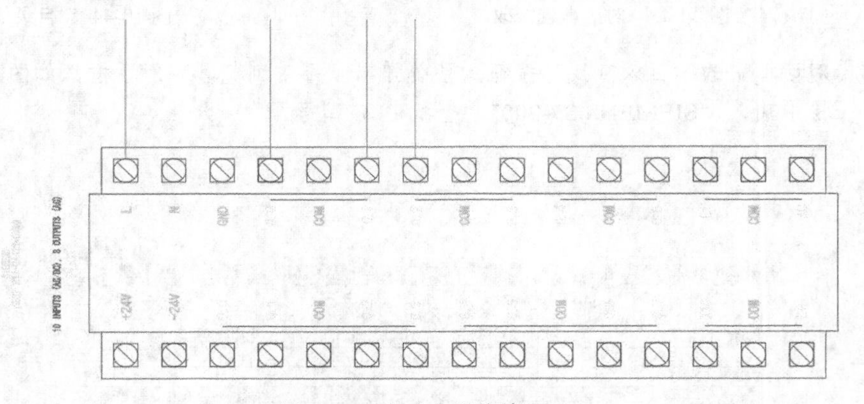

图 10-48　垂直多导线绘制 1

3. 水平辅助导线绘制 1

单击“原理图”选项卡“插入导线/线号”面板中的“导线”按钮，选择最右侧垂直导线上端点为起点，向左拖动光标绘制水平辅助导线，如图 10-49 所示。

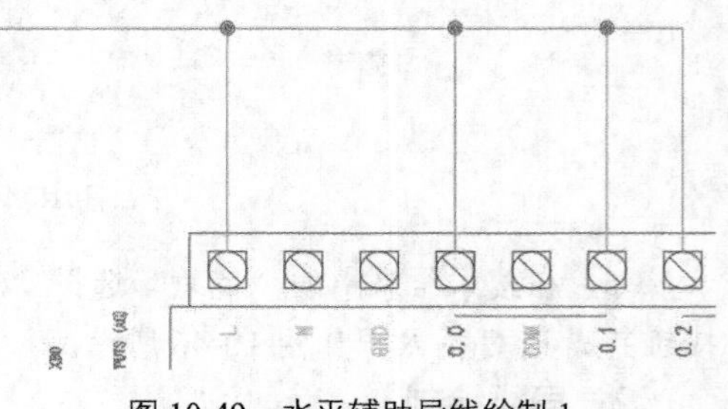

图 10-49　水平辅助导线绘制 1

4. 其余多导线绘制

（1）重复执行“多母线”命令，在弹出的“多导线母线”对话框中，各参数设置与之前相同。窗选接线端子 L1、COM、AC，绘制垂直多导线，如图 10-50 所示。

（2）用同样的方法，窗选 +24V、0.0、0.1，绘制垂直多导线，如图 10-51 所示。

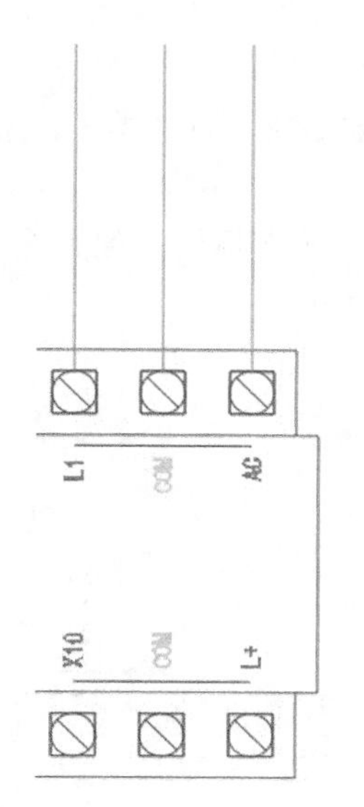

图 10-50　垂直多导线绘制 2

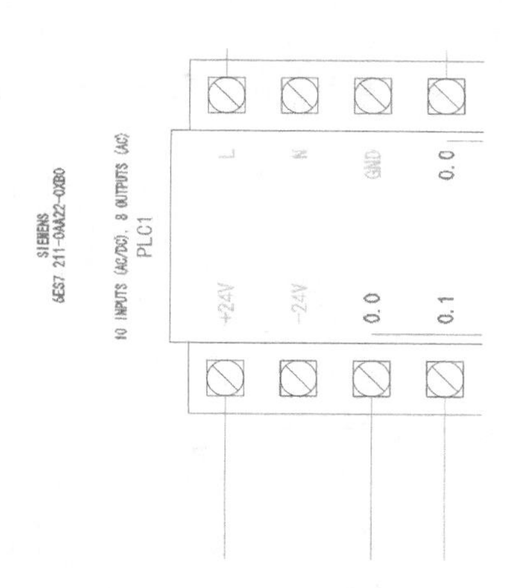

图 10-51　垂直多导线绘制 3

5. 水平辅助导线绘制 2

单击“原理图”选项卡“插入导线/线号”面板中的“导线”按钮，分别选择上侧最右侧垂直导线上端点及下侧最右侧垂直导线下端点为起点，向左拖动光标绘制水平辅助导线，如图 10-52 所示。

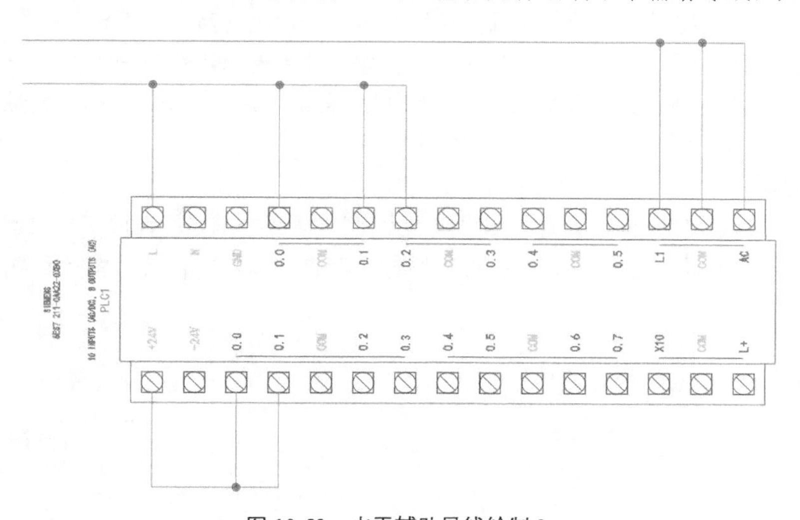

图 10-52　水平辅助导线绘制 2

6. 按钮插入

（1）单击“原理图”选项卡“插入元件”面板中的“图标菜单”按钮，系统弹出“插入元件”对话框，将“原理图缩放比例”设置为“2”。单击“按钮”→“瞬动型常开按钮”图标。

（2）系统回到绘图窗口，打开“对象捕捉”功能，捕捉电源线上一点并单击，系统弹出“插入/编辑元件”对话框，修改“元件标记”为“SB1”。

（3）单击“确定重复”按钮，插入其余电动按钮常开触点。修改“元件标记”颜色为“红色”。结果如图 10-53 所示。

7. 热继电器 FR 插入

（1）重复执行“图标菜单”命令，系统弹出“插入元件”对话框，将“原理图缩放比例”设置为“1.5”。单击“电动机控制”→“多极过载，常开触点”图标。

（2）系统回到绘图窗口，打开“对象捕捉”功能，捕捉电源线上一点并单击，系统弹出“插入/编辑元件”对话框，修改“元件标记”为“FR”。

（3）单击“确定”按钮，插入热继电器常开触点。修改“元件标记”颜色为“红色”。结果如图 10-54 所示。

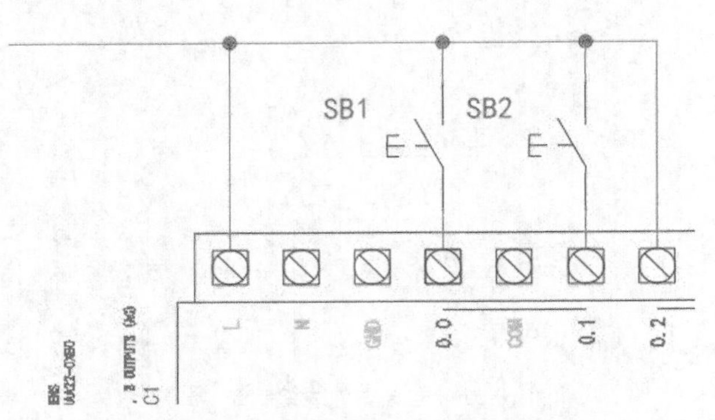

图 10-53　瞬动型常开按钮插入

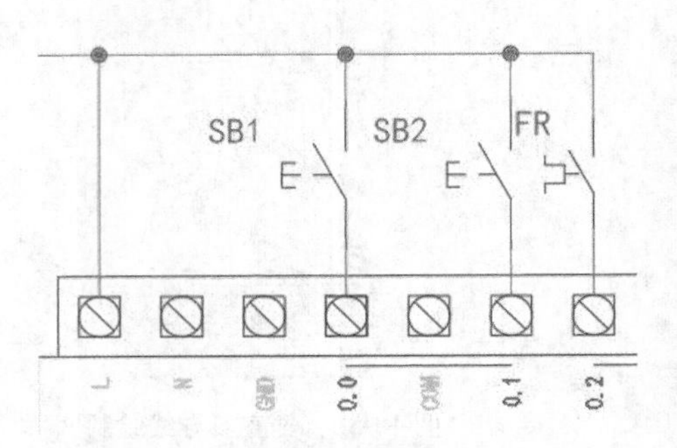

图 10-54　热继电器 FR 常开触点插入

8. 接触器线圈 KM 插入

（1）重复执行“图标菜单”命令，系统弹出“插入元件”对话框，将“原理图缩放比例”设置为“1”。单击“电动机控制”→“电动机起动器”→“电动机起动器”图标。

（2）系统回到绘图窗口，打开“对象捕捉”功能，捕捉电源线适当一点并单击，系统弹出“插入/编辑元件”对话框，修改“元件标记”为“KM”。单击“确定”按钮，插入接触器线圈 KM。将“元件标记”颜色改为“红色”。结果如图 10-55 所示。

9. 指示灯插入

重复执行“图标菜单”命令，系统弹出“插入元件”对话框，将“原理图缩放比例”设置为“1.5”。单击“指示灯”→“标准指示灯”→“红灯”图标。单击“确定”按钮，将指示灯插入电路图，如图 10-56 所示。

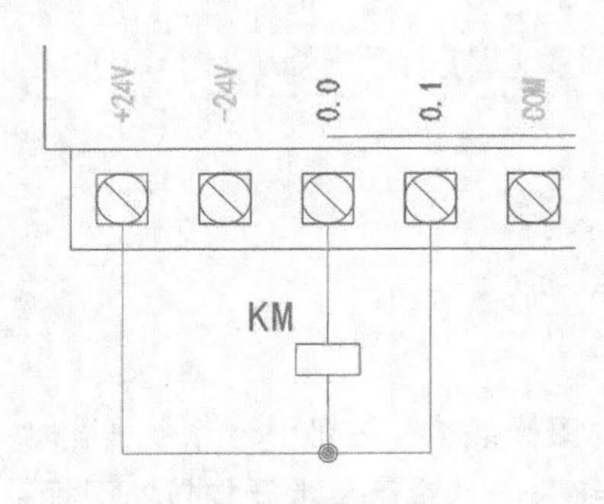

图 10-55　接触器线圈 KM 插入

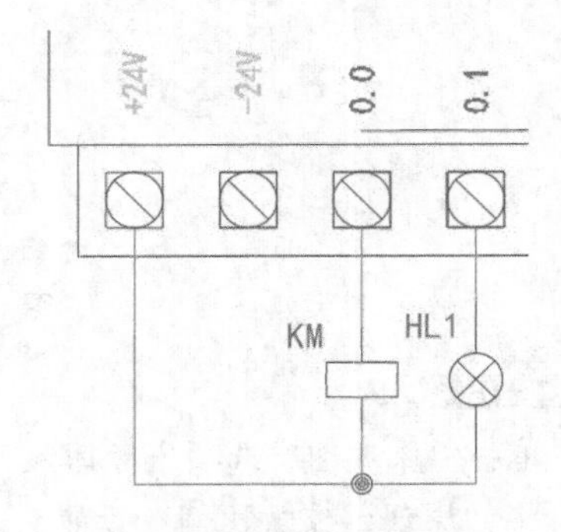

图 10-56　指示灯插入

10. 目标箭头插入

（1）单击“原理图”选项卡“插入导线/线号”面板中的“目标箭头”按钮，在命令行提示下单击最上端水平线左端点，系统弹出“插入目标代号”对话框。

（2）单击“项目”按钮，系统弹出“信号代号—项目范围 源”对话框，勾选“显示源箭头代号”复选框，在对话框中选择线号 110，单击两次“确定”按钮。完成目标箭头插入。

（3）重复上述方法，在“信号代号—项目范围 源”对话框中选择线号 *N*，插入目标箭头，如图 10-57 所示。

11. 更新信号箭头

（1）打开“全压起动主电路.dwg”文件。单击“原理图”选项卡“编辑导线/线号”面板中的“更新信号参考”按钮，系统弹出“更新导线信号和独立交互参考”对话框，勾选“导线信号”复选框，并单击“项目范围”按钮。

（2）系统弹出“选择要处理的图形”对话框，单击“全部执行”按钮，然后单击“确定”按钮。更新源箭头，如图 10-58 所示。

图 10-57 目标箭头插入　　图 10-58 源箭头更新

12. 为热继电器 FR 添加交互参考

（1）打开“全压起动控制接线图.dwg”文件，单击“原理图”选项卡“编辑元件”面板中的“编辑”按钮，选择热继电器 FR 常闭触点，系统弹出“插入/编辑辅元件”对话框。

（2）单击“元件标记”选项组中的“项目”按钮，系统弹出“种类=‘OL’的完整项目列表”对话框，选择第一页的 FR，单击“确定”按钮。系统返回对话框模式，“交互参考”一栏被填入信息，单击“确定”按钮。添加的交互参考信息如图 10-59 所示。

13. 为接触器线圈 KM 添加交互参考

（1）打开“全压起动主电路.dwg”文件，单击“原理图”选项卡“编辑元件”面板中的“编辑”按钮，选择接触器线圈 KM 常开触点，系统弹出“插入/编辑辅元件”对话框。

（2）单击该对话框中的“项目”按钮，系统弹出“种类=‘MS’的完整项目列表”对话框，选择页码 2 的 KM，单击“确定”按钮。系统返回对话框模式，“交互参考”一栏被填入信息。单击“确定”按钮。添加的交互参考信息如图 10-60 所示。

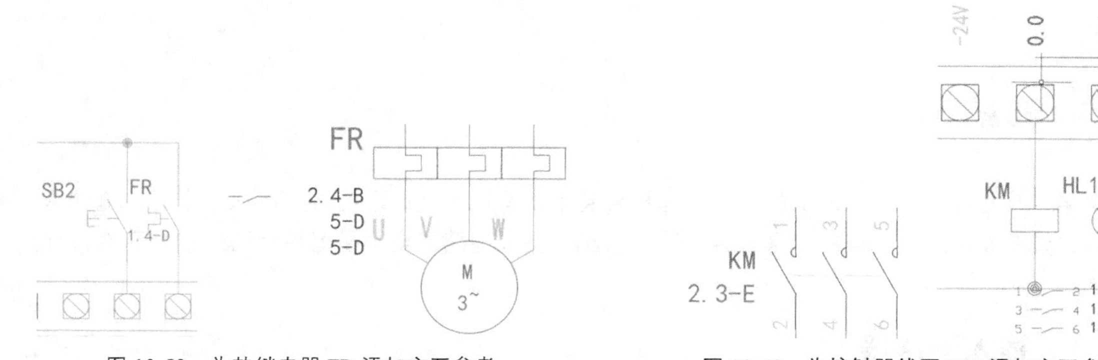

图 10-59 为热继电器 FR 添加交互参考　　图 10-60 为接触器线圈 KM 添加交互参考

14. 线号插入

（1）单击“原理图”选项卡“插入导线/线号”面板中的“线号”按钮，系统弹出“页码 2-导线标记”对话框。

（2）在“导线标记模式”选项组中设置“110”为“开始”。如图 10-61 所示，单击“图形范围”按钮。线号自动插入控制电路。

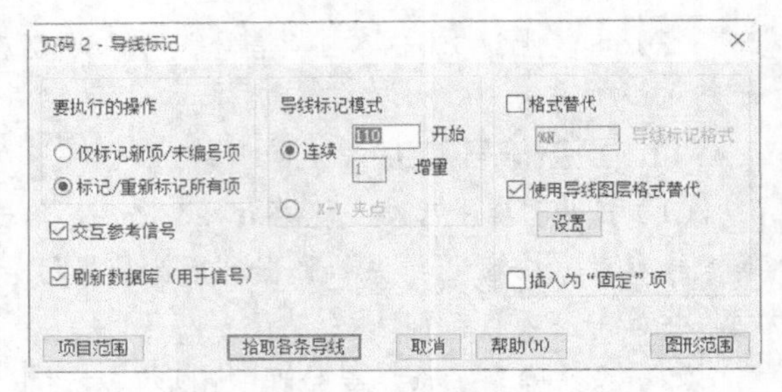

图 10-61 “页码 2-导线标记”对话框

15. 切换导线内线号

单击“原理图”选项卡“编辑导线/线号”面板中的“切换导线内线号”按钮，单击线号 110，将线号嵌入导线中，结果如图 10-62 所示。

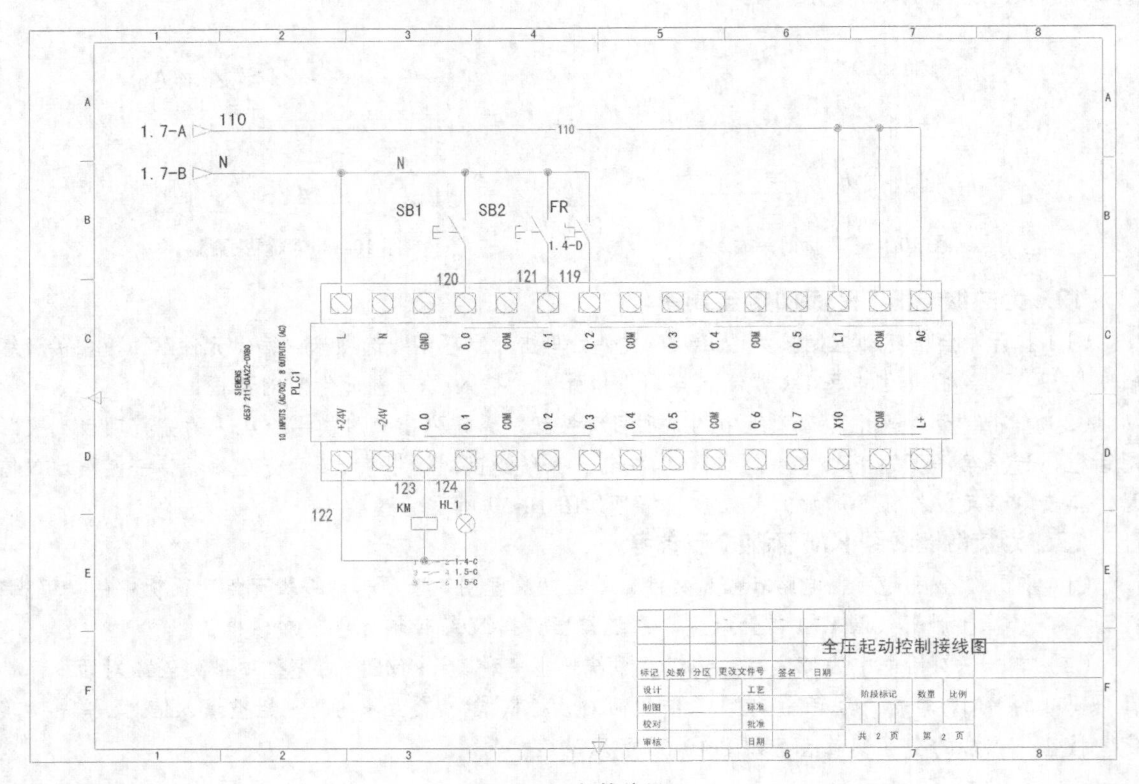

图 10-62 切换线号

10.5 连接器

电路连接器是将一个回路上的两个导体桥接起来，使得电流或者信号可以从一个导体流向另一个导体的导体设备。电路连接器是一种电动机系统。完成电路或电子机器等相互连接的元件被称为连接器。

10.5.1 插入连接器

通过所指定的参数动态生成连接器，并将其插入指定位置。

执行该命令有以下 3 种调用方法。

- 命令行：aeconnector。

- 菜单栏：执行菜单栏中的“元件”→“插入连接器”→“插入连接器”命令。
- 功能区：单击“原理图”选项卡“插入元件”面板中的“插入连接器”按钮。

执行上述命令后，系统弹出“插入连接器”对话框，如图 10-63 所示。在该对话框中指定引脚间距和引脚数。该对话框中各参数含义如下。

（1）布置

①“引脚间距”：指定引脚接线之间的距离。此值最初默认为图形文件的“图形特性”→“图形格式”→“阶梯默认设置-间距”设置中定义的横档间距。

②“引脚数”：指定与连接器相关联的引脚数。必须进行上述操作，以参数化构建连接器。

③“拾取”：这是确定新连接器引脚数的另一种“拾取”方法。可以进行交叉导线栏选，或者可以在空白区域中定义起点和终点。

④“固定间距”：以固定间距从一个引脚到下一个引脚生成连接器。这就是引脚间距值。如果“引脚间距”编辑框为空，则固定间距值默认为图形的阶梯默认间距值。

⑤“位于导线交叉处”：改变引脚位置使引脚与基础导线相符。在将连接器插入图形时，拉伸或压缩连接器使其与基础导线相匹配。如果连接器的引脚比基础导线的引脚多，则使用固定间距值将超过的引脚添加在连接器末端。

⑥“引脚列表”：指定要在连接器上使用的一连串递增的引脚号的起始引脚号。

⑦“全部插入”：在没有进一步提示的情况下（即没有选项可用于插入分隔符或将连接器打断为两部分、多部分），创建连接器。

⑧“允许使用分隔符/打断符”：使用户能够手动控制连接器的插入。单击该单选按钮后，单击“确定”按钮插入连接器，系统会弹出“自定义引脚间距/打断”对话框，如图 10-64 所示。该对话框提示用户在将连接器块定义提交到图形文件之前插入每个连接器引脚。

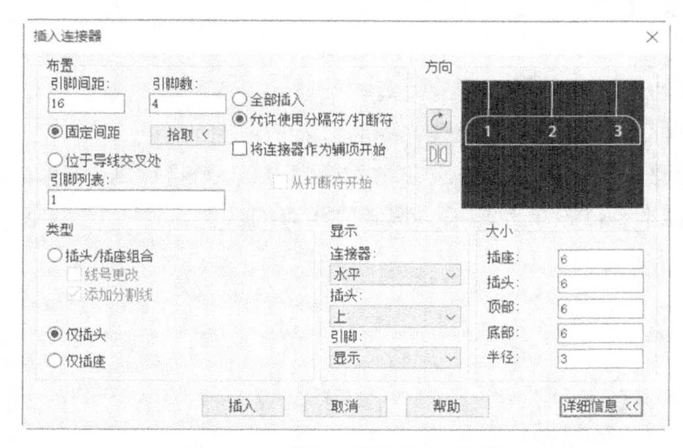

图 10-63 “插入连接器”对话框

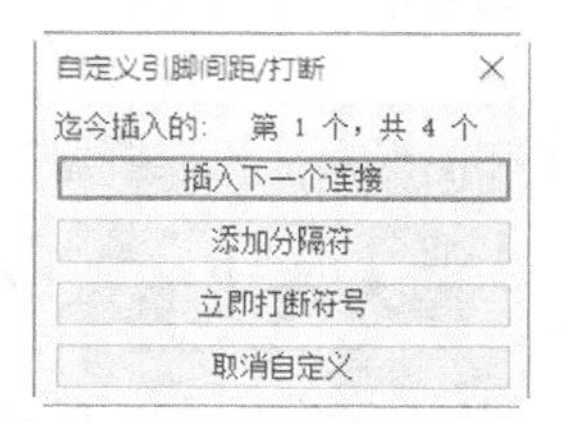

图 10-64 “自定义引脚间距/打断”对话框

⑨“将连接器作为辅项开始”：将新连接器块定义为主连接器的辅项。

⑩“从打断符开始”：使用具有锯齿或已打断的顶部的辅符号。如果未选中，则辅符号具有圆角，该圆角由在对话框的“大小”部分定义的半径尺寸确定。

（2）方向

用于在将连接器放到图形文件中之前，快速更改连接器的方向。更改方向将同时修改预览以反映该选择。

①“旋转”：在水平方向和垂直方向之间切换参数连接器插入的方向。

②“翻转”：沿其长轴翻转连接器。

（3）类型

确定要构建的连接器的类型，设置它是否包含插头/插座组合，或者是否仅显示插头端或插座端。

①“插头/插座组合”：将连接器创建为同时显示插头和插座的单个块文件。

②“线号更改”：设置连接器符号的特性，以通过插头/插座连接器符号更改线号。在默认情况下，通过插头/插座连接器维护线号。

③“添加分割线”：使用块中间以下的线创建插头/插座组合连接器，以表示插头和插座之间的分离。此线成为连接器块定义的一部分。

④“仅插头”：将连接器创建为仅显示插头的单个块文件。

⑤“仅插座”：将连接器创建为仅显示插座的单个块文件。

（4）显示

相对于其他连接器和图形边框而言，在图形上定义连接器的放置位置。它控制插头将显示在连接器哪一端，连接器是垂直还是水平，以及引脚是否可见。

①“连接器”：定义垂直插入连接器还是水平插入连接器。

②“插头”：指定相对于全部插头/插座参数编译，以及连接器的插头部分进入的方向。插头表示形式以圆角显示。

③“引脚”：指定在连接器上显示或隐藏哪些引脚号。在插头/插座组合的情况下，选项包括显示两端、仅显示插头、仅显示插座或同时隐藏。

（5）大小

编辑框中的值定义用于构建图形轮廓的参数。

①“插座”：指定连接器插座端的宽度。此值可以与插头端相同。

②“插头”：指定连接器插头端的宽度。

③“顶部”：指定从连接器第一个引脚到连接器顶部末端的距离。

④“底部”：指定从连接器最后一个引脚到连接器底部末端的距离。

⑤“半径”：指定插头表示舍入部分的圆角半径。如果为空或输入值为 0.0，则将绘制没有圆角的角点。如果半径值超过插头宽度值，则将半径值设置为与插头宽度值相等的数值。

（6）插入

用于在图形上插入连接器符号。

10.5.2 插入连接器（字列表）

插入 XML 文件或机电项目中参数化生成的连接器。

执行该命令有以下 3 种方法。

- 命令行：aeconnectorlist。
- 菜单栏：执行菜单栏中的“元件”→“插入连接器”→“插入列表中的连接器”命令。
- 功能区：单击“原理图”选项卡“插入元件”面板中的“插入连接器（字列表）”按钮。

执行上述命令后，系统弹出“输入文件选择”对话框，如图 10-65 所示。选择已经创建好的“.xml”文件，将其插入图中。

图 10-65 “输入文件选择”对话框

10.5.3 插入接头

插入从图标菜单选定的接头符号。

执行该命令有以下 3 种方法。

- 命令行：aesplice。
- 菜单栏：执行菜单栏中的“元件”→“插入连接器”→“插入接头”命令。
- 功能区：单击“原理图”选项卡“插入元件”面板中的“插入接头”按钮。

执行上述命令后，系统弹出“插入元件”对话框，如图 10-66 所示。单击“接头”按钮，系统回到绘图区。在插入位置处单击鼠标，插入接头。该命令与“插入连接器”命令的区别在于执行“插入接头”命令只能插入两个接头。

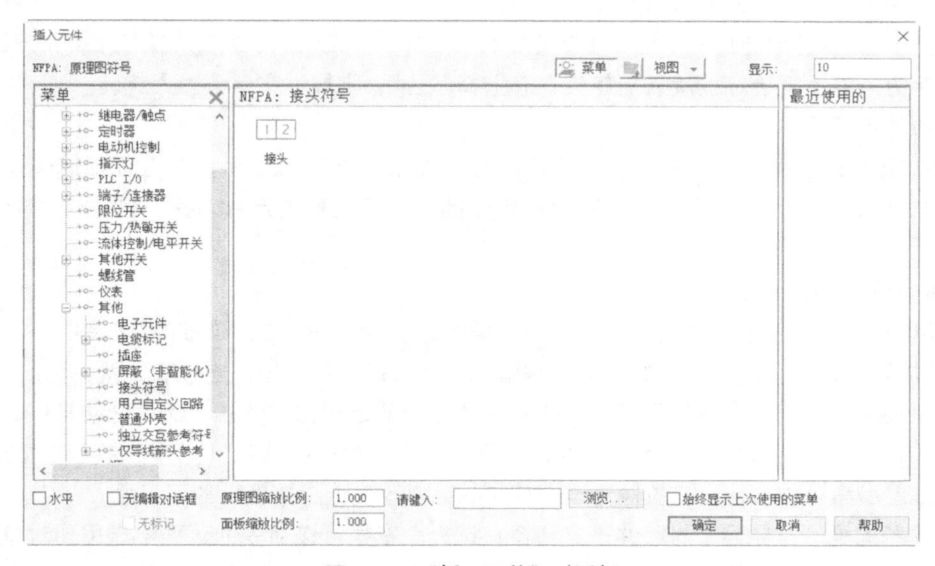

图 10-66 “插入元件”对话框

10.5.4 连接器的编辑

连接器的编辑主要包括反转、旋转、拉伸、拆分、添加连接器引脚、删除连接器引脚、移动连接器引脚、替换连接器引脚。

（1）反转连接器

围绕连接器的水平轴或垂直轴反转其方向。任何现有接线均不会自动重新布线到连接器的反转侧，用户必须使用导线编辑工具来解决布线。执行该命令主要有如下 3 种方法。

- 命令行：aereverse。
- 菜单栏：执行菜单栏中的“元件”→“插入连接器”→“反转连接器”命令。
- 功能区：单击“原理图”选项卡“编辑元件”面板中的“反转连接器”按钮。

执行上述命令后，在命令行提示下单击要反转的连接器。连接器将根据其原始方向自动反转。然后按 Enter 键或 Esc 键退出命令的执行。对于无圆角的直流插座连接器，图形外观看起来并未改变，但是导线连接属性移动到了连接器的另一侧。

（2）旋转连接器

将连接器围绕其插入点以 90° 增量旋转。接线不会随着连接器的每次旋转而重新布线，用户必须使用导线编辑工具来解决布线。执行该命令主要有如下 3 种方法。

- 命令行：aerotate。
- 菜单栏：执行菜单栏中的“元件”→“插入连接器”→“旋转连接器”命令。
- 功能区：单击“原理图”选项卡“编辑元件”面板中的“旋转连接器”按钮。

执行上述命令后，在命令行提示下输入“保留（H）”，然后指定是否保留当前属性方向。如果选择“是”（默认选项），则属性文字方向并不随连接器旋转而旋转。选择要旋转的连接器，连接器自动旋转 90° 。连续单击连接器直到其到达适当的位置。按 Enter 键或 Esc 键退出命令的执行。命令行提示中各选项的含义如下。

① 在“选择要旋转的连接器或［保留（H）]:”提示下，在命令行中输入“保留（H）”，则系统进入是否保留当前属性方向的选择状态。

② 在“是否保留原方向的属性？［是（Y）/否（N）］<否（N）>”的提示下，用户选择“是”则属性文字方向并不随连接器旋转而旋转，若选择“否”，则属性文字会随之旋转。

（3）拉伸连接器

增加或减少连接器外壳的总长度。这样做可以为新引脚留出空间，或者可以捕获以前添加的在连接器外壳以外的引脚。标识要改变的连接器的一端及位移的尺寸。执行该命令主要有如下 3 种方法。

- 命令行：aereverse。
- 菜单栏：执行菜单栏中的“元件”→“插入连接器”→“拉伸连接器”命令。
- 功能区：单击“原理图”选项卡“编辑元件”面板中的“拉伸连接器”按钮。

执行上述命令后，在命令行提示下单击指定要拉伸的连接器的一端。然后拖动光标，在希望的位置处单击鼠标，指定连接器终止的位置，也可通过在命令行中输入坐标确定终止位置。按 Enter 键或 Esc 键退出命令的执行。在拉伸过程中按 Tab 键以改变连接器属性的可见性。

需要注意的是“拉伸连接器”并不支持窗口选择。在执行该命令的过程中启用“对象捕捉”功能会更加方便。连接器的拉伸从末端开始，而不是从选择拉伸位置的第一点开始。如果已拉伸的连接器端超出连接器的标记 ID 属性的顶部，则此属性与属性 INST、LOC、DESC1、DESC2 和 DESC3

一起随着拉伸而重新定位。拉伸过程中按 Tab 键可以更改这些属性的可见性。如果打开，这些属性显示为随着拉伸光标一起移动的临时图形；如果关闭，则看不到临时图形。

（4）拆分连接器

将参数连接器拆分为两个单独的块定义（即一个主项和一个辅项，或者一个辅项和另一个辅项）。执行该命令主要有如下 3 种方法。

- 命令行：aeaplit。
- 菜单栏：执行菜单栏中的"元件"→"插入连接器"→"拆分连接器"命令。
- 功能区：单击"原理图"选项卡"编辑元件"面板中的"拆分连接器"按钮。

拆分连接器的命令应用与拆分 PLC 模块相似，此处不再赘述。

（5）添加连接器引脚

向现有连接器添加引脚。执行该命令主要有如下 3 种方法。

- 命令行：aeconnectorpin。
- 菜单栏：执行菜单栏中的"元件"→"插入连接器"→"添加连接器引脚"命令。
- 功能区：单击"原理图"选项卡"编辑元件"面板 "修改连接器"下拉列表中的"添加连接器引脚"按钮。

（6）删除连接器引脚

删除现有连接器的引脚，如果连接器具有定义的引脚列表，则释放此删除的引脚，以便以后将其重新插入此连接器或此连接器的相关辅项。执行该命令主要有如下 3 种方法。

- 命令行：aeerasepin。
- 菜单栏：执行菜单栏中的"元件"→"插入连接器"→"删除连接器引脚"命令。
- 功能区：单击"原理图"选项卡"编辑元件"面板中的"删除连接器引脚"按钮。

执行上述命令后，拾取要从连接器删除的引脚。连接器块上的引脚号属性将会消失。按 Enter 键或 Esc 键退出命令的执行。此属性及关联的接线、描述属性不会立即从连接器删除，它们会被重命名，从而被正确忽略。如果随后拉伸或拆分连接器，则将从连接器块实例上清理这些已被删除的引脚属性。删除具有连接的导线的引脚不会删除导线。

（7）移动连接器引脚

移动与选定连接器关联的连接器引脚。执行该命令主要有如下 3 种方法。

- 命令行：aemovepin。
- 菜单栏：执行菜单栏中的"元件"→"插入连接器"→"移动连接器引脚"命令。
- 功能区：单击"原理图"选项卡"编辑元件"面板中的"移动连接器引脚"按钮。

执行上述命令后，在命令行提示下单击要移动的连接器。然后再次单击指定引脚的新位置，最后按 Enter 键或 Esc 键退出该命令的执行。引脚沿连接器的中心线轴重新定位，即使用户拾取的点远离该连接器一端，也可以指定当前连接器壳末端外的位置，然后使用"拉伸连接器"工具展开该壳，以封闭这些引脚。

（8）替换连接器引脚

将一个连接器引脚号集交换为现有连接器上的另一个集，或者在图形上的连接器之间进行交换。

无法用单个插头或插座连接器替换组合连接器。此外，您无法使用此工具来将连接器一端的引脚替换为另一端的引脚。执行该命令主要有如下 3 种方法。

- 命令行：aeswappins。
- 菜单栏：执行菜单栏中的“元件”→“插入连接器”→“替换连接器引脚”命令。
- 功能区：单击“原理图”选项卡“编辑元件”面板中的“替换连接器引脚”按钮。

执行上述命令后，单击要替换的连接器引脚，然后再次单击用户希望用选定引脚替换的引脚。在两个选择之间替换连接器引脚。选择另一组要替换的引脚，按 Enter 键或 Esc 键退出该命令的执行。

10.5.5 实例——连接器编辑

本实例重点练习连接器的各个编辑命令的执行。

1. 连接器插入

（1）单击“原理图”选项卡“插入元件”面板中的“插入连接器”按钮，系统弹出“插入连接器”对话框，如图 10-67 所示。设置“引脚间距”为 10mm，设置“引脚数”为“4”，单击“全部插入”单选选钮，单击“详细信息”按钮。

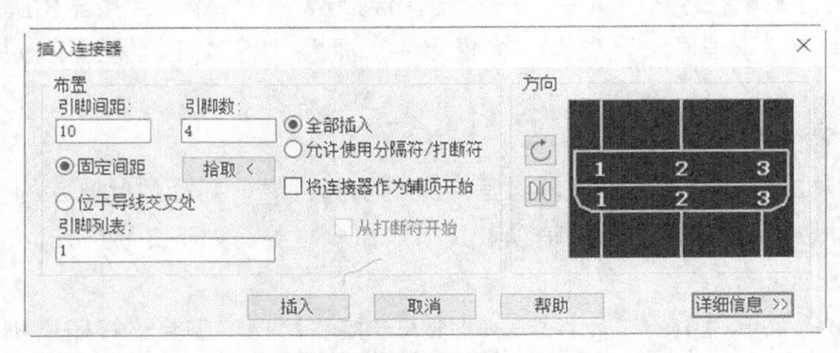

图 10-67 “插入连接器”对话框 1

（2）在“类型”选项组中单击“插头/插座组合”单选选钮；在“显示”选项组中，在“连接器”处选择“水平”，在“插头”处选择“下”，在“引脚”处选择“插头端”；将“大小”选项组中的“插座”“插头”“顶部”“底部”均设置大小为“3”，将“半径”设置为“2”，如图 10-68 所示。设置完成后单击“插入”按钮。

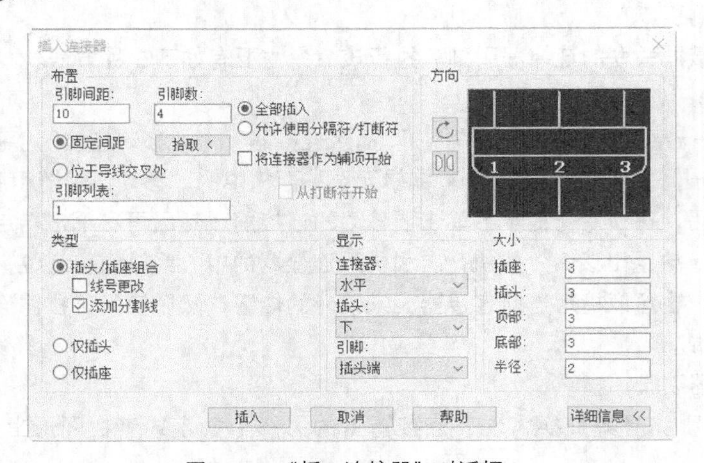

图 10-68 “插入连接器”对话框 2

（3）在绘图区适当位置单击鼠标，系统弹出“插入/编辑元件”对话框，设置“元件标记”默认值，如图 10-69 所示，单击“确定”按钮，完成连接器插入。结果如图 10-70 所示。

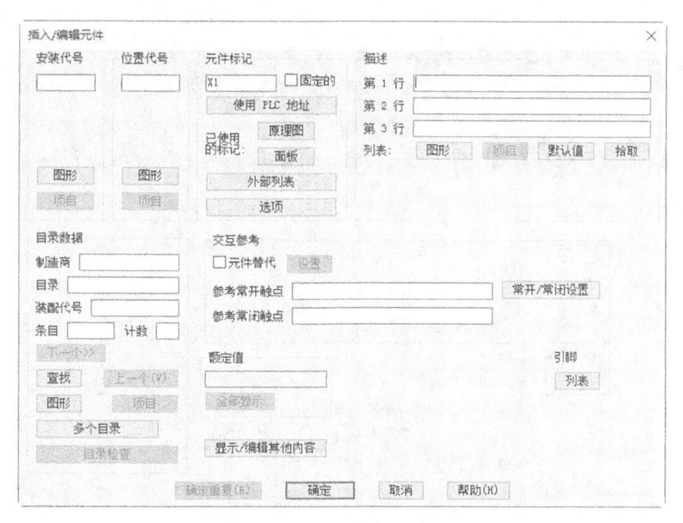

图 10-69 “插入/编辑元件”对话框

2. 反转连接器

单击“原理图”选项卡“编辑元件”面板中的“反转连接器”按钮，在命令行提示下单击上面插入的连接器，连接器方向改变，如图 10-71 所示。

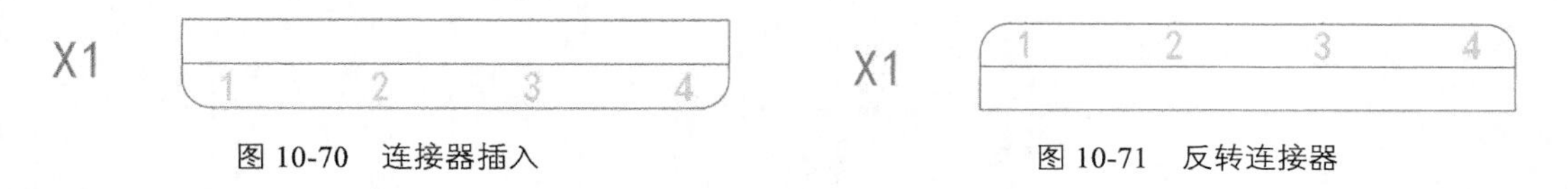

图 10-70 连接器插入　　图 10-71 反转连接器

3. 旋转连接器

单击“原理图”选项卡“编辑元件”面板中的“旋转连接器”按钮，在命令行提示下单击图 10-70 中的连接器，连接器方向改变，如图 10-72 所示。

4. 拉伸连接器

单击“原理图”选项卡“编辑元件”面板中的“拉伸连接器”按钮，在命令行提示下单击图 10-70 中的连接器，然后向左拖动光标拉伸连接器，如图 10-73 所示。在适当位置单击，完成连接器拉伸，结果如图 10-74 所示。

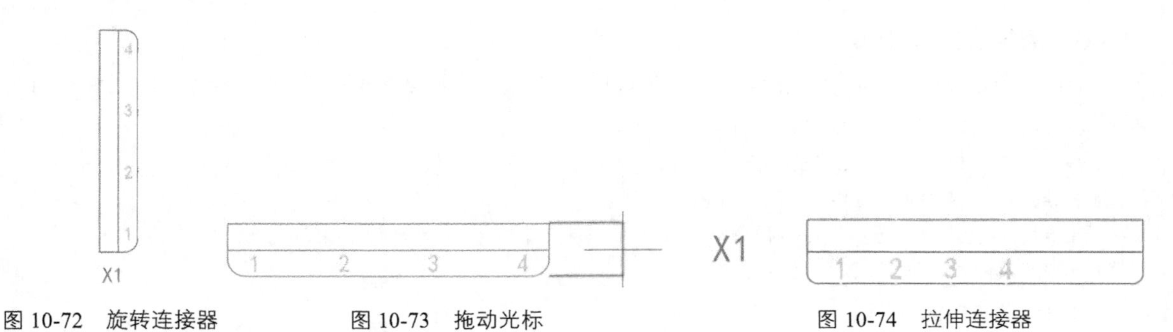

图 10-72 旋转连接器　　图 10-73 拖动光标　　图 10-74 拉伸连接器

5. 拆分连接器

单击“原理图”选项卡“编辑元件”面板中的“拆分连接器”按钮，在命令行提示下单击图 10-74 中要拆分的连接器将其拆分，命令行提示与操作如下。

命令：_aesplit↙

选择要拆分的块：<捕捉 关>(单击鼠标左键选择连接器，如图 10-75 所示)

指定拆分点或［手动（M）］：（单击连接器适当点作为拆分点，系统弹出“拆分块”对话框，如图 10-76 所示。然后单击“确定”按钮）

移动元件到指定插入点：（使用光标拖动元件到适当位置，放置拆分处的连接器图块）

结果如图 10-77 所示。

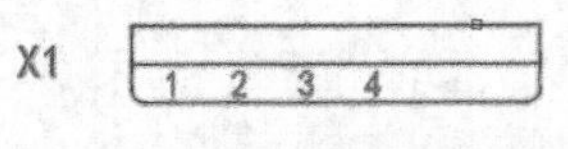

图 10-75　选择拆分连接器

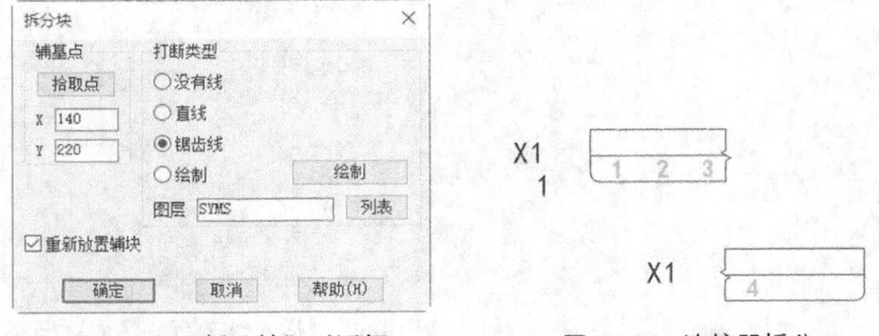

图 10-76　“拆分块”对话框

图 10-77　连接器拆分

提示：单击“拆分块”对话框中的“拾取点”按钮，图中连接器显示如图 10-78 所示，拾取适当点作为拆分点。在“拆分块”对话框的“打断类型”选项组中可以设置打断线是直线、锯齿线、没有线或者单击“绘制”按钮，手动绘制打断线。

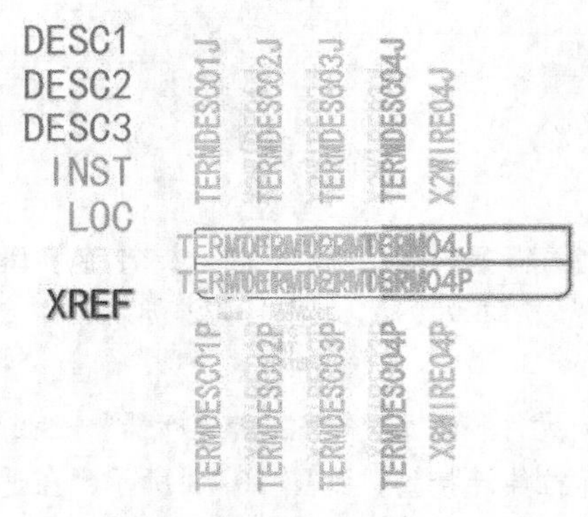

图 10-78　连接器显示

6. 添加连接器引脚

单击“原理图”选项卡“编辑元件”面板中的“添加连接器引脚”按钮，选择指定连接器为其添加引脚，命令行提示与操作如下。

命令：_aeconnectorpin↙

选择连接器：（选择如图 10-79 所示连接器）

指定要插入新引脚的位置或［重置（R）］<5>：（单击连接器内适当位置作为新引脚位置）

指定要插入新引脚的位置或［重置（R）］<6>：↙

结果如图 10-80 所示。

7. 删除连接器引脚

单击“原理图”选项卡“编辑元件”面板中的“删除连接器引脚”按钮，单击图 10-80 所示的引脚 4，并将其删除，按 Enter 键结束命令的执行。结果如图 10-81 所示。

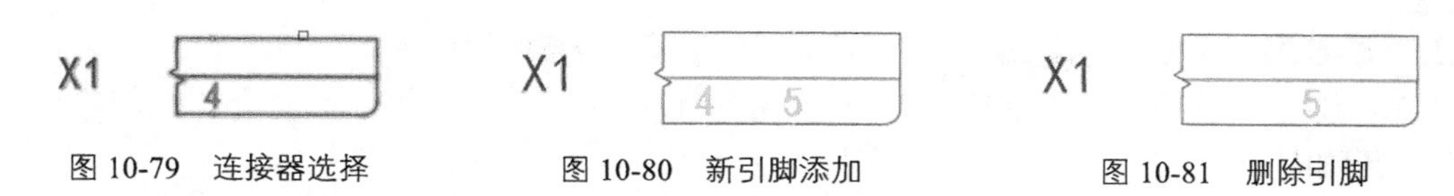

图 10-79　连接器选择　　图 10-80　新引脚添加　　图 10-81　删除引脚

8．移动连接器引脚

单击“原理图”选项卡“编辑元件”面板中的“移动连接器引脚”按钮，单击图 10-81 所示的引脚 5，然后移动光标到适当位置，继续单击鼠标放置引脚，结果如图 10-82 所示。

9．替换连接器引脚

单击“原理图”选项卡“编辑元件”面板中的“替换连接器引脚”按钮，选择图 10-77 中的引脚 1 和引脚 2，将其替换，结果如图 10-83 所示。

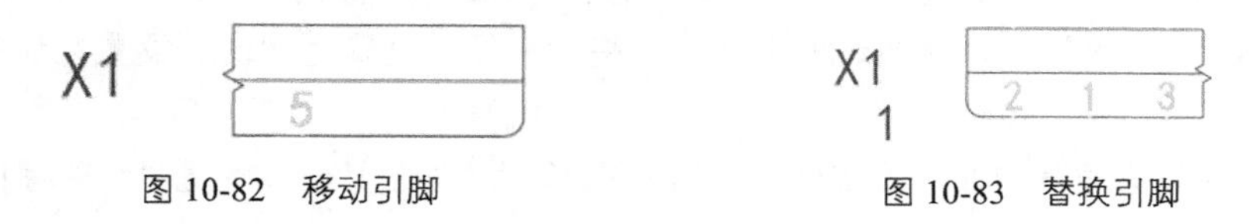

图 10-82　移动引脚　　图 10-83　替换引脚

10.6 综合实例——连接器图

本例将通过绘制连接器图来练习连接器的插入，以及多母线与导线的绘制，结果如图 10-84 所示。

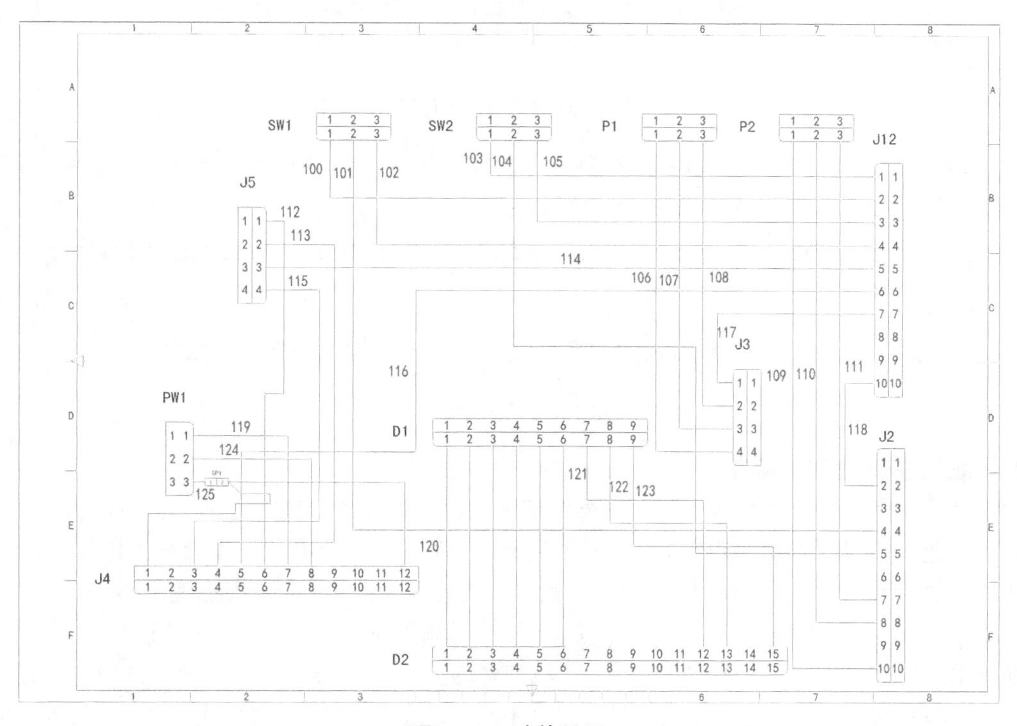

图 10-84　连接器图

1．新建项目

打开 AutoCAD Electrical 2022 应用程序，单击“项目管理器”选项卡中的“新建项目”按钮，创建名称为“连接器”的新项目。

2．设置项目特性

设置参数同 8.4.1 节，不再赘述。

3．新建图形

选择“ACE_GB_a3_a.dwt”为模板，创建“连接器图.dwg”文件。

4．插入上侧水平连接器

（1）单击“原理图”选项卡“插入元件”面板中的“插入连接器”按钮，系统弹出“插入连接器”对话框，设置“引脚间距”为 10mm，设置“引脚数”为“3”，单击“全部插入”单选按钮，单击“详细信息”按钮。

（2）在“类型”选项组中单击“插头/插座组合”单选按钮；在“显示”选项组中，在“连接器”处选择“水平”，在“插头”处选择“下”，在“引脚”处选择“两端”；将“大小”选项组中的“插座”“插头”“顶部”“底部”均设置大小为“3”，将“半径”设置为“2”，设置完成后单击“插入”按钮。

（3）在绘图区适当位置单击，系统弹出“插入/编辑元件”对话框，设置“元件标记”为“SW1”，单击“确定”按钮，完成连接器插入。并将“元件标记”颜色改为“红色”。

（4）用同样的方式插入 SW2、P1、P2 连接器，结果如图 10-85 所示。

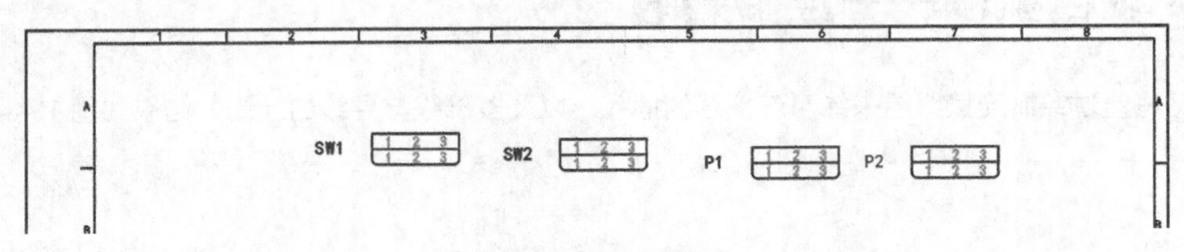

图 10-85　插入连接器

（5）对齐连接器。单击“原理图”选项卡“对齐”按钮，选择连接器 SW1 为对齐参照，将 SW2、P1、P2 和其对齐，结果如图 10-86 所示。

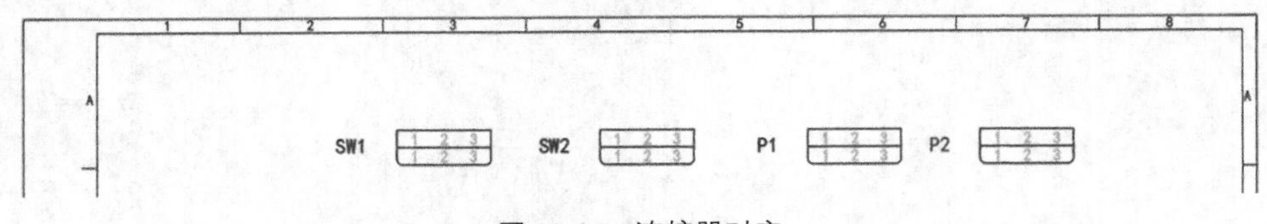

图 10-86　连接器对齐

5．插入左侧垂直连接器

（1）单击“原理图”选项卡“插入元件”面板中的“插入连接器”按钮，系统弹出“插入连接器”对话框。设置“引脚间距”为 10mm，设置“引脚数”为“4”，单击“全部插入”单选按钮。在“方向”选项组中单击“翻转”按钮，翻转连接器方向。单击“详细信息”按钮。

（2）在“类型”选项组中单击“插头/插座组合”单选按钮；在“显示”选项组中，在“连接器”处选择“垂直”，在“插头”处选择“右”，在“引脚”处选择“两端”；将“大小”选项组中的“插座”“插头”“顶部”“底部”均设置大小为“3”，将“半径”设置为“2”。设置完成后单击“插入”按钮。

（3）在绘图区适当位置单击，系统弹出“插入/编辑元件”对话框，设置“元件标记”为“J5”，单击“确定”按钮，完成连接器插入。并将“元件标记”颜色改为“红色”。

（4）重复执行“插入连接器”命令，系统弹出“插入连接器”对话框，取消“类型”选项组中“添加分割线”复选框的勾选，其余参数设置如图 10-87 所示。单击“插入”按钮，系统返回绘图区。

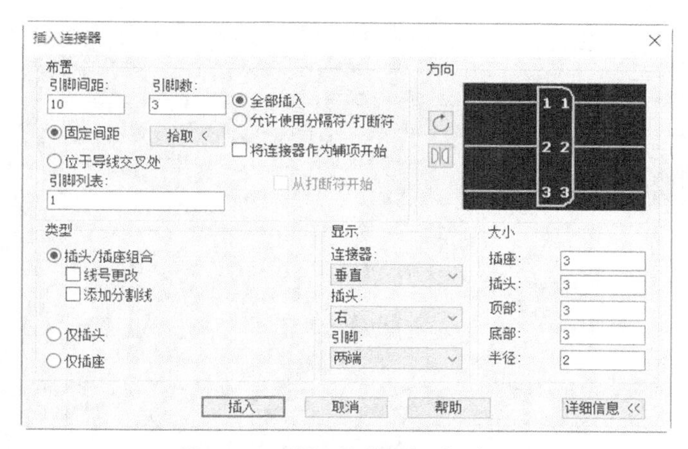

图 10-87 “插入连接器”对话框 3

（5）在绘图区适当位置单击插入垂直连接器，并设置“元件标记”为“PW1”，结果如图 10-88 所示。

6. 插入右侧垂直连接器

（1）单击“原理图”选项卡“插入元件”面板中的“插入连接器”按钮，系统弹出“插入连接器”对话框。设置“引脚间距”为 10mm，设置“引脚数”为“10”，单击“全部插入”单选按钮。在“方向”选项组中单击“翻转”按钮，翻转连接器方向。单击“详细信息”按钮。

（2）在“类型”选项组中单击“插头/插座组合”单选按钮；在“显示”选项组中，在“连接器”处选择“垂直”，在“插头”处选择“左”，在“引脚”处选择“两端”；将“大小”选项组中的“插座”“插头”“顶部”“底部”均设置大小为“3”，将“半径”设置为“2”。设置完成后单击“插入”按钮。

（3）在绘图区适当位置单击，系统弹出“插入/编辑元件”对话框，设置“元件标记”为“J12”，单击“确定”按钮，完成连接器插入。并将“元件标记”颜色改为“红色”。

（4）重复上述操作，插入引脚数为 10 的连接器。将“元件标记”改为“J2”。

（5）重复执行“插入连接器”命令，系统弹出“插入连接器”对话框，参数设置如图 10-89 所示。单击“插入”按钮，系统返回绘图区。

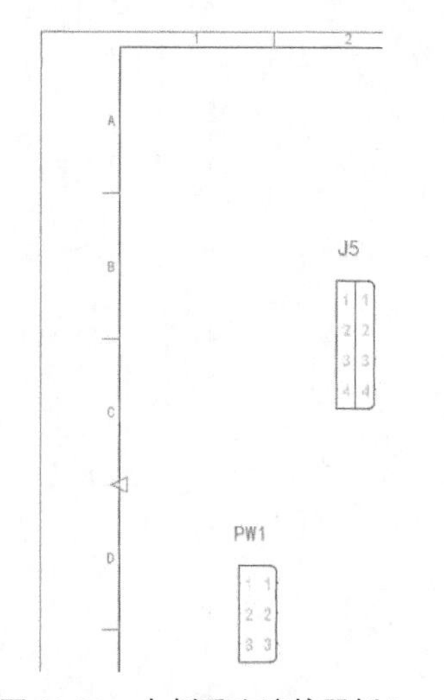

图 10-88 左侧垂直连接器插入

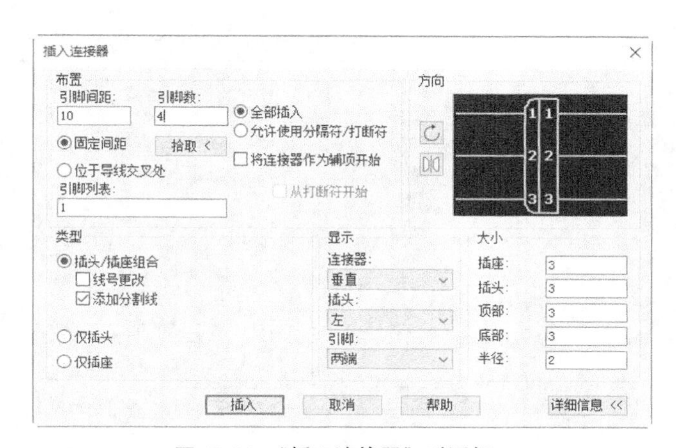

图 10-89 “插入连接器”对话框 4

（6）在绘图区适当位置单击插入垂直连接器，并设置“元件标记”为“J3”，结果如图 10-90 所示。

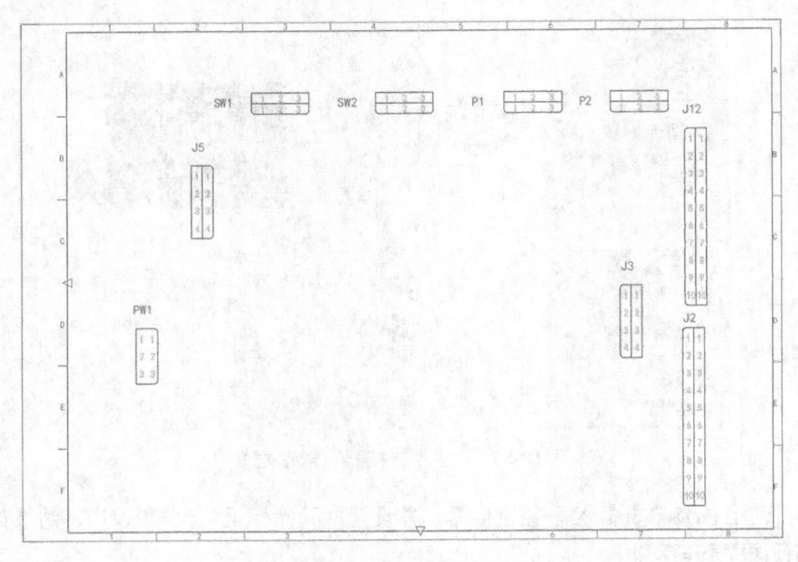

图 10-90　插入右侧垂直连接器

7. 插入下侧水平连接器

（1）单击“原理图”选项卡“插入元件”面板中的“插入连接器”按钮，系统弹出“插入连接器”对话框。设置“引脚间距”为 10mm，设置“引脚数”为“9”，单击“全部插入”单选按钮。单击“详细信息”按钮。

（2）在“类型”选项组中单击“插头/插座组合”单选按钮；在“显示”选项组中，在“连接器”处选择“水平”，在“插头”处选择“下”，在“引脚”处选择“两端”；将“大小”选项组中的“插座”“插头”“顶部”“底部”均设置大小为“3”，将“半径”设置为“2”。设置完成后单击“插入”按钮。

（3）在绘图区适当位置单击，系统弹出“插入/编辑元件”对话框，设置“元件标记”为“D1”，单击“确定”按钮，完成连接器插入。并将“元件标记”颜色改为“红色”。

（4）重复上述操作，其余设置不变，插入引脚数分别为 12、15 的连接器。分别将“元件标记”设置为“J4”“D2”。结果如图 10-91 所示。

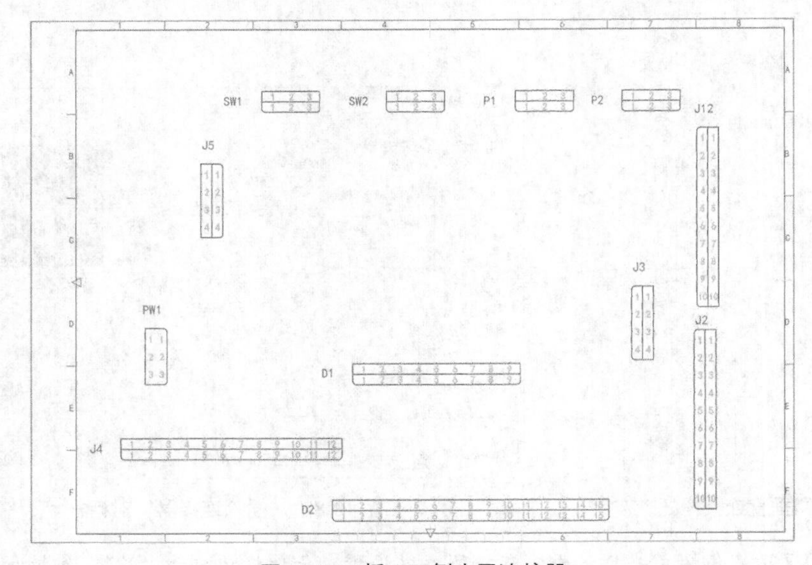

图 10-91　插入下侧水平连接器

8. 绘制连接器 SW1 与 J12 连接导线

（1）绘制导线

① 单击“原理图”选项卡“插入导线/线号”面板中的“多母线”按钮，系统弹出“多导线母线”对话框，设置“水平”间距为 10mm，设置“垂直”间距为 10mm。在“开始于:”选项组中单击“元件（多导线）”单选按钮。单击“确定”按钮。

② 在命令行提示下窗选开始点，依次选择 SW1 的 1、2、3 脚点，然后按 Enter 键。

③ 在命令行输入“t”，系统弹出“设置导线类型”对话框，设置导线颜色为“BLK”，设置导线大小为“2.5mm^2”。单击“确定”按钮。

④ 向下拖动光标绘制垂直多导线，并在超出 J12 的脚点 4 时单击完成垂直多导线绘制，如图 10-92 所示。

⑤ 单击“原理图”选项卡“插入导线/线号”面板中的“导线”按钮，选择 J12 的引脚 2、引脚 4 向左绘制水平导线，在分别和 SW1 的引脚 3、引脚 1 相遇时单击，结果如图 10-93 所示。

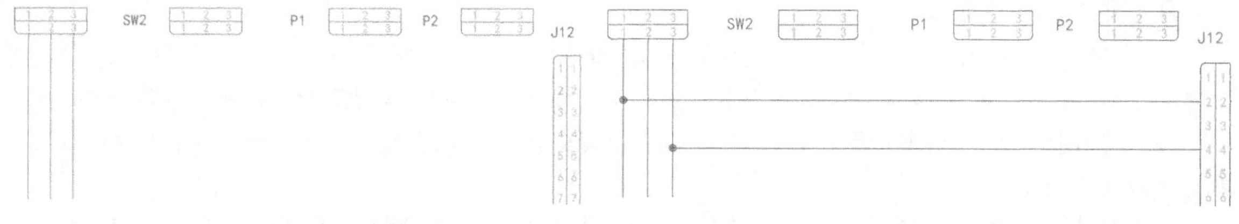

图 10-92　垂直多导线绘制　　图 10-93　绘制水平导线

⑥ 重复执行“导线”命令，选择 SW1 中引脚 2 的导线下端点为起点向下绘制导线，直到与 J2 中的引脚 4 相遇。

⑦ 单击“原理图”选项板“编辑导线/线号”面板中的“修剪导线”按钮，修剪多余导线，修剪结果如图 10-94 所示。

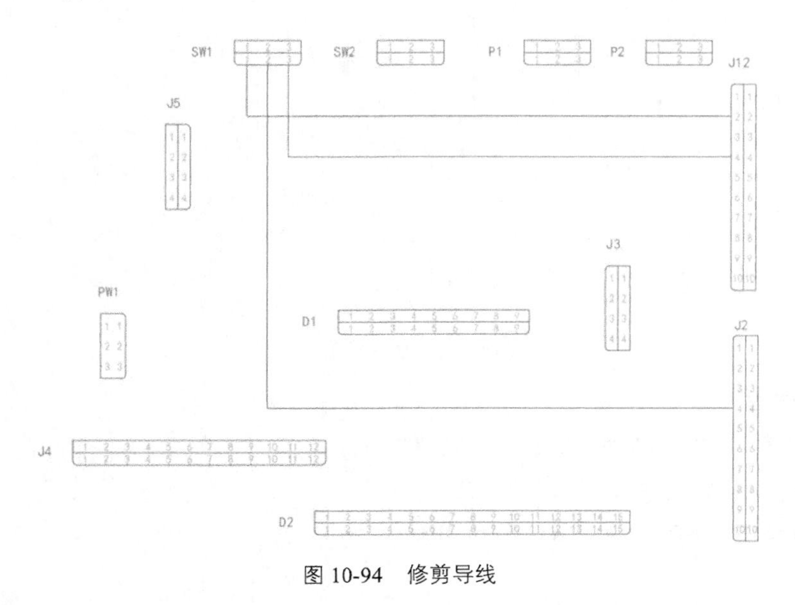

图 10-94　修剪导线

（2）绘制其余导线

重复绘制多导线及单导线，完成其余导线绘制，结果如图 10-95 所示。

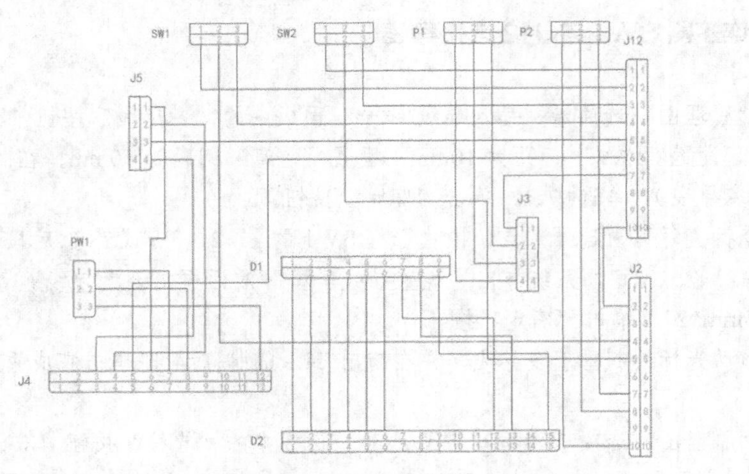

图 10-95　绘制其余导线

9. 插入接头符号

（1）单击“原理图”选项卡“插入元件”面板中的“图标菜单”按钮，系统弹出“插入元件”对话框，勾选“水平”复选框，将“原理图缩放比例”设置为“1”。单击“其他”→“接头符号”→“接头”。

（2）将其插入图中适当位置，系统弹出“插入/编辑元件”对话框，设置“元件标记”为“SP1”，单击“确定”按钮。

（3）单击“原理图”选项卡“插入导线/线号”面板中的“导线”按钮，在 SP1 和 J4 的引脚 1 之间绘制连接线，结果如图 10-96 所示。

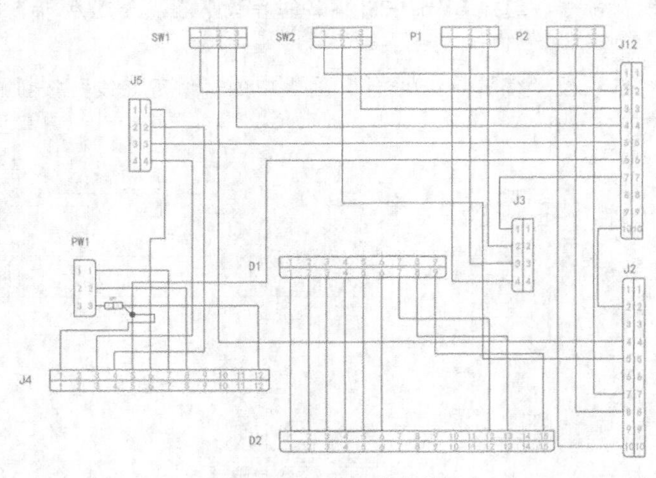

图 10-96　插入接头符号

10. 插入线号

（1）单击“原理图”选项卡“插入导线/线号”面板“插入线号”下拉列表中的“线号”按钮，系统弹出“导线标记（本页）”对话框，如图 10-97 所示。

（2）在“导线标记模式”选项组中设置“100”为“开始”。如图 10-97 所示，单击“图形范围”按钮。线号自动插入控制电路。结果如图 10-84 所示。

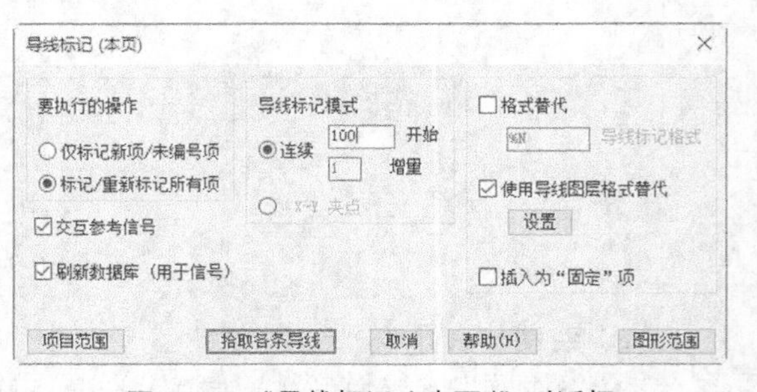

图 10-97　“导线标记（本页）”对话框

第 11 章

示意图的绘制与编辑

本章学习要点和目标任务

- 插入示意图
- 编辑示意图

本章主要介绍面板示意图的绘制。面板示意图主要由电气元件、外壳、导轨等面板图元件、端子排示意图组成。接下来我们将重点介绍元件示意图的插入和编辑。

11.1 插入示意图

面板一般由外壳、导轨、元件组成。本节将详细介绍面板示意图的创建。

11.1.1 绘图环境设置

1. 面板示意图库添加

（1）在被激活的项目处单击鼠标右键，执行弹出的快捷菜单中的“特性”命令，系统弹出“项目特性”对话框，如图 11-1 所示。

（2）选择“面板示意图库”，然后单击“添加”按钮，在示意图下出现添加地址图框，如图 11-2 所示，将需要添加的地址复制到图框中，如图 11-3 所示。然后单击“确定”按钮，完成地址添加。

2. 示意图单位设置

单击“面板”选项卡“其他工具”面板中的“配置”按钮，系统弹出“面板图形配置和默认值（本页-示意图）”对话框，由于软件默认的面板元件尺寸为英制，所以此处设置“示意图插入”比例为 25.4，将“按缩放比例”设置为 25.4，如图 11-4 所示。

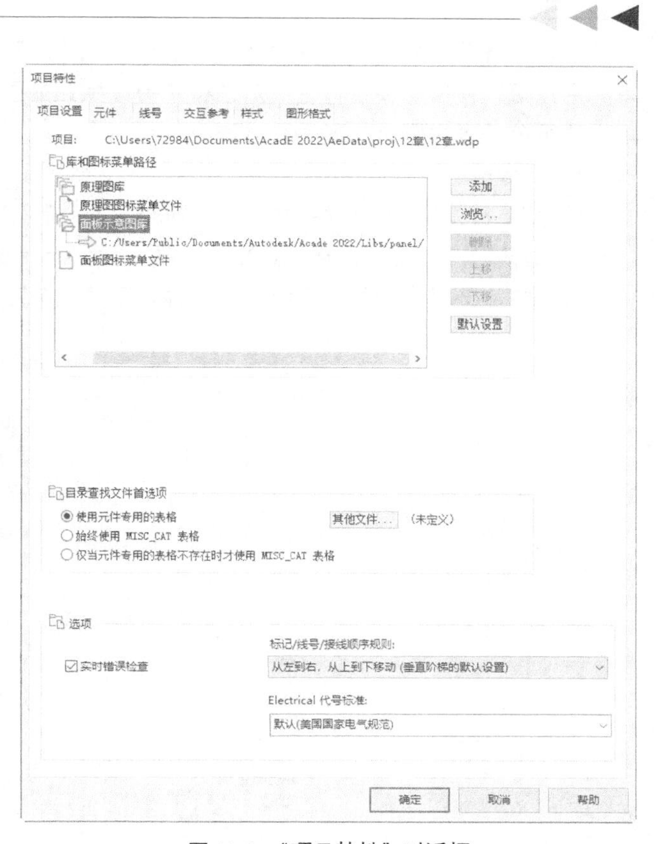

图 11-1 “项目特性”对话框

单击“确定”按钮，完成设置。

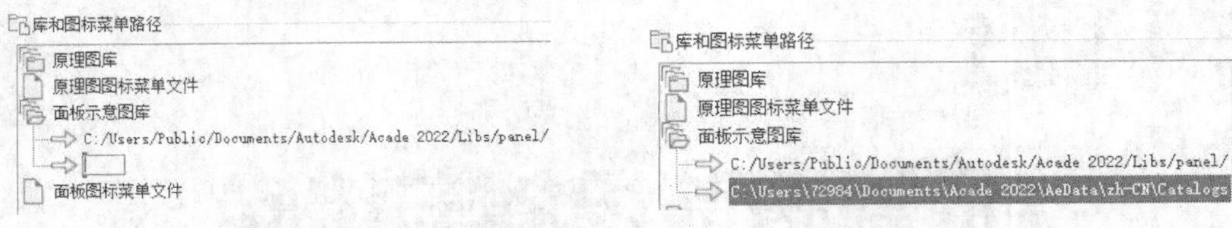

图 11-2　添加地址图框　　　　图 12-3　添加地址

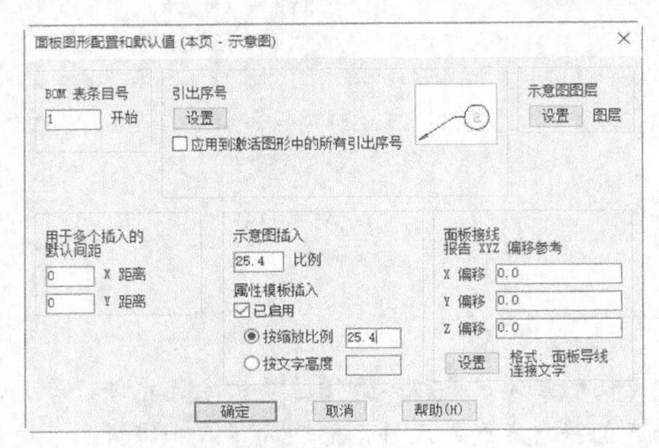

图 11-4　“面板图形配置和默认值（本页-示意图）”对话框

11.1.2　图标菜单

插入从屏幕上的图标菜单中选择的面板示意图。可以修改、扩展或用自定义菜单替换此图标菜单。用户可以使用“项目特性”对话框来更改默认的图标菜单。使用图标菜单向导可以轻松修改菜单。执行该命令主要有如下 3 种方法。

- 命令行：aefootprint。
- 菜单栏：执行菜单栏中的“面板布局”→“插入示意图（图标菜单）”命令。
- 功能区：单击“面板”选项卡“插入元件示意图”面板中的“图标菜单”按钮。

（1）执行上述命令后，系统弹出“插入示意图”对话框，如图 11-5 所示。

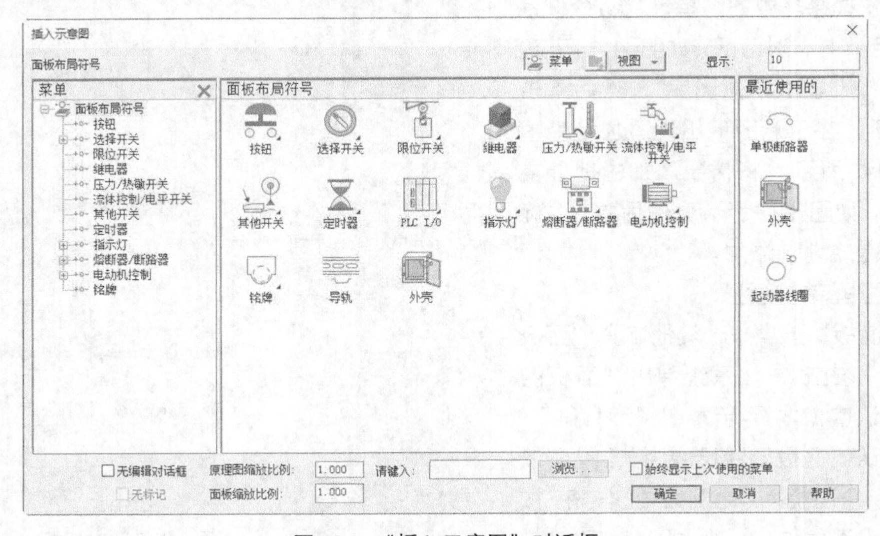

图 11-5　“插入示意图”对话框

（2）对话框中的各参数含义与“插入元件”对话框类似，此处不再赘述。在“面板布局符号”选项中选择“外壳”，系统弹出“示意图”对话框，如图 11-6 所示。

（3）单击“示意图”对话框中的“目录查找”按钮，系统弹出“目录浏览器”对话框，如图 11-7 所示。在“搜索”栏中输入“HOFFMAN”，然后单击“搜索”按钮，在该对话框中选择“目录”为“AMOD84X4018FTC”，单击“确定”按钮。

（4）继续单击“示意图”对话框中的“确定”按钮。在绘图区单击确定插入元件位置，并水平或垂直向拖动光标以确定插入示意图的方向。在弹出的“布局面板-插入/编辑元件”对话框中直接单击“确定”按钮。完成示意图插入。

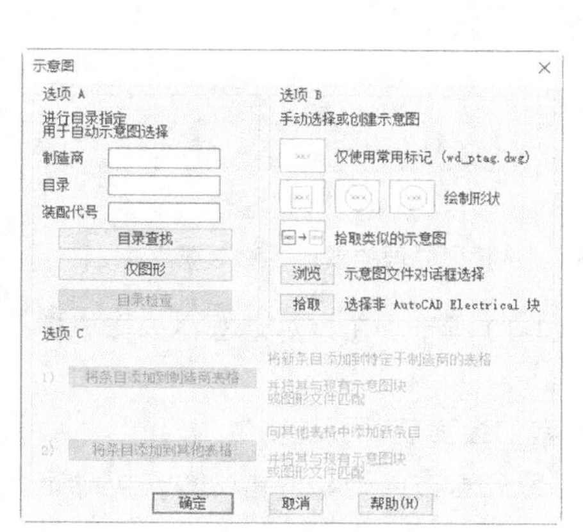

图 11-6 “示意图”对话框

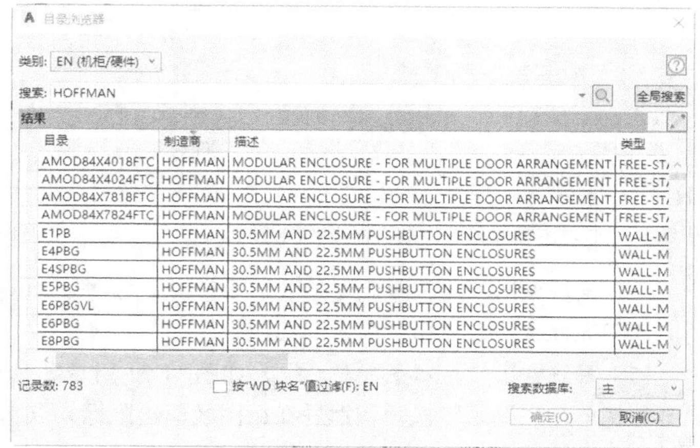

图 11-7 “目录浏览器”对话框

“示意图”对话框中的各参数含义如下。

（1）选项 A

输入目录信息，如果没有目录指定，则使用目录查找来查找和选择目录信息。系统将尝试在制造商的示意图或其他 _PNLMISC 查找文件中查找匹配项。

（2）选项 B

跳过目录指定。从可用的选项中选择来插入示意图。该选项会在接下来的章节中详细介绍，此处不再赘述。

（3）选项 C

选项 C 与选项 A 相关联，在选项 A 中指定参数后，会自动激活选项 C。

11.1.3 原理图列表

通过参考项目中的原理图元件列表来插入并注释面板示意图。执行该命令主要有如下 3 种方法。

- 命令行：aefootprintsch。
- 菜单栏：执行菜单栏中的“面板布局”→“插入示意图（列表）”命令。
- 功能区：单击“面板”选项卡“插入元件示意图”面板中的“原理图列表”按钮。

（1）执行上述命令后，系统弹出“原理图元件列表→插入面板布局”对话框，如图 11-8 所示。

（2）在该对话框中单击“项目”单选按钮，并单击“确定”按钮。

（3）系统弹出“选择要处理的图形”对话框，如图 11-9 所示。在“项目图纸清单”列表中选择具有所插入的原理图符号的图形。单击“处理”按钮，然后单击“确定”按钮。

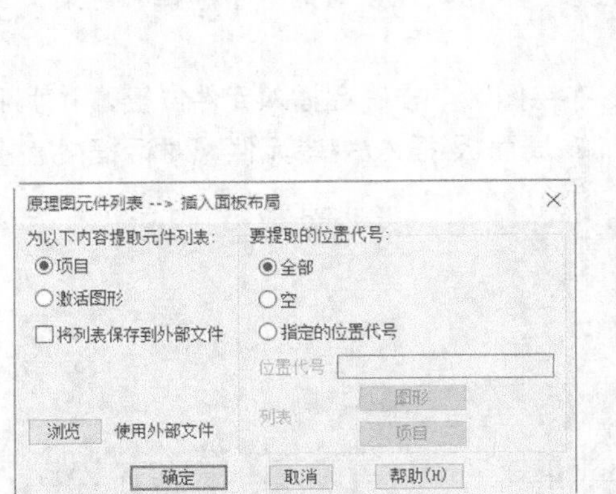

图 11-8 “原理图元件列表→插入面板布局”对话框

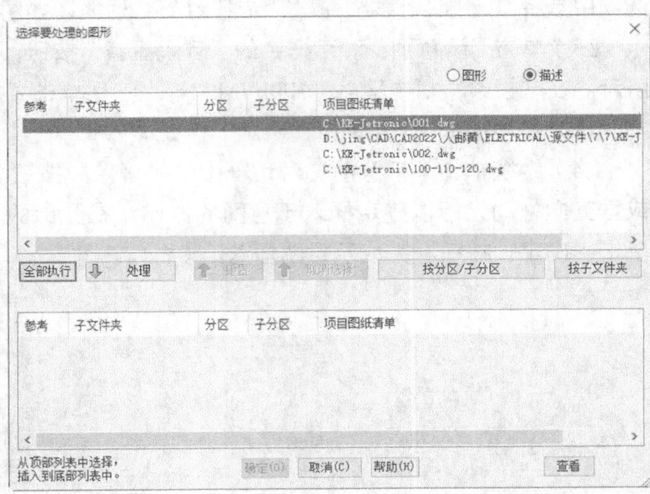

图 11-9 “选择要处理的图形”对话框

（4）系统弹出“原理图元件（激活项目）”对话框，如图 11-10 所示。在该对话框中选择要插入的原理图元件，然后单击“插入”按钮。

（5）系统弹出“示意图”对话框，如图 11-11 所示。此时我们会发现“制造商”“目录”栏中出现信息，单击“确定”按钮，然后在绘图区单击鼠标并以水平或竖直方向拖动，再次单击以确定元件放置方向。

（6）系统弹出“面板布局-插入/编辑元件”对话框，单击“确定”按钮。

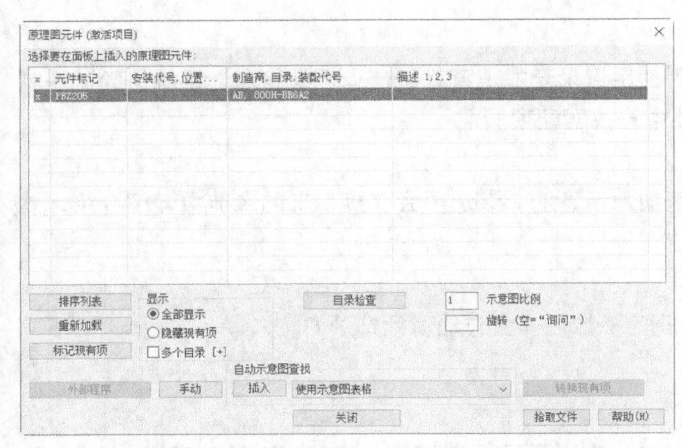

图 11-10 “原理图元件（激活项目）”对话框

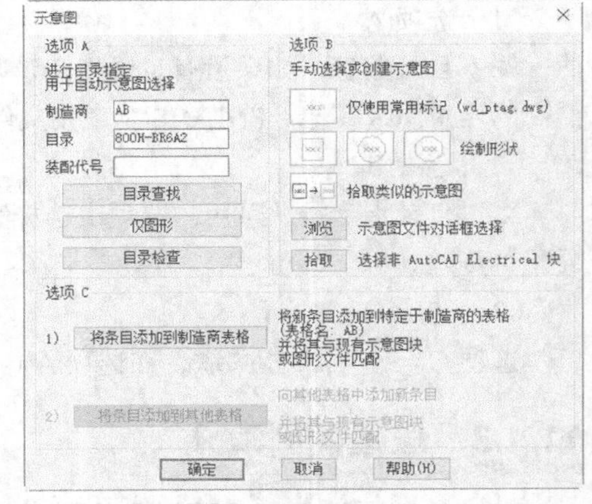

图 11-11 “示意图”对话框

11.1.4 手动插入

使用常用图块或通过转换现有非智能化 AutoCAD Electrical 块将元件插入面板示意图。执行该命令主要有如下 3 种方法。

- 命令行：aefootprintman。
- 菜单栏：执行菜单栏中的“面板布局”→“插入示意图（手动）”命令。

- 功能区：单击“面板”选项卡“插入元件示意图”面板中的“手动”按钮。

执行上述命令后，系统弹出“插入元件示意图-手动”对话框，如图 11-12 所示。该对话框中的各参数含义如下。

（1）“仅使用常用标记”：单击其左侧的按钮，在绘图区插入带有元件标记、描述文字等的块。

（2）“绘制形状”：分别单击其左侧的按钮，绘制一个矩形、圆或者八边形来表示元件。文字和隐藏信息在绘制时插入。

（3）“拾取类似的示意图”：单击其左侧的按钮，在图形中单击需要的块将其复制。

（4）“浏览”：单击该按钮，系统打开“拾取”对话框，如图 11-13 所示。在该对话框中选择已绘制好的.dwg 块文件，将其插入绘图区。

（5）“拾取”：单击该按钮，拾取已定义的图块，但是该图块不属于 AutoCAD Electrical 2022 工具集块，并立即转换为 AutoCAD Electrical 2022 工具集智能块。

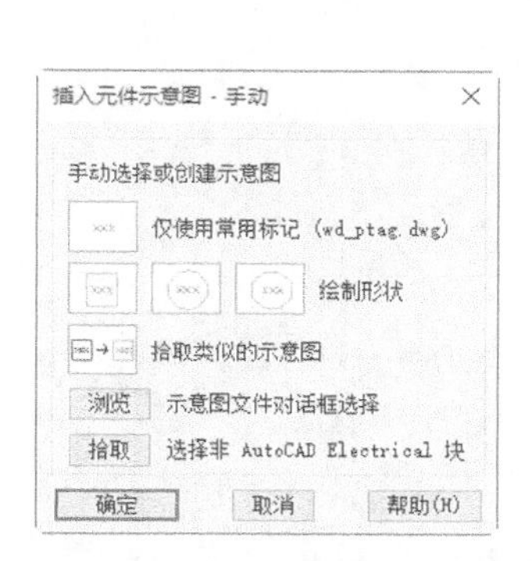

图 11-12 “插入元件示意图-手动”对话框

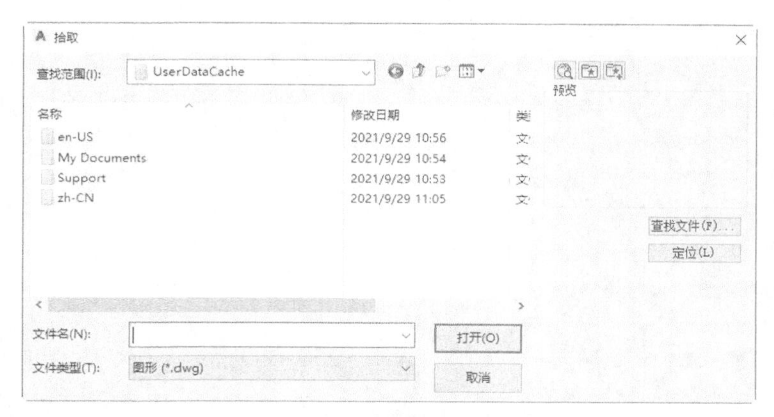

图 11-13 “拾取”对话框

11.1.5 制造商菜单

使用特定制造商的图标菜单将元件插入面板示意图。如果用户频繁地使用相同供应商的元件，则使用此功能可节省大量时间。用户甚至可以将此方法应用到创建客户特定的菜单中，这样可以更方便地使用每个用户首选的供应商或元件。执行该命令主要有如下 3 种方法。

- 命令行：aefootprintmfg。
- 菜单栏：执行菜单栏中的“面板布局”→“插入示意图（制造商菜单）”命令。
- 功能区：单击“面板”选项卡“插入元件示意图”面板中的“制造商菜单”按钮。

（1）执行上述命令后，系统弹出“供应商菜单选择-图标菜单文件”对话框，如图 11-14 所示。在其中选择要使用的供应商菜单，然后单击“确定”按钮。用户可以从列表中选择一个菜单，或单击“浏览”按钮，搜索供应商菜单文件。

（2）系统弹出“供应商面板示意图”对话框，如图 11-15 所示。从符号预览窗口选择要插入的元件，然后单击“确定”按钮。

（3）系统回到绘图区，在适当位置单击插入所选元件。然后系统弹出“面板布局-插入/编辑元件”对话框，在该对话框中直接单击“确定”按钮。完成元件插入。

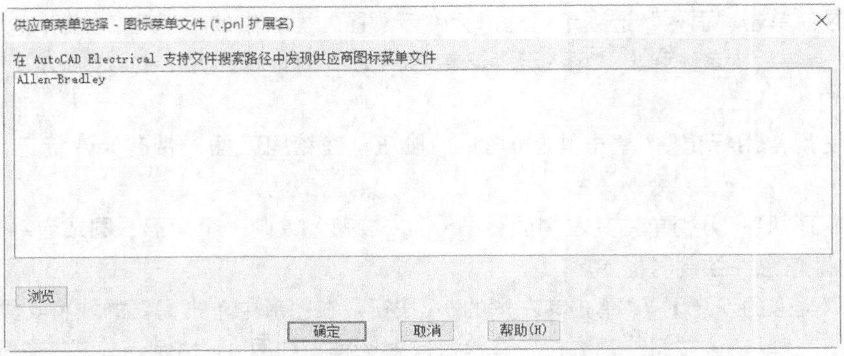

供应商菜单选择 - 图标菜单文件 (*.pnl 扩展名)

在 AutoCAD Electrical 支持文件搜索路径中发现供应商图标菜单文件

Allen-Bradley

浏览

确定 取消 帮助(H)

图 11-14 “供应商菜单选择-图标菜单文件”对话框

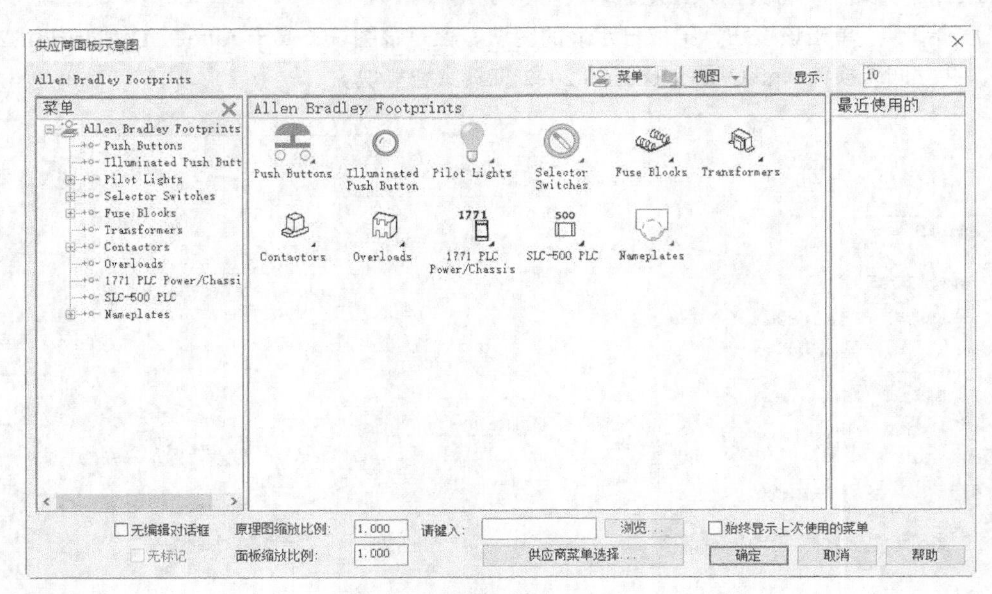

图 11-15 “供应商面板示意图”对话框

11.1.6 用户定义的列表

插入并注释用户自定义的带有目录指定的元件列表中的面板示意图。此拾取列表中显示的数据以通用的 Microsoft Access 格式存储在数据库中，文件名为 wd_picklist.mdb，可以使用 Access 来编辑，也可以通过拾取列表的对话框底部的“添加/编辑/删除”选项来编辑。将使用 AutoCAD Electrical 2022 工具集的正常搜索路径序列来查找此文件。执行该命令主要有如下 3 种方法。

- 命令行：aefootprintcat。
- 菜单栏：执行菜单栏中的“面板布局/插入示意图（列表）/插入示意图（用户定义的列表）”命令。
- 功能区：单击“面板”选项卡“插入元件示意图”面板中的“用户定义的列表”按钮。

该命令与我们前面介绍的“插入元件”选项卡中的“用户定义的列表”命令相似。

（1）执行上述命令后，系统弹出“面板示意图”对话框，如图 11-16 所示。

（2）在该对话框中选择需要的元件，单击“确定”按钮。

（3）在绘图区单击选择插入点，水平向或竖直向拖动光标确定元件方向。

（4）系统弹出“面板布局-插入/编辑元件”对话框，单击“确定”按钮。

（5）可以单击对话框中的“添加”按钮，系统弹出“添加记录”对话框，如图 11-17 所示。

（6）在该对话框中输入需要添加的块，或者单击“浏览”按钮，查找需要添加的块。然后单击“确定”按钮。继续单击“确定”按钮，插入添加的块。

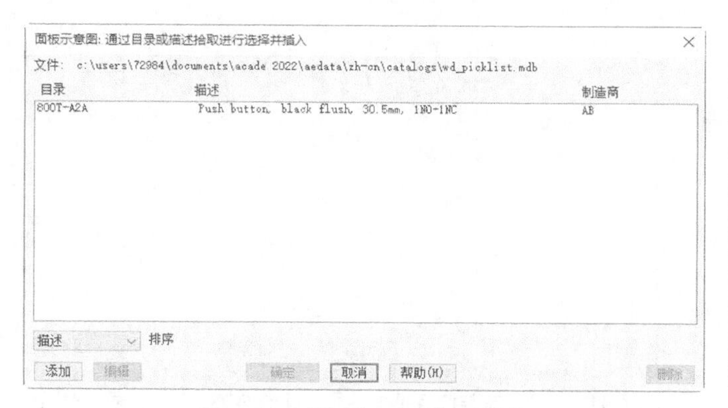

图 11-16 “面板示意图”对话框

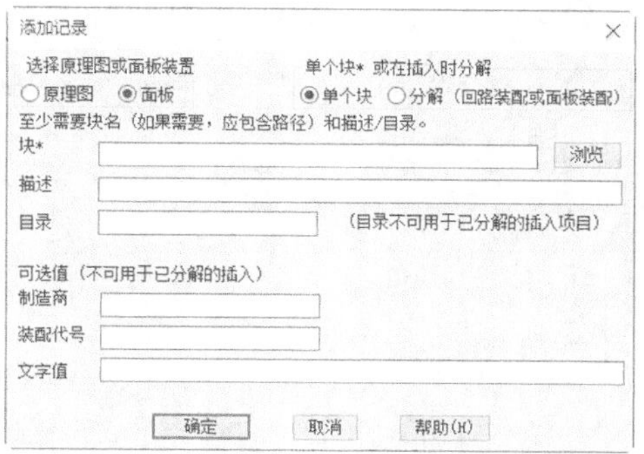

图 11-17 “添加记录”对话框

11.1.7 设备列表

插入并注释用户定义的设备列表中的面板示意图。执行该命令主要有如下 3 种方法。

- 命令行：aefootprintteq。
- 菜单栏：执行菜单栏中的“面板布局”→“插入示意图（列表）”→“插入示意图（设备列表）”命令。
- 功能区：单击“面板”选项卡“插入元件示意图”面板中的“设备列表”按钮。

该命令与我们前面介绍的“插入元件”选项卡中的“设备列表”命令相似。此处不再赘述。

11.1.8 引出序号

插入包含选定元件的 BOM 表条目号的引出序号。执行该命令主要有如下 3 种方法。

- 命令行：aeballoon。
- 菜单栏：执行菜单栏中的“面板布局”→“插入引出序号”命令。
- 功能区：单击“面板”选项卡“插入元件示意图”面板中的“引出序号”按钮。

执行该命令后，在绘图区单击鼠标为引出序号选择元件，然后继续单击选择引线开始的位置。按 Enter 键或单击鼠标右键完成引线并插入引出序号。命令行提示中各选项的含义如下。

（1）在“设置（S）/<为引出序号选择元件>:”提示下，在命令行中输入设置“S”，系统弹出“面板引出序号设置”对话框，如图 11-18 所示。在该对话框中设置引出序号类型。

（2）在“设置（S）/<为引出序号选择元件>:”提示下，选择需要插入序号的元件。

（3）在“指定引线起点或引出序号插入点:”提示下，单击引出线的起点位置。

（4）在“[Enter] = 只指定引出序号，不指定引线”提示下：拖动光标并单击指定引出线的第 2 点。

（5）在“到点:”提示下，指定引出线第 3 点。位置确定完成后，单击鼠标右键或按 Enter 键结束命令的执行。

提示：若是在创建引出序号过程中没有匹配的 BOM 表条目号，系统会弹出“没有与此目录零件号匹配的 BOM 表条目号”对话框，如图 11-19 所示。在该对话框中设置插入序号条目。

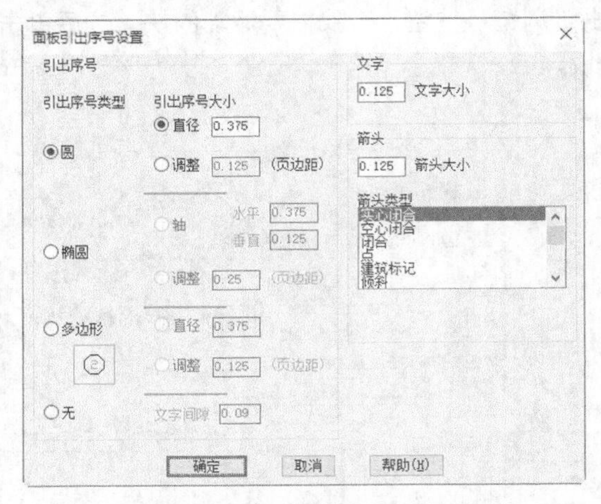

图 11-18 “面板引出序号设置”对话框

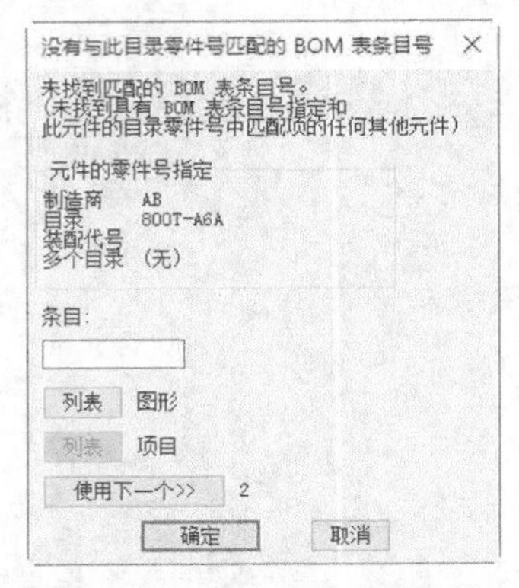

图 11-19 “没有与此目录零件号匹配的 BOM 表条目号”对话框

11.1.9 导线注释

将原理图接线信息插入面板示意图。执行该命令主要有如下 3 种方法。

- 命令行：aewireannotation。
- 菜单栏：执行菜单栏中的“面板布局”→“插入引出序号”命令。
- 单击“面板”选项卡“插入元件示意图”面板中的“导线注释”按钮。

执行该命令后，系统弹出“原理图线号→面板布线图”对话框，如图 11-20 所示。选择需要激活的图形或项目及要处理的位置代号。单击“确定”按钮。系统打开“原理图→布局接线注释”对话框，如图 11-21 所示。在该对话框中定义接线文字格式。“原理图→布局接线注释”对话框中的各参数含义如下。

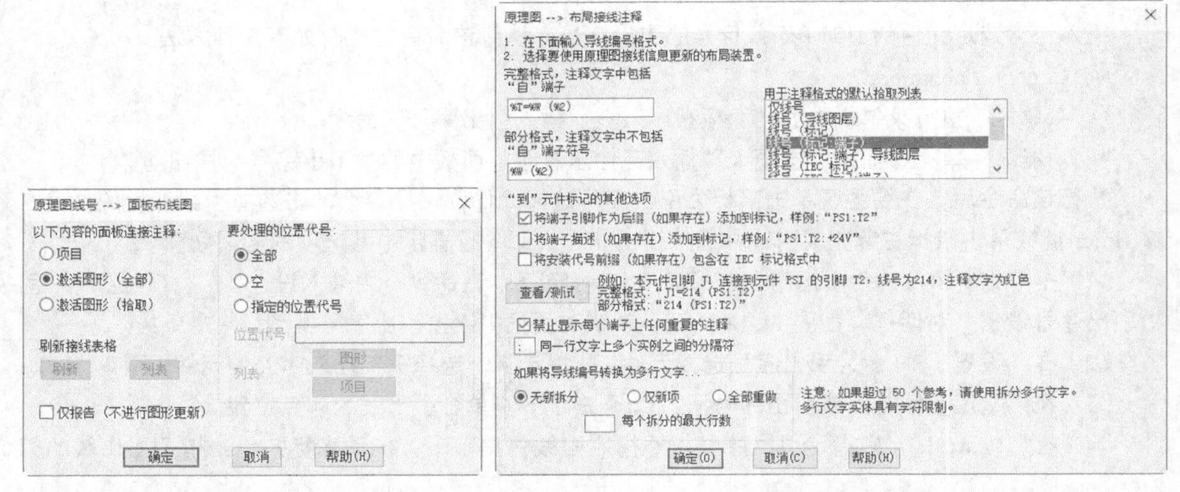

图 11-20 “原理图线号→面板布线图”对话框　　图 11-21 “原理图→布局接线注释”对话框

执行菜单栏中的“面板布局/插入引出序号”命令。

（1）格式

① 完整格式：如果未找到目标属性并插入了多行文字，将使用“完整格式”。

② 部分格式：如果找到了目标属性，将使用“部分格式”。

（2）“到”元件标记的其他选项

① “将端子引脚作为后缀（如果存在）添加到标记”：将端子文字添加为后缀。

② “将端子描述（如果存在）添加到标记”：将任意端子描述值添加为后缀。

③ “将安装代号前缀（如果存在）包含在 IEC 标记格式中”：将任意安装代号添加为前缀。

（3）查看/测试

用来预览或测试报告。

（4）禁止显示每个端子上任何重复的注释

表示隐藏重复的注释，从而使它们不在报告中显示。

（5）同一行文字上多个实例之间的分隔符

输入为同一接线分隔多个面板导线注释值的字符。

（6）如果将导线编号转换为多行文字

默认的多行文字插入点与示意图块的插入点相同。默认的文字大小与示意图符号上找到的现有线号属性的文字大小相匹配，如果不存在线号属性，系统会强制令多行文字的大小与 AutoCAD Electrical 2022 系统变量“TEXTSIZE”的当前值相匹配。

11.1.10 面板装配

插入已写为块的面板示意图装配。对其中所有的块进行处理，尤其是将非 AutoCAD Electrical 2022 的块自动转换为带有相应属性的示意图的块。执行该命令主要有如下 3 种方法。

- 命令行：aepanelasm。
- 菜单栏：执行菜单栏中的“面板布局插入面板装配”命令。
- 功能区：单击“面板”选项卡“插入元件示意图”面板中的“面板装配”按钮。

执行该命令后，系统弹出“插入多个块的面板装配”对话框，如图 11-22 所示。单击“确定”按钮，命令行提示中各选项的含义如下。

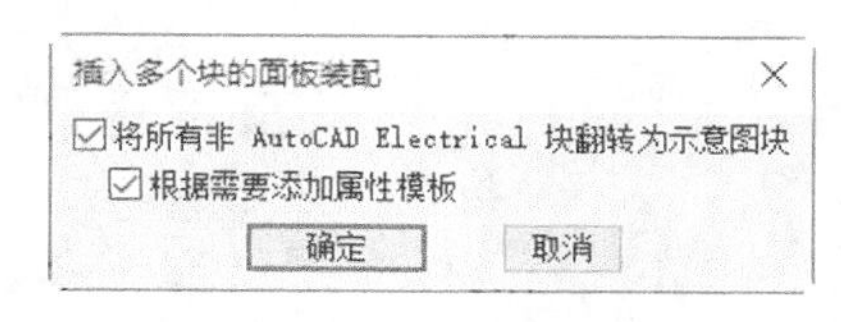

图 11-22 “插入多个块的面板装配”对话框

（1）在“插入面板装配 Block name:”提示下，在命令行中输入要插入的面板的名称。

（2）在“指定插入点:”提示下，指定插入点。

（3）在“指定旋转角度<0>:”提示下，指定旋转角度。

11.1.11 面板列表

从项目的面板元件列表中插入原理图元件。一般若是配电柜面板图已绘制完成，此时再通过执行“面板列表”命令绘制原理图将事半功倍。执行该命令主要有如下 3 种方法。

- 命令行：aecomponentpnl。
- 菜单栏：执行菜单栏中的“元件”→“插入元件（面板列表）”命令。
- 功能区：单击“原理图”选项卡“插入元件”面板中的“面板列表”按钮。

（1）执行上述命令后，系统弹出“面板布局列表→插入原理图元件”对话框，如图 11-23 所示。此处我们单击“激活图形”单选按钮。然后指定要提取的安装代号或位置代号，单击“确定”按钮。

（2）系统弹出“面板元件”对话框，如图 11-24 所示。在该对话框中选择面板示意图参考，然后单击“插入”按钮。

（3）系统弹出“插入”对话框，如图 11-25 所示。在该对话框中选择要从列表中插入的块名。如果需要插入列表中没有的替代块，则单击“图标菜单”按钮，从图标菜单中选择元件，或者单击“复制元件”按钮，插入与另一现有元件类似的元件。

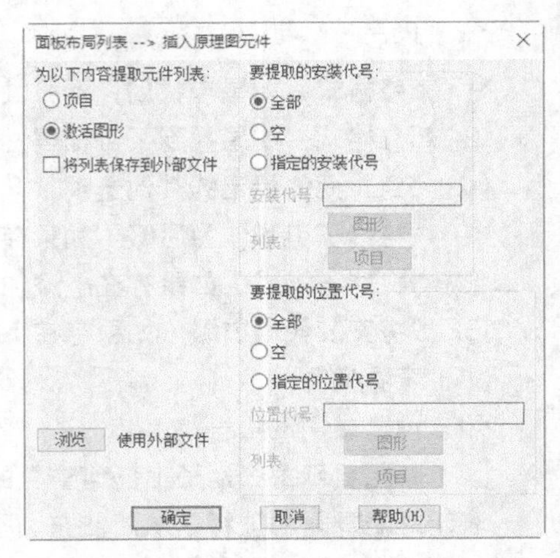

图 11-23 “面板布局列表→插入原理图元件”对话框

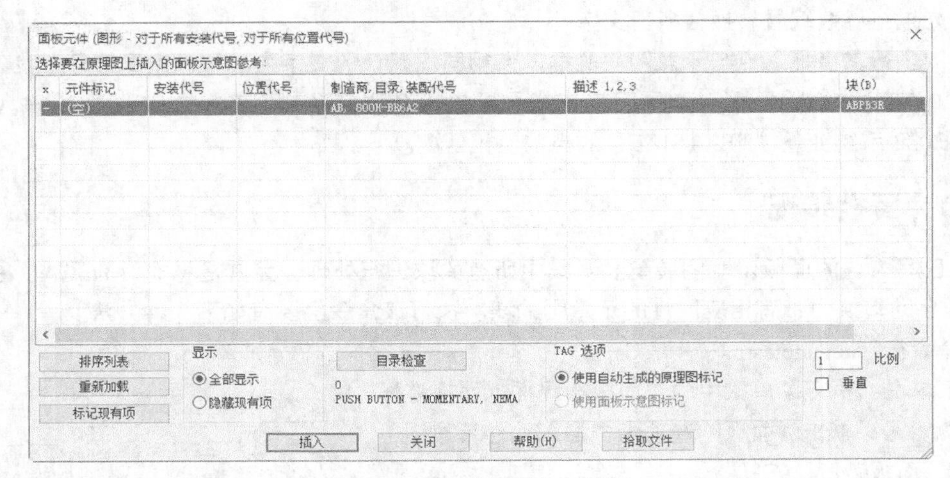

图 11-24 “面板元件”对话框

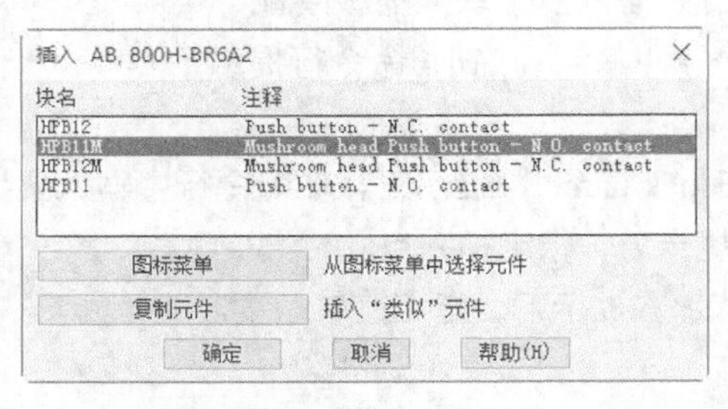

图 11-25 “插入”对话框

（4）单击“确定”按钮。在图形中选择插入点。在弹出的“插入/编辑元件”对话框中对插入的元件进行任意更改，然后单击“确定”按钮。完成操作。

11.2 编辑示意图

本节重点介绍示意图的“编辑”命令，在绘制示意图的过程中除了要熟练掌握示意图的“绘制”

命令外，还要学习示意图的修改操作，以便更加快速准确地绘制示意图。

11.2.1 编辑

通过执行编辑命令编辑面板示意图或端子示意图。如果选定的块与 AutoCAD Electrical 2022 不兼容，则转换该块。在某些情况下，由于制造商、目录或装配值的更改，可能需要更新示意图。当询问是否手动强制更改示意图时，单击“否”按钮保留现有示意图块不变，或者单击“是”按钮设置示意图查找数据库文件或手动绘制简单的示意图表示。执行该命令主要有如下 3 种方法。

- 命令行：aeeditfootprint。
- 菜单栏：执行菜单栏中的“面板布局/编辑示意图”命令。
- 功能区：单击“面板”选项卡“编辑示意图”面板中的“编辑”按钮。

执行该命令后，在绘图区通过单击选择示意图。如果块没有面板示意图所需要的智能性，系统会提示选择示意图的类型，如图 11-26 所示。此处我们单击“示意图”按钮，系统弹出“面板布局-插入/编辑元件”对话框，如图 11-27 所示。该对话框中的各参数含义如下。

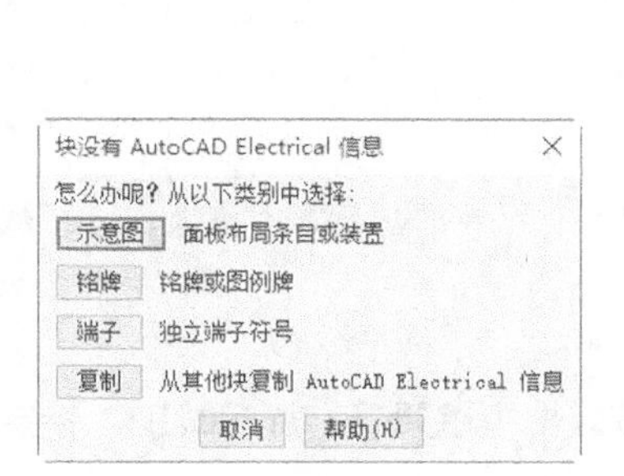

图 11-26 提示对话框

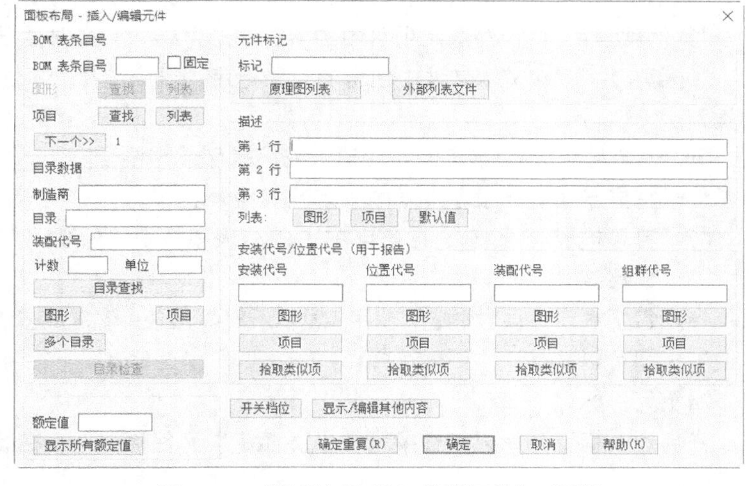

图 11-27 “面板布局-插入/编辑元件”对话框

（1）BOM 表条目号

当目录零件号值与已指定了 BOM 表条目号的现有元件匹配时，系统将自动指定 BOM 表条目号。如果未找到匹配的现有元件，用户可以手动输入一个 BOM 表条目号。这些 BOM 表条目号显示在面板 BOM 表和元件列表中，可以将它们链接到智能引出序号。

①“固定”：如果选中此项，则会将 BOM 表条目号标记为固定。以后在运行“重排序 BOM 表条目号”时，固定的 BOM 表条目号将不会更改。

②“查找”：如果找到目录匹配项，则将扫描目标元件目录并指定 BOM 表条目号。如果未找到目录匹配项，则将显示 BOM 表条目号指定所对应的对话框。

③“列表”：显示在当前图形或项目中找到的编号列表。

④“下一个”：查找下一个可用的 BOM 表条目号。

（2）目录数据

列出图形范围或项目范围内的类似元件及其目录指定。在编辑任务期间，系统将记住对插入布线图中的每种元件类型最后所进行的 MFG/CAT/ASSYCODE 指定。在插入该类型的另一个元件时，会将上一个元件的目录指定设置为默认值。

①“制造商”：列出元件的制造商号。输入值，或者单击“目录查找”按钮，并从目录浏览器中选择目录。

②“目录”：列出元件的目录号。输入值，或者单击“目录查找”按钮，并从目录浏览器中选择目录。

③“装配代号”：列出该示意图的装配代号。装配代号用于将多个零件号链接到一起。

④“计数”：为零件号指定数量值（空= 1）。该值将被插入 BOM 表报告的“SUBQTY”列中。

⑤“单位”：指定尺寸单位，在元件列表报告中将显示此单位。

⑥“目录查找”：打开从中选择目录值的目录浏览器。在该数据库中搜索特定目录条目，以指定给选定元件。

⑦“图形”：列出当前图形中的类似元件使用的零件号。

⑧“项目”：列出项目中类似元件使用的零件号。单击该按钮，系统弹出“查找：目录指定”对话框，如图 11-28 所示。该对话框中的各参数含义如下。

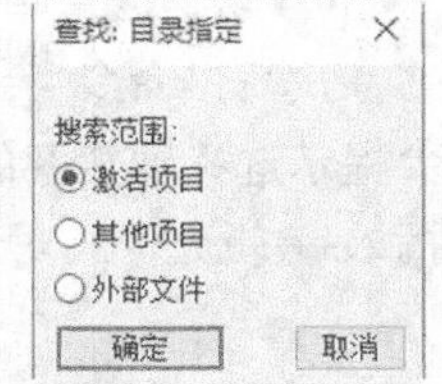

图 11-28 “查找：目录指定”对话框

“激活项目”：将扫描当前项目中的所有图形，结果会在对话框中列出。

“其他项目”：将扫描选定项目中的所有图形，结果会在对话框中列出。

“外部文件”：从文本文件中包含的目录指定列表中选择。将值指定给相应的类别。

⑨“多个目录”：为选定的元件插入或编辑目录零件号。在不同的 BOM 表报告中，这些多 BOM 表零件号将显示为主目录零件号的子装配零件号。

⑩“目录检查”：显示选定条目在 BOM 表模板中的外观。

（3）额定值

指定每个额定值属性的值。使用“显示所有额定值”输入最多 12 个元件的额定属性值。单击“默认值”按钮可以从默认值列表选择。

（4）元件标记

任何现有标记都将显示在编辑框中。要定义元件标记，请在编辑框中编辑现有标记或键入特定的标记。

①“原理图列表”：应用 ID 标记号，将面板元件链接回它在原理图上的等价设置。

②“外部列表文件”：从外部列表文件中指定一个标记。

（5）描述

最多可输入 3 行描述属性文字。

①“图形”：显示在当前图形中找到的描述列表，以便用户可以从中选择类似的描述进行编辑。

②“项目”：显示在项目中找到的描述列表，以便用户可以拾取类似的描述进行编辑。

③“默认值”：打开一个 ASCII 码文本文件，用户可以从中选择标准描述。

（6）安装代号/位置代号（用于报告）

更改安装代号、位置代号、装配代号和组群代号。用户可以在当前图形或整个项目中搜索代号。系统将快速读取所有当前图形文件或选定图形文件，并返回迄今为止使用过的安装代号列表。请从该列表中进行选择，以使用这些代号自动更新元件。

（7）显示/编辑其他内容

查看或编辑除预定义的 AutoCAD Electrical 2022 工具集属性之外的所有属性。

11.2.2 复制示意图

复制激活图形上选定的面板示意图。如果面板元件示意图具有与其关联的引出序号或铭牌，使用“复制示意图”工具，而不是 AutoCAD Electrical 2022 的“复制”工具。执行该命令主要有如下 3 种方法。

- 命令行：aecopyfootprint。
- 菜单栏：执行菜单栏中的“面板布局”→“复制示意图”命令。
- 功能区：单击“面板”选项卡“编辑示意图”面板中的“复制示意图”按钮。

执行上述命令后，在绘图区单击要复制的示意图。然后在适当位置单击放置复制的示意图。系统弹出“面板布局-插入/编辑元件”对话框。单击“确定”按钮。完成复制示意图操作。

11.2.3 条目号重排

提取所有面板元件，并从提供的值开始重排序 BOM 表条目号。执行该命令主要有如下 3 种方法。

- 命令行：aeresequence。
- 菜单栏：执行菜单栏中的“面板布局”→“其他面板工具”→“重排序 BOM 表条目号”命令。
- 功能区：单击“面板”选项卡“编辑示意图”面板中的“重排序 BOM 表条目号”按钮。

（1）执行上述命令后，系统弹出“重排序 BOM 表条目号”对话框，如图 11-29 所示。在该对话框中指定要使用的起始编号。

（2）如果要仅向尚未拥有一个 BOM 表条目号的元件指定 BOM 表条目号，请选中“仅处理空条目”。

（3）若要定义要处理的制造商及对其进行排序，则执行以下操作。

① 取消对“全部处理”复选框的勾选。

② 在对话框中的框选位置选择一个或一组制造商，然后单击“添加”按钮或“删除”按钮以选择要处理的制造商。

③ 在对话框中的框选位置选择一个或一组制造商，然后单击“上移”按钮或“下移”按钮以定义排序顺序。默认为字母顺序。

（4）然后单击对话框中的“确定”按钮。完成 BOM 表条目号重排序。

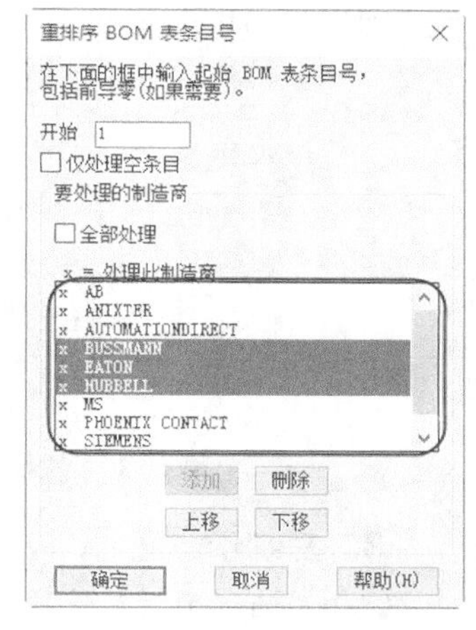

图 11-29 “重排序 BOM 表条目号”对话框

11.2.4 装配复制

复制一个或多个选定的面板示意图。执行该命令主要有如下 3 种方法。

- 命令行：aecopyasm。
- 菜单栏：执行菜单栏中的“面板布局”→“其他面板工具”→“复制装配”命令。
- 功能区：单击“面板”选项卡“编辑示意图”面板中的“复制装配”按钮。

执行上述命令后，在绘图区单击要复制的面板元件，此处可以选择多个元件，然后单击鼠标右键。接下来单击指定基点，继续单击指定第二点，最后单击鼠标右键完成操作。

装配复制与复制的区别在于装配复制可以一次复制多个元件且元件本身的标记符号也会被复制，所选元件被完整搬迁。

11.2.5 删除示意图

删除所选择的示意图并删除所有关联的引出序号。执行该命令主要有如下两种方法。

- 命令行：aeerasefootprint。
- 功能区：单击“面板”选项卡“编辑示意图”面板中的“删除示意图”按钮。

执行上述命令后，在绘图区单击要删除的示意图。然后按 Enter 键或单击鼠标右键结束命令的执行。

11.2.6 实例——编辑示意图

本节将介绍“复制”“删除”等示意图命令的应用。

1. 激活项目

在“项目管理器”选项板中的“GBDEMO”项目处单击鼠标右键，执行弹出的快捷菜单中的“激活”命令，如图 11-30 所示。

2. 打开图形

单击“GBDEMO”项目下拉列表中的“PANEL”文件夹，在其下拉列表中双击“023.dwg”文件，如图 11-31 所示。

图 11-30 快捷菜单

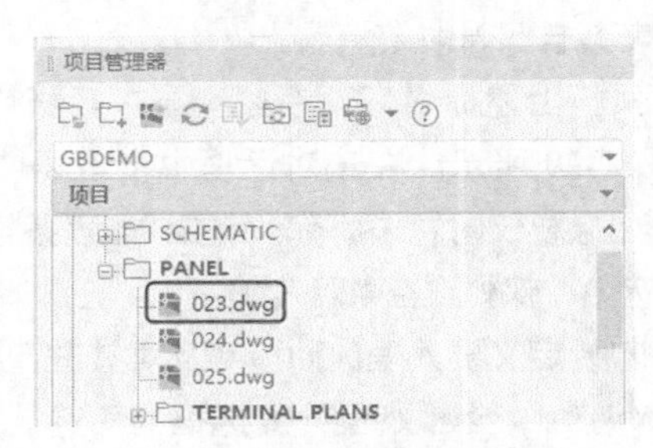

图 11-31 打开文件

3. 复制示意图

（1）单击“面板”选项卡“编辑示意图”面板中的“复制示意图”按钮，在命令行提示下单击需要复制的元件，如图 11-32 所示。

（2）拖动光标到适当位置，如图 11-33 所示，然后单击，系统弹出“面板布局-插入/编辑元件”对话框，如图 11-34 所示。（可以通过单击“原理图列表”按钮，系统弹出“原理图标记列表”对话框，如图 11-35 所示，为复制的元件建立与原理图的关联）

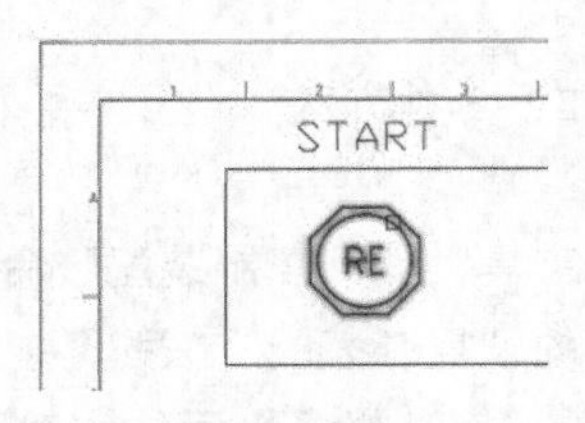

图 11-32 被复制的元件

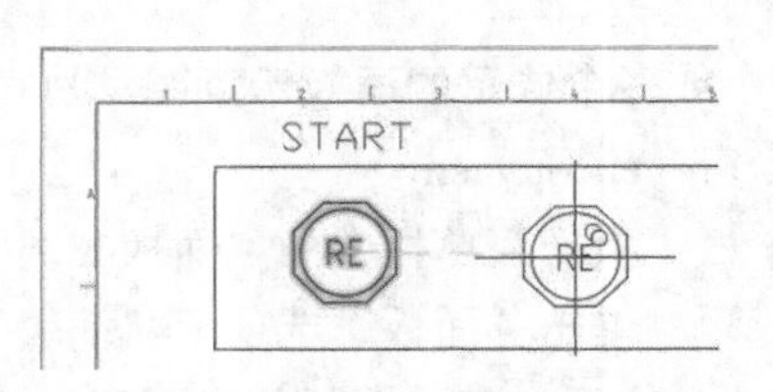

图 11-33 确定位置

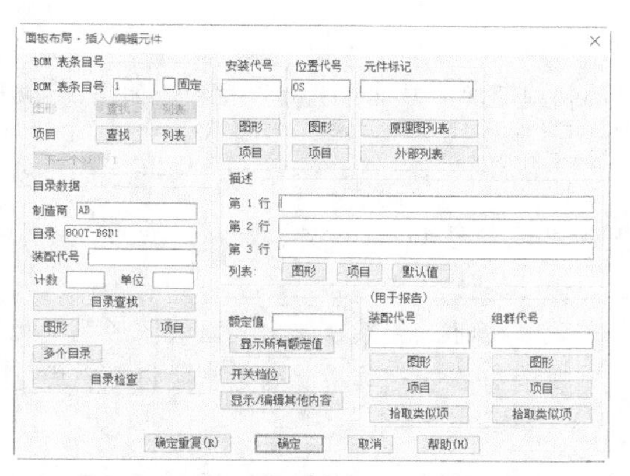

图 11-34 “面板布局-插入/编辑元件”对话框

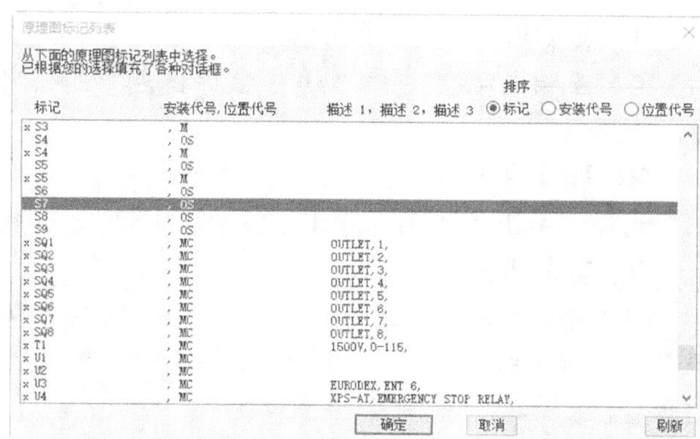

图 11-35 “原理图标记列表”对话框

（3）单击“确定”按钮。完成复制，如图 11-36 所示。

4. 删除示意图

（1）单击“面板”选项卡“编辑示意图”面板中的“删除示意图”按钮，单击上一步复制的元件，如图 11-37 所示，然后单击鼠标右键完成删除。

（2）重复执行“删除”命令，单击图 11-37 中的“START”按钮，然后单击鼠标右键，系统弹出提示对话框，如图 11-38 所示。此处单击“否”按钮，完成删除操作。

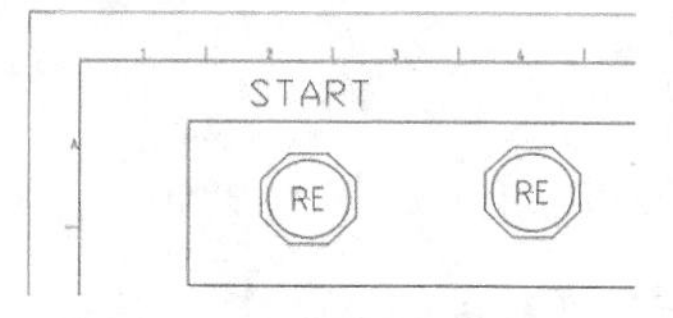

图 11-36 复制示意图

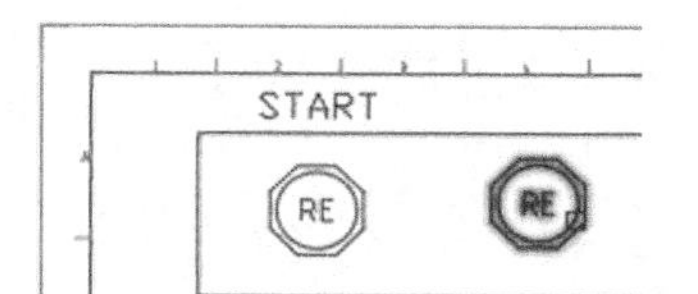

图 11-37 选择元件

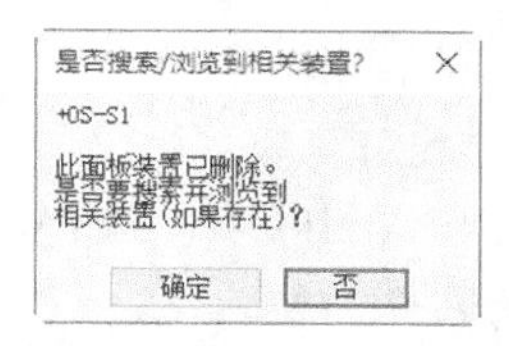

图 11-38 提示对话框

11.3 综合实例——三相电动机示意图

本实例将为前面绘制的三相电动机原理图添加示意图，结果如图 11-39 所示。

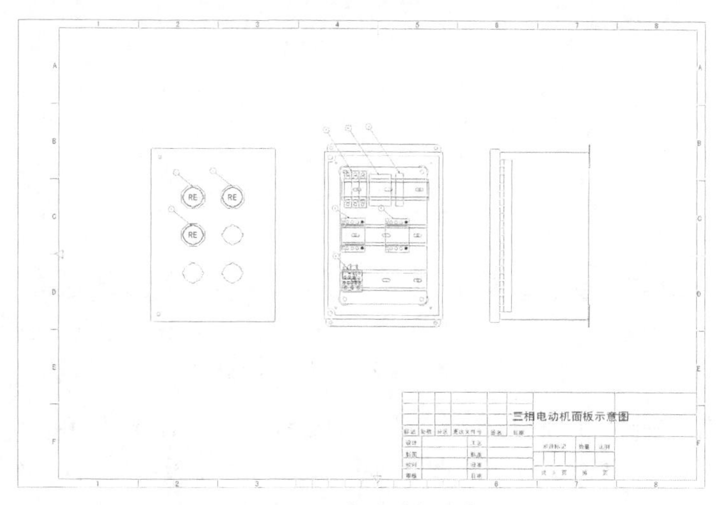

图 11-39 三相电动机示意图

1．激活项目、打开图形

在“三相电动机”项目处单击鼠标右键，在其弹出的快捷菜单中单击“激活”按钮，如图 11-40 所示。

2．新建图形

选择“ACE_GB_a1_a.dwt”为模板，创建“三相电动机示意图.dwg”文件。

3．插入外壳

（1）单击“面板”选项卡“其他工具”面板中的“配置”按钮，系统弹出“面板图形配置和默认值”对话框，如图 11-41 所示，设置“示意图插入”比例为 25.4。单击“确定”按钮，完成比例设置。

图 11-40　激活项目

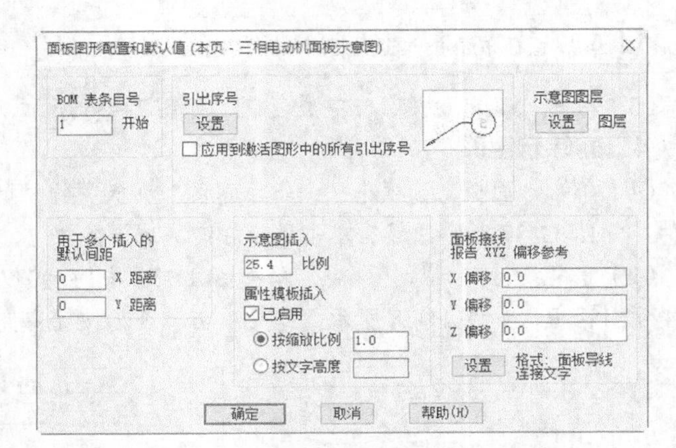

图 11-41　“面板图形配置和默认值”对话框

（2）单击“面板”选项卡“插入元件示意图”面板中的“图标菜单”按钮，系统弹出“插入示意图”对话框，如图 11-42 所示。

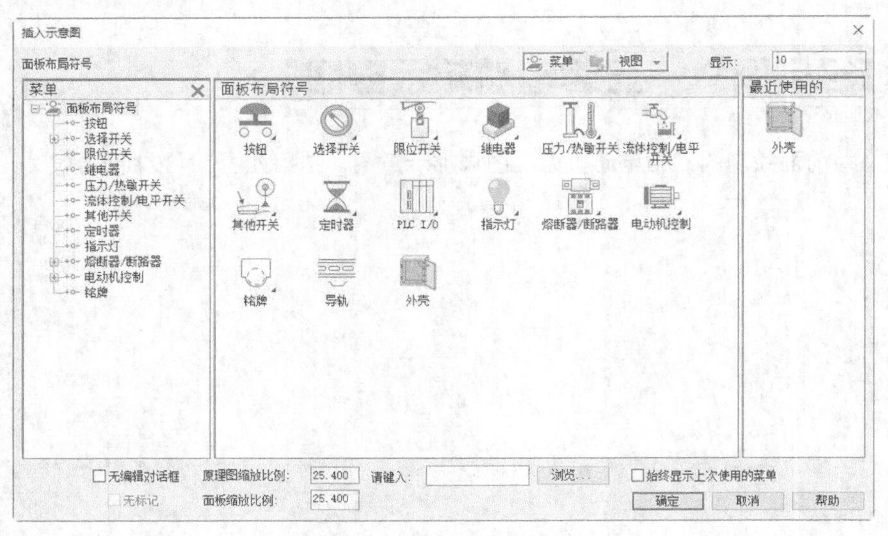

图 11-42　“插入示意图”对话框

（3）单击“外壳”按钮，系统弹出“示意图”对话框，如图 11-43 所示。

（4）单击“目录查找”按钮，系统弹出“目录浏览器”对话框，如图 11-44 所示。

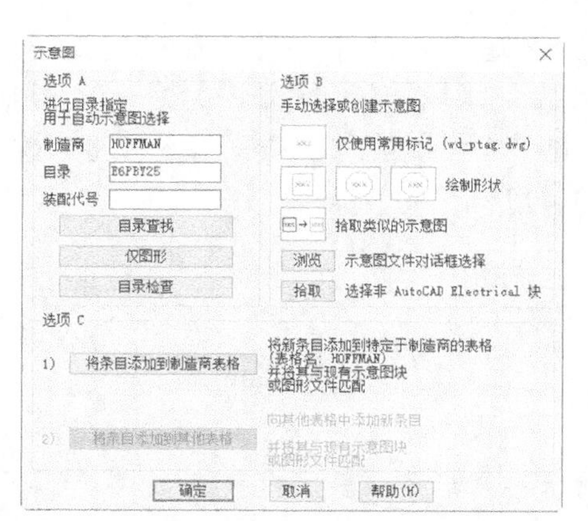

图 11-43 “示意图”对话框

目录浏览器

类别：EN（机柜/硬件）

搜索：HOFFMAN "WALL-MOUNT ENCLOSURE" "NEMA 12, 13, IP65" 全局搜索

结果

目录	制造商	描述
E10PBXM	HOFFMAN	EXTRA DEEP 30.5MM AND 22.5MM PUSHBUTTON ENCLOS
E12PBXM	HOFFMAN	EXTRA DEEP 30.5MM AND 22.5MM PUSHBUTTON ENCLOS
E16SPBXVM	HOFFMAN	EXTRA DEEP 30.5MM AND 22.5MM PUSHBUTTON ENCLOS
E16PBXM	HOFFMAN	EXTRA DEEP 30.5MM AND 22.5MM PUSHBUTTON ENCLOS
E20PBXM	HOFFMAN	EXTRA DEEP 30.5MM AND 22.5MM PUSHBUTTON ENCLOS
E25PBXM	HOFFMAN	EXTRA DEEP 30.5MM AND 22.5MM PUSHBUTTON ENCLOS
E4SPBY25	HOFFMAN	EXTRA LARGE 30.5MM AND 22.5MM PUSHBUTTON ENCLO
E6PBY25	HOFFMAN	EXTRA LARGE 30.5MM AND 22.5MM PUSHBUTTON ENCLO
E9PBY25	HOFFMAN	EXTRA LARGE 30.5MM AND 22.5MM PUSHBUTTON ENCLO
E12PBY25	HOFFMAN	EXTRA LARGE 30.5MM AND 22.5MM PUSHBUTTON ENCLO
E16PBY25	HOFFMAN	EXTRA LARGE 30.5MM AND 22.5MM PUSHBUTTON ENCLO

记录数：232　按“WD 块名”值过滤(F)：EN　搜索数据库：主

确定(O)　取消(C)

图 11-44 “目录浏览器”对话框

（5）设置制造商为“HOFFMAN”，设置“目录”为“E6PBY25”。单击“确定”按钮，系统回到“示意图”对话框，在“制造商”“目录”栏中显示内容。

（6）单击“确定”按钮，将外壳放置在标题栏中，系统弹出“面板布局-插入/编辑元件”对话框，单击“确定”按钮。结果如图 11-45 所示。

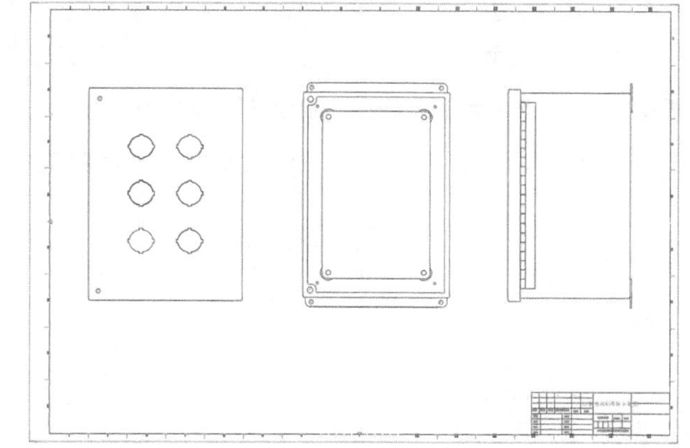

图 11-45 外壳面板图

4．插入导轨

（1）单击“面板”选项卡“插入元件示意图”面板中的“图标菜单”按钮，系统弹出“插入示意图”对话框，如图 11-42 所示。

（2）单击“导轨”按钮，系统弹出“导轨”对话框，如图 11-46 所示。

（3）在“制造商”处选择“AB”，设置“目录”为“199-DR1”，设置“比例”为 25.4，设置“方向”为水平，设置“面板装配”为“常闭触点孔”。

（4）单击“拾取轨迹信息”按钮，在面板中单击指定导轨的起点和终点。系统回到“导轨”对话框，单击“确定”按钮，系统弹出“面板布局-插入/编辑元件”对话框，单击“确定”按钮，完成导轨插入。

（5）用同样的方式插入另外两个导轨，结果如图 11-47 所示。

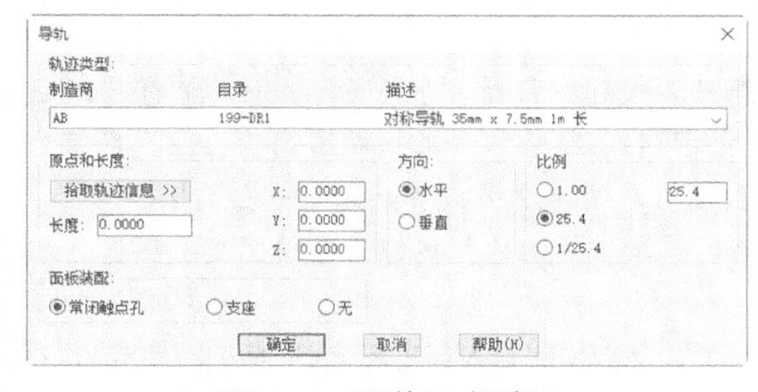

图 11-46 “导轨”对话框

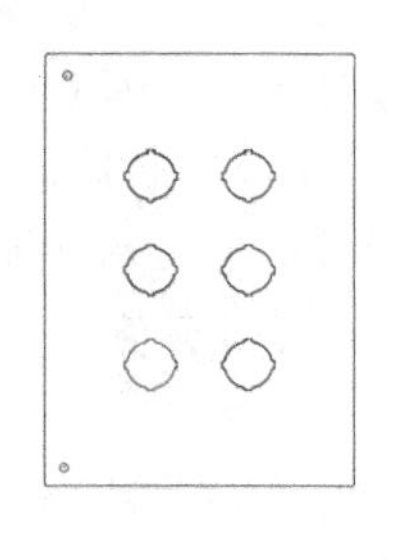

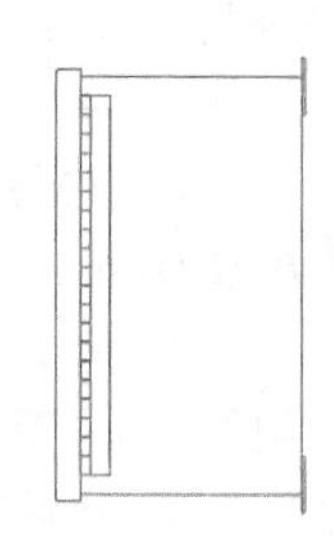

图 11-47 导轨插入

5. 调用原理图元件

(1)单击“面板”选项卡“插入元件示意图”面板中的“原理图列表”按钮，系统弹出“原理图元件列表→插入面板布局”对话框，如图 11-48 所示。

(2)单击“项目”单选按钮，以及单击“全部”单选按钮，单击“确定”按钮，系统弹出“选择要处理的图形”对话框，单击“全部执行”按钮，如图 11-49 所示。

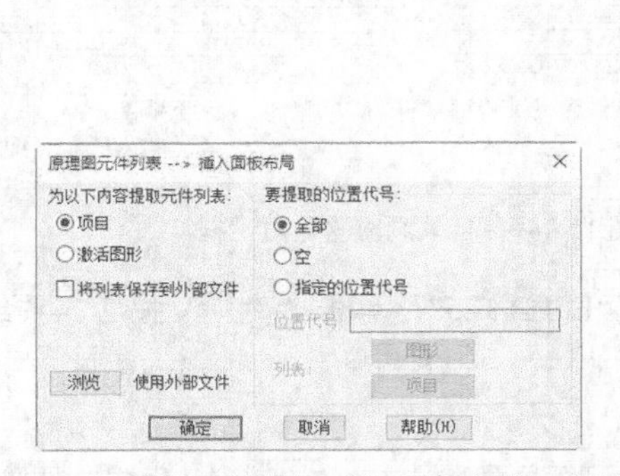

图 11-48 “原理图元件列表→插入面板布局”对话框

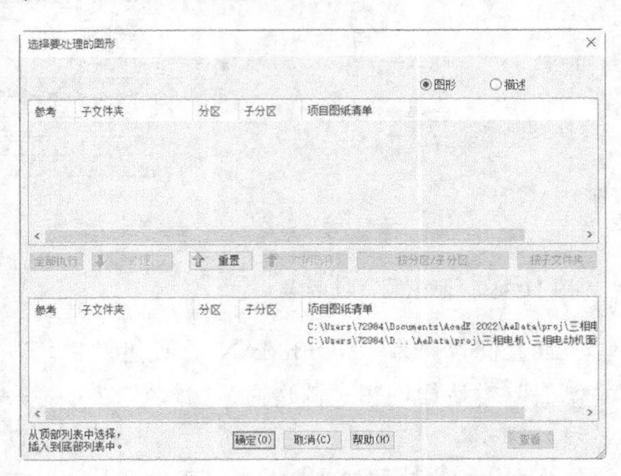

图 11-49 “选择要处理的图形”对话框

(3)单击“确定”按钮，系统弹出“原理图元件(激活项目)”对话框，如图 11-50 所示。

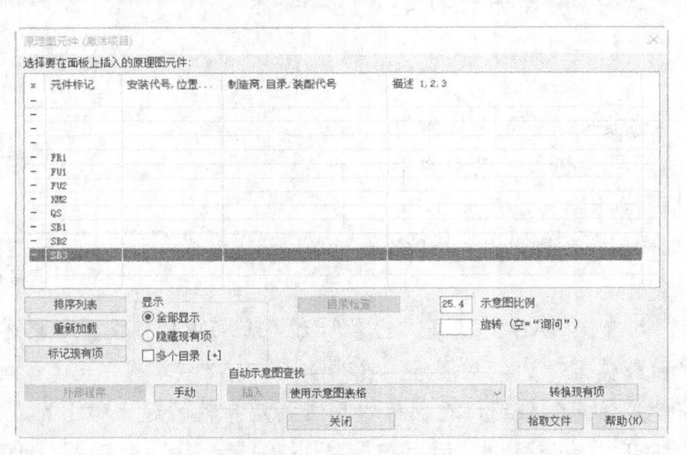

图 11-50 “原理图元件(激活项目)”对话框 1

6. 添加按钮

(1)按住 Ctrl 键，选择图 11-50 中的 SB1、SB2、SB3，然后单击“插入”按钮，系统弹出“示意图插入的间距”对话框，如图 11-51 所示。

(2)在“插入次序”列表中选择 SB1，单击“确定”按钮，打开“示意图”对话框，单击“目录查找”按钮，系统弹出“目录浏览器”对话框，如图 11-52 所示，选择制造商为 AB，目录为 800H-BR6A，打开“对象捕捉”功能，在面板中捕捉圆心，同时水平拖动光标并单击鼠标。

(3)系统弹出“面板布局-插入/编辑元件”对话框。单击“确定”按钮，系统回到绘图区，继续插入其余两个按钮 SB2、SB3。

(4)然后系统回到“原理图元件(激活项目)”对话框，插入按钮前方会出现“X”标记，如图 11-53 所示。单击“关闭”按钮，完成按钮插入，如图 11-54 所示。

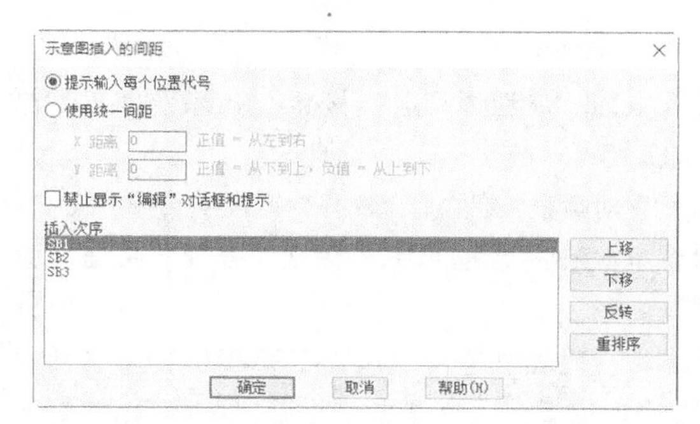

图 11-51 “示意图插入的间距”对话框

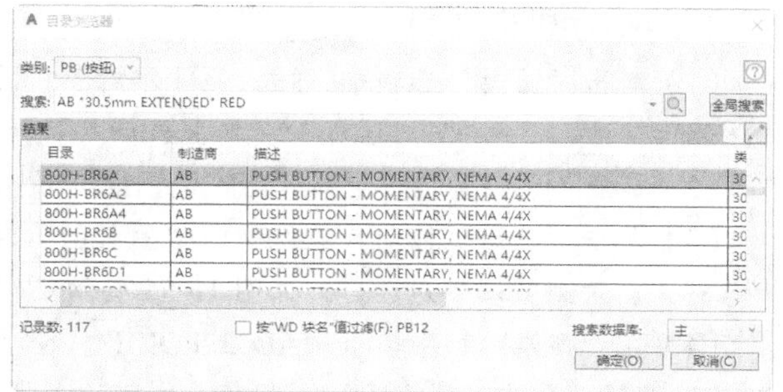

图 11-52 “目录浏览器”对话框 1

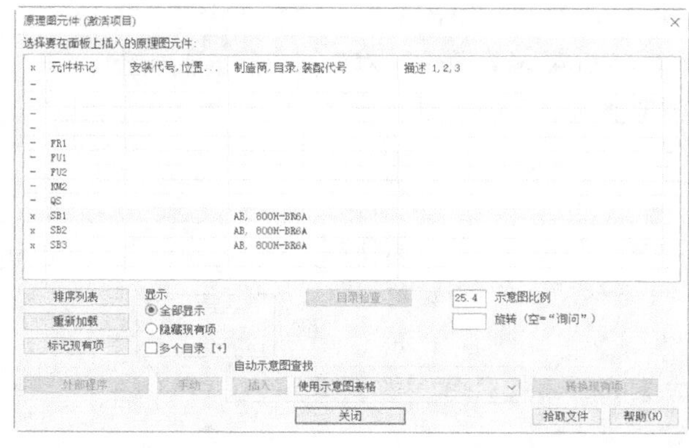

图 11-53 “原理图元件（激活项目）”对话框 2

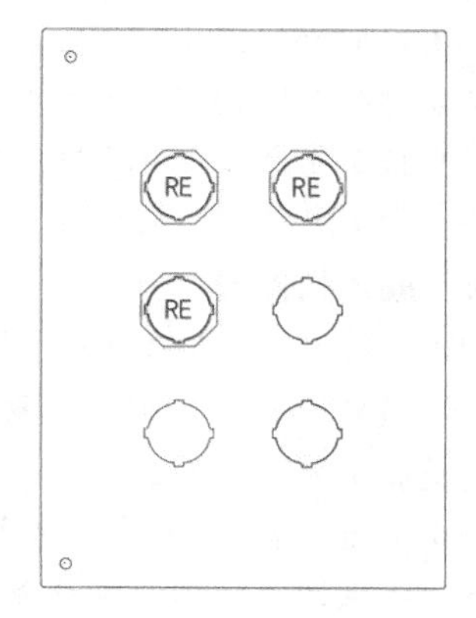

图 11-54 按钮插入

7. 插入断路器

（1）单击“面板”选项卡“插入元件示意图”面板中的“原理图列表”按钮，系统弹出“原理图元件（激活项目）”对话框，在其中选择 QS，单击“手动”按钮。

（2）系统弹出“示意图”对话框，单击“目录查找”按钮，系统弹出“目录浏览器”对话框，在“搜索”栏中输入“AB 3 POLE”，在“结果”列表中选择“AB 1492-CB3F300”，如图 11-55 所示。

（3）单击两次“确定”按钮，将断路器插入适当位置，系统弹出“面板布局-插入/编辑元件”对话框，直接单击“确定”按钮。并关闭“原理图元件”对话框。断路器插入结果如图 11-56 所示。

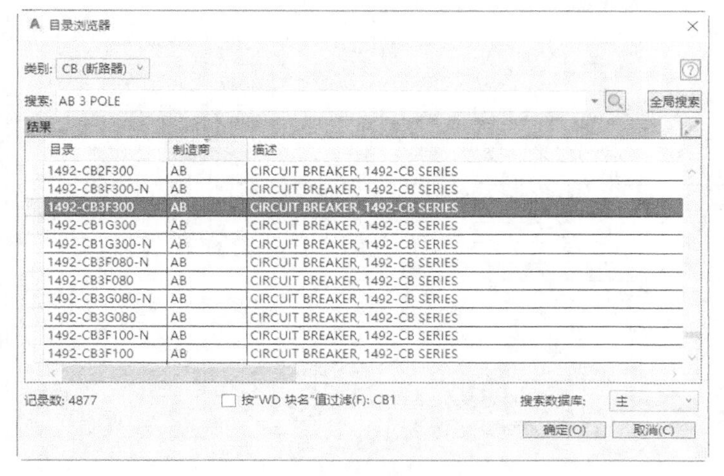

图 11-55 “目录浏览器”对话框 2

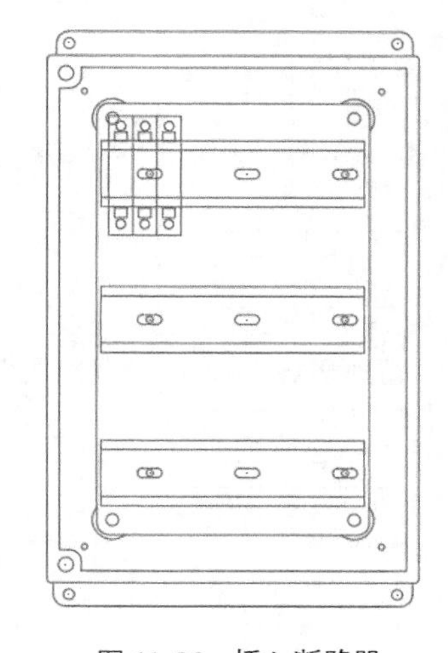

图 11-56 插入断路器

8．插入熔断器 FU1

（1）单击“面板”选项卡“插入元件示意图”面板中的“原理图列表”按钮，系统弹出“原理图元件（激活项目）”对话框，在其中选择 FU1、FU2。

（2）单击“插入”按钮，系统弹出“示意图插入的间距”对话框，在“插入次序”列表中选择“FU1”。

（3）单击“确定”按钮，系统弹出“示意图”对话框。在对话框中单击“目录查找”按钮，系统弹出“目录浏览器”对话框。如图 11-55 所示。

（4）在“搜索”栏中输入“AB 3 POLE”，在“结果”列表中选择“1492-FB3C30”，单击两次“确定”按钮，系统回到绘图区，将熔断器 FU1 放置在适当位置，系统弹出“面板布局-插入/编辑元件”对话框，直接单击“确定”按钮。

（5）用同样的方法在“目录浏览器”中选择“1492-FB1C30”，单击两次“确定”按钮，系统弹出“面板布局-插入/编辑元件”对话框，直接单击“确定”按钮。并关闭“原理图元件”对话框。结果如图 11-57 所示。

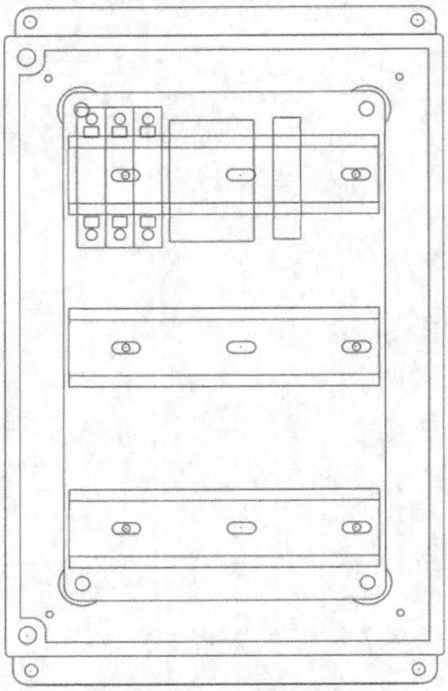

图 11-57　插入熔断器 FU1

9．插入接触器

（1）单击“面板”选项卡“插入元件示意图”面板中的“原理图列表”按钮，系统弹出“原理图元件（激活项目）”对话框，在其中选择 KM1、KM2。

（2）单击“插入”按钮，系统弹出“示意图插入的间距”对话框，在“插入次序”列表中选择“KM1”。

（3）单击“确定”按钮，系统弹出“示意图”对话框。在对话框中单击“目录查找”按钮，系统弹出“目录浏览器”对话框。如图 11-58 所示。

（4）在“搜索”栏中输入“SCHNEIDER ELECTRIC”，在“结果”列表中选择“16120”，单击两次“确定”按钮，系统回到绘图区，将接触器 KM1 放置在适当位置，系统弹出“面板布局-插入/编辑元件”对话框，直接单击“确定”按钮。

（5）用同样的方式插入接触器 KM2，结果如图 11-59 所示。

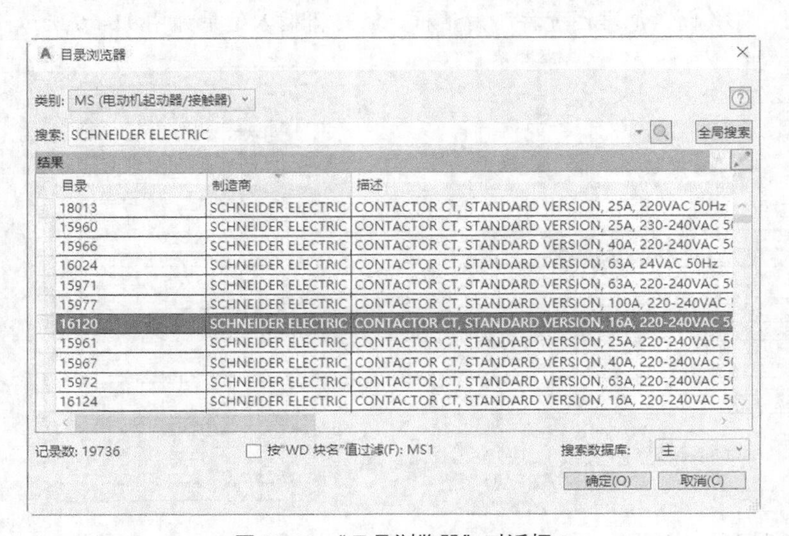

图 11-58　“目录浏览器”对话框 3

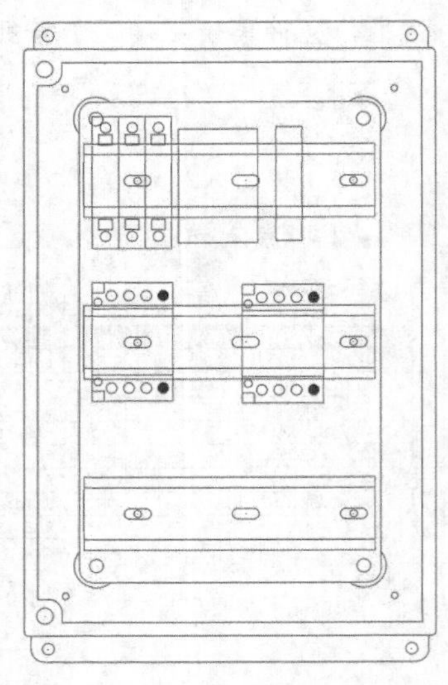

图 11-59　插入接触器

10. 插入热继电器 FR

（1）单击“面板”选项卡“插入元件示意图”面板中的“原理图列表”按钮，系统弹出“原理图元件（激活项目）”对话框，在其中选择 FR1。

（2）单击“手动”按钮，系统弹出“示意图”对话框，在对话框中单击“目录查找”按钮，系统弹出“目录浏览器”对话框。如图 11-60 所示。

（3）在“搜索”栏中输入“SCHNEIDER ELECTRIC”，在“结果”列表中选择“LR97 D25E”，单击两次“确定”按钮，系统回到绘图区，将热继电器 FR 放置在适当位置，系统弹出“面板布局-插入/编辑元件”对话框，直接单击“确定”按钮。并关闭“原理图元件”对话框。结果如图 11-61 所示。

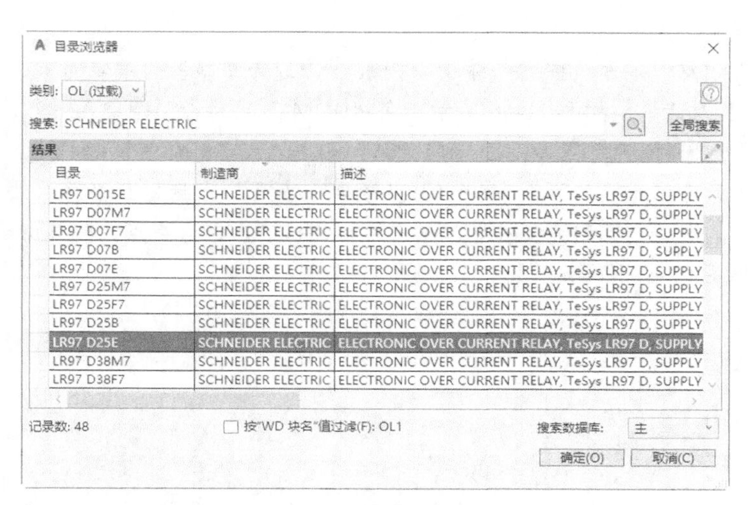

图 11-60 “目录浏览器”对话框 4

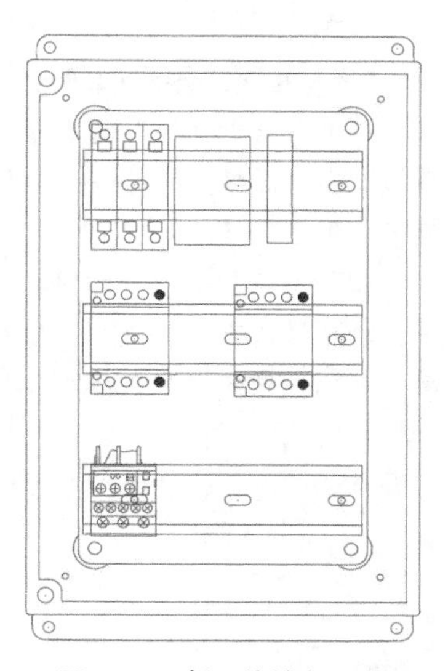

图 11-61 插入热继电器 FR

11. 为按钮添加序号

（1）单击“面板”选项卡“插入元件示意图”面板中的“引出序号”按钮，在命令行输入“设置（s）”，系统弹出“面板引出序号设置”对话框，如图 11-62 所示。设置引出序号类型为“圆”，设置直径为“10”，设置文字大小与箭头大小均为 3，设置箭头类型为实心，单击“确定”按钮。

（2）系统回到绘图窗口，选择要添加序号的按钮“RE”，如图 11-63 所示。

（3）然后在按钮上单击指定一点为起点，拖动光标到适当位置，继续单击鼠标，将该点作为终点，并按 Enter 键，系统弹出“没有与此目录零件号匹配的 BOM 表条目号”对话框，如图 11-64 所示。

（4）单击“使用下一个”按钮，为按钮添加序号 1。

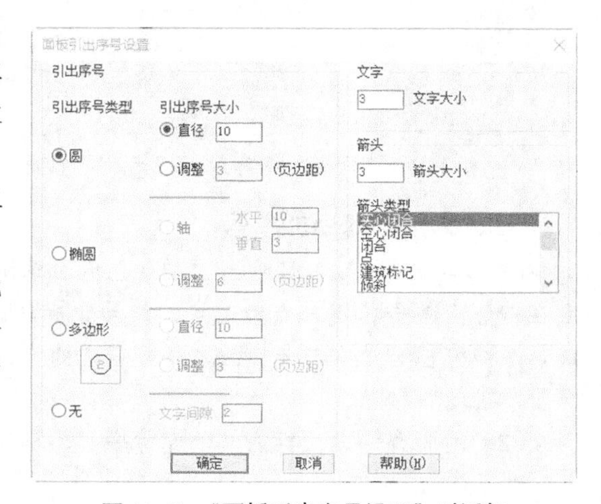

图 11-62 “面板引出序号设置”对话框

（5）用同样的方法，继续选择其余两个按钮，由于 3 个按钮类型相同，则为它们添加的序号均为 1。结果如图 11-65 所示。

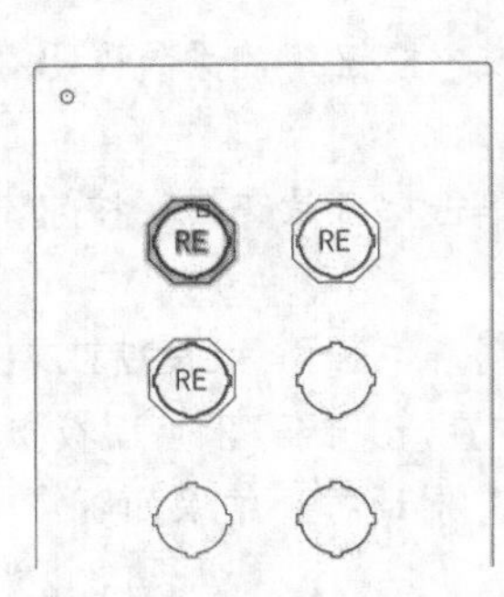

图 11-63 选择对象

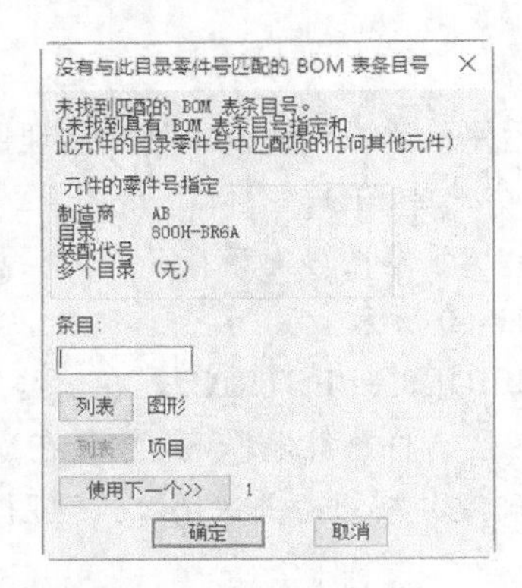

图 11-64 提示对话框

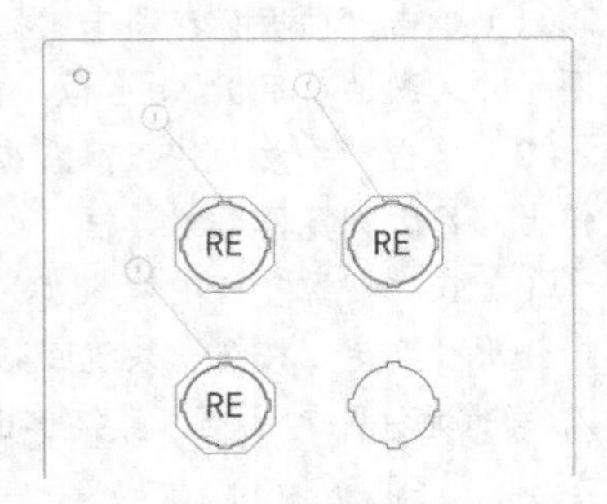

图 11-65 为按钮添加序号

12. 为断路器添加序号

（1）单击“面板”选项卡“编辑示意图”面板中的“编辑”按钮，选择断路器为编辑对象，系统弹出“面板布局-插入/编辑元件”对话框，如图 11-66 所示。在“BOM 表条目号”栏输入“2”，单击“确定”按钮。

（2）单击“面板”选项卡“插入元件示意图”面板中的“引出序号”按钮，选择断路器，然后在断路器上指定一点作为插入起点，拖动光标到适当位置，单击鼠标，将该点作为终点，按 Enter 键，系统自动为断路器添加序号，如图 11-67 所示。

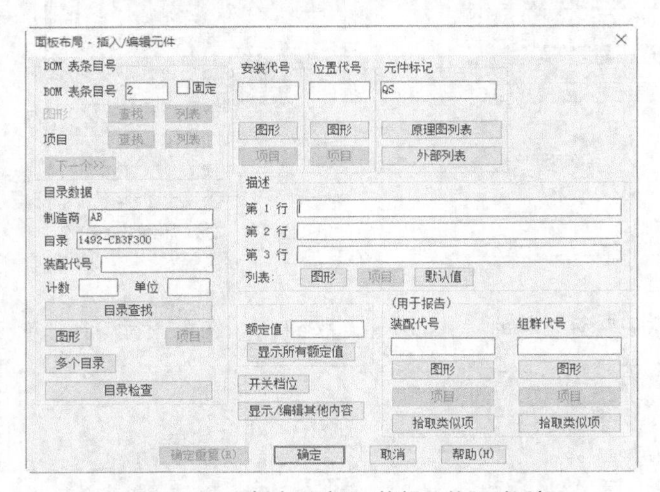

图 11-66 “面板布局-插入/编辑元件”对话框

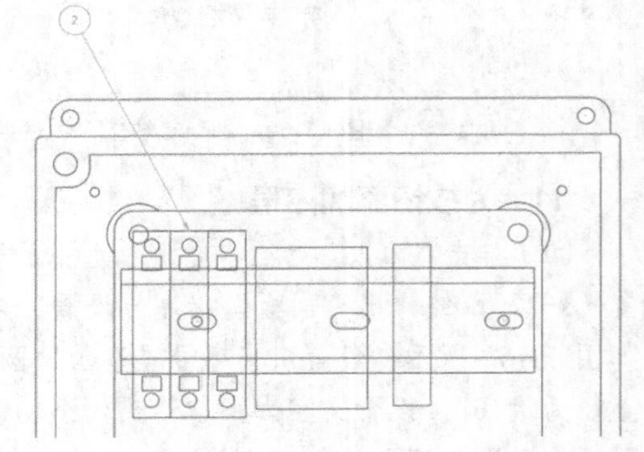

图 11-67 为断路器添加序号

13. 为熔断器添加序号

（1）单击“面板”选项卡“插入元件示意图”面板中的“引出序号”按钮，选择熔断器，然后在按钮上单击指定一点为起点，拖动光标到适当位置，单击鼠标，将该点作为终点，并按 Enter 键，系统弹出“没有与此目录零件号匹配的 BOM 表条目号”对话框，在“条目”栏中输入“3”，单击“确定”按钮。

（2）用同样的方法标注其他元件序号，标注结果如图 11-39 所示。

第12章 报告和错误核查

本章学习要点和目标任务

- 原理图报告
- 面板图报告
- 其他选项

报告的创建以利用元件、导线等命令绘制的电气图为基础，因此报告是不可能独立于图纸产生的。

本章介绍报告的生成，重点介绍原理图及面板图报告。通过对各面板中命令的介绍来详细讲解报告的创建。

12.1 原理图报告

本节重点介绍报告的生成及相关的报告核查。

12.1.1 报告

生成原理图报告，例如 BOM 表、元件列表、导线自/到、PLC 描述。执行该命令主要有如下 3 种方法。

- 命令行：aeschematicreport。
- 菜单栏：执行菜单栏中的“项目”→“报告”→“原理图报告”命令。
- 单击“报告”选项卡“原理图”面板中的“报告”按钮。

执行上述命令后，系统弹出“原理图报告”对话框，如图 12-1 所示。单击“确定”按钮，系统弹出“选择要处理的图形”对话框，在其中单击“全部执行”按钮，并单击“确定”。系统弹出“报告生成器”对话框，如图 12-2 所示。单击“保存到文件”按钮，系统弹出“将报告保存到文件”对话框，如图 12-3 所示，选择报告格式，单击“确定”按钮。系统弹出“选择报告文件”对话框，如图 12-4 所示，单击“保存”按钮保存报告。

原理图报告分类如下。

（1）BOM 表报告

该报告提取有关已指定目录值的原理图元件的信息，包含电缆、连接器、跳线，以及包含具有端子排标识符的端子号等信息。

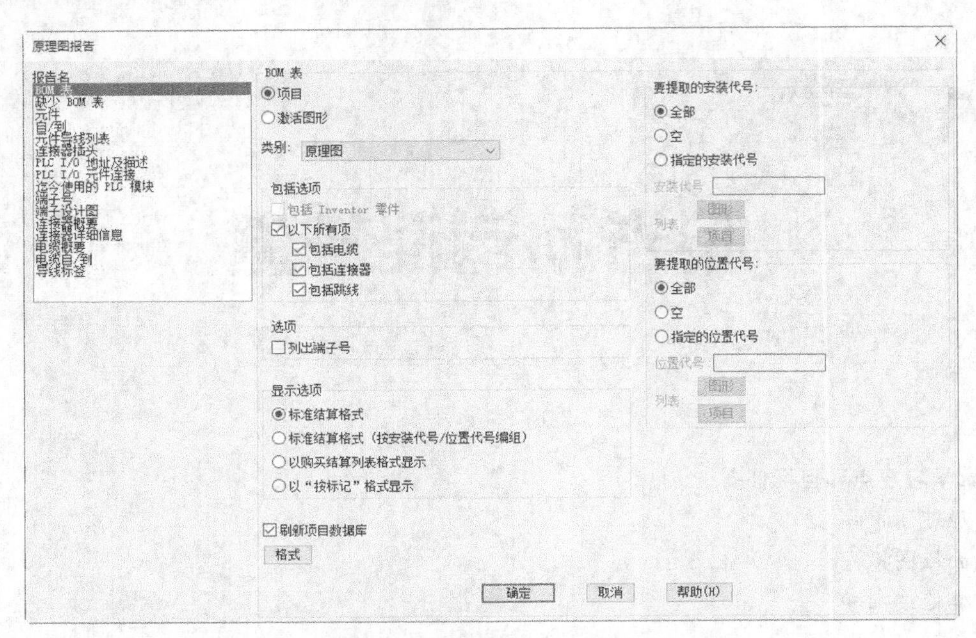

图 12-1 “原理图报告”对话框

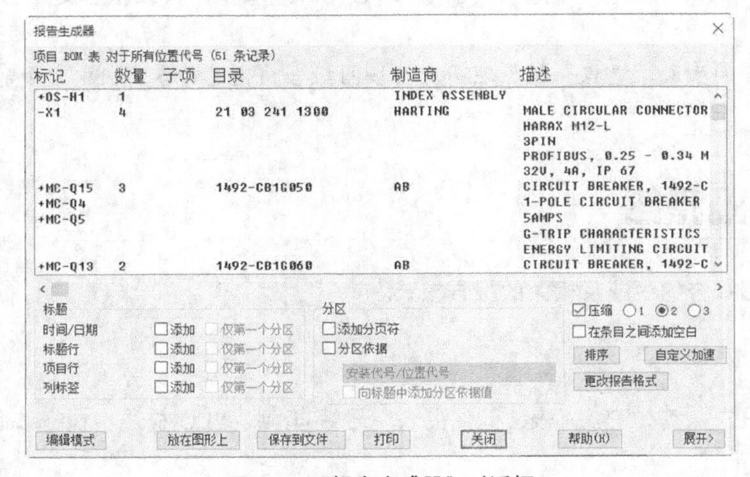

图 12-2 “报告生成器”对话框

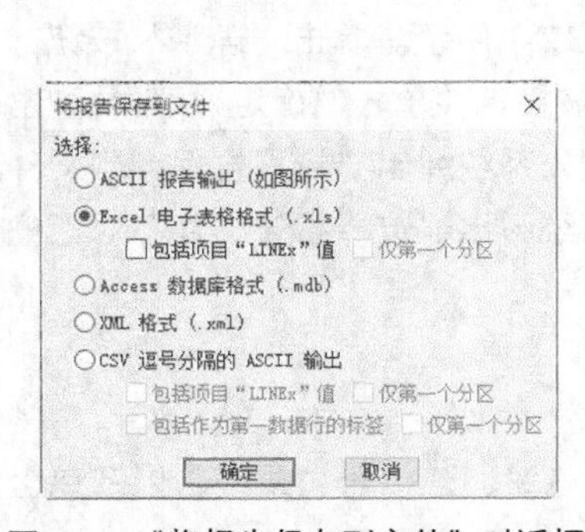

图 12-3 “将报告保存到文件”对话框

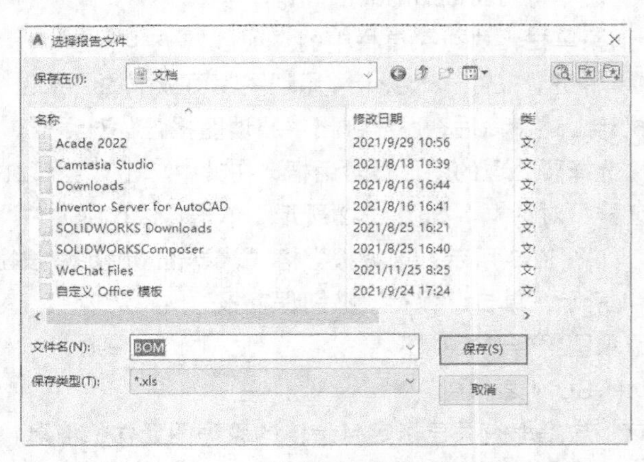

图 12-4 “选择报告文件”对话框

（2）缺少 BOM 表报告

该报告提取有关未指定目录值的原理图元件的信息。该报告提供一个选项，可用于浏览元件，以便可以指定目录值。

（3）元件报告

该报告提取所有原理图元件的信息。每个行条目包含一个元件及其关联的信息，包括目录指定。

（4）自/到报告

该报告提取有关原理图布线的信息。每个行条目包含一条导线及其线号，以及有关在导线的每个末端连接的元件信息。

（5）元件导线列表报告

该报告提取有关原理图元件和连接导线的信息。每个行条目包含一个元件、有关该元件的信息、一条连接导线及其线号。

（6）连接器插头报告

该报告提取有关原理图插头和插座连接符号的信息，不包括参数连接器。

（7）PLC I/O 地址及描述报告

该报告提取有关 PLC 符号和模块的信息。每个行条目包含一个 I/O 点、PLC 模块特性及连接导线上的线号。

（8）PLC I/O 元件连接报告

该报告提取有关 PLC I/O 点及连接到每个 I/O 点的元件的信息。每个行条目包含一个 I/O 点、PLC 模块特性、连接导线上的线号及有关连接元件的信息。

（9）迄今使用的 PLC 模块报告

该报告提取有关 PLC 模块的信息。每个行条目包含一个 PLC 模块、有关 PLC 模块的信息及模块上的起始和结束 I/O 地址。

（10）端子号报告

该报告提取有关原理图端子的信息。每个行条目包含一个端子、有关该端子的信息及任何连接导线上的线号。

（11）端子设计图报告

该报告提取有关原理图端子和连接到每个端子的元件的信息。每个行条目包含一个端子、任何连接导线上的线号及有关电缆和连接元件的信息。

（12）连接器概要报告

该报告提取有关原理图连接器的信息。每个行条目包含一个连接器、引脚总数、已用引脚数及已用引脚的值。

（13）连接器详细信息报告

该报告提取有关原理图连接器和连接到每个引脚的导线的信息。每个行条目包含一个连接器引脚、有关该连接器的信息及有关任何连接电缆或导线的信息。

（14）电缆概要报告

该报告提取有关电缆的信息。每个行条目包含一条电缆及有关该电缆的信息。

（15）电缆自/到报告

该报告与自/到报告类似，不同之处在于它提取标记的是电缆部分的导线。

（16）导线标签报告

该报告提取导线线号，并可用于创建物理导线标签或电缆标签，可以更改标签格式，指定每个线号的标签数及列数。

接下来详细介绍“原理图报告”对话框中的各参数含义。

（1）报告名

在该列表中指定要运行的报告，在此处我们选择 BOM 表。

（2）报告范围

在对话框中通过单击“项目”单选按钮或者单击“激活图形”单选按钮来指定是处理项目或者激活图形还是选定对象。如果选择了项目，则某些报告会提供一个选项以选择要处理的图形。

（3）类别

在默认情况下，报告将提取原理图元件。选择其他类别，以针对单线、单线节点、液压、气动、P&ID 或用户定义的元件运行报告。这些元件分别由唯一的 WDTYPE 属性值进行标识。

（4）要提取的安装代号

基于安装代号值过滤为报告提取的信息。

①“全部”：提取所有元件，而不管元件是否具有安装代号值。

②“空”：仅提取不具有安装代号值的元件。

③“指定的安装代号”：仅提取安装代号值与在该框中输入值匹配的元件，支持通配符。

图形：从激活图形的使用的值列表中选择一个或多个安装代号值。如果选中 BOM 表选项“包括 Inventor 零件”，则“图形”将处于禁用状态。

项目：从项目使用的值列表中选择一个或多个安装代号值。

（5）要提取的位置代号

基于位置代号值过滤为报告提取的信息。

①“全部”：提取所有元件，而不管其是否具有位置代号值。

②“空”：仅提取不具有位置代号值的元件。

③“指定的安装代号”：仅提取位置代号值与在该框中输入值匹配的元件，支持通配符。

图形：从激活图形的使用的值列表中选择一个或多个位置代号值。如果选中 BOM 表选项“包括 Inventor 零件”，则“图形”将处于禁用状态。

项目：从项目的使用的值列表中选择一个或多个位置代号值。

（6）刷新项目数据库

指定使用最新的图形信息更新项目数据库。

（7）列表

显示自上次更新接线表格以来已经更改的图形的列表。使用该列表可确定是否要刷新接线表格。

（8）格式

单击该按钮，打开一个对话框，可以在其中选择格式（.set）文件。使用格式文件预定义要包含的字段、字段顺序等。

（9）包括选项

①“包括 Inventor 零件”：如果用户的项目链接到 Inventor 零件，此复选框将处于选中状态。

②“以下所有项”：指定在报告中包括电缆、连接器和跳线信息。使用单独的复选框可包括或排除其中的每项信息。

（10）选项

“列出端子号”：以格式“排 ID:端子号”列出每个单独的端子。否则，来自同一端子排的端子将合并为包含数量的一个条目。

（11）显示选项

①“标准结算格式”：合并并结算具有相同目录信息的元件。子装配条目和多个目录值将报告为行条目，直接跟在主目录条目之后。

②“标准结算格式（按安装代号/位置代号编组）”：合并并结算具有相同目录、安装代号和位置代号值的元件。子装配条目和多个目录值将报告为行条目，直接跟在主目录条目之后。

③“以购买结算列表格式显示”：将报告每个目录值并将其结算为单个行条目。子装配条目和多个目录值将报告为单独的行条目。

④“以‘按标记’格式显示”：指定元件标记或端子标记的所有实例报告为单个行条目。

12.1.2 缺少目录数据

显示不带目录号指定的元件。这些元件标有临时的菱形图形。执行该命令主要有如下两种方法。

- 命令行：aemissingcatreport。
- 功能区：单击“报告”选项卡“原理图”面板中的“缺少目录数据”按钮。

执行上述命令后，系统弹出“显示缺少的目录指定”对话框，如图 12-5 所示。“显示”表示通过在临时图形中的符号附近绘制一个红色钻石，指示不包含目录信息的元件；“报告”表示提取激活图形或项目中的信息，并显示无目录信息的主元件或独立元件的报告。

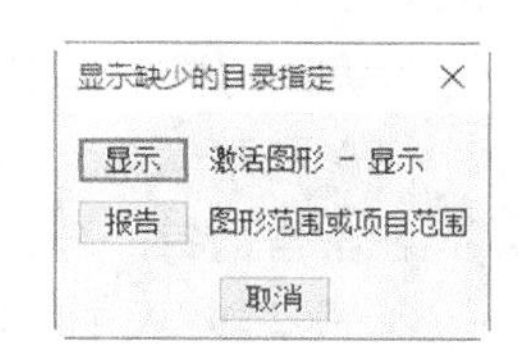

图 12-5 “显示缺少的目录指定”对话框

此处单击“报告”按钮，系统弹出“原理图报告”对话框，如图 12-6 所示。在“报告名”列表中默认选中“缺少 BOM 表”选项。单击“确定”按钮。系统弹出“选择要处理的图形”对话框。执行该对话框中的“全部执行”命令，然后单击“确定”按钮对所有的图形进行缺少目录数据分析。系统弹出“报告生成器”对话框，如图 12-7 所示。

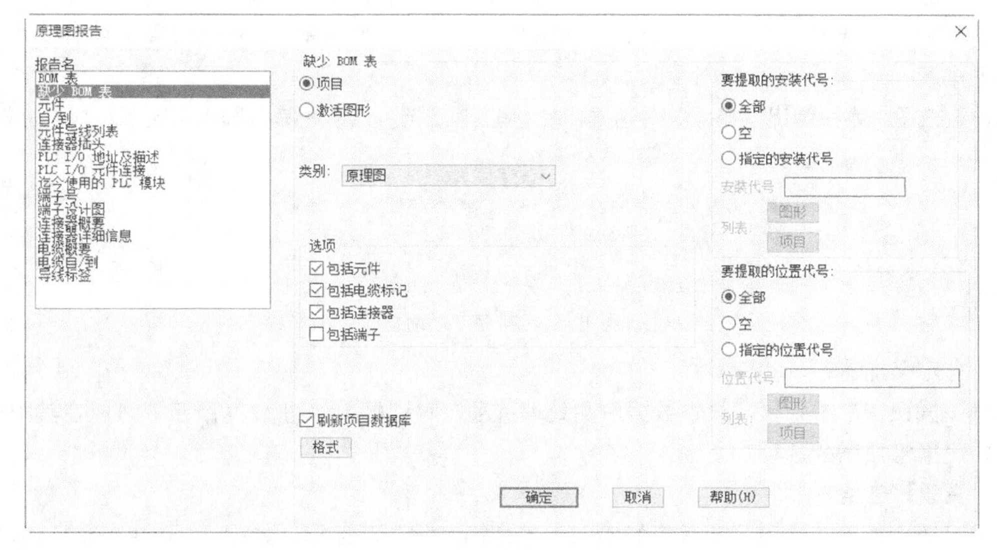

图 12-6 “原理图报告”对话框

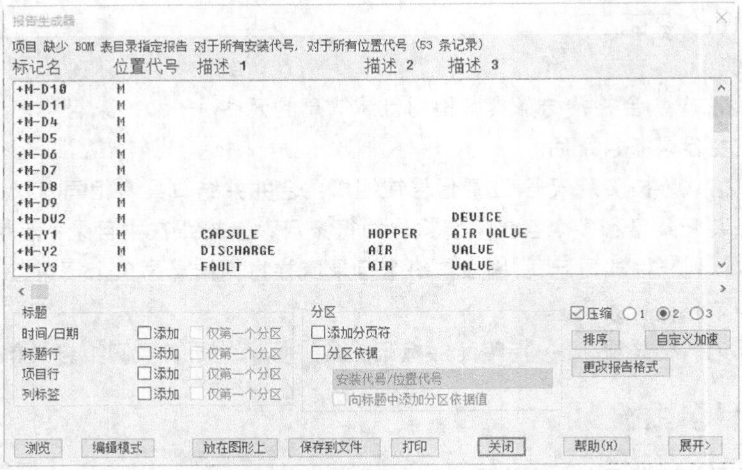

图 12-7 “报告生成器”对话框

“报告生成器”对话框中的各参数含义如下。

（1）标题

在报告的每个分区顶部显示选定的条目。

①“添加”：在报告中显示标题信息。选择添加“时间/日期”“标题行”“项目行”“列标签”。

②“仅第一个分区”：仅在第一个区域顶部显示选定的标题条目。标题信息不再显示在每个区域的顶部。

（2）分区

①“添加分页符”：每隔 58 行添加一个分页符。

②“分区依据”：指定一个值，按这个值划分分区。在该下拉列表中显示报告允许的分区依据。

③“向标题中添加分区依据值”：向页标题中添加分区依据值。

（3）压缩

控制列间距。选择“1”表示在列之间保留最小空间，选择“3”表示保留最大空间。

（4）排序

单击该按钮，系统弹出“排序”对话框，如图 12-8 所示。可以在其中选择字段以对报告进行排序。

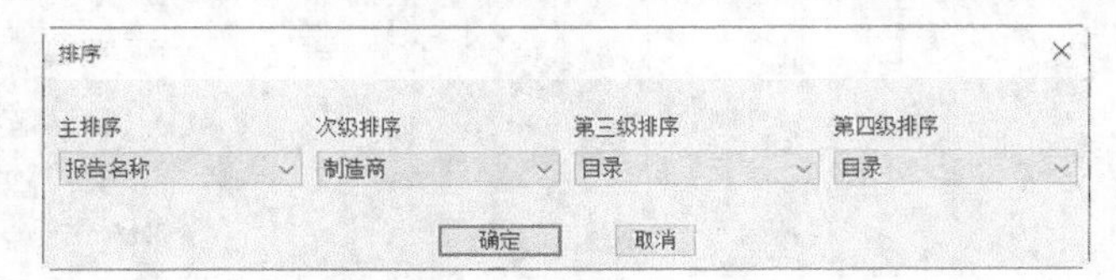

图 12-8 “排序”对话框

（5）自定义加速

单击该按钮，系统弹出“报告数据后期处理选项”对话框，如图 12-9 所示。可以在其中选择用于后期处理报告数据的选项。

（6）更改报告格式

单击该按钮，系统弹出“要报告的 BOM 表数据字段”对话框，如图 12-10 所示。可以在其中指定要在报告中包含的字段、字段顺序和字段标签。修改报告格式后，可以将其保存在 .set 文件中以供将来使用。

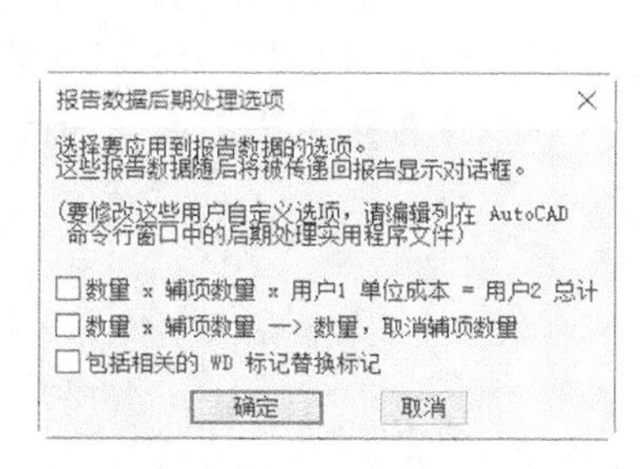

图 12-9 “报告数据后期处理选项”对话框

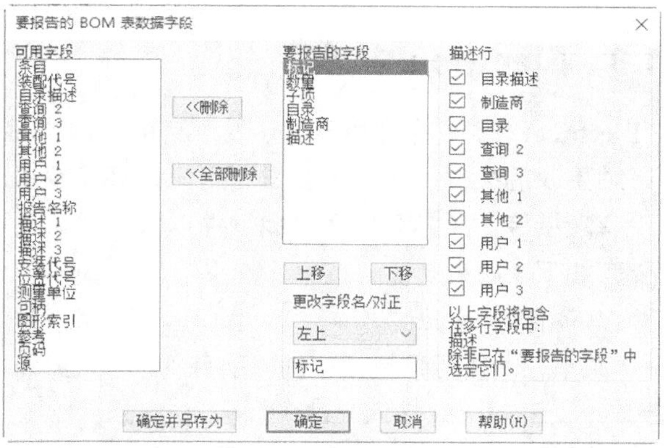

图 12-10 “要报告的 BOM 表数据字段”对话框

（7）编辑模式

单击该按钮，系统弹出“编辑报告”对话框，如图 12-11 所示。可以在其中编辑报告数据。可以在报告中上移或下移数据、从目录中添加行及删除行。

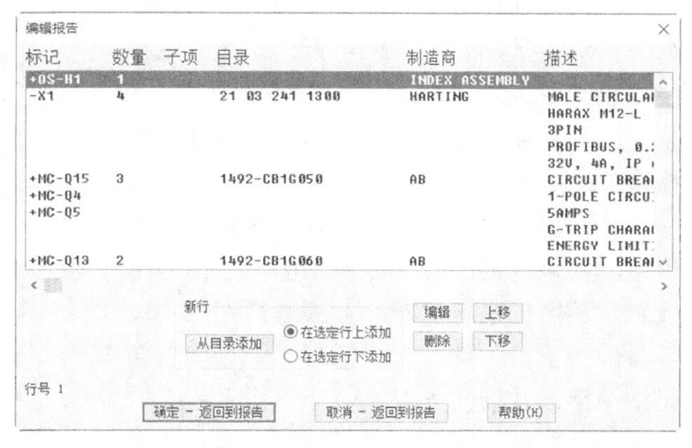

图 12-11 “编辑报告”对话框

（8）放在图形上

单击该按钮，系统弹出“表格生成设置”对话框，如图 12-12 所示。可以在其中指定表格设置并将报告作为表格插入。设置包括表格样式、列宽、标题、图层、分区定义等。该命令不适用于导线标签报告。

（9）保存到文件

单击该按钮，系统弹出“将报告保存到文件”对话框，如图 12-13 所示，可以在其中定义文件设置并将报告保存为文件。

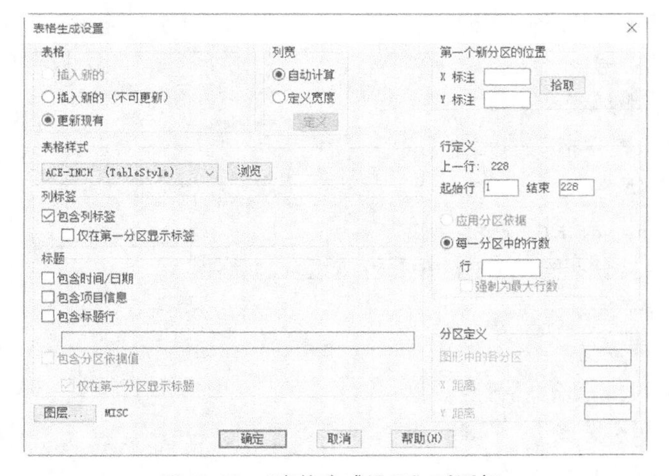

图 12-12 “表格生成设置”对话框

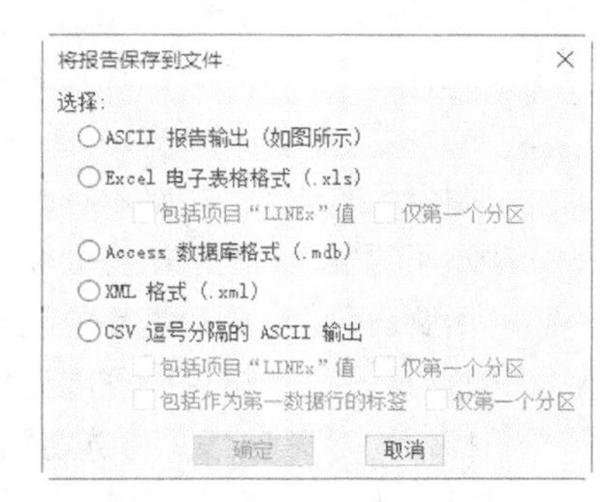

图 12-13 “将报告保存到文件”对话框

（10）打印

打印报告，选择打印机、打印范围和打印份数。

12.1.3 Electrical 核查

“Electrical 核查”命令用于显示检测到的问题或潜在问题的报告，但有时检测出的问题并不是图形中必须更改的关键问题，主要是让用户能够了解图形情况。错误核查的内容主要包括元件重复、元件没有连接等。用户可以保存此文件以供参考，也可以浏览此文件以查看及更正错误。执行该命令主要有如下 3 种方法。

- 命令行：aeaudit。
- 菜单栏：执行菜单栏中的“项目”→“报告”→“Electrical 核查”命令。
- 功能区：单击“报告”选项卡“原理图”面板中的“Electrical 核查”按钮。

执行上述命令后，系统弹出“Electrical 核查”对话框，如图 12-14 所示。该对话框中的各参数含义如下。

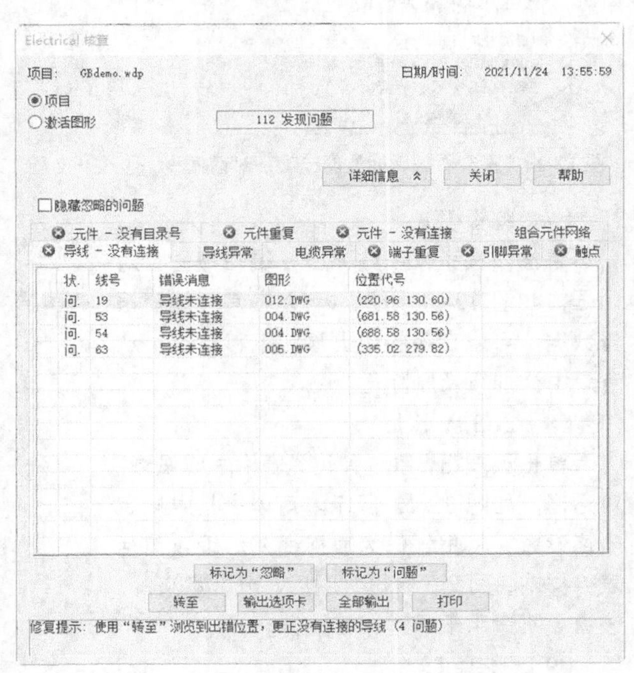

图 12-14 “Electrical 核查”对话框

①“项目”：显示激活项目的所有图形的核查信息。

②“激活图形”：仅显示激活图形的核查信息。如果其他图形变成激活图形，则显示会针对该图形进行更新。如果激活图形不是项目的一部分，则“激活图形”命令为灰色无法使用，并默认选中“项目”单选按钮。

③“详细信息”：单击该按钮，系统展开或收拢对话框以隐藏或显示发现的问题。

④“隐藏忽略的问题”：执行该命令，则所有标记为“忽略”的错误都将从显示中删除。

⑤“导线-没有连接”：显示未连接到任何元件的导线。

⑥“导线异常”：显示缺少的或重复的线号。

⑦“电缆异常”：显示重复的电缆或电缆线颜色。

⑧“元件-没有目录号”：显示不带目录零件指定的元件。

⑨“元件重复”：显示被视为重复项的元件。

⑩“元件-没有连接”：显示连接属性为“未连接导线”的元件。

⑪“组合元件网络”：显示导线网络中具有不同 WDTYPE 属性值组合的元件。

⑫“端子重复”：显示重复的原理图端子号。

⑬“引脚异常”：显示重复的元件引脚指定。

⑭“触点”：显示与主原理图元件不相关的所有辅符号。

⑮“标记为‘忽略’”：将选定错误的状态更改为“忽略”。

⑯“标记为‘问题’”：将选定错误的状态更改为“问题”。

⑰“转至”：转至选定错误所在的图形位置并亮显对象，以便用户更正错误。用户也可以通过双击某个错误以转至图形位置。

⑱ “输出选项卡/全部输出”：将核查报告输出为文本文件。选择“输出选项卡”将仅输出激活选项卡；选择“全部输出”将输出完整的核查报告。

⑲ “打印”：打印核查报告的当前选项卡。如果输出或打印核查结果，会在“状态”列中列出并标示忽略的错误。

12.1.4 图形核查

检测与线号和接线相关的问题，并显示关于这些问题及所执行的修复的报告。核查的内容主要包括导线间隙、线号和颜色规格、零长度导线等。执行该命令主要有如下 3 种方法。

- 命令行：aeauditdwg。
- 菜单栏：执行菜单栏中的“项目”→“报告”→“图形核查”命令。
- 功能区：单击“报告”选项卡“原理图”面板中的“图形核查”按钮。

执行该命令后，系统弹出“图形核查”对话框 1，如图 12-15 所示。单击“确定”按钮，系统弹出“图形核查”对话框 2，如图 12-16 所示。单击“确定”按钮。系统弹出“图形核查”对话框 3，如图 12-17 所示。然后单击“确定”按钮。系统弹出“报告：核查此图形”对话框，如图 12-18 所示。此时可以保存或打印核查报告。

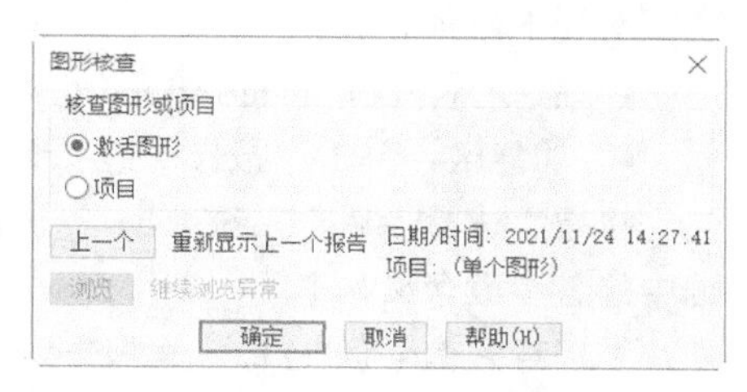

图 12-15 “图形核查”对话框 1

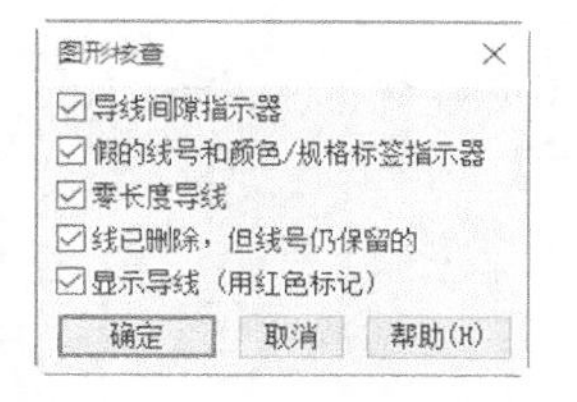

图 12-16 “图形核查”对话框 2

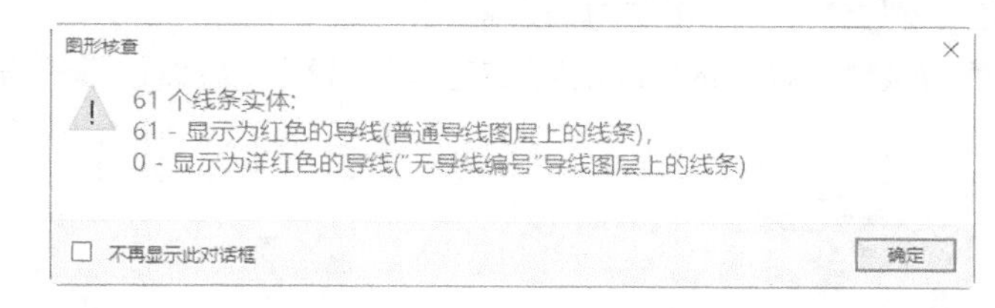

图 12-17 “图形核查”对话框 3

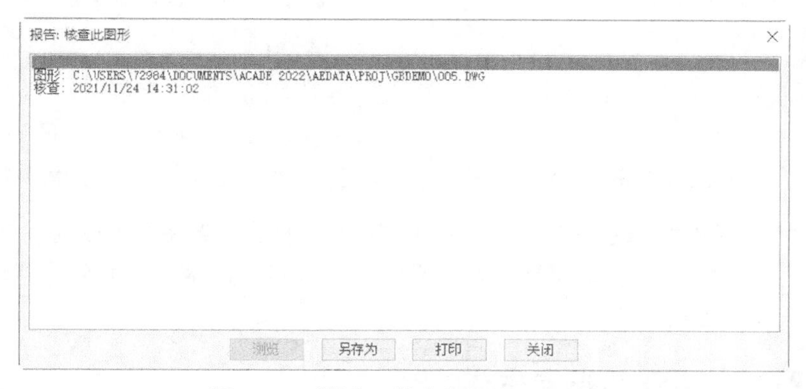

图 12-18 “报告：核查此图形”对话框

“图形核查”对话框 1 和“图形核查”对话框 2 中的各参数含义如下。

① “核查图形或项目”：指定是对激活图形还是对激活项目中的选定图形进行核查。

② “上一个”：重新显示运行的最后一个核查报告。然后，用户可以浏览执行的功能、保存报告或打印报告以供参考。

③ “浏览”：转至图形内出现错误的位置，即发现并修复错误的位置。

④“导线间隙指示器”：查找与缺失的导线有关的问题。

⑤“假的线号和颜色/规格标签指示器”：查找并清除指向不存在的线号的导线，还会查找错误的颜色/规格标签指示器。

⑥“零长度导线”：查找和删除导线图层上零长度的线图元。

⑦“线已删除，但线号仍保留的”：查找并删除未链接到导线网络的线号。

⑧“显示导线（用红色标记）”：围绕每个导线实体绘制出轮廓。亮红色轮廓为普通导线；洋红色轮廓为在图层上被定义为“无导线编号”的导线。只有在激活图形上运行时该选项才可用。

12.1.5 信号错误/列表报告

显示信号列表和异常报告。主要针对源信号和目标信号，检查相关信号是否匹配。执行该命令主要有如下两种方法。

- 命令行：aesignalerrorreport。
- 功能区：单击“报告”选项卡“原理图”面板中的“信号错误/列表”按钮。

执行上述命令后，系统弹出“导线信号或独立的参考报告”对话框，如图 12-19 所示。该对话框中的各参数含义如下。

①“导线信号源/目标代号报告”：列出在项目图形集上使用的所有信号源和目标的报告。异常报告列出了有问题的方面，例如找不到源的目标信号或未绑定到目标的源信号。

②“独立的参考源/目标代号报告”：列出在项目图形集上使用的所有独立参考源和目标的报告。

③“浏览”：继续浏览与选定报告相关的问题。

单击该对话框中的“确定”按钮，系统弹出“导线信号报告/异常/浏览异常”对话框，如图 12-20 所示。

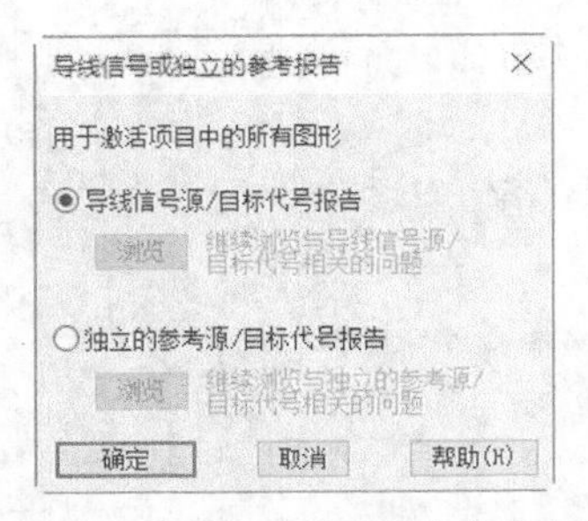

图 12-19 “导线信号或独立的参考报告”对话框

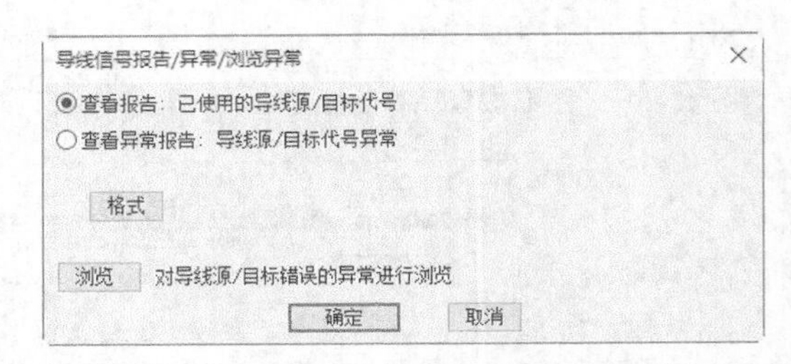

图 12-20 “导线信号报告/异常/浏览异常”对话框

如果单击“查看报告”单选按钮，然后单击“确定”按钮，系统会生成关于已使用的导线源/目标代号的报告；如果单击“查看异常报告”单选按钮，再单击“确定”按钮。系统会生成关于导线源/目标代号异常的报告。

12.1.6 实例——原理图报告生成

本实例通过执行原理图面板中的“报告”命令，为排污泵原理图生成 BOM 表报告。

1. 激活项目与图形

（1）在“项目管理器”选项板中的“GBDEMO”项目处单击鼠标右键，执行弹出的快捷菜单中的“激活”命令，激活该项目。

（2）在项目下拉列表中单击“SCHEMATIC”→“002.dwg”，双击“002.dwg”文件，将其打开。

2. 插入 BOM 表

（1）单击“报告”选项卡“原理图”面板中的“报告”按钮，系统弹出“原理图报告”对话框，如图 12-21 所示。在“报告名”处选择“BOM 表”，在“BOM 表”选项中选择“激活图形”，在“类别”下拉列表中选择“原理图”，勾选“以下所有项”复选框，在“要提取的安装代号”“要提取的位置代号:”处均选择“全部”，在“显示选项”处选择“标准结算方式”。单击“确定”按钮。

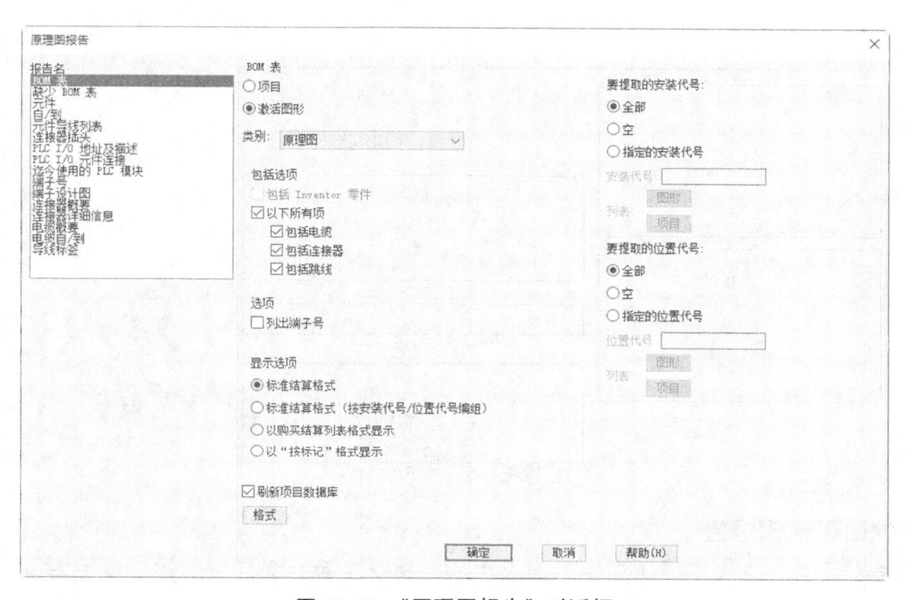

图 12-21 “原理图报告”对话框

（2）系统弹出“报告生成器”对话框，如图 12-22 所示。单击“放在图形上”按钮。

（3）系统弹出“表格生成设置”对话框，在“表格”选项组中单击“插入新的”单选按钮，在“表格样式”下拉列表中选择“ACE-METRIC（TableStyle）”，在“第一个新分区的位置”选项中单击“拾取”按钮，系统回到绘图区，在其中单击确定插入点位置，如图 12-23 所示。其余参数选择默认，单击“确定”按钮，插入报告，并关闭“报告生成器”。“BOM”表插入如图 12-24 所示。

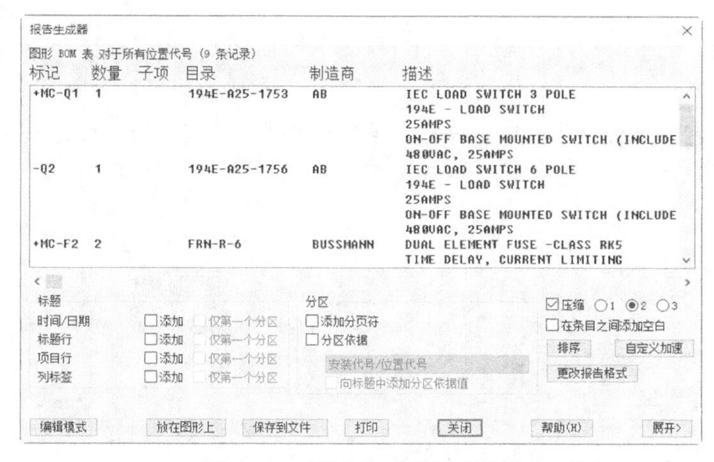

图 12-22 “报告生成器”对话框

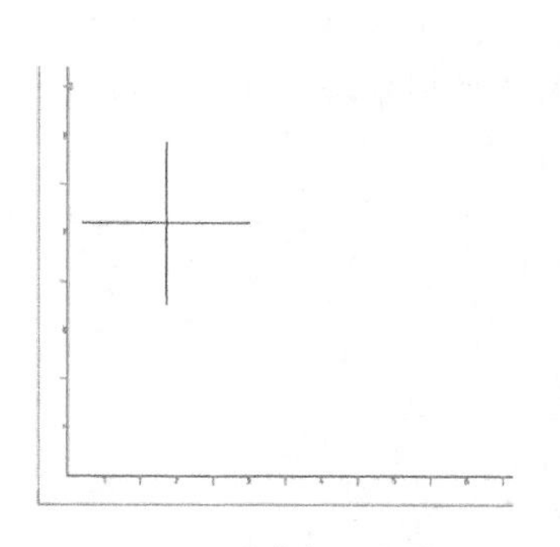

图 12-23 确定插入点位置

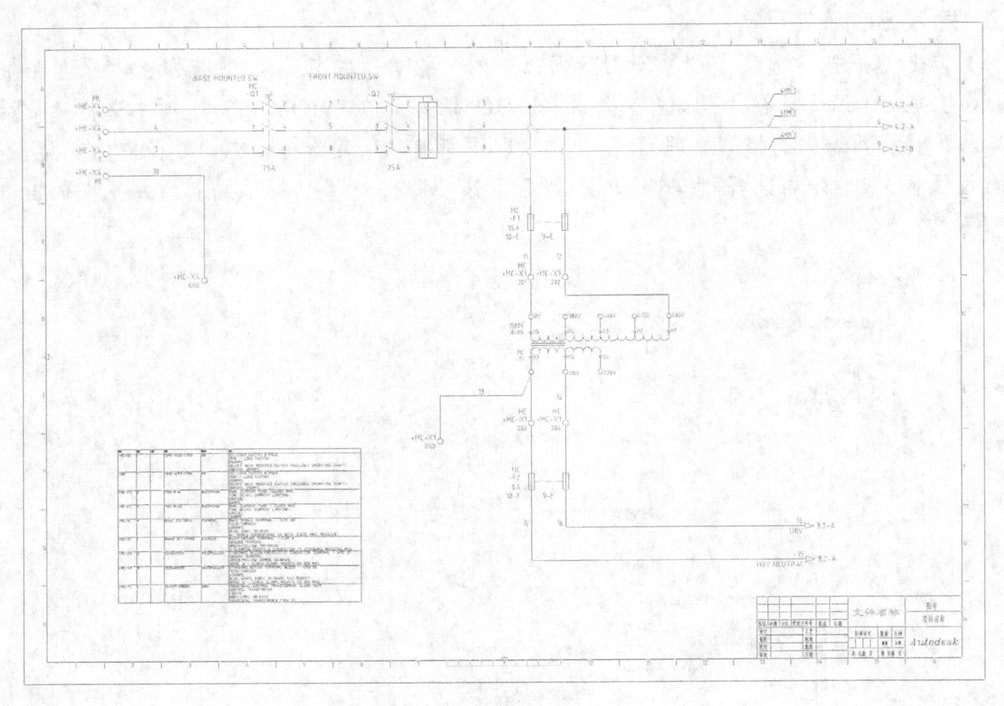

图 12-24　插入 BOM 表

3. 缺少目录数据报告

（1）单击“报告”选项卡“原理图”面板中的“缺少目录数据”按钮，系统弹出“显示缺少的目录指定”对话框，如图 12-25 所示。

（2）单击“显示”按钮，图中以棱形显示不带目录号指定的元件，如图 12-26 所示。

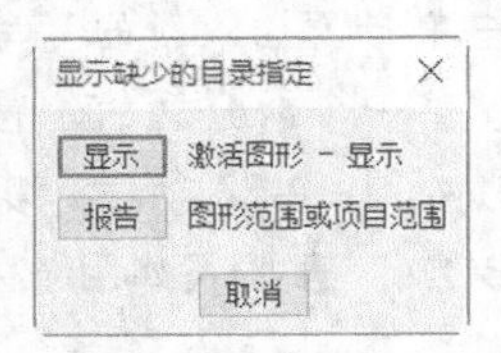

图 12-25　“显示缺少的目录指定”对话框

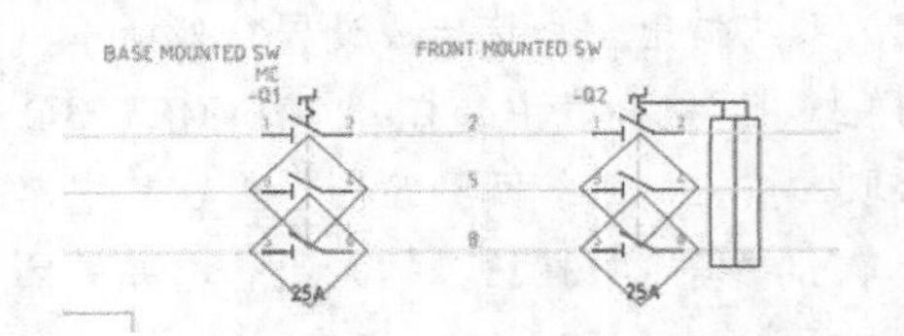

图 12-26　不带目录号指定的元件

4. Electrical 核查

（1）单击“报告”选项卡“原理图”面板中的“Electrical 核查”按钮，系统弹出“Electrical 核查”对话框，单击“激活图形”单选按钮，如图 12-27 所示。

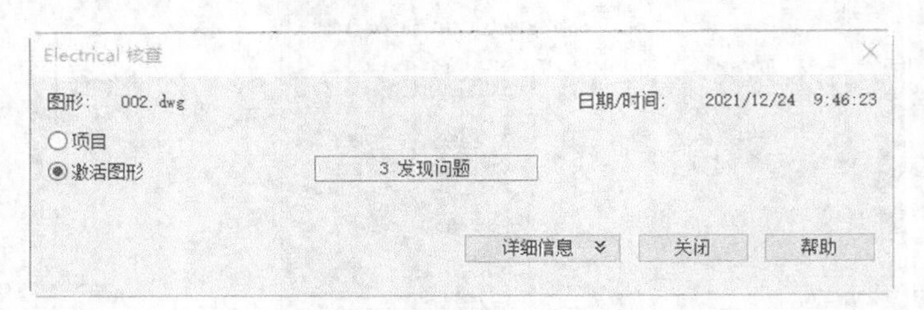

图 12-27　“Electrical 核查”对话框

（2）单击“详细信息”按钮，展开详细信息，如图 12-28 所示。从图中可以看出元件连接和引脚有问题。

（3）单击“全部输出”按钮，系统弹出“创建文件”对话框，如图 12-29 所示，单击保存命令将 TXT 文档保存。

5. 图形核查

（1）单击“报告”选项卡“原理图”面板中的“图形核查”按钮，系统弹出“图形核查”对话框 1，如图 12-30 所示。单击“激活图形”单选按钮，单击“确定”按钮。

（2）系统弹出“图形核查”对话框 2，如图 12-31 所示，单击“确定”按钮。系统弹出“图形核查”对话框 3，显示核查结果，如图 12-32 所示，图形显示效果如图 12-33 所示。

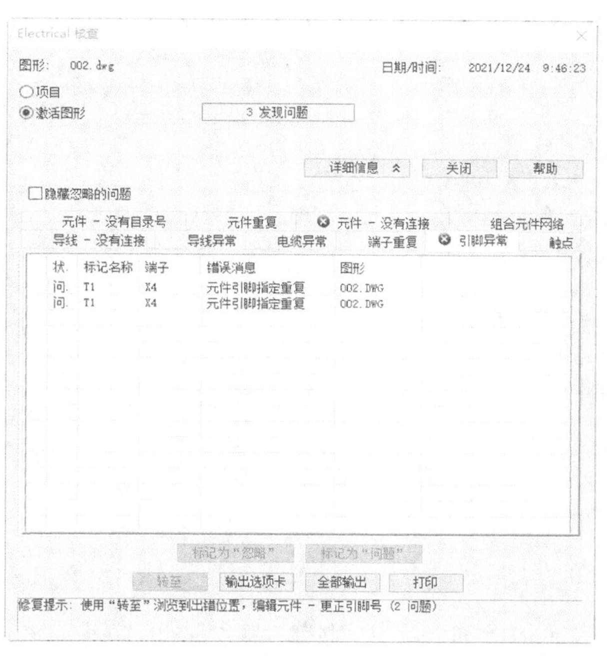

图 12-28　展开详细信息

图 12-29　“创建文件”对话框

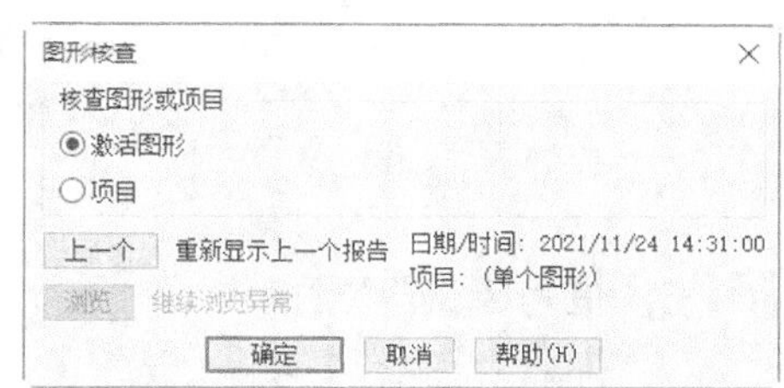

图 12-30　“图形核查”对话框 1

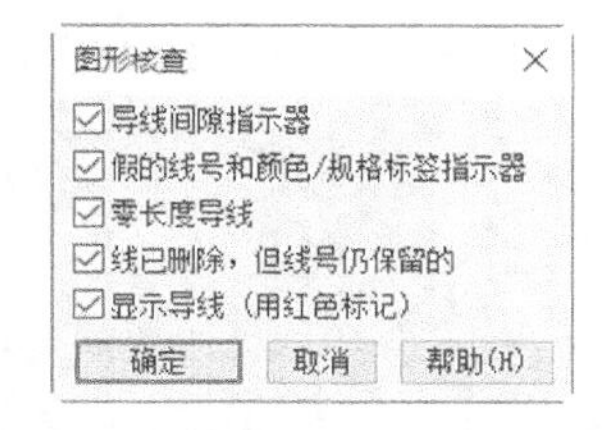

图 12-31　“图形核查”对话框 2

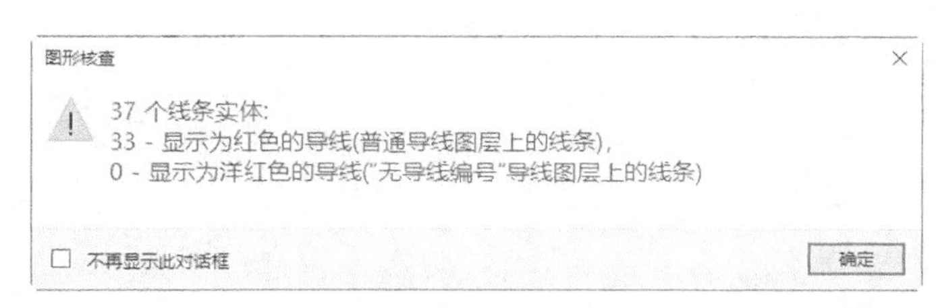

图 12-32　“图形核查”对话框 3

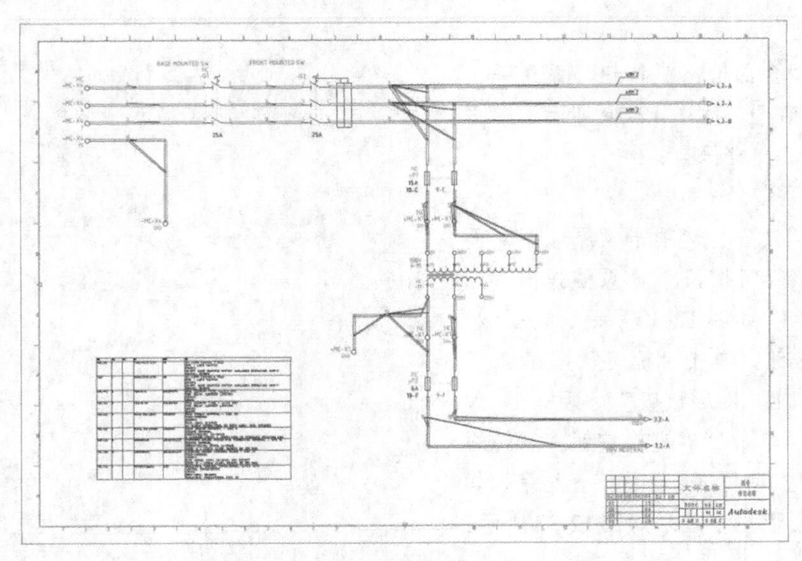

图 12-33　图形显示效果

（3）单击“确定”按钮，系统弹出“报告：核查此图形”对话框，如图 12-34 所示。单击“关闭”按钮，关闭对话框。

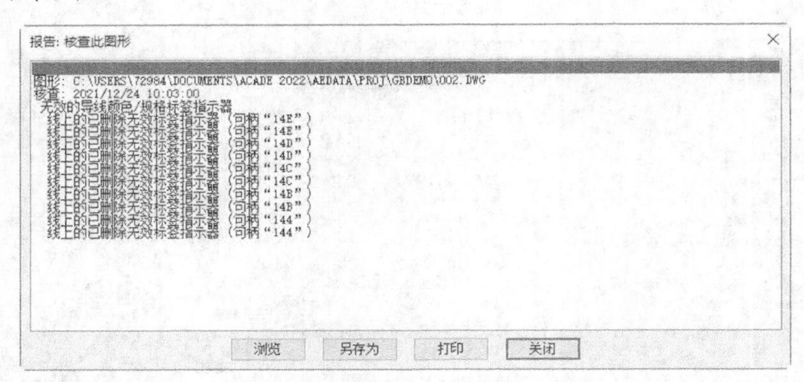

图 12-34　“报告：核查此图形”对话框

6．信号错误/异常报告

（1）单击“报告”选项卡“原理图”面板中的“信号错误/列表”按钮，系统弹出“导线信号或独立的参考报告”对话框，如图 12-35 所示。单击“导线信号源/目标代号报告”单选按钮。单击“确定”按钮。

（2）系统弹出“导线信号报告/异常/浏览异常”对话框，单击“查看异常报告：导线源/目标代号异常”单选按钮，如图 12-36 所示。

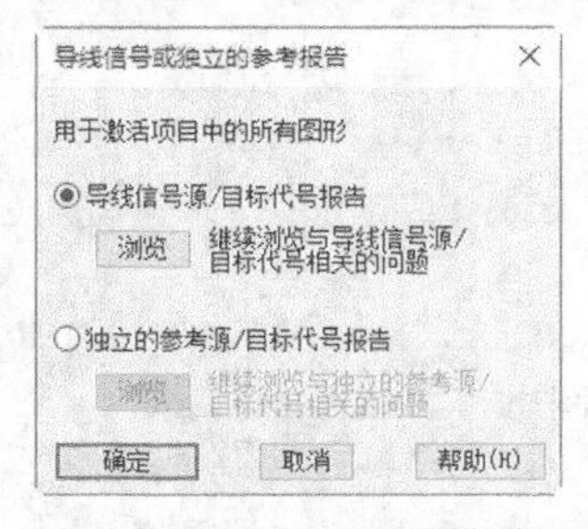

图 12-35　“导线信号或独立的参考报告”对话框

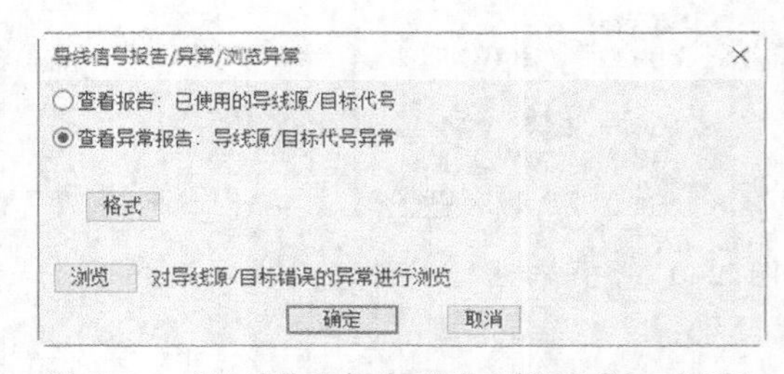

图 12-36　“导线信号报告/异常/浏览异常”对话框

（3）单击“确定”按钮，系统弹出“报告生成器”对话框，如图 12-37 所示。单击“保存到文件”按钮，系统弹出“将报告保存到文件”对话框，单击“Excel 电子表格格式（.xls）”单选按钮，如图 12-38 按钮。

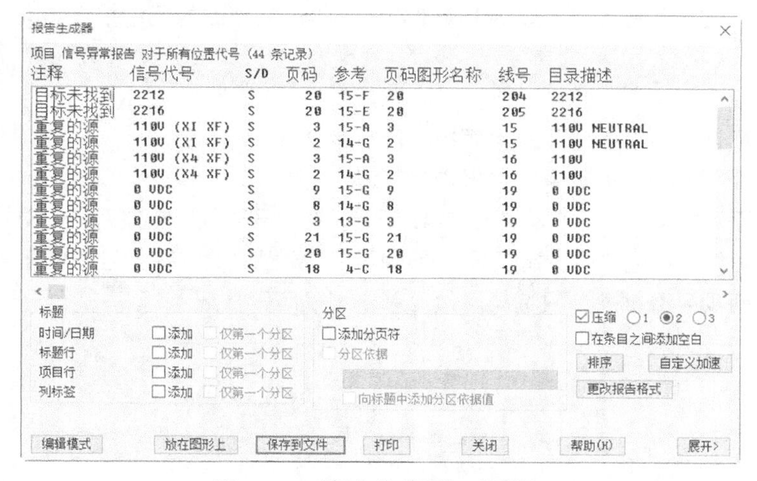

图 12-37 “报告生成器”对话框

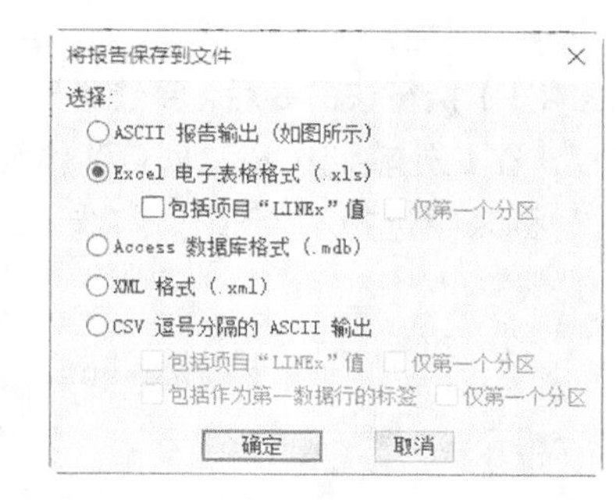

图 12-38 “将报告保存到文件”对话框

（4）单击“确定”按钮，系统弹出“选择报告文件”对话框，如图 12-39 所示。单击“保存”按钮，保存 Excel 文件。

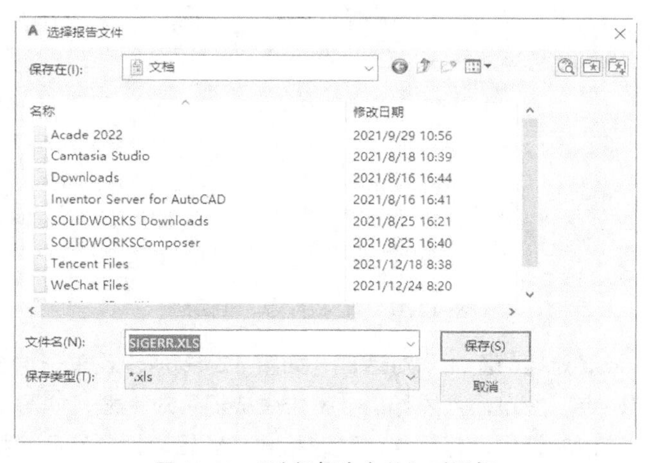

图 12-39 “选择报告文件”对话框

（5）系统弹出“可选脚本文件”对话框，如图 12-40 所示，单击“关闭-无脚本”按钮，关闭对话框。

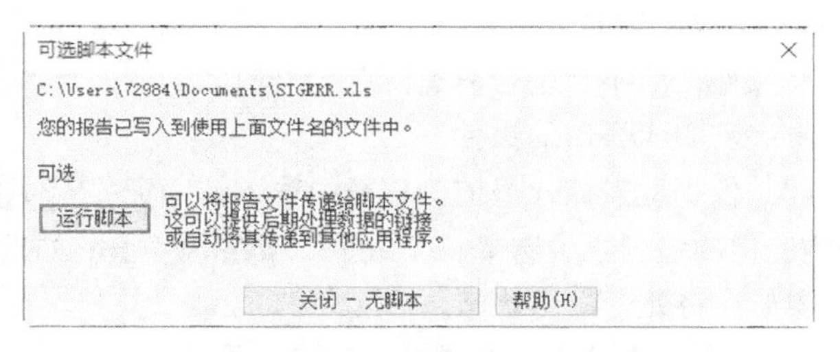

图 12-40 “可选脚本文件”对话框

12.2 面板图报告

生成面板报告，如 BOM 表、元件列表和铭牌。生成的 BOM 表报告为最完整的的元件报告。执行该命令主要有如下 3 种方法。

- 命令行：aepanelreport。
- 菜单栏：执行菜单栏中的“项目”→“报告”→“面板报告”命令。
- 功能区：单击“报告”选项卡“面板”面板中的“报告”按钮。

（1）执行该命令后，系统弹出“面板报告”对话框，如图 12-41 所示。在“报告名”处选择“BOM 表”，在此处我们选择“项目”作为对象。勾选“列出端子号”复选框。在要提取的安装代号或位置代号列表中选择“全部”。勾选“刷新项目数据库”复选框。然后单击“确定”按钮。

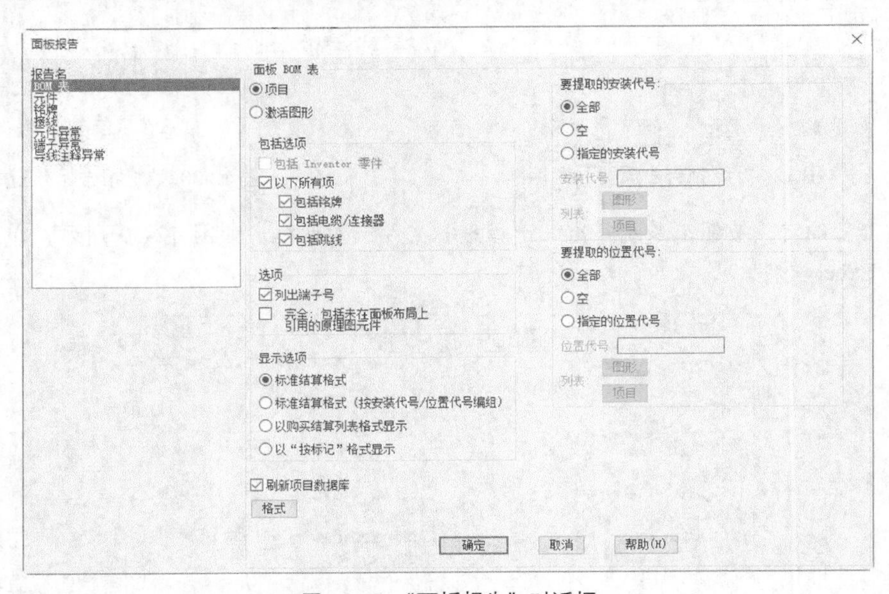

图 12-41 “面板报告”对话框

（2）系统弹出“选择要处理的图形”对话框，如图 12-42 所示。单击“全部执行”按钮，选择整个项目。然后单击“确定”按钮，系统弹出“报告生成器”对话框，如图 12-43 所示。

（3）在该对话框中可以对报告进行排序、更改格式或编辑数据。然后将报告保存为文本，也可以将报告作为表格放置在图形上，或者打印报告。

“面板报告”对话框中的各参数含义如下。

（1）要提取的安装代号

基于安装代号值过滤为报告提取的信息。

① “全部”：提取所有文件，而不管是否具有安装代号值。

② “空”：仅提取不具有安装代号值的文件。

③ “指定的安装代号”：仅提取安装代号值与该框中输入值匹配的元件。支持通配符。

图形：从激活图形的使用的值列表中选择一个或多个安装代号值。如果选中 BOM 表选项 “包括 Inventor 零件”，则“图形”将处于禁用状态。

项目：从项目的使用的值列表中选择一个或多个安装代号值。

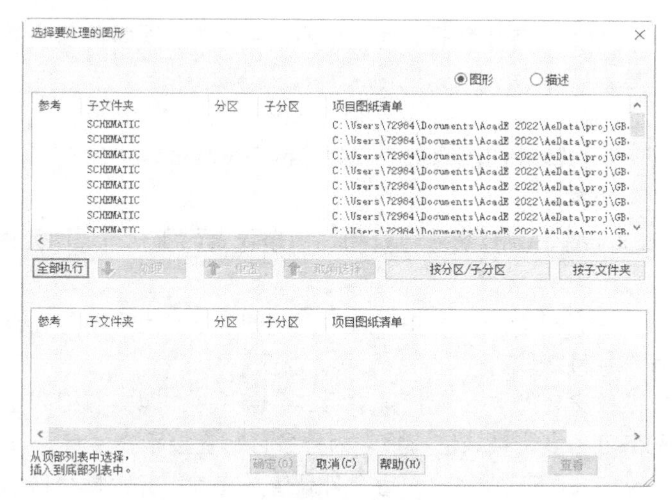

图 12-42 “选择要处理的图形”对话框

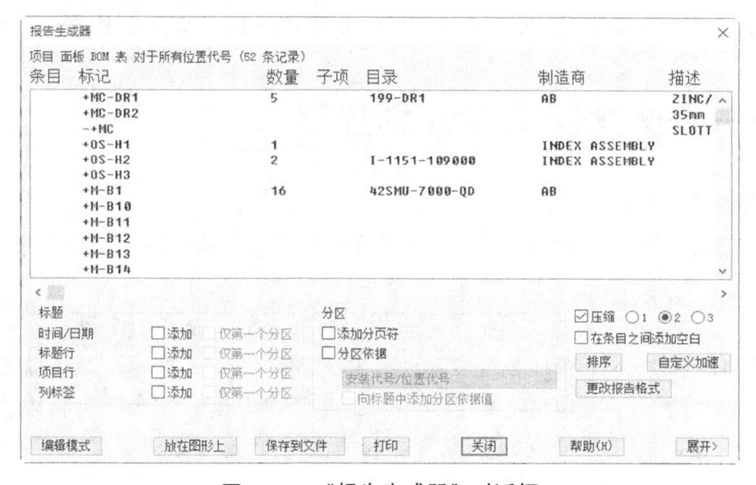

图 12-43 “报告生成器”对话框

（2）要提取的位置代号

基于位置代号值过滤为报告提取的信息。

①“全部”：提取所有元件，而不管是否具有位置代号值。

②“空”：仅提取不具有位置代号值的元件。

③“指定的位置代号”：仅提取位置代号值与该框中输入值匹配的元件。支持通配符。

图形：从激活图形的使用的值列表中选择一个或多个位置代号值。如果选中的 BOM 表选项 “包括 Inventor 零件”，则 “图形” 将处于禁用状态。

项目：从项目的使用的值列表中选择一个或多个位置代号值。

④“刷新项目数据库”：指定使用最新的图形信息更新项目数据库。

⑤“格式”：单击该按钮，打开一个对话框，可以在其中选择格式(.set)文件。使用格式文件预定义要包含的字段、字段顺序等。

（3）包括选项

①“包括 Inventor 零件”：如果将用户的项目链接到 Inventor 部件，此复选框将处于选中状态。指定在报告中包括链接的 Inventor 部件中的电气零件。

②“以下所有项”：指定在报告中包括铭牌、电缆、连接器和跳线信息。使用单独的复选框可包括或排除其中的每项信息。

（4）选项

①“列出端子号”：以格式“排 ID:端子号”列出每个单独的端子。否则，来自同一端子排的端子将合并为包含数量的一个条目。

②“完全”：指定在报告中包括不存在于任何面板布局上的所有原理图元件信息。

（5）显示选项

①“标准结算格式”：合并并结算具有相同目录信息的元件。子装配条目和多个目录值将报告为行条目，直接跟在主目录条目之后。

②“标准结算格式（按安装代号/位置代号编组）”：合并并结算具有相同目录、安装代号和位置代号值的元件。子装配条目和多个目录值将报告为行条目，直接跟在主目录条目之后。

- “以购买结算列表格式显示”：将报告每个目录值并将其结算为单个行条目。子装配条目和多个目录值报告为单独的行条目。
- “以‘按标记’格式显示”：指定元件标记或端子标记的所有实例将报告为单个行条目。

12.3 实例——面板图 BOM 表生成

本例将介绍面板图报告的生成。

1. 打开文件，在激活的 GBDEMO 项目下拉列表中单击“PANEL”→“023.dwg”，双击“023.dwg”文件，将其打开。

2. 生成 BOM 表。单击“报告”选项卡“面板”面板中的“报告”按钮，系统弹出“面板报告”对话框，如图 12-44 所示。在“报告名”处选择“BOM 表”，在“面板 BOM 表”选项中选择“项目”，勾选“以下所有项”复选框，在“选项”选项组中勾选“完全：包括未在面板布局上引用的原理图元件”复选框，在“要提取的安装代号/位置代号”处选择“全部”，在“显示选项”处选择“标准结算方式”。单击“确定”按钮。

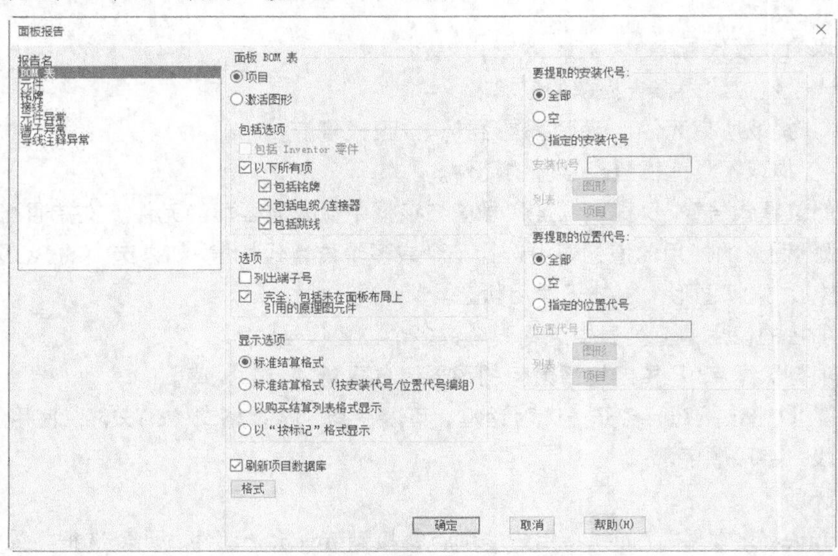

图 12-44 “面板报告”对话框

（1）系统弹出“选择要处理的图形”对话框，如图 12-45 所示。单击“全部执行”按钮，结果如图 12-46 所示。单击“确定”按钮。

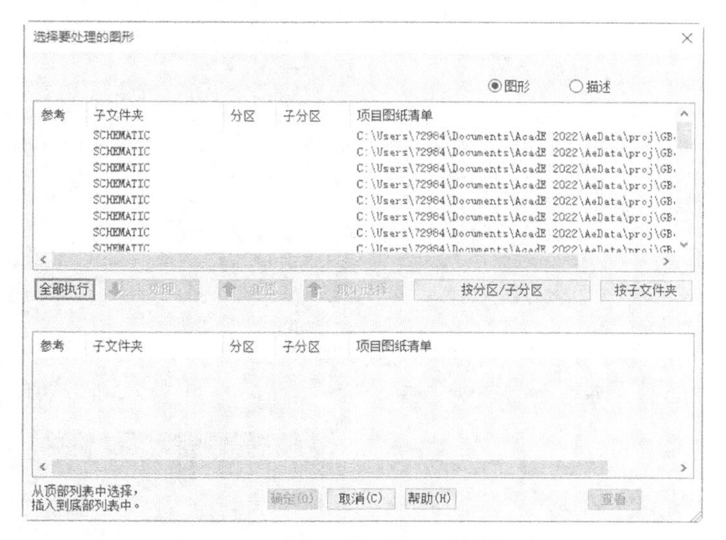

图 12-45 “选择要处理的图形”对话框 1

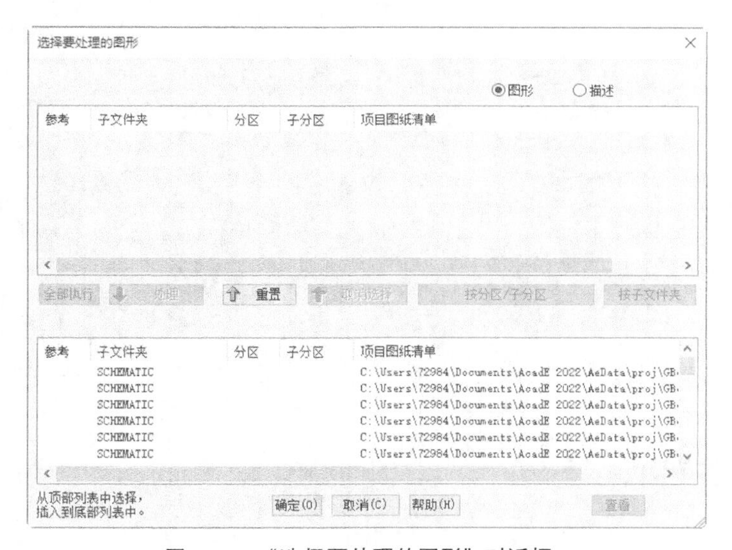

图 12-46 “选择要处理的图形”对话框 2

（2）系统弹出“报告生成器”对话框，如图 12-47 所示。单击“保存到文件”按钮。

（3）系统弹出“将报告保存到文件”对话框，在该对话框中选择“Excel 电子表格格式(.xls)”，如图 12-48 所示。

（4）单击“确定”按钮，系统弹出“选择报告文件”对话框，如图 12-49 所示，执行“保存”命令，系统弹出“可选脚本文件”对话框，执行“关闭-无脚本”命令，关闭对话框，生成的 BOM 表如图 12-50 所示。

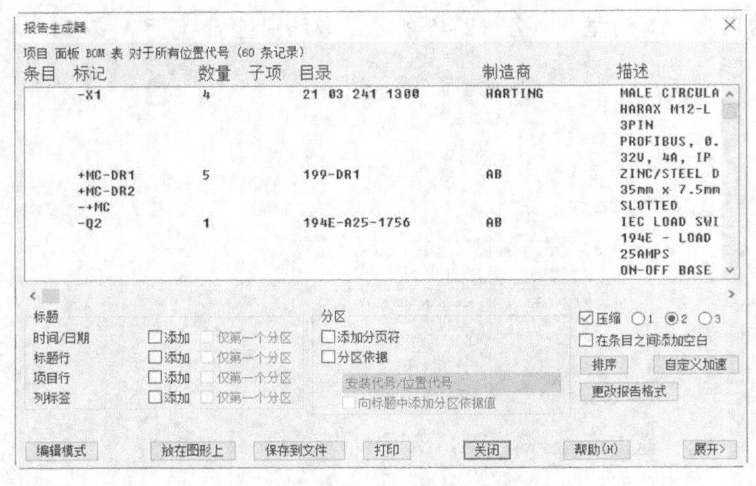

图 12-47 “报告生成器”对话框

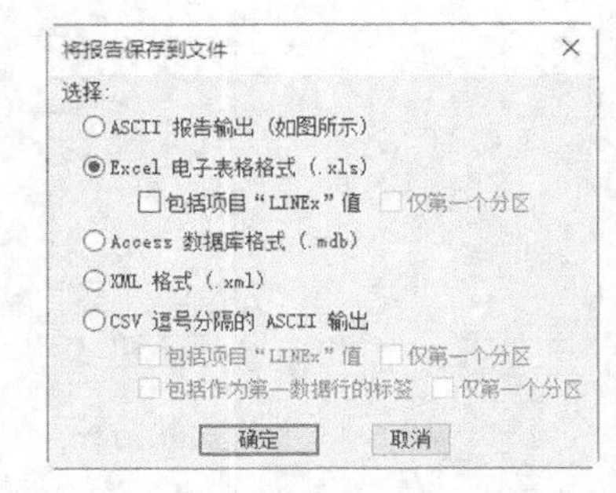

图 12-48 “将报告保存到文件”对话框

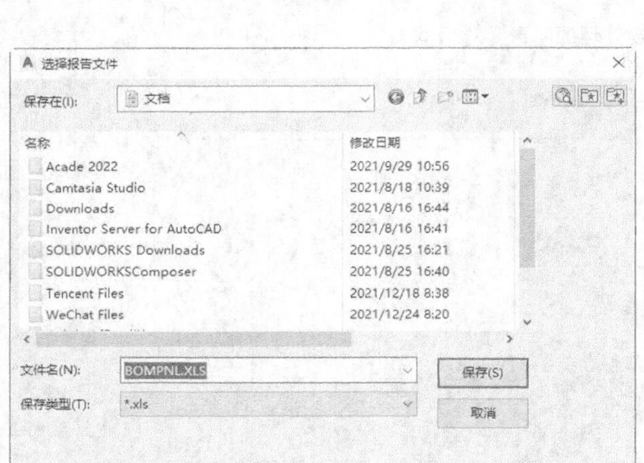

图 12-49 “选择报告文件”对话框

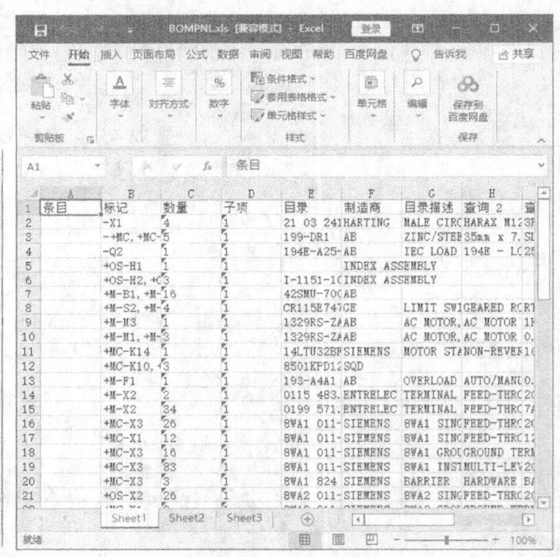

图 12-50 生成的 BOM 表

12.4 其他选项

本节重点介绍“自动报告”“报告格式设置”“用户属性”3 个命令的应用。

12.4.1 报告格式设置

创建并维护报告格式文件。执行该命令主要有如下 3 种方法。

- 命令行：aeformatfile。
- 菜单栏：执行菜单栏中的“项目”→“报告”→“报告格式文件设置”命令。
- 功能区：单击“报告”选项卡“其他选项”面板中的“报告格式设置”按钮。

执行该命令后，系统弹出“报告格式文件设置”对话框，如图 12-51 所示。此处我们选择为 BOM 表设置报告格式。该对话框中的各参数如下。

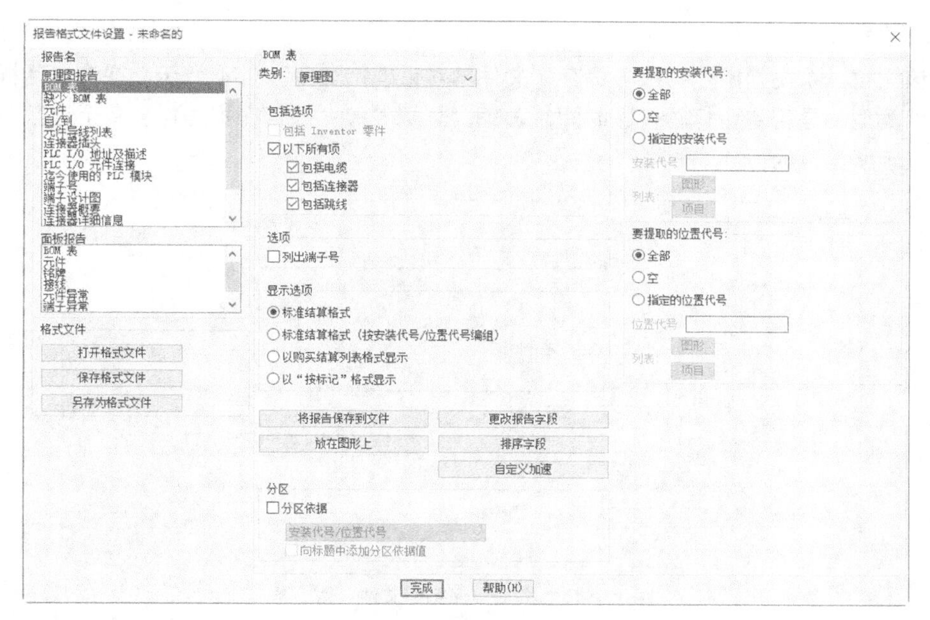

图 12-51 “报告格式文件设置”对话框

（1）报告名：指定要运行的报告。

（2）格式文件

①“打开格式文件”：单击该按钮，系统弹出文件选择对话框，如图 12-52 所示。单击“浏览”按钮，系统打开“选择 BOM*.set 格式文件”对话框，如图 12-53 所示。在该对话框中选择格式文件打开；或者直接在文件列表中选择文件，然后单击“确定”按钮。打开格式文件。

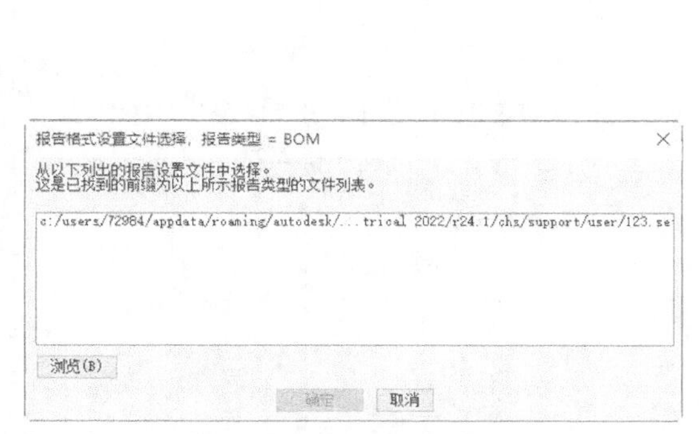

图 12-52 文件选择对话框

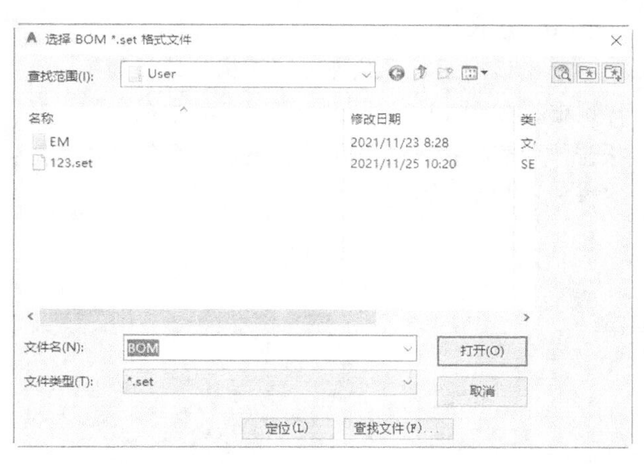

图 12-53 “选择 BOM*.set 格式文件”对话框

②“保存格式文件”：单击该按钮，系统打开“选择 BOM*.set 格式文件”对话框。设置格式文件名称，然后单击“保存”按钮。

③“另存为格式文件”：单击该按钮，系统打开“选择 BOM*.set 格式文件”对话框。设置其他格式文件名称，然后单击“保存”按钮。

（3）类别

在默认情况下，报告将提取原理图元件。选择其他类别，以针对单线、单线节点、液压、气动、P&ID 或用户定义的元件运行报告。这些元件分别由唯一的 WDTYPE 属性值进行标识。

（4）将报告保存到文件

单击该按钮，系统弹出“将报告保存到文件”对话框，如图 12-54 所示。在该对话框中设置参数包括文件类型；是否包含标题行、时间、日期、列标签等；是否在报告包含多个分区时仅在第一个分区中显示所包含的行。

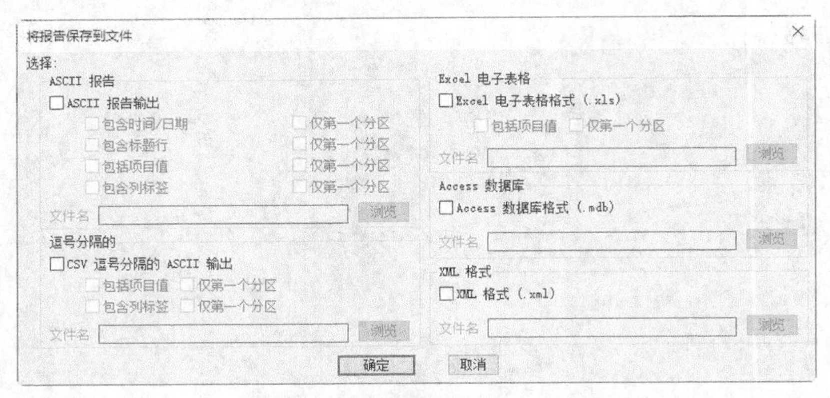

图 12-54 “将报告保存到文件”对话框

（5）更改报告字段

单击该按钮，系统弹出“要报告的 BOM 表数据字段”对话框，如图 12-55 所示。可以在该对话框中进行以下操作，通过从可用字段列表中进行选择，指定要在报告中包含的字段、指定字段顺序、定义字段标签、定义字段对正。

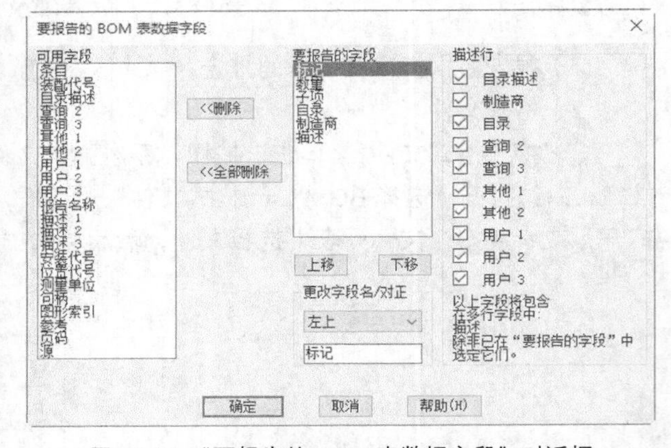

图 12-55 “要报告的 BOM 表数据字段”对话框

（6）放在图形上

单击该按钮，系统弹出“表格生成设置”对话框，如图 12-56 所示。可以在其中指定将报告作为表格插入时使用的设置。设置包括表格样式、列宽、标题、图层、分区定义。

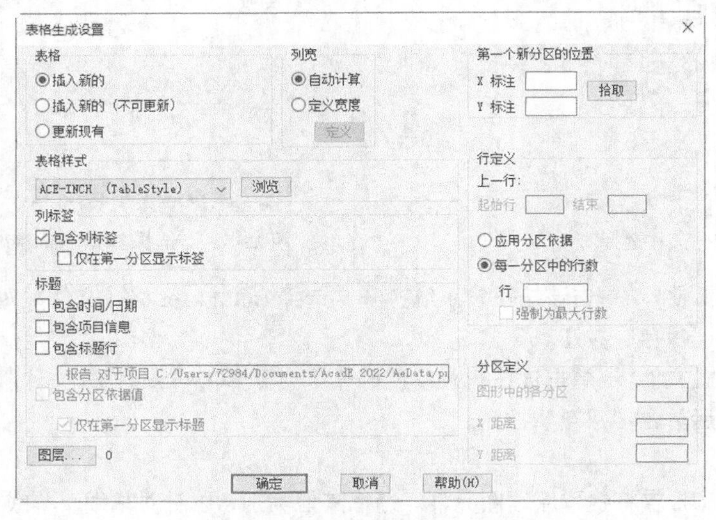

图 12-56 “表格生成设置”对话框

（7）排序字段

单击该按钮，系统弹出“排序”对话框，如图 12-57 所示。可以在其中指定生成报告时要运行哪些用户自定义选项。

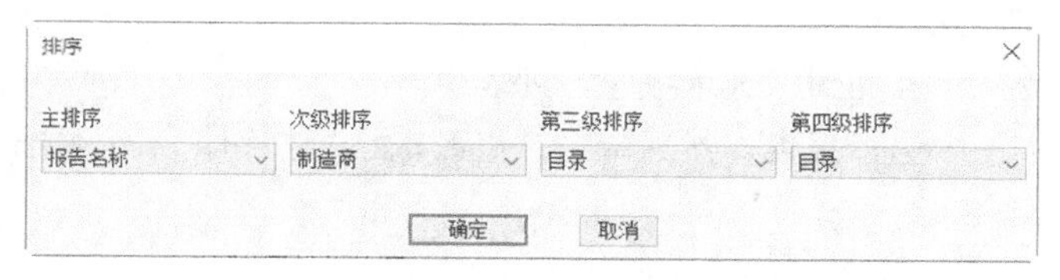

图 12-57 “排序”对话框

（8）分区

①“分区依据”：基于选定的值对报告进行排序并将其拆分为若干分区。该下拉列表显示报告允许的分区依据。

②“向标题中添加分区依据值”：向页标题中添加分区依据值。

其他参数已在前面有所介绍，此处不再赘述。

12.4.2 自动报告

定义包含报告及其格式文件的列表，并一次自动运行多个报告。执行该命令主要有如下 3 种方法。

- 命令行：aeautoreport。
- 菜单栏：执行菜单栏中的“项目”→“报告”→“自动报告选择”命令。
- 功能区：单击“报告”选项卡“其他选项”面板中的“自动报告”按钮。

执行该命令后，系统弹出“自动报告选择”对话框，如图 12-58 所示。

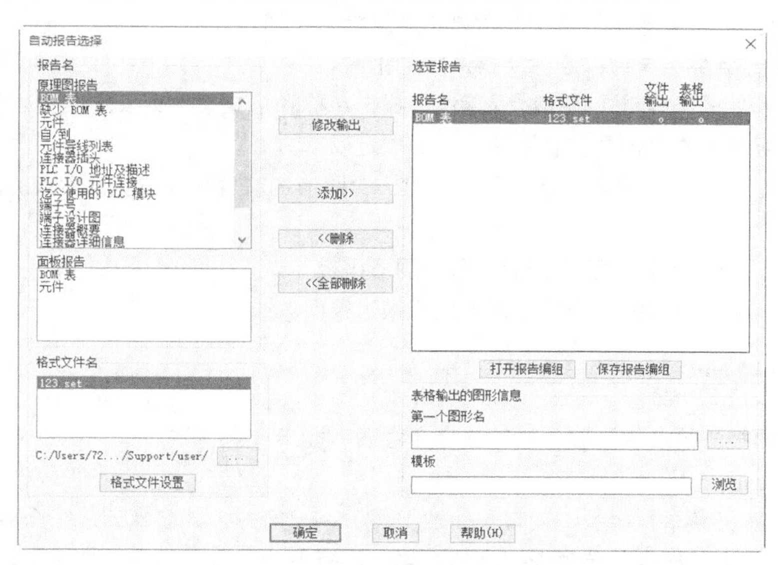

图 12-58 “自动报告选择”对话框

（1）单击“打开报告编组”按钮，系统弹出“输入自动报告编组文件的名称”对话框，如图 12-59 所示。选择以前保存的一组报告和格式文件，单击“打开”按钮将其恢复。

（2）添加报告。

① 从“报告名”列表中选择报告名，在此处选择 BOM 表。

② 在“格式文件名”列表指定要用于选定报告的格式文件。值得注意的是单击“格式文件设置”按钮。系统弹出“报告格式文件设置”对话框以创建、编辑和保存格式文件。

③ 单击“添加”按钮将报告添加到“选定报告”列表中。仅当同时选定报告名和格式文件时，“添加”按钮才会处于激活状态。

（3）继续将更多的报告添加到“选定报告”列表中。

（4）在“选定报告”中选择报告，然后单击“修改输出”按钮，系统弹出“报告输出选项”对话框，如图 12-60 所示。

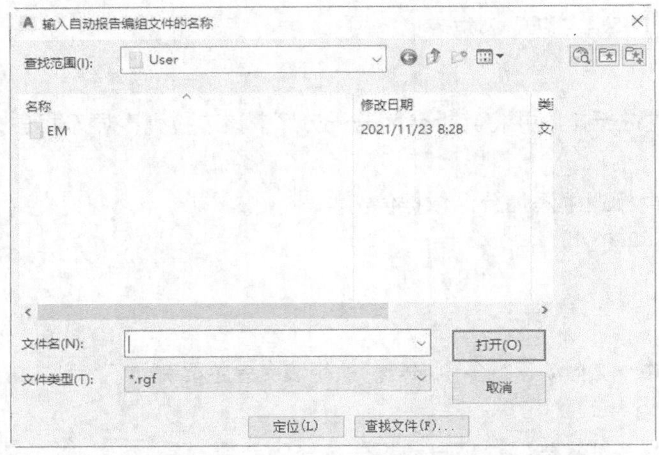

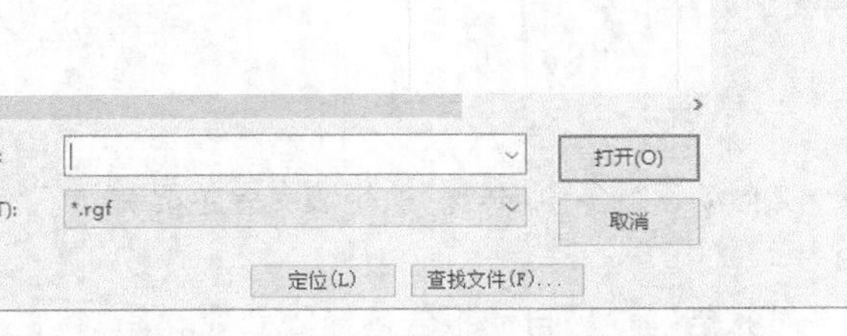

图 12-59 “输入自动报告编组文件的名称”对话框

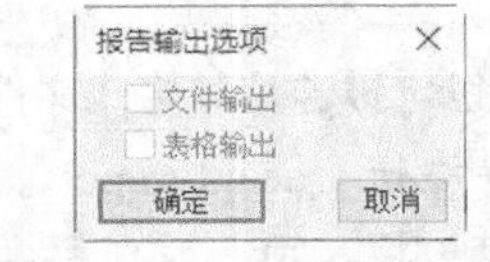

图 12-60 “报告输出选项”对话框

（5）删除报告。

① 在“选定报告”中选择报告，然后单击“删除”按钮。

② 单击“全部删除”按钮以删除所有选定的报名。

（6）单击“保存报告编辑”按钮以保存包含报告名称和格式文件列表的文件以供重复使用。

（7）如果任何选定的报告具有表格输出，则指定以下方式。

①“第一个图形名”：新报告表格所需要的第一个图形的文件名和位置。后续的图形名将通过递增该文件名生成。

②“模板”：用于为新报告表格创建图形的图形模板。

（8）单击“确定”按钮为每个选定报告生成报告输出。

12.4.3 用户属性

创建或修改要报告的属性列表。执行该命令主要有如下 3 种方法。

- 命令行：aeuda。
- 菜单栏：执行菜单栏中的“项目”→“报告”→“用户定义属性列表”命令。
- 功能区：单击“报告”选项卡“其他选项”面板中的“用户属性”按钮。

执行该命令后，系统弹出“用户定义的属性列表”对话框，如图 12-61 所示。单击“拾取”按钮，暂时关闭对话框，系统回到绘图区。然后单击要用作属性标记的属性。对话框再次打开，对属性的性质进行设置。单击“确定”按钮。系统打开“另存为”对话框，将文件保存。该对话框中的各参数含义如下。

图 12-61 “用户定义的属性列表”对话框

① “属性标记”：指定要添加到报告的属性名称。这些属性标记可按照任意顺序在列表中排列。必须提供属性标记，才能编辑行中任何其他字段。

② “列宽”：指定报告字段的列宽。如果保留为空，则将列宽限制为 24 个字符。

③ “对正”：指定报告字段的对正方式。

④ “列标题”：指定报告字段的字段名称和标签。

⑤ “排序”：单击任意列标题以按该列进行排序。

⑥ “列表次序”：在列表中将选定的行向上拖动或向下拖动以更改列表次序。单击行的顺序编号以将其选中。

⑦ “拾取”：单击该按钮，暂时关闭对话框，以便可以从图形中选择要用作属性标记的属性。

⑧ “打开”：单击该按钮，浏览现有“用户定义的属性列表”文件（.wda），以进行编辑。

⑨ “另存为”：单击该按钮，创建新“用户定义的属性列表”文件（.wda）。